시험에 끌려다니지 않고
시험 흐름을 끌고 나가는

시끌 시끌

영양교사 임용준비서 2권

영양교육
영양판정
영양학
식사요법

시험에 끌려다니지 않고
시험 흐름을 끌고 나가는

시끌 시끌

차윤환 지음

영양교사 임용준비서 2권

최신 기출문제
완벽 수록!

합격으로 가는
가장 빠른 길!

이론 + 문제

교문사

머리말

어느덧……
13년이란 세월이 흘렀다.

2007년 영양교사 임용고시가 처음 시작되고, 벌써 10년이 넘는 시간이 흘렀다. 2007년 여름에는 《미리 보는 영양교사》라는 교재를 처음으로 만들어 시장에 출간하고, 그 후 이름을 바꾸어 가면서 13년 만에 드디어 5번째 교재를 만들게 되었다.

그 긴 시간 동안 개인적으로, 그리고 영양교사 임용적으로 많은 변화들이 생겼다. 우선 개인적으로 13살이라는 나이를 더 먹었고, 그 결과 어느덧 반백 년 고지에 올라서게 되었다. 패기보다는 완숙이라는 말이 조금 더 친근해지게 되었고, "달려 달려"라는 말보다는 "살살"이라는 말이 친근해졌다.

이런 개인적 변화와 더불어 영양교사는 학교에서 중추적인 자리를 잡았다. 매년 수백 명의 신임 영양교사가 학교에 새로 자리를 잡고, 그 후 학생들의 식생활과 영양교육 등을 책임지고 있다. 아직은 갈 길이 멀지만, 2007년과 비교할 때 현재 영양교사의 위치는 '우리 아이들의 식생활과 평생 건강을 책임지는 선생님'으로써 비약적으로 그 중요도가 증가하였다.

13년이 흐르는 동안, 임용시험을 준비하는 학생들의 자세도 많이 변한 것 같다. 과거 학생들이 교사로서의 사명감을 가지고 오랜 시간 임용을 준비했다면, 요즘 학생들은 이런 자세보다는 좀 더 가볍고 유연하게 임용을 준비하는 것처럼 보인다.

이번에 만든 교재는, 오늘날의 학생들이 좀 더 편안하게 임용 준비를 할 수 있도록 도움을 주기 위한 것이다. 본 교재는 대략 2007년 이후 출제된 영양교사 임용문제와, 2000년 이후부터 출제된 유사 임용문제를 모두 발췌해서 문제 파트에 정리한 것이다. 또 자주 출제되었던 이론 내용을 정리하여 본문의 이론 부분에 소개하였다.

임용시험을 준비할 때 많은 양의 공부는 꼭 필요하다. 이처럼 엄청난 공부량 속에서도 조금 더 중요한 부분은 분명 존재한다. 처음 임용을 준비하는 초년생들을 위해, 임용 준비 방법을 설명한 영상은 표지 뒷면에 QR 코드로 연결하여 볼 수 있게 준비하였다. 기술식 문제가 출제된 이후의 임용문제는 따로 해설을 붙이지 않았는데, 이는 문제의 정답보다는 그 문제를 분석하고 정답을 찾아가는 과정이 더 중요하다는 저자의 의견이 반영된 것이다.

이 책은 1권과 2권을 합쳐 약 1,400쪽이라는 방대한 양의 지면으로 구성되어 있다. 이 엄청난 지면만큼 우리 사회에서 영양교사의 위상도 높아지기를 기대한다.

사람이 어떤 일을 하는 데에는, 일의 크고 작음과 상관없이 누군가의 응원과 지지가 꼭 필요하다. 필자의 경우, 이 책을 집필함에 있어 이러한 응원과 지지가 도움이 되었다. 이 책을 보고 임용을 준비하는 학생들의 뒤에도 누군가의 응원과 지지가 있기를 기원한다.

그 누구보다도 저는 여러분을 응원하고 지지합니다. 파이팅....

2020년 4월 10일
홍제동 방 안에서
저자 올림

차 례

PART
1

영양교육

PART
2

영양판정

PART
3

영양학

PART 4

식사요법

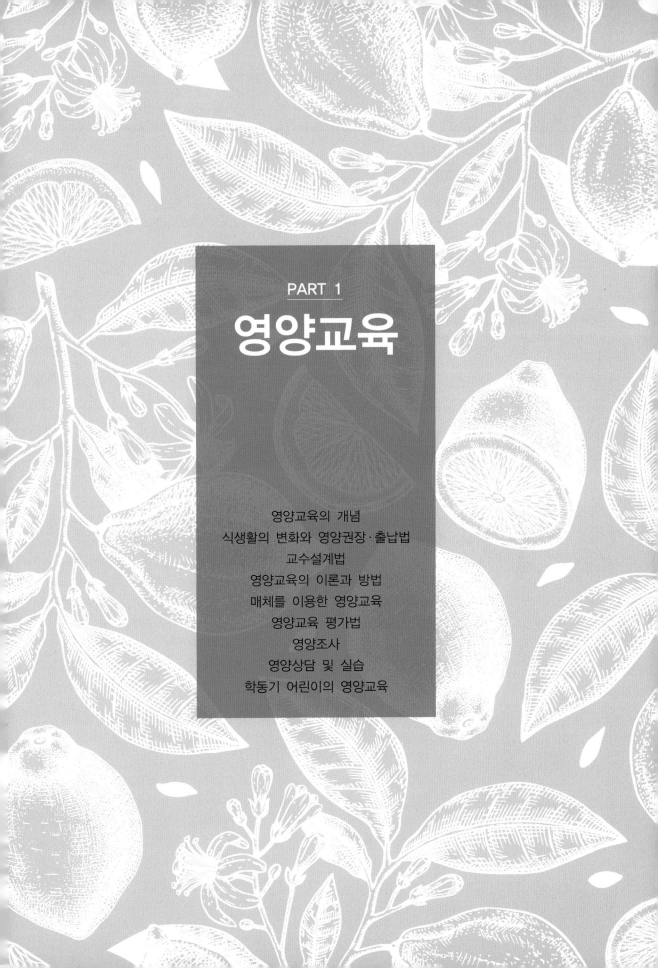

PART 1

영양교육

개 요

영양교육과 상담실습은 영양교사 시험에서 가장 중심이 되는 과목임에 틀림이 없다. 상담실습이란 과목은 영양사 과목 중에 포함되어 있지도 않고, 막상 학교교육 중 상담하는 실습을 하기가 수월하지 않은 부분이 있다. 일반적으로 학생들이 보건소와 같은 곳에서 실습교육 등을 할 경우 그곳에서 일하는 영양사들이 영양교육과 상담에 대해 얼마나 많이 접하게 되는지 알게 된다. 지역 주민들을 비롯하여 학생들과 임산부, 환자 등에 대한 영양교육은 공중보건적 관점에서 매우 중요하다. 그런 면에서 지금까지 영양교육에 대한 상당 부분을 관공서와 보건소에서 책임지고 있었다. 하지만 섭취할 음식의 종류와 양의 선택과 인스턴트식품과 패스트푸드의 선택 여부, 가정에서의 식사와 외식의 선택 등의 영양적 선택의 기회가 많아지고 있는 가운데 전문화된 영양교육의 필요성은 점차 높아지고 있다. 상업적인 면에선 비만인 사람들을 대상으로 하는 다이어트를 위한 영양교육이 심도 있게 진행되고, 당뇨 환자와 심장질환 계통 환자들을 위한 영양교육 역시 높은 관심 속에서 이루어지고 있다. 이런 사회적 현상을 통해 우리나라의 학생들을 위한 전문화된 영양교육의 필요성 역시 계속 증가하고 있다.

학생들의 영양교육은 전문화된 선생님들에 의해 학교에서 이루어질 때 가장 좋은 교육 효과를 얻을 수 있다고 생각한다. 급식을 통한 영양 조절과 급식에 나온 식재료의 특성과 영양적인 장단점 등을 교육하고, 아이들이 쉽게 접하게 되는 인스턴트식품과 고설탕 음료와 빙과류에 대한 교육, 성장기에 건강을 해칠 수 있는 과도한 다이어트 등에 대한 정확하고 명확한 교육 전달을 위해 영양교사는 꼭 필요하다. 그리고 그 교육을 위해 교육 능력과 영양상담을 위한 상담 능력 역시 필요하다. 일부에서는 영양교사를 학교에서 급식만을 담당하는 교사로만 생각하고 이들의 필요성에 대해 의구심을 피력하기도 한다. 하지만 영양교육은 아무나 쉽게 할 수 없는 전문화된 교육의 분야이며, 아이들의 미래를 위해서도 꼭 필요한 부분으로 이를 위한 영양교사의 필요성은 매우 크다.

영양교육은 영양교사에 대한 임용시험이 진행되면 될수록 중요성과 내용의 깊이가 더욱 증가하리라 본다. 하지만 도입 초기에는 어떤 내용이 나오게 될지 좀처럼 방향을 잡기 어려운 면이 있다. 이 책에서는 식품가공, 조리, 가정의 유사 임용 과목의 교육론에서 자주 다루고, 임용시험에서 출제되었던 전공교육 내용을 바탕으로 이론을 정리하고, 대학교에서 학생들이 영양교육을 위해 개발했던 영양교육에 교재를 중심으로 실제적인 내용을 보완하였다.

CHAPTER 01

영양교육의 개념

영양교육의 일반적인 개념에 대해 다루는 부분이다. 영양교육의 정의, 영양교육의 목적과 목표, 영양교육의 효과, 영양교육의 중요성과 곤란성, 영양교육 담당자의 업무 등에 대한 일반적인 내용을 설명한다. 기본적이면서도 평범한 내용이어서 이해만 제대로 한다면 쉽게 접근할 수 있는 내용을 포함하고 있으나, 자칫 잘못하면 다른 것들과 혼동할 수 있는 여지도 높다. 따라서 공부를 하며 영양교육의 일반적 설명을 학교 영양교육과 접목시켜 생각할 것을 권한다.

1 영양교육의 정의

영양교육이란 행복한 삶을 위한 건강의 유지와 증진 및 질병의 예방을 위한 올바른 영양 지식, 식습관, 식품의 섭취 패턴 등을 전파하고, 잘못된 지식과 습관 등을 교정하여 식습관을 보다 균형 잡히도록 하는 것이다. 영양교육은 지도하는 사람과 교육받는 사람으로 구성되며, 이 둘의 교육과정과 교육받는 사람의 경제적·영양적·도덕적 그리고 종교적 상황을 고려한 내용으로 이루어져야 한다. 일반적으로 영양교육과 영양지도는 동일한 의미로 사용되며, 다양한 교육 방법이 교육 목적을 위해 사용·응용될 수 있다.

영양교육은 생활교육의 일부로 국가가 주도하여 진행되어 왔으나, 최근에는 다양한 식생활 패턴의 보급과 개개인의 필요에 의해 비만 영양교육, 노인 영양교육, 환자 영양교육 등이 개별적으로 진행되기도 한다.

2 영양교육의 중요성

영양교육의 중요성은 여러 가지로 설명할 수 있다.

공중보건의 관점에서 보면 영양교육이 잘못될 경우 영양적 관리를 받아야 하는 임산부, 노인층, 영·유아층 등이 건강에 많은 위협을 받게 될 것이다. 임산부의 경우 임신기간에 따라 필요한 영양소의 원활한 공급을 위한 영양교육이 신생아와 산모의 건강에 직접적인 영향을 미치게 될 것이며, 노인층의 경우 연령과 육체적 문제(질병과 질환) 등을 원활하게 고려하지 않을 경우 건강에 많은 문제가 나타날 것이다.

정상적인 성인에게 영양교육이 부족할 경우 잘못된 식습관으로 인한 올바른 음식물의 미섭취, 운동 부족과 과도한 다이어트 등으로 비만이나 허약 상태가 될 수 있다. 이 경우 비만에서 오는 당뇨, 심근경색, 암, 종양, 뇌졸중 등의 합병증과 과도한 다이어트에서 오는 골다공증, 거식증 등의 신체적·정신적 위험에 처할 수 있다.

현대사회에서는 인터넷과 다양한 미디어를 통해 수많은 정보를 접할 수 있다. 여러 정보 중에는 우리에게 유익하고 올바른 정보도 있으나 잘못된 정보 역시 상당히 많이 존재하고 있다. 특히 '어느 음식이 암 예방에 좋다', '어느 음식은 피부 미용에 특효약이다', '어느 음식을 먹으면 관절에 좋다'와 같은 경험에 의존하는 비과학적 정보들을 잘못 접하면 건강에 커다란 문제가 생길 수 있다. 이런 수많은 정보 속에서 올바른 정보를 찾아 사용할 수 있는 능력을 길러 주는 것은 매우 중요하다. 최근에는 식품의 기능성을 맹신하는 경향과 더불어, 약품의 기능성을 너무 무시하여 약물 남용을 하는 경우도 있다. 식품은 식품으로 올바르게 섭취해야 한다는 사실과 약품 남용의 무서움을 알리는 것은 영양교육의 중요한 기능 중 하나이다.

다양한 식생활 문화가 해외로부터 들어오고 있는 요즘, 현실에 맞는 영양교육은 풍족하고 즐거운 삶을 사는 데 매우 중요한 역할을 한다. 햄이나 소시지를 모르던 시절도 있었지만, 피자와 스파게티가 들어오고 스테이크하우스와 샐러드 뷔페가 넘쳐나는 현실에서 여러 식품의 영양적 가치와 장단점을 명확히 아는 것은 식품의 올바른 섭취를 위해 중요한 부분이다.

3 영양교육의 목적과 목표

영양교육의 목적은 다음과 같이 요약·설명할 수 있다.

- 피교육자들의 영양상태 향상
- 피교육자들의 건강 유지와 증진
- 피교육자들의 질병 예방과 이를 통한 의료 비용 지출의 감소
- 피교육자들의 영양과 건강에 대한 지식과 정보의 습득
- 피교육자들의 직업에 대한 능률 향상

- 피교육자들의 체형과 체력의 증진
- 영양교육을 통한 올바른 식생활 패턴의 변화와 유지
- 전체적으로 국민의 복지와 번영에 이바지
- 영양교육 자료가 국가 전체 보건 행정의 기초 자료가 됨

위의 목적을 이루기 위해서는 영양교육을 통해 피교육자들에게 식품과 영양에 관한 지식과 기술을 이해시키고, 영양에 대한 관심과 의욕을 증가시켜야 한다. 또한 교육 내용이 피교육자의 생활 속에 녹아들어 식습관과 식품에 대한 인식이 변화되도록 해야 한다.

4 영양교육의 주요 내용

영양교육의 목적을 이루기 위해서는 식생활에 대한 올바른 이해와 인식을 위한 내용들이 포함되어야 한다.

첫째, 6대 영양소에 대한 내용과 왜 골고루 먹어야 하는지에 대한 내용, 6대 영양소들이 많이 들어 있는 식품군에 대한 내용을 다양한 방법으로 접근하고 설명하여야 한다. 둘째, 영양소의 부족과 과잉 시의 문제점을 제시하고 주의시켜야 한다. 과도한 다이어트에서 오는 골다공증 등의 증상과 과한 음식 섭취에서 오는 비만과 그로 인한 합병증 등에 대한 교육들이 이루어져야 한다. 셋째, 스스로 먹는 음식의 종류와 양을 체크하여 편식과 잘못된 식습관은 없는지 관찰하게 하고 조정해 주어야 한다. 스스로 체크하는 방법을 통해 피교육자는 자신이 먹는 음식의 종류와 양에 관심을 갖고 생활할 수 있게 된다. 넷째, 음식물의 중요성과 소중함을 알리고, 음식물 쓰레기에 의한 환경오염의 심각성을 알려 알맞은 음식량을 스스로 정하고 조리·소비하는 습관을 갖게 해 준다. 마지막으로 이런 여러 정보들을 다른 피교육생과 공유하게 하여 자신이 가진 영양에 대한 지식의 정도와 식습관의 성향을 다른 사람과 비교하게 하고 앞으로의 방향을 재조정할 수 있게 해야 한다.

5 영양교육의 효과

다양한 방법에 의해 영양교육이 원활하게 이루어지면 많은 교육효과를 얻을 수 있다. 영양교육의 효과는 개인적인 관점과 사회적인 관점의 두 가지 관점으로 살펴볼 수 있다. 개인적인 관점은 육체적인 면과 정신적인 면에서의 효과로 나누어 생각할 수 있고, 사회적인 관점은 사회정책과 식량정책 면으로 나누어 생각할 수 있다. 각

각의 효과는 그림 1-1에 간단히 나타내었다.

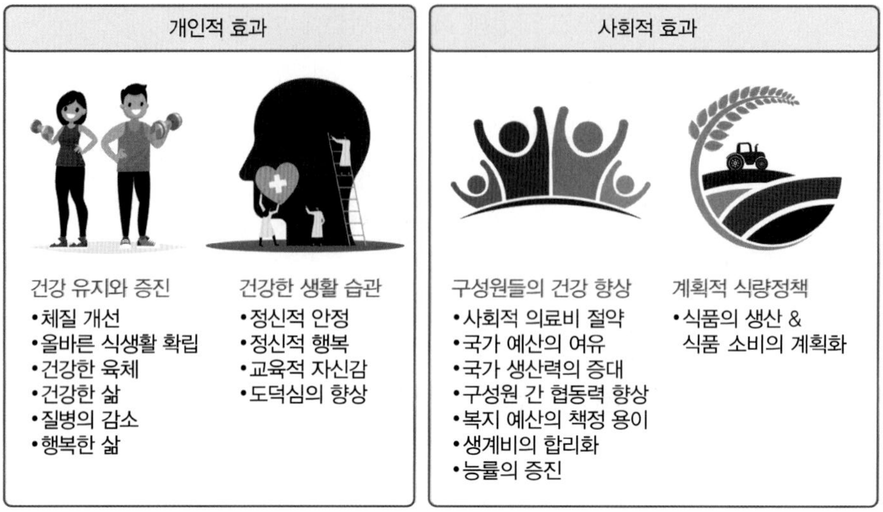

개인적 효과	사회적 효과

건강 유지와 증진
- 체질 개선
- 올바른 식생활 확립
- 건강한 육체
- 건강한 삶
- 질병의 감소
- 행복한 삶

건강한 생활 습관
- 정신적 안정
- 정신적 행복
- 교육적 자신감
- 도덕심의 향상

구성원들의 건강 향상
- 사회적 의료비 절약
- 국가 예산의 여유
- 국가 생산력의 증대
- 구성원 간 협동력 향상
- 복지 예산의 책정 용이
- 생계비의 합리화
- 능률의 증진

계획적 식량정책
- 식품의 생산 & 식품 소비의 계획화

그림 1-1
영양교육의 효과

6 영양교육 실시자의 업무와 실시 과정

영양교육 실시자의 업무는 크게 급식업무와 교육·상담업무의 두 가지로 구분하여 생각할 수 있다. 급식업무는 적극적 영양교육 방법으로 식사라는 교육행동을 통해 식생활 개선, 체질 개선 등의 효과를 볼 수 있다. 교육·상담업무는 여러 교육자료를 이용하여 영양교육에 필요한 지식을 전달하거나 상담을 통해 개개인의 고민을 해결하도록 도와주고 성향을 파악하는 것이다.

영양교육 실시자는 이 두 업무를 원활하게 진행하기 위해 식품 원재료의 영양에 따라 식단을 알맞게 짜고 합리적으로 소비하여야 하며, 충분한 영양효과를 볼 수 있도록 급식을 실시하여야 한다. 그리고 급식자의 영양에 관한 의식과 지식 향상을 위해 계속적인 교육을 실시하고 자료를 주어야 하며, 식품의 영양효과를 증진시키기 위한 조리 방법과 급식 방법의 개선에도 신경을 써야 한다. 장기적인 피교육자들의 교육효과에 대한 평가도 지속적으로 진행하여야 한다. 영양교육 실시자는 스스로에 대한 자기개발 역시 충실히 진행하여 영양적 지식과 교육 방법 향상을 위해 꾸준히 노력하여야 한다. 그림 1-2는 영양교사가 학교에서 실행하여야 하는 업무를 간단하게 나타낸 것이다.

그림 1-2
영양교사의 업무

7 영양교육의 진행 과정

영양교육의 진행 과정은 다양하게 나타나는데 여기서는 4단계법, 6단계법과 9단계법에 대해 서술하려고 한다.

1) 4단계법

4단계법은 영양교육의 진행 과정 중 가장 간단한 방법이다. 첫 단계는 영양교육이 피교육자들에게 필요한지와 어느 내용에 대한 필요성이 있는지를 파악하는 영양교육의 요구진단이다. 두 번째 단계는 어떻게 영양교육을 실행할 것인지에 대한 계획을 세우는 영양교육의 계획 과정이다. 계획 과정에서 영양교육의 시간과 교육 방식, 사용하는 매체 등에 대해 면밀히 검토한다. 세 번째는 영양교육을 직접 실시하는 실행 단계이고, 마지막 네 번째 단계는 교육 결과를 평가하는 평가 단계이다. 4단계법의 진행 과정은 그림 1-3에 간단히 설명하였다.

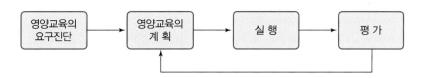

그림 1-3
4단계법

2) 6단계법

영양교육 과정에서 6단계법은 실태 파악, 문제 발견, 문제 진단, 대책 수립, 영양교육 실시와 효과 판정으로 진행된다. 예를 들어 초등학교 학생들의 영양판정을 위해 BMI를 측정하였다고 하자(실태 파악). BMI 측정 결과, 이전 측정 결과에 비해 급격한 수치 증가가 관찰되었고 증가치가 무시할 수 없는 수준이었다(문제 발견). 영양교사는 BMI 수치를 모아 학년별로 분류하고 성별과 지역, 교실의 위치, 등교 시의 자가용 이용 실태, 집과 학교의 거리 등 다양한 원인을 추측했다. 분석 결과 교내 자판기의 위치가 가까운 곳에 교실이 위치한 학생들과 자가용 이용 학생들에게서 BMI 증가가 크게 나타남을 알게 되었다(문제 진단). 문제 진단에서 나온 결과를 통해 교내 자판기 이용을 줄이고, 자가용 등교를 삼가자는 내용의 영양교육안을 만들고, 교육자료를 제작하고, 교육시기 등을 조정하였다(대책 수립). 그 후 영양교사는 영양교육을 원활하게 진행하였다(영양교육). 영양교육이 꾸준히 이루어진 6개월 후 학생들의 BMI를 다시 측정한 결과, 자판기 이용을 줄인 학생들에게서는 BMI의 증가폭 감소와 BMI 수치 감소가 관찰되어 좋은 영양교육 효과를 얻을 수 있었으나, 자가용 이용 학생들은 자가용 이용이 줄지 않고 BMI 역시 감소하지 않아 영양교육의 결과가 좋지 않게 나타났다. 영양교사는 자가용 이용 학생들에 대해 추가적인 영양교육이 필요하다고 결론 내렸다(효과 판정).

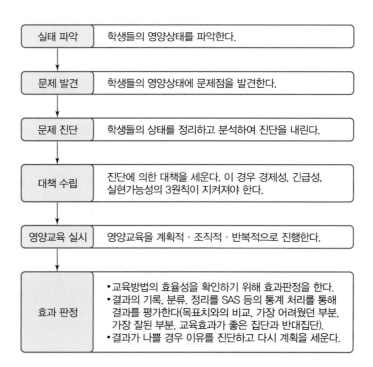

실태 파악	학생들의 영양상태를 파악한다.
문제 발견	학생들의 영양상태에 문제점을 발견한다.
문제 진단	학생들의 상태를 정리하고 분석하여 진단을 내린다.
대책 수립	진단에 의한 대책을 세운다. 이 경우 경제성, 긴급성, 실현가능성의 3원칙이 지켜져야 한다.
영양교육 실시	영양교육을 계획적 · 조직적 · 반복적으로 진행한다.
효과 판정	• 교육방법의 효율성을 확인하기 위해 효과판정을 한다. • 결과의 기록, 분류, 정리를 SAS 등의 통계 처리를 통해 결과를 평가한다(목표치와의 비교, 가장 어려웠던 부분, 가장 잘된 부분, 교육효과가 좋은 집단과 반대집단). • 결과가 나쁠 경우 이유를 진단하고 다시 계획을 세운다.

그림 1-4
6단계법

3) 9단계법

9단계법은 Green & Kreuter가 제시한 PRECEDE-PROCEED 모델을 말한다.

PRECEDE-PROCEED 모델은 앞의 과정보다 과정을 좀 더 구체적으로 설명하고 있으며, 보건과 영양 부분에서 실제로 활용되고 있다.

PRECEDE-PROCEED 모델에서 PRECEDE는 교육과 사업을 진행함에 있어서 필요한 정보 수집과 피교육자들의 교육에 대한 요구진단을 하는 과정이다. 이러한 수집과 진단의 과정을 거쳐 교육에 대한 계획을 보여 주며 PRECEDE-PROCEED 모델에서 중점적으로 다루는 분야이다. PROCEED는 위에서 얻은 계획을 토대로 해서 교육과 사업을 실행·평가하는 단계이다. PRECEDE-PROCEED 모델은 크게 9단계로 나누어진다. 각 단계에 대한 설명과 기본적인 흐름은 표 1-1과 그림 1-5에 나타내었다.

표 1-1
PRECEDE-
PROCEED
모델의 9단계에
대한 설명

구 분	단 계	명 칭	설 명
PRECEDE	1단계	사회적 진단	피교육자들의 주관적 관심사를 알아보는 단계로 자료 조사를 위해 개인이나 단체와의 인터뷰, 샘플링한 집단과의 인터뷰, 설문조사법 들을 사용한다. 가장 기초적인 자료 조사 단계로 자료 조사를 위한 질문과 문구 등의 디자인에 신경을 써야 한다.
	2단계	역학적 진단	피교육자의 건강적인 현 상태를 파악하는 과정이다. 통계청에서 발표하는 평균 연령, 질병별 사망률, 발병률, 연령별 사망 원인, 비만 비율과 저체중 비율, 평균 신장과 몸무게 등의 자료를 이용한다. 이를 사회적 진단 결과와 접목시켜 비교 검토하여 교육의 필요성에 대해 좀 더 정확하게 파악한다.
	3단계	행동적 · 환경적 진단	역학적 진단에서 얻은 건강적 문제점을 일으킨 피교육자의 행동적·환경적 요인을 분석하는 것이다. 운동 부족, 착석 작업의 과다, 불규칙적인 식사 패턴, 과식과 편식, 흡연과 폭음과 같은 행동 요인과 환경 요인을 검색하고 이 중 우선순위를 선정하여 교육의 타깃을 좁혀 가는 단계이다.
	4단계	교육적 · 생태학적 진단	영양교육의 요구진단의 위의 세 번째 단계의 진단 결과에 영향을 미치는 요인이 무엇인지를 찾아 동기부여 요인(predisposing factor), 행동가능 요인(enabling factor), 행동강화 요인(reinforcing factor)을 결정한다. 그리고 행동 변화를 위한 동기부여, 행동 변화를 위한 실질적 능력과 지식, 행동 변화와 변화 유지에 대한 보상 등의 요인들이 이곳에서 진단되어야 한다.

(계속)

구 분	단 계	명 칭	설 명
PRECEDE	4단계	교육적·생태학적 진단	영양교육의 요구진단은 아래의 내용을 파악하는 것이다. • 교육 대상자의 건강적 문제와 영양적 문제는 무엇인가? • 영양적 문제와 연관된 다른 요인들은 어느 것인가? • 교육 대상자들이 원하는 영양교육의 요구도는 어느 정도인가?
	5단계	행정적·정책적 진단	이 단계는 실질적으로 교육을 진행할 조직의 현 상태에 대한 진단을 하는 과정이다. 교육설비는 충분한지? 교육자의 수와 자질은 충분한지? 교육매체는 적합하고 충분한지? 교육기관의 행정적 처리 과정에서 문제는 없는지? 등의 실질적인 내용들을 진단하는 과정이다.
PROCEED	6단계	실 행	PRECEDE 과정을 통해 준비된 영양교육을 실질적으로 진행하는 과정이다.
	7단계	과정 평가	영양교육의 교육 프로그램, 매체의 적합성, 교육과정 자체 진행의 매끄러움 등 교육과정 자체에 대한 평가를 하는 과정이다.
	8단계	효과 평가	교육이 끝난 후 바로 혹은 얼마 후의 교육효과를 평가하는 과정이다.
	9단계	결과 평가	장기간의 결과를 평가하는 과정이다. 프로그램 자체의 효율과 효과를 판단하는 과정이다.

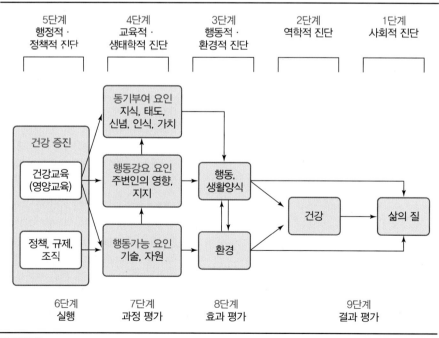

그림 1-5
PRECEDE-PROCEED 모델

자료 : Green&Kreuter(1999), Health promotion planning—an educational and environmental approach

8 영양교육의 실행

교육자는 모든 방법을 사용하여 교육 내용을 효과적으로 전달해야 한다. 그러기 위해 교육 대상자의 특성을 사전에 미리 파악하고 교육 대상자의 신뢰와 관심을 얻기 위해 노력해야 한다. 교육 대상자가 원하는 주제를 선정하여 그들에게 필요한 교육을 해 주어야 한다. 교육 대상자는 교육자의 교육 내용만 듣는 것이 아니라 교육자의 외모와 인상, 목소리, 몸짓 등도 접하고 평가하게 된다. 그러므로 교육자는 교육 대상자에게 신뢰를 주고, 교육 대상자가 필요로 하는 내용을 전달하도록 노력해야 한다.

교육자는 원활한 교육을 위해 아래와 같은 질문을 고려하여야 한다.

- 교육 주제가 교육 대상자들이 원하는 것인가?
- 주제가 교육 대상자들에게 필요한 것인가?
- 교육시간과 장소가 교육 대상자들에게 편안한가?
- 다양한 교육도구와 매체자료 등이 잘 준비·활용되고 있는가?
- 교육 내용이 체계적으로 구성되었나?
- 교육 방법은 적절하고 다양하며 교육 대상자의 눈높이에 맞는가?
- 교육자는 시간과 스케줄을 잘 지키는가?
- 유머감각이 있는가?
- 대화기술(시선, 말투, 몸짓)을 잘 활용하는가?
- 교육 대상자에 대한 예의를 갖추고 있는가?
- 강의에 대한 열성이 보이는가?
- 목소리에 적절한 변화를 주는가?
- 발음이 정확하고 음성이 잘 들리는가?
- 자신감, 자제력, 융통성 등이 있는가?
- 시청각 기자재를 효과적으로 사용하고 있는가?
- 질문을 잘 듣고 적절하게 답변하는가?

9 영양교육의 곤란성

영양교육 역시 다른 교육과 마찬가지로 몇 가지 어려운 점을 가지고 있다. 첫째, 영양교육 대상자의 나이, 성별, 교육 정도, 주거환경, 식습관, 기호도, 종교적 성향 등이 단일하고 획일적이지 않으므로 교육 내용과 교육 방법을 선정하는 것이 매우 어렵다. 둘째, 식품은 의식주 중에서 가장 보수적인 성향을 띠고 있어서 과거의 방식을 선호하는 경향이 크므로 새롭게 바꾸는 것이 매우 어렵다. 이런 성향은 영양교육의 효과를 크게 반감시키는 경우가 많다. 셋째, 영양교육에 의한 변화는 단시간에 나타나기보다 장시간에 걸쳐 나타나는 경우가 많고, 영양교육만의 단독적 영향보다는 다른 영향인자들과의 복합적인 영향으로 나타나는 경우가 많아 영양교육의 효과를 측정하기가 매우 어렵다. 넷째, 영양교육은 식생활과 연결되어 있고, 식생활은 경제적 상황과 개인적 적극성에 많은 영향을 받으므로 교육효과의 개인차가 크다. 다섯째, 영양교육의 잠재적 교육효과는 다른 교육에 비해 크기 때문에 잘못된 교육이 진행될 경우 그 파급효과가 피교육자에게 평생 동안 나타날 수 있다.

문제풀이

01 A 중학교 보건교사는 (가) 비만 관련 현황조사 결과를 반영하여 (나)와 같이 비만 관리 프로그램을 기획하고자 한다. (나)에 제시된 PRECEDE-PROCEED 단계별 사정 자료를 활용하는 방안을 작성 방법에 따라 논하시오. [10점] 유사기출

> (가) 비만 관련 현황조사 결과
> • 학생 건강 조사 결과 : 전체 학생의 비만율이 지속적으로 증가하고 있음
> • 전년도 학교 비만 프로그램 평가 결과 : 건강 신념 모델(Health Belief Model)에 의한 개별 상담 형식의 프로그램 운영으로 ㉠ 비만 관련 질병과 관련된 지각된 민감성과 지각된 심각성은 많은 개선이 있었으나 비만 관련 질병 유병률 및 비만율의 감소와 비만 관련 건강 행위의 개선은 미흡함
> • 비만 학생 초점 집단 면담(focus group interview) 결과 : 상당수의 학생들이 비만으로 인해 건강 관련 삶의 질이 낮다고 말함. 비만 관련 건강 행위에 대한 지식과 자신감이 부족하다고 함. 학교에서 비만 상담이나 교육을 받고 싶으나 기회가 적다고 함. 체중 관리에 대한 부모의 관심과 지식이 적어 체중 관리를 지속하기 어렵다고 함. 학교 주변에 패스트푸드 상점이 너무 많아 쉽게 이용할 수 있다고 함. 학교급식 열량이 높은 것 같다고 함

> (나) 비만 관리 프로그램 기획안
> • 비만 관리 프로그램 개요
> - 대상 : ○○○명
> - 내용 : 그린(L. Green) 등(2005)의 PRECEDE-PROCEED 모형에 근거한 비만 관리
> - 기간 : 2017년 3~11월

(계속)

• PRECEDE-PROCEED 단계별 사정 자료

단 계		사정 자료
1	사회적 진단	건강 관련 삶의 질
2	(ⓛ)	• 비만 관련 질병 유병률 • 비만율 • 비만 관련 건강 행위
3	ⓒ 교육 및 생태학적 진단	• 비만 관련 건강 행위에 대한 지식과 태도 • 비만 관련 건강 행위 자기효능감 • 비만 관리에 대한 학교 교육 및 상담 경험 • 체중 관리에 대한 부모의 관심과 지식
4	행정 및 정책적 진단	비만 관리 프로그램 수행에 필요한 인력, 시설, 예산, 규정

··· (하략) ···

작성 방법

• 서론, 본론, 결론의 형식을 갖추되, 본론은 다음을 포함하여 작성할 것
• ⓛ에 들어갈 명칭을 쓰고, 이 단계에 추가로 파악해야 할 사정 자료 2가지를 (가)에서 찾아 제시할 것
• ⓒ 단계에 제시된 사정 자료를 소인(predisposing), 강화(reinforcing), 가능(enabling) 요인으로 분류하고, 각 요인에 해당되는 이유를 각각 제시할 것
• ㉠의 의미를 서술하고, ㉠이 ⓒ 단계의 3가지 요인 중 어디에 해당되는지 제시할 것

02 다음은 환자를 대상으로 전문적인 영양서비스를 제공하기 위하여 표준화된 절차이다. 체계적인 문제 해결 방법과 근거 중심의 업무 수행을 특징으로 하는 이 모델의 명칭과 (①) 안에 들어갈 내용을 순서대로 쓰시오. [2점] 〔영양기출〕

1단계	영양문제와 그 원인을 파악하기 위하여 자료를 수집하고 해석한다.
2단계	영양문제, 원인, 징후 및 증상을 (①)의 형식으로 작성한다.
3단계	영양문제의 우선순위를 정하여 영양중재를 계획하고 시행한다.
4단계	영양중재의 진척 및 목표 달성 정도를 모니터링하고 평가한다.

〔모델의 명칭〕 _____

〔①에 들어갈 내용〕 _____

03 2007년부터 영양교사 제도가 본격적으로 시행되고 있다. 이와 같이 초·중·고등학교에 영양교사가 생기게 됨으로써 얻을 수 있는 교육적인 장점을 사회적 측면에서 1가지, 수요자(학생과 학부모) 입장에서 2가지를 쓰시오. 〔기출응용문제〕

〔사회적 측면〕 _____

〔수요자 입장〕

① : _____

② : _____

〔해설〕 영양교사가 생김으로써 발생하는 교육적 장점에 대한 문제는 한번쯤 고민해 봐야 하는 문제이다. 다른 임용 분야에서 출제되었던 문제지만 영양교사로 관점을 바꾸어 출제될 가능성도 높다. 영양교사가 영양교육을 함으로써 얻을 수 있는 사회적·교육적 장점은 영양교육을 통해 평소에도 균형 잡힌 식생활 가능, 이를 통한 피교육자의 건강한 삶 영위, 건강유지 등이 있다. 영양교육의 수요자인 학생은 평소 관심 있던 영양적 내용(다이어트, 비만, 가공식품, 식품위생)에 대해 전문적으로 정확하게 교육을 받을 수 있고, 학부모는 영양교사를 통해 아이의 식습관과 영양 섭취 패턴 등을 정확히 상담받고 교정을 위한 노력과 대책 수립을 할 수 있다. 이외에도 많은 교육적 장점이 있으니 스스로 생각하고 고민해 보자.

04 2007년부터 영양교사 제도가 시행되고 있다. 영양교사가 행하여야 되는 직무를 8가지만 쓰시오.
〔기출응용문제〕

① : _____

② : _____

③ : _____

④ : _____

⑤ : _____

⑥ : _____

⑦ : _____

⑧ : _____

해설 영양교사의 업무에는 영양사로서의 업무, 급식담당자로서의 업무, 영양교사로서의 업무가 존재한다. 이 3가지 관점에서 직무를 생각해 본다면 어렵지 않게 답할 수 있을 것이다.

05 영양교사는 학교에서 영양교육을 담당하는 선생님이다. 영양교육이란 행복한 삶을 위한 건강의 유지와 증진 및 질병의 예방을 위해 올바른 영양지식, 식습관, 식품의 섭취 패턴 등을 전파하고, 잘못된 지식과 습관 등을 교정하여 식습관을 보다 균형 잡히도록 하는 것이다. 영양교육을 진행하기 위해 필요한 4가지 구성요소가 무엇인지 쓰고 대표적인 예를 1개씩 적으시오.

구성요소	대표적인 예
① : _____	① : _____
② : _____	② : _____
③ : _____	③ : _____
④ : _____	④ : _____

해설 영양교육이 진행되기 위해서는 교육자, 교육을 받는 사람, 교육 내용과 교육 방법이 구성요소로 꼭 필요하다. 각 요소의 예는 스스로 생각해 보도록 하자.

06 영양교사는 영양교육을 통해 많은 피교육자들에게 다양한 정보와 효과를 제공할 수 있다. 영양교사가 영양교육을 통해 이룰 수 있는 목적을 5가지 적으시오.

① : _____

② : _____

③ : _____

④ : _____

⑤ : _____

해설 영양교육을 통해 이룰 수 있는 목적은 기본적으로 알고 있어야 하는 내용이다. 이미 객관식 문제에서도 다양하게 접하였던 내용이므로 다시 한번 기억을 되살려 풀어 보도록 하자.

07 영양교사는 학교에서 학생들에게 다양한 방법으로 영양교육을 효과적으로 진행한다. 올바르게 영양교육이 진행되었을 경우 높은 교육효과를 얻을 수 있고 이 효과는 오랜 시간 학생들에게 나타나게 될 것이다. 영양교사가 학생들에게 교육해야 할 영양교육의 주요 내용을 3가지 적으시오.

① : _____

② : _____

③ : _____

해설 영양교사는 학교에서 학생들을 대상으로 영양교육을 진행한다. 접하게 되는 교육 내용은 학생들에게 중요한 내용이 될 가능성이 높다. 본문의 내용을 참고하고, 그 외 다른 여러 자료를 토대로 하여 학생들에게 필요한 영양교육의 주요 내용을 찾아보도록 하자.

08 영양교사가 학교에서 영양교육을 올바르게 진행할 경우 다양한 교육효과가 나타난다. 이러한 교육효과를 개인적인 효과와 사회적 효과로 나누어 각각 5가지씩 적으시오.

개인적 효과

① : _____

② : _____

③ : _____

④ : _____

⑤ : _____

사회적 효과

① : _____

② : _____

③ : _____

④ : _____

⑤ : _____

해설 본문의 '영양교육의 효과' 부분을 참고하여 개념을 정립하도록 하자.

09 다음 표에 나타난 영양교육 진행법 중 6단계법을 완성하시오.

1		학생들의 영양상태를 파악한다.
2	문제 발견	
3		학생들의 상태를 정리하고 분석하여 진단을 내린다.
4		
5	영양교육 실시	
6	효과 판정	교육 방법의 효율성을 확인하기 위해 효과판정을 한다.

해설 본문의 영양교육의 진행 과정 중 6단계법에 대한 내용을 참고한다.

10 Green & Kreuter가 제시한 PRECEDE–PROCEED 모델은 영양교육의 진행 단계를 총 9단계로 세분화하고 있다. PRECEDE–PROCEED 모델의 9단계를 차례대로 적으시오.

	명칭
1단계	사회적 진단
2단계	
3단계	
4단계	
5단계	
6단계	
7단계	
8단계	
9단계	

해설 PRECEDE-PROCEED 모델은 다른 방법들과는 달리 영양교육의 과정을 좀 더 구체적으로 설명하고 있다. 보건과 영양 쪽에서 많이 사용되고 있는 방법이므로 기억해 두어야 할 필요성이 있다. 이해하고 암기해야 될 내용이 많으므로 집중하여 접근하도록 하자.

11 영양교사로서 학교에서 영양교육을 진행함에 있어 겪게 되는 곤란한 점을 4가지 적으시오.

① : _____

② : _____

③ : _____

④ : _____

해설 영양교육은 다른 교육에 비해 몇몇 곤란점을 가지고 있다. 본문 내용을 참고하여 깔끔하게 개념 정리를 하도록 하자.

12 영양교육 실시 과정에 관한 설명 중 옳지 않은 것은? 기출문제

① 문제 진단 단계에서는 대상자의 생활 방식과 사회 경제적 여건을 조사하고, 대상자의 영양 문제 진단 및 영양교육에 대한 요구도를 파악한다.

② 계획 단계에서는 교육의 목적과 목표 수립, 교육 내용과 방법 결정, 홍보 전략 수립 및 영양 교육의 평가에 대한 계획이 이루어진다.

③ 실행 단계에서는 수립한 영양교육의 계획에 따른 수행이 이루어지며, 계획의 조정이 불가피 하게 발생할 때가 있으므로 교육자의 융통성과 관리 능력이 요구된다.

④ 평가 단계 중 과정 평가는 영양교육이 실행되는 과정 전반에 관한 평가로서 교육 내용과 방법의 적절성 및 교육 대상자의 참여 태도 등을 조사한다.

⑤ 평가 단계 중 효과 평가는 인적·물적 자원의 효율성을 파악하기 위하여 교육에 사용된 시간, 노력, 비용 등의 자원을 점검하는 것이다.

정답 ⑤

13 영양교육에 대한 설명으로 옳은 것만을 〈보기〉에서 있는 대로 고른 것은? 기출문제

보기
ㄱ. 식행동은 사회적 환경의 영향을 받는다.
ㄴ. 영양상담은 영양교육보다 포괄적 의미이며, 영양교육은 영양상담에 비해 상호 의사소 통적이다.
ㄷ. 지식의 습득이 긍정적 태도나 행동 실천을 유발하는 데 필요하기는 하지만 행동 변화 를 의미하는 것은 아니다.
ㄹ. 영양교육은 교육 대상자가 가진 능력을 충분히 발휘하도록 교육 대상자를 학습시키고 그 구체적인 내용과 방법을 지도하는 것이다.

① ㄱ, ㄴ   ② ㄷ, ㄹ   ③ ㄱ, ㄷ, ㄹ
④ ㄴ, ㄷ, ㄹ   ⑤ ㄱ, ㄴ, ㄷ, ㄹ

정답 ③

14 대국민 영양교육의 근간이 되는 국민 건강증진 및 질병 예방을 위한 정책 관련 법과 주관부서의 연결이 옳지 않은 것은? 기출문제

① 국민건강증진법 – 보건복지부   ② 초·중등교육법 – 교육과학기술부
③ 국민영양관리법 – 보건복지부   ④ 어린이식생활안전관리특별법 – 농림수산식품부
⑤ 식생활교육지원법 – 농림수산식품부

정답 ④

15 다음은 영양교육에서 행동 변화의 단계를 나타낸 그림이다. 행동 수정에 대한 자신감 고취를 위하여 자아효능감 증진 방법을 쓰기에 가장 적당한 시점(㉠~㉢)과 (가)와 (나)에 들어갈 요인으로 옳은 것은? 기출문제

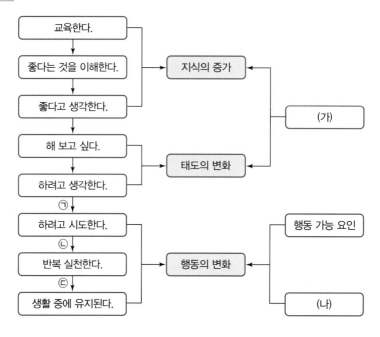

적정 시점		(가)	(나)
①	㉠	식행동 변화를 위한 기술개발 요인	식사환경 변화를 위한 요인
②	㉡	식행동 변화를 위한 기술개발 요인	긴깅한 식행동 능력배양 요인
③	㉡	식행동 변화를 위한 동기부여 요인	식행동 변화 지속을 위한 강화 요인
④	㉢	식행동 변화를 위한 동기부여 요인	식행동 변화 지속을 위한 강화 요인
⑤	㉢	식행동 변화 가능성 강화 요인	의지와 신념의 변화를 위한 주변인의 지지 요인

정답 ③

16 초등학교에 신규 임용된 영양교사가 학생들의 건강 증진을 위한 영양교육을 실시하기 위해 다음과 같이 준비를 하였다. 영양교사는 해야 할 일들의 목록을 적고 성격상 같이 해야 할 일을 그룹으로 묶어 보았다. 다음 중 할 일이 순서대로 잘 정리된 것은? 기출문제

> 보기
> ㄱ. 영양문제 선정
> ㄴ. 영양문제 발견
> ㄷ. 기존의 영양서비스 평가 및 대상의 요구 파악
> ㄹ. 영양중재 방법의 선택
> ㅁ. 평가 계획
> ㅂ. 영양교육의 활동 설계

① 계획(ㄴ-ㄷ) → 진단(ㄱ-ㄹ-ㅁ-ㅂ) → 실행 → 평가
② 평가(ㅁ) → 진단(ㄱ-ㄴ-ㄷ) →계획(ㄹ-ㅂ) → 실행
③ 진단(ㄱ-ㄴ-ㄷ) → 계획(ㄹ-ㅁ-ㅂ) → 실행 → 평가
④ 계획(ㄱ-ㄴ-ㄷ) → 진단(ㄹ-ㅂ) → 실행 → 평가(ㅁ)
⑤ 진단(ㄴ-ㄷ) → 계획(ㄱ-ㄹ-ㅁ-ㅂ) → 실행 → 평가

정답 ⑤

17 외식빈도가 높은 청소년들을 대상으로 하는 영양교육 실시 과정의 순서를 〈보기〉에서 골라 바르게 나열한 것은? 기출문제

> 보기
> ㄱ. 영양교육 활동을 설계하고 교안을 작성한다.
> ㄴ. 건강에 좋은 외식을 유도하는 영양교육을 실행한다.
> ㄷ. 외식빈도가 높은 이유 및 관련된 요인들을 분석한다.
> ㄹ. 건강에 좋은 외식을 하는 횟수 등으로 효과를 평가한다.
> ㅁ. 외식빈도를 줄이고 건강에 좋은 외식을 하기 위한 목표를 설정한다.

① ㄱ-ㄷ-ㅁ-ㄹ-ㄴ   ② ㄱ-ㅁ-ㄴ-ㄷ-ㄹ
③ ㄷ-ㄱ-ㅁ-ㄹ-ㄹ   ④ ㄷ-ㅁ-ㄱ-ㄴ-ㄹ
⑤ ㅁ-ㄹ-ㄱ-ㄷ-ㄴ

정답 ④

18 다음은 초등학교 5학년 A와 가족 간의 대화이다. A의 올바른 식행동에 행동강화 요인으로 작용한 사람을 모두 고른 것은? 기출문제

A	엄마, 냉장고에 콜라가 없네요?
엄마	응, 사다 놓는 걸 깜빡했어.
언니	콜라나 사이다 같은 탄산음료는 뼈에 좋지 않아.
A	난 그래도 콜라가 좋아.
언니	키가 크려면 콜라 대신 우유를 마시는 것이 좋지.
엄마	네 친구 B는 요즈음 키가 많이 컸지? 우유를 잘 마신다고 B 엄마가 자랑하더라.
A	그래요? 난 B보다 더 크고 싶으니까 이제부터 콜라 대신 우유를 마실게요.
엄마	그러면 엄마가 콜라 대신 우유를 사다 놓을게.
	⋮
엄마	애들아, 우유 사 왔다. 한 컵씩 마시자.
A	아, 맛있다.
아빠	잘했어. 우리 딸 키가 많이 크겠네.
엄마	우유를 마셔서 키가 커지면 멋져 보일 거야.
A	그렇겠죠? 앞으로는 우유를 매일 마실 거예요.

① 엄마　　　　　② 아빠　　　　　③ 언니, 엄마
④ 엄마, 아빠　　　⑤ 언니, 엄마, 아빠

정답 ④

19 C 초등학교 보건교사가 학교 간호 과정의 4단계를 적용하여 건강증진사업을 운영하였다. (가)의 활동에 해당되는 내용으로 옳은 것은? 기출문제

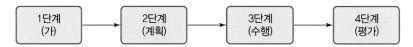

① 학부모에게 부모 교육용 뉴스레터를 매주 발송하였다.
② 사업 요구도를 파악하기 위해 학교건강검사 결과를 분석하였다.
③ 사업 실시 후 학생들의 체지방 및 체중 변화 정도를 분석하였다.
④ 학생들의 식습관과 생활습관을 교정하기 위하여 행동수정 요법을 실시하였다.
⑤ 소재지 보건소에 의뢰하여 학생들에게 식이처방과 운동처방을 받게 하였다.

정답 ②

20 다음은 교사들의 대화 내용이다. 다음의 내용 중 옳지 않은 것은? 기출문제

김 교사	2009 개정 교육과정에서 기술·가정 교과와 관련된 내용에는 어떤 변화가 있나요?
이 교사	개정교육과정에서는 교과군이 도입되었는데 (ㄱ) 중학교 기술·가정은 과학/기술·가정교과군으로 편제되어 있어요. 현행교육과정과는 달리 (ㄴ) 교과군의 시간배당은 연간 34주를 기준으로 한 3년간의 기준수업 시수를 제시하고 있어요.
최 교사	학생의 학기당 이수 교과목 수를 8개 이내로 편성하도록 하고 있어, (ㄷ) 학교에 따라 기술·가정 교과의 이수학년과 학기가 다를 수 있어요.
김 교사	고등학교에는 어떤 변화가 있나요?
박 교사	(ㄹ) 고등학교는 공통 교육과정과 선택 교육과정으로 편성되어 있어요. 기술·가정 교과는 생활·교양 교과 영역에 편성되어 있는데 (ㅁ) 선택 과목으로 기술·가정, 가정과학 등이 있어요.

① ㄱ   ② ㄴ   ③ ㄷ
④ ㄹ   ⑤ ㅁ

정답 ④

21 건강증진 PRECEDE—PROCEED 모형에 따라 학생들의 흡연과 금연에 영향을 미치는 내용들을 사정하였다. 사정된 내용에 따라 각 요인이 바르게 짝지은 것은? 기출문제

① 동기부여요인—생활지도부에서 흡연 학생에게 교내 봉사 활동을 하도록 하는 교칙이 있다.
② 행동가능요인—청소년에 대한 담배 판매 금지 규정이 있어 담배를 구입하기가 어렵다.
③ 행동가능요인—TV의 드라마나 영화 등에서 유명 배우들의 흡연 장면이 자주 방영된다.
④ 행동강요요인—학생들은 흡연이 폐암의 원인이라는 것을 알고 있다.
⑤ 행동강요요인—영양교사가 학교 가까이에 있는 보건소 금연 프로그램의 무료 금연침에 관한 정보를 제공해 주었다.

정답 ②

22 아래 표는 학교급식 및 영양교육과 관련된 시기별 중요 내용을 정리한 표이다. 빈칸의 (1)~(5)에 해당하는 역사적 사실을 보기에서 고르면? 기출문제

연 대	구 분	내 용
1953~1972	구호급식기	전쟁고아, 극빈아동을 위한 UNICEF, CARE에 의한 구호급식
1973~1977	자립급식기	(1)
1978~1981	제도확립기	(2)
1982~1989	관리체계 전환기	(3)
1990~1995	제도 확충 및 확대기	(4)
1996~2000	전면확대기	전국 초등학교에 급식 전면 확대
2001~2007	운용체계 다변화기	(5)
2008~현재	영양교사기	영양교사에 의한 영양교육과 급식의 진행

보기
가. 중·고등학교까지 전면 확대 실시
나. 정부와 학부모의 자력으로 도서 벽지와 도시의 극빈자 대상으로 빵 급식
다. 학교급식위원회의 구성과 학교조리와 공동조리 시행
라. 학교급식법에 의한 체계적 급식으로 정착 발전
마. 학교급식법 제정

	(1)	(2)	(3)	(4)	(5)
①	마	나	라	다	가
②	나	다	마	라	가
③	다	마	나	라	가
④	나	마	라	다	가
⑤	나	다	라	마	가

정답 ④

CHAPTER 02

식생활의 변화와 영양권장·출납법

영양교육을 하는 데 있어 현재 대한민국 국민의 식생활 특징을 미리 아는 것은 지피지기知彼知己적 관점에서 중요하다. 또한 영양교사들이 주로 대하게 될 아동기와 청소년기 학생들의 특징은 임용고시 준비뿐만 아니라 영양교사가 된 이후를 위해서도 미리 알아 둘 필요가 있다. 영양소 섭취기준과 영양출납법은 영양교육에서 매우 중요한 자료이며 도구이다. 특히 영양소 섭취기준은 식품영양학의 모든 영양학 과목과 급식 과목에 연결되어 있을 정도로 중요한 위치를 차지하고 있다. 영양학과를 졸업한 학생들에게 이 부분의 중요성을 계속 강조하는 것은 잔소리로 들릴 수 있으나, 몇 가지 체크해야 하는 중요한 내용들을 소개하고 다음 장으로 넘어가도록 하겠다.

1 식생활의 변화

식생활은 인간에게 가장 필요한 의식주 중 하나이다. 인간은 좋든 싫든 간에 세상에 태어나면서부터 죽는 순간까지 대체로 매일 아침, 점심, 저녁의 세끼를 자발적으로 섭취하고 있다. 식생활은 안전을 위해 보수적인 면을 갖고 있으면서도 다른 외부환경에 영향을 받아 변하는 모습을 보이기도 한다. 식생활에 영향을 미치는 것으로는 사람의 생애주기와 지역·경제적 위치, 교육 정도와 주위 동료 등이 있다.

1) 식생활에 영향을 미치는 요인

현재 우리의 식생활에 영향을 미치는 요인 중 중요한 것들을 정리하면 다음과 같다.

① **외국 수입 농작물과 수입식품의 증가** : 이전에 비해 외국에서 많은 수입 농작물과 식품이 들어오고 있다. 그 결과 이전과 비교해서 우리의 식생활은 많은 부분이 서구화되고 풍족해졌다. 이런 변화는 1960년 이후부터 40년 만에 급격하게 이루어졌으며, 지금도 빠르게 변하고 있다. 이런 식생활의 서구화는 이전에 나타나지 않던 질병과 체형 변화를 가져오는 등 일부 나쁘게 나타나고 있다.

② **새로운 식품가공 기술의 발달과 소개로 인한 변화** : 식품가공 기술과 저장 기술이 발달되면서 우리 주위에서 접하게 되는 식품의 패턴도 바뀌고 있다. 과거에는 조리한 조리식품을 접하게 되는 경우가 많았으나 현재는 가공식품의 소비가 조리 식품의 소비를 앞지르고 있는 상황이다. 우리가 소비하는 음료, 물뿐만 아니라 간식, 우유, 빵 등 모든 것이 대량 가공 생산된 것들로 대체되고 있으며 최근에는 급식에서도 가공제품을 간단하게 데우기만 하여 공급하는 경우가 늘어나고 있다. 시장에 새롭게 나타난 라면, 참치캔, 3분 요리, 즉석밥 등은 식생활 전반에 커다란 반향을 일으키면서 우리 식생활과 생활 패턴에 영향을 미치고 있다. 가공식품의 소비 증가로 인해 불필요한 첨가물의 소비 증가, 획일적 영양소 공급, 불균형한 영양소의 공급과 같은 문제점이 대두되고 있다.

③ **쏟아지는 식품의 홍수** : 새로운 과학기술은 식재료의 증산을 가져왔고, 이를 통해 우리는 수많은 식품을 싼 값에 소비할 수 있게 되었다. 세계적인 가공회사들이 자국의 제품을 속속 우리나라에 소개하고, 경쟁적으로 외식업체들이 만들어지고 있는 지금을 음식의 홍수상태라고 해도 절대 이상하지 않다. 식품회사들은 '하나 사면 하나 더', '50% 할인', '점심시간 세트 메뉴' 등의 다양한 방법으로 소비자들에게 음식의 구매와 소비를 강요하고 있다. 또한 공급되는 음식의 패키지도 커지고 있어서 쉽게 영양 과잉 상태에 빠지게 된다. 그 결과 이전에 비해 국민들의 비만도가 증가하고, 비만에서 오는 합병증의 발병 역시 증가하고 있는 상황이다.

④ **가족 구성의 변화와 주택 구조의 변화** : 과거 대가족이었던 가족 구성 체계는 핵가족화를 거쳐 오늘날에는 개인 가족화되어 가고 있다. 1년 주기로 식품을 소비하던 패턴은 1주일 주기로 바뀌어 식품 선택에 대한 자유와 사용 시간이 늘어나게 되었다. 저장을 위해 식품을 가공하던 패턴은 현재 신선한 식재료를 쉽게 일 년 내내 구할 수 있게 되어 구입 후 바로 조리하여 먹는 형태로 변화되었고, 냉장고의 보급으로 식재료를 신선하게 저장하고 먹는 패턴으로 바뀌었다. 과거 각 가정에서 담가 먹던 김치, 간장, 된장과 같은 발효식품 역시 지금은 대부분 전문 가공업체에서 가공한 제품이 유통되고 있다. 이런 일련의 변화를 통해 식재료와 식품에 들어가는 비용 증가와 식품 조리를 위한 시간이 줄어드는 모습이 나타나고 있다.

⑤ **여성의 사회 진출 증가와 의식 변화** : 과거 일본에서는 식칼을 놓는 일본 여성에 대한 비판을 담은 책이 출판되어 큰 반향을 일으킨 적이 있다. 그 내용은 더 이상 일본 여성들이 부엌에서 음식을 하기 위해 칼을 들지 않고, 사회 진출을 통해 부엌에 있는 시간이 줄어들고 있다는 것이다. 그 결과 전통적인 일본의 식생활이 급격히 무너지고 있으며, 이로 인해 아이들의 식습관 역시 급격히

산업화·서양화되고, 여러 사회적 문제가 대두되고 있다는 내용이었다. 저자는 이를 고치기 위해 여성들이 다시 부엌으로 돌아가야 한다고 결론을 내리며 책을 마무리 지었다. 이 책은 일본 여성단체에 큰 논란의 불씨를 던져 많은 비판을 받았다. 산업화는 식생활에 많은 영향을 주어 식품에 사용할 시간을 줄이고, 개인적으로 소비하게 하고, 같이 식사하는 가족의 모습을 사라지게 했으며, 외식에 대한 의존도가 높아진 식생활을 갖게 하였다.

개인적으로 부엌을 지키는 일은 중요하지만 어려운 일이라 생각한다. 이런 부엌의 역할을 해야 하는 곳이 학교급식소 같은 단체급식소이다. 급식소마저 칼을 놓는다면 상상만 해도 끔찍한 세상이 될 것이다. 사람들이 칼을 들고 있는 것은 경제적으로 볼 때 비효율적이다. 급식소에서 사람이 칼을 들고 있기 위해서는 그만큼 많은 사람이 필요하다. 기계로 대신하면 일은 금방 쉽게 끝날 것이다. 하지만 식품은 문화이다. 고급 문화는 사람의 손에서 나오지 기계에서 나올 수 없기에 우리는 지금도 직접 만든 음식을 그리워하고 또 찾고 있는지도 모른다.

위의 5가지 요인 외에도 현재 사회적 여러 현상들이 식생활에 많은 영향을 주고 있고, 이를 올바른 방향으로 진행시키기 위해 영양교육은 꼭 필요하다. 이 책을 읽는 여러분 스스로가 현 식생활에 대한 문제의식을 갖고, 원인을 찾고, 해결책을 강구하고, 마지막으로 이를 어떻게 교육시킬 것인지에 대해 고민해 보았으면 한다.

2) 아동·청소년기 학생의 식습관에 영향을 미치는 요인

유치원과 초등학교를 다니는 아동기와 중·고등학교를 다니는 청소년기의 식습관은 평생 동안 영향을 주기 때문에 매우 중요하다. 이 시기에 식습관을 제대로 형성시켜 주는 올바른 영양교육은 다른 시기의 계층에게 하는 것보다 그 효과가 더 크다. 아동기와 청소년기에는 주위 환경에서 오는 영향력이 매우 커서 자신이 좋아하는 스타가 TV에서 광고하는 CF 제품 등을 큰 비판 없이 섭취하는 성향이 있고, TV 드라마나 영화에 나오는 스타들의 모습을 무분별하게 따라하기도 한다.

아동기의 아이들에게 가족의 잘못된 식습관과 편식은 직접적으로 식습관 형성에 영향을 미친다. 아이들은 생애주기적으로 체구에 비해 상대적으로 많은 영양소를 필요로 하나 소화능력이 약하여 세끼와 더불어 간식을 자주 먹을 필요성이 있다. 너무 긴 식사 간격은 공복감과 그 후의 과식으로 연결되고, 짧은 간격은 식욕 저하로 이어질 수 있다. 따라서 알맞은 식사 간격이 매우 중요하다. 이때는 호기심과 주위의 사물에서 오는 정보의 수용성이 가장 좋은 시기로 학교에서의 학급활동, 친구와의 관계와 대화 등을 통해 새로운 지식과 감정적 교감이 주는 영향력이 매우 크다.

또한 아직 의지력이 완성되지 않은 시기로 편식을 고치거나 교육 내용대로 하기에는 시간과 계속적인 교육과 관찰이 필요하다. 올바른 식습관을 아동기에 갖느냐 못 갖느냐는 그 후 아이들의 건강, 인성과 인지 능력, 학업 성취도 등에 크게 영향을 미치는 것으로 나타나 있다. 부모님과의 식사시간이 과거에 비해 크게 줄어든 현재의 아이들에게 학교에서 하는 영양교육의 중요성은 더욱 중요해지고 있다.

청소년기는 아이에서 성인으로 옮겨가는 시기로 신체적 변화가 크고, 정서적으로 가장 예민하다. 또한 식품의 선택에 대한 결정권이 과거 아동 시기에 비해 커져 과도한 다이어트로 인한 결식, 불규칙한 식사, 정크푸드junk food와 인스턴트·패스트푸드 섭취 증가 등으로 인해 성장기 신체에 나쁜 영향을 미치는 경우가 많다. 과거에는 과도한 학업 때문에 아침을 굶고 등교하거나 늦게까지 공부하여 저녁을 부실하게 먹는 경우도 많았다. 이런 청소년기 식습관은 성인기까지 영향을 미친다는 통계 분석 결과도 있다. 이 시기에 일찍 흡연이나 술을 배우는 학생들에게는 적극적인 교육을 통해 올바른 판단을 할 수 있도록 도와주어야 한다. 그림 2-1은 아동기와 청소년기의 주위 상황과 식습관과의 관계를 요약한 것이다.

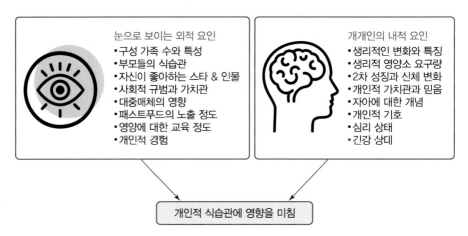

그림 2-1
아동기와 청소년기의 주위 상황과 식습관의 관계

2 영양소 섭취기준

영양소 섭취기준Recommended dietary allowances은 인간이 건강을 유지하고 생활과 생산 활동을 원활하게 유지하기 위해 하루에 섭취해야 하는 바람직한 칼로리와 각종 영양소요량을 연령별, 성별, 임신기와 수유기별로 나누어 표시한 것이다. 생리적인 면에서 최저 한도로 필요한 영양 필요량에 안전율을 감안하여 영양소를 알맞게 섭취하는 것을 권장하고 있다. 영양소 섭취기준은 영양교육을 비롯하여 영양학, 단체급식, 식이요법 등에서 매우 중요한 부분을 차지한다. 이 내용은 다른 과목에서 이미 충분히 설명하고 있기 때문에 본 장에서는 그냥 넘어가도록 하겠다.

3 영양출납법

영양출납법Nutritional accounting이란 피교육자가 하루에 먹은 식품의 종류와 양을 일정한 양식과 분류에 따라 표시하는 것이다. 일반적으로 하루에 먹은 식품을 식품 분류법에 따라 분류하여 일정한 형식으로 만든 다음, 종류와 양을 빠짐없이 적어 식사 내용이 영양 면에서 균형적이었는지를 알아보는 방법이다. 쉽게 말해 피교육자의 하루 영양출납 상태를 간단하게 기재하는 것이다.

영양출납법을 작성하는 방법은 우선 섭취하는 식품을 식품분류법에 따라 나눈다. 1인 1일의 평균량과 총사용량을 기입하고 실제 급식 인원수를 기입하여 1인 1일의 양을 산출한다. 총사용량과 순사용량을 1주일 단위로 집계하여 1인 1일 섭취량을 산출한다. 이를 통해 1인 1일당 순사용량과 영양섭취량을 산출한다. 식품분석표를 사용하여 영양섭취량을 산출한 다음, 급여 영양기준량과 비교하면 된다.

영양출납법을 통해 우리는 대상자들의 급여 영양 상태를 정확하게 알 수 있다. 또한 영양권장량과 비교하여 공급되는 영양이 과한지 부족한지 역시 정확하게 알 수 있다. 이 방법은 단체와 개인 모두에게 적용할 수 있으며, 현재 다양한 용도로 사용되고 있다.

문제풀이

01 다음 표는 50세인 박 교사의 건강검진 결과지이다. 그는 특별한 질환은 없으나 정상 범위를 벗어난 몇 가지 검사 항목으로 인하여 걱정을 하고 있다. 박 교사는 현재 하루 한 갑 정도의 담배를 피우고, 술과 커피는 마시지 않는다.

항 목	측정치	정상 범위
비만도(kg/m^3)	29	19~24
혈압(mmHg)	140/90	140/90 미만
총콜레스테롤(mg/dl)	250	160~220
중성지방(mg/dl)	200	50~150
고밀도 지단백(mg/dl)	32	40~70

위의 검사 결과를 근거로, 발생 가능한 만성질환을 예방하기 위하여 박 교사에게 필요한 건강관리 내용을 식생활과 생활양식을 중심으로 4가지만 쓰시오. 기출문제

① : _____

② : _____

③ : _____

④ : _____

해설 영양판정과 식사요법, 영양교육이 아주 적절히 혼합되어 있는 문제이다. 위의 객관적 측정 수치를 통해 보았을 때 박 교사는 비만 상태에 빠져 있다. 그는 총콜레스테롤과 중성지방의 수치가 높으므로 동물성 단백질의 섭취를 줄이고 야채와 과일의 섭취를 늘려야 한다. 과식은 금하고 소식과 규칙적인 식사를 하여야 한다. 생활양식적으로는 꾸준하고 규칙적인 운동을 시작하고, 담배를 끊을 것을 권하여야 한다.

02 영양교사로서 영양교육을 원활하게 진행하기 위해서는 학생들의 식생활 패턴에 대한 분석이 선행되어야 한다. 몇십 년 전과 달리 현재 학생들의 식생활 패턴에는 많은 변화가 생겼다. 현재 학생들이 겪고 있는 식생활 패턴에 영향을 미치는 요인들을 5가지만 적으시오.

① : _____

② : _____

③ : _____

④ : _____

⑤ : _____

해설 본문 내용을 참고하여 현재 청소년들의 식생활 패턴에 어떠한 요인들이 영향을 주는지 적어 본다.

03 지난 수십 년 동안 대한민국의 식생활 패턴에는 많은 변화가 있었다. 초·중·고 학생들의 식생활 패턴 역시 예외는 아니다. 식생활의 변화로 인해 학생들의 체격이 서구화되고, 키와 체중이 몰라보게 증가되었다. 그와 함께 비만이나 성인병의 발병이 증가하고 사춘기가 빨리 오는 것과 같은 변화도 생겼다. 이런 청소년들의 변화의 원인이 된 요인들을 5가지 적고 설명하시오.

① : _____

② : _____

③ : _____

④ : _____

⑤ : _____

해설 현재 우리나라 청소년들은 우유와 같은 서양식 단백질의 공급과 운동 부족 등 다양한 식품적 요인에 의해 외형적·내형적 변화를 받고 있다.

04 다음 〈보기〉에서 우리나라 영양교육과 영양정책의 변화에 대한 설명으로 옳은 것만을 모두 고른 것은? 기출문제

> 보기
> ㄱ. 고려시대에는 중앙에 어찬을 바치는 상식국(尙食局)이 있었고, 의녀(醫女)를 두어 부인들의 진찰과 환자식의 조리에 관여하도록 하였다.
> ㄴ. 조선시대에는 식의(食醫)가 있었는데 오늘날 영양사와 비슷한 임무를 맡아 하였다.
> ㄷ. 조선시대 구황본초(救荒本草)나 산림경제(山林經濟)와 같은 책 속에는 구황식품에 관한 것뿐 아니라 일종의 식사요법에 관한 내용들도 포함되어 있었다.
> ㄹ. 우리나라에 영양사 면허제도가 처음으로 법제화된 것은 1964년이다.
> ㅁ. 1995년 국민건강증진법의 제정으로 국민영양조사가 국민건강영양조사로 확대 개편되었다.

① ㄱ, ㄴ, ㄷ   ② ㄱ, ㄷ, ㄹ   ③ ㄱ, ㄹ, ㅁ
④ ㄴ, ㄷ, ㄹ   ⑤ ㄴ, ㄷ, ㅁ

정답 ⑤

05 우리나라에서 영양교육이 필요한 이유를 설명한 것이다. 맞는 것을 〈보기〉에서 모두 고른 것은? 기출문제

> 보기
> ㄱ. 식생활로 인한 감염성 질환의 사망률이 증가하고 있다.
> ㄴ. 인구의 고령화로 건강 수명의 연장을 위해서는 식생활 관리가 필수적이다.
> ㄷ. 질병의 주요 위험 요인인 그릇된 식생활이 만성퇴행성 질환의 유병률을 증가시키고 있다.
> ㄹ. 가사 노동의 사회화로 외식, 편의식, 가공식품의 소비가 증가하면서 영양정보가 필요하게 되었다.

① ㄱ, ㄴ   ② ㄷ, ㄹ   ③ ㄱ, ㄴ, ㄷ
④ ㄴ, ㄷ, ㄹ   ⑤ ㄱ, ㄴ, ㄷ, ㄹ

정답 ④

CHAPTER 03

교수설계법

영양교육을 진행함에 있어 교수설계법은 가장 기본적인 내용이다. 교수설계란 어떻게 준비하고, 어떻게 계획을 세우고, 어떻게 가르치고 평가할 것인지에 대한 전체적인 계획을 세우는 것이다. 여기서 세워진 계획을 토대로 해서 세부적인 내용이 하나하나 구성된다. 영양교육에 대한 확실한 교수설계법이 따로 제시되어 있지 않은 상황에서 일반적으로 사용되는 교수설계법에 대해 체크해 보도록 하자.

1 교수설계의 정의

교수instruction란 영양교사가 영양교육을 진행하기 위해 시행하는 수업 준비, 계획, 실행과 평가와 같은 일련의 교육 진행 과정을 총괄하는 단어이다. Reigeluth는 "교수설계란 교수과정을 이해하고 개선하는 데 관심을 두고 있는 학문 분야로 설계의 목적은 기대하는 교육목표를 이루기 위해 최적의 수단을 구상하는 것이고, 교수설계의 분야는 학습자의 지식과 기능 면에서 행동 변화를 가져오기 위한 최적의 교수 방법을 처방하는 데 관심을 가지고 있는 분야"라고 정의하였다.

교수설계는 거시적macro level 교수설계와 미시적micro level 교수설계로 구분하여 생각할 수 있다. 거시적 교수설계는 '무엇을 가르칠 것인가?'와 같이 넓은 범위에서 가르칠 내용의 선정에 관심을 갖고 교육체계와 교수체계를 개발하는 것을 목적으로 한다. 이에 비해 미시적 교수설계는 가르칠 내용을 미리 선정한 후 '어떻게 가르칠 것인가?'에 대해 고민하며 아이디어를 모으는 것이다. 즉 최적의 교수 방법과 교육매체 등이 무엇인가를 결정하는 과정이라고 할 수 있다.

2 교수설계 모형

원활하고 효율적인 교수설계를 진행하기 위해 여러 교육학자와 교육조직들은 교수설계를 하는 데 필요한 과정과 절차, 과제 등을 순서대로 또는 행위대로 분류하고 나열한 교수설계 모형을 제시하였다. 이는 교수설계를 함에 있어 안내와 지침의 기능을 한다. 여기서는 Glaser의 교수설계 모형, 한국교육개발원의 교수설계 모형, Gagne & Briggs의 교수설계 모형을 설명하고자 한다.

1) Glaser의 교수설계 모형

Glaser는 현대적인 교수설계 모형을 체계적으로 개발하여 처음 제시한 사람으로 수업이 진행되는 과정을 하나의 시스템으로 파악하였다. 그는 교수설계 과정이 4단계로 나누어진다고 설명하고 각 단계마다 필요한 구성요소 및 절차를 제시하였다.

① **학습목표 설정 단계** : 학습목표를 설정하는 것이다. 학습목표는 수업을 통해서 교육 대상자들이 이루어야 하는 성취행동을 말한다. Glaser는 이를 도착점행동terminal behavior이라고 용어를 바꾸어 사용하기도 했다. 도착점은 수업의 방향 설정, 수업 내용과 절차의 선정, 교육조직과 계열을 정하는 데 지침이 됨과 함께 학습 촉진과 학습평가기준의 역할도 한다.

② **출발점 행동의 진단** : 도착점에 가기 위해 출발점에서 준비해야 될 것을 의미한다. 출발점이라는 용어 역시 Glaser에 의해 처음 제시되었다. 학습을 진행하기 전 교육 대상자들의 선행학습 정도, 적성, 지능 등과 같은 인지적 요인과 학습동기, 요구, 자신감, 태도 등과 같은 정의적 요인을 미리 진단하는 것이다. 진단 결과를 통해 학습 결과를 예측하고, 진단 결과에서 나온 문제점은 미리 대처 방안을 마련하여야 한다. 출발점 행동의 진단은 학습을 위한 준비성의 개념과 비슷하다고 할 수 있다.

③ **수업활동** : 말 그대로 가르치고 배우는 수업활동을 진행하는 것이다. 이런 수업활동은 도입, 전개, 정리의 과정을 포함하고, 활동의 마지막에 평가를 실시하여 피교육자의 수업 이해도를 확인하고, 결과에 의해 수업을 수정한다.

④ **학습 성과의 평가** : 이 모형의 마지막 단계로 최초 설정한 도착점에 얼마나 잘 도달하였는지를 평가하는 것이다. 이는 교수와 수업활동의 전반적 상황에 대한 포괄적 평가로, 획득한 정보는 설정된 목표 수준의 도달 정도를 판단하는 데 이용되고, 다음 교수설계를 위한 기초 자료로 사용된다.

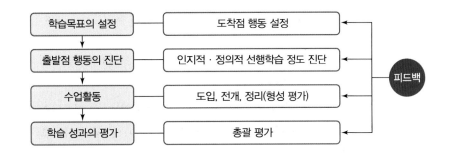

그림 3–1
Glaser의
교수설계 모형

2) 한국교육개발원의 교수설계 모형

한국교육개발원Korean Educational Development Institute ; KEDI에서 1973년 개발하여 제시한 교수설계 방법이다. Glaser의 방법을 기본 골격으로 하여 수정 발전시켰다. 이 모형은 그림 3-2와 같이 5단계로 나누어진다.

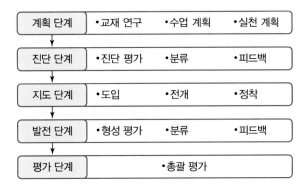

그림 3–2
한국교육개발원의
교수설계
일반 모형

3) Gagne & Briggs의 단위수업을 위한 수업 사태별 설계 절차

앞의 두 가지 모형은 일반적이고 거시적인 설계 모형이다. 따라서 세부적인 단위 수업의 체계적 설계에는 적용하기 어렵다. 이를 위해 Gagne & Briggs는 미시적 수준의 교수설계 모형을 제시하였다. 이는 9단계로 구성되는 체계적인 설계 모형으로, 피교육자의 내적 인지 과정에 맞추어 9가지로 수업사태로 나누어 설명한다. 여기서 수업사태란 단위수업의 전개 절차를 말하는 것이다. 이 수업사태는 경우에 따라 순서를 바꾸거나 생략할 수 있는 것으로, 이 모형에서 제시하는 수업사태는 어느 정도의 계열성을 띠고 있다.

① **주의포착 단계** : 피교육자에게 주의 집중을 하도록 만든다.
② **학습목표 명시 통보 단계** : 이번 수업 혹은 교육을 통해 얻고자 하는 학습목표를 알려 준다.

③ 선수학습의 재생 단계 : 이전 수업을 통해 습득한 교육 내용 중 이번 수업의 학습목표를 이루는 데 도움이 되는 내용을 다시 복습시킨다. 선수학습 요소란 이루고자 하는 학습목표의 성취에 도움이 되는 지식과 기능 중 사전에 획득되어 있는 것을 말한다.

④ 자극 자료의 제시 단계 : 학습목표와 관련된 교재 내용 및 정보를 보조해 주는 다른 정보와 자료를 말한다. 여기서는 교육 대상자의 정보처리능력, 과제의 양과 난이도 등을 고려해야 한다.

⑤ 학습 안내 및 지도 : 교육 대상자의 사고와 탐구의지를 자극하기 위해 질문을 하고 단서와 암시를 주는 것이다. 이를 통해 교육 대상자는 더 적극적으로 학습에 참여하게 된다.

⑥ 성취행동의 유발 단계 : 교육을 통해 배운 지식이나 기능을 외부로 표현하고픈 욕구가 생기게 하고 그 욕구를 충족시킬 수 있는 기회를 주는 것을 말한다. 성취행동으로는 연습문제풀이, 숙제, 수업시간 중의 질문에 대한 대답 등과 같이 매우 다양한 패턴이 있다.

⑦ 피드백 제공 단계 : 교육 대상자의 교육 내용에 대한 성취 수행은 주어진 질문에 대한 반응에 피드백이 제공될 때 강화된다. 즉 수업 중 제시된 문제에 대한 정답, 시험에 대한 결과, 제출 보고서에 대한 채점과 같은 피드백이 필요하다.

⑧ 성취 수준의 평가 단계 : 수업을 통해 얻은 교육 대상자의 학습 결과를 평가하고 제시하는 과정이다. 이 과정에서 교육 대상자의 부족한 점을 체크하고 보완시켜 주려는 노력이 필요하다.

⑨ 파지와 전이를 유지하는 단계 : 파지는 학습한 내용을 기억하는 것, 전이는 학습한 내용을 다른 문제 상황에 적용하는 것을 말한다. 파지와 전이를 높이기 위해서는 교육 대상자가 잘못 이해하고 있는 부분을 복습 및 수정, 검토하게 해 주어야 한다.

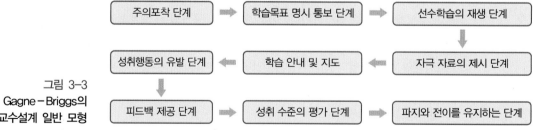

그림 3-3
Gagne-Briggs의
교수설계 일반 모형

문제풀이

01 다음은 가네(R. Gagne)와 브리그스(L. Briggs)의 '단위 수업을 위한 9가지 수업 사태'를 근거로 하여 설계한 '나트륨 줄이기'의 교수·학습 활동이다. ㉠~㉢에 해당하는 단계를 순서대로 쓰고, ㉡ 단계에 해당하는 교수·학습 활동을 1가지만 쓰시오. [5점] 영양기출

수업 사태	교수·학습 활동
주의 집중	'나트륨 줄이기' 관련 동영상 자료를 보여 준다.
학습목표 제시	'식품의 나트륨 함량을 알고, 나트륨 함량이 적은 식품을 선택할 수 있다'로 학습목표를 제시한다.
㉠	'나트륨 줄이기' 학습을 위해 필요한 지식을 상기시킨다.
자극 자료 제시	여러 가지 식품을 보여 주며 식품의 나트륨 함량을 알려 준다.
학습 안내 제공	• 식품의 '영양 표시'에서 나트륨 함량을 찾도록 안내한다. • 여러 가지 식품을 나트륨 함량이 적은 식품과 많은 식품으로 나누어 보도록 안내한다.
수행 유도	여러 가지 식품 중에서 나트륨 함량이 적은 식품을 선택하도록 한다.
㉡	( )
수행평가	학습목표 성취도를 확인하기 위하여 학생들에게 식품의 나트륨 함량 관련 퀴즈를 풀게 한다.
㉢	• 식품의 나트륨 함량에 대해 다시 알려 준다. • 배운 내용을 토대로 식사 일지에서 나트륨 함량이 많은 식품을 적은 식품으로 바꿔 보는 활동을 수행하게 한다.

㉠~㉢에 해당하는 단계 _____

_____

㉡ 단계에 해당하는 교수·학습 활동 _____

02 다음은 ○○농업생명과학고등학교 신규 교사와 수석 교사가 학교 농업교육과정을 개발하기 위해 나눈 대화 내용의 일부이다. 작성 방법에 따라 서술하시오. [4점] 유사기출

신규 교사	수석 선생님, 제가 맡은 '수산 식품 가공' 과목의 학교 농업교육과정을 개발하려고 하는데 어떻게 해야 하는지 생각보다 막막합니다. 어디서부터 시작해야 할지 모르겠어요.
수석 교사	학교 농업교육과정을 개발하는 과정은 일반적으로 계획, 설계, 운영, 평가 단계를 거치게 됩니다. 첫 번째 계획 단계에서는 (㉠)와/과 목표 설정을 수행해야 합니다. 특히 (㉠)은/는 교육과정을 개발할 때 교육 목표를 설정하기 전에 반드시 수행하는 활동입니다. 따라서 우리도 본교의 실정에 맞게 이를 먼저 수행하고, 그 결과에 기반하여 목표를 설정해야 합니다.
신규 교사	그럼 두 번째 설계 단계에서는 무엇을 해야 하나요?
수석 교사	설계 단계에서는 먼저 교육 내용의 선정과 조직을 수행해야 합니다. 그런데 '수산 식품 가공' 과목은 2015 개정 교육과정에서 (㉡)(으)로 분류되어 있기 때문에 우리나라 고용노동부에 의해 개발된 국가직무능력표준을 기반으로 하여 교육 내용을 선정하고 조직해야 합니다.
신규 교사	그렇군요.

… (하략) …

작성 방법
• 괄호 안의 ㉠에 해당하는 활동을 쓰고, 그 활동 수행의 목적 1가지를 서술할 것
• 괄호 안의 ㉡에 해당하는 명칭을 쓰고, ㉡의 경우 밑줄 친 내용과 같이 수행해야 하는 이유를 서술할 것

㉠에 해당하는 활동과 활동 수행의 목적 1가지 _____

_____

㉡에 해당하는 명칭과 밑줄 친 내용과 같이 수행해야 하는 이유 _____

_____

03 Gagne & Briggs의 단위수업을 위한 수업 사태별 설계 모형은 세부적인 단위수업의 체계적 설계에 적용되는 모델로 총 9단계로 구성된다. 각 단계의 명칭과 단계 설명을 담은 아래 표를 완성하시오.

단계	설명
주의포착	피교육자에게 주의 집중을 하도록 만드는 단계이다.
학습목표 명시 통보	①
선수학습의 재생	②
③	학습목표와 관련된 교재 내용 및 정보를 보조해 주는 다른 정보와 자료를 제시하는 단계이다.
학습 안내 및 지도	④
⑤	교육을 통해 배운 지식을 피교육자가 외부로 표출할 수 있게 기회를 주는 단계이다.
결과에 대한 피드백 제공	⑥
⑦	수업을 통해 얻은 교육 대상자의 학습 결과를 평가하고 제시하는 과정이다.
파지와 전이 유지	⑧

① : _____

② : _____

③ : _____

④ : _____

⑤ : _____

⑥ : _____

⑦ : _____

⑧ : _____

해설 본문 내용을 참고하여 하나하나 채워 가도록 하자.

04 Gagne & Briggs의 단위수업을 위한 수업 사태별 설계 모형은 세부적인 단위 수업의 체계적 설계에 적용되는 모델이다. 이 모델에 대한 설명으로 옳은 것은? 기출응용문제

> 보기
>
> 가 : 선수학습의 재생 단계란 이전 수업을 통해 습득한 교육 내용 중 이번 수업의 학습목표를 이루는 데 도움이 되는 내용을 다시 복습시키는 단계이다.
>
> 나 : 파지는 학습한 내용을 다른 문제 상황에 적용하는 것, 전이는 학습한 내용을 기억하는 것을 말한다.
>
> 다 : 수업 중 제시된 문제에 대한 정답, 시험에 대한 결과, 제출보고서에 대한 채점과 같은 내용 피드백이 필요한데, 이를 결과에 대한 피드백 제공 단계라고 한다.
>
> 라 : 교육 대상자의 사고와 탐구의지를 자극하기 위해 던지는 질문과 단서와 암시를 주는 것은 성취행동의 유발 단계에서 진행된다.

① 가, 다   ② 나, 라   ③ 가, 다, 라
④ 나, 다, 라   ⑤ 가, 나, 다, 라

해설 나 : 전이는 학습한 내용을 다른 문제 상황에 적용하는 것, 파지는 학습한 내용을 기억하는 것을 말한다.
라 : 교육 대상자의 사고와 탐구의지를 자극하기 위해 던지는 질문과 단서와 암시를 주는 것은 학습 안내 및 지도 단계에서 진행된다.

정답 ①

영양교육의 이론과 방법

영양교육의 중요성과 필요성을 느끼게 되었다면 이제 영양교육을 실시하여야 한다. 영양교육 역시 하나의 교육 과목으로, 원활하고 성공적인 교육을 위해서는 교육생들의 현실과 문제점을 정확히 파악하고 교육목표를 설정한 다음, 다양한 교육 방법 중 가장 적합한 것을 선택하여 교육해야 한다. 영양교육이론은 영양교육에서 가장 중요한 부분 중 하나로 심도 있게 공부하여야 한다. 실제 학교에서 진행되었던 다른 과목의 다양한 교육 진행 패턴을 다시 기억 속에 떠올려 정리하면서 접근하면 그리 어렵지 않게 공략할 수 있을 것이다.

1 영양교육의 이론

영양교육을 진행할 때는 어디로 진행할 것인지에 대한 교육관점, 어떻게 진행할 것인가에 대한 교육 방법 등이 필요하다. 우리는 이들을 영양교육의 이론이라고 한다. 좋은 교육 결과를 얻기 위해 많은 교육자들은 다양한 교육이론을 제시하였다. 영양교육은 보건교육의 일부분으로 건강을 보전함에 있어 예방적 관점에서 매우 중요한 면을 가지고 있다. 현재 제시되고 있는 여러 영양교육 이론은 실제로 보건교육 이론 중 한 가지인 경우가 대부분이다. Karen, Barbara와 Frances가 저술한 《Health Behavior and Health Education 3rd Edition》에는 여러 보건교육을 위한 이론이 개인individual, 개인 간interpersonal, 단체community and group의 3가지 관점으로 나누어져 있다.

다음 표 4-1은 이들이 분류한 교육 이론의 체계이다. 그들은 이 표와 같이 각 관점에 따라 교육 이론을 5개씩 제시하고 있다. 일반적으로 시중에 판매되는 영양교육 교재에 소개된 이론들은 한글로 통용되는 것을 적어 두었다. 위의 관점에서는 단체에 대한 이론도 존재하지만, 우리가 접하고 있는 이론은 주로 개인과 개인 간에 대한 교육이론에 집중되어 있다. 이는 영양교육이 개인 교육적인 면을 강하게 갖기 때문에 단체에 대한 이론 적용이 쉽지 않기 때문이라 생각된다.

표 4-1
보건교육 이론의
체계

관점	교육 이론
Individual Health Behavior	• The health belief model(건강신념모델) • The theory of reasoned action and the theory of planned behavior(합리적 행동이론과 계획적 행동이론) • The transtheoretical model and stage of change(행동변화단계 모델) • The precaution adoption precess model • Perspectives on intrapersonal theories of health behavior
Interpersonal Health Behavior	• How individuals, environments, and health behavior interact : Social cognitive theory(사회인지론) • Social networks and social support(사회적 지지) • Stress, coping, and health behavior • Social influence and interpersonal communication in health behavior • Perspectives on models of interpersonal health behavior
Community and Group Models	• Improving health through community organization and community building • Diffusion of innovations • Mobilizing organizations for health enhancement : Theories of organization change • Communication theory and health behavior change : The media studies Framework • Perspectives on Group, Organization, and Community interventions

1) KAB 모델 이론

KAB 모델Knowledge-Attitude-Behavior model 이론은 오래전부터 사용되어 오던 방법으로, 과거 교육 모델로 많이 채택되었다. 이 이론은 많은 올바른 정보knowledge를 습득시킬 경우, 정보 습득이 교육 대상자의 태도attitude의 변화를 가져오고 최종적으로 행동패턴behavior을 변화시킨다는 내용을 담고 있다. 과거 계몽운동 시절에 적용되던 교육이론이다. 이 교육이론을 적용하는 영양교육자들은 6대 영양소의 정의와 기능 등의 영양지식을 전달할 경우, 지식 습득 후 음식을 고르는 능력이 좋아지고 최종적으로 식생활 패턴의 변화가 자연스럽게 일어난다고 생각했다.

하지만 영양지식 습득이 식생활 패턴의 변화까지 다다르는 경우는 많지 않다. 식생활 패턴이 지식의 습득 유무에만 영향을 받는 것은 아니기 때문이다. 따라서 식생활패턴을 변화시키기 위해서는 지식의 습득 외에도 식생활 패턴을 변화시키겠다는 의지, 신념, 자신감과 행동요령 등 개인적 · 사회적 환경이 같이 따라 주어야 한다. 현대와 같이 민주화, 개인화, 정보화가 발전된 시기일수록 지식 외의 외부 요인이 식생활 패턴에 미치는 영향이 더욱 크므로 KAB 모델 이론 외에 다양한 모델이 제시되고 있다.

2) 합리적 행동이론과 계획적 행동이론

합리적 행동이론Theory of reasoned action에서 인간은 자신의 태도attitude와 주관적 규범subjective norm과 같은 행동의지behavioral intention만으로 자신의 행동 변화가 가능하다고 생각한다. 하지만 현실적으로 적용하기에 합리적 행동이론은 적합하지 않은 경우가 많다. 예를 들어 비만인 사람이 자신의 행동의지만으로 살을 빼기 위해 노력한다고 하더라도 그것이 현실화되는 것은 극히 어려운 일이다. 따라서 합리적 행동이론을 보충할 새로운 이론이 필요해졌고 그것이 바로 계획적 행동이론이다.

① **계획적 행동이론**Theory of planned behavior : 인간의 행동은 행동의향뿐만 아니라 인지된 행동통제력 혹은 행동조절력perceived behavioral control에 의해 결정된다는 이론이다. 따라서 인간의 행동은 행동의향과 행동통제력이 높을 경우에만 변화가 가능하다는 결론이 나온다. 계획적 행동이론에서 행동의향은 행동에 대한 태도, 주관적 규범과 인지된 행동통제력에 의해 결정된다고 설명된다.

② **행동에 대한 태도** : 개인적 요인으로 어떤 행동에 대한 개인적인 생각을 나타낸다. 즉 '비만 방지를 위해 자동차를 두고 다닌다'라는 행동에 대해 '비만 예방에 도움이 될 거야!'라는 긍정적인 생각과 '대중교통을 이용하기 불편할 거야!'라는 부정적 생각이 동시에 나타나게 된다. 이런 개인적 생각을 행동에 대한 태도라고 한다. 행동에 대한 태도는 **행동 결과에 대한 신념**behavioral belief과 **행동 결과에 대한 평가**outcome evaluation의 영향을 받는다.

③ **주관적 규범** : 개인의 행동에 대해 그 사람과 관계를 맺고 있는 주변인이 얼마나 긍정적인지 부정적인지를 나타내는 것이다. 개인의 행동이 주변인에 영향을 받기 때문에 사회적 요인으로 부른다. 주관적 교범은 **규범적 신념**normative belief과 **순응동기**motivation to comply의 영향을 받는다.

④ **인지된 행동통제력** : 합리적 행동이론과 달리 새롭게 추가된 개념으로 통제적 요인을 나타낸다. 이는 행동을 변화시키는 개인적·사회적 요인에 대항하여 스스로 얼마나 강력하게 행동을 통제할 수 있는지를 나타낸다. 예를 들어 하루 5km 걷기라는 행동에 대해 몸이 힘들고, 사회적으로 다양한 교통수단이 존재함에도 얼마나 스스로를 통제할 수 있는지를 나타내는 개념이다. 인지된 행동통제력은 사회인지론social cognitive theory에서 사용되는 자아효능감self-efficacy과 비슷한 면을 가지고 있다. 인지된 행동통제력은 **통제적 신념**control belief과 **인지된 영향력**perceived power의 영향을 받는다.

영양교육의 결과를 좋게 하기 위해 교육자는 개인적, 사회적, 통제적 요인에 영향을 주는 신념에 대한 세부적인 교육안을 만들어 교육을 진행하면 된다. 앞서 소개한 6가지 신념에 대한 간단한 설명은 표 4-2에 정리하였다.

표 4–2
계획적 행동이론의
6가지 개념

교육이론	행동에 영향을 주는 요인	신 념	설 명
계획적 행동 이론	개인적 요인 (행동에 대한 태도)	행동 결과에 대한 신념	행동에 따른 결과의 장점과 단점에 대한 인식 상태를 말한다. 비만 대책 행동 시에 파생되는 교통비 절감, 자동차 유지비 감소 등의 직접적이지 않은 장단점까지 모두 포함된다.
		행동 결과에 대한 평가	행동 수행에 따른 결과 평가를 말한다.
	사회적 요인 (주관적 규범)	규범적 신념	피교육자의 행동에 대한 주변인의 의견을 나타내며, 주변인이 피교육자의 행동에 얼마나 동의하는지를 나타낸다.
		순응동기	피교육자가 수변인의 의견을 얼마나 반영하고 따를지를 나타내는 것이다.
	통제적 요인 (인지된 행동통제력)	통제적 신념	피교육자의 행동 변화에 positive 혹은 negative한 영향을 미치는 인자들의 존재 정도를 말한다. 인자에는 개인적 지식과 기술 등과 같은 내적 요인과 자원, 시간, 경제력 등과 같은 외적 요인이 존재한다.
		인지된 영향력	통제적 신념에 대한 영향력을 나타낸다. 행동 수행에 있어 다른 요인의 중요도와 우선 순위를 나타내는 항목이다.

3) 건강신념모델 이론

건강신념모델Health belief model 이론은 20세기 중반에 고안되어 건강과 관련된 보건, 의료, 위생 부분에서 인간의 건강행동을 설명하고 예측하는 데 이용되고 있다. 이 모델에 의하면 건강과 관련된 행동의 실천 여부는 질병 위협에 대한 인식 정도, 행동을 했을 때의 이익과 손실의 정도에 따라 결정된다. 여기서 제시된 인식들은 매우 주관적인 것으로 교육 대상의 연령과 성별, 경제적 수준 차이, 직업과 교육 수준 등에 따라 인식 정도와 손익을 느끼는 정도가 다르게 나타난다. 다양한 공공 캠페인, 다른 사람의 질병 발생, 영양교사나 상담 전문가와의 상담 등도 인식 정도와 손익을 느끼는 정도가 다르다.

그림 4–1은 건강신념모델의 기본 구조이다.

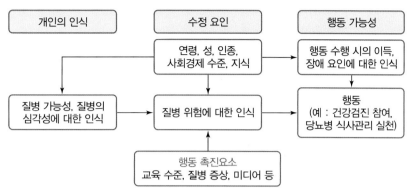

그림 4-1
건강 신념 모델　　자료 : Glauz 등(2002), Health behavior and health education

4) 행동변화단계모델

행동변화단계모델Transtheoretical model or Stages of change model에서는 인간의 행동 변화가 단기간의 교육에 의해서 일어나는 것이 아니라 오랜 시간 동안 일련의 진행 과정을 거쳐서 일어난다고 본다. 이 모델에 따르면, 개인마다 행동 변화에 대한 적 극성의 차이, 현재 진행 중인 행동 변화 단계의 차이가 존재함으로 각각의 상태마다 다른 행동 수정 방법과 전략이 사용되어야 한다.

이 모델은 1980년 이후 알코올중독자, 마약중독자와 흡연자들에게 적용되었고 이후 영양연구에도 활발히 적용되고 있다. 행동변화단계모델은 인간의 행동 변화를 크게 5단계로 나누어 생각한다.

표 4-3
**행동변화
단계모델에 의한
행동 변화 5단계**

단 계	설 명
고려전 단계 (pre-contemplation stage)	자신의 현 상태를 인식하지 못하고 6개월 이내에 어떤 행동 변화의 필요성도 느끼지 못한 단계이다. 행동 변화에 대한 인식 부족 단계로 이런 모습은 권장행동 수행 실패의 결과로도 나타난다. 주변인의 걱정에 비해 자신은 매우 편안한 상태이다.
고려 단계 (contemplation stage)	고려전 단계를 거쳐 비로소 본인이 문제 인식을 한 단계이다. 앞으로 6개월 이내에 행동 변화를 할 의향이 있다. 행동 변화에 의한 장점과 더불어 행동 변화에 수반되는 귀찮음과 어려움도 동시에 인식하고 있는 단계여서 선뜻 의사 결정을 못하고 있는 상태이다.
준비 단계 (preparation stage)	1개월 이내의 가까운 시간에 행동을 변화하려는 의향이 있는 단계이다. 비만의 경우 식사요법의 진행, 운동요법의 진행, 가공식품의 섭취 억제 등과 같은 권장 행동을 시도해 보는 단계이다. 이 단계에서 실패하면 다시 고려전 단계로 돌아가야 한다.

(계속)

단 계	설 명
행동 단계 (action stage)	행동 변화에 적극적인 노력을 보이는 단계이다. 행동 변화를 보이고 6개월이 지나지 않은 단계로 목표 설정, 식품 대치, 식단 구성, 저칼로리 식사와 저지방 식사와 같은 실질적 행동 변화가 실천된다.
유지 단계 (maintenance stage)	행동 변화가 발생한 후 6개월 이상 지난 후로 현 단계를 유지하는 것에 중점을 두는 단계이다. 비만과 관련된 행동 변화는 변화를 주는 것보다 유지하는 것이 더 어려운 면이 있다. 유지 단계에서 이전의 편안한 생활패턴으로 복귀하는 경우가 많으므로 칭찬과 보상 및 추가적인 교육으로 계속 행동 변화를 유지하는 것이 중요하다.

의식 증가 (consciousness raising)	자신 재평가 (self-reevaluation)
• 문제행동, 새로운 행동의 결과(장단점)에 대한 정보를 구하고 인식하게 함 • 행동평가, 피드백, 캠페인 등으로 문제를 느끼게 함	• 행동 변화 시 자신의 이미지에 대해 이성적·감정적 측면에서 평가함(예 : 긍정적 자아상, 건강한 모습 등) • 행동 수정 시(예 : 균형식) 개인의 이미지에 대해 생각, 평가하게 함
환경 재평가 (environmental-reevalution)	**극적인 안심** (dramatic relief)
• 행동 변화 시 주변인, 환경에 미치는 영향을 인지적·감정적 측면에서 평가함(예 : 부모로서 아이에게 좋은 모델이 됨) • 역할모델, 자료(건강한 생활습관으로 의료비 감소) 이용	• 문제행동, 건전한 행동을 할 때 결과(걱정, 즐거움)를 느끼게 함 • 역할극, 심리극 이용
자신 방면 (self-liberation)	**사회적 방면** (social-liberation)
• 할 수 있다는 자신감으로 행동 변화를 결심, 약속함 • 의사 결정, 계약서 작성 등 이용	• 건강행동을 지지하는 방향으로 사회적 규범이 달라지고 기회, 대안 증가 • 급식 메뉴의 변화, 금연구역 설정 등 사회 분위기 조성, 정책 마련 등
자극조절 (simulus control)	**대체조절** (counter conditioning)
• 건강행동에 대한 자극을 늘리고 바람직하지 못한 행동에 대한 자극을 줄임 • Cue 이용, 비건전한 행동을 유도하는 상황 피하기, 좋은 자극(예 : 냉장고에 채소와 과일 많이 두기) 활용	• 바람직하지 못한 행동을 건전한 행동으로 대치함 • 행동수정 전략, 음식 권유 시 거절, 유혹 대처 방법, self-talk 등 활용
보상관리 (reinforcement management)	**조력관계** (helping relationship)
• 건강행동에 대한 보상을 늘리고 바람직하지 못한 행동에 대한 보상을 줄임 • 칭찬, 선물 등 건강행동에 대한 보상 실시	• 건강행동을 위한 사회적 지지, 도움 유도 • 동호회, 인터넷 모임, 전화상담 활용

그림 4-2
**행동 변화의
과정 및 전략**　자료 : Glauz 등(2002), Health behavior and health education

행동변화단계모델에서는 5단계 구분뿐만 아니라 각 단계에서 구사할 수 있는 전략적 행동 수정 방법을 제시하고, 이를 Process of change라고 한다. Process of change에는 의식 증가, 자신 재평가, 환경 재평가, 극적인 안심, 자신 방면, 사회적 방면, 자극조절, 대체조절, 보상관리와 조력관계의 10가지가 있다.

그림 4-2는 앞에서 설명한 10가지 Process of change에 대한 설명과 각각이 어느 단계에서 적용되는지를 나타낸 것이다. 이 과정 중 특히 행동 단계와 유지 단계에 사용되는 전략은 구체적인 행동안을 제시하고 유지하는 것이 중요하다. 그러므로 자극조절Antecedents, 대체조절Behavior, 보상관리Condequences의 전략으로 대표되는 행동 변화의 ABC 전략을 사용한다.

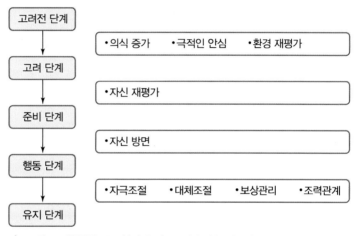

그림 4-3
행동변화 단계별
이용하는 전략

자료 : Glauz 등(2002), Health behavior and health education

5) 사회인지론

사회인지론Social cognitive theory에서는 인간의 행동이 주위를 구성하는 인지적 요인, 행동적 요인과 환경적 요인의 영향을 받는다고 본다. 비만이라는 교육 대상을 분석함에 있어서 비만 학생의 행동은 영양적 정보, 식이섬유, 비타민과 무기질, 정제식과 인스턴트 식품 등에 대한 장단점의 인식과 같은 인지적 요인과 아침 결식, 불규칙적인 식사, 과식과 폭식을 할 수밖에 없는 환경적 요인에 영향을 받는다. 또한 이런 인지적 요인과 환경적 요인을 스스로 조절하고 행동할 수 있는 능력에도 큰 영향을 받는다. 사회인지론을 이해하기 위해서는 표 4-4와 같은 10가지 개념을 인식하고 있어야 한다.

표 4-4 사회인지론의 10가지 개념	개 념	설 명
	상호결정론	인간의 행동은 행동적 요인뿐만 아니라 인지적 요인과 환경적 요인에 의해서도 상호 영향을 미친다는 개념으로 행동 변화를 위해서는 인지적 요인과 환경적 요인도 중요하다는 것을 의미한다.
	행동 결과에 대한 기대	계획적 행동이론의 행동 결과에 대한 신념과 비슷한 개념으로 행동에 따른 장점과 단점을 비교 검토하여 행동을 결정한다는 개념이다.
	자아효능감	어려움과 난관이 있어도 행동을 수행할 수 있는 자신감을 말한다. 사회인지론에서 중요하게 생각하는 개념이다. 자아효능감은 행동 변화에 대한 적극성과 참여 정도, 성공 여부를 결정하는 중요한 개념이다.
	행동 결과의 가치	행동 변화 후 발생하는 결과에 대한 가치를 어디에 두는지를 말하는 것이다. 비만 억제나 비만 치유에 대한 결과 날씬하게 변한 자신의 모습에 대한 가치를 높이 둘수록 행동 변화에 대한 참여 정도가 더 높게 나타난다.
	자기 조절	영양교육의 최종 목표는 올바른 식습관의 습득과 유지이다. 이를 위해서는 이를 유지하기 위한 최소한의 자기 조절 능력이 필요하다. 이를 위해 스스로를 모니터링하고 평가하여 목표치와 비교하면서 자기를 조절하는 능력이 필요하다.
	행동수행력	실제로 행동 변화를 할 수 있는 능력을 말한다. 행동수행력을 높이기 위해서는 그 부분에 대한 지식과 기술을 충분하게 갖추고 있는 것이 필요하다. 영양교육에서도 역시 영양적 지식과 더불어 이를 사용하거나 응용할 수 있는 기술까지 교육시켜야 행동수행력을 키울 수 있다.
	환 경	인간은 주위를 구성하는 물리적 환경, 사회적 환경 등의 영향을 받는다. 채식을 많이 해야 되지만 주위가 남극과 같은 극한 환경이라면 채식 섭취가 어려울 것이며, 돼지고기와 쇠고기의 섭취를 늘려야 되는 경우에도 주위 친구들이 이슬람교나 힌두교도일 경우 행동 변화가 어려울 것이다.
	상 황	상황은 위의 환경에 대한 개인의 인식 상태를 말한다. 경우에 따라 긍정적 또는 부정적으로 인식할 수 있다. 영양교육의 경우 부정적 상황을 긍정적으로 바꾸려는 노력이 필요하다.
	관찰학습	다른 사람의 행동을 관찰하고 따르면서 배우는 학습 형태를 말한다. 어린이들의 교육에 있어 관찰학습은 매우 효과적일 수 있다. 이 경우 부모, 선생님, 형과 언니 등이 좋은 본보기가 된다. 또한 어린아이들이 좋아하는 연예인이나 캐릭터들을 이용한 공익광고, 실제 예를 들어 주는 사례 소개 등이 좋은 본보기가 되기도 한다.
	강 화	교육에 의해 습득된 행동 변화를 계속 유지하는 것이 중요하다. 강화는 행동 변화 후 행동의 지속성에 도움이 되거나 방해가 되는 행동반응을 말한다. 어린아이들에게는 칭찬이나 선물, 보상, 꾸중과 같은 것들이 대표적인 예가 될 것이다.

6) 사회적 지지

(1) 사회적 지지의 개념

사회적 지지Social support는 관계를 맺고 있는 인간과 인간 사이에 존재하는 인적·물적 자원을 의미한다. 이는 행동 변화가 필요한 사람에게 동기부여, 경제적 도움과 같이 직접적으로 행동 변화에 영향을 줄 수 있다. 또한 행동 변화에서 오는 스트레스나 긴장감을 완화시켜 행동 변화에 간접적인 영향을 줄 수도 있다. 사회적 지지는 아래와 같이 4가지로 구분된다.

표 4-5
지지의 종류

지지의 종류	내 용
감정적 지지(emotional support)	관심, 사랑, 신뢰의 표현
수단적 지지(instrumental support)	경제적 도움, 서비스 제공 등
정보적 지지(informational support)	충고, 제안과 정보
평가적 지지(appraisal support)	유용한 자가 측정 방법에 대한 정보

사회적 지지는 건강 상태, 건강 행동, 건강 관련 의사 결정과 같은 보건·영양적 문제에도 큰 영향을 미친다. 비만 프로그램의 경우 사회적 지지가 높은 사람은 프로그램을 끝까지 마치고 교육효과 역시 높으며, 당뇨 환자의 경우도 사회적 지지가 높은 집단에서 식사 처방을 지키는 비율이 높다. 그러므로 영양교육을 계획할 때는 교육 대상자에게 지지를 제공할 수 있는 인물을 파악하고 많은 지지를 얻을 수 있도록 유도해야 한다.

(2) 사회적 지지의 적용

사회적 지지를 이용해 당뇨 환자가 식사요법을 잘 지킬 수 있도록 다음과 같은 영양교육 및 상담을 실시할 수 있다. 사회적 지지는 가장 가까운 가족이나 친구로부터 오는 경우가 많으므로 당뇨 환자 영양교육 시에는 가족과 주변의 친한 친구, 친지들이 함께 참석하도록 유도한다. 다음은 사회적 지지와 연관된 당뇨 환자에게 적용 가능한 교육 내용이다.

① 식사요법을 해야 하는 환자의 마음을 이해하고 공감을 표시한다.
② 가족이 당뇨식을 함께 먹도록 권장한다.
③ 당뇨 환자에게 적합한 음식을 만들어 주도록 권장한다.
④ 당뇨 환자의 식사에 적합한 식단이나 조리법 등을 제공한다.
⑤ 식사요법을 잘한 경우 칭찬해 준다.
⑥ 외식, 회식 자리에서 적절한 음식을 선택할 수 있게 도와준다.
⑦ 당뇨 환자들이 서로서로 경험과 정보를 교환할 수 있도록 권장한다.

7) 사회마케팅 이론

사회마케팅Social Marketing 이론은 마케팅 이론을 사회적·보건적 문제나 여러 아이디어에 응용한 것이다. 즉 가족계획, 자원 절약, 건강생활, 안전운전 등과 같은 보건적 아이디어를 실천에 옮길 수 있도록 프로그램을 기획하고 실행하는 일련의 과정이다.

(1) 일반 마케팅 이론

사회마케팅 이론을 정확하게 이해하기 위해서는 사회마케팅 이론의 기초가 되는 일반 마케팅 이론의 자세한 이해가 필요하다. 마케팅 전략은 크게 STP 전략과 4P로 얘기되는 마케팅 믹스 전략 두 가지로 대별할 수 있다. 상대적으로 제품, 가격, 유통, 촉진 등 4P에 대해서는 많은 사람이 알고 있으나, 그보다 더 중요하게 생각되는 STP에 대해서는 잘 알지 못하는 경우가 많다.

우선 마케팅 전략의 큰 축을 이루는 S$_{Segmentation}$-T$_{Targeting}$-P$_{positioning}$에 대해 살펴보기로 한다.

① STP 개념 : 마케팅 분야의 최고 권위자인 필립 코틀러 박사가 최초로 밝힌 개념이다. 그는 마케팅 경영관리 과정을 그림 4-4와 같이 5단계로 봤다.

코틀러에 의하면 효과적인 마케팅은 조사로부터 출발한다. 시장을 조사하면 각기 다른 욕구를 가진 소비자들로 구성된, 서로 다른 세분시장들$_S$이 드러난다. 기업은 자신들이 경쟁자보다 탁월하게 충족시킬 수 있는 세분시장을 설정$_T$하는 것이 현명하다. 기업은 각 표적시장별로 상품을 포지셔닝$_P$하여, 자사 상품이 경쟁상품과 어떻게 다른지 알려야 한다.

STP는 기업의 전략적 마케팅 사고를 대표한다. 이제 기업은 STP를 바탕으로 하여 제품, 가격, 유통, 촉진결정들의 믹스로 구성된 전술적 마케팅 믹스인 MM을 개발한다. 그 후 마케팅 믹스를 실행$_I$한다. 마지막으로 통제 측정치$_C$를 사용하여, 결과를 모니터 및 평가하고, STP전략과 MM 전술을 개선한다.

② STP 방법론 : STP는 앞에서 말한 것처럼 시장세분화$_{Segmentation}$. 표적시장 설정$_{Targeting}$, 포지셔닝$_{Positioning}$으로 구성된다.

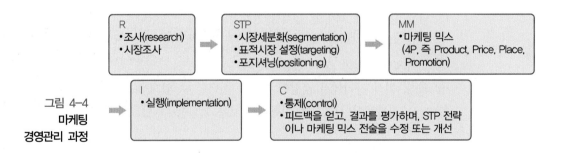

그림 4-4
**마케팅
경영관리 과정**

시장세분화(Segmentation)

시장세분화에 대해 자세히 알기 위해서는 Market Aggregation과 Market Segmentation을 비교해서 살펴볼 필요가 있다.

① Market Aggregation : The Strategy of Mass Marketing은 모든 고객을 구분하지 않고 하나의 시장으로 보아서 마케팅을 실시하는 것을 마켓 통합접근이라 말한다. 그러나 고객 욕구의 다양성으로 인해, 매스 마케팅은 모든 잠재 고객을 만족시킬 수 없다는 근본적인 한계를 가지고 있다. 매스 마케팅은 소비자들이 경쟁제품 간의 차이를 느끼지 못할 때 쓸 수 있는 방법이고, 이 방법은 표준화된 제품일 경우 사용 가능하다. 설탕, 가솔린, 소금 등 범용 제품(Commodity)이 이에 해당한다. 이 방법이 성공하기 위해서는 수많은 고객들이 같은 니즈와 욕구를 가지고 있어야 하며, 동시에 다양한 잠재 고객들을 만족시킬 수 있는 단일의 마케팅 믹스를 디자인할 수 있어야 한다.

포드 자동차의 Model T가 대표적인 사례이다. 당시 포드 회장은 많은 고객들이 블랙의 모델 T카를 갖고 싶어할 것이라는 가정하에 대량 생산, 대량 마케팅 정책을 고수했다. 이 방법의 가장 큰 장점은 생산과 마케팅 비용의 절감에 있고, 따라서 고객에게 저가격의 메리트를 줄 수 있다는 점이지만, 고객을 정확히 만족시키지 못함으로써 경쟁자가 쉽게 치고 들어올 수 있는 여지를 남겨 놓는다는 단점을 가지고 있다.

② Market Segmentation : The strategy of subdividing the Market은 큰 규모의 이질적인 시장을 작은 규모의 동질적인 시장으로 나누는 것을 말한다. 포르쉐가 차 소유 시장을 30만의 특정 시장으로 구분한 것이 그 대표적인 사례이다. 각각의 마케팅 프로그램은(일반적으로 다른 제품)각각의 세분 시장의 니즈에 맞춰 각각 개발된다. 이렇게 함으로써 당연히 회사는 각각의 동질성 있는 시장의 요구에 맞는 상품과 마케팅 믹스를 개발할 가능성이 높아진다.

그러나 시장세분화 정책을 수행하는 데는 ① 시장조사 비용 증가, ② 제품 생산 원가 상승, ③ 다른 특정 시장 희생과 같은 단점이 있다. 결과적으로 시장을 세분화하는 정책을 실시했다는 것은 상당한 수준의 비용 증가를 감수하고 시장과 상품을 좀 더 잘 매칭시켜 주는 정책을 택한 것이라 볼 수 있다.

시장세분화를 잘 작동하게 하기 위해서는 모든 시장에서 세분화 과정을 진행하는 것이 아니라, 시장의 특성이 세분화할 수 있는지를 봐서, 구분된 시장이 각각 동일한 특성으로 묶을 수 있을 그런 특성들을 갖고 있는가를 따져 시장세분화 여부를 결정해야 한다. 경우에 따라서는 전체 시장이 전부 유사한 특징을 가지고 있거나, 혹은 개인별로 전부 다 틀려서 도저히 묶을 수 없을 경우도 있다.

시장세분화가 항상 최상의 전략은 아니다. 시장세분화가 효과적이기 위해서는 다음의 질문에 답해야 한다.

- 시장이 확인되고(Identifed) 측정될 수 있는가? → 마케터는 어떤 소비자가 특정 세그먼트의 멤버인지 구분할 수 있어야 한다. 즉 세분시장의 크기, 속성, 행동 유형에 대한 정보를 얼마나 얻을 수 있는가를 파악해야 한다. 특정 그룹에 특정 소비자를 포함시킬 것인지 아닌지를 구분할 수 있는 공통된 특성들이 있어야 하며, 이러한 특성들은 측정될 수 있어야 한다. 예를 들어 장남들에게 사업가적 기질이 있으므로 그들에게 기업가 관련 책을 판다고 할 때 이들을 어떻게 구별해 낼 수 있을 것인가 하는 문제가 발생하게 된다.
- 그 세분시장이 충분이 수익성이 높은가? → 시장세분화의 원가가 상당히 높기 때문에 세분시장을 만족시키기 위한 유통 비용 및 생산 비용의 증가를 뒷받침할 수 있을 만큼 세분시장이 충분히 크고 매력적인가를 따져야 한다.
- 그 세분시장에 도달할 수 있는가? – 접근가능성 → 세분시장에서 성공하기 위해 마케터는 반드시 효과적이고 효율적으로 주어진 시장의 주의를 끌 수 있도록 커뮤니케이션할 수 있어야 한다.

(계속)

- 그 세분시장이 반응할 것인가? Responsive? → 특정 세그먼트의 고객들이 특정 시장에 맞춰 설계된 마케팅 믹스에 반응해서 기꺼이 해당 제품을 구매해야 한다.
- 그 세분시장이 쉽게 변화할 것으로 기대되지 않는가? 변동성이 약한가? → 시장에서 마케팅 활동이 먹혀들려면 어느 정도 시간이 필요하다. 따라서 최소한의 안정적인 상태가 유지되는 것이 필요하다. 시장이 유행에 너무나 민감할 경우 시장세분화를 통한 STP 전략 수행에 많은 어려움이 따르게 된다.

세분화할 수 있는 방법은 무수히 많다. 그러나 어떻게 하느냐에 따라 성공 여부가 달라지게 된다. 창의적인 세분화 접근만이 성공을 보장해 줄 수 있다. 대표적인 세분화 방법에는 아래와 같은 것들이 있다.

- Descriptive Segmentation : 나이, 성별, 소득, 직업, 학력, 가족 규모, 가족의 나이 수준, 종교, 국적 등, 도시와 농촌, 기후, 인구 등에 의한 시장세분화
- Behavioral Segmentation : User Status(처음인지, 여러 번 사용한 사람인지), Brand Royalty, Usage rate, Personality, life style, Social class, Readiness to buy, Benefits sought
- Single vs Multivariable Segmentation : 대부분 실무에 있어 단일 기준에 의한 시장세분화보다는 여러 가지 기준을 가지고 시장세분화를 하는 것이 보다 정확하게 세분화를 할 수 있다.

표적시장 설정(Targeting)

시장세분화는 결국 회사가 집중해야 할 세분시장을 고르는 작업이다. 마케터는 세분된 시장을 평가하고 그중에서 회사가 공략해야 할 세분시장을 선택한다. 그리고 회사가 마케팅 프로그램을 펼쳤을 때 가장 쉽게 반응할 시장을 찾는다.

대부분 수익성이 가장 큰 시장을 노리게 되는데, 이러한 시장의 경우 경쟁 강도가 가장 높기 때문에 일반적으로 가장 좋은 기회는 아니라고 본다. 이 경우 경쟁자들 간의 심한 경쟁과 더불어 소비자들이 기존 경쟁자들의 제품과 브랜드 충성도가 높은 경우가 많다. 따라서 많은 경우에 경쟁자들이 무시하고 있는 세분시장이 가장 좋은 선택(Choice)이 된다. 이러한 시장의 경우 소비자들이 기존 경쟁자들의 제품과 브랜드에 불만족 하는 경우가 많기 때문이다.

예를 들면, 아무도 거들떠보지 않던 신용불량자들을 대상으로 최고 이율로 자금을 빌려주는 사업을 하고 있는 Green Tree Financial Company사를 들 수 있다.

마케터들은 일반적으로 수익성, 경쟁강도, 시장의 반응성 등 세 가지 요소를 기준으로 해서 타깃 시장을 고른다. 각 세분시장의 잠재성을 평가한 다음 해야 할 일은 몇 개의 시장을 타깃으로 할 것인가 하는 것인데, 여기에는 세 가지 방법이 있다. ① Concentration, ② Differentiation, ③ Atomization이 그것이다.

Concentration Strategy는 1개의 세분시장만을 대상으로 모든 노력을 집중하는 전략으로 시장 규모의 축소나 Taste의 변화 가능성이 있어서 실제로 굉장히 위험하다. Differentitation Multisegment strategy는 마케팅 믹스를 다양하게 해서 다양한 시장에 접근하는 전술이다. 끝으로 Atomization 일종의 원투원 마케팅으로 현실적으로 실행하기 쉽지 않다는 한계를 가지고 있다.

타기팅 전략을 수립할 때는 ① 회사의 리소스 정도, ② 회사 상품의 동질성, 혹은 commodity 여부(이 경우 단일시장을 고른다), ③ 시장의 동일성 여부, ④ 경쟁자의 전략 등을 염두에 두고 몇 개의 시장 전략을 택할 것인지 고르게 된다.

포지셔닝(Positioning)

포지셔닝은 소비자의 마인드에 제품과 브랜드에 대한 차별화된(특정한) 위치를 차지하게 하는 것이다. 결국 전략적 포지셔닝은 제품과 브랜드에 대한 지각(Communicated)을 말한다.

(계속)

이미지는 제품에 대한 전체적인 인상인 데 반해, 포지션은 일반적으로 경쟁자와 비교된, 소비자 마음속의 Reference Point라는 점에서 이미지와는 차별화되는 개념이 된다. 자사의 제품이나 브랜드를 경쟁자로부터 분리시킬 수 있는 한두 가지 특성을 찾아내는 것이 바로 전략적 포지셔닝이다.

포지셔닝할 때 주로 사용하는 기준에는 아래와 같은 것들이 있다.

- 제품의 속성과 관련된 것들 : 제품의 무게, 색깔, 브랜드{예: 제품의 속성(타이레놀의 경우 : 어린이, 어른, 감기, 두통 등으로 구분)}
- Benefits, Problem Solutions, and basic needs(healthful, 기타 등등)
- Price and quality
- specific uses(운동선수용, 기타 등등)
- Product user

(2) 사회마케팅의 관리 과정과 적용

사회마케팅 이론은 마케팅 이론을 보건·영양 교육 적용한 것이다. 효과적인 사회마케팅 전략을 수립하기 위해서는 일상적이고 효과적인 마케팅 수립 과정을 따라야 하며, 그 과정은 환경 분석 → 목표 설정 → STP 마케팅 → 사회마케팅 전략 수립으로 진행된다. 각 과정을 자세히 설명하면 다음과 같다.

① 환경 분석 : 목표행동에 대한 거시적 환경요인을 조사한다.

② 목표 설정 : 추상적인 목표가 아니라 구체적이고 측정 가능한 목표를 설정한다. 목표의 기준점, 기간, 표적집단을 포함시키고 수치화하여 문서화한다.

③ STP 마케팅

ㄱ 세분화segmentation : 크고 다양한 여러 집단을 인구통계학적 변인, 행동, 신념이 비슷한 세부집단으로 나눈다.

ㄴ 표적집단 선정targeting : 시장세분화 후, 사회마케팅 프로그램의 목표와 자원을 고려하여 이에 가장 적합한 세분시장을 선택한다.

ㄷ 포지셔닝positioning : 표적집단에게 마케팅적 목표, 아이디어와 행동이 강하고, 가치 있게 여겨지도록 하는 활동을 의미한다.

④ 사회마케팅 전략 수립(사회마케팅 믹스의 수립)

ㄱ 제품product : 목표집단에게 제공되는 보건적 서비스, 아이디어와 제품을 말한다.

ㄴ 가격price : 목표집단이 부담해야 하는 비용을 말한다. 여기서 가격이란 돈뿐만 아니라 시간, 심리적·사회적 비용이 될 수도 있다.

ㄷ 유통place : 서비스, 아이디어와 제품이 목표집단에 쉽게 이용될 수 있도록 하는 수단을 말한다.

② 촉진promotion : 목표집단에게 서비스, 아이디어와 제품을 더 많이 알리고 채택하도록 촉진하는 수단을 말한다.

⑤ **사회마케팅의 적용** : 비만은 간질환, 당뇨, 관절염 등 일차적 건강상의 문제를 일으키고, 이차적으로 학습능력 저하, 집중력 감소 등의 문제를 야기한다. 한국 사회에서 비만을 예방하기 위한 영양교육은 다음과 같이 사회마케팅 이론을 적용하여 실시할 수 있다.

㉠ 환경분석 : 통계청 자료나 그 외 연구 자료를 찾아 한국 사회의 비만 상태에 대해 조사한다.

㉡ 목표의 설정 : 표적집단을 설정한 후 구체적 목표치를 제시한다. 예를 들면, 2006년 현재 20대 남자 비만율 20%를 1년 후 15%로 낮춘다.

㉢ STP 마케팅
- 세분화 : 비만 인구를 남녀별, 연령대별, 직업별, 사회계층별 등으로 세분화한다.
- 표적집단 선정 : 세분화된 집단에서 목표와 자원을 고려해 가장 적합한 집단을 선정한다(예 : 20대 남자 또는 남자 고등학생 등).
- 포지셔닝 : 비만이 왜 문제가 되는지 인식시킨다.

㉣ 사회마케팅 전략 수립(사회마케팅 믹스의 수립)
- 제품 : 과식하지 않는 것. 과식을 할 상황에서 과식을 피할 수 있는 식생활패턴을 제시한다.
- 가격 : 비만 예방 시 얻는 경제적 이득, 사회적 이득을 강조한다. 과식을 할 상황에서 이를 피할 수 있는 방법을 제시한다.
- 유통경로 : 목표집단에 접근할 수 있는 가장 효과적인 경로를 모색한다(예 : 20대 남성은 대학교, 군대 등).
- 촉진 : 목표집단에 더 많이 알려지도록 포스터, 대중매체 등을 이용한다.

2 영양교육의 방법과 상담

1) 영양교육의 방법

앞의 CHAPTER 01에서 배운 내용을 토대로 해서 5단계로 구성되는 영양교육의 방법을 제시해 보았다. 제시된 영양교육은 대상자의 실태 파악 → 문제점 파악 → 교육목표의 설정 → 지도계획의 입안 → 영양교육의 평가로 구성된다.

(1) 대상자의 실태 파악

교육 대상자의 실태 파악은 가장 먼저 이루어져야 한다. 대상자가 개인인지, 가족인지, 단체인지 또는 초등·중등·고등·대학생인지를 먼저 알아야 한다. 또한 지역사회 집단인지, 회사원 집단인지 역시 고려하여야 한다. 이런 대상자의 실태 파악을 위해서는 집단의 성별, 각 계층의 경제적, 생리적, 환경적 상태 역시 잘 파악해야 적당한 교육 방법을 선택할 수 있다. 교육 대상자의 실태를 알고 싶을 경우 면접이나 앙케이트, 식사 기록, 영양판정 등의 조사를 한다. 여기서 모은 결과들은 이후 문제점을 파악하는 데 사용된다.

(2) 문제점 파악

앞에서 교육 대상자의 선정과 실태 파악이 끝났다면, 얻은 정보를 분석하여 교육 대상자의 문제점을 파악한다. 문제점을 파악하기 위해서는 기준이나 목표치가 있어야 하는데 이 경우 도움을 주는 것이 보건당국에서 공시하는 표준체형 등이다. 문제점이 없는 경우 더 이상 영양교육을 진행시킬 필요가 없으나, 문제점이 발견되었다면 다음 단계로 넘어가야 한다.

(3) 교육목표의 설정

세 번째 단계는 교육 대상자들을 위한 교육목표를 설정하는 것이다. 앞에서 알게 된 교육 대상자들의 문제점의 해결이 일반적으로 교육목표가 된다. 교육목표는 일반적으로 대·중·소로 나누어진다. 대목표는 오랜 시간 교육을 통해 고쳐 나가야 하는 총체적인 목표를 말한다. 체질 개선, 체형 증진, 건강 증진과 같은 근본적이고 복합적인 목표들이 여기에 속한다. 중목표는 일정 기간의 영양교육을 통해 얻고 싶은 목표를 말한다. 6대 영양소의 종류와 기능, 규칙적인 식습관 성립과 같은 것이 여기에 해당된다. 소목표는 단기간에 구체화하고 싶은 목표를 말한다. 인스턴트 음식 섭취 일주일에 한 번으로 줄이기, 아침 꼭 챙겨 먹기, 일주일간 잔반 남기지 않고 골고루 다 먹기와 같은 짧은 시간에 이룰 수 있는 목표들을 가르친다.

(4) 지도계획의 입안

목표를 이루기 위한 계획법을 구상하는 단계이다. 영양교육 지도 방법을 면밀하게 계획하고 구상하여야 영양교육 효과를 극대화하여 교육목표를 이룰 수 있다. 영양교육 지도 방법을 계획할 때는 우선 적합한 영양교육 방법을 선정하고, 교육 대상자가 쉽게 이해할 수 있는 지식의 범주를 이용하며, 대상자가 관심을 갖고 있는 방식(예 : 스타플레이어, 연예인, 만화, 애니메이션, 게임)을 이용한다.

(5) 영양교육의 평가

교육을 계획대로 진행하고 시간이 지난 후 영양교육의 효과를 평가하는 과정이 필요하다. 영양교육의 평가란 교육의 효과를 판단하기 위한 업무로 교육이 끝난 후뿐만 아니라 이전 단계의 기획·결정·자료조사 등의 과정에서 수시로 중간점검을 위해 피드백에 의한 평가가 이루어져야 한다. 이 중에서 가장 중요한 것은 영양교육이 모두 끝난 후의 효과 판정이다. 이 판정을 통해 영양교육의 적절성 여부가 평가되고, 이후 진행되는 영양교육에서 유용한 자료로 사용된다. 만약 평가 결과가 만족스럽지 않았을 경우 처음 단계로 돌아가 다시 한 번 새롭게 시작하여야 한다. 이런 반복된 과정을 거치면서 좀 더 완벽한 교육 방법을 얻을 수 있다.

2) 영양상담의 개요

상담counseling이란 언어 혹은 비언어적 대화를 통하여 상담 대상자의 행동 변화를 시도하는 인간관계를 말한다. 때문에 상담에서 상담자와 대상자의 신뢰 관계는 매우 중요하다. 상담은 주로 두 사람의 대화로 진행되며, 대화 속에서 대상자의 고민·불평·심적 상태 등을 듣고 상담자가 문제점을 발견하게 된다. 그것을 대화를 통해 설명하고 대안을 마련하여 해결하도록 돕는다. 영양교육에서는 상담자가 영양사 혹은 영양교사가 되고, 대상자는 피급식자 혹은 학생 등이 된다.

영양상담을 하는 목적은 영양교육을 하는 목적과 별반 다르지 않다. 그런 면에서 영양상담 역시 영양교육의 한 부분으로 생각할 수 있다. 그러나 다른 영양교육에 비해 영양상담은 교육자의 일방적인 지시가 아닌, 충분한 교감 후 지시 아닌 대책이 제시되기 때문에 그 효과는 더욱 크다. 영양상담은 과거 보건소나 병원 혹은 몇몇 건강보조식품 판매회사 등에서 이루어졌다. 이런 곳은 상담대상자의 근무지나 주거지와 거리가 있는 경우가 많고, 시간적 제한이 있어 상담효과를 많이 보지 못하며, 영양교사는 이런 문제점을 해결하여 미래의 꿈나무인 학생들에게 언제든 쉽게 영양상담을 해 주고 영양교육 효과를 극대화시키는 역할을 한다. 일반적인 영양상담 대상자로는 심한 편식자, 거식증·폭식증 환자, 고도 비만자, 당뇨·심장순환계 병을 앓고 있는 퇴행성 질환자, 식품에 대한 알레르기나 약간의 중독증을 보이는 사람 등이 있다.

영양상담을 하는 사람은 몇 가지 기본적인 소양을 가지고 있어야 한다. 우선 남의 말을 귀 기울여 들어 줄 수 있는 인내와 배려심이 필요하다. 담담하면서도 따뜻한 배려와 상담자가 자신의 고민을 마음껏 상담할 수 있도록 느끼게 하는 것도 상담자에게 가장 중요한 능력이다. 또한 상담자는 기본적으로 말을 통해 대화를 하므로 편안하고 부드러우며 배려심이 느껴지는 목소리, 차분하고 정확한 의사표현, 공격적이

그림 4-5
영양상담자의
기본 소양

상담에 대한 경험　　친절한 마음　　상담에 대한 집중력

중립적 입장　　객관적 관점　　남을 이해하는 능력

상대방에 대한
날카로운 파악능력　　상담에 대한 성실함　　상담에 대한 인내

지 않은 언어 선택과 호흡 역시 필요하다. 그 외 상담자가 갖추어야 하는 기본적인 소양을 살펴보면 그림 4-5와 같다.

영양상담의 효과를 높이기 위해서는 상담을 하는 시기와 횟수, 시행 간격, 장소 등을 고려하여야 한다. 사람의 집중력에는 한계가 있으므로 상담시간에 어느 정도 여유를 두는 것은 좋으나 너무 장시간 상담한다거나, 필요 이상으로 자주 만나면 대상자의 심적 부담을 증가시켜 오히려 부작용이 나타날 수도 있다. 너무 과하면 부족한 것보다 못한 경우가 많은데 상담 역시 마찬가지이다.

3 교육 대상에 따른 영양교육의 분류

영양교육은 교육 대상에 따라 개인교육individual education, 가족교육family education, 단체교육group education으로 나눌 수 있다.

개인교육은 말 그대로 교육자와 교육 대상자가 1 : 1로 만나서 진행된다. 교육의 효과는 다른 것에 비해 가장 크지만, 교육 대상자의 교육 폭이 매우 좁아 많은 대상자를 대상으로 할 경우 시간, 노력과 돈 등의 비용이 너무 많이 들어가는 단점이 있다.

가족교육은 가족을 대상으로 하는 교육 방법이다. 가족을 하나의 단체로 본다면 이것 역시 단체교육으로 분류되어야 하지만 가족은 사회를 이루는 가장 기본이며,

혈연이라는 다른 단체에서는 볼 수 없는 독특하면서도 강한 이해관계로 묶여 있기 때문에 따로 분류하여 보는 것이 나을 듯하다. 가족교육은 유아기 어린아이들과 같이 부모님과 형제자매의 영향력이 큰 경우의 영양교육 시 가장 좋다.

단체교육은 많은 사람을 대상으로 하는 교육 방법이다. 교육 효율은 떨어지나 시간과 노력 등을 가장 아낄 수 있다. 단체교육 시 교육 대상자의 성질에 따라 수많은 교육 방법이 고안되어 있어 이들을 잘 이용할 경우 교육 효율 역시 높일 수 있다. 일반적인 영양교육의 대부분을 차지한다. 영양교사의 경우 학생들을 대상으로 하는 단체교육을 주로 하게 된다.

1) 개인교육과 가족교육 방법

(1) 개인교육(개인지도)법

개인교육은 얼굴을 맞대고 하기 때문에 교육효과가 가장 확실하다. 하지만 많은 사람을 대상으로 할 수 없기 때문에 많은 시간과 노력, 돈이 필요하다는 단점을 가지고 있다. 개인교육은 1 : 1로 진행된다는 면에서 교육이라기보다는 상담이라고 부르는 것이 더 옳을 수 있고, case work라고 생각하는 것이 더 타당하다. 즉, 일정한 형식이 있는 것이 아니라 교육 대상자에 따라 경우에 맞게 영양문제를 발견하고, 교육하고, 교육효과를 보는 방식을 취하는 경우가 많다.

개인교육에 적용되는 교육 방법으로는 가정 방문, 임상 방문, 상담소 방문, 전화 상담, 서신 지도, 인터넷 상담이 있다.

① **가정 방문**home visiting : 교육자가 대상자의 가정을 방문하여 개별적으로 진행하는 영양교육(상담)이다. 대상자의 생활환경을 직접 볼 수 있어, 대상자의 문제점 분석, 특성과 요구에 대한 이해와 대책 수립 등이 효과적으로 진행된다. 교육자의 시간, 노력과 경비 등이 가장 많이 든다는 단점이 있다.

② **임상 방문**clinic visiting : 교육 대상자가 병원, 보건소나 보건지소에 직접 방문하여 영양상담을 받는 방법이다. 병원이나 보건소에 있는 특수 장비로 대상자의 현 상태를 좀 더 과학적으로 분석할 수 있어 과학적이고 세밀한 상담이 가능하다. 주로 환자나 노약자 등의 영양교육 시 이용된다. 다른 방법에 비해 상담자의 전문성이 더 필요하고, 교육비용이 높아 대상자들에게 부담을 준다는 단점이 있다.

③ **상담소 방문**official calls : 영양전문기관이나 단체에 설치된 전문 상담소를 이용하여 대상자들을 교육하는 방식이다. 전문적인 교육을 받은 상담사가 자발적으로 상담소를 찾아온 대상자와 만나기 때문에 교육의 효과가 높다. 임상방문과 마찬가지로 경비가 비싼 단점을 가지고 있다.

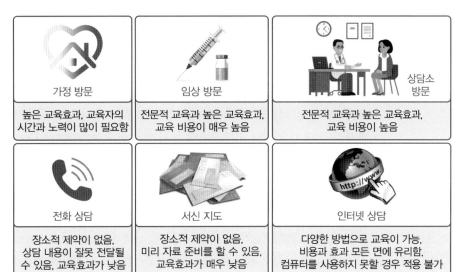

그림 4-6
개인교육 방법

가정 방문	임상 방문	상담소 방문
높은 교육효과, 교육자의 시간과 노력이 많이 필요함	전문적 교육과 높은 교육효과, 교육 비용이 매우 높음	전문적 교육과 높은 교육효과, 교육 비용이 높음
전화 상담	서신 지도	인터넷 상담
장소적 제약이 없음, 상담 내용이 잘못 전달될 수 있음, 교육효과가 낮음	장소적 제약이 없음, 미리 자료 준비를 할 수 있음, 교육효과가 매우 낮음	다양한 방법으로 교육이 가능, 비용과 효과 모든 면에 유리함, 컴퓨터를 사용하지 못할 경우 적용 불가

④ **전화 상담**telephone calls : 교육자와 대상자가 너무 멀리 떨어져 있거나, 대상자의 외출 방문이 자유롭지 못할 경우와 같이 서로 방문하기 어려운 조건에서 사용될 수 있다. 편리하고 능률적이며, 비용 면에서도 저렴한 장점이 있으나, 직접 얼굴을 맞대고 교육이 이루어지지 않아 상담 내용을 오해하거나 잘못 이해하는 경우가 많고, 교육효과가 떨어진다는 단점을 가지고 있다.

⑤ **서신 지도**personal letters : 교육자의 인력이 너무 많이 부족하고, 대상자와의 연락이 매우 어려울 경우 사용되는 방법이다. 교육 내용을 사전에 준비할 수 있고 경비가 저렴하다는 장점이 있지만, 교육효과가 매우 제한적이라는 단점이 있다.

⑥ **인터넷 상담**internet calls : 인터넷이 발달하면서 점차 보급되고 있는 교육방법이다. 앞에서 나온 상담 방법들을 포괄적으로 포함하면서 교육비용과 효율 면에서 매우 훌륭하다. 이메일을 이용한 서신 지도, 인터넷폰과 메신저 대화를 이용한 전화 상담과 문자 상담, 화상전화를 이용한 가정 방문과 같은 직접 상담까지 다양한 상담이 가능하다. 하지만 인터넷이 보급되지 않았거나, 컴퓨터를 사용할 수 없는 경우 적용할 수 없다는 단점을 가지고 있다.

(2) 가족교육(가족지도)법

가정 혹은 가족 역시 사회단체 중 하나로 간주하여 단체교육으로 분류할 수 있다. 하지만 가족은 사회를 구성하는 가장 작은 단체이며 혈연이라는 특이한 구속력으로 이루어진 단체이기 때문에 여기서는 가족교육으로 따로 나누어 생각해 보도록 하겠다. 개개인이 살아가는 동안 배우는 것 중, 학교 외에 가장 많은 것을 배우는 곳은 가정일 것이다. 특히 살아가는 데 기본적인 인성, 습성, 관습, 종교 등에 절대적 영향을 미치는 것이 바로 가족이다. 따라서 올바른 가족교육은 학교교육을 받지 않는 유아들의 올바른 식습관을 형성하는 데 결정적인 역할을 한다. 과거에는 한 가정의 영양에 대한 것을 주부가 모두 책임졌기 때문에 가족교육의 주 대상이 주부가 되었다. 하지만 지금은 사회적 패턴 변화로 가정에서의 식사와 영양을 주부가 책임지는 형태가 사라져 가고 있어 가족교육의 파급성이 점차 줄어들고, 가족 구성원들이 속한 사회단체에서의 영양교육으로 대체되고 있는 현실이다.

① **가족교육** : 특별한 영양문제를 가지고 있는 가정을 교육하는 호별교육과 특정 지역에 살고 있는 가구 전체에게 교육하는 지역교육이 있다. 호별교육은 영양교육 대상자가 교육을 신청한 주부일 경우가 많고, 교육의뢰 내용 역시 주부들이 고민하는 가정의 영양문제, 영양관리의 문제, 영양판정의 파악과 대체 방안 제시가 많다. 이런 가족교육은 지역 보건소에서 실시하는 것이 가장 효율적이다. 지역 보건소의 담당 영양사는 가정방문을 통해 그 가족의 문제점을 찾고, 목표를 정하고, 방법을 설정하여 교육을 하게 된다. 가족교육을 위해 가정방문을 할 때는 방문시간을 미리 정하고 양해를 구하며, 영양을 주로 관리하는 사람에게 교육을 하는 것이 가장 효과적이다.

② **지역교육** : 지역을 하나의 대상으로 하여 교육하는 것으로 가정의 개별적인 문제점을 문제화하는 것이 아니라, 지역영양 개선활동의 공통된 내용이 주요 교육 내용이 된다. 이것 역시 지역자치단체나 지역보건소, 지역학교 등의 지역 조직을 통해 이루어지는 것이 효율적이며, 지역적 조직을 미리 육성하고 계속적으로 교육하고 지도하는 것이 중요하다. 산발적이고 돌발적으로 교육이 진행될 경우 지역 주민의 호응을 얻을 수 없고, 준비와 축적된 자료가 부족하기 쉬워 교육효과를 크게 기대할 수 없다.

2) 단체교육(단체지도) 방법

(1) 단체교육 방법의 개론

단체교육은 많은 사람을 대상으로 하는 교육 방법이다. 영양교육의 소요 시간, 노력과 경비 등의 면에서 유리하고 교육효과 역시 나쁘지 않기 때문에 많이 이용하는 방법이다. 단체교육은 교육 대상자들이 개인이 아니라 다수의 단체이기 때문에 단체들의 군중심리, 상호 경쟁의식 등을 이용하여 교육효과를 더욱 크게 할 수 있다는 장점이 있다. 단체교육법을 실행한 후 부족한 부분을 개인지도나 그룹지도로 보충할 경우, 더 좋은 교육효과를 얻을 수 있다.

단체교육 시에는 교육 전에 미리 교육 대상의 종류, 연령, 성별, 직업, 이해력, 문제파악 정도, 교육 정도, 지역적 특성 등을 고려하여 교육 방법을 선정할 수 있다. 단체교육 방법으로는 일반적으로 강의하는 방식과 서로 협의 토론하여 가르치는 방법, 여러 사람이 모여 연구하는 방법이 있다. 이와 함께 형식, 규모, 대상, 장소 등의 차이에 의해 아래와 같은 방법들이 사용될 수 있다.

① 교육자의 시연을 통한 교육
② 시식을 통한 교육
③ 대상자가 스스로 하는 실습을 통한 교육
④ 강의를 이용하는 교육
⑤ 교육자와 대상자 간 토의와 토론을 통한 교육
⑥ 인형극이나 미디어를 이용하는 교육
⑦ 견학을 통한 교육
⑧ 동물 사육 등의 실험을 통한 교육
⑨ 대상자가 자료를 만든 후 발표하는 방식을 이용한 교육

단체를 교육하는 교육자는 몇 가지 점에 유의하면서 교육을 진행시켜야 한다. 우선 몇몇 대상자에게만 집중하지 않아야 하며, 몇몇 대상자에게 말을 독점시켜서는 안 된다. 토론식으로 진행할 경우, 한 가지 주제가 끝났을 때 그 부분에 대한 토론이 끝났고 다른 주제에 대한 토론으로 진행됨을 명확하게 해 주어야 한다. 중립적인 입장에서 교육 대상자의 질문이나 의견을 무시하거나 면박을 주는 행위를 해서는 절대 안 된다. 대상자들이 교육의 주제에서 이탈하지 않도록 말을 유도하여야 하며, 이탈하였을 경우 조심스럽게 지적하여 다시 원래대로 돌아오도록 하여야 한다. 토의에 의한 교육의 마지막 부분에서는 내용을 종합적으로 정리하여 교육 대상자들에게 이의가 없는지를 확인하여야 한다.

단체교육은 영양교육의 상당 부분을 차지하고 종류가 다양하기 때문에 별도로 빼내어 각각에 대해 자세히 살펴보기로 하겠다.

(2) 원탁식 토의법과 배석식 토의법

① **원탁식 토의법**round table discussion : 일명 좌담회라고도 부른다. 참가자 전원에게 발언권이 주어지며, 상석과 말석의 의미가 없다. 어떤 공동의 문제 해결을 위해 서로 토의한다. 참가자가 모두 쉽게 발언하기 때문에 문제에 대한 책임감이 높아 문제를 해결하고 바로 실천할 수 있다는 장점이 있다. 토의의 통제를 위한 좌장 1명과 기록을 위한 서기 1명, 그리고 20~30명 정도의 참가자로 구성된다. 좌장은 중간중간 진행을 적당히 끊고, 작은 결론을 내리면서 점차적으로 진행시킨다. 이 과정에서 슬라이드나 유인물 기타 매체를 사용하면

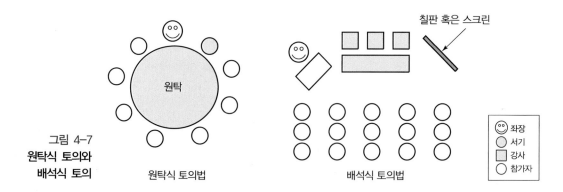

그림 4-7
**원탁식 토의와
배석식 토의**

원탁식 토의법   배석식 토의법

칠판 혹은 스크린

○○ 좌장
○ 서기
□ 강사
○ 참가자

서 분위기를 변화시킬 수 있다. 한 사람에게 발언이 너무 몰리거나 발언하지 않는 사람이 있을 경우 좌장이 조정을 해 주어야 하며, 좌장이 독단적으로 결론을 내리거나 문제에 대한 의도적인 해설 등을 해 주어서는 안 된다. 참가자들의 의견이 너무 대립적으로 흐를 경우에도 조정한다.

② **배석식 토의법**panel discussion : 강사 간의 좌담식 토의를 중점으로 하여 좌장, 강사진, 참가자 이렇게 세 그룹이 실시하는 대중토의 방식이다. 강사와 참가자 간의 대화 및 토의는 중간중간 진행되는 질의 토의와 거기에 대한 추가 발표로 진행된다. 강사를 외부에서 초빙하지 않고 참가자 중 대표자나 지원자를 정해 진행할 수 있다. 강사가 토의의 중심에 서 있는 방식으로 좌장에 의해 강사 간에 20~30분 정도 토의를 하고, 강사와 청중 간에 10~15분 정도 추가 질의 토의 시간을 갖는 방식으로 진행한다. 일반적으로 TV 등에서 방영되는 '100분 토론'과 같은 토의법으로 좌장이 강사 간의 발언이 한쪽에 치우치지 않게 잘 조정하여야 하며 필요에 따라서는 시간 제한을 두기도 한다. 좌장은 강사들이 토론 주제에 적합한 발언을 하도록 잘 유도하여야 하며, 참가자의 토의 참가가 너무 깊지도 너무 얕지도 않게 조절하여야 한다.

(3) 공론식 토의법과 강의식 토의법

① **공론식 토의법**debate forum : 다른 말로 공청회라고 할 수 있다. 한 가지 주제에 대해 서로 의견이 다른 두 명 이상의 강사가 먼저 자기 의견을 발표한다. 그다음 발표가 끝난 후 참가자들이 질문을 하고 강사가 다시 간추린 후 토의하는 방식이다. 각 강사의 의견 제시를 충분히 들을 수 있다는 장점은 있으나 한 가지 결론을 내리기는 어렵다. 좌장은 필요한 경우 강사들의 대립되는 논점을 정확하게 요약 정리하여 참가자들에게 알려 줄 필요성이 있다. 참가자는 일반적으로 20~30명 정도가 좋으나 마이크나 스크린 등이 설치되어 있을 경우 100명 정도도 무리 없이 진행할 수 있다. 찬반이 대립되는 토론에 적합한 토의법이다.

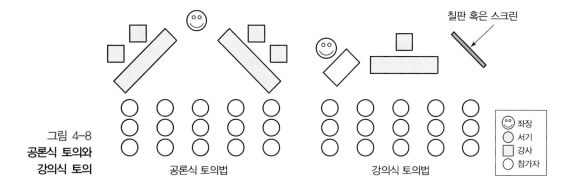

그림 4-8
**공론식 토의와
강의식 토의**

공론식 토의법   강의식 토의법

☺	좌장
○	서기
▢	강사
○	참가자

칠판 혹은 스크린

② **강의식 토의법**lecture forum : 강사는 1~2명으로 구성된다. 강사가 자신의 의견이나 알리고 싶은 내용을 강의한 후 또는 강의 중간중간 발표 주제를 중심으로 참가자와 함께 토의를 진행시키는 방식이다. 한꺼번에 많은 사람에게 단시간에 많은 지식을 전달할 수 있고, 발표 준비하기가 쉬우며, 학교에서 익숙하게 접하여 친근도가 높다. 또한 계통적으로 많은 것을 종합적으로 정리할 수 있다는 장점이 있다. 한마디로 교육의 준비, 진행과 교육효과 면에서 효율적이다. 하지만 강의가 일방적으로 진행될 경우 참가자들의 자발적인 참여의식이 약해져서 교육효과가 감소될 수 있고, 참가자 개인의 특성과 차이를 무시하고 획일적으로 진행되는 경우가 많다. 강사의 의사전달능력이 부족할 경우 내용이 추상적으로 전달되고, 참가자들이 이해하기 힘들어하며 교육효과가 제대로 나타나지 않게 된다. 참가자는 50~60명 정도가 좋고 100명 이상이 되어도 진행시킬 수 있다. 슬라이드나 동영상 등의 자료를 이용할 경우 교육효과가 더 커질 수 있다.

(4) 강단식 토의법과 6·6식 토의법

① **강단식 토의법**symposium : 공개토론법의 한 방법으로 한 가지 주제에 대해 여러 각도의 관점(서로 상반되는 관점도 포함)을 가진 전문가들을 강사로 모셔 놓고 의견을 듣고 참가자와 질의응답을 하게 하는 방법이다. 강사 간에는 토의를 하지 못하는 것이 특징이다. 강사와 참가자의 의견이 종합되어 결론이 나온다. 따라서 참가자 역시 강사의 발표 내용과 주장을 이해할 수 있는 사전 지식이 필요하다. 좌장은 논제를 설명하고, 강사를 소개하고, 참가자들에게 토의진행 방법에 대한 설명을 하며, 한 강사에게 참가자들의 질문이 집중되지 않도록 조절하고, 강사 간의 발언시간을 일정하고 균등하게 배분한다. 일반적으로 강사의 발언시간은 5~10분 정도로 조정된다. 좌장은 강사 간 발표가 중복되지 않도록 미리 조정해야 한다.

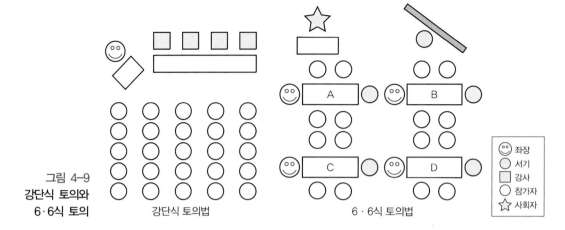

그림 4-9
**강단식 토의와
6·6식 토의**

강단식 토의법   6·6식 토의법

☺	좌장
○	서기
■	강사
○	참가자
☆	사회자

② **6·6식 토의법**buzz session, six-six method : 부분식 토의법으로 6명으로 한 그룹을 만들고 1명당 1분씩, 6분간 토의하고 종합하는 방식이다. 참가자가 너무 많거나 일부만이 의견을 말하는 경우 사용하면 좋다. 사람이 너무 많을 경우 6명씩 작은 그룹으로 나누어 토론하고, 그 후 전체 토론을 통해 종합적 결론을 도출시키는 방법이다. 많은 사람이 의견을 말하기 때문에 벌bee이 윙윙거린다 하여 buzz session이라고도 한다. 매우 민주적인 토의 방법으로 교육 참가자가 많고 다루는 문제가 크고 다양할 때 많이 이용한다. 6명을 한 그룹으로 만들지만 10명 정도가 되어도 진행상의 문제는 없다. 참가자의 발언을 공평하게 배분해야 하고 토의에 익숙하지 않은 사람이 많을 경우 유용한 방법이다.

(5) 연구집회와 두뇌충격법

① **연구집회**work shop : 집단회합의 한 형태로 비슷한 생활 패턴 및 직업을 가진 사람들이 모여 공통된 문제들, 즉 스스로의 문제나 지역사회 발전계획 등에 대해 서로 연구하고, 권위 있는 전문가의 협조하에 경험이나 연구한 것을 의논하는 방법이다. 교육된 내용과 교육 보조자료에 대한 안을 참여자가 직접 제공하고, 같이 검토 및 수정하므로 공동의 교육 자료를 개발하기에 가장 적합한 방법이다. 대중의 교육보다는 지도자교육과 같은 직업 종사자 혹은 전문가들의 교육에 더 적합하다. 성공적인 진행을 위해서는 다른 교육보다 사전계획과 조직적인 진행이 필요하다. 일정한 형식은 가지고 있으나 꼭 그 형식을 따를 필요는 없다. 전체 오리엔테이션을 하고 전체회의에서 연구논제를 밝힌 후 참가자들을 그룹으로 나누어 반별 토의하고 나서 마지막에 전체 토의를 하기도 한다. 교육효과를 위해서는 2~3일의 시간이 필요하나 하루에 끝내기도 한다. 학술적 모임에서 자주 사용되나 경우마다 다른 형식으로 진행되어 획일적인 모습을 나타내지는 않는다.

② **두뇌충격법**brain storming : 제기된 주제에 대해 참가자 전원이 차례로 자신이 생각한 아이디어를 말하고 그중 최선의 아이디어를 결정하는 방법이다. 참가자들의 아이디어를 모으는 동안에는 다른 참가자가 제시하는 아이디어에 대한 비판이나 의견 피력은 금지된다. 그렇기 때문에 단시간에 많은 아이디어를 모으는 데 적합하며, 참가자 모두의 창의력 향상을 일으킨다. 발언 기회가 많고 참가율이 높기 때문에 내려진 결론에 대한 실천도가 높고 단결력이 좋아진다. 이 방법은 결국 아이디어를 내고, 그 아이디어를 바탕으로 문제점에 대한 해결책을 찾는 일종의 회의법이다. 두뇌충격법은 15분 정도가 적당하며, 참가자는 10명 정도가 적합하다. 압박감이 없고 즐거운 분위기를 만들 경우 효과가 더 좋으며, 경우에 따라 결론이나 결정을 내리지 않아도 된다.

(6) 역할연구법과 사례연구법

① **역할연구법**role playing : 정신과에서 정신 치료를 위해 사용되는 방법 중 하나로 같은 문제를 연구하거나 같은 처지에 있는 사람들이 교육에 참가한 상태에서 몇몇이 각각의 역할을 서로 바꾸어 무대 위에서 연기하고 연기가 끝난 다음 서로에 대해 토의하고 비판적으로 검토하는 방법이다. 나의 문제와 다른 사람의 문제 및 입장을 단시간에 이해할 수 있고 토의가 끝나면 사회자에 의해 결론 내려지며 교육이 끝나게 된다. 편식을 하는 아이와 그것을 나무라는 어머니를 위한 영양교육 시 이 방법을 이용하여 서로의 입장을 이해하게 하고 올바른 방향으로 입장을 정리하는 경우가 많다. 재미있고 참가자의 참여를 전제로 하는 교육 방법으로 참가자들의 관심과 의욕이 높아 교육효과가 높다. 하지만 연기 시 연기자의 태도나 표현 방법에 대해 비판하여 이것이 연기자의 기분을 상하게 할 수도 있다. 따라서 처음부터 비판 토의의 재료가 될 것을 각오하여야 하며, 사회자는 심한 비판이 오고 가지 않도록 조정하여야 한다. 토의가 끝난 후 토의 자체에 대한 반성 역시 꼭 필요하다.

② **사례연구법**case problem : 어떠한 사례에 대한 자료와 경험을 토대로 하여 그 경우의 장단점을 토론하고 개선점을 찾아내는 방법이다. 실제 사례가 토의의 대상이 되기 때문에 일반 교육자들의 교육효과가 크게 나타난다. 영양교육에서 많이 사용되기도 한다. 예를 들어 다이어트 성공 사례, 편식을 고친 사례, 비만을 고친 사례 같은 것들을 통해 좋은 교육효과를 얻을 수 있다. 성공 사례를 소개할 때 지나치게 과장하거나 선전하는 것은 금지하여야 한다. 과거부터 동영상을 통한 공익광고 등을 통해 교육 대상자의 자발적인 참여를 유발하는 패턴으로 광범위하게 사용된 교육 방법이다.

(7) 영화 토론법과 시범 교수법

① 영화 토론법film forum : 청중이 이해할 수 있는 영화를 보여 주고, 1~2명의 강사나 좌장이 문제를 제기한 후, 제기된 문제에 대해 청중과 질의 토론하는 방식의 교육 방법이다. 영화의 재생시간은 너무 길지 않은 30분 이내가 적당하다. 좌장의 의도에 따라 영화를 다 보여 준 후에 질의토론을 하는 방식과 영화를 보여 주는 과정 중간중간 상영을 중단하고 질의토론을 하는 방식의 채택이 가능하다. 좌장은 영화의 내용을 미리 충분히 알고, 토의할 문제 역시 사전에 파악하고 있어야 한다. 영화라는 대중적인 교육매체를 사용하기 때문에 흥미롭게 진행되며 대규모의 교육 대상을 상대로 빠르게 교육을 진행할 수 있다는 장점이 있다. 하지만 영사시간이 정해져 있기 때문에 과도한 문제 제기와 자세한 설명이 교육의 진행을 어렵게 할 여지도 있다.

② 시범교수법demonstration : 교육 목적에 맞는 이론과 자료를 이용하여 교육 목적에 맞는 것들은 참가자들에게 직접 보여 주고 실제로 경험하게 하는 교육 방법이다. 실제 경험을 하기 때문에 교육효과가 더 폭넓게 나타난다. 하지만 다른 단체교육 방법에 비해 재료비 등의 부수적인 지출 비용이 많다. 시범교수법을 진행할 때는 대상자들이 집중해서 쉽게 볼 수 있는 장소를 선택하여야 하며, 시범을 보이기 전에 기본 이론, 목적, 시범 과정, 방법 등을 자세히 소개해 주어야 한다. 강조하고 싶은 부분은 시범 중 반복 설명이나 반복 시범을 통해 재교육한다. 사용되는 시범 내용이 너무 어려울 경우 교육에 역효과가 나타날 수 있으니 단체교육 대상의 특성을 정확히 파악하여 이해하기 쉬운 수준의 시범을 선택한다.

시범교수법은 크게 방법시범교수법method demonstration과 결과시범교수법result demonstration으로 나누어진다. 방법시범교수법은 교육 대상자의 이해 정도를 확인하면서 단계별로 천천히 시범을 보여 주면서 진행하는 교육 방법이다. 식단을 짜는 단계, 조리하는 일련의 과정, 실험하는 일련의 과정, 운동하는 과정 등을 단계별로 보여 주는 방법이다. 결과시범교수법은 비만을 탈출한 사람의 사례, 인터넷을 이용하여 떡 판매를 증가시킨 마을의 예 등과 같은 좋은 결과를 소개하고 이를 토론하여 행동 변화를 유도하는 방법이다. 일종의 사례연구법이라고도 할 수 있다. 하지만 성공 사례를 지나치게 미화할 경우 역효과가 나타날 위험성도 존재한다.

(8) 그 외 단체교육법

앞에서 살펴본 것 외에도 단체교육을 위해 사용될 수 있는 방법으로는 견학field trip, 연극이나 인형극drama, puppet play, 경진대회concurs, 집단급식지도와 지역사회조사

community-self survey 및 동물사육실험animal feeding experiment이 있다.

① **견학**field trip : 단체교육에 적합한 교육장소에 직접 가서 눈으로 보고 오는 것으로, 단독으로 실시하는 경우도 있지만 영양교실의 정기적인 행사 속에 포함시킬 수도 있다. 견학 후 견학에 대한 토의 과정을 거치는 것은 교육효과를 더욱 크게 증가시킬 수 있다. 미리 현지 담당자와 참가자들에게 알려 견학의 목적과 장소, 요점과 사전 자료 조사 등을 할 수 있도록 한다. 너무 많은 참가자가 참가할 경우, 효과가 떨어지므로 알맞은 인원으로 나누어서 실시하는 것이 중요하다.

② **연극과 인형극**drama, puppet play : 직접 보고 들을 수 있어 매우 효과적인 교육방법이다. 특히 아동이나 초등학교 학생들을 대상으로 할 경우 교육효과가 더욱 증폭된다. 이 방법을 이용할 경우 내용이 너무 복잡하거나 공연시간이 너무 긴 것은 피해야 한다. 연극을 보는 것뿐만 아니라 직접 제작하는 과정에 참여할 경우 교육효과는 극대화될 수 있다. 연극 무대에서 직접 연기하는 것뿐만 아니라 소품을 만들고, 음향과 조명과 의상과 같은 것들을 직접 제작하면서도 많은 교육효과를 얻을 수 있다. 공연을 본 후에는 토의 시간을 갖는 것이 중요하며, 연극을 준비하는 경우 정기적으로 준비 과정에 대한 토의를 하여야 교육효과를 더욱 크게 만들 수 있다.

③ **경진대회**concurs : 요리 실습, 웅변, 교재 제작, 소품 제작 등의 다양한 부분에서 서로의 실력을 겨루게 하는 방법이다. 서로 비슷한 조건에서 경진이 이루어지며, 개인으로 참가하거나 팀으로 참가하게 한다. 경진대회를 준비하는 과정 중에 참가자 간 선의의 경쟁심과 동료들 간의 협동심이 증가되어 영양교육 외적인 교육효과도 볼 수 있다. 몇 등을 하는가에 대한 결과도 중요하지만, 대회가 끝난 후 준비 과정과 경진 과정에서 있었던 좋은 점과 개선할 점 등을 서로 이야기하며 연구하는 과정을 빼놓아서는 안 된다.

④ **집단급식지도** : 사업장, 공장, 학교, 병원과 같은 단체급식소에서 많은 사람들에게 급식과 급식지도를 같이 하는 것이다. 교육 대상자가 식단 작성과 조리와 배식 등에 직접 참여하므로 많은 것을 스스로 생각하고 배우게 된다. 일정 시간 동안 비교적 철저하게 교육할 수 있고, 사례 연구를 동시에 진행시킬 경우 더 큰 교육효과를 얻을 수 있다.

⑤ **지역사회조사**community-self survey : 지역사회 주민이 가지고 있는 영양 관련 문제점을 해결하기 위해 지역 주민을 모두 참가시켜서 조사 분석하는 방법이다. 자기의 문제를 직접 인식하고 해결책을 찾는 방법으로 과거 우리나라의 새마을 운동과 같은 관급 캠페인들이 여기에 속한다. 좋은 방향으로 진행된다

면 훌륭한 교육 방법이지만, 조사 과정 중 나쁜 결과가 돌출되고, 주민들이 좌절감에 빠지고 지도자를 불신하게 된다면 매우 위험한 교육 방법일 수 있다. 따라서 교육 방법으로 선택함에 있어 매우 조심하여야 한다.

⑥ **동물사육실험**animal feeding experiment : 학교에서 학생들에게 주로 하는 영양교육 방법으로 영양에 대한 일반적 지식과 더불어 책임감과 협동심, 동물에 대한 관심, 생명에 대한 소중함 등을 알게 할 수 있다. 동물을 학교 내에서 키워 먹이를 주며 동물들이 커 가는 모습을 직접 보게 하는 실험 방법으로 생명체와 식품의 상관관계를 직접 알게 할 수 있다. 하지만 실험 진행 시 교육자가 전문적 지식을 가지고 있어야 하며, 실험에서 나오는 데이터를 분석하고 교육 대상자에게 설명해 줄 수 있어야 한다. 실험이 느리게 진행될 수 있으며, 결과가 확연하게 나타나지 않을 수도 있다.

⑦ **캠페인교육방법**campaign method : 영양과 건강 혹은 공중보건과 관련된 주제를 정하고 단기간에 집중적으로 반복 교육시킴으로써 많은 사람을 교육시키는 방법이다. 많은 내용을 전달하기보다는 짧은 표어를 반복 사용함으로 교육을 진행시킨다. 매우 간단한 내용만을 포함하는 CF, 포스터, 표어, 유인물, 스티커, 배지 등이 사용된다.

01 다음은 ○○중학교의 영양교사가 사용한 영양교육 수업 교수·학습 지도안의 일부이다. 작성 방법에 따라 서술하시오. [4점] 영양기출

교수·학습 지도안

2019년 ○월 ○일 ○교시		학년	1	지도교사 : 김○○	
단원	청소년기 영양	학습 방법	강의식, 토의식	차시	1/4
주제	채소 섭취의 중요성	대상	남학생 150명	장소	1-1~1-5 각 학급 교실
학습목표	① 다양한 채소 섭취의 이로운 점을 설명할 수 있다.				

학습과정	교수·학습 활동	
	교사	학생
〰️	〰️	〰️
탐구활동	• 다양한 잡지, 책에 나와 있는 채소 섭취의 이로운 점 탐색 • 모둠별 탐구 및 토의	• 탐구 주제를 확인하고 모둠별로 탐구 내용을 충분히 토의 • 충분히 토의한 내용과 결과를 탐구활동지에 기록
탐구 결과 발표	• 모둠별 탐구 결과를 칠판에 붙여 정보를 공유하도록 지도	• 모둠별로 탐구 결과를 발표 • 다른 모둠의 발표를 주의 깊게 듣고 질의응답

작성 방법
• 본 수업에서 행동 변화 단계 모델 적용 시, 위 학습 목표달성을 통해 도달하고자 하는 단계의 명칭을 쓰고, 그 단계에 도달하기 위해 사용할 수 있는 행동 수정 방법(전략) 2가지를 제시할 것(단, 교육 대상자들은 행동 변화 단계에서 동일한 단계에 있다고 가정함)
• 사회인지론 적용 시, 밑줄 친 ①에 해당하는 개인적(인지적) 요인의 명칭을 제시할 것

02 다음은 '건강한 학교 만들기' 관련 토의 사례이다. (가)와 (나)에 해당하는 집단토의 방법의 명칭을 순서대로 쓰시오. [2점] 영양기출

(가)

주제 : 중학교 건강매점 도입 여부

※ 건강매점 : 고열량·저영양 식품 대신 제철과일과 건강에 유익한 식품을 판매하고 올바른 식생활 실천 캠페인의 공간이 되는 학교 매점

참석자
- 사회자
- 찬성 측 : 영양교사, 학부모, 학생 대표
- 반대 측 : 현 매점 운영자, 학생 대표
- 청중 : 학부모, 학생

주제 발표
- 찬성 측 발제 : 중학생 영양불균형의 원인과 결과, 건강매점 도입의 필요성과 이로운 점
- 반대 측 발제 : 건강매점 도입의 부담과 향후 발생 가능한 문제점
- 반론 : 찬성 측 대표와 반대 측 대표의 반론 제기 및 논박

질의 응답
청중의 질의에 대한 토론자의 응답과 이에 대한 토의를 반복함

결론
사회자가 대립된 토의 내용을 요약하고 정리함

(나)

주제 : 학교 영양교육 활성화 방안

참석자

지역 영양교사 대표(좌장)를 포함한 영양교사 10명

토의

• 참석자 전원이 아이디어를 자유롭게 제시하며, 이때 좌장은 제시된 아이디어에 대해 평가하지 않음

• 참석자들이 최선의 해결책이나 참신한 아이디어를 발굴하여 발전시킴

정리

영양교육 활성화를 위한 다양한 아이디어를 조합하여 정리함

(가) _____

(나) _____

03 다음은 학교 현장에서 이루어지는 영양교육 사례이다. 밑줄 친 ①, ②에 해당하는 수업 방법의 명칭을 순서대로 쓰시오. [2점] 영양기출

미래초등학교에서 학교급식 잔반을 조사한 결과, 잔반 대부분이 채소 반찬인 것으로 나타났다. 이에 영양교사는 채소 편식을 줄이기 위하여 영양교육 수업 시간에 '채소 섭취 증가시키기'를 주제로 수업을 하였다.

… (중략) …

교육을 위해 ① 학생 중 1명은 영양교사가 되고 영양교사는 학생이 되어 급식에 나온 채소 반찬을 먹지 않으려고 피하는 상황을 소재로 연극을 하였다.

… (중략) …

다음 차시 수업은 '채소의 다양한 영양소와 건강'을 주제로 ② 영양교사의 인솔하에 학생들이 '건강 어린이 박람회'에 갔다. 학생들은 바른 식생활을 배울 수 있는 식생활 안전관을 방문하여 계절·산지별 신선한 채소의 건강상 이점을 알아보고 채소 섭취의 중요성을 이해한 후 보고서를 제출하였다.

… (하략) …

---

① : _____   ② : _____

04 다음은 계획적 행동이론을 적용한 영양교육 사례이다. 밑줄 친 ①, ②에 해당하는 행동의도(의향)를 결정하는 요인의 명칭을 순서대로 쓰시오. [2점] 영양기출

> 중학교 2학년 지우는 평소에 변비로 고생하고 있다. 영양교사는 영양상담을 하면서 지우가 평소 채소를 거의 섭취하지 않는다는 것을 알았고, 지우의 채소 섭취에 대한 의도를 높이고자 영양교육을 하였다. 한 학기 동안 영양교육을 한 결과, 지우는 ① 이전과 달리 좋아하지 않는 채소가 급식에 나올 때도 쉽게 먹을 수 있게 되었다고 했다. 또한 ② 한 학기 동안 채소를 섭취하게 되면서 변비 증상이 사라졌다는 확신을 갖게 됨으로써 앞으로도 채소 먹기를 실천하고 싶다는 마음이 들었다고 영양교사에게 말했다.

① : _____ ② : _____

05 다음은 행동 변화 단계 모델(범이론적 모델)을 적용한 영양교육 사례이다. 작성 방법에 따라 서술하시오. [4점] 영양기출

> 중학교 1학년 명호는 학생건강검사에서 비만으로 판정받았다. 영양교사는 명호와 영양상담을 하면서 명호의 식습관 중 아침을 굶고 점심에 과식하는 식습관을 고치는 것이 필요하다는 것을 파악하고 지난 1달간 명호에게 영양교육을 하였다. 교육 기간 동안 명호는 아침을 매일 먹어야 한다는 것을 깨닫고 우선 일주일에 3일 이상 아침 먹기를 시도하였다. 따라서 영양교사는 명호에게 '매일 아침 식사하기' 실천 계약서를 스스로 작성하게 하였다.

작성 방법
- 주어진 사례를 바탕으로 명호가 현재 행동 변화 단계 모델의 어느 단계에 있는지 유추하여 쓰고, 그렇게 판단한 근거를 제시할 것
- 밑줄 친 부분에서 명호가 다음 단계로 가기 위한 변화 과정(process of change)에 적용한 행동 수정 방법(전략)의 명칭을 쓰고, 그 의미를 서술할 것

_____

_____

_____

_____

06 다음은 청소년을 대상으로 한 영양교육 계획이다. 작성 방법에 따라 논술하시오. [10점] 영양기출

우유 마시기 식생활 교육

• 대상 : 평화고등학교 전교생 중 1일 우유 섭취량이 2컵 미만이며 본인이 참여를 원하고 보호자의 동의를 받은 학생
• 목표 : 교육 후 대상자의 60%가 우유를 1일 2컵 이상 섭취한다.

※ 교육 대상자 사전 조사 결과 : 1일 평균 우유 섭취량 0.3컵, 1일 2컵 이상 우유 섭취 학생 비율 0%

• 기간 : 2018년 1학기
• 내용
　- ㉠ 영양교육(주 1회 50분 수업) : 1일 우유·유제품 섭취 권장량, 간식으로 단 음료 대신 우유 마시기
　- ㉡ 학교급식 : 점심 급식에 흰 우유 제공, 급식실 벽에 우유 섭취 시 얻을 수 있는 건강상 이점에 대한 교육자료 부착
　- ㉢ 가정교육 협조 요청 : 가정에서도 우유를 제공하여 학생이 섭취할 수 있도록 해 달라는 내용을 가정통신문을 통해 전달
• 교육 전후 평가

평 가 지

다음의 질문에 대해 답하시오.

1. 우유를 얼마나 자주 마시나요?
　※ 1회에 해당하는 양은 흰 우유 1컵(200mL)
　① 마시지 않는다.
　② 하루에 (＿＿)회 또는 일주일에 (＿＿)회

… (중략) …

10. 나는 지금보다 우유를 하루에 1컵 더 마실 수 있다.

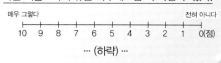

… (하략) …

작성 방법

• 사회인지론(social cognitive theory)을 적용하여 영양교육의 계획, 실행, 평가를 수행할 때 각 단계에서 적용하고자 하는 구성 요소와 그 의미를 순서대로 논술할 것
• 영양교육 계획 시 행동수행력(behavioral capability) 구성 요소를 적용할 때 지식과 기술(skills)을 향상시키기 위해 ㉠에 추가할 수 있는 교육내용을 각각 1가지씩 서술할 것
• 영양교육 실행과정에서 ㉡, ㉢에 공통으로 적용된 사회인지론의 구성 요소를 쓰고, 그 요소가 중요한 이유를 서술할 것

(계속)

- 영양교육 효과 평가 시 '평가지'에 밑줄 친 10번 문항에서 측정하고자 하는 사회인지론의 구성 요소를 쓰고, 그 의미를 서술할 것
- '평가지' 개발 시 우유 섭취에 대한 사회적 지지(social support)를 평가할 수 있는 문항 2가지를 제시할 것

07 다음은 영양·건강 관련자 교육 프로그램 사례이다. (가)와 (나)에 해당하는 교육 방법의 유형을 순서대로 쓰시오. [2점] 영양기출

(가)

주제 : 아동의 영양 관리와 상담

참석자
- 사회자 : ○○○
- 연사 : 식품영양학 교수, 교육학 교수, 전문 상담사
- 대상자 : 영양교사 30명

주제 발표
- 식품영양학 교수 : 아동의 영양문제와 맞춤형 영양 관리
- 교육학 교수 : 아동의 특성과 상담 기법
- 전문 상담사 : 아동 대상 영양상담 사례

(계속)

실습 및 토의

- 영양교사들을 소그룹으로 나누어 내담자와 상담자로 짝을 지음
- 상담 기법을 활용하여 상담 실습을 수행함
- 그룹별 토의 후 결과를 분석함

발표 및 결론

실습 및 토의한 결과를 발표하고 연사들과 토의하여 최종 결론을 내림

(나)

주제 : 청소년 체중 관리

참석자

- 좌장 : ○○○
- 연사 : 가정의학 전문의, 한의학 박사, 식품영양학 교수, 임상심리사, 체육학 교수
- 청중 : 200명(영양교사, 임상영양사, 식품 관련 연구원, 생활체육사)

주제 발표

- 가정의학 전문의: 청소년 비만 및 저체중의 원인과 위험성
- 한의학 박사 : 체질에 따른 체중 관리법
- 식품영양학 교수 : 청소년의 체중 관리를 위한 영양 관리 및 사례 발표
- 임상심리사 : 행동 수정을 활용한 청소년 체중 관리 방안
- 체육학 교수 : 비만 및 저체중 청소년의 운동 처방법

질의 응답

각계 연사와 청중 사이에 질의 응답 및 토의를 반복함

결론

좌장이 토의 내용을 정리함

(가)에 해당하는 교육 방법의 유형 _____

(나)에 해당하는 교육 방법의 유형 _____

08 다음은 ○○중학교에서 실시한 식습관 조사 결과와 이를 근거로 계획적 행동이론을 적용하여 작성한 영양교육 계획서의 일부이다. 이 이론과 관련된 내용을 작성 방법에 따라 서술하시오. [4점]

영양기출

식습관 조사 결과

식품 섭취 빈도(회/주)와 기호도에 대해 조사한 결과, 특히 생선은 섭취 빈도와 기호도가 낮았다. 기호도가 낮은 이유는 다음과 같다.

• 맛이 없어서
• 생선 섭취의 장점을 몰라서
• 주위에서 생선을 먹지 않아서
• 생선 섭취 후 냄새가 난다고 놀림을 당해서
• 생선을 섭취할 기회가 적어서
• 생선이 익숙하지 않아 두려워서
• 생선보다 고기를 더 좋아해서

영양교육 계획서

• 교육 목표 : 주 2회 생선 섭취
• 교육 대상 : ○○중학교 2학년 120명
• 목표 달성 방안 : ① 학교급식에서 생선 반찬을 먹을 때 영양교사에게 칭찬과 격려를 받게 한다. ② 친한 친구들이 생선을 맛있게 먹는 것을 보여 준다.

… (하략) …

작성 방법
• 계획적 행동이론 중 주관적 규범을 구성하는 요소 2가지를 제시할 것
• 제시된 목표 달성 방안 ①과 ②는 주관적 규범 2가지 요소 중 각각 어디에 해당하는 것인지 그 이유와 함께 서술할 것

---

09 다음은 영양교육 이론 중 건강신념 모델을 적용한 사례이다. 이 모델의 구성 요소(또는 개념) 중 밑줄 친 내용에 해당하는 것을 쓰시오. [2점] 영양기출

> 현석이는 14살 남자 중학생으로 신장 160cm, 체중 80kg이고 햄버거, 탄산음료, 피자, 아이스크림, 라면 등의 고열량·저영양 식품들을 좋아하며 자주 섭취한다. 얼마 전 의사로부터 현재 비만이고 고지혈증의 위험도 있으므로 체중을 줄여야 건강해질 수 있다는 이야기를 들었다. 현석이는 영양교사와의 상담을 통해 좋아하는 고열량·저영양 식품들의 섭취 빈도를 줄여 1일 총에너지 섭취량을 500kcal 정도 낮췄다. 그 결과 현석이는 체중을 4주간 2kg 감량하였고, 의사와 주변 친구들도 현석이의 체중 감량을 많이 칭찬해 주었다. 현석이는 자기가 좋아하는 고열량·저영양 식품들을 예전같이 자주 먹지 못하는 것은 아쉽지만, 조금만 참으면 체중을 줄일 수 있다는 것을 알게 되었으며, 자기도 체중 조절을 할 수 있다는 확신이 생겼다. 따라서 현석이는 힘들어도 자기가 좋아하는 고열량·저영양 식품의 섭취를 앞으로 조금씩 줄여 나가기로 결심하였다.

10 다음은 영양교사의 식생활 관련 지도 내용이다. (가)와 (나)에서 사용한 영양교육 방법의 명칭을 순서대로 쓰고, 각각의 장점 1가지를 순서대로 서술하시오. [4점] 영양기출

(가)	(나)
• 주제 : 다도(茶道) • 대상 : 중학생 20명 　− 차, 다기 등을 손쉽게 사용할 수 있도록 교사가 미리 준비함 　− 차 끓이는 법과 다기 사용법 등 다도에 대해 단계적으로 설명함 　− 다도의 전 과정을 교사가 본보기로 보임	• 주제 : 외국 친구를 위한 초대상 차리기 계획 • 대상 : 중학생 12명 　− 진행자를 정하고 진행 시간을 15분으로 함 　− 학생 모두가 상차림에 대한 의견을 자유로이 제시하도록 함 　− 우스꽝스러운 의견이라도 비판하지 않음 　− 여러 의견 중 가장 적절한 의견을 선정함

(가)의 명칭 _____

(나)의 명칭 _____

(가)의 장점 _____

(나)의 장점 _____

11 A 영양교사는 초등학생의 채소 섭취를 증진하기 위하여 초등학생을 대상으로 사회인지론(social cognitive theory)을 적용한 영양교육을 실시하였다. 영양교사의 다음 행동은 사회인지론의 무슨 개념을 공통적으로 적용한 것인지 쓰시오. [2점] 영양기출

> • 채소 반찬을 남기지 않은 학생에게 스티커를 주었다.
> • 1주 동안 스티커를 가장 많이 받은 학생에게 작은 선물을 주었다.
> • 채소 섭취량이 많아진 학생들의 사례 중 우수 사례를 급식 뉴스에 올렸다.

---

12 다음은 A 고등학교의 영양교사가 학생들을 대상으로 '비만 예방을 위해 운동을 하자'라는 주제의 영양교육을 실시하고 일정 기간이 지난 후 학생들의 운동 횟수를 조사한 결과이다.

운동 횟수	명(%)
1주일에 6~7회	515(50.5)
1주일에 3~5회	249(24.4) (가)
1주일에 0~2회	256(25.1)
계	1,020(100,0)

영양교사는 (가) 집단 학생들을 대상으로 '운동하기'의 행동 특징을 조사하였다. 그 결과, 이 학생들은 운동의 필요성을 잘 알고 있었고 운동하기 위한 노력은 계속하고 있었으나 운동을 실천한 기간이 6개월도 채 되지 않은 것으로 나타났다. (가) 집단의 행동 특징은 행동 변화 단계 모델의 어느 단계에 속하는지 쓰시오. 그리고 (가) 집단이 보이는 행동 변화 단계를 발전시키기 위해 대체 조절 방법 측면에서의 영양교육 내용을 2가지만 개발하여 쓰시오{단, 내용 개발 시 청소년을 위한 식생활지침(2009)의 '건강체중을 바로 알고, 알맞게 먹자'의 세부지침을 활용할 것}. [3점] 영양기출

(가) 집단 행동 특징의 단계 _____

(가) 집단이 보이는 행동 변화 단계를 발전시키기 위해 대체 조절 방법 측면에서의 영양교육 내용 2가지

---

13 A 영양교사는 급식 대상 중학생의 대표적인 영양 문제가 균형식을 하지 않는 것이라고 진단하였다. 학생들의 영양 문제를 개선하기 위하여 영양교사는 축제 기간에 다음과 같이 행사를 개최하였다. 영양교사가 사용한 (가), (나)의 영양교육 방법은 무엇인지 순서대로 쓰시오. [2점] 영양기출

> (가) : 영양교사가 균형적인 일품요리 메뉴를 설명하고 학생들이 직접 만들어 보게 하였다.
>
> (나) : 영양 전시회 개최
> • 슬로건 : '균형식을 먹자!'
> • 패널 전시 : 균형식의 중요성, 식품구성자전거 등
> • 리플릿 배부 : 균형식 실천 방법

(가)의 방법 _____

(나)의 방법 _____

14 다음은 박 교사가 한국 조리 과목의 '비빔밥 만들기' 수업을 위해 작성한 실습 계획서와 연습 방법이다. 작성 방법에 따라 서술하시오. [4점] 유사기출

실습 계획서

내용 영역	한식 기초 조리 실무	장소	한국 조리 실습실
수업 목표	한국 조리의 재료 준비 및 기본 조리법을 연습하여 비빔밥을 만들 수 있다.		

학습 단계	교수·학습 활동	
	학습 주제	학습 활동
①	재료 손질 및 썰기	오이·호박은 돌려 깎고, 당근·고기는 채 썬다.
②	재료 익히기	오이, 호박, 당근, 고기를 각각 양념하여 볶는다.
③	양념장 및 고명 만들기	황·백 지단을 부치고 비빔고추장을 만든다.
④	밥 짓기 및 비빔밥 만들기	비빔밥에 적합한 고슬고슬한 흰밥을 짓고, 비빔밥을 담아낸다.

연습 방법

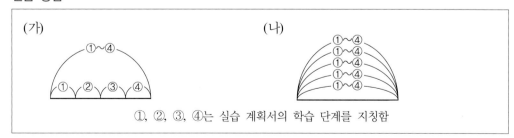

①, ②, ③, ④는 실습 계획서의 학습 단계를 지칭함

• (가)에 해당하는 연습법의 명칭과 장점을 1가지 서술할 것
• (나)에 해당하는 연습법의 명칭과 장점을 1가지 서술할 것

(가)의 명칭과 장점 _____

_____

(나)의 명칭과 장점 _____

_____

15 다음은 장 교사가 '급식 관리' 수업 시간에 토의 수업을 위해 작성한 교수·학습지도안이다. 장 교사의 토의 수업 방법에 대해 작성 방법에 따라 논술하시오. [10점] 유사기출

단원명	IV. 대량 조리와 배식			
중단원명	3. 배식과 음식물 관리			
학습목표	음식물 쓰레기 관리 방법을 탐색할 수 있다.			
단계	학습의 흐름	교수·학습 활동		자료 및 유의점
		교사 활동	학생 활동	
도입	학습목표 제시	• 전시 학습 확인 • 본시 학습목표 제시	• 질문에 대답 • 학습목표 확인	
전개	집단 편성	• 6명씩 소집단 구성 – 토의 방법 : ⊙ 여러 개의 소집단이 각각 6~10분 정도 분과 토의를 한 후, 전체 학생들이 모여 대집단 토의를 한다. 		
	토의 준비	역할 배정 안내	• 자기 소개 • 집단별 사회자, 기록자 선정	

(계속)

전개	ⓛ 토의 실행	ⓒ 단체급식소의 음식물 쓰레기 관리에 대한 읽기 자료 제시 … (하략) …	… (상략) … • 읽기 자료와 교과서를 읽은 후 분석 • 사회자의 진행에 따라 각 모둠별로 토의 시작	• 그래프 및 신문 자료 • 발언 카드
	대집단 토의	ⓔ	… (생략) …	
정리	요약 및 정리	• 토의 내용의 종합 및 정리, 전체 결과 발표 • 토의 활동 평가	• 전체 토의 결과 정리 • 학습목표 달성 여부 점검	

작성 방법

• 밑줄 친 ⓐ의 토의 유형을 제시하고, 장점과 단점을 각각 1가지씩 서술할 것
• 밑줄 친 ⓛ에서 토의 수업을 효과적으로 진행하기 위한 교사의 전략 2가지를 서술할 것
• ⓒ에 해당하는 교사 활동에 학습 내용을 포함하여 서술할 것
• ⓔ에 해당하는 교사 활동 2가지를 서술할 것
• 답안을 논리적이고 체계적으로 구성할 것

16 고등학교 보건교사가 흡연 학생들과 면담한 내용이다. 프로체스카(J. Prochaska) 등이 제시한 '변화 단계 모형(Transtheoretical Model)'에 근거하여 작성 방법에 따라 순서대로 서술하시오. [4점]

유사기출

보건교사   오늘은 여러분의 흡연 경험과 금연에 대한 생각을 나누는 시간입니다.

A 학생   저는 중학교 3학년 때부터 흡연하기 시작했는데, 최근에는 몸이 피곤하고 가래도 많이 생기는 것 같아서 ㉠ 한 달 안에 담배를 끊으려고 해요.

B 학생   저는 흡연을 시작하고 나서 친구들이 많이 생겼어요. 물론 담배를 사야 해서 용돈도 많이 들고, 가끔 반 친구들이 담배 냄새가 난다고 놀리기도 하지만 아직까지는 담배를 끊고 싶은 생각이 없어요.

보건교사   그렇군요. 흡연이나 금연 등의 행위는 ㉡ '의사결정 균형'을 통해 변화하게 됩니다.

A 학생   그런데 선생님! 막상 담배를 끊으려고 결심은 했는데 구체적으로 어떤 노력을 해야 확실하게 담배를 끊을 수 있을까요?

보건교사   한 달 안에 담배를 끊겠다고 생각하고 있으니 함께 흡연하는 친한 친구들에게 ㉢ "이제부터 담배를 안 피울 거야"라고 말하는 것이 금연 의지를 다지는 데 도움이 돼요.

A 학생   그럼 저는 며칠 내로 날을 정해서 친구들에게 금연 결심을 말할래요.

B 학생   아직까지 흡연 때문에 건강에 아무 문제가 없는데, 정말 담배 피우는 사람은 나이 들면 폐암에 걸리나요?

보건교사   좋은 질문이에요. 궁금증을 해소할 수 있는 방법을 알려 줄게요. ㉣ 폐암 환자를 소재로 한 책을 빌려 줄 테니 책에서 흡연의 유해성을 찾아보고, 흡연에 대한 생각을 이야기해 보면 어떨까요?

… (하략) …

작성 방법

• 밑줄 친 ㉠에 해당하는 변화 단계를 제시할 것
• 밑줄 친 ㉡의 개념을 서술할 것
• 밑줄 친 ㉢, ㉣에 해당하는 변화 과정의 명칭을 각각 제시할 것

---

17 다음은 보건교사 A와 B의 대화 내용이다. ①, ②에 해당하는 토의 방법의 명칭을 순서대로 쓰시오.
[2점] 유사기출

보건교사 A	학생들과 보건수업을 하는데 걱정이 많아요. 연명의료를 주제로 토의수업을 하고 싶은데 어떤 방법이 좋을까요?
보건교사 B	요즘 언론에도 자주 등장하는 내용이라 학생들이 흥미로워 하겠네요. 생각해 두신 토의 방법이 있나요?
보건교사 A	① 연명의료에 대한 다양한 견해를 가진 전문가 4~6명을 초청하여 사회자의 진행에 따라 연명의료에 대한 의견을 찬반으로 나누어 토의하게 함으로써, 토의 과정에 참석한 학생들이 연명의료에 대한 지식을 얻고, 생명의 존엄성에 대해 생각해 보는 기회를 가지려고 해요.
보건교사 B	네, 학생들이 전문가의 다양한 의견을 들을 수 있어서 좋은 것 같습니다. 그런데 그 방법은 전문가 선정을 하는 게 어려울 수 있어요. 토의에 참여하는 학생 수는 몇 명인가요?
보건교사 A	30명이에요.
보건교사 B	그러면 혹시 이 방법은 어떨까요? ② 학생들을 여러 모둠으로 나누어 토의하게 한 후, 전체 토의시간을 가져 상호 의견을 교환하게 하는 방법을 추천 드려요.
보건교사 A	좋은 의견 감사합니다.

① : _____ ② : _____

18 다음은 전문상담교사가 영호(고 1, 남)를 상담한 내용의 일부이다. 반두라(A. Bandura)의 사회인지 이론의 개념을 바탕으로 영호가 겪었던 심리적 문제를 쓰고, 그 문제를 극복하는 데 도움을 준 요인 2가지를 사례와 연결하여 서술하시오. [4점] 유사기출

상담교사	다음 주가 방학이니 오늘이 우리가 만나는 마지막 상담이겠구나.
영 호	벌써 그렇게 되었네요. 상담을 통해 제가 많이 변한 것 같아요.
상담교사	어떤 게 가장 많이 변화되었다고 생각하니?
영 호	이전에 저는 축구를 포기하고 싶은 마음만 가득했어요. 제가 축구 선수가 되어 잘할 수 있을까, 경기에 나갔을 때 골은 넣을 수 있을까, 저번 대회에서처럼 실수하지 않을까… 그런데 지금은 내일 당장 경기에 나가더라도 잘할 수 있을 것 같아요.
상담교사	그 사이에 영호가 정말 많이 노력했지. 최근 다른 학교들과의 시범 경기에서 영호가 골도 많이 넣고, 한 경기에서는 MVP도 되었다면서?

(계속)

| 영 호 | (활짝 웃으며) 맞아요! 그리고 친구들을 보면서도 많이 배웠어요. 저랑 실력이 비슷한 친구들이 연습 경기에서 잘하는 것을 보니 저도 잘할 수 있겠다는 자신감이 생겼어요. |
| 상담교사 | 그 모든 경험들이 영호가 변화하는 데 도움이 되었다니 흐뭇하구나. |

영호가 겪었던 심리적 문제 _____

_____

문제를 극복하는 데 도움을 준 요인 2가지 _____

_____

_____

19 다음은 전문상담교사가 중학교 2학년 학생들을 대상으로 모레노(J. Moreno)의 사이코드라마를 실시하고 나서 작성한 축어록의 일부이다. 밑줄 친 부분은 역할 연기에서 사용하는 상황기법 중 1가지를 적용한 것이다. 이 기법의 명칭을 쓰시오. [2점] 유사기출

상담교사	수연이는 다른 학생들이 있는 무대 아래로 내려가고, 혜림이는 무대 위로 올라와 주세요.
	… (중략) …
상담교사	자, 이제부터 혜림이가 수연이가 되어 보는 겁니다. 혜림이를 수연이라고 부를게요. 혜림이는 지금까지 보아 온 수연이의 모습을 연기하면 됩니다. 나는 수연이의 친구 역할을 해 볼게요. (혜림이를 바라보며) 그럼 시작해 볼까요?
혜 림	네. (마치 수연이가 된 것처럼 서성이다가 구석으로 가서 웅크리고 앉는다.)
상담교사	(다가가며) 수연아, 뭐하고 있니?
혜 림	(눈을 마주치지 않고 조용한 목소리로) 그냥…… .
상담교사	나 너랑 이야기하면서 놀고 싶은데 괜찮아?
혜 림	(고개를 떨구고 바닥을 바라본다.)
	… (중략) …
상담교사	네, 수고했어요. 이제 무대 아래에 있는 진짜 수연이는 올라와 주세요. (수연이가 무대 위로 올라온다.) 지금까지 혜림이가 평소 보아 온 수연이의 모습을 연기했는데, 혜림이가 연기한 자신의 모습을 보면서 어땠나요?
수 연	많이 답답해 보였어요. 다른 애들이 저를 싫어한다고 생각했어요. 그런데 알고 보니 제가 다른 애들과 친해지려 노력하고 있지 않은 것 같아요.

기법의 명칭 _____

20 영양교사가 합리적 행위 이론(theory of reasoned action)을 적용하여 비만 아동의 체중 조절 프로그램을 계획하려고 한다. 합리적 행위 이론에서 행위 의도의 결정 요인 2가지와 각 결정 요인에 영향을 미치는 선행 요인을 2가지씩 쓰시오. 기출문제

행위 의도의 결정 요인	선행 요인
(1)	①
	②
(2)	①
	②

> 해설 합리적 이론에서는 행동의 변화가 자신의 태도(attitude)와 행동의지(behavioral intention)에 의해 가능하다고 생각한다. 하지만 현실적으로는 적합하지 않은 경우가 많다. 그래서 이를 보충한 계획적 행동 이론이 제시되었다.

21 영양교육 실시 과정의 첫 단계에서는 교육 대상자들의 영양 문제와 관련된 요인을 파악하고 영양 문제의 우선순위를 결정한다. 우선순위를 결정할 때 적용하는 기준 3가지를 쓰시오. 기출문제

① : _____

② : _____

③ : _____

> 해설 영양교육의 실시 첫 단계에서 교육대상자들의 실태 파악하기 위해서는 집단의 성별, 경제적 상태, 생리적 상태, 환경적 상태를 고려하여야 한다. 이런 실태 파악을 위해 교육자와 대상자의 면접, 앙케이트, 식사기록, 영양판정 조사 등이 필요하다.

22 ○○초등학교에서는 비만아의 학부모 12명을 대상으로 영양교육을 실시하려고 한다. 학부모들이 아동의 식습관이나 식사 환경, 해결 방법 등을 자유롭게 이야기하고 영양교사는 이를 종합·정리하는 형식으로 교육을 진행할 계획이다. 이러한 경우에 가장 적합한 영양교육 방법 1가지를 쓰시오. 기출문제

교육 방법 _____

_____

> 해설 12명 정도 되는 사람을 대상으로 동일한 주제에 대해 자유롭게 토론하는 민주적인 방식을 적용하면 된다.

23 박 교사는 '원만한 가족 관계를 유지하기 위한 의사소통을 할 수 있다'라는 학습목표를 정하고 다음 절차에 따라 교수·학습을 진행하였다. 이와 같이 학생들로 하여금 서로 다른 다양한 입장을 경험하게 함으로써 학습효과를 최대화할 수 있는 교수·학습 방법은 무엇인지 쓰고, 해당 교수·학습 방법의 교육적 효과 2가지와 단점 1가지를 쓰시오. [기출문제]

주제 선정 >> 상황 설정 >> 역할 분담 >> 실연하기 >> 토론·평가

교수·학습 방법 _____

교육적 효과

① : _____

② : _____

단점 _____

해설 역할연구법에 대한 설명이다. 이 방법은 재미있고 참가자의 참여를 전제로 하는 교육 방법으로 참가자의 관심과 의욕이 높아 교육효과가 크다. 또 나의 문제와 다른 사람의 문제, 입장을 단시간 내에 이해할 수 있고 연기 후 토의가 끝나면 사회자가 결론을 내릴 수 있다는 장점이 있다. 하지만 실연 중 연기자나 토론 평가 중인 참여자에게 비판이 가해져 서로 기분이 상할 수도 있다.

24 박 교사가 2학기에 다음과 같은 주제로 수업을 하려고 한다. 수업 과정 (1), (2)에 적합한 토의 방법을 쓰고, 이 방법을 적용할 때 고려해야 할 점을 3가지 쓰시오. [기출문제]

수업 계획

• 주제 : 양성 평등 세상 만들기
• 학습목표
 − 평등한 성 역할의 의미를 알 수 있다.
 − 남성·여성이 평등한 세상을 만들기 위해 내가 해야 할 일을 발표할 수 있다.
• 수업 과정
 (1) <u>학생들을 6인 1조가 되도록 모둠을 편성한다.</u>
 (2) <u>모둠 활동으로 성차별 사례 및 해결 방안에 대해 6분간 자유롭게 토의한다.</u>
 (3) 모둠별 토의 후 전체 발표를 하게 한다.
 (4) 발표한 내용을 비슷한 유형끼리 분류한다.
 (5) 성차별 사례와 해결 방안들을 모아 주제망을 구성한다.
 (6) 학습 보고서를 작성한다.
 (7) '양성 평등 세상 실천 방안 모색하기' 학습지로 과제를 제시한다.

토의 방법 _____

고려해야 할 점

① : _____

② : _____

③ : _____

해설 6·6식 토의법을 사용하면 적합하다. 이 방법을 사용할 때는 다음과 같은 점을 고려해야 한다.

　　1. 참가자의 발언이 몇몇에 너무 몰리지 않도록 한다.

　　2. 다루는 문제가 크고 다양할 경우 적합하다.

　　3. 토의에 익숙하지 않은 사람에게도 똑같은 기회를 준다.

　　4. 토의가 몇몇 참가자에게 주도되지 않도록 한다.

　　5. 발언시간을 모두 지키도록 한다.

25 다음에 제시된 〈보기〉는 전통적인 소집단 학습의 수업 장면을 보여 주고 있다. 이와 관련하여 다음 물음에 답하시오. 기출문제

> 보기
>
> 학생들은 10학년의 '가정생활의 설계' 단원 중 우리나라와 세계 여러 나라의 가족생활 문화 내용을 모둠별로 학습하고 있다. 교사는 가족생활 문화권을 크게 네 부분으로 나누고, 모둠별로 하나의 문화권에서의 가족생활 문화를 학습하여 발표하도록 하였다. 모둠 구성원들은 각자 무엇을 어떻게 학습하고 발표할 것인지 분명히 모르고 있어서 모둠 활동을 도맡아하는 학생이 있는가 하면, 활동에 거의 참여하지 않고 바라만 보는 학생도 여러 명 있었다. 간혹 학습 능력이 높으면서도 모둠 활동에 소극적으로 참여하는 학생도 있었다. 각 문화권에서의 가족생활 문화에 대한 모둠별 발표를 하였고, 모둠 구성원은 모둠별로 동일한 점수를 받았다. 열심히 참여한 학생과 노력하지 않고 점수를 받은 학생 모두 이런 활동과 결과에 만족하지 못하였다.

25-1 〈보기〉의 수업 장면에 나타난 문제점을 보완하고 학생들의 상호작용을 활성화시킬 수 있는 교수·학습 방법은 무엇이며, 이 교수·학습 방법의 기본 요소를 활용하여 〈보기〉에 나타난 문제점을 개선하고자 할 때 적용할 수 있는 수업기술을 3가지만 제시하시오.

교수·학습 방법 _____

수업기술

① : _____

② : _____

③ : _____

25-2 위 교수·학습 방법을 영양교육 수업에 적용시킬 때의 교육적 효과를 3가지만 기술하시오.

① : _____

② : _____

③ : _____

> **해설** 위의 내용을 토대로 민주적으로 진행될 수 있는 방법으로 전환해야 한다. 보기에서 교사는 모둠별 토의법을 적용하고 있다. 위에서 몇 가지 문제점들이 발견되었다. 문제점은 각각 아래와 같다.
>
> 1. 모둠 구성원들은 각자 무엇을 어떻게 학습하고 발표할 것인지 분명히 모르고 있다.
> 2. 모둠 활동을 도맡아 하는 학생이 있는가 하면, 활동에 거의 참여하지 않고 바라만 보는 학생도 여러 명 있었다.
> 3. 모둠 구성원은 모둠별로 동일한 점수를 받았다. 열심히 참여한 학생과 노력하지 않고 점수를 받은 학생 모두 이런 활동과 결과에 만족하지 못하였다.
>
> 이 3가지 문제점을 보완하는 수업기술을 적용하면 된다. 이렇게 개선된 교육 방식을 적용하면 민주적이고 균등한 교육 참여 기회가 생기고, 참여에 의한 영양교육 내용의 빠른 숙지가 가능하고, 다른 사람의 의견을 다양하게 들을 수 있고, 다양한 교육 내용을 접목시킬 수 있다.

26 영양교사가 학교 영양 문제를 파악하려고 할 때, 사용할 수 있는 자료 수집 방법을 5가지만 기술하시오. [기출문제]

① : _____

② : _____

③ : _____

④ : _____

⑤ : _____

> **해설** 영양 조사나 자료 조사를 위해 영양교사는 기입법, 청취법, 관찰법, 측정법과 상담법을 사용할 수 있다. 각각의 내용은 본문의 내용을 참고하도록 한다.

27 다음의 특성을 가진 집단교육 방법이 무엇인지 쓰고, 이 방법의 장점을 3가지만 서술하시오. [기출문제]

> • 4~6명의 전문가들이 단상에서 교육주제에 대해 정해진 시간 내에 자신의 의견을 발표하고 사회자의 진행에 따라 상반된 입장에서 토론한다.
> • 청중은 대부분 일반인이며, 질문이나 발언의 기회를 갖는다.
> • 주제에 맞는 전문가를 선정하기가 어렵고, 전문가 위촉에 따른 경제적 부담이 크다.

교육 방법 _____

장점

① : _____

② : _____

③ : _____

> **해설** 공론식 토의법에 대한 설명이다. 이 방법을 채택하면 각 전문가의 의견을 충분히 들을 수 있고, 좌장에 의해 내용이 정리되어 내용이 잘 전달된다. 100명 이상의 청중도 참여 가능하다.

28 영양상담은 영양교사가 진행하는 영양교육 중 한 가지로 파급효과가 다른 교육 방법에 비해 가장 크다. 영양상담이 구성되기 위해서는 (①), (②), (③)의 3요소가 필요하다. 상담효과를 더욱 높이기 위해서는 상담과 관련된 (④), (⑤), (⑥) 등을 고려하여야 한다. 영양교사제도가 시행됨으로써 학생들이 영양상담과 관련된 부분에서 얻을 수 있는 장점에는 (⑦)과 (⑧)이 있다.

① : _____ ② : _____

③ : _____ ④ : _____

⑤ : _____ ⑥ : _____

⑦ : _____ ⑧ : _____

> **해설** 영양상담이 구성되기 위해서는 상담자, 내담자와 대면의 3요소가 필요하다. 상담효과를 위해서는 상담 시간, 장소와 횟수를 고려하여야 한다. 영양교사제도에 의해 학생들은 영양 전문가에게 영양상담을 받을 수 있고, 상담에 대한 시간과 공간의 제약이 없다.

29 영양교사가 영양상담자로서 갖추어야 하는 기본적인 소양 6가지를 적고 설명하시오.

① : _____

② : _____

③ : _____

④ : _____

⑤ : _____

⑥ : _____

> **해설** 본문의 영양상담자가 갖추어야 할 기본 소양 부분을 참고한다.

30 영양교육은 교육의 대상에 따라 개인교육, 가족교육과 단체교육으로 나눌 수 있다. 가족교육은 경우에 따라서는 단체교육의 한 부분으로 보는 의견도 존재하지만 가족이라는 조직과 일반 사회조직 간의 차이점 때문에 따로 보기도 한다. 영양교육 중 개인교육과 단체교육의 장단점을 3가지씩 적으시오.

개인교육의 장점

① : _____

② : _____

③ : _____

개인교육의 단점

① : _____

② : _____

③ : _____

단체교육의 장점

① : _____

② : _____

③ : _____

단체교육의 단점

① : _____

② : _____

③ : _____

해설 개인교육과 단체교육은 교육효과, 경제적 비용, 인력적 비용 등의 내용이 다르게 나타난다. 개인교육은 경제적, 인력적 비용은 많이 들지만 교육효과는 좋다는 특징이 있다.

31 박 교사는 2007년 영양교사로 부임하여 학생들의 영양교육을 진행하고 있다. 영양교육을 받는 학생 중 일부는 박 교사에게 개인적으로 영양교육을 해 줄 것을 요청하였다. 그는 이 학생들 중 영양교육의 개인교육이 필요한 몇몇을 선택하여 가정 방문과 전화 상담을 통해 개인교육을 하기로 했다. 두 개인교육 방식의 장단점을 2개씩 쓰시오.

가정 방문의 장점

① : _____

② : _____

> 가정 방문의 단점

① : _____

② : _____

> 전화 상담의 장점

① : _____

② : _____

> 전화 상담의 단점

① : _____

② : _____

해설 가정 방문은 높은 교육효과를 내나 시간과 노력이 많이 필요하다. 전화 상담은 장소적 제약은 없으나 상담 내용이 잘못 전달될 수 있고 교육효과가 낮다.

32 단체교육법은 영양교육에 소요되는 시간과 비용, 노력 등에서 유리하고 교육효과 역시 별로 나쁘지 않기 때문에 영양교육에서 많이 사용되고 있다. 단체교육을 할 경우 학생들 간의 경쟁 체계가 만들어져서 개인적으로 교육받을 때보다 집중도와 적극성이 높아지는 경우가 많다. 단체교육법에는 교육자의 시연을 통한 교육 등 여러 가지 형식이 존재한다. 이 중 대표적인 방법 5가지를 적어 보시오.

① : _____

② : _____

③ : _____

④ : _____

⑤ : _____

해설 단체교육법의 종류에 대한 것을 묻고 있다. 종류는 원탁식 토의법, 배석식 토의법부터 경진대회와 캠페인까지 다양하다.

33 단체교육을 진행함에 있어 교육 성공을 위해 영양교사가 염두에 두어야 하는 사항 5가지를 적어 보시오.

① : _____

② : _____

③ : _____

④ : _____

⑤ : _____

해설 단체교육을 진행함에 있어서 영양교사는 교육을 몇몇 대상자에게 집중시키거나 몇몇 대상자가 말을 독점하게 해서는 안 된다. 토론식으로 진행할 경우 한 가지 주제가 끝났을 때는 그 부분에 대한 토론이 끝났고 다른 주제에 대한 토론으로 진행됨을 명확하게 해 주어야 한다. 중립적인 입장에서 교육 대상자의 질문이나 의견을 무시하거나 면박을 주는 행위를 절대 해서는 안 된다. 대상자들이 교육의 주제에서 이탈하지 않도록 말을 유도하여야 하며, 이탈하였을 경우는 조심스럽게 지적하여 다시 원래대로 돌아오도록 하여야 한다. 토의에 의한 교육의 마지막 부분에서는 내용을 종합적으로 정리하여 교육 대상자들에게 이의가 없는지를 확인하여야 한다.

34 김 영양교사는 3학년 학급의 몇몇 아이들에게 '우리 모두 음식물 쓰레기를 줄입시다'라는 제목으로 영양교육을 진행하고자 한다. 참가 인원은 10명 정도 될 듯하다. 이런 상황에 적합한 교육·학습 방법은 무엇인지 쓰고, 장단점을 각각 2개씩 쓰시오.

교수·학습 방법 _____

장점

① : _____

② : _____

단점

① : _____

② : _____

해설 원탁식 토의법이 적당한 경우이다. 장단점은 본문의 내용을 통해 정리하자.

35 차 영양교사는 '햄버거를 일주일에 2번 이상 먹는 것이 어떨까요?'라는 내용을 가지고 영양교육을 진행시켰다. 학급에서 위의 명제에 찬성하는 학생 2명과 반대하는 학생 2명을 뽑아 미리 자신의 의견을 준비할 시간을 주고, 서로의 의견을 반대 학생들과 토의하도록 하였다. 다른 학생들은 이 4명의 학생이 토의하는 것을 청취하게 하였고, 경우에 따라서는 정해진 시간에 질문을 하도록 하였다. 차 영양교사는 회의 전체를 조정하는 역할을 담당하였다. 이러한 교수·학습 방법을 무엇이라고 하며, 차 영양교사가 해야 할 역할은 무엇인지 3가지 적으시오.

교수·학습 방법 _____

영양교사의 역할

① : _____

② : _____

③ : _____

해설 찬성과 반대에 명확한 차이를 두고 강사들의 토의를 통해 이야기를 진행시키는 공론식 토의법이다. 영양교사는 발언이 한쪽에 치우치지 않게 하고, 필요에 따라 시간 제한도 하여야 한다. 강사들은 토론에 적합한 발언을 하도록 유도하고, 참가자의 토의 참가는 알맞게 조절한다.

---

36 일반적으로 학교에서는 한 명의 강사가 여러 명의 학생을 가르치는 강의식 토의법에 의한 교수·학습 방법이 사용되고 있다. 강의식 토의법이 갖는 장단점을 각각 3가지씩 쓰시오.

장점

① : _____

② : _____

③ : _____

단점

① : _____

② : _____

③ : _____

해설 본문의 강의식 토의법 관련 내용을 참고하도록 한다.

---

37 차 영양교사가 담당 학교에서 비만 관련 영양교육이 필요한 학생들을 모아 놓고 단체영양교육을 진행하고자 한다. 그는 이전에 비만이었으나 지금은 운동과 올바른 식습관 교정으로 정상체중을 유지하고 있는 학생 4명을 앞에 앉혀 두고 자신의 경우가 어떠했는지 말하게 하고, 이를 들은 학생들의 질문에 답을 해 주는 방식으로 영양교육을 진행하고자 한다. 이런 교수·학습법을 무엇이라 하며, 이 경우 교육을 진행하는 영양교사의 역할 5가지를 적으시오.

교수·학습법 _____

영양교사의 역할

① : _____

② : _____

③ : _____

④ : _____

⑤ : _____

해설 사례연구법과 비슷한 경우이지만, 교육의 형식은 강단식 토의법을 따르고 있다. 좌장의 역할은 본문에서 찾아보도록 한다.

38 3학년 1반 학생들이 '청소년기의 과도한 가공식품의 섭취가 주는 영양적 문제점'이란 제목으로 전 교생을 대상으로 하는 세미나를 개최하려고 한다. 집행부 10명은 세미나의 성공적인 개최를 위해 아이디어를 모으기로 하고 차 영양교사에게 아이디어를 모으기 위한 좋은 방법을 제안해 달라고 부탁하였다. 영양교사는 두뇌충격법(brain storming)을 학생들에게 제안하였다. 두뇌충격법의 장단점 3가지와 두뇌충격법을 원활하게 진행하기 위하여 주의할 점 3가지를 적으시오.

두뇌충격법의 장단점

① : _____

② : _____

③ : _____

주의할 점

① : _____

② : _____

③ : _____

해설 두뇌충격법을 이용하면 단시간에 많은 아이디어가 모이고, 빠른 시간에 결론이 나고, 참가자 모두의 창의력 향상을 가져올 수 있다. 하지만 압박감을 주어서는 안 되고, 즐거운 분위기를 만들어 주어야 한다. 경우에 따라서는 결론이나 결정을 내리지 않기도 한다.

39 사례연구법과 시범교수법이란 무엇인지 2줄 이내로 간단히 쓰고, 각각의 장단점을 1가지씩 쓰시오.

사례연구법

정의 : _____

_____

장점 : _____

단점 : _____

시범교수법

정의 : _____

_____

장점 : _____

단점 : _____

해설 본문의 사례연구법과 시범교수법 부분의 내용을 정리하여 답을 적어 보도록 하자. 어렵지 않게 작성할 수 있을 것이다.

40 초등학교에서는 동물사육장을 만들어 동물사육실험을 통한 영양교육을 진행하는 경우가 있다. 이 방법이 갖는 장점과 단점을 각각 2가지씩 쓰시오.

장점

① : _____

② : _____

단점

① : _____

② : _____

해설 동물사육법은 학생들에게 영양에 대한 일반적 지식과 더불어 책임감과 협동심, 동물에 대한 관심과 생명의 중요성 등을 알게 해 준다. 하지만 실험 진행이 느리고, 결과가 확연하게 나타나지 않을 수 있다.

41 다음은 "인간의 행동은 환경, 개인의 인지, 행동적 요인이 상호작용하여 결정된다"고 보는 사회인지 론을 도식화한 것이다. 사회인지론에 근거하여 비만 청소년이 체중 감량에 반복적으로 실패하는 원인을 조사하고자 할 때, 행동적 요인을 파악하기에 가장 적절한 것은? 기출문제

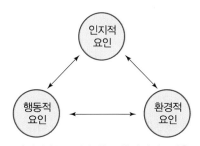

사회인지론 : 인지, 행동, 환경의 상호작용

① 학생이 체중 감량에 대해 어느 정도의 자신감을 가지고 있는지 조사한다.
② 학생이 식사요법과 운동요법을 실천할 때 주위에서 칭찬이나 격려를 해 주는지 조사한다.
③ 학생이 체중 감량 후 나타날 변화들에 대하여 어떤 태도나 신념을 가지고 있는지 조사한다.
④ 학생이 다니는 학교 매점에서 고열량·저영양 식품을 어느 정도 판매하고 있는지 조사한다.
⑤ 체중 조절을 위해 에너지 섭취량과 운동량 목표를 정하고 스스로 모니터링하고 있는지 조사한다.

정답 ⑤

42 영양교육 이론 중 행동변화단계모델을 다음 사례에 적용하려고 한다. 밑줄 친 부분의 단계에서 영양교사가 낸시에게 해 줄 만한 일로 적절한 것을 〈보기〉에서 고른 것은? 기출문제

> 원어민 교사로 한국에 온 비만한 미국인 낸시에게 교장선생님은 "한국에 왔으니 한식을 먹어 보라"고 권했다. 그러나 낸시는 한식에 익숙하지 않아 계속 미국식 식사를 하였다. 그러던 어느 날 낸시는 학교 영양교사에게 "한국인은 미국인에 비해 비만율이 낮고 나물반찬과 콩류를 자주 섭취한다"는 이야기를 들었다. 또한 낸시는 동료 미국인 원어민 교사 피터에게 "한국에 와서 한식을 먹고 체중이 감소되었다"는 말을 듣고 한식이 채소 위주 식사여서 체중 감량에 좋을 것 같다는 생각이 들었다. 얼마 후 낸시는 영양교사를 찾아가 "내일부터 한식을 먹기로 하였다"고 말하였다.

> **보기**
> ㄱ. 피터처럼 한식을 계속 잘 먹도록 격려한다.
> ㄴ. 낸시 집에 가서 한식을 만들며 요리법을 가르쳐 준다.
> ㄷ. 한식과 미국식 식사의 차이점과 한식의 우수성을 설명해 준다.
> ㄹ. 체중이 감소한 멋진 모습을 상상하도록 날씬한 여배우 사진을 구해 준다.
> ㅁ. 한식 재료를 구매할 때 같이 가서 1회 섭취 분량에 맞는 구매 방법을 가르쳐 준다.

① ㄱ, ㄴ   ② ㄱ, ㄷ   ③ ㄴ, ㅁ
④ ㄷ, ㄹ   ⑤ ㄹ, ㅁ

정답 ③

43 '바람직한 의사소통' 수업에 블렌디드(blended)형 e-러닝의 방법을 활용한 것으로 가장 적절한 것은? 기출문제

① 수업 후 '나–전달법'의 연습 과정을 휴대폰으로 촬영한다.
② 수업시간에 모둠 구성원과 '나–전달법' 연습 과정을 동영상으로 촬영한다.
③ 수업시간에 '나–전달법'을 학습한 후 집에서 가족과 연습하고 그 소감을 블로그에 올린다.
④ 수업시간에 '나–전달법'을 학습한 후 모둠별 역할을 촬영한 동영상을 수업용 블로그에 올려 토의한다.
⑤ 수업 전에 학습 자료를 개별적으로 받아 '나–전달법'을 연습한 후 본수업에서 모둠별로 역할을 실행하여 평가를 받는다.

정답 ④

44 영양교육의 방법 중 다음 토의의 유형으로 옳은 것은? 기출문제

주제 : 학생들의 포화지방 섭취를 줄이기 위한 방안은?

참석자
• 사회자 : ○○○
• 각계 대표자 : 의사, 영양학 교수, 영양교사, 산업체 연구소장(총 4명)
• 청중 : 영양교사 약 50명

토의 내용
사회자의 진행으로 자유롭게 의견을 주고받으며 토의함

• 의사 : 포화지방 섭취와 만성질환과의 관련성 및 포화지방 섭취 감소의 중요성을 언급함
• 교수 : 최근 30년간 세계 각국의 포화지방 섭취 감소 방안을 소개함
• 소장 : 가공식품 제조 시 포화지방 이용 실태와 포화지방 저감화의 애로점을 설명하고 저감화 방안에 대해 연구 노력 중임을 발언함
• 의사 : 학생들에게 포화지방 과다 섭취의 위험성을 경고하는 건강 증진 교육의 필요성과 추진 방안에 대한 의견을 피력함
• 교사 : 학생들의 육류 및 가공 식품의 기호도가 매우 높으므로 포화지방 함량이 낮은 식품 섭취를 권장하는 영양교육과 자료 개발이 절실히 필요하다고 언급함
• 교수 : 포화지방 섭취를 줄이기 위하여 영양교사들은 조리 실습 등의 체험을 통한 영양교육을 실시하고, 전문가팀을 구성하여 포화지방 저감화 식단을 개발하는 방안을 제시함

청중 질문
• 청중 1 : 교수에게 조리 시 마가린 사용 여부에 대해 질문함
• 청중 2 : 학교급식에서의 가공식품 이용 실태 및 자신의 의견을 말함

사회자가 마무리 정리하고 토의를 마침

① 심포지엄   ② 연구 집회
③ 공론식 토의   ④ 강단식 토의
⑤ 배석식(패널) 토의

정답 ⑤

45 ○○농업생명과학고등학교에서 '농업 기계' 과목을 가르치는 A 교사가 적용한 교수·학습 방법으로 옳은 것은? 기출문제

> (가) 농업 기계 운전 및 조작 단원에서 A 교사는 학교 내 해당 농업 기계의 노후 폐기에 따라 적정한 상황을 최대한 실제적인 것처럼 재연하면서 농업 기계 조작법을 수업하였다.
>
> (나) 농업 기계 정비 단원에서 이론은 A 교사가 가르치고, 실습 지도는 농업 기계 수리에 전문성을 지닌 우수한 외부 강사가 하였다. 이 단원의 교수 설계, 교수 준비, 수업 진행, 평가 등은 공동으로 진행하였다.

① (가)-문제해결법, (나)-팀 티칭   ② (가)-시뮬레이션, (나)-팀 티칭
③ (가)-시뮬레이션, (나)-문제해결법   ④ (가)-프로젝트법, (나)-문제해결법
⑤ (가)-프로젝트법, (나)-시뮬레이션

정답 ②

46 다음은 집단 영양교육의 특징과 영양교육에서 적용 가능한 내용을 설명한 표이다. (가)~(다)에 들어갈 교육 방법 및 교육 내용이 옳게 연결된 것은? 기출문제

교육 방법	방법의 특징	영양교육 내용
브레인스토밍	문제 해결을 위해 참가자 전원이 아이디어를 내고, 그중 최선의 방안을 찾는 방법	(나)
(가)	어떻게 수행하는지를 보여 주어 관심 유발을 통한 동기부여에 도움이 되는 방법	패스트푸드류에 들어 있는 당과 지방량을 실물로 보여 주기
토론 (공론식 토의)	주어진 문제에 대해 대상자들이 찬반 입장에서 각각 조사하여 토론하는 방법	(다)

① (가)-시연, (나)-건강한 식품 선택에 장애가 되는 요인을 찾아보고 문제점 해결하기,
   (다)-교내에 설치된 탄산음료 자판기 철거에 대한 토론
② (가)-워크숍, (나)-체중 조절을 위한 전략을 목록으로 만들어 보기,
   (다)-체중 감량 방법의 장단점에 대한 토론
③ (가)-워크숍, (나)-공복감을 덜 느끼게 하는 식품 리스트 만들기,
   (다)-학교에서 아침급식 실시가 바람직한가에 대한 토론
④ (가)-시연, (나)-맛보는 능력을 상실해도 먹기를 즐길 수 있을지 알아보기,
   (다)-배가 고프지 않아도 자주 먹게 되는 이유에 대한 토론
⑤ (가)-워크숍, (나)-채소의 영양가 손실을 줄이기 위한 조리법 알아보기,
   (다)-체중 조절 성공 사례를 듣고 합리적 방법에 대한 토론

정답 ①

47 경미에게 적절한 영양교육을 하기 위해 합리적 행동이론을 적용하고자 한다. 합리적 행동이론과 관련하여 옳지 <u>않은</u> 것은? 기출문제

> 경미는 대학교 2학년이다. 거울 앞에 설 때마다 조금만 더 날씬했으면 하는 바람이 있던 차에 며칠 전 남자친구와 옷을 사러 백화점에 들렀던 것이 생각났다. 마음에 드는 옷이 있었는데 입어 보니 썩 예쁘지가 않았다. 옷가게 주인과 남자친구 모두 그 옷은 날씬한 사람에게 어울리는 옷이니 다른 것을 고르라고 하였다. 집에 와서 체중을 재어 보니 50kg이었다. '162cm에 50kg?', 경미는 다이어트를 하기로 결심하였다. 5kg 정도만 줄이면 그 옷을 입을 수 있을 것으로 생각되었다. 다이어트를 하는 데 도와달라고 어머니께 말씀드렸더니 펄쩍 뛰시며 지금이 딱 보기 좋다고 하셨다. 강경한 엄마를 설득하기가 힘들겠지만 체중이 줄어 사고 싶은 옷을 입을 자신의 모습을 생각하니 기분이 저절로 좋아졌다.

① 경미가 다이어트를 하고 싶은 의도가 있으므로 다이어트를 할 것이다.
② 남자친구의 뜻을 따르고 싶은 순응동기가 긍정적 영향을 미칠 것이다.
③ 건강이 최고라는 어머니의 반대를 극복할 자신이 없다는 것이 가장 큰 통제 요인이다.
④ 옷맵시에 관한 한 옷가게 주인의 안목이 최고라는 생각이 긍정적 영향을 미칠 것이다.
⑤ 다이어트를 하면 날씬해질 것이라는 성과 평가가 행동의도에 긍정적 영향을 미칠 것이다.

정답 ③

48 아침 결식, 과식, 속식(速食)이나 간식 선택에 문제를 갖고 있는 어린이를 대상으로 영양교육을 하려고 한다. '영양 지식 증가 – 식태도 변화 – 식행동 변화'를 통해 식습관을 개선하고자 할 때 이러한 내용이 바르게 연결된 것은? 기출문제

① 아침 식사의 중요성을 안다. – 아침 식사를 한다. – 아침 식사를 거르지 않는다.
② 적절한 식사 속도를 안다. – 식사를 천천히 한다. – 평소 15~20분 정도 식사한다.
③ 규칙적인 식사의 중요성을 안다. – 제때에 식사를 하려고 결심한다. – 규칙적인 식사를 한다.
④ 과식의 문제점을 안다. – 과식을 하지 않으려고 생각한다. – 아침 결식 후 점심에 과식하지 않는다.
⑤ 건강에 좋은 간식의 종류를 안다. – 간식으로 도넛 대신 과일을 먹으려고 생각한다. – 아침 식사로 매일 과일을 먹는다.

정답 ③

49 평소 패스트푸드 섭취량이 많은 중학생 A를 대상으로 행동 변화 단계 모델(stages of change model)을 적용하여 영양교육을 하려고 한다. 다음과 같은 A의 현재 행동 변화 단계에 적절한 영양교육 활동으로 옳은 것을 〈보기〉에서 모두 고른 것은? 기출문제

> A는 본인의 식행동에 문제가 있다는 것은 알고 있으나 1개월 내에 식행동을 수정하겠다는 의지는 밝히지 않았다. 그러나 앞으로 6개월 내에는 식행동을 수정하여 패스트푸드 섭취량을 줄일 의향은 있다.

> 보기
>
> ㄱ. 패스트푸드 코너에 가지 않도록 지도한다.
> ㄴ. 패스트푸드 섭취량을 줄여야 하는 이유를 알아본다.
> ㄷ. 식행동 수정을 위한 영양교육 프로그램에 참여시킨다.
> ㄹ. 간식으로 패스트푸드 대신 과일이나 우유를 먹도록 권한다.
> ㅁ. 패스트푸드 섭취량을 줄이는 것에 대한 장애 요인을 알아본다.

① ㄱ, ㄴ   ② ㄴ, ㅁ   ③ ㄱ, ㄷ, ㄹ
④ ㄴ, ㄷ, ㅁ   ⑤ ㄷ, ㄹ, ㅁ

정답 ②

50 편식이 심한 어린이들과 학부모들을 대상으로 '편식 교정'이라는 주제의 영양교육을 하려고 한다. 적절한 영양교육 방법과 적용의 예시가 옳은 것은? 기출문제

① 연구집회(workshop) - 영양교사들이 모여서 일정 기간 동안 어린이의 편식 교정 지도라는 주제하에 경험하고 연구한 것을 발표하고 토의한다.
② 원탁식 토의(round table discussion) - 편식 교정에 대하여 서로 의견이 다른 3~4명의 학부모와 어린이들이 본인들의 경험을 발표한 후 토의한다.
③ 강단식 토의(symposium) - 편식 교정에 성공하거나 실패한 어린이와 학부모들이 4~6명씩 한 팀을 이루어 편식 교정에 대한 경험담을 주고받는다.
④ 결과시범 교수법(result demonstration) - 어린이 편식 교정의 성공 사례와 실패 사례를 들어 그 해결 과정을 살펴보면서 성공이나 실패의 요인을 알아본다.
⑤ 패널 토의(panel discussion) - 편식이 심한 어린이들의 학부모들 중 일부가 단상에서 편식과 관련되어 가정에서 벌어지는 상황을 설정하고 역할 연기한 후 그것을 토의 주제로 삼는다.

정답 ④

51 다음의 영양교육 대상자들에게 가장 적합한 내용의 리플릿(leaflet)은? 기출문제

> 직장에서 신체검사를 한 결과 당뇨병이 있는 사람들이 발견되었다. 당뇨병 관리를 위한 영양교육을 실시하고자 대상자들을 영양교육 이론 중 '행동 변화 단계(stage of change) 모형'을 이용하여 분석해 본 결과, 일부 대상자들이 '고려 전 단계(precontemplation stage)'에 있는 것으로 파악되었다.

① 당뇨병 관리를 위한 저염식 조리법에 대한 리플릿
② 당뇨병 관리를 위한 과일의 당도를 알려 주는 리플릿
③ 당뇨병의 식이요법을 위한 식품교환표 활용에 대한 리플릿
④ 당뇨병 관리를 위해 섬유소가 풍부한 식사 방법을 알려 주는 리플릿
⑤ 당뇨병 식이요법을 하지 않을 경우 발생하는 합병증 위험에 대한 리플릿

정답 ⑤

52 다음은 사회인지이론(social cognitive theory)에서 제시하는 개인의 인지적 요인들에 관해서 기술한 것이다. 여자 중학생에게 '과일과 채소를 많이 먹자'라는 주제로 영양교육을 한다고 가정할 때 (가)~(다)에 적합한 것은? 기출문제

개인의 인지적 요인	정 의	적 용	예
결과기대감 (expectation)	행동 실천 후 예측되는 결과	바람직한 행동의 긍정적 모델 제시	과일과 채소를 많이 먹으면 적정한 체중 조절에 도움이 된다는 것을 알려 줌
기대, 동기 (expectancies)	나타난 결과에 대해 [(가)]이(가) 부여하는 가치	긍정적 가치를 부여할 수 있는 결과에 대한 정보 제공	과일과 채소를 많이 먹으면 [(나)]는 것을 강조함
[(다)]	특정한 행동을 수행하거나 장애를 극복하는 데 대한 자신감	자신감을 주기 위해 성취할 수 있는 여러 가지 행동 유도	과일과 채소를 고르는 방법, 보관 방법, 손쉽게 먹는 방법 등을 알려 줌

	(가)	(나)	(다)
①	개인	변비 예방에 도움이 된다.	행동의도(behavioral intention)
②	가정	만성퇴행성 질환이 예방된다.	행동의도(behavioral intention)
③	사회	만성퇴행성 질환이 예방된다.	자아효능감(self-efficacy)
④	사회	건강에 도움이 된다.	자아효능감(self-efficacy)
⑤	개인	날씬해지고 피부가 좋아진다.	자아효능감(self-efficacy)

정답 ⑤

53 영양교육 수업에서 교사가 학생들의 사고와 문제해결 능력을 촉진시켜 주기 위한 발문을 하려고 한다. 발문할 때의 유의 사항으로 적절하지 <u>않은</u> 것은? 기출문제

① 교사는 가능한 한 간결하고 명료하게 발문을 한다.

② 교사는 응답한 학생에게 적절한 피드백을 주어 학생의 학습을 촉진시켜 준다.

③ 교사는 발문 후 학생이 바로 응답하지 못하면 기다리지 않고 다른 학생을 지명한다.

④ 교사는 학생들의 수업 참여를 높이기 위해 학습 의욕을 불러일으키는 발문을 한다.

⑤ 교사는 '예', '아니오'로 응답되는 폐쇄형의 발문보다는 학생의 사고를 자극하여 다양한 응답을 유도하는 개방형의 발문을 한다.

정답 ③

54 K중학교 보건교사가 작성한 보건교육 계획이다. (가), (나)에 가장 적합한 보건교육 방법으로 옳은 것은? 기출문제

보건교육 계획

시기	교육 주제	교육 방법	교육 방법의 특성
월	환경 오염과 건강	(가)	• 교실 중심의 교육에서 벗어나 소집단별로 학생들 스스로 현장을 방문하여 환경오염과 건강의 관계를 파악하기 위한 자료를 수집함 • 이 과정에서 학생들은 전체 학습 과정을 스스로 계획하고 실행함 • 현장 조사나 자료 수집 과정에서 학생들의 의사결정 능력과 관찰 능력이 함양됨
수	흡연 유혹의 거절법	역할극	• 학생들이 실제 흡연 상황 중 인물로 등장하여 연기를 보여 줌으로써 흡연 권유 상황을 분석하여 해결 방안을 찾을 수 있도록 유도함
금	인터넷 중독	(나)	• 인터넷 중독에 대하여 상반된 견해을 가진 전문가들이 각자의 의견을 발표한 후 사회자의 안내에 따라 토의를 진행함 • 토의 과정을 통해 학생들은 주제에 대한 관심을 갖게 되고 다양한 의견을 수용하여 합리적인 결정을 할 수 있는 능력을 배양함

	(가)	(나)
①	분단토의(buzz session)	세미나(seminar)
②	모의상황학습(simulation)	심포지엄(symposium)
③	프로젝트법(project method)	배심토의(panel discussion)
④	프로젝트법(project method)	문제중심학습법(problem based learning)
⑤	세미나(seminar)	집단토의(group discussion)

정답 ③

55 중학교에서 '비만 예방 및 관리'를 주제로 보건교육을 하려고 한다. 보건교사가 적용할 수 있는 보건 교육 방법 및 매체의 특성에 대한 설명으로 옳은 것을 〈보기〉에서 모두 고른 것은? 기출문제

> 보기
>
> ㄱ. 강의는 짧은 시간에 '비만 예방 및 관리'에 대한 많은 지식과 정보를 제공할 수 있지만, 학생들의 학습 진행 정도와 개인차를 인지하기 어려운 단점이 있다.
> ㄴ. 집단 토의는 '비만 예방 및 관리'라는 주제에 대해 학생들이 자유롭게 의견을 나눌 수 있지만, 토의 진행이 잘 이루어지지 않으면 시간이 낭비될 수 있다.
> ㄷ. 멀티미디어를 활용한 웹 기반 학습 방법은 학생들 간에 '비만 예방 및 관리'에 대한 정보를 주고받을 수 있으며, 학생들이 교사나 외부인과 정보를 교류할 수 있다.
> ㄹ. 컴퓨터 보조학습(Computer Assisted Instruction)은 '비만 예방 및 관리'에 대한 교육을 학생의 성과에 맞추어 전개할 수 있으며, 학생들에게 즉각적인 피드백을 줄 수 있다.

① ㄹ   ④ ㄱ, ㄴ, ㄷ   ② ㄱ, ㄷ
⑤ ㄱ, ㄴ, ㄷ, ㄹ   ③ ㄴ, ㄹ

정답 ⑤

56 차 영양교사가 영양교육 시간에 활용 가능한 수업 방법에 대한 설명으로 옳지 <u>않은</u> 것은? 기출문제

① 팀티칭은 교사들이 하나의 주제에 대해 한 팀을 만들어 학생들을 지도하는 수업 방법을 말한다.
② 협동학습법은 공통의 목표를 달성하기 위해서 둘 이상의 개인들이 과제를 분담, 협의 활동을 통하여 해결하는 수업 방법을 말한다.
③ 토의법은 학급 내에서 참가자들이 구두 활동을 통해서 주제에 대해 자유롭게 서로 의견을 교환하고 결론을 내리는 수업 방법을 말한다.
④ 구안법은 마음속에 지도를 그리듯이 사방으로 퍼져나가는 생각을 표현한 것으로 교과 내용을 정리하는 데 효과적인 수업 방법을 말한다.
⑤ 문제해결법은 학습자에게 문제를 제시하고 해결 과정을 통하여 지적 능력, 태도, 기술 등을 종합적으로 습득하도록 하는 수업 방법을 말한다.

정답 ④

57 상황에 적절한 영양교육 방법을 〈보기〉에서 고른 것은? 기출문제

> 보기
>
> 가. 비만 학생을 둔 학부모 10명을 대상으로 비만 관리법을 주제로 원탁 토의하였다.
>
> 나. 성인을 대상으로 건강과 운동에 대해 4~6명의 전문가 의견과 사회자 진행에 따른 단상 토론을 하여 건강과 운동에 대한 태도 변화를 유도하고자 패널 토의를 개최하였다.
>
> 다. 효율적인 학교 영양 사업을 위해 전문가 2~3명이 의견을 발표한 후, 사회자 진행에 따라 영양교사들과 질의·응답을 통해 공개 토론을 하면서 문제 해결에 접근하기 위해 심포지엄을 개최하였다.
>
> 라. 학생들을 소그룹으로 나누어 비만 예방에 대한 시나리오를 주고, 스스로 문제 발견과 해결 과정을 통해 비만 예방 능력을 배양하도록 문제 중심 학습(Problem Based Learning ; PBL) 방법을 적용하였다.

① 가, 나, 다   ② 가, 다   ③ 나, 라

④ 라   ⑤ 가, 나, 다, 라

정답 ⑤

매체를 이용한 영양교육

영양교육에서 매체는 다양한 형태로 사용된다. 어떠한 매체를 이용하느냐에 따라 영양교육 효과는 큰 차이를 보인다. 과거 영양사 시험의 경우 매체를 이용한 영양교육은 중요 부분이 아니었다. 하지만 영양사와 달리 영양교사는 학교에서 영양교육을 하여야 하며, 그럴 경우 자신만의 매체 개발과 기존 매체의 이용을 위한 기본 지식을 갖추고 있어야 한다. 그런 이유로 여기서는 저자가 오랜 시간 학생들을 지도하면서 만난 학생들의 아이디어, 번뜩이는 영양교육 매체를 실제 예로 제시하면서 독자들이 영양교육 매체의 제작과 기존 매체에 대한 분석력을 키울 수 있도록 하였다. 그와 더불어 매체에 대한 기본적인 내용도 보충하였다.

1 매체의 정의와 기능

매체media란 라틴어의 'medium'에서 유래한 것으로 사이between의 의미를 갖는다. 즉 두 개의 개체를 이어 주는 역할이라는 의미가 매체라는 말에 들어 있다. 영양교육에서 교육매체란 교육자와 교육 대상자 사이에서 교육자가 대상자의 5감을 자극하여 교육의 효과를 극대화하기 위해 사용하는 모든 교육적인 방법과 수단을 총칭한다. 영양교육에서 교육매체는 보조적인 수단으로 단순히 보고 듣는 것에 국한되지 않고 충분한 이해와 반복적인 체험을 통해 더 큰 효과를 얻기 위한 도구라고 할 수 있다.

교육매체를 사용하면 교육 대상자의 이해가 빠르고 확실해지며, 결과적으로 강한 인상을 주어 교육 내용을 습득하는 속도가 빨라진다. 또한 단조로운 교육 패턴에 변화를 주어 교육 내용에 더욱 집중할 수 있으며, 잘 만들어진 교육매체를 보는 것만으로 교육 대상자의 기분을 변화시켜 주는 경우도 있다.

가장 좋은 매체가 따로 존재하지는 않는다. 교육 대상자의 상황에 맞는 것이 가장 좋은 교육매체이다. 교육매체를 선택할 때에는 교육 대상의 종류, 시간과 장소와 교육 내용과 목표를 생각하여 그에 가장 적당한 매체의 종류를 선정하고 적절한 사용법을 생각하여 사용하는 것이 중요하다. 교육매체를 사용할 때는 단순히 보는 것 외에 직접 매체에 대한 대화가 이루어지는 시간을 갖도록 유도하고, 다양한 교육매체를 준비하여 교육 대상자의 흥미를 유발한다. 계속적인 교육을 통해 가장 효과적인 교육매체를 찾고 새로운 방식을 개발하는 것도 중요하다.

2 매체의 선택에 관한 이론

앞에서 설명한 것처럼 매체는 교육자와 교육 대상자를 연결해 주는 매우 중요한 역할을 하며, 매체의 종류 역시 매우 다양하다. 따라서 영양교육을 진행함에 있어 교육매체의 선택은 교육 결과에 큰 영향을 미치기 때문에 심사숙고해야 하며, 이 작업은 결코 쉬운 일은 아니다. 이런 매체의 선택에 대해 데일Dale은 경험원추 모형 이론을 제시하였다. 데일은 다양한 매체를 추상적인 것과 구체적인 것으로 분류하고 이를 원추 모형에 배치하였다(그림 5-1). 데일은 다양한 매체 중 언어기호가 가장 추상적이고, 직접적·목적적 경험이 가장 구체적이라고 설명하고 있다. 데일이 원통형이 아니라 원추형에 이를 배치한 이유는 추상적인 매체일수록 적게 활용된다는 것을 의미하는 것이고, 반대로 구체적 경험은 얻어지는 정보의 양과 정보의 전달력이 추상적인 것에 비해 훌륭하여 더 넓게 활용이 가능하다는 것을 의미한다.

하지만 반대로 추상적인 것은 내용을 함축하는 능력이 강하여 같은 시간 안에 직접적·목적적 경험에 비해 더 많은 개념을 전달할 수 있다. 추상적인 것이 무조건 나쁘고, 구체적인 것이 무조건 훌륭하다고는 말할 수는 없으며 교육 상황에 따라 알맞은 것을 선택하고 혼용하여 사용하는 것이 중요하다.

브루너는 인지적 학습 단계를 행동적 경험, 영상적 경험과 상징적 경험으로 나누어 설명하고 있다. 인지적 학습 단계의 첫 단계는 **행동적 경험**으로 직접적인 체험을 통해, 시각과 청각과 촉각 등 다양한 감각을 통해 교육 내용을 인지하는 단계이다. 두 번째인 **영상적 경험**은 영화, TV와 전시와 같은 시각과 청각적 경험을 바탕으로 하는 단계이다. 마지막으로 **상징적 경험**은 언어나 시각 기호를 통하여 상징적인 지식을 학습하는 것이다.

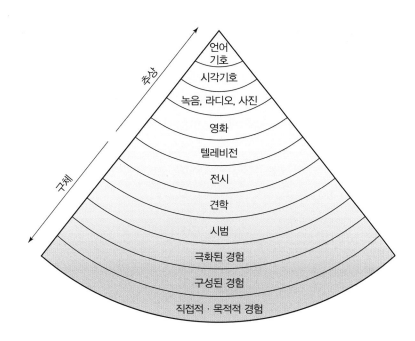

그림 5-1
데일의
경험원추 모형

데일과 브루너의 이론은 서로 다른 사람이 주장하였지만 놀랄 정도로 일치하는
면을 가지고 있다. 데일의 경험원추 모형과 브루너의 인지적 학습 단계를 배열하면
표 5-1과 같은 관계성을 갖는다.

표 5-1
데일의
경험원추 모형과
브루너의 인지적
학습 단계의 관계성

구 분	데일의 경험원추	브루너의 인지적 학습 단계
좀 더 추상적	언어기호	상징적 경험
	시각기호	
	녹음과 라디오와 사진	영상적 경험
	영화	
	TV	
	전시	
	견학	
	시범	
	극화된 경험	행동적 경험
	구성된 경험	
좀 더 구체적	직접적·목적적 경험	

3 교육매체 개발 모형

영양교육에 사용되는 교육매체의 중요성과 종류는 앞에서 매우 다양하게 다루었다. 이제는 이런 교육매체를 개발하고 활용하기 위해 제시된 ASSURE 모형에 대해 알아보려고 한다. ASSURE 모형은 하이니히Heinich 등에 의해 고안된 것으로 효율적인 매체를 개발하기 위해 고려해야 하는 요소들을 6단계로 분류하고 각 단계의 이니셜을 따서 만든 것이다. ASSURE 모형의 매체 개발 단계는 표 5-2에 간단히 나타내었다.

표 5-2
ASSURE 모형의 매체 개발 단계

단 계	단계명	설 명
1	교육 대상자 분석 (Analyze learners)	좋은 결과를 얻기 위해 교육 내용과 교육 대상자의 수준에 적당한 매체를 사용하여야 한다. 따라서 매체를 개발하기 전에 교육 대상자의 성별, 나이, 학력, 거주지, 경제력 등에 대한 일반적 특성과 교육 대상자가 원하는 교육 내용, 영양적 문제점 등에 대한 분석이 선행되어야 한다.
2	목표 진술 (State objectives)	두 번째 단계는 교육목표 혹은 학습목표를 정하는 것이다. 이는 매체의 개발뿐만 아니라 영양교육 내용, 학습 전략과 교육자의 선정 등에도 기본 지침으로 중요한 위치를 차지한다.
3	매체와 자료의 선정 (Select media and materials)	교육매체의 종류를 선정함에 있어 가장 중요한 것은 교육목표에 적합한 필요량의 정보를 충분히 전달할 수 있어야 한다는 것이다. 이를 위해서는 몇몇 선정기준에 맞는가를 확인하여야 한다.
4	매체와 자료의 활용 (Utilize media and materials)	영양교육에 실질적으로 매체를 활용하기 위해서는 다음과 같은 사항을 미리 점검하여야 한다. • 교재로 사용할 매체의 경우 교육 전에 철저히 숙지하고 검토한다. • 매체를 이용한 원활한 교육과 쾌적한 교육이 진행될 수 있는 교육환경을 갖추어야 한다. 예를 들어 빔프로젝터, 노트북, 음성 시설과 마이크 같은 것들이 잘 갖추어져 있어야 한다. • 사용하는 매체의 종류가 다양할 경우 소요시간을 미리 계획하고 연습하여 준비하도록 한다.
5	교육 대상자 참여 요구 (Require learner participation)	매체를 이용하는 교육도 다른 교육과 마찬가지로 교육 참여자의 적극적인 참여가 필요하다. 이를 위해 교육자는 교육시간 중 적절한 동기부여와 피드백을 주어야 한다.
6	평가와 수정 (Evaluate and Revise materials)	매체를 이용한 교육이 끝난 후 교육효과와 매체의 효율성, 매체 사용의 적합성 등 전반적인 내용에 대한 검토가 필요하다. 평가 결과를 통해 교육매체가 수정되고 좀 더 적합한 매체를 개발할 수 있게 된다.

표 5-3
교육매체의
선정 기준

기 준	내 용
적절성	영양교육의 목적과 목표에 매체가 적합하여야 하며, 매체의 내용 및 난이도가 대상자의 특성에 맞아야 함
구성과 균형	매체에 삽입된 그림, 음악 등이 전체적인 구성과 균형을 유지하는지 여부
신뢰성	제공되는 정보가 과학적 근거를 가지고 있어야 함
경제성	매체 구입비용과 제작비용에 적합한 가격 책정
효율성	매체 사용 시 교육의 효과가 높아야 함
편리성	사용이 용이하며 대상자가 편안하고 안락하게 활용할 수 있어야 함
기술적인 질	매체의 색상, 음질, 크기와 안전성
흥 미	대상자의 흥미와 호기심을 충족시킬 수 있어야 함

4 교육매체의 종류

교육매체는 여러 방식에 따라 분류할 수 있다. 그중 교육매체를 형태에 따라 나누면 인쇄매체, 게시매체, 입체매체, 영사매체와 전자매체로 구분할 수 있다.

인쇄매체는 종이나 다른 곳에 인쇄하여 제작된 교육매체로 종류로는 팸플릿, 유인물, 광고지, 포스터, 신문, 대자보, 지역통신문, 만화, 스티커, 표어 등이 있다. 게시매체는 벽이나 담에 게시하는 것을 목적으로 만든 교육매체이다. 괘도, 전시, 게시판, 통계도표, 융판자료, 그림자료, 사진과 흑판 등이 있다. 입체매체는 실제와 비슷하게 3차원으로 만든 교육매체로 실물, 표본, 모형, 인형 등이 여기에 속한다. 영사매체는 스크린이나 TV 등을 통해 보여 줄 수 있는 교육매체이다. 환등, OHP, 프로젝트 발표자료, 영화, 동영상 등이 여기에 속한다. 전자매체는 전자기기의 힘을 빌려 이용되는 교육매체이다. 녹음자료, 라디오, TV, 비디오, 컴퓨터 등이 여기에 속한다.

최근에는 컴퓨터 기술의 발달로 위의 모든 매체가 컴퓨터를 이용하는 쪽으로 발전되어 가고 있어 몇몇 매체의 구분이 의미가 없어지고 있는 실정이다.

1) 인쇄매체를 이용한 교육매체

팸플릿, 유인물, 광고지, 포스터, 신문, 대자보, 지역통신문, 만화, 표어 등이 있다. 각각에 대해 살펴보면 다음과 같다.

① 팸플릿pamphlet : 가장 많이 사용되는 매체 중 하나이다. 팸플릿(소책자)을 제작하여 배부하는 방식으로 단순히 배부하기보다 제작 방법과 사용 방법을 연구하여 교육효과가 극대화되도록 고민하여야 한다. 팸플릿은 배부 대상을 명

확히 하여 제작하여야 하며, 내용은 배부 대상에 적합하게 하여야 한다. 인쇄되는 글씨체와 문장 역시 쉽게 보고 이해할 수 있어야 하며, 교육 대상자가 보기에 흥미를 느낄 수 있어야 한다. 보는 이의 입장에서 외관이 예쁘고 내용이 보고 싶게 만들어야 하며, 제목을 통해 쉽게 내용을 예상할 수 있어야 한다. 팸플릿의 크기와 페이지 수는 적당하여 보는 이에게 부담을 주지 말아야 하며, 일반적으로 13×20cm 정도의 크기로 20쪽이 넘지 않도록 제작한다. 팸플릿을 받아 보는 사람이 집에 보관하면서 두고두고 보고 싶도록 만드는 것이 중요하다. 다양한 팸플릿을 모아 한 권으로 만들 경우 개인, 가족, 단체교육 모두에서 좋은 교육매체로 활용할 수 있다.

② 유인물leaflet : '리플릿'이라고도 하며 팸플릿과 달리 한 장으로 이루어져 있다. 일반적으로 한 번이나 두 번 접어 배부된다. 한 장에 모든 내용이 들어가야 하기 때문에 내용을 집약해서 간결하고 명확하게 제작하는 것이 중요하다. 하지만 너무 작은 글씨로 제작하면 보기 어려우므로 기본적으로 내용은 보기 쉽게 제작하는 것이 중요하다. 흥미를 유발하는 그림이나 삽화, 만화, 표어나 문구 등을 삽입하는 것 역시 좋은 방법 중 하나이다. 유인물은 주로 일반강습회, 영양교육, 영양상담의 메모 대용, 특정 가정에 대한 교육용으로 사용되며 널리 사용하는 방법 중 하나이다. 크기는 20×30cm 정도가 적당하다.

③ 광고지handbill : 회람이나 신문지 사이에 끼워 배포하는 한 장짜리 매우 간단한 내용을 포함하는 자료이다. 내용은 극히 간단하게 제작하며, 광범위한 지식 전달을 목적으로 하지 않는다. 전시회, 요리 경진대회, 영양 행사 등을 알리는 데 사용되며, 보존하고 싶은 마음이 생기게 만들 필요는 없다. 불특정 다수를 대상으로 제작한다는 점이 팸플릿과 유인물하고는 다르다.

팸플릿   유인물   광고지

④ 포스터poster : 길가나 복도의 구조물에 붙여 놓는 것으로, 그림에 간단한 슬로건을 1~2줄 정도 쓴다. 눈에 띄게 만드는 것이 중요하며 붙일 구조물의 바탕색과 구조도 고려한다. 영양교육 매체로서의 효과는 적다. 여러 내용보다는 한 가지 내용만 들어가도록 제작해야 하며, 아이디어가 신선하고 강력해야 효과

를 볼 수 있으므로 도안과 글씨체는 강한 인상이 남도록 하여야 한다. 내용은 간단하고 구체적이어야 한다. 일반적으로 38×50~50×75cm 정도가 알맞으며, 다른 시각 교육기구 및 캠페인 등과 연관하여 사용하는 것이 교육효과를 높이는 데 적합하다.

⑤ 신문과 잡지newspapers, magazine : 이용하는 대상자의 수가 많아 다른 매체에 비해 파급효과가 매우 크다. 관청이나 단체, 학교와 직장에서 영양교육의 목적으로 간행하기도 한다. 신문과 잡지는 충분한 시간 동안 자료를 모으고 집필이 이루어지기 때문에 내용의 심도와 공신력이 높고 구매자의 신뢰성이 높다. 하지만 보존하기가 팸플릿 등에 비해 어려워 스크랩이라는 과정을 거쳐야 하는 번거로움이 있다.

⑥ 대자보wall chart : 포스터와 비슷한 방식으로 게시되나 내용이 더 많이 포함되어 있고, 그림이나 삽화가 들어가지 않는 경우도 많다. 대학가에서 많이 사용되며 학교, 도서관, 정류장, 병원 대합실 등에 붙는다. 신문과 같이 여러 주제가 들어가지 않고 대중에게 익숙한 내용을 간단하게 설명하며, 인쇄하기보다는 직접 손으로 써서 제작하는 경우도 많다.

⑦ 만화strip cartoon와 표어slogan : 만화와 표어에서 만화는 그림을 이용하는 한 가지 형식으로 동물, 인물, 사물 등의 성격을 과장 또는 생략하여 캐릭터화한 것이다. 영양교육에서는 교육 목표에 맞는 만화 주인공을 만들어 교육 내용을 소개하는 방식으로 매체를 제작할 수 있으며, 이는 글을 읽기 힘들어하는 아동들의 영양교육에 매우 좋은 자료가 된다. 표어는 간단하게 제작된 문구로 대상자들이 협력하거나 실천할 의지를 갖도록 유도하는 호소력을 지녔다. 표어는 간단명료해야 하며, 중요한 말은 크기 및 글씨체를 바꾸거나 색을 바꾸는 방식으로 의미를 강하게 전달할 수도 있다. 문구는 어렵지 않고 쉬워야 하며 대상자가 읽는 즉시 이해하고 머릿속에 강하게 남도록 하는 것이 중요하다.

포스터

신문과 잡지

대자보

⑧ 스티커sticker : 간단한 문구나 캐릭터, 도안 등을 인쇄하여 나누어 주고 붙여서 교육하는 방법이다. 어린이들의 영양교육에 적합하며 식재료를 캐릭터화하여 스티커로 만들면 식재료의 인식에 도움을 줄 수도 있다. 예로는 소금 함량을 줄이자는 내용의 스티커, 금연과 금주 스티커, 냉장고 10번 덜 열기 스티커, 하루 5km 걷기 스티커 같은 것들이 존재한다. 이것은 자주 보이는 냉장고, 문, 자동차 등에 붙여 교육효과를 더욱 크게 하여야 한다.

스티커

2) 게시매체를 이용한 교육매체

괘도, 융판, 통계도표 등이 있다.

① 괘도flip book : 복잡한 내용을 쉽게 이해시키기 위해 표나 그림을 일정한 크기의 종이 위에 그리거나 인쇄한 교재이다. 강습회나 토의 도중에 설명을 위한 보조 자료 및 토의 자료로도 사용된다. 내용은 이해하기 쉽게 단순하고 간단해야 하며 한 장에 여러 내용 및 색, 너무 강렬한 색을 써서는 안 된다. 해설을 위한 보조 자료이므로 글씨나 설명 역시 많이 들어갈 필요가 없다. 일반적으로 1.2×0.9m 정도의 크기면 알맞다. 현재는 컴퓨터와 프로젝터를 이용한 방식이 보편화되어 있어서 거의 사용되지 않고 있다.

② 융판flannel graph : 흑색이나 진한 색의 융판 위에 자유롭게 그림이나 문구를 붙였다 떼었다를 하면서 교육을 진행시키는 매체이다. 어린아이들의 교육 등에 매우 효과적이며, 이야기 진행이나 설명에 맞도록 손쉽게 그림을 조정할 수 있다는 장점이 있다. 하지만 한꺼번에 너무 많은 그림을 붙이면 산만해지고 호기심 유발에 나쁜 영향을 미칠 수 있다. 부피가 크지 않은 관계로 쉽게 이동하며 사용할 수 있고 비용도 적게 들어 영양교육뿐만 아니라 유아교육, 일반교육 등에서도 많이 사용되는 방법이다.

융판

③ 통계도표statistics graph : 괘도와 달리 수학적 방법을 이용하여 선이나 기호로 전체적인 것을 간단하게 요약하여 표현하는 매체로, 두 가지 항수의 상호 관계를 쉽게 알게 해 준다. 일반적으로 이공계 계통에서 주로 사용하는 방식으로 간단하게 만들며, 표현하고자 하는 내용에 적합한 통계 표시 방식을 선택하는 것이 중요하다.

일반적으로 단순한 수량 비교나 연속적이지 않은 통계량의 표시에는 막대 그래프가 사용된다. 백분비를 표시할 때는 원 도표나 띠 도표를 사용한다. 원 도표는 시계 방향으로 우회하고, 비율이 높은 순서대로 표시하며 서로 다른 색상이나 기호를 이용하기도 한다. 수량의 빈도를 표시할 때는 점 도표를 사용한다. 이때 사용하는 점의 크기가 같아야 빈도의 차이를 정확하게 표현할 수 있다. 선 그래프는 많은 자료를 제시하고자 할 때 이용한다. 기준선은 가능한 0에서부터 시작하여야 하며 간격과 수치가 같아야 한다. 수치 일부를 생략하는 것은 좋지 않다. 입체 도표는 다양한 입체적 방법으로 상관관계를 표시한 것으로 약간 비스듬히 옆에서 본 상태로 그린다.

④ **사진**photograph**과 흑판**blackboard : 사진의 경우 필요한 교육 내용을 직접 촬영하여 그대로 이용하거나, 책이나 잡지를 확대 또는 복사하여 자료로 쓰기도 한다. 사진은 사실적인 표현을 하는 장치이기 때문에 진실성과 박진감이 있고, 매체로 사용함에 있어 교육 대상자의 나이나 직업 등을 크게 고려하지 않아도 된다. 흑판은 가장 보편적인 게시매체로 쉽게 지우고 쓸 수 있다는 장점이 있다. 교육 대상자들이 친근하게 느껴 거부감이 적으며, 비용 역시 매우 적게 든다. 하지만 단순하고 공간이 제한적이며, 교육자의 개인차에 의한 교육효과 차이가 크다는 단점이 있다.

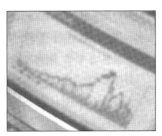 

통계도표 사진과 흑판

3) 입체매체를 이용한 교육매체

입체매체란 단순히 시각과 청각만을 자극하는 매체가 아니라, 5감을 모두 자극할 수 있는 교육매체를 말한다. 실물, 표본, 모형, 인형 등이 여기에 속한다.

① **실물**realia : 설명하고자 하는 사물이나 장소 혹은 사건을 실제로 보여 준다. 모든 감각을 이용하여 살펴보기 때문에 직접적이고 입체적인 교육이 가능하다. 휴대가 불편하고 보관이나 구매가 어려워 실용적이지 않은 경우도 많다.

② **표본**specimen : 실제 상태로는 보기 힘들거나 구하기 어려운 실물을 교육의 편의를 위해 장기간 보관할 수 있게 만든 것이다. 실물을 이용한 교육과 비슷한

효과를 볼 수 있다.

③ 모형model : 실물이 너무 작거나, 크거나, 계절적으로 구하기 힘들거나, 저장이 매우 어려운 경우 이를 대신해 주기 위해 나무나 플라스틱 등을 이용하여 모양을 만들고 색을 칠한 것이다. 시간과 공간의 제약이 없고, 다루기 쉬우며, 제작 방식에 따라 내부를 볼 수 있거나, 하나하나 해체 및 조립이 가능하기도 하다. 오랜 시간 보존할 수 있고 값도 저렴하여 사용이 편리하지만, 실제와는 색이나 느낌이 다르기 때문에 교육효과는 실물보다 떨어진다. 움직이거나 분리·조립할 수 있는 방식의 모형은 아이들이나 노인들을 대상으로 하는 단체 교육에서 인기가 있고 교육효과가 크다.

표본   모형

위의 3가지 매체 외에 인형puppet, 디오라마diorama 같은 교육매체도 존재한다. 인형은 세계 어느 곳에서나 사랑받는 교육매체로 인형극을 통해 아이들에게 높은 교육효과를 볼 수 있다. 디오라마는 실제 장면과 사물을 똑같이 축소 혹은 확대시켜 놓은 전시품으로 관점의 차이 및 종류에 따라 shadow box와 top view형이 있다.

4) 영상 & 전자매체를 이용한 교육매체

영상 & 전자매체를 이용하는 교육매체는 제작과 시연이 어려운 면이 있었으나 스마트폰의 보급과 컴퓨터 기술 발달, 프로젝터 보급이 보편화되면서 대부분의 학교에서 쉽게 제작 및 시연되고 있다.

슬라이드slide와 투시물 환등기OHP, 실물 환등기opaque는 과거 많이 사용되었으나 지금은 컴퓨터의 MS사의 Power point 프로그램과 스크린에 컴퓨터 화면을 직접 투과시키는 프로젝터로 거의 대체되었다. 이런 매체를 사용하면 미리 교육에 사용할 사진과 문구 등을 준비하고, 발표 시간에 맞도록 발표량을 조정할 수 있어 예정된 시간에 맞도록 교육을 진행시킬 수 있다.

슬라이드와 환등기

인터넷과 스마트폰이 일반화되면서 사진을 찍어 슬라이드로 보여 주거나, 동영상을 직접 보여 주는 방식 등 이전과는 비교할 수 없을 정도로 다양한 영상매체를 이용한 교육이 가능해졌다. 비록 컴퓨터와 프로젝터, 프로그램을 장만하여야 하므로 초기 비용이 들지만, 그 후로는 추가 비용 없이 사용할 수 있어 경제적으로도 매우 효율적이다. 교육자가 프로그램을 다루고 자료를 만들 수 있는 능력을 갖추어야 한다는 단점이 있으나, 슬라이드 제작 프로그램의 사용이 더욱 쉬워지고 있어 큰 단점은 아닐 것으로 생각된다.

전자매체의 발달 속도가 너무나 빨라 과거 테이프와 CD에 의존하던 매체는 현재 인터넷과 스마트 기기의 보급으로 언제 어디서나 쉽게 접할 수 있는 것이 되었다. TV 역시 아날로그 방식에서 디지털 방식으로 전환되어 이전과는 비교할 수 없을 정도로 선명한 파일을 전해 주고 있다. 전자매체를 이용한 교육 방식은 전자기기의 발달과 더불어 더욱 쉽게 이용될 것이라 생각된다. 훌륭한 영양교사가 되어 영양교육을 하기 위해서는 이러한 매체를 원활하게 사용할 줄 알아야 하는 시점이다.

5 영양교육 매체의 실제 개발 예

저자는 대학에서 몇 년간 영양에 대한 여러 과목을 강의하였다. 그 과목 중에서 영양교육을 위한 매체를 만들어 제출하는 수업이 있었는데, 학생들은 수많은 아이디어를 동원하여 독창적이고 개성적인 영양교육 매체를 만들어냈다(표 5-4). 매체를 직접 보고 장단점을 분석해 보는 것은 훗날 영양교사가 되어 교육매체를 만들 때 매우 좋은 자산이 될 것이다. 예시들은 주로 인쇄매체와 게시매체, 입체매체의 형식을 빌리고 있지만, 제작에 대한 기본 과정을 이해하면 이를 영상과 전자매체로 전환시켜 응용하는 것은 크게 어렵지 않을 것으로 본다. 임용고시를 준비하는 관점에서 이런 내용을 학생들에게 소개하는 것은 약간 모험적인 면이 있다. 하지만 교육 자료를 만드는 내용 역시 임용고시에서 준비하여야 하는 내용이기에 용기를 내어 소개해 본다.

학생들이 만들어 제출한 영양교육 내용은 아래와 같다.

① 건강한 삶을 사는 3가지 습관이란 책을 간단히 요약하는 것
② 1,000kcal를 가공식품으로 먹는 방법
③ 1,000kcal를 식단을 작성하여 조리식품으로 먹는 방법

이제부터 학생들이 만든 교육매체를 사진으로 제시하고, 매체를 글로 간단히 설명하며, 매체의 장단점을 간단히 소개하는 방법으로 글을 진행시켜 나가겠다. 장단점을 적을 수 있는 빈 공간을 만들어 두었으니, 스스로 채워 보길 바란다.

표 5-4
영양교육 매체의
개발 예

1. 매일 쓰는 물건을 이용한 교육매체		
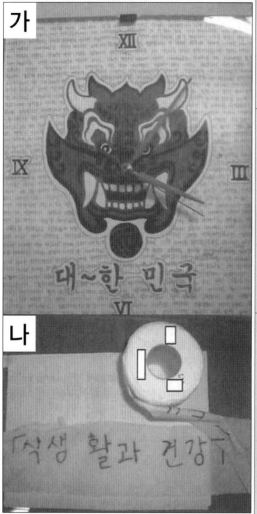	제작 의도	매일 사용하는 시계에 영양교육과 관련된 문구를 적어 넣거나, 화장실에서 사용하는 휴지에 교육 문구를 적어 놓았다.
	장 점	일상생활에서 쉽게 접하기 때문에 부담 없이 영양교육이 이루어질 수 있다. '가'의 경우 시계는 매일 여러 번 본다는 장점을 이용했고, '나'의 경우 화장실에서 무언가를 보고 싶어 하는 버릇을 이용하였다. 두 방법 모두 사람들이 쉽게 접근할 수 있다는 특징을 갖고 있다.
	단 점	'가'의 경우 글씨가 너무 작으면 내용 전달이 안 된다. 그러므로 글씨 크기를 키우는 것이 꼭 필요하다. '나'의 경우는 연속적인 내용이 화장지에 적혀 있을 경우 뒷부분을 읽기 어려우며, 읽은 후 화장지를 다시 말아 놓아야 하는 문제점이 있다.
	나의 의견	

(계속)

2. 보관하면서 사용하는 도구를 이용한 교육매체

제작 의도	일상생활에서 보관하며 특별한 경우에만 사용하는 도구를 이용하여 교육매체를 만든 경우이다. '가'는 우산에 1,000kcal를 내는 시판 가공제품을 아주 아기자기하게 표현한 것이다. 실제로 비 오는 날 사용이 가능한 물감을 이용하였다. '나'는 가공식품의 제품명이나 모양을 형상화하여 만든 부채이다. 여름철에 적합한 교육매체이며 모양을 통해 친근감을 주고 있다.
장 점	우산의 경우 비 오는 날에 쓰고 다니면 다른 학생의 눈에 들어가 자연스럽게 영양교육이 되는 장점을 갖는다. 자기만의 우산을 갖게 되어 교육 대상자의 자부심을 키울 수 있다. 부채 역시 여름철에 다른 사람들과 공유하며 추가 영양교육이 가능하다.
단 점	두 경우 모두 사용 기회가 제한적이기 때문에 영양교육의 시기가 제한적이다(우천 시 혹은 여름철). 제작비용이 많이 들고 일회성으로 사용될 가능성도 있다.
나의 의견	

(계속)

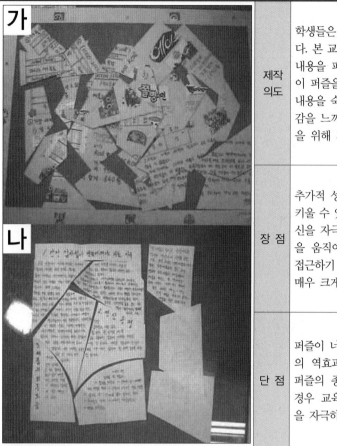

제작 의도	학생들은 대개 퍼즐을 좋아한다. 본 교재는 일정한 영양교육 내용을 퍼즐로 만들어, 학생들이 퍼즐을 맞추어 가면서 교육 내용을 숙지하고 다 맞춘 만족감을 느끼게 하는 추가적 목적을 위해 제작되었다.
장 점	추가적 성취감과 정신집중력을 키울 수 있다. 호기심과 도전정신을 자극할 수 있고, 직접 손을 움직이고 머리를 이용하여 접근하기 때문에 학습효과가 매우 크게 나타난다.
단 점	퍼즐이 너무 복잡할 경우 교육의 역효과가 나타날 수 있다. 퍼즐의 종류가 다양하지 않을 경우 교육 대상자들의 호기심을 자극하지 못한다.
나의 의견	

(계속)

	4. 아이들이 쉽게 접하는 놀이도구를 이용한 교육매체	
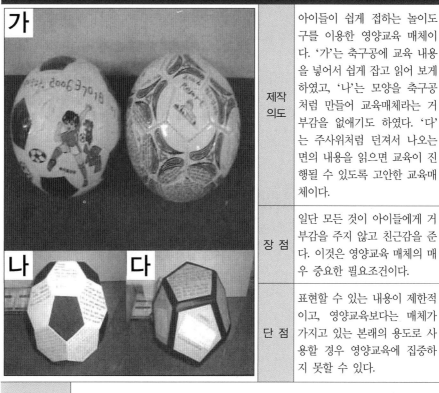	제작 의도	아이들이 쉽게 접하는 놀이도구를 이용한 영양교육 매체이다. '가'는 축구공에 교육 내용을 넣어서 쉽게 잡고 읽어 보게 하였고, '나'는 모양을 축구공처럼 만들어 교육매체라는 거부감을 없애기도 하였다. '다'는 주사위처럼 던져서 나오는 면의 내용을 읽으면 교육이 진행될 수 있도록 고안한 교육매체이다.
	장 점	일단 모든 것이 아이들에게 거부감을 주지 않고 친근감을 준다. 이것은 영양교육 매체의 매우 중요한 필요조건이다.
	단 점	표현할 수 있는 내용이 제한적이고, 영양교육보다는 매체가 가지고 있는 본래의 용도로 사용할 경우 영양교육에 집중하지 못할 수 있다.
나의 의견		

(계속)

5. 몸에 착용하는 의류를 이용한 교육매체

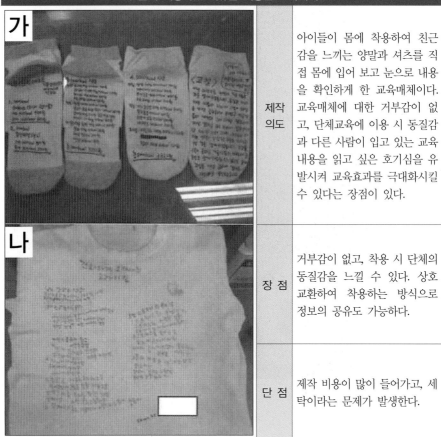	제작 의도	아이들이 몸에 착용하여 친근감을 느끼는 양말과 셔츠를 직접 몸에 입어 보고 눈으로 내용을 확인하게 한 교육매체이다. 교육매체에 대한 거부감이 없고, 단체교육에 이용 시 동질감과 다른 사람이 입고 있는 교육내용을 읽고 싶은 호기심을 유발시켜 교육효과를 극대화시킬 수 있다는 장점이 있다.
	장 점	거부감이 없고, 착용 시 단체의 동질감을 느낄 수 있다. 상호 교환하여 착용하는 방식으로 정보의 공유도 가능하다.
	단 점	제작 비용이 많이 들어가고, 세탁이라는 문제가 발생한다.
나의 의견		

(계속)

6. 실물을 이용한 교육매체

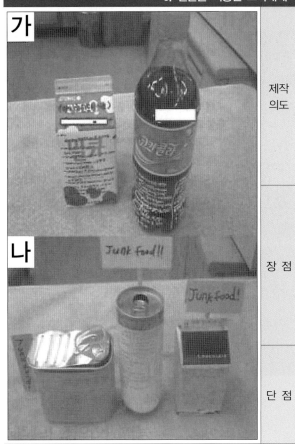

제작 의도	영양교육 중에 나오는 제품을 실제로 보여 줌으로써 이해를 돕고, 교육효과를 최대로 끌어 올리기 위해 만들었다. 몸에 좋은 식품인 우유와 junk food인 콜라의 표면에 문구를 삽입하여 읽어 보고 먹게 하면서 스스로 경험하게 하는 것이다.
장 점	눈으로 보고 느끼기 때문에 교육효과가 매우 높다. 어른부터 아이까지 교육 대상자에 상관 없이 적용이 가능하고, 직접 마시거나 먹으면서 교육을 진행시킬 경우 일반적으로 대상자들의 만족도가 매우 높다.
단 점	제작 비용이 많이 들고, 특정 상품에 대한 과신이나 불신이 생길 수 있다.
나의 의견	

(계속)

CHAPTER 05 매체를 이용한 영양교육　**133**

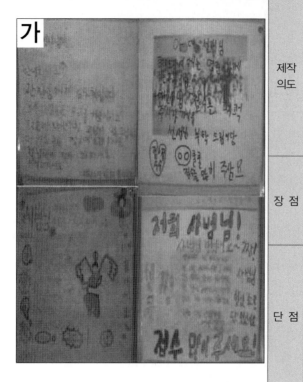

제작 의도	아이들이 직접 제작하고 공유하여 교육매체로의 거부감을 없애고, 교육 내용에 대한 친근감을 증폭시키기 위해 만들었다. 특정한 주제를 주고 아이들이 말이나 그림, 다양한 방법으로 주제를 표현하게 한 후 선별하여 교육매체로 사용하였다.
장 점	동년배인 친구가 만들었기 때문에 거부감이 없다. 아이들의 눈높이에서 제작되었기 때문에 더 쉽게 이해할 수 있다.
단 점	아이들이 만든다는 한계 때문에 전문적인 지식을 전파하기에는 문제가 있다. 아이들이 주제를 잘못 이해할 경우 전혀 엉뚱한 방향으로 표현하고 이해할 소지가 있어, 부가 설명이 꼭 필요하다.
나의 의견	

(계속)

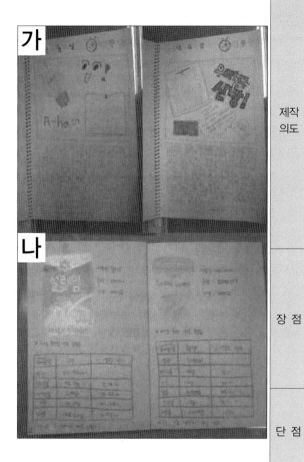

제작 의도	아이들이 사용하는 문서 형태를 빌려 어른이 제작한 교육매체이다. 앞서 살펴본 아이들이 직접 제작하는 교육매체가 가지고 있는 한계를 극복하기 위한 방식이다. 즉 어른이 하고 싶은 이야기를 아이들이 하는 것처럼 만든 것이다. '가'는 그림일기 형식을 빌려 어린 학생들도 쉽게 내용을 접할 수 있게 만들었다. '나'는 아이들이 좋아할 만한 색과 그림 패턴을 이용하여 쉽게 접할 수 있도록 제작한 교육매체이다.
장 점	아이들의 형식을 빌리고 있기 때문에 친근감이 높다. 말하고 싶은 내용을 교육자가 정하기 때문에 내용의 깊이 역시 나쁘지 않다. 과거 어린 시절의 향수를 불러일으키므로 어른들의 교육 자료로도 나쁘지 않다.
단 점	사용할 수 있는 교육 대상자가 제한적이다. 글로 전달할 수 있는 공간이 부족하여 전달할 수 있는 내용도 제한적이다.
나의 의견	

(계속)

9. 하나하나 빼 보는 방식을 이용한 교육매체

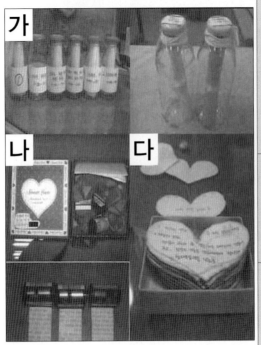

제작 의도	다양한 방법으로 대상자의 호기심을 자극하여 하나하나 교재를 빼서 읽어 가는 방식의 교육매체이다. '가'는 병 속에 교육 내용을 넣은 것이고, '나'는 카메라 필름 속에 넣은 것이다. '다'는 한 장 한 장 줄줄이 연결하여 만든 것이다.
장 점	하나하나 빼서 보는 재미가 있다. 뒷이야기에 대한 호기심을 자극하여 계속적으로 교육 내용에 빠져들도록 할 수 있다. 뒤로 갈수록 심화된 내용을 실어 step by step의 교육을 할 수 있다.
단 점	제작비용이 많이 들고, 보수 유지 관리에 어려움을 느낄 수 있다. 너무 많은 단계가 존재할 경우 호기심을 느끼기보다는 포기가 빠를 수 있다.
나의 의견	

(계속)

	제작 의도	다양한 방법으로 학생들이 교육 과정에 참여하도록 유도하기 위해 고안한 교육매체이다. '가'는 판화로 교육 내용을 제작하여 대상자들이 직접 종이에 찍어 보면서 내용을 숙지하게 만든 교육 자료이다. '나'는 융판을 이용하여 먹고 싶은 음식을 붙였다 떼었다 하면서 칼로리에 대한 개념을 숙지하도록 만든 교육자료이다.
	장 점	대상자가 교육과정 중에 참여하므로 교육효과를 증대시킬 수 있다.
	단 점	많은 교육 대상자를 상대로 교육할 경우 한계가 있다.
나의 의견		

(계속)

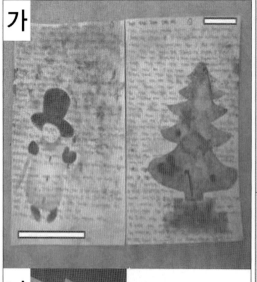	제작 의도	편지지나 카드를 이용하여 교육 내용을 전하는 교육매체이다. 편지나 카드는 나만의 것이고, 중요한 내용을 포함하고 있기 때문에 일반적으로 꼭 확인하거나 자세히 읽는다. 이런 특징을 이용하여 편지지에 교육 내용을 적고 편지로 전해 주는 방식의 교육매체를 제작해 보았다.
	장 점	편지라는 매체를 이용하기 때문에 대상자의 나이에 상관없이 응용 가능하다. 편지를 받은 후 답장을 보내는 방식을 택할 경우 대상자들의 교육 만족도 등을 쉽게 피드백할 수 있다. 서신교육이 아니라 서신교육의 형식만을 빌린 것으로 일반교육의 보조적인 교육매체로 사용된다.
	단 점	다양한 편지가 제작되어야 하며, 인쇄물일 경우 교육효과가 급격히 감소하는 경향이 있다. 대상자 각각에 대한 관리가 필요한 경우가 많고, 경우에 따라서는 오해의 소지도 있다.
나의 의견		

(계속)

제작 의도	교육매체의 방식 자체가 일반적이어도 모양이 예쁜 경우 교육 대상자들의 거부감은 줄어든다. '가'는 일반적 팸플릿과 비슷한 형식이지만 색과 모양, 그림을 아기자기하게 만들어 대상자들에게 호감을 주는 교육매체이다. '나'와 '다' 역시 가능한 한 아름다운 색과 구도를 이용하여 호감을 주는 교육매체이다.
장 점	기존 형식을 취하고 있기 때문에 방식에 대한 거부감이 없다. 아름답고 예쁜 모양으로 대상자들이 호감을 갖고 내용을 자세히 보게 된다.
단 점	교육자에게 제작 단가에 대한 관리능력과 미적 감각이 필요하다. 미적 감각은 상대적인 면이 있어서 모든 사람에게 적용되지 않을 수 있다.
나의 의견	

(계속)

13. 획기적인 아이디어		
	제작 의도	학생들이 좋아하는 《슬램덩크》라는 만화책의 대사 부분에 전하고자 하는 영양교육 내용을 첨가하여 대상자가 웃으면서 쉽게 읽을 수 있는 방식이다. 영화에 사용되는 오마주 기법이라고나 할까? 장단점은 스스로 생각해 보도록 한다.
	장 점	
	단 점	
나의 의견		

(계속)

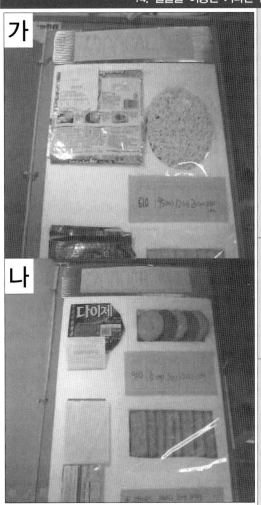

제작 의도	1,000kcal와 2,000kcal에 해당하는 가공식품의 종류와 양을 조사하여 교육하는 교육매체 제작에서 나온 작품이다. 커다란 책 속에 해당되는 제품과 양을 직접 박아 넣어서 사진으로 보는 것보다 더 강한 느낌을 준다. 실물이 주는 장점과 특별한 주제에 맞게 한 권의 책으로 분류한 것이 매우 잘 어울려 교육효과가 컸다. 이 작품에 대한 장단점 역시 여러분들이 직접 생각해 보길 바란다.
장 점	
단 점	
나의 의견	

문제풀이

01 다음은 ASSURE 모형을 적용한 '올바른 식생활 관리' 영양 수업의 일부이다. 밑줄 친 ①에서 고려해야 할 매체 선정 기준 중 3가지만 설명하시오. 그리고 ②에 해당하는 절차를 쓰시오. [5점] 영양기출

절 차	내 용
학습자 분석	학생의 연령, 학력 등 일반적 특성, 지적 수준을 분석하였다.
목표 진술	'패스트푸드의 문제를 인식하고, 올바른 식생활에 관한 지식과 태도를 갖는다'로 목표를 제시하였다.
① 매체와 자료의 선정	수업을 위한 매체로 '올바른 식생활에 관한 리플릿, 패스트푸드의 위험성에 관한 동영상, 패스트푸드의 영양 성분에 관한 프레젠테이션 자료'를 선정하였다.
매체와 자료의 활용	수업에 사용하기 전에 매체들의 내용을 확인하고 시연한 뒤, 수업에 활용하였다.
(②)	패스트푸드의 위험성에 관한 동영상을 보고 느낀 점을 조별로 정리하여 발표하게 하였다.
평가와 수정	수업에 활용한 매체를 평가하였다.

①에서 고려해야 할 매체 선정 기준 중 3가지 _____

_____

_____

_____

②에 해당하는 절차 _____

_____

_____

02 다음은 영양교육 매체의 효과적인 개발과 활용을 위한 ASSURE 모형의 각 단계에서 해야 할 활동의 일부 내용이다. (가)~(바)를 모형 단계에 맞게 순서대로 배열하고, (가) 단계에서 분석해야 하는 내용 2가지를 서술하시오. [4점] 영양기출

ASSURE 모형의 단계별 활동 내용

단 계	활동 내용
(가)	교육 대상자를 분석한다.
(나)	매체를 선정하고 제작한다.
(다)	교육 대상자의 반응을 확인한다.
(라)	준비한 동영상 자료를 사전에 검토한다.
(마)	교육 목표 달성에 대한 매체 사용의 기여도 및 학습효과를 평가한다.
(바)	교육이 끝났을 때 학습자가 보여 줄 수행을 중심으로 영양교육의 목표를 설정한다.

(가)~(바)의 순서 _____

_____

(가) 단계에서 분석해야 하는 내용 2가지 _____

_____

_____

03 영양교육을 할 때는 다양한 매체를 활용하게 된다. 다음 물음에 답하시오. 기출문제

03-1 데일(Dale)의 '경험의 원추'에서 가장 추상적인 매체 종류 2가지를 쓰시오.

① : _____

② : _____

03-2 식품 모형, 체지방 모형의 정보(메시지) 전달 통로를 쓰시오.

_____

03-3 영상매체 중에서 암막 시설이 없는 장소에서도 사용할 수 있고 자료의 내용을 수정하여 사용할 수 있으며, 대상자의 반응을 관찰하면서 교육할 수 있는 장점이 있는 매체 1가지를 쓰시오.

_____

해설 데일의 경험의 원추에서 언어기호와 시각기호는 가장 추상적인 매체로 구분되어 있다. 반대로 극화된 경험, 구성된 경험, 직접적·목적적 경험은 가장 구체적인 매체로 구분되어 있다. 식품 모형과 체지방 모형은 입체매체로서 단순히 시각과 청각의 자극뿐만 아니라 손을 이용하거나 만지는 촉각적인 자극까지도 가능한 교육매체이다. 마지막은 문제 자체가 불분명한데 영상매체라는 조건이 없다면, 암막이 필요 없으며 자료의 내용을 수정하여 사용할 수 있고, 대상자의 반응을 관찰하면서 교육을 할 수 있다는 융판이나 인형극이 가지고 있는 조건이라 생각된다. 이들은 쉽게 내용을 수정하면서 대상자의 반응을 보면서 얘기를 진행할 수도 있기 때문이다. 하지만 이들은 영상매체가 아니라 게시매체와 입체매체이다. 영상매체 중에는 파워포인트를 이용한 자료들이 내용을 수정하면 사용할 수 있다는 장점이 있고, 프로젝터의 발달로 암막 시설이 없는 장소에도 이용할 수도 있고, 암막을 안 했으니 대상자의 반응을 관찰하면서 교육할 수도 있다. 하지만 이것을 답으로 원하는 문제 같지는 않다.

04 다음 글을 읽고 (다)에 가장 효과적이라고 판단되는 매체의 유형을 1가지만 제시하고, 그것의 선정 이유와 개발 방안을 각각 2줄 이내로 쓰시오. [기출문제]

(가) 농업교육 자료의 개발과 매체의 유형
농업교육 자료를 개발할 때 고려해야 할 매체는 텍스트(text), 이미지(image), 애니메이션(animation), 동영상(movie), 사운드(sound) 등이다.

(나) 주요 교육매체의 분류

시청각	시각매체				청각매체
매체	텍스트	이미지	애니메이션	동영상	사운드
움직임	정적매체		동적매체		

(다) 땅속에서 식물의 뿌리가 생장하는 과정을 교육 자료로 개발하려고 한다.

(다)에 가장 효과적이라고 판단되는 매체의 유형 _____

선정 이유 _____

_____

개발 방안 _____

_____

해설 뿌리의 성장 과정은 연속적인 움직임을 표현하는 것이니, 시각적 동적매체의 사용이 알맞다. 동적매체로는 애니메이션과 동영상이 있다. 뿌리는 땅속에 있으므로 연속적인 성장을 촬영하기 어렵고 성장 시간이 오래 걸리므로 동영상보다는 애니메이션을 사용하는 것이 더 적합할 것이다. 개발 방안으로는 씨앗에서 싹이 나고 뿌리를 내려 줄기와 잎을 만드는 과정 일련의 움직임을 세밀하게 표현하는 것이 좋을 듯하다.

05 영양교육을 진행함에 있어서 교육자와 피교육자 간의 연결 매체의 선택은 영양교육의 성패에 큰 영향을 미칠 수 있다. 이런 교육매체를 사용할 경우 얻을 수 있는 교육적 장점 3가지를 적으시오.

① : _____

② : _____

③ : _____

해설 영양교육에 교육매체를 사용할 경우 다음과 같은 장점을 얻을 수 있다.
　1. 교육 대상자의 이해를 빠르고 확실하게 할 수 있다.
　2. 교육 내용을 습득하는 속도를 빠르게 해 준다.
　3. 단조로운 교육 패턴에 변화를 주어 교육 내용에 더욱 집중할 수 있게 한다.
　4. 훌륭하게 만들어진 교육매체를 봄으로써 교육 대상자의 기분을 좋게 변화시킨다.

06 교육매체에서 팸플릿(pamphlet)은 가장 많이 사용되는 방법 중 하나로, 영양교육을 위한 작은 소책자를 만들어 제공하는 것이다. 팸플릿을 만들 때 고려해야 할 사항을 5가지만 적으시오.

① : _____

② : _____

③ : _____

④ : _____

⑤ : _____

해설 팸플릿은 가장 많이 사용되는 매체 중 하나이다. 교육 진행 전에 미리 교부 대상을 정확히 하여 그들에게 적합하게 제작하고, 글씨체와 문장은 쉽게 이해할 수 있도록 해야 한다. 또한 교육 대상자가 보고 쉽게 흥미를 갖게 제작하고, 외관적으로도 예쁘게 작성하여야 한다. 제목을 통해 내용을 예상할 수 있어야 하며, 크기와 페이지 수는 부담을 주지 않아야 한다.

07 다음 인쇄매체를 이용한 교육매체에 대하여 각각 2줄 이내로 간단하게 쓰시오.

유인물 _____

_____

광고지 _____

_____

포스터 _____

_____

_____

_____

[해설] 본문의 인쇄매체를 이용한 교육매체 부분의 내용을 참고한다.

08 차 영양교사는 영양교육을 위해 영양신문을 발행할 계획을 세웠다. 신문이 다른 인쇄매체를 이용한 교육매체에 비해 갖는 장점을 3가지만 적으시오.

① : _____

② : _____

③ : _____

[해설] 신문은 다른 인쇄매체에 비해 교육 대상자들에게 높은 신뢰를 준다. 미리 내용을 충분한 시간 동안 준비하여 제작하기 때문에 자료의 심도와 공신력이 높으며 대량 인쇄를 통해 많은 사람들에게 교육이 가능하다. 하지만 보존에 어려움이 있어 스크랩이나 다른 방법을 이용하여 보관해야 한다.

09 교육매체로 사용되는 방식 중 입체매체로는 실물, 표본과 모형이 있다. 이 3가지는 모두 입체적으로 볼 수 있고 손으로 만져 볼 수 있어 교육효과가 매우 크다는 장점을 가지고 있다. 이들 모두 입체매체라는 공통점은 있지만 서로 다른 정의를 갖는데 그것을 2줄 이내로 쓰고 단점도 1가지씩 쓰시오.

실물

정의 : _____

_____

단점 : _____

표본

정의 : _____

_____

단점 : _____

> **모형**

정의 : _____

_____

단점 : _____

해설 본문에 나와 있는 입체매체를 이용한 교육매체 부분의 내용을 참고하여 답을 적어 보도록 한다.

10 교육매체와 관련된 모형 중에 ASSURE 모형이 있다. 이 모형이 만들어진 이유와 모형이 진행되는 6단계에 대해 적으시오.

> **ASSURE 모형의 개발 목적** _____

_____

> **진행 6단계** _____

_____

_____

해설 ASSURE 모형은 교육매체를 개발하고 활용하기 위해 제시되었다. 이 모형은 매체를 효율적으로 개발하기 위해 제시되었으며, 이를 위해 교육 대상자의 분석, 목표 진술, 매체와 자료의 선정, 매체와 자료의 활용, 교육 대상자 참여 요구와 평가와 수정의 6단계로 개발이 진행된다.

11 다음은 영양교육의 일부로 진행된 세 어린이의 학습경험 내용이다. (가)~(다)에 해당하는 학습경험을 구분한 것으로 옳은 것은? 기출문제

(가)	철민이는 친구들과 함께 두부 제조업체로 견학을 가기로 하였으나, 업체 사정으로 견학이 취소되어 두부 제조 과정에 대한 선생님의 자세한 설명을 들었다.
(나)	은영이는 치즈 제조업체를 방문하여 방목한 젖소의 우유를 직접 짜고, 짠 우유로 치즈를 만들고, 치즈를 이용하여 피자를 만들었다.
(다)	민경이는 선생님과 김치 박물관에 가서 김치를 종류별로 찍어 놓은 사진을 보고 흥미를 느껴, 집에 와서 TV 시청 시간에 김치 담그는 과정을 자세히 보았다.

① (가)－상징적 경험, (나)－영상적 경험, (다)－행동적 경험
② (가)－상징적 경험, (나)－행동적 경험, (다)－영상적 경험
③ (가)－영상적 경험, (나)－상징적 경험, (다)－행동적 경험
④ (가)－영상적 경험, (나)－행동적 경험, (다)－상징적 경험
⑤ (가)－행동적 경험, (나)－상징적 경험, (다)－영상적 경험

정답 ②

12 우리나라의 영양표시제를 배우고 있는 고등학생들이 ○○ 제품의 영양성분표를 보면서 나눈 대화이다. 〈보기〉의 밑줄 친 내용 중에서 옳은 것만 있는 대로 고른 것은? [기출문제]

영양성분	1회 제공량 1봉지(30g) 총 3회 제공량(90g)	
	1회 제공량당 함량	★% 영양소 기준치
열 량	150kcal	
탄수화물	20g	6%
단 백 질	2g	3%
지 방	7g	14%
포화지방	4.3g	29%
트랜스지방	0g	
콜레스테롤	0mg	0%
나 트 륨	170mg	9%
칼 슘	0mg	0%
★% 영양소 기준치 : 1일 영양소 기준치에 대한 비율		

보기

A 나는 체중 때문에 내가 먹는 식품의 열량이 얼마나 되는지 항상 궁금했어. (가) 영양소 기준치는 식품의 영양 표시를 위해 설정한 기준치이지?

B 그런데 (나) 열량에 대한 %영양소 기준치가 표시되어야 해. 이 제품에는 없네. 나는 지방과 열량은 꼭 알고 싶은데……

A 아! 나도 하나 발견했어. (다) 당류도 표시해야 해.

B 그렇구나! 그런데 (라) 영양 표시에서 함량이 '0'이라고 표시된 것은 그 영양소가 전혀 없을 때만 이렇게 표시한다고 했지?

A 글쎄… 그런데 (마) 칼슘은 영양 표시를 하지 않아도 된다는데 왜 표시했을까?

B 소비자가 칼슘에 관심이 많으니까 표시했겠지.

① (라), (마)
② (가), (나), (다)
③ (가), (다), (마)
④ (가), (나), (다), (마)
⑤ (나), (다), (라), (마)

정답 ③

13 김 교사는 ASSURE 교수매체 활용모형을 이용하여 '노인복지' 수업을 진행하고자 한다. ASSURE 의 각 단계와 교사의 활동을 옳게 짝지은 것은? 기출문제

> **보기**
>
> ㄱ. 수업 장소를 고려하여 노인복지서비스 프로그램을 소개할 프레젠테이션 자료를 작성한다.
> ㄴ. 행복한 노인으로 살아가는 데 필요한 요소를 생각할 수 있도록 그와 관련된 광고를 보여 준다.
> ㄷ. 노인복지서비스의 필요성을 인식하여 개별 가정에서 실천할 수 있는 능력을 기르도록 진술한다.
> ㄹ. '노인복지 ○× 퀴즈'를 풀게 하여 노인복지서비스에 대한 학생들의 지식 수준과 관심도를 파악한다.
> ㅁ. UCC 제작 수업에 대한 학생들의 감상 소감을 읽고 노인복지 수업에 UCC 활용이 적합한지 생각한다.
> ㅂ. 노인복지서비스 프로그램과 도서, 인터뷰 자료를 바탕으로 학생들에게 '행복한 노인의 삶'을 UCC로 제작하게 한다.

	학습자 분석	매체와 자료의 활용	학습자의 참여 유도
①	ㄴ	ㅂ	ㄱ
②	ㄷ	ㄱ	ㅁ
③	ㄷ	ㄴ	ㅂ
④	ㄹ	ㄱ	ㅁ
⑤	ㄹ	ㄴ	ㅂ

정답 ⑤

14 다음의 영양표시제도에 대한 설명에서 (가)와 (나)에 들어갈 내용으로 알맞은 것은? 기출문제

> 영양표시제도는 가공식품의 포장재 표지 위에 일정한 기준과 방법에 따라 영양적 특성에 대한 정보를 표시하도록 국가가 관리하는 제도이다. 식품위생법(2009. 5. 18. 개정)에 따라 영양성분 표시 대상 식품은 열량, 탄수화물, 당류, 단백질, 지방, 포화지방, 트랜스지방, (가) , (나) 에 대하여 그 명칭, 함량 및 % 영양소 기준치를 표시하여야 한다. 다만, 열량, 당류, 트랜스지방에 대하여는 % 영양소 기준치 표시를 제외한다.

① (가)-무기질, (나)-비타민　　② (가)-무기질, (나)-식이섬유
③ (가)-나트륨, (나)-비타민　　④ (가)-콜레스테롤, (나)-나트륨
⑤ (가)-콜레스테롤, (나)-식이섬유

정답 ④

15 김 교사의 묘목 접붙이기 수업 장면에서 ㉠~㉣에 해당하는 학습자 경험을 데일(Dale)의 경험의 원추 그림 A~D와 바르게 짝지은 것은? [기출문제]

> 김 교사는 학생들의 묘목 접붙이기 기능을 신장하기 위하여 ㉠ 사과나무 묘목 접붙이기로 성공한 과수원의 예를 동영상으로 보여 주었다. 그리고 ㉡ 접붙이기 목적을 언어적인 수단을 이용하여 설명하고 ㉢ 접붙이기 요령을 시범 보인 후 ㉣ 학생들에게 실습을 하도록 하였다.

	㉠	㉡	㉢	㉣
①	A	B	C	C
②	A	D	C	B
③	B	A	C	D
④	B	C	D	A
⑤	C	B	D	A

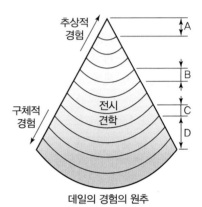

데일의 경험의 원추

정답 ③

16 가공식품의 영양성분 표시 제도에 관한 설명으로 옳은 것만을 〈보기〉에서 있는 대로 고른 것은? [기출문제]

> 보기
> ㄱ. 농림수산식품부에서 관장한다.
> ㄴ. 식사 계획을 세울 때 도움이 된다.
> ㄷ. 건강에 문제가 있을 때 식품 선택에 중요한 정보를 제공한다.
> ㄹ. % 영양소 기준치는 1일 영양소 기준치에 대한 비율을 나타낸다.
> ㅁ. 의무 표시 영양성분은 5종으로 열량, 포화지방, 트랜스지방, 콜레스테롤, 나트륨이다.

① ㄱ, ㅁ ② ㄴ, ㄷ ③ ㄱ, ㄹ, ㅁ
④ ㄴ, ㄷ, ㄹ ⑤ ㄴ, ㄹ, ㅁ

정답 ④

17 다음은 소아당뇨가 있는 중학생을 대상으로 한 영양교육에서 사용한 교육매체에 관한 내용이다. 각 매체를 데일(Dale)의 경험 원추 모형과 브루너(Bruner)의 세 가지 표현양식(상징적 – 영상적 – 행동적 단계)에 따라 설명했을 때 옳지 않은 것은? 기출문제

영양교사의 사례 발표

• 사례

우선 소아 당뇨의 기전과 관리요령을 이해시키기 위하여 판서하면서 ㉠ 설명하고, ㉡ 리플릿의 당뇨병 식품교환표를 이용하여 학생 스스로 식품을 바꾸어 먹을 수 있도록 지도하였습니다. 학생들의 영양교육 내용에 관한 인지능력을 향상시키기 위해 ㉢ 식단 작성 실습을 하였고, 식단을 검토한 후 이해가 부족한 점은 개인별로 피드백하여 주었습니다. 또한 ㉣ 당뇨뷔페 교실을 개최하여, 학생들이 스스로 자신이 먹을 음식을 골라 오게 하고 평가를 통해 수정하여 줌으로써 학생들의 이해도를 증진시켜 실생활에서 스스로 실천할 수 있도록 하였습니다.

---

① ㉠은 네 가지 매체 중 가장 추상적이다.
② ㉣은 ㉡보다 학습자에게 구체적인 경험을 제공한다.
③ ㉢과 ㉣은 브루너의 세 가지 표현양식 중 같은 단계에 해당된다.
④ ㉡은 핵심 내용을 기억하는 데 도움이 되므로 식사요법 교육에 많이 활용된다.
⑤ 어릴수록 상상력이 풍부하므로 간접적인 매체 교육이 더 효과적이다.

정답 ⑤

18 다음은 영양상담이나 교육을 할 때 사용할 수 있는 도구를 설명한 것이다. 이 도구는? 기출문제

• 보건복지가족부에서 관장한다.
• 식사 계획을 세울 때 도움이 된다.
• 가공식품의 생산이 많아지면서 생긴 것이다.
• 여러 나라에서 만성퇴행성 질환의 유병률이 높아진 후 보편화되었다.
• 산업체는 외국에 식품을 수출할 때 대상국 기준에 맞추어야 한다.
• 국가 차원에서 국민의 건전한 식생활에 도움이 되도록 하기 위하여 만든 것이다.

---

① 식사구성안　　　　　　　　② 식품영양표시
③ 식생활 지침　　　　　　　　④ 식생활 실천 지침
⑤ 한국인 영양소 섭취기준

정답 ②

19 초등학교 저학년 어린이가 섭취한 식사가 균형식인지 스스로 평가할 수 있는 영양교육을 하려고 한다. 가장 적절한 내용과 효과적인 매체를 〈보기 1〉과 〈보기 2〉에서 골라 바르게 연결한 것은? 기출문제

보기 1	가. 식품교환표	나. 식사구성안	다. 식품구성탑

보기 2	ㄱ. 움직이면서 교육할 수 있는 식품 모형
	ㄴ. 식품 사진이나 식품 그림의 탈부착 자료
	ㄷ. 간단한 영양정보를 인상적으로 전달하는 포스터
	ㄹ. 사진이나 그림을 넣어 읽기 쉽게 설명한 팸플릿
	ㅁ. 단순한 정보 전달이 쉽고, 오래 보관할 수 있는 리플릿

① 가-ㄱ, ㄷ   ② 나-ㄴ, ㄹ   ③ 나-ㄷ, ㅁ
④ 다-ㄱ, ㄴ   ⑤ 다-ㄹ, ㅁ

정답 ④

20 다음은 '전통음식의 이해' 수업을 위한 교수매체에 대하여 대화한 내용이다. 데일(E. Dale)의 경험의 원추 모형과 브루너(J. Bruner)의 세 가지 표현양식에 따라 설명했을 때 옳지 않은 것은? 기출문제

김 교사	저는 김치를 통해 학생들의 전통음식에 대한 이해를 도우려고 하는데 수업시간에 어떤 교수매체를 사용해야 할지 고민이에요. 김치 만들기 과정을 말로만 설명해 주었는데 다른 방법은 없을까요?
이 교사	저는 다양한 김치의 종류를 알려 주고 싶어 여러 가지 (가) 실제 김치를 주고, 돌아가면서 자세히 체험할 수 있도록 했어요. 또 가정과 교과교실에서 제가 먼저 (나) 김치를 만드는 과정에 대한 시범을 보여주고 나서, 학생들이 모둠별로 종류가 다른 (다) 김치를 만들어 맛을 보도록 하였어요.
김 교사	학생들이 정말 좋아했겠네요. 참! (라) 김치를 주제로 한 영상물이 있다고 하던데…… 우리의 전통음식 문화를 이해하도록 돕는 교수매체가 정말 다양하군요. 앞으로는 저도 다양한 교수매체를 활용해야겠어요.

① (가)는 브루너의 세 가지 표현양식 중 행동적(enactive) 양식에 해당한다.
② (라)는 반복하여 사용할 수 있어 편리하다.
③ (라)는 (다)보다 더 구체적이므로 학습자의 이해도를 높일 수 있다.
④ (가)와 (라)는 학습 경험의 구체성과 추상성에 따라 구분될 수 있다.
⑤ 데일에 의하면 (가)~(라)의 경험들은 전통음식 개념 형성에 도움을 준다.

정답 ③

21 ㉠에 해당하는 교수·학습 방법에 대한 설명으로 옳은 것을 〈보기〉에서 모두 고른 것은? 기출문제

차 영양교사는 위험온도 범위 식품의 장기간 노출이 안전성에 미치는 영향에 대해서 최대한 실제처럼 재현하여 학습자들을 쉽게 이해시키고자 ㉠ (이)라는 교수·학습 방법으로 수업을 실시하였다. 수업 결과, 안전성에 영향을 미칠 수 있는 다양한 위험원에 대한 구분과 식품의 물리·화학적 상태 변화에 영향을 미치는 복잡한 과정, 그로 인한 식품의 변화를 짧은 시간에 이해하기 쉽게 보여 줄 수 있었다.

보기
가. 제작된 매체로 반복 학습이 용이하다.
나. 학습 과정에서 발생할 수 있는 사고 위험이 낮다.
다. 실제 실습 비용이 비싼 경우에 사용하면 효과적이다.
라. 학습자가 현실적으로 직접 참가할 수 있는 기회를 제공한다.

① 가, 다   ② 나, 라   ③ 가, 나, 다
④ 가, 다, 라   ⑤ 나, 다, 라

정답 ③

CHAPTER 06

영양교육 평가법

영양교육을 계획·진행한 후에는 언제나 교육 평가를 하여야 한다. 교육 평가는 교육자가 설계한 교육안의 완성도와 수업 행위가 얼마나 효율적이었는지를 알려 주는 것이고, 향후 교육안을 새로 설계하는 데 기초 자료로 사용된다.

어떤 영양교육 과정이든지 마지막 과정은 교육에 대한 평가가 꼭 이루어진다. 영양교육의 평가를 통해 영양교육의 계획에서 설정하였던 교육목표를 어느 정도 이루었는지 알 수 있고 이를 통해 실행한 영양교육의 효율성을 가늠할 수 있다. 이는 향후 진행될 영양교육의 계획과 수정, 실행 등에 기본적 자료로 사용된다. 또한 다른 교육조직에 자신들이 진행한 영양교육 프로그램의 적합성을 증명할 수 있는 기본 자료와 프로그램 지속 여부 등의 증거 자료로 사용될 수 있다.

영양교육의 평가는 크게 **과정에 대한 평가**process evaluation와 **교육효과에 대한 평가**effectiveness evaluation or impact evaluation로 구분된다.

1 과정평가

과정평가는 영양교육을 진행하는 과정 자체의 유연성과 적합성을 평가하는 것으로 방법적 적합성을 확인하는 과정이다. 과거에는 효과평가에 비해 과정평가의 중요성이 간과되었으나 최근 들어 영양 프로그램의 다양화, 고급화, 대형화, 전문화 등의 흐름에 의해 과정평가의 중요성이 다시 인식되고 있다. 과정평가에 대한 구체적인 내용은 다음과 같다.

1) 전반적인 영양교육 과정평가

전문가들에 의해 계획되었던 영양교육의 내용과 실행되었던 과정 간의 교육 프로그램 내용, 교육 방법, 교육매체, 교육 과정 등의 요소를 충분히 평가하는 과정이다. 교육 대상자의 요구진단 여부, 교육목적, 교육의 타당성과 적합성, 교육자의 능력과 역할 분담 등을 실질적으로 평가하게 된다.

2) 교육자료 및 평가도구의 예비조사

영양교육에 사용되었던 교육자료의 난이도와 이해성, 흥미 유발 정도와 참여 유발 정도와 전문성 등의 영양교육 자료에 대한 평가와 효과 평가를 위한 설문 문장의 난이도와 이해도 및 참여도, 측정이 필요한 경우 사용한 측정도구에 대한 예비조사 실시 여부 등과 같은 영양교육의 평가도구에 대한 평가를 실시한다.

3) 영양교육 참여도에 대한 평가

교육 대상자와 참여자에 대한 참여자 분석, 참여도에 대한 평가를 진행한다. 교육 대상으로 삼았던 대상자들이 교육에 참여했는지 여부와 그 대상자들의 교육 참여비율을 평가한다. 또 다양한 교육 방법별 참여도 정도를 평가하여 향후 영양교육 방법을 결정하는 데 참고한다.

4) 관찰평가

교육자와 교육 대상자 간의 교육 과정을 관찰하여 의사소통과 토의의 원활성, 교육자의 장단점을 평가하는 과정이다.

2 효과판정

효과판정은 영양교육의 교육효과 유무와 교육효과 정도를 판정하는 과정이다. 여기서는 매우 다양한 접근이 가능하다. 따라서 효과판정을 진행하기 전에 어떤 항목에 대한 효과판정을 진행하며, 왜 그 항목을 진행하는지에 대한 명확한 목적의식이 필요하다. 효과판정에서는 어떤 내용에 대한 효과를 어떤 방법에 의해 판정할 것인지가 중요한 관건이다.

효과판정을 할 수 있는 내용으로는 교육 과정 중 전달된 영양지식과 이 지식을 습득한 후 발생하는 식태도와 건강과 영양 관련 인식의 태도 변화, 그리고 이에 의해 나타나는 식행동의 변화를 포괄적으로 포함할 수 있다. 또한 식행동 변화에 의해 오랜 시간이 흐른 뒤 나타날 수 있는 신체 계측치의 변화, 생화학적 수치 변화와 발병률의 변화 같은 것도 판정 내용이 될 수 있다.

효과판정법으로 흔히 사용되는 방법은 대조군의 유무와 대조군의 샘플링 방법 등에 따라 몇 가지로 나눌 수 있다. 이는 표 6-1에 간단히 요약하였다.

표 6-1 영양교육 효과판정법	방 법	설 명
	One group pretest-posttest design	• 상대적으로 용이하게 효과를 판정하는 방법으로 흔하게 사용된다. • 비교군 없이 교육 대상자의 영양교육 전후 변화만을 비교하는 방법이다. • 비교군이 없어서 변화가 교육에 의한 것이라 100% 단정 짓기 어렵다. • 알맞은 비교군 설정이 어렵거나, 교육이 짧게 끝날 때 사용한다.
	Nonequivalent control group design	• 영양교육을 진행한 교육군(실험군)과 진행하지 않은 비교육군(비교군)의 결과를 비교하여 효과를 판정하는 방법이다. • 비교군의 설정이 임의대로 진행되므로 평가 결과에 평가자의 주관적 관점이 들어갈 위험이 있다. • 교육의 유무 외에 다른 경제적, 교육적, 성별, 나이 등의 외적인 영향인자가 없어야 정확한 평가 결과를 얻을 수 있다.
	Experimental design	• Nonequivalent control group design의 비교군 설정이 임의적인 데 비하여 이 방법은 실험군과 비교군의 설정을 무작위(random assignment)로 진행한다. • 따라서 두 그룹의 효과 차이는 교육의 여부에 의한 차이라고 판정할 수 있다. • 하지만 동물실험과 달리 두 그룹의 완전한 격리가 불가능하기 때문에서 오는 어려움과 오차가 존재한다.
	Time series design	• 비교군은 존재하지 않고 실험군만 존재한다. • 일정한 시간을 두고 주기적으로 평가자료를 수집하고 평가하는 방법이다. • 주로 학교나 병원 등 오랜 시간 교육이 가능한 교육집단을 대상으로 할 경우 사용한다. • 비만도, 혈당치와 혈압, 콜레스테롤 수치 등과 같이 오랜 시간 관찰해야 하는 경우 적용한다.

01 다음은 영양교사가 설계한 영양교육 평가 계획이다. 작성 방법에 따라 서술하시오. [4점] 영양기출

가당음료 섭취 줄이기 교육 평가 계획

- 교육 주제 : 청소년의 가당음료 섭취 줄이기
- 교육 대상 : ○○중학교 2학년 전원 200명
- 교육 목표 : 가당음료 섭취를 줄일 수 있다.
- 교육 기간 : 2020년 1학기 3~6월{매월 2주차에 1회(50분/차시)씩 총 4회 실시}
- 평가 계획

대 상	평가 방법	평가 시기
학 생	가당음료 섭취 관련 체크리스트 문항에 응답	1차시 수업 직전 1회, 4차시 수업 직후 1회, 총 2회 실시
교 사	매회 수업에 대한 체크리스트 문항에 응답	매 수업 시, 총 4회 실시

평가 유형	평가 목적	도구/질문									
결과 평가	㉠ 가당음료 섭취 줄이기 교육이 실제로 학생들의 가당음료 섭취량을 줄였는지 조사함으로써 교육의 효과를 파악한다.	• 학생 체크리스트 – 지난 일주일 동안 마신 가당음료의 섭취 횟수와 섭취량을 각각 표시하시오.

종류＼구분	섭취 횟수							1회 평균 섭취량		
	1주(회)				1일(회)			1컵(200mL)		
	0	1	2~4	5~6	1	2	3	0.5	1	2
1. 과일음료	①	②	③	④	⑤	⑥	⑦	①	②	③
2. 탄산음료	①	②	③	④	⑤	⑥	⑦	①	②	③
3. 스포츠음료	①	②	③	④	⑤	⑥	⑦	①	②	③
4. 가당우유	①	②	③	④	⑤	⑥	⑦	①	②	③
5. 기타 가당음료 (에너지음료, 비타민음료 등)	①	②	③	④	⑤	⑥	⑦	①	②	③

(계속)

평가 유형	평가 목적	도구/질문
(㉡) 평가	수업이 계획한 대로 순조롭게 진행되고 있는지를 파악한다.	• 교사 체크리스트 − 계획한 수업 내용을 오늘 수업에서 충분히 다루었는가?

• 교사 체크리스트
 − 계획한 수업 내용을 오늘 수업에서 충분히 다루었는가?

(1점) 전혀 그렇지 않다	(2점) 그렇지 않다	(3점) 보통이다	(4점) 그렇다	(5점) 매우 그렇다
①	②	③	④	⑤

 − (㉢   )?

(1점) 전혀 그렇지 않다	(2점) 그렇지 않다	(3점) 보통이다	(4점) 그렇다	(5점) 매우 그렇다
①	②	③	④	⑤

··· (하략) ···

※ 필요시 ㉣ <u>교육 종료 1달 후 학습자들에게 결과 평가를 재실시한다.</u>

작성 방법

• 밑줄 친 ㉠의 평가 목적을 달성하기 위한 평가 계획 설계 방법의 명칭을 제시할 것(단, ○○중학교에서 영양교육은 의무교육이고 학생 체크리스트의 가당 음료 섭취량은 1주당 섭취량으로 환산하여 활용함)

• 괄호 안의 ㉡에 해당하는 평가 유형의 명칭을 쓰고, 영양교사가 ㉡ 평가를 위해 괄호 안의 ㉢에 추가할 수 있는 질문 1가지를 제시할 것

• 밑줄 친 ㉣의 평가를 실시하는 목적을 제시할 것

02 다음은 영양교사가 준비 중인 영양교육 결과 보고서의 일부이다. 이 자료를 이용하여 작성 방법에 따라 순서대로 서술하시오. [4점] 영양기출

영양교육 결과 보고서

- 교육 대상 : ○○여자고등학교 1학년 120명
- 교육 목표 : 지방의 이해와 올바른 섭취
- 교육 기간 : 주 1회(50분/차시), 4차시
- 결　　과 :

교육 전과 교육 후의 변화 정도

측정 내용	평균값	
	교육 전	교육 후
① 혈중 중성지방(mg/dL)	85.5	82.4
② 지방의 종류 및 기능(10점 만점)	6.8	7.0
③ 체중(kg)	56.0	55.6
④ 고지방 식품 대신 저지방 식품 선택 빈도(회/주)	1.5	2.1
⑤ 체지방률(%)	22.5	21.5
⑥ 지방 섭취와 건강관리법(10점 만점)	6.4	6.7
⑦ 패스트푸드 섭취 횟수(회/주)	3.5	3.3

작성 방법

- 이 보고서의 영양교육 평가 방법을 제시하고, 왜 그 평가 방법에 해당하는지 이유를 서술할 것
- 표의 측정 내용을 3가지 항목으로 분류하여, 그 항목의 명칭과 각 항목에 해당하는 측정 내용의 번호를 제시할 것

---

03 다음은 영양교육 수업의 일부이다. 영양교사와 학생들 간의 대화 내용에서 (가) 부분은 교육 평가 유형 중 무엇을 활용한 것인지 쓰시오. 영양기출

> … (상략) …
>
> 영양교사   식중독을 잘 일으키는 균들과 식중독 증상이 이해되었나요?
>
> 학 생 들   네.
>
> 영양교사   그럼 퀴즈를 낼게요. A 식중독균에 의해 식중독이 일어났을 때 어떤 증상이 나타나는지 쪽지에 써 보세요.
>
> 학 생 들   네.
>
>   (영양교사는 퀴즈 쪽지를 확인하고, 학생들이 잘못 쓴 내용에 대해 추가 설명을 하였다.)
>
> … (중략) …
>
> 영양교사   그럼 변질된 햄이나 소시지를 먹었을 때 주로 어떤 식중독 증상들이 생기는지 설명해 볼 사람 있어요?
>
> 윤   주   네, 제가 해 볼게요.
>
>   (윤주의 설명을 듣고 영양교사는 피드백을 하였다.)
>
> … (중략) …
>
> 영양교사   오늘은 식중독과 식중독 예방법에 대해 알아보았습니다. 앞으로 식품의 위생적인 상태를 꼭 확인하고 먹도록 노력합시다.
>
> 학 생 들   네.

(가)

04 A 영양교사는 학생들을 대상으로 김치에 대해 다음과 같이 영양교육을 실시하고자 한다.

> • 교육 대상 : 초등학교 5~6학년
> • 교육 차시 : 1차시
> • 교육 내용 : −김치의 영양성분
>   −김치의 항산화성
>   −김치의 질병 예방효과
> • 평가 내용 : −김치에 함유된 영양소와 관련된 지식
>   −김치의 기능적 특성과 관련된 지식
>   −김치 섭취와 관련된 식태도

교육 내용과 평가 내용을 근거로 1차시 영양교육의 목표를 1가지만 제시하시오. 그리고 대조군과의 비교는 불가능한 상황에서 영양교육의 효과평가에 사용할 수 있는 방법은 무엇인지 쓰시오. [3점] 영양기출

1차시 영양교육의 목표 1가지

1차시 영양교육의 목표 1가지 _____

_____

대조군과 비교가 불가능한 상황에서 영양교육의 효과평가에 사용할 수 있는 방법 _____

_____

05 다음의 (가)는 김 교사의 수업 구상 일지이고, (나)는 수행평가 계획이다. 작성 방법에 따라 서술하시오. [4점] 유사기출

(가) 김교사의 수업 구상 일지

- 내용 영역 : '질병과 식생활'
- 수업에 대한 고민 : '질병과 식생활'은 병의 기전에 대한 내용이 어렵고 학습 내용이 많아 교사의 설명으로만 수업이 끝나는 경우가 많았다. 수업이 교사의 일방적인 강의가 아닌 학생들 스스로 배움이 일어나는 시간이 되었으면 한다. 그래서 5주의 수업 동안 동영상 등을 통하여 온라인 선행 학습을 하고 교실 수업에서는 개별 학습, 토의, 문제 해결 등의 심화된 학습 활동으로 진행하는 버그만과 샘즈(J. Bergmann & A. Sams)의 (㉠)을/를 적용해 보고자 한다.
- 수업 계획

과 정	교 사	학 생
수업 전	• 다양한 학습 자료 제작 • 학습 자료 온라인 업로드	• 학습 자료(동영상) 시청 • 온라인 학습지 작성
수업 도입	(㉡)	수업 참여 준비
수업 중	• 모둠별 과제 수행 관찰 • 추가 학습 자료 제공 • 교사-학생 간 피드백	• 토론 참여 및 활동지 작성 • 자기 평가 및 동료 평가지 작성
수업 후	자료 수집 및 보고서 작성 제시	질병과 식생활에 대한 자료 수집 및 보고서 작성

(나) 수행평가 계획

평가 방법	(㉢)
학생 제출 자료 목록	• 수업 중 작성한 활동지 및 학습지 • 질병과 식생활 내용에 대한 수집 자료 및 보고서 • 자기 평가 및 동료 평가지
제출 일지	'질병과 식생활'의 수업 종료 후 제출함
평가의 주안점	학생이 수업 시간마다 작성하여 정리한 학습 자료 모음집을 통해 학습의 진척도를 확인함

- 괄호 안의 ㉠에 해당하는 교수·학습 방법의 명칭을 제시할 것
- ㉠의 교수·학습 방법을 적용하였을 때, 괄호 안의 ㉡의 과정에서 교사가 할 일을 1가지 제시할 것
- 괄호 안의 ㉢에 해당하는 수행평가 방법을 제시하고, 이 방법이 학생에게 어떠한 도움이 되는지 1가지 서술할 것

_____

_____

_____

_____

_____

06 다음은 고등학교 '식품과 영양' 교수·학습 지도안의 일부이다. 작성 방법에 따라 서술하시오. [5점]
유사기출

단원명	영양소의 종류와 기능		
학습목표	탄수화물의 종류와 기능을 말할 수 있다.	차 시	1/10
학습 단계	교수·학습 활동	유의점	

도 입	• 전시 학습 확인
	  – 6가지 영양소는 무엇인가요?
	  – 에너지를 내는 영양소에는 어떤 것들이 있나요?
	• 학습목표 제시
		(①) 평가를 실시하여 중학교 때 배운 영양소에 대한 이해 정도 확인하기	

전 개	• 탄수화물의 종류 설명 : 단당류, 이당류, 소당류, 다당류
	  – 단당류에는 어떤 것이 있나요?
	  – 다당류에는 어떤 것이 있나요?
	• 탄수화물의 기능 설명 : 에너지 공급, 단백질 절약 작용
		(②) 평가를 실시하여 개인별 수업 이해 정도를 파악하고 피드백하기	

작성 방법

- 괄호 안의 ①, ②에 들어갈 평가 유형을 순서대로 쓸 것
- 괄호 안 ① 평가 목적을 2가지 서술할 것
- 괄호 안 ①, ② 평가를 실시 시기의 관점에서 비교하여 서술할 것

① : _____   ② : _____

①의 평가 목적 2가지

①, ② 평가를 실시 시기의 관점에서 비교

07 아래 평가서는 교사가 학생들의 조리 실습 과정을 평가한 것이다. 이 평가에 활용된 평가 도구와 적용된 평가 방법의 특성을 2가지만 쓰시오. [기출문제]

구 분	박영희	김지호	이현진	김연하	박순형
실습 준비가 잘 되었는가?	∨		∨		∨
실습 순서를 잘 지키고 있는가?	∨	∨		∨	∨
실습 도구를 안전하게 사용하고 있는가?	∨	∨	∨	∨	∨
알맞은 그릇에 적당한 양을 담았는가?	∨		∨	∨	
뒷정리를 잘하였는가?		∨	∨	∨	∨

평가 도구

평가 방법의 특성

① :

② :

해설 기입법에 의한 평가 방법이다. 빠른 평가가 가능하여 많은 교육 대상자에 대한 평가를 단시간에 끝마칠 때 적합하다. 하지만 평가 항목 외의 평가 내용을 나타낼 수 없고, 평가 항목의 질문이 너무 포괄적일 경우 평가가 매우 어렵거나 평가의 변별력이 없어질 수도 있다.

08 영양교육의 효과 판정은 교육 진행의 마지막 단계로 진행했던 교육과정과 앞으로 진행할 교육과정을 위해 매우 중요하다. 영양교육 효과를 판정하는 방법으로는 one group pretest−posttest design법, nonequivalent control group design법, experimental design법, time series design법이 있다. 각각의 방법에 대해 간단히 2줄 이내로 설명하시오.

one group pretest−posttest design법

nonequivalent control group design법

해설 본문 중 영양교육 효과판정 부분의 내용을 참고하도록 한다.

09 다음은 영양교육 프로그램 실시 후 제출한 보고서이다. 보고서의 내용에 대한 설명으로 옳은 것만을 〈보기〉에서 있는 대로 고른 것은? 기출문제

보고서	
대 상	대한초등학교 5~6학년 비만 아동 150명 중 50명 임의 선정
방 법	• 12주간 매주 40분, 영양 지식과 식행동 등에 대한 영양교육 실시 • 영양교육 실시 첫날과 마지막 날에 체중과 신장, 영양 및 식행동 점수 측정
결 과	• 참여한 아동들의 체질량지수 10% 감소함 • 영양 지식 점수 12점 증가, 식행동 점수 차이 없음
결 론	이 영양교육 프로그램은 비만 아동의 체중 감소 및 영양 지식 향상에 효과가 있었음
제 언	향후 2차 영양교육 프로그램을 계획할 때는 대조군을 포함하는 것이 좋겠음

보기
ㄱ. 체질량지수를 구하기 위하여 수집한 정보는 충분하였다.
ㄴ. 영양교육 프로그램의 효과를 평가하기 위해 교육 전후(사전−사후) 비교 연구 디자인을 적용한 것이다.
ㄷ. 영양교육 프로그램을 실시하는 동안 과정평가를 하였으므로 비만도와 영양 지식 점수에 효과가 있었다.
ㄹ. 향후 비만 아동 영양교육 프로그램이 체중 감량에 미치는 효과를 평가하기 위해 대조군으로 영양교육 프로그램을 실시하지 않는 정상 체중 아동 50명을 포함하는 것이 좋다.

① ㄷ   ② ㄱ, ㄴ   ③ ㄷ, ㄹ
④ ㄱ, ㄴ, ㄷ   ⑤ ㄱ, ㄴ, ㄹ

정답 ②

10 청소년을 대상으로 하는 영양교육 프로그램에 적합한 '주제 - 영양교육 내용 - 효과평가'의 예시로 적절하지 않은 것은? 기출문제

① 균형식 - 식품구성탑 - 섭취 식품을 조리 방법에 따라 분류한다.
② 체중 조절 - 올바른 신체 이미지 - 본인 체중의 정상 범위를 안다.
③ 식행동 개선 - 과식·폭식의 문제점 - 적당량의 식사를 규칙적으로 한다.
④ 가공식품 - 가공식품의 장단점 - 건강에 해로운 가공식품의 섭취량을 줄인다.
⑤ 성장 촉진 - 성장기 특성에 맞는 영양관리 - 성장을 촉진하는 영양소의 기능과 함유 식품을 안다.

정답 ①

11 교육효과의 평가는 교육의 진행 과정 중 매우 중요한 부분을 차지한다. 다음 효과평가의 내용 중 옳은 것끼리 묶은 것은? 기출응용문제

> 보기
>
> 가 교육 중 10개의 질문 중 몇 개에 답을 했는지 조사한다.
> 나 교육 중 배운 우유송을 4절 중 몇 절까지 부를 수 있는지 평가한다.
> 다 교육 중 배운 junk food를 10가지 이상 이야기할 수 있는지 평가한다.
> 라 교육 후 신체 계측을 측정하여 체중이 어느 정도 정상 범위로 들어갔는지 평가한다.
> 마 교육 중 배운 3대 영양소의 역할에 대해 각각 3가지 이상씩 이야기할 수 있는지 평가한다.

① 마   ② 라, 마   ③ 다, 라, 마
④ 나, 다, 라, 마   ⑤ 가, 나, 다, 라, 마

해설 가 : 교육 중 10개의 질문 중 몇 개에 답을 했는지 조사한다. (×) → 교육효과가 아니라 과정에 대한 평가이다.
　　　나 : 교육 중 배운 우유송을 4절 중 몇 절까지 부를 수 있는지 평가한다. (×) → 교육효과의 내용이라 보기 어렵다.
　　　다 : 교육 중 배운 junk food를 10가지 이상 얘기할 수 있는지 평가한다. (○)
　　　라 : 교육 후 신체 계측을 측정하여 체중이 어느 정도 정상 범위로 들어갔는지 평가한다. (○)
　　　마 : 교육 중 배운 3대 영양소의 역할에 대해 각각 3가지 이상씩 이야기할 수 있는지 평가한다. (○)

정답 ③

12 영양교육 평가는 차후 실시할 교육 프로그램을 효과적으로 계획하기 위해서 중요하며, 과정평가와 효과평가의 두 단계가 있다. 평가 항목이 바르게 구분된 것은? 기출문제

① 과정평가 – 영양교육 자료, 영양 지식, 영양교육 내용
　　효과평가 – 식행동, 생화학적 수치, 신체계측치
② 과정평가 – 영양교육 자료, 신체계측치, 영양교육 내용
　　효과평가 – 영양 지식, 식행동, 식태도, 관찰 평가
③ 과정평가 – 영양 지식, 영양교육 내용, 식행동, 식태도
　　효과평가 – 영양교육 자료, 신체계측치, 생화학적 수치
④ 과정평가 – 영양교육 자료, 관찰 평가, 영양교육 내용
　　효과평가 – 영양 지식, 식행동, 식태도, 신체계측치
⑤ 과정평가 – 영양교육 자료, 영양 지식, 영양교육 내용
　　효과평가 – 관찰평가, 신체계측치, 식행동, 요구도 조사

정답 ④

13 다음 설명은 영양교육의 결과 판정법에 대한 설명이다. 어떤 판정법에 대한 설명인지 고르시오. 기출응용문제

- 영양교육을 진행한 교육군과 진행하지 않은 비교육군의 결과를 비교하여 효과를 판정하는 방법이다.
- 평가 결과에 평가자의 주관적 관점이 들어갈 위험이 있다.
- 교육의 유무 외에 다른 경제적, 교육적, 성별, 나이 등의 외적 영향인자가 없어야 정확한 평가 결과를 얻을 수 있다.

① One group pretest-posttest design
② Non-equivalent control group design
③ Experimental design
④ Time series design
⑤ PRECEDE-PROCEED design

해설 Non-equivalent control group design에 대한 설명이다.

정답 ②

CHAPTER **07**

영양조사

영양조사의 결과는 영양교육을 위한 기본 자료가 되므로 중요하다. CHAPTER 01장에서 배운 영양교육의 단계에서 가장 첫 번째 단계였던 실태 파악 부분이 바로 영양조사를 의미한다. 영양교사가 되어 학생들을 영양교육, 영양지도 및 영양상담을 하기 위해 자기 학교 학생들의 영양조사는 가장 먼저 이루어져야 하는 부분이다. 대학교와 대학원에 다니면서 영양교육뿐만 아니라 식품위생관련법규, 식품위생학, 일반영양학 등의 부분에서 영양조사에 관한 내용을 다루었을 것이라 생각된다. 여기서는 영양조사의 내용 중 영양교육과 연관되어 있는 내용들을 간략하게 소개하려고 한다.

1 영양조사의 정의

영양조사란 개인이나 집단의 영양상태 및 영양소 섭취상태를 파악하기 위해 식생활 실태에 관계되는 아래의 내용에 해당되는 것들을 조사하는 것이다.

① 식품섭취조사(72시간, 24시간 회상법, 식사 일기 쓰기)
② 식습관조사(아침·점심·저녁을 꼭 챙겨 먹는가, 음주를 자주 하는가, 짜게 먹는가)
③ 생화학적조사(혈액검사, 소변검사 등)
④ 신체상황조사(키, 체중, BMI, 체성분 분석, 부종 여부 등)
⑤ 영양지식조사(6대 영양소에 대한 일반적 지식 등)
⑥ 기호조사(좋아하는 음식, 자주 마시는 음료 등)

이런 정보를 조사함으로써 개인이나 집단의 건강 유지 및 증진, 식생활 실태에 대해 정확히 알고, 이를 이용하여 정확한 영양교육과 영양지도 및 상담을 할 수 있다.

사람들은 자신이 살고 있는 지역과 경제, 문화, 종교, 기호성 등에 따라 섭취하는 식품과 식습관이 다르기 때문에 영양조사가 꼭 필요하고, 영양조사를 통해 교육 대상군의 영양 실태를 파악하여 비만군, 저체중군, 편식군, 과음군, 건강한 군 등으로 나누어 올바르게 교육할 수 있다.

2 영양조사 진행 중 고려할 사항

영양조사를 진행할 때는 조사 대상의 선정 방법, 조사 방법과 조사표의 작성을 알아두어야 한다.

1) 영양조사 대상의 선정 방법

영양조사를 실시할 대상을 선정하는 방법에는 전체조사법과 표본조사법이 있다.

① **전체조사법** : 대상 전체를 조사하는 방법으로 모든 대상자의 상태를 정확하게 파악할 수 있다는 장점을 가지고 있으나, 시간과 노력 및 비용이 많이 드는 단점을 가지고 있다. 특히 조사 대상 집단이 클 경우는 경비와 노력이 더욱 많이 들어 영양조사에서 거의 사용하지 않는다.

② **표본조사법** : 전체 대상자의 수를 대표할 수 있을 정도의 표본을 채취하고 조사하여 전체의 결과로 유추하는 방법이다. 이때 채취하는 표본의 수가 많을수록 대표성을 더 높게 갖는다. 전체조사보다 시간과 노력 및 비용이 절약되고, 표본의 대표성이 높을 경우 전체조사법의 결과와 비슷한 결과를 얻을 수 있다. 오늘날에는 통계 처리 방법의 정확도가 높아지고, 컴퓨터 등을 이용하여 많은 수의 표본을 얻을 수 있어 사용 횟수와 정확도가 더욱 높아졌다.

표본을 얻는 방법은 크게 무작위추출법random sampling과 유의적추출법purposive selection으로 나눌 수 있다. 무작위추출법은 임의로 표본을 추출하여 조사하는 방법이고, 유의적추출법은 표본을 선정하는 사람이 특정한 조건을 부여하여 표본을 골라 조사하는 방법이다.

무작위추출법 중 자주 사용하는 몇 가지는 다음과 같다.

㉠ **단순무작위추출법**simple random sampling : 모집단의 모든 구성원에게 똑같은 확률을 부여한 후 표본을 추출하여 조사하는 방법이다. 모집단 구성원의 성격이 비슷하고, 분석하는 내용이 단순할 경우 효과적인 결과를 얻을 수 있다.

㉡ **층별추출법**stratified sampling : 표본을 무작위로 뽑기 전에 모집단을 성별, 나이, 거주지역 등으로 여러 집단 및 계층으로 나누어 놓은 후 각 층에서 표본을 추출하는 방법이다.

㉢ **집락추출법**cluster sampling : 표본 추출 시 개별적인 구성원을 선택하는 것이 아니라, 집단을 먼저 뽑고 그 집단에서 필요한 만큼의 표본을 추출하는 것이다. 예를 들어 초등학생의 평균 키를 알기 위해 모집단은 초등학교로 하고, 그중 몇몇 초등학교를 집단으로 선정한 후 선정된 학교에서 무작위

로 표본을 추출하는 방식이다.

ⓔ **다단추출법**multistage sampling : 여러 단계로 모집단을 분류한 후 표본을 추출하는 방식이다. 예를 들어, ⓒ의 예에서 선정된 초등학교 중 학급으로 분류를 세분화한 후 표본을 선택하는 것이다.

ⓜ **계통적추출법**systematic sampling : 하나의 모집단 배열이 무작위로 되어 있을 때 계통적으로 배열하여 추출하는 방법이다. 예를 들어 여러 화학물질 중 일정한 분자량 간격으로 표본을 추출하는 방법이다.

2) 영양조사 방법

영양조사의 방법은 대상자가 가능한 한 쉽게 이해하고 조사에 응할 수 있어야 하며, 조사자가 대상자의 조사 내용을 쉽게 이해할 수 있어야 한다. 영양조사에는 일반적으로 기입법, 청취법, 관찰법과 측정법이 사용된다.

① **기입법** : 조사 대상자가 직접 조사표에 기입하는 방법이다. 조사를 위한 시간과 인력이 적게 들어 경제적이나, 조사자의 의도를 대상자가 잘못 이해하여 전혀 엉뚱한 조사 결과가 나타날 수 있다는 문제점도 있다. 조사 대상이 많고 단시간에 조사를 끝마쳐야 할 경우 적합하다.

② **청취법** : 조사자와 대상자가 직접 대화를 통해 조사를 진행하는 방법이다. 개인면담법, 집단면담법과 전화면담법이 있다. 조사자의 숙련도와 대상자의 적극성에 따라 조사 결과가 다르게 나타난다.

③ **관찰법** : 조사자가 대상자의 움직임 등을 직접 관찰하여 조사하는 방법이다. 대상자의 식습관, 조리 과정, 식사 과정의 관찰 등을 통해 원하는 내용을 조사한다.

④ **측정법** : 대상자의 식사량, 키, 체중, 섭취 식품의 종류 등을 직접 측정·조사하는 방법이다.

3) 영양조사표의 설계

영양조사를 성공적으로 진행하기 위해서는 표본 대상의 추출, 조사 방법, 조사자의 숙련도, 대상자의 적극도 등도 중요하지만 무엇보다 조사표의 설계가 가장 중요하다. 조사표란 영양조사를 위한 내용들을 모아 둔 표를 말한다. 조사표의 내용이 복잡하거나, 조사 내용이 빈약하고 빈틈이 많다면, 조사 결과가 좋게 나타날 수 없다. 따라서 조사표는 가능한 한 쉬운 문장으로 만들면서 원하는 내용을 알아볼 수 있도록 설계하여야 한다. 조사표는 1회성 조사인지, 주기적으로 계속할 조사인지에 따라서도 설계를 다르게 하여야 한다. 조사표를 설계함에 있어 유의할 점은 다음과 같다.

① 질문은 최대한 간단하고 쉽게 만든다.

② 쉬운 질문부터 시작하여 점차 어려운 것으로 진행시킨다.

③ 대상자의 흥미와 관심을 일으킬 수 있는 방식을 택한다.

④ 추상적이고 막연한 질문은 피한다.

⑤ 유도질문은 하지 않는다.

⑥ 대상자의 반감을 일으킬 수 있는 말은 피한다.

⑦ 한 질문에 한 가지 내용만 들어가도록 한다.

⑧ 질문의 순위를 면밀하고 충분하게 검토하여야 한다.

⑨ 많은 생각이 필요한 질문은 가능한 한 뒤에 위치하도록 한다.

⑩ 질문 항수가 너무 많지 않게 한다.

⑪ 부정적인 패턴의 질문은 피한다.

⑫ 전체적으로 2~3쪽 정도의 분량이 부담을 주지 않는다.

3 국민영양조사

국민영양조사란 보건복지부장관이 국민의 건강상태, 식품섭취, 식생활조사 등 국민의 영양에 관한 조사를 정기적으로 실시하여 국민영양 개선을 위한 정책에 필요한 자료를 얻는 것이다. 조사 시기는 보건복지부장관이 3년마다 구역과 기준을 정하여 선정된 가구 및 가구원에 대해 실시하며 조사년도의 11월에 실시한다.

조사 항목은 대상자들의 건강상태조사, 식품섭취조사, 식생활조사로 나누어진다. **건강상태조사**는 급성 또는 만성 질환을 앓거나 앓았는지, 질병·사고 등으로 인한 행동의 제한 여부와 정도, 혈압 등 신체 계측에 대한 사항, 흡연·음주와 같은 사항으로 구성된다. **식품섭취조사**는 식품 섭취의 횟수와 양과 종류, 식품재료의 구매 장소 등 식품재료에 대한 사항 등으로 구성된다. 마지막으로 **식생활조사**는 규칙적인 식사 여부, 식품 섭취의 과다 여부, 외식 횟수, 영유아의 수유기간과 이유식의 종류와 같은 사항으로 구성된다.

국가는 국민영양조사와 같은 영양지도, 영양교육과 관련된 일을 하는 영양조사원과 영양지도원을 둔다. 이 중 영양지도원은 영양지도의 기획 분석 평가, 보건소의 영양업무, 집단급식시설에 대한 급식업무 지도, 영양조사와 효과 측정, 영양 홍보 등을 수행한다.

문제풀이

01 영양조사는 개인이나 집단의 영양상태 및 영양소 섭취상태를 파악하기 위해 식생활 실태에 관계되는 내용을 조사하는 것으로 영양교육의 기본 자료로 사용된다. 아래의 빈칸에 들어갈 낱말을 〈보기〉에서 골라 쓰시오.

> **보기**
> 영양지식조사, 기호조사, 식습관조사, 생화학적조사, 신체상황조사, 식품섭취조사

이 름	조사 내용
①	72시간 회상법, 식사일기 쓰기
②	아침은 꼭 챙겨 먹나요? 음주는 며칠에 몇 병 정도 하시는지?
③	혈액검사, 소변검사
④	키, 체중, BMI, 체성분 분석
⑤	트랜스지방산에 대해 아세요? 포화지방산에 대해 아세요?
⑥	좋아하는 음식은? 자주 마시는 음료는?

해설 다양한 영양조사법에 대한 개념 정리를 정확히 하고 있는지에 대해 묻고 있다. 순서대로 식품섭취조사, 식습관조사, 생화학적조사, 신체상황조사, 영양지식조사, 기호조사가 답이 된다.

02 영양조사의 대상을 선정하는 방법에는 전체조사법과 표본조사법이 있다. 전체조사법은 조사 대상 전체를 조사하는 방법으로 정확한 결과를 얻을 수 있지만 시간과 노력이 너무 많이 든다는 단점이 있다. 표본조사법은 전체조사법에 비해 시간과 노력을 아낄 수 있다는 장점이 있다. 표본조사법 중 조사 대상을 추출해 내는 방법 중 단순무작위추출법과 집락추출법에 대해 2줄 이내로 간단히 설명하시오.

> 단순무작위추출법 _____

_____

_____

_____

> **해설** 영양조사를 진행하기 위해 조사에 응할 표본을 추출하는 방법에 대한 질문이다. 추출법에는 단순무작위추출법, 층별추출법, 집락추출법, 다단추출법과 계통적추출법이 있다. 교재 본문의 내용을 참고하여 설명해 보도록 하자.

03 영양교사가 영양조사를 함에 있어서 어떤 방법으로 영양조사를 할 것인지 결정하는 것은 매우 중요한 일이다. 영양조사 방법에는 기입법, 청취법, 관찰법과 측정법이 있다. 각 방법에 대해 2줄 이내로 간단히 쓰시오.

> 기입법 _____

_____

> 청취법 _____

_____

> 관찰법 _____

_____

> 측정법 _____

_____

> **해설** 영양조사를 위해 사용하는 조사 방법의 종류에 대해 묻고 있다. 경우에 따라 다양하게 사용할 수 있는 방법으로 문항에 체크하는 기입법, 교육 대상자의 말을 듣고 조사하는 청취법, 대상자의 일상의 활동을 보고 조사하는 관찰법과 체형과 생화학적 상태를 측정하는 측정법이 있다.

04 영양교사가 영양조사를 함에 있어서 영양조사를 성공적으로 진행하기 위해서는 무엇보다도 영양조사표의 설계가 가장 중요하다. 영양조사표란 영양조사를 위한 내용들을 모아 둔 표를 말한다. 영양조사표를 설계함에 있어 유의해야 할 점을 6가지 적으시오.

① : _____

② : _____

③ : _____

④ : _____

⑤ : _____

⑥ : _____

영양조사표의 설계는 영양조사의 성패를 좌우한다고 해도 과언이 아니다. 영양조사표의 설계에는 여러 가지 유의할 점이 있다. 본문에 나와 있는 내용이지만 다시 한 번 소개하기로 한다.

1. 질문은 최대한 간단하고 쉽게 만든다.
2. 쉬운 질문부터 시작하여 점차 어려운 것으로 진행시킨다.
3. 대상자의 흥미와 관심을 일으킬 수 있는 방식을 택한다.
4. 추상적이고 막연한 질문은 피한다.
5. 유도질문은 하지 않는다.
6. 대상자의 반감을 일으킬 수 있는 말은 피한다.
7. 한 질문에 한 가지 내용만 들어가도록 한다.
8. 질문의 순위를 면밀하고 충분하게 검토하여야 한다.
9. 많은 생각이 필요한 질문은 가능한 한 뒤에 위치하도록 한다.
10. 질문 항수가 너무 많지 않게 한다.
11. 부정적인 패턴의 질문은 피한다.
12. 전체적으로 2~3쪽 정도가 부담을 주지 않는다.

05 다음은 초등학교 4학년 여학생이 영양상담 신청서에 간략하게 적은 자신의 식생활 문제이다. 영양교사가 학생의 채소 섭취 실태를 진단하기 위한 활동으로 가장 옳은 것은? 기출문제

영양상담 신청서

• 일시 : 2020년 10월 10일   • 4학년 1반   • 성명 : 황지우
• 자신이 생각하는 식생활의 문제점
  저는 어려서부터 시금치나물을 싫어하였기 때문에 식사 때마다 엄마랑 다투게 되었고, 몸에 좋다며 끝내 먹이시는 엄마 때문에 이제 시금치나물은 보기도 싫고 집 밖에서는 절대로 먹지 않습니다. 도대체 왜 시금치나물을 먹지 않으면 안 되나요?

---

① 혈중 비타민 C 수준을 측정하여 채소의 편식 정도를 파악한다.
② 학생의 아침 결식 빈도를 조사하여 시금치나물을 기피하게 된 원인을 파악한다.
③ 친구들의 식습관과 채소 기호도를 조사하여 위 학생과 동일한 영양 문제가 있는지 파악한다.
④ 24시간 회상법을 이용하여 하루 식사 내용을 정확히 파악함으로써 시금치나물 기피 현상을 분석한다.
⑤ 채소에 대한 평상시 섭취 정도를 식품섭취빈도 조사법을 이용하여 파악하고, 채소에 대한 기호도를 조사한다.

정답 ⑤

06 영양교사는 초등학교 급식소의 잔반 중에서 채소 반찬이 제일 많은 것을 보고 학생들의 평상시 채소편식 실태를 파악하고자 한다. 조사기간이 하루일 때 다음 중 가장 적절한 식사조사법은? 기출문제

① 실측법
② 식사기록법
③ 직접분석법
④ 24시간 회상법
⑤ 식품섭취빈도법

정답 ⑤

07 다음은 12세 남학생인 연우와 경수가 1주일간 섭취한 에너지의 1일 평균값이다. 이 결과에 따라 영양교사가 영양지도를 계획할 때 두 학생에 대해 각각 두 가지 조사만 실시한다면 조사 항목을 가장 잘 선택한 것은? 기출문제

학 생	신장 (cm)	체중 (kg)	에너지섭취량(kcal)/일 평균 ± 표준편차	에너지섭취비율(%) 탄수화물 : 단백질 : 지질
연 우	160	56	2,300 ± 1,200	55 : 20 : 25
경 수	161	51	2,250 ± 180	45 : 20 : 35

① 연우와 경수 모두 식품섭취빈도와 신체활동량 조사가 필요하다.
② 연우와 경수 모두 폭식 및 결식, 스트레스 여부 조사가 필요하다.
③ 연우는 식품섭취빈도와 신체활동량 조사, 경수는 식습관과 생활습관 조사가 필요하다.
④ 연우는 폭식 및 결식과 스트레스 여부 조사, 경수는 식품섭취빈도와 식습관 조사가 필요하다.
⑤ 연우는 식습관과 신체활동량 조사, 경수는 폭식 및 결식, 스트레스 여부 조사가 필요하다.

정답 ④

08 다음은 영양상담을 원하는 신장 170cm, 체중 72kg인 고등학교 1학년 은영이가 작성한 일기의 일부이다. 영양교사가 은영이의 일기와 신체계측자료를 보고 제시한 영양상담의 방향으로 옳은 것은? 기출문제

2010년 10월 7일(목)   날씨 : 해가 쨍쨍함 ☼

오늘은 너무 우울하다. 체육대회라 모두들 즐거워했지만 난 힘이 없어서 운동도 안 하고 응원도 안 했다. 체육대회 끝나고 승연이랑 햄버거를 먹으러 갔는데 승연이는 뭐가 그리도 맛있는지…… 난 콜라와 감자튀김만 먹었다. 승연이는 햄버거를 다 먹었다.
나보다 훨씬 뚱뚱하면서……
사실 나도 햄버거를 먹고 싶었는데……
난 왜 살이 이렇게 안 빠지는지, 속상해!

---

① 정상체중이므로 현재 상태를 유지하고 가능하면 활동량을 약간 증가시킨다.
② 정상체중이지만 체중이 증가할 가능성이 있으므로 패스트푸드 및 간식 섭취를 줄이고 활동량을 증가시킨다.
③ 과체중이지만 크게 걱정하지 않아도 되므로 현재 식습관을 유지시킨다.
④ 과체중이므로 활동량을 늘리고 특히 패스트푸드 및 간식 섭취를 줄인다.
⑤ 중등비만으로 진행될 가능성이 매우 크므로 평소 식사섭취량을 계산하여 하루에 1,000kcal 정도의 열량을 감소시킨다.

정답 ④

CHAPTER 08

영양상담 및 실습

영양교육의 개인교육에서 개인상담은 꼭 필요한 교육 방법 중 하나이다. 상담이란 일반적으로 우리가 알고 있는 단체영양교육법과 여러모로 다른 면을 가지고 있다. 결국 1 대 1로 만나서 대화를 통해 원하는 내용을 전하거나, 대상자의 상태를 이해하거나 하는 일련의 과정을 상담이라 하는데, 현장에서 직접 상담을 진행한다면 어려움을 느끼게 된다.

영양교사는 현장에서 일반 선생님들과 같이 강단에서 영양교육을 진행시키기도 하지만, 학생 개개인의 영양상담도 받아야 하기 때문에 상담에 대한 내용 역시 알고 있어야 한다. 상담에 대한 것은 이론적인 것이 아니라 경험을 통해 직접 몸으로 알아 가는 것이며 이론보다는 실무적 경험이 훨씬 중요하다. 여기서는 영양상담의 기본적인 내용을 간단하게 소개하도록 한다.

1 영양상담의 특징

1) 영양상담의 구성요소

상담counseling은 라틴어의 'consulere'에 어원을 두고 있으며 '고려하다, 반성하다, 숙고하다, 상담하다'라는 뜻을 가지고 있다. 이것이 'counsel'로 영어로는 '상담하다'의 의미로 사용되고 있다. 이장호 교수의 정의에 따르면 상담은 "도움을 필요로 하는 사람(대상자)이 전문적 훈련을 받은 사람(상담자)과의 대면관계에서 생활과제의 해결과 사고 · 행동 및 감정 측면의 인간적 성장을 위해 노력하는 학습 과정"이다. 이러한 정의로 볼 때 상담은 대상자, 상담자, 대면관계의 3가지 구성요소를 가지고 있다.

2) 상담과 영양상담의 차이점

일반적인 상담에서 상담자는 도움을 주고 대상자는 도움을 받게 될 것이다. 하지만 영양상담은 상담을 통한 도움의 주고받음을 통해 상담자의 식습관이나 영양상태의 변화를 목적으로 하기 때문에, 상담이라는 말과 더불어 학습이나 교육이라는 말을 사용해도 무방하다. 영양상담을 통해 대상자 과거의 생각, 느낌, 행동 등의 변화가 발생하고 이것이 상담자가 원하는 방향으로 향할 경우 상담은 성공했다고 할 수 있다.

영양상담은 다른 정신과 치료 상담이나 교육상담과는 달리 생활과제의 해결 및 인간적 성장에 목표를 둔다. 막연한 두려움 해소나 궁금증 해소에 목표를 두지 않고 이전과는 다른 식습관이나 영양에 대한 관점들을 갖게 하는 것이 목표인 것이다. 그렇기 때문에 전문적 소양을 가진 전문가와의 상담이 꼭 필요하다.

영양상담은 한두 번 만난다고 이루어지는 것이 아니라, 과정 속에서 수많은 대화와 실습과 실험 및 시도를 통해 이루어진다. 단순한 교육상담은 한두 번의 대화만으로 원하는 목적을 이룰 수 있겠으나, 영양상담은 학습적 측면이 강하여 더 많은 시간과 노력이 필요하다.

그림 8-1
상담의 3요소

2 대표적 영양상담 이론

영양상담은 개인을 대상으로 하는 영양교육의 한 부분이다. 그렇기 때문에 영양교육에 적용되었던 건강신념 모델이론, 사회인지론 모델이론, 합리적 행동이론, 계획적 행동이론 등과 같은 이론들을 영양상담에도 적용할 수 있다. 이것 외에도 상담으로 볼 경우 내담자 중심요법, 행동요법, 합리적 정서요법, 자기관리 접근법과 가족요법 등을 적용해 볼 수 있다.

1) 내담자 중심요법

내담자 중심요법person-centered therapy, client-centered therapy은 상담자 중심이 아닌 내담자 혹은 상담의뢰자 중심으로 상담을 진행시켜 나가는 방식이다. 과거의 상담에서는 상담의 목적을 정하고 그 목적을 이루기 위해 상담자가 내담자를 설득하고 교육하는 방법을 추구하였다. 하지만 이 방법은 목적을 이루고 상담과 교육의 목표를 이루는 효율성이 떨어지는 경우가 많아, 이를 극복하기 위해 내담자가 느끼는 감정과 생각 및 의견 등을 상담에 반영하여 상담자와 내담자가 목적지를 향해 동시에 나아가는 방법으로 내담자 중심요법이 제시되었다. 내담자 스스로 상담에 자발적이고 적극적인 참여를 하기 때문에 스스로의 문제점과 목표 설정, 해결책 마련 등을 스스로 하여 행동 변화가 이루어질 수 있다. 여기서 상담자는 단순한 정보 제공과 지원자의 역할만을 수행하면 된다.

2) 행동요법

행동요법behavioral therapy은 내담자의 행동 변화를 통해 환경과 주위 사람의 영향이 달라진다고 보고, 상담을 통해 내담자의 행동 변화에 중점을 두는 기법이다. 잘못된 행동이 생기게 한 잘못된 학습에 잘못이 기인하고 있다고 보고, 상담을 통해 이러한 잘못된 학습요소나 환경을 바꾸게 하는 것에 목표를 둔다. 행동 변화를 위한 학습원리에는 다음과 같은 것들이 있다.

① Operant conditioning : 특정 행동에 의해 긍정적 혹은 부정적 결과가 늘어나거나 줄어들 수 있다는 관점이다. 운동을 늘리고 식사량을 줄이는 행동 변화에 의해 건강과 외형이 눈에 띄게 호전되었다면 이런 행동 변화는 앞으로 더욱 많이 일어난다고 보는 관점이다.

② 모방 : 다른 사람의 행동을 보고 따라하는 것이다. 넓은 범위에서 사례연구법과 비슷한 관점이라 할 수 있다.

③ 모델링 : 무조건 따라 하는 모방과 달리 행동에 대한 구체적 지침과 방법을 포함하여 보다 넓은 범위에서 행동 변화를 습득하는 것을 말한다.

3) 합리적 정서요법

합리적 정서요법rational-emotive therapy에서는 인간이 긍정적·합리적인 면과 부정적·비합리적 면을 모두 가진 존재임을 인정하고, 일반적으로 부정적 결과가 부정적이고 비합리적인 면에서 유발된다고 전제한 후, 내담자 스스로 긍정적·합리적 사고를 하도록 유도한다. 이 기법은 스스로에게 던지는 **독백**self-talk에 행동이 크게 영향받는다고 생각하여 상담을 통해 긍정적인 독백을 할 수 있도록 유도하는 데 초점을 맞추고 있다.

4) 자기관리 접근법

자기관리 접근법self-management approach은 내담자가 자기관리능력을 갖도록 유도하는 상담기법이다. 식행동의 변화는 상담이 끝나도 계속 유지·관리되어야 함으로 스스로 오랜 시간 이를 관리할 수 있도록 유도하는 것이다. 이는 영양상담의 최종 목표이며 상담 과정을 통해 다양한 자기관리 방법과 행동수정 방법을 습득할 수 있도록 해야 한다. 자기관리 방법으로는 아래와 같은 것들이 사용되고 있다.

① 목표 설정
② 목표와 수행치의 비교 평가
③ 일기와 사진 등의 기록을 통한 자기감시
④ 행동 대치, 자극 조절, 보상, 자아효능감 증진과 같은 행동 수정 방법
⑤ 이전의 좋지 않은 행동패턴으로 돌아가려는 상황에 대한 대처 방법

5) 가족요법

가족요법family therapy은 내담자의 행동 변화에 가장 많은 영향을 주는 사람들이 가족이라는 전제조건하에, 내담자를 가족이나 조직의 일부분으로 보고 접근하는 기법이다. 상담 과정 중 내담자뿐만 아니라 그의 가족 역시 상담의 대상으로 보고 가족의 도움, 가족의 행동 변화, 가족과의 상담과 같은 형태의 접근을 하게 된다.

6) 정신분석 상담이론

정신분석 상담이론에서는 자기통찰을 통한 성장과 치유하는 과정을 기본으로 상담이 진행된다. Adler, Erikson 등에 의해 주장되었다. 정신분석 상담에서 활용하는 기법들은 무의식 속에서 억압된 갈등을 찾아내어, 그것을 내담자가 의식적으로 자각하고 문제를 알아볼 수 있도록 한다. 예를 들어 비만이나 질병의 원인이 정신적인 것일 때, 그 스트레스 원인을 분석하여 대처하여 비만이나 질병을 치료하도록 하는 것이다.

3 상담의 진행과 상담기법

1) 상담의 진행 원리

성공적인 상담 결과를 얻기 위해서는 일정한 순서를 통해 상담이 진행되어야 한다. 일반적인 상담의 진행 3단계는 그림 8-2에 나타내었다.

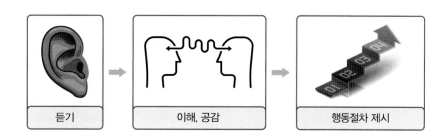

그림 8-2
상담의 진행 단계

듣기   이해, 공감   행동절차 제시

(1) 듣기

상담이 시작되면 상담자는 상담을 원하는 대상자가 하는 말을 잘 들어야 한다. 이때 대상자의 말과 행동 등 어느 것 하나 그냥 지나쳐서는 안 된다. 이 과정에서 상담자는 대상자의 말 중에서 중요하다고 생각하는 것을 미리 선택·체크하여 다음 단계를 위한 자료로 사용한다. 일반적으로 대상자는 상담자가 말을 들어 주는 것을 좋아하고, 그것만으로 문제 해결이 되는 경우도 많다. 듣는 과정에서 상담자는 대상자가 하고픈 말을 다할 수 있도록 편안하고 친숙한 분위기로 상담을 이끌어 가야 한다. 또 대상자의 말을 가로막거나 중간에 끊는 행위는 결코 좋은 행동이 아님을 알아야 한다.

(2) 이해, 공감

듣는 과정 중 상담자는 대상자의 말에 공감해야 한다. 대상자의 말에 공감을 표현한다든지, 맞장구를 쳐 준다든지 하는 행동을 통해 대상자의 입장을 이해하려고 노력해야 한다. 대상자의 입장에 공감함으로써 상담자는 대상자의 문제를 좀 더 정확하고 명확하게 알 수 있고 상담 성공을 향해 한 걸음 더 나아가게 된다.

(3) 행동절차 제시

마지막으로 대상자가 원하는 바를 확인하고, 대상자가 할 수 있는 일의 범위를 확인한 후, 그중에서 가능한 일을 골라 원하는 바를 이루기 위한 행동절차를 제시·합의한다. 막연하게 행동절차를 제시하는 것은 상담자로서 올바른 행동이 아니다. 대상자의 현 상황을 냉철하게 파악한 후 실제로 실천할 수 있는 것을 선택하여야 하며, 모든 과정을 대상자와 합의해야 한다. 상담자는 계속적으로 대상자의 용기를 자극하여 목적을 이룰 수 있도록 해야 한다. 그러기 위해 문자, 편지 등을 이용한 격려와 정보 제공, 조언 등도 계속해야 한다.

상담의 진행 과정을 좀 더 세분화하면 표 8-1과 같다.

진행 단계	주요 목표	특 징
1. 준비와 시작	신뢰관계 형성	• 내담자가 자신을 드러내도록 신뢰감·친밀감 형성 • 내담자를 수용하고 진정으로 이해하려는 마음과 존중하려는 자세를 지님
2. 명료화	문제 제시 및 상담 필요성 확인	• 내담자가 상담을 요청하게 된 원인과 영양문제 분석 • 상담에 거는 기대·느낌 파악 • 경청, 반영, 공감이 중요
3. 구조화	상담의 방향 설정	• 상담의 목표와 방향을 제시하고 상담자와 내담자의 역할, 책임, 가능한 약속 등을 분명히 할 것
4. 관계 심화	상담 내용의 전개	• 내담자의 이야기를 수용하고 경청 및 공감해 주며 내담자의 입장에서 문제를 보아야 함
5. 탐색	문제 해결을 위한 탐색과 노력	• 내담자의 문제를 해결하기 위해 '행동 수정을 위해 어떤 변화가 일어나야 하는가?'와 '도달하려는 목표를 성취하기 위해 어떤 방법이나 절차가 이용될 수 있는가?'를 탐색함 • 문제 해결을 위한 지속적인 탐색과 노력을 함
6. 견고화	통합적이고 합리적 사고의 촉진	• 문제 해결을 하기 위한 많은 대안 중에 적절한 것을 선택하여 실제로 적용 • 지지, 격려, 긍정적인 강화가 필요한 단계
7. 계획	실천행동의 계획	• 상담이 종결된 후에 바람직한 행동을 지속·유지시키기 위해 내담자가 실천할 계획들을 수립
8. 종료	실천 결과 평가와 종료	• 상담 초기에 목표에 도달하면 종료할 것을 염두에 둠

표 8-1
상담의 진행 과정

2) 주요 상담기법

상담 시 사용되는 주요 상담기법으로는 수용, 반영, 명료화, 질문, 요약과 조언이 있다. 이 6가지는 상담을 진행하는 데 골고루 사용되며 이를 어떻게 사용하느냐에 따라 상담의 성공 여부가 크게 달라진다.

① 수용 : 간단하고 짧은 문구를 이용하여 표현하는 상담자의 반응을 의미한다. "아, 그렇군요", "흐음…"과 같은 간단한 반응을 통해 대상자의 말에 주의를 기울이고 있으며, 입장을 공감하고 있다는 것을 표현한다. 이를 통해 대상자는 용기를 내어 자신의 입장을 더욱 진솔하게 표현하고, 상담자를 믿을 수 있게 된다. 수용에서는 상담자의 말뿐만 아니라 시선도 중요한데 시선이 산만하면 대상자는 자신의 말에 대한 용기를 잃게 된다. 상담자가 사용하는 간단한 제스처 역시 대상자에게는 중요한 수용의 의미로 받아들여지므로, 상담자의 어조와 억양 역시 매우 중요하다.

② **반영** : 대상자의 말과 행동에서 표현된 기본적 감정과 생각, 태도를 상담자가 다른 참신한 말로 부연해 주는 것이다. 이는 상담자가 대상자의 입장을 이해하고 있다고 생각하게 한다. 하지만 대상자의 말을 그대로 반복하는 반영은 대상자로 하여금 자기 표현에 무슨 문제가 있는 것이 아닌지 생각하게 만들 수 있으므로 사용해서는 안 된다.

③ **명료화** : 대상자가 한 말 속에 포함되어 있는 의미나 생각을 제3자의 관점에서 명확하게 해 주는 기법이다. 대상자가 한 말을 재해석하여 그 의미가 이것인지 아닌지를 정확하게 자리매김해 주는 기법이다. 명료화를 통해 대상자는 자신이 미처 자각하지 못했던 의미와 관계를 다시 확인할 수 있다.

④ **질문** : 상담 과정에서 상담자가 대상자에게 상담 내용에 대한 것을 질문하는 것이다. 일반적으로 상담자들은 대상자에게 많이 물어볼수록 대상자가 가진 문제의 본질에 더 가까이 갈 수 있다고 생각한다. 하지만 엉뚱한 질문을 할 경우 결과도 엉뚱하게 나타날 수 있다. 따라서 질문은 상담에서 중요한 내용, 분위기를 전환하기 위한 필요 등 상담을 진행하는 데 꼭 필요한 것이어야 한다. 상담자가 질문을 할 때 다음의 5가지를 머릿속에 두고 질문한다면 질문의 효율성은 증가할 것이다.

  ㉠ 상담자 자신이 질문을 하고 있다는 사실을 의식하지 않는다.
  ㉡ 상담자 자신의 질문이 바람직한 것인지 재고한다.
  ㉢ 상담자는 자신이 할 수 있는 질문에는 어떤 것들이 있는지 미리 파악하고, 스스로가 즐겨 쓰는 질문의 유형을 검토한다.
  ㉣ 다른 방법이나 패턴으로 질문할 수 있는지 계속 연구한다.
  ㉤ 자기가 하는 질문이 대상자에게 어떤 의미로 전달되고 있는지 파악한다.

⑤ **요약** : 대상자가 한 말의 내용을 부분적 혹은 전체적으로 요약하는 기법을 말한다. 대상자가 하는 말의 내용, 감정, 그가 한 말의 목적, 시기, 효과 등을 요약하면 된다. 상담 전체를 간단하게 요약하는 것은 매우 어려운 작업이다. 하지만 이 기법을 잘 구사해야 그다음 상담을 진행할 때 이전까지의 내용을 정확히 알고 다음 단계로 진행해 나갈 수 있다.

⑥ **해석** : 내담자가 이야기하는 메시지를 근거로 하여 상담자가 전문가로서 새로운 개념을 추가해 주는 기술이다. 이를 통해 내담자는 자신이 가지고 있는 문제와 문제 간의 상관관계를 이해할 수 있다. 이러한 해석은 어디까지나 상담자 개인의 의견이므로 "아마도" 혹은 "제 생각에는"과 같은 말들을 붙여 대화를 진행하는 것이 좋다.

⑦ **직면** : 내담자가 혼돈되고 정리되지 않은 메시지를 가지고 있는 상태이거나 왜곡된 견해를 가지고 있을 때 상담자가 그것을 인지할 수 있도록 하는 기술이다. 이 방법에 의해 내담자는 자신의 상황을 다시 인식하고, 새로운 해결책을 찾고, 문제에 대한 새로운 대응법을 배울 수 있게 된다. 강력한 상담기술로 사용 시기가 매우 중요하고 내담자가 협박당하는 것처럼 느끼거나 자신의 상황을 전혀 인식하지 못하고 있을 때는 사용을 금지하여야 한다.

⑧ **조언** : 상담자가 줄 수 있는 최고의 선물이다. 일반적으로 대상자는 상담자의 전문적 지식을 바탕으로 한 조언을 받고자 한다. 이러한 조언을 통해 대상자는 상담 초기의 막연했던 생각, 혼돈된 생각, 두려웠던 생각들을 정리하고 문제의 실체와 해결을 위한 용기를 얻게 된다. 조언은 크게 초기, 중기, 종결기에 하는 조언으로 나누어지는데 초기의 조언은 내용적 가치는 없으나 상담의 출발을 안정시키고 대상자의 정보 요구를 충족시키는 데 목적이 있다. 중기의 조언은 내용을 다양하게 구조화해 주고 정리하면서 대상자의 마음속 내용을 정리하고 편하게 해 주는 데 목적이 있다. 종결 단계에서의 조언은 대상자의 생활에 실제로 적용될 수 있는 것을 효과적으로 조언해 주는 것이어야 하며 가장 중요한 상담의 결론과도 같은 의미를 갖고 있다. 학생을 대상으로 하는 영양상담의 경우 적절한 조언을 해 주는 것이 다른 것보다 더 효과적이다. 상담 내용의 중요성이 너무 클 경우, 부모님과의 상담을 권하는 조언을 하는 것이 바람직하다.

3) 처음 상담 시 느낄 수 있는 문제점

상담 초보자들이 상담 시 느끼는 감정 중 가장 강력한 것은 다른 무엇보다 부담감일 것이다. 인간은 신이 아닌 불완전한 존재이며 숙련된 상담자라 할지라도 모든 경우에서 완벽할 수 없다. 초보자들이 느끼는 부담감에 대해 선배 상담자는 다음과 같은 해결책을 제시하였다.

① 상담에 있어 완전무결해야 한다는 부담감을 버려라.
② 대상자의 침묵에 두려움과 위협을 느끼지 마라.
③ 대상자의 불안감이 신경질적인 반응에서만 오는 것은 아니다.
④ 대상자가 상담자에게 무리한 요구를 하는 경우도 있다.
⑤ 스스로에 대해 결단력이 없는 대상자를 위한 해결책을 미리 마련해라.
⑥ 대상자의 사회적 관계와 상담적 문제를 혼동해서는 안 된다.
⑦ 상담 결과가 바로 나타나길 바라지 마라.
⑧ 상담이 100% 성공하는 것은 아니다.
⑨ 대상자와의 대면은 언제나 솔직해야 한다.

⑩ 상담을 함에 있어 자기를 기만하는 행위를 해서는 안 된다.

⑪ 대상자의 입장에 동조하는 것은 좋으나 몰입해서는 안 된다.

⑫ 상담에 필요한 유머 감각을 미리 준비해라.

⑬ 상담의 조언에서는 현실적인 목표만을 제시해라.

⑭ 조언에 있어 제안과 설득을 계속하라.

⑮ 자신의 상담기법을 계속 개발·발전시켜라.

4 영양상담 과정과 기록법

1) 영양상담 과정

영양상담이란 상담의 한 분야로 상담의 정의와 비슷하게 정의될 수 있다. 상담이란 적응상의 문제에 직면하여 조력을 요구하는 개인과 심리학적 훈련이나 지식과 풍부한 경험으로 타인을 조력할 수 있는 자질을 갖는 전문가와 대면 관계에서 면접을 통해 행해지는 적절한 원조이다. 영양상담 역시 일반적 상담과 비슷하게 정의될 수 있지만, 일반상담과 달리 상담 대상자가 상담하는 문제의 내용을 영양과 관련된 내용으로 국한시키는 것이 차이점이라고 할 수 있다. 영양상담이 이루어지는 과정은 그림 8-3과 같다.

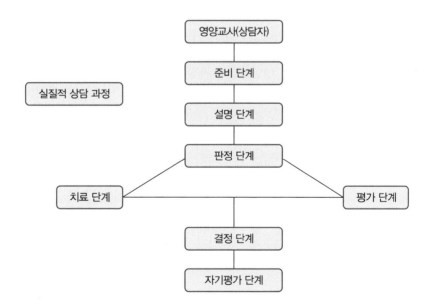

그림 8-3
영양상담의 진행 과정

영양상담을 진행하는 영양교사는 다음과 같은 과정으로 영양상담을 진행하게 된다.

① **준비 단계**preparation phase : 영양교사가 영양상담을 하기 위한 자료들을 준비하고 상담기법 등을 미리 연습해 둔다.

② **설명 단계**explanation phase : 실질적 상담의 시작이라 할 수 있다. 상담을 진행하기 위한 설명을 해 준다.

③ **판정 단계**assessment phase : 대상자의 현 상태를 파악하는 과정이다. 대상자와의 대화나 서류 등을 토대로 현 대상자의 영양상태, 건강상태, 자세나 믿음과 같은 전반적인 사항을 파악하고 상담하는 문제점을 파악한다.

④ **치료 단계**treatment phase : 전문가이자 한 명의 상호 문제 해결사로서 대상자의 문제에 대해 토의함으로써 새로운 목표를 심어 주고 성취할 수 있게 용기를 준다.

⑤ **평가 단계**evaluation phase : 상담자로서 상담 자체의 문제 해결 완성도를 평가하는 과정이다. 상담이 잘 이루어졌는지, 어렵고 힘든 상담이었는지를 평가한다.

⑥ **결정 단계**conclusion phase : 상담이 끝난 후 대상자가 상담 중 얻은 조언이나 해결책을 잘 실천하고 있는지를 관찰하고 평가하는 단계이다. 이 단계의 수행 여부가 실질적 상담의 최종 판정이 된다고 할 수 있다.

⑦ **자기평가 단계**self-evaluation counselor : 상담자가 상담의 모든 과정에 대해 자기평가를 실시하여 현재 상담능력의 문제점을 찾아 보완하고, 좋은 점은 찾아 더욱 개발하도록 하는 단계이다.

위와 더불어 영양상담의 과정을 5단계로 보기도 한다. 이 경우 '유대관계 형성 > 문제 진단과 영양판정 > 목표 설정 > 실행 > 효과평가'의 과정을 거친다. 유대관계 형성은 대화를 기본으로 한 다양한 방법으로 상담자와 내담자의 상호관계를 유연하게 하는 과정이다. 다음은 유대관계를 토대로 내담자의 영양적 문제점을 객관적·주관적 자료에 의해 찾고 영양판정을 하는 과정이다. 다음 문제가 발견되었을 경우에는 장기목표와 세부목표를 설정하여 준다. 다음은 이 목표를 이루기 위한 세부 행동을 직접 실행한다. 그리고 어느 정도 시간이 지난 다음 목표치와 실제치의 비교를 통해 상담의 효과를 평가하게 된다.

위의 예와 별개로 경우에 따라서는 표 8-2와 같은 방식으로 진행되는 상담도 있다.

표 8-2 영양상담 진행의 예	순 서	세부 설명
	1. 영양상담 시작	
	2. 친밀관계 형성	촉진적 관계 형성
	3. 자료 수집	준비와 시작
	4. 영양 판정	영양문제의 명료화
	5. 목표 설정	구조화
	6. 실행	관계 심화, 탐색, 견고화, 사후 계획
	7. 효과평가	

일반적으로는 영양상담은 영양상담의 실시 순서를 따라 상담이 진행되나, 상담의 종류에 따라 어떤 단계는 생략하거나 또는 중복, 순서를 역행할 수도 있다.

2) 영양상담 기록법

영양상담자와 내담자와의 상담 내용 기록은 계속적인 상담과 내담자의 상태에 대한 분석, 상담효과의 판정 등에서 매우 중요하다. 영양상담 기록은 일반적으로 SOAP 방식을 이용하는 것이 편리하다. SOAP 방식의 구체적인 내용은 표 8-3에 간단히 정리하였다.

표 8-3 SOAP 방식에 대한 설명	약 자	설 명	실제 예
	S (Subjective data)	내담자에게 얻은 주관적 정보	• 운동과 활동에 대한 조사 : 규칙적으로 하는 운동이 없고 일상적인 가벼운 움직임만 진행 • 식행동 및 생활습관 조사 : 불규칙한 식사, 아침 식사의 결식, 음주와 흡연은 안 함
	O (Objective data)	내담자에 대한 객관적 정보	• 24시간 회상법에 의한 하루 섭취량 조사 • 생화학적 검사 결과 • 신체 계측 검사 결과
	A (Assessment)	위의 주관적·객관적 정보에 근거한 평가나 판정	• 내담자의 S와 O 중 좋은 행동과 상태 : 음주와 흡연은 안 함 혹은 정상 BMI 범위와 같은 경우 • 내담자의 문제점 : 불규칙한 식사, 아침 식사 결식, 고콜레스테롤 상태, 고혈압 등
	P (Plan)	판정에 근거한 새로운 교육 계획과 실행 계획	• 계획은 장기 목표와 세부 목표로 나누어 생각 • 장기 목표는 '소금의 섭취량을 줄이자' • 단기 목표는 '국물은 남기자, 김치와 젓갈의 섭취는 제한하자'

01 다음은 영양교사와 중학교 2학년 비만 학생이 '다이어트'를 주제로 상담한 대화 내용이다. 작성 방법에 따라 서술하시오. [4점] 영양기출

영양교사	그동안 잘 지냈나요? 다이어트하기 힘들지 않았어요?
학 생	선생님, 솔직히 살을 빼려고 노력은 계속하고 있는데 살이 잘 빠지지는 않아요. 요즘은 살을 빼서 뭘 하나 싶은 생각이 들어요.
영양교사	살을 빼려고 노력은 하는데 빠지지 않아 다이어트를 하는 것에 회의감이 드나 봐요.

… (중략) …

학 생	① 엄마가 제가 비만이어서 창피하다고 말씀하고 다니셔서 정말 화가 많이 나요(미소를 짓는다).
영양교사	(②)

… (중략) …

학 생	엄마는 맨날 제가 냉장고만 열면 그만 먹으라고 소리 지르세요. 전 엄마의 그만 먹으라는 소리가 세상에서 제일 듣기 싫어요. 엄마는 제가 밥 먹을 때마다 조금만 먹으라고 계속 말씀하세요. 요즘엔 매일 밖에서 패스트푸드를 몰래 먹고 들어와요. 그전에는 패스트푸드를 매일 먹지는 않는데…
영양교사	③ 패스트푸드를 매일 먹게 된 것은 어찌 보면 어머니의 잔소리를 피하기 위한 수단으로 보이네요.

… (하략) …

작성 방법

• 영양교사가 '직면' 기술을 사용할 수 있는 단서를 밑줄 친 ①에서 찾아 제시하고, 괄호 안의 ②에 들어갈 '직면' 반응을 제시할 것
• 밑줄 친 ③에서 영양교사가 사용한 상담의 기본 기술의 명칭을 쓰고, 그 기술을 사용한 의도 1가지를 제시할 것

① : _____　　② : _____

③의 명칭과 사용 의도 　_____

_____

02 다음은 영양교사와 고등학교 1학년 미영의 5번째 영양상담 상황이다. 다이어트를 시도 중인 미영은 현재 비만이며 매번 반복되는 식사 조절 실패로 좌절하여 영양교사를 찾아왔다. 작성 방법에 따라 서술하시오. [4점] 영양기출

미　영	선생님, 저도 나름대로 살을 빼려고 노력 중인데 어제 친한 친구들이 살이 더 찐 것 같다고 여러 번 말하는 바람에 저도 모르게 눈물이 났어요.
영양교사	① 아무리 친한 친구지만 속상했겠어요.
미　영	규칙적으로 식사하고 운동하면서 살을 빼고 싶지만 이번 주에도 못 뺐거든요. 다이어트가 힘들어요.
영양교사	(② 부드러운 표정으로 고개를 끄덕이며) 다이어트가 많이 힘들지요.
	… (중략) …
미　영	이번엔 폭식으로 실패한 것 같아요. 식사 조절로 인한 스트레스 때문에 참다가 자꾸 폭식을 하고 말아요.
영양교사	(③ 미영 쪽으로 몸을 기울이며) 식사 조절로 인한 스트레스가 문제인 것 같다는 말이지요? (_____④_____)

작성 방법
• 미영의 진술에 대해 영양교사가 밑줄 친 ①에서처럼 '반영'을 사용하여 반응한 이유를 서술할 것
• 밑줄 친 ②, ③에서 영양교사가 사용하는 비언어적 행동의 의미를 순서대로 서술할 것
• 밑줄 친 ④에 미영이 가진 문제를 심층적으로 알아보기 위한 '개방형 질문'을 1가지 서술할 것

①의 이유 　_____

②, ③의 비언어적 행동의 의미 　_____

_____

④에 들어갈 개방형 질문 　_____

03 다음은 영희와 영양교사의 영양상담 내용이다. 밑줄 친 부분에서 활용된 영양상담 기법의 명칭을 쓰고, 이 기법의 유의 사항 3가지를 서술하시오. [4점] (영양기출)

상담 게시판

질 문 선생님, 혹시 제 고민을 들어 주실 수 있으세요? 저는 요즘 변비 때문에 너무 고민이 돼요. 밥을 많이 먹으면 살이 찔까 봐 조금만 먹기 때문인지, 어떨 땐 일주일 이상 힘들 때도 있어요. 음식을 적게 먹어서 살이 빠지는 것보다 배변을 못하기 때문에 체중이 느는 것 같다는 생각도 들어요. 채소가 좋다고 하지만 저는 씹는 느낌이 싫고 쓴맛이 나서 잘되지 않아요. 요즘은 하루 종일 배가 불편하고 가스가 나올 것 같아서 공부에 집중도 잘되지 않아요. 선생님, 도와주세요.

답 변 상담을 신청해 줘서 반갑고 고마워. 변비를 개선하려면 섬유소 섭취를 증가시킬 필요가 있어. 채소를 먹고 싶지 않다면 과일이나 견과류, 잡곡, 콩류에도 섬유소가 있으니 대신 섭취할 수 있어. 하지만 땅콩이나 옥수수 등은 가스를 많이 생성시키기 때문에 가스가 고민이라면 주의해야 해. <u>그리고 신체 활동을 하면 배변뿐만 아니라 체중 조절에도 도움이 되니까 일상생활에서 활동량을 늘리도록 노력해 보면 좋겠어.</u> 선생님이 알려 준 것을 실천해 보고 앞으로도 고민이 있다면 편안하게 연락하길 바랄게.

기법의 명칭 _____

유의 사항 3가지 _____

_____

_____

04 다음 사례에서 나타난 영양상담 이론(또는 영양상담 접근법)의 명칭을 쓰시오. [2점] (영양기출)

준영이는 중학교 1학년 남학생이지만, 신장 144cm, 체중 35kg으로 또래 친구들보다 성장이 늦은 편이다. 준영이는 편식이 심하고 특히 유제품을 즐겨 먹지 않는다. 영양교사는 준영이와 상담 후 식습관 개선이 필요하다고 판단하였다. 이에 영양교사는 친구들 사이에서 인기가 있으며 식습관이 좋은 민준이를 소개해 주었다. 친구 민준이는 신장 165cm, 체중 52kg이다. 준영이는 민준이가 유제품으로 하루에 우유 400mL와 치즈 1장을 먹는다는 것을 알고, 자기도 유제품을 매일 먹는 민준이의 식습관을 닮아 가기로 하였다.

---

05 다음은 영양교사와 비만 학생의 상담 내용이다. 밑줄 친 ①, ②는 상담기술 중 어떤 기술을 활용한 것인지 순서대로 쓰시오. [2점] 영양기출

영양교사	잘 지냈어요? 어제 나눠 준 식사일지 가지고 왔지요? 작성해 온 식사일지를 우리 한 번 살펴볼까요?
학 생	선생님! 저는 왜 이렇게 해야 하는지 모르겠어요. 먹은 것을 일일이 쓰기도 귀찮고 아무 의미도 없는 것 같아서요.
영양교사	① 식사 기록의 목적을 모르겠다는 말이지요?
학 생	네, 모르겠어요. 식사 내용을 일일이 기록하는 것도 힘들고, 왜 필요한지 모르겠어요.
	… (중략) …
학 생	인터넷이나 친구 얘기를 들어 보면, 굶으면 쉽게 살을 뺄 수 있다고 하던데요. 입에서 냄새가 좀 난다고는 하는데, 그래도 굶으면 날씬해지잖아요.
영양교사	왜 살을 빼려고 생각했는지 다시 얘기해 줄래요?
학 생	날씬하면 멋지잖아요. 텔레비전에 나오는 언니 오빠들을 보면 다 날씬해요. 그리고 친구들도 마른 사람을 좋아하고…….
영양교사	② 그러니까, 친구들에게 멋진 사람으로 보이고 싶어서 살을 빼려고 하고, 굶으면 쉽게 살을 뺄 수 있으니까 입에서 냄새가 나도 괜찮다는 얘기군요?

① : _____ ② : _____

06 수진이는 영양교사에게 다음과 같은 상담 신청서를 제출하였다. 상담 신청서에 나타난 영양상의 문제점을 근거로 수진이와의 상담효과를 높이기 위하여 영양교사가 상담 전에 상담 기록지 외에 미리 준비해야 할 상담 도구를 3가지만 쓰시오. 그리고 각 상담 도구를 어떻게 활용할 수 있는지 설명하시오. [3점] 영양기출

<div align="center">상담 신청서</div><div align="right">○○중학교 2−4 김수진</div>선생님께. 저는 2−4반 김수진입니다. 선생님, 저의 영양상태에 대해 걱정이 있어 상담을 신청합니다. 저는 제가 뚱뚱한지 날씬한지 헷갈려요. 저는 많이 뚱뚱하다고 생각하지는 않는데, 저보다 더 날씬한 친구가 굶으려고 하는 것을 보면 저도 더 날씬해지고 싶어요. 그리고 저는 학교 급식이나 엄마가 해 주시는 밥을 잘 먹어요. 그런데 너무 많이 먹는 것 같아요. 아! 저는 또 과자를 좋아해서 과자를 보면 먹고 싶어 못 참겠어요. 선생님, 저는 건강하고 날씬하게 크고 싶어요. 도와주세요.

상담 도구 3가지	
상담 도구 활용 방법	

07 다음은 보건교사가 담임교사에게 의뢰받은 학생과 처음으로 면담한 내용이다. 밑줄 친 ①, ②와 같은 증상에 해당하는 용어를 순서대로 쓰시오. [2점] 유사기출

학 생	선생님, 안녕하세요!
보건교사	그래, 어서 와요. 담임선생님으로부터 힘들어한다는 얘기를 들었어요. 요즘은 어떻게 지내고 있어요?
학 생	힘들어요. 계속 같은 생각이 떠올라 멈춰지지 않아요.
보건교사	어떤 생각이 떠오르나요?
학 생	수업 시간에 ① '중간고사 답안지를 백지로 내서 망칠 것 같다'는 생각이 자꾸 떠올라요. 아무리 생각을 멈추려고 해도 제 마음대로 되지 않아요. 수업에 집중이 안 되고, 선생님이 설명하시는 것도 머릿속에 들어오지 않아요.
보건교사	많이 힘들겠어요. 그럴 때는 어떻게 하나요?
학 생	② 글씨를 똑같은 크기로 쓰려고 해요. 그리고 마음속으로 1부터 100까지 1분 안에 틀리지 않게 세려고 해요. 그러면 불안이 조금 나아져요.
	… (하략) …

① : _____ ② : _____

08 다음은 전문상담교사가 영수(고 3, 남)의 가족에게 미누친(S. Minuchin)의 구조적 가족 상담 이론을 적용한 상담 축어록이다. 밑줄 친 부분에서 전문상담교사가 가족과 합류하기 위해 사용한 기법의 명칭을 쓰시오. [2점] 유사기출

아 버 지	저는 아내가 영수의 양육에 좀 더 관심을 가졌으면 좋겠습니다.
상담교사	그렇군요. 아버님께서는 영수 어머님이 자녀의 양육에 신경을 더 써 주면 좋겠다는 말씀이군요.
	… (중략) …
어 머 니	(얼굴이 상기되고 목소리가 커지며) 남편은 제가 아이 양육에 신경을 쓰지 않는다고 하지만 저도 죽을 맛이에요. 제가 슈퍼우먼은 아니잖아요.
상담교사	(큰 목소리로) 남편이 아내에게 슈퍼우먼이 되라고 하면 아내는 죽을 맛이지요.

09 (가)는 초등학교 5학년 남학생인 철수와 영양상담을 한 결과의 일부이다. (나) 상담일지의 SOAP 양식에 맞추어 (가) 상담 결과를 정리할 때 ①~⑧ 중 해당되는 기호를 각각 2가지씩 쓰시오. 기출문제

(가) 상담 결과

① 아침 결식이 문제이다.
② 운동은 하지 않는 편이다.
③ 밥맛이 없어서 자주 아침을 거른다.
④ 소아 발육치에 비해 왜소한 체격이다.
⑤ 신장은 107cm, 체중은 17.4kg이다.
⑥ 가정에서는 철수의 입맛에 맞게 채소를 조리한다.
⑦ 하루 섭취량은 에너지 1,600kcal, 단백질 50g이다.
⑧ 5학년 실과와 체육 교과에서 균형 식사에 대해 학습한다.

(나) 상담 내용

	상담 내용
S	,
O	,
A	,
P	,

해설 영양상담 기록 중 일반적으로 사용되는 SOAP 방식에 대한 내용을 묻고 있다. 주관적 정보(S), 객관적 정보(O), 평가(A), 계획(P)을 위의 상담 결과에서 찾아 적으면 된다.

10 상담면접에는 '반영하기', '해석하기' 등의 다양한 기법이 활용된다. 다음 ①~③에 가장 적합한 면접기법의 명칭을 쓰시오. 기출문제

① 내담자가 했던 말 중에서 불확실하거나 모호한 내용을 찾아 지적하고 그것을 내담자가 확실히 알도록 돕는다.
영 미 어머니의 지나친 사랑 때문에 너무 힘들어요.
상담자 그게 무슨 의미이지요?
영 미 그러니까 어머니는 매일 아침 차로 저를 등교시키고요. 그러고도 모자라 하교 시간에 교문에서 기다렸다가 학원에 데려다 주세요. 저는 친구들과 영화도 보고 싶고 PC방에도 가고 싶거든요.
상담자 그러니까 영미가 말하는 지나친 사랑이라는 것은 영미의 생활에 엄마가 지나치게 관여하고 있다는 것이군요.

(계속)

② 내담자에게 자신의 모습을 바로 보게 해 준다.

　은　수　(떨리는 목소리로) 친구가 저를 배신할 수도 있지요.

　상담자　지금 심하게 떨리는 목소리로 말하고 있어요. 정말 그것이 있을 수 있는 일이라면 그렇게 목소리가 떨리는 이유가 뭘까요?

③ 내담자에게 자신의 이야기를 듣고 있음을 알게 해 준다.

　병　태　정말 저는 죽고 싶었습니다.

　상담자　(의자를 조금 더 내담자 가까운 쪽으로 옮기고 몸을 기울이면서 고개를 끄떡이며) 으으음……

　병　태　선생님, 저는 정말이지 죽고만 싶어요. 아무도 저를 이해해 주는 사람이 없어요. 이 세상 천지에 나 혼자 서 있다는 느낌이 들어요.

① : _____

② : _____

③ : _____

해설 상담에 사용되는 기법을 실례에 적용하는 문제이다. 쉽게 출제될 수 있는 내용이라 생각된다. 상담기법인 수용, 반영, 명료화, 질문, 요약, 해석, 직면과 조언을 정확하게 이해하고 적용할 수 있어야 할 것이다.

11 실업계 고등학교에 근무하는 P 교사는 어느 날 2학년 학생에게 진로상담을 요청받았다. 상담결과 학생은 졸업 후 취업을 희망하면서도 그동안 자신의 특성 이해나 미래의 진로 준비를 위해 어떠한 노력도 하지 않았고, 이로 인해 자신의 미래에 대한 심한 불안감을 가지고 있음이 드러났다. 이 학생을 대상으로 P 교사가 수행해야 할 진로지도의 일반적인 과정을 순차적으로 기술하시오. 기출문제

① : _____

② : _____

③ : _____

④ : _____

해설 직업상담에 대한 문제는 영양교사와 직접적 연관성은 적다고 생각된다. 하지만 실제 학교에서 식품 조리와 영양사 일을 하고 싶은 학생들이 그 직업에 대한 상담을 영양교사에게 시도할 가능성이 있어서 기출문제를 소개해 본다.

직업상담에 대한 내용은 다음과 같다.

진로지도상담은 학생들의 성숙·발달 정도에 따라 단계적으로 이루어져야 한다. 우리나라에서는 일반적으로 학교 급별 진로지도 단계로 받아들여지고 있는 한국교육개발원(1982)의 진로교육 단계는 미국 교육부(U.S.O.E.)에 근거를 둔 Oregon주 모형을 따르고 있다. Oregon주 진로교육 모형이 제시하고 있는 발달 수준과 행동 영역의 단계별 내용은 다음과 같다.

① 진로 인식 단계 (유치원~초등학교 6학년)
　• 여러 가지 직업의 종류에 관한 인식
　• 직업적 역할과 관련지어 자아 인식을 높임

- 일과 사회에 대한 건전한 태도를 함양하기 위한 기초 마련
- 모든 분야의 직업인들에 대한 존경과 이해의 태도를 기르게 됨
- 학교 수업을 통하여 직업군을 탐색함으로써 잠정적인 진로 선택의 기회를 갖도록 함

② 진로 탐색 단계(중학교)
- 주요 직업 영역을 탐색하여 자신의 흥미와 능력을 평가
- 직업 분류와 직업군에 익숙해짐
- 의사 결정에 관계되는 적절한 요인을 인식
- 의미 있는 의사 결정 경험
- 잠정적으로 진로를 선택하고 직업 계획을 수립

③ 진로 준비 단계(고등학교)
- 취업의 초기단계 내지는 차후 직업 훈련에 요구되는 직업적 기술과 지식을 습득
- 고등학교에서의 경험과 일반적인 진로 목표 연결
- 적절한 직업 태도 개발
- 협동적인 작업경험을 얻고, 직업 조직의 구성원이 될 수 있는 기회를 갖도록 함

④ 진로 전문화 단계(고등학교 이후 및 성인)
- 구체적인 직업적 지식을 쌓는 한편 특정한 직업 분야에 대해 준비하도록 함
- 긍정적인 고용주, 고용자 간의 관계를 형성
- 재훈련과 선진기술 습득의 기회를 갖도록 함

12 다음 사례에 나타난 핵심적인 '비합리적 신념'을 쓰고, 그것을 '실용성'의 관점에서 논박하는 질문을 1줄 이내로 쓰시오. 기출응용문제

> 상민은 다른 친구들에 비해 약간 뚱뚱한 편이다. 하지만 학업 성적은 우수하다. 상민은 항상 불안한 상태이다. 성적도 계속 상위권을 유지해야 하고, 친구들과도 좋은 관계를 유지해야 하며, 취미 생활도 잘해야 한다고 생각하기 때문이다. 따라서 어느 하나라도 부족하면 친구들이 떠나갈 것이라고 생각하여 항상 모든 면에서 높은 수준을 유지하려고 한다. 그러지 못하면 때때로 깊은 좌절감을 경험한다.

핵심적인 비합리적 신념 _____

질문 _____

해설 비합리적 신념이란 잘못된 한 가지 행동을 가지고 자신이나 타인의 가치를 평가하는 것을 말한다. 일반적으로 상담에서 보는 비합리적 신념은 다음과 같다.

1. 친구가 하나도 없는 사람은 반드시 불행하다.
2. 자신의 실수나 잘못에 대해서는 스스로 비난해야 한다.
3. 친한 친구라면 나의 심정을 이해해야만 한다.
4. 남에게 인정받을 수 있는 직업을 갖는 것이 중요하다.
5. 내가 하는 일은 반드시 성공해야 한다.
6. 부모나 형제는 나를 이해해 줘야 한다.
7. 내가 하는 일에 대해서는 뛰어난 능력과 재능을 갖고 있어야 한다.
8. 인간의 불행이나 불안은 환경 때문에 생기는 것이다.
9. 중요한 일이 뜻대로 되지 않으면 모든 게 끝장난 것이다.
10. 다른 사람들의 잘못이나 어리석은 행동을 보고 흥분하는 것은 당연하다.

11. 내가 하는 일이 실패하면 정말 큰일이다.

12. 제대로 할 수 있는 일이 아무것도 없는 사람은 쓸모없는 사람이다.

문제의 상담에서는 뚱뚱한 외모라는 한 가지 요인에 의해 친구가 떠나갈 거라는 비합리적 신념에 대한 것을 극복시켜 주는 질문을 통해 그렇지 않다는 것을 알려 주어야 한다.

13 영양상담을 구성하는 3요소와 상담의 진행 3단계를 적으시오.

구성의 3요소

① : _____

② : _____

③ : _____

진행 3단계

① : _____

② : _____

③ : _____

해설 상담은 내담자, 상담자와 대면관계에 의해 이루어진다. 영양상담의 진행 과정에 대해서는 여러 이론이 있으나 가장 간단한 3단계는 '듣기 > 이해와 공감 > 행동절차 제시'로 이루어진다.

14 정신과 등에서 이루어지는 정신상담과 영양교사가 진행하는 영양상담의 목적은 서로 다르다. 두 상담의 차이점을 간단히 2줄 이내로 설명하시오.

_____

_____

해설 정신과 상담은 치료를 목적으로 하고 단기간에 치료 결과를 볼 수 있으나, 영양상담은 교육을 목적으로 하며, 결과를 보기까지 오랜 시간이 필요하다.

15 효과적인 상담을 하기 위해서는 몇 가지 기법을 익혀야 한다. 이런 상담기법을 익히고 사용함으로써 피상담자에게 더 좋은 상담 결과를 줄 수 있다. 상담에 사용되는 기법에는 수용, 반영, 명료화, 질문, 요약, 해석, 직면, 조언이 있다. 각각에 대해 2줄 이내로 간단히 설명하시오.

수용 _____

_____

반영	
명료화	
질문	
요약	
해석	
직면	
조언	

해설 상담기법에 대한 내용은 정의와 실제 예를 통해 정확히 구분할 수 있도록 준비하여야 한다. 자세한 내용은 본문의 상담기법 부분 내용을 참고한다.

16 영양상담이 진행되는 7단계를 쓰시오.

① : _____

② : _____

③ : _____

④ : _____

⑤ : _____

⑥ : _____

⑦ : _____

해설 영양상담의 진행 과정 3단계에서 좀 더 세분화된 7단계를 묻고 있다. 7단계는 준비 단계, 설명 단계, 판정 단계, 치료 단계, 평가 단계, 결정 단계와 자기평가 단계로 구성된다.

17 박 영양교사는 가정방문과 전화상담을 통해 개인 영양교육을 진행하였으나, 여러 문제에 부딪치게 되었다. 다른 방법을 찾기 위해 고심하던 박 영양교사는 인터넷을 이용한 상담법을 배워 개인 영양교육에 사용하기로 결심하였다. 박 영양교사가 개인 영양교육 방법을 인터넷을 이용한 상담법으로 바꿀 경우 발생되는 장점과 단점을 각각 3가지씩 쓰시오.

> **인터넷 상담법의 장점**
>
> ① : ＿＿＿＿＿＿＿＿＿＿＿＿＿＿＿＿＿＿＿＿＿＿＿＿＿＿＿＿＿＿
>
> ② : ＿＿＿＿＿＿＿＿＿＿＿＿＿＿＿＿＿＿＿＿＿＿＿＿＿＿＿＿＿＿
>
> ③ : ＿＿＿＿＿＿＿＿＿＿＿＿＿＿＿＿＿＿＿＿＿＿＿＿＿＿＿＿＿＿

> **인터넷 상담법의 단점**
>
> ① : ＿＿＿＿＿＿＿＿＿＿＿＿＿＿＿＿＿＿＿＿＿＿＿＿＿＿＿＿＿＿
>
> ② : ＿＿＿＿＿＿＿＿＿＿＿＿＿＿＿＿＿＿＿＿＿＿＿＿＿＿＿＿＿＿
>
> ③ : ＿＿＿＿＿＿＿＿＿＿＿＿＿＿＿＿＿＿＿＿＿＿＿＿＿＿＿＿＿＿

해설 박 영양교사는 그간 사용하던 가정방문과 전화상담을 인터넷 상담으로 바꾸면서 상담의 비용 절감과 다양성(메일, 화상통화, 음성통화, 메신저 등) 증가라는 장점을 얻게 되었다. 하지만 인터넷선이 보급되지 않은 곳은 교육이 어렵고, 컴퓨터와 인터넷선을 설치하는 초기 비용이 비싸며, 연세 드신 분들과 컴퓨터를 잘 다루지 못하는 분들에게는 교육이 제한될 수 있다.

18 〈보기〉는 영양교사가 초등학교 5학년 비만 아동을 대상으로 영양상담을 수행하기 위하여 작성한 목록이다. 일반적인 영양상담의 절차에 근거해 볼 때, 아동과 친근한 유대관계가 형성된 후 이어질 내용이 순서대로 바르게 배열된 것은? [기출문제]

> **보기**
>
> 가. 상담 후 식행동 및 운동 습관의 변화 정도를 조사한다.
> 나. 아동과 함께 체중 감량 목표치와 식생활 수칙을 설정한다.
> 다. 식사섭취조사와 체성분 자료를 토대로 영양 상태를 평가한다.
> 라. 식사일지, 운동일지, 식행동 자가 점검표 기록법 등을 제시하고 설명한다.

① 가 - 다 - 나 - 라   ② 나 - 가 - 라 - 다   ③ 나 - 다 - 라 - 가

④ 다 - 나 - 라 - 가   ⑤ 다 - 라 - 나 - 가

정답 ④

19 영양상담의 설명에 대하여 옳은 것만을 〈보기〉에서 있는 대로 고른 것은? 기출문제

보기

ㄱ. 상담자가 내담자에 비해 영양 전문 지식과 상담경험이 많더라도 내담자 중심으로 하여
  야 상담의 성공률이 높다.

ㄴ. 내담자가 영양상담을 통해 올바른 식습관을 형성하는 데에는 시간이 많이 걸리므로 반
  복적인 추후 관리가 필요하다.

ㄷ. 영양상담의 최종 목표는 내담자가 식행동에 관한 문제점을 개선하기 위해 적절한 식행
  동 전략을 세우도록 하는 것이다.

ㄹ. 상담자는 영양상담 결과를 의사나 보건 의료진에게 알려 주고 내담자의 건강을 미리
  챙겨 준 다음 내담자에게 알린다.

① ㄱ, ㄴ   ② ㄱ, ㄷ   ③ ㄴ, ㄹ   ④ ㄱ, ㄷ, ㄹ   ⑤ ㄱ, ㄷ, ㄹ

정답 ①

20 영양교사가 민국이와 영양상담을 하면서 나눈 대화이다. 영양교사가 사용한 상담기술에 대한 설명
중 옳은 것만을 〈보기〉에서 있는 대로 고른 것은? 기출문제

교 사   민국아, 지난 비만 캠프에서 배운 대로 식사를 하고 있니?
민 국   아니요.
교 사   배운 대로 따라 하면 너에게 좋을 텐데……
민 국   저는 빨리 살을 빼고 싶어서 자주 굶었어요.
교 사   그러면 안 되지. 지난번에 선생님이 말했던 것처럼 식사는 규칙적으로 하면서 체
        중을 줄여야지.
민 국   저는 뚱뚱해서 친구도 없고, 친구들도 저를 자꾸만 피해서 참 속상해요.
교 사   그래도 굶어서 살을 빼는 것은 좋지 않아. 비만 캠프에서 배운 대로 채소 반찬을
        많이 먹고 기름진 음식은 적게 먹어야 한단다. 우리 다시 한번 시작해 보자.
민 국   예, 어쨌든 저는 살을 빨리 빼고 싶어요.
교 사   민국이는 잘할 거야. 운동도 많이 해라.

보기

ㄱ. 영양교사는 상담기술 중 '요약'을 사용하였다.
ㄴ. 영양교사는 상담기술 중 '반영'을 사용하였다.
ㄷ. 영양교사는 상담기술 중 '조언'을 사용하였다.
ㄹ. 영양교사는 상담기술 '질문' 중 폐쇄형 질문을 사용하였다.

① ㄱ   ② ㄱ, ㄴ   ③ ㄴ, ㄹ   ④ ㄷ, ㄹ   ⑤ ㄴ, ㄷ, ㄹ

정답 ④

21 다음은 상담자와 고도비만 주부와의 상담 과정을 보여 주는 두 가지 사례이다. 상담 내용을 분석한 결과로 옳은 것은? [기출문제]

사례 1

상담자 A 안녕하세요? 체중 변화 그래프를 보니 이번 주는 다이어트하기 힘든 한 주를 보내신 것 같네요. 어떠셨어요?

내담자 C 예, 집안에 행사가 많아서 먹을 일도 많아 절제하기가 힘들었어요.

상담자 A 그러셨겠어요. 그런 일에 참석하지 않을 수도 없고, 어렵지요. 그러면 이런 경우 어떻게 할지 우리 한번 함께 생각해 볼까요?

내담자 C 그래도 선생님이 조리법에 따라 음식의 에너지가 달라진다고 지난번에 설명해 주셔서, 되도록 기름진 것은 안 먹고 구이와 무침 같은 것을 먹으려고 노력했지요.

상담자 A 예, 아주 잘하셨네요. 그렇게 노력하셔서 그래도 그다지 체중이 늘지는 않으셨나 봐요. 그런데 앞으로도 명절이나 생일 등 이런저런 경우에 음식 유혹이 많을 겁니다. 그래서 대안이 필요한데, 제가 권하고 싶은 또 다른 방법은 '간식으로 도넛을 먹지 않겠다'보다는 '간식으로 도넛 대신에 사과를 먹어야지'처럼 스트레스를……. (중략)

사례 2

상담자 B 체중 변화 그래프를 보니 이번 주는 다이어트가 잘 안 된 것 같아요. 오히려 더 느셨네요?

내담자 D 예, 집안에 행사가 많아서 먹을 일도 많아 절제하기가 힘들었어요.

상담자 B 아! 예, 어떤 행사였나요?

내담자 D 시어머님 칠순에 친정어머니 회갑까지 겹쳐 있었지요.

상담자 B 어머! 친정어머니께서 젊으셔서 좋겠어요. 저는 늦둥이로 태어나 벌써 여든이 넘으셨거든요. 그러나 저러나 10kg을 더 빼야 하는데 앞으로도 이런 행사가 더 있나요?

내담자 D 당분간은 없어요.

상담자 B 다행이네요. 앞으로도 10kg은 더 빼셔야 하는데……. 좀 더 자제를 하셔야겠지요? 그래서 다이어트가 힘든 것이니, 전인화 씨나 장미희 씨처럼 아름다운 중년기의 미래를 꿈꾸면서 더 노력해 보세요.

내담자 D 아! 예, 노력해 보지요.

상담자 B 예, 그래 주셔야 합니다. 다음 주는 좀 더 효과적인 한 주로 만드시길 바랍니다.

---

① 상담자 A는 내담자 중심으로 이야기하지 않았다.
② 상담자 B는 내담자의 문제를 이해하고 격려하며 해결책을 주었다.
③ 상담자 A는 내담자가 문제 해결을 위한 방법을 찾도록 노력하였다.
④ 상담자 B는 친밀한 상담환경을 위해 충분히 노력하지 않았다.
⑤ 상담자 A와 B는 내담자에게 친절하게 충고하면서 대화를 진행하였다.

정답 ③

22 신장 160cm, 체중 52kg인 여대생 A는 체중을 45kg으로 줄이고 싶어서 영양상담을 신청하였다. A를 대상으로 하는 영양상담의 목표와 이에 따른 상담 내용으로 가장 적절한 것은?

	목 표	상담 내용
①	체중 7kg 감량	식품교환표를 활용하여 식사량을 조절한다.
②	체중 7kg 감량	식사 감량법을 이용하여 평소 식사량을 20% 줄이도록 한다.
③	체중 5kg 감량	고밀도 영양 식품의 정보를 이용하여 식사 섭취량을 줄이도록 한다.
④	현재 체중 유지	식사구성안에 기준하여 현재 식사량은 유지하고 균형 잡힌 식사를 하도록 한다.
⑤	체중 5kg 증량	한국인 영양섭취 기준치에 근거하여 에너지 섭취량을 늘린다.

정답 ④

23 영양상담의 실시 과정을 옳은 순서대로 나열한 것은? 기출문제

① 영양상담 시작－친밀관계 형성－자료 수집－영양판정－목표 설정－실행－효과평가
② 영양상담 시작－친밀관계 형성－영양판정－자료 수집－목표 설정－실행－효과평가
③ 영양상담 시작－목표 설정－자료 수집－친밀관계 형성－영양판정－실행－효과평가
④ 영양상담 시작－자료 수집－친밀관계 형성－영양판정－목표 설정－실행－효과평가
⑤ 영양상담 시작－자료 수집－목표 설정－친밀관계 형성－영양판정－실행－효과평가

정답 ①

CHAPTER 09

학동기 어린이의 영양교육

영양교사는 학동기 어린이와 청소년을 대상으로 영양교육을 진행하여야 한다. 청소년은 선동학습이 이미 되어 있는 데 반해, 학동기 어린이는 선동학습이 되어 있지 않고 부모님의 영향을 많이 받는 등 여러 면에서 특수성을 가지고 있다. 이 장에서는 학동기 어린이에게 적용되는 교육이론과 급식을 통한 영양교육의 중요성을 말하고자 한다. 또한 실제 교수·학습 과정안을 만드는 과정을 소개하고, 최근 많이 사용되는 CAI에 대해서도 설명하고자 한다.

1 학동기의 영양교육 모델

아동의 영양교육은 성인의 영양교육과는 많은 면에서 다르다. 아이들은 데일의 경험원추에서 나타나는 추상적 경험에 대해 한계를 나타낸다. 따라서 구체적이고 행동적 경험을 중점으로 하는 교육 진행이 필요하다. 이런 기본 개념에서 에버스Evers는 FIBFun, Integrated and Behavior 접근법을 제시하였다. 이 접근법에 따르면 아동의 경우 즐거움을 느낄 때 집중력과 교육효과가 가장 높고Fun, 교육 진행 시 아동이 접하는 모든 것에 교육 내용을 통합시켜야 한다Integrated. 그리고 행동 변화를 꾸준히 강조하고Behavior, 마지막으로 계속적·단계적으로 오랜 시간 영양교육을 진행하여야 한다. 이 4가지가 복합적으로 작용되었을 때 아동의 영양교육 결과가 좋게 나타난다.

이런 맥락에서 오늘날에는 아이들에게 **활동중심교육**이 제시되고 있다. 이는 전통적인 교육 방식과 달리 일상생활에서 놀이와 게임, 자연스러운 경험, 구체적 조작과 상호작용 등의 방법으로 진행된다. 여기에는 쓰기, 토론과 토의, 게임과 읽기, 놀기와 말하기 등과 같은 모든 일상생활이 교육 방법으로 사용될 수 있다.

미국 영양교육협회는 **초등학교 영양교육**의 주의점으로 다음과 같은 4가지를 제시하고 있다.

① 너무 많은 욕심을 버리고 2~3가지 행동 변화에만 집중하여 영양교육을 시킨다.

② 식품에 대한 부정적이고 비판적인 언급보다는 매일 먹어야 되는 식품과 가끔 먹어야 되는 식품과 같은 방법으로 설명하도록 한다.

③ '왜'보다는 '어떻게 먹을 건지'를 설명한다. 즉 비타민이 '왜 좋은지'와 '필요한지'에 대한 교육보다는 '어떻게 과일과 채소를 먹어 비타민을 공급할 것인지'에 대해 교육한다.

④ 영양소보다는 포괄적인 식품에 교육의 초점을 맞춘다. 비티만 C보다는 급원이 될 수 있는 과일과 채소의 섭취를 강조한다.

2 학교급식과 학교 영양교육

영양교사는 학교에서 학생의 급식과 학생의 영양교육을 담당하는 선생님이다. 그러므로 영양교육을 할 때는 학교급식에 대한 내용과 학생들을 대상으로 하는 영양교육의 특징에 대해 미리 알아 둘 필요성이 있다. 단체급식 부분에서도 학교급식에 대한 부분을 간단히 다루어 보았지만 여기서는 학교급식의 목적과 중요성을 비롯하여 학교 영양교육이 다루는 학생들의 영양과 관련된 문제점들을 간단히 살펴볼까 한다.

1) 학교급식의 목적과 중요성

학교급식이란 학교에서 진행되는 단체급식이다. 급식의 대상은 학생들이고, 급식의 주체는 영양교사이다. 학교급식은 다른 기업체급식, 군대급식 등과는 다른 목적을 가지고 있다. 학교급식의 목적은 다음과 같다.

① 올바른 식생활을 하기 위한 영양에 대한 지식을 올바르게 이해시킨다.

② 급식을 통해 바람직한 식습관을 갖도록 유도한다.

③ 같은 반 학우와 식사를 함으로써 타인과 명랑한 사교성을 갖도록 한다.

④ 식생활의 합리화, 영양 개선과 건강 증진을 도모한다.

⑤ 식량의 생산과 조리, 배분과 잔반 처리, 식품의 소중함 등을 이해시킨다.

⑥ 발육기에 필요한 영양소를 골고루 공급시켜 건강 증진과 체위 향상을 돕는다.

학교급식은 크게 보건적·교육적·사회적·국가적·환경정화적 중요성을 갖는다. 이를 자세히 보면 학교급식의 목적과 비슷한 내용을 많이 포함하고 있다.

학교급식의 보건적 중요성은 다음과 같은 곳에서 나타난다. 급식을 진행하는 학교의 경우, 급식을 하지 않는 학교 학생들에 비해 체위가 향상되고 질병발생률이 낮게 나타난다. 또한 학교급식을 통해 결식 방지, 올바른 식습관 교육, 비만과 소아당뇨병의 예방과 치료 등을 수행할 수 있다. 이런 결과들은 보건적인 면에서 매우 중요하다.

교육적으로는 학교에서 급식을 통해 선생님과 함께 식사함으로써 식사예절과 식사 중에 주의할 사항 등을 바로 교육받을 수 있다. 또한 골고루 먹는 습관을 갖게 되고, 위생에 대한 개념을 높이는 교육적 효과를 얻을 수 있다. 학교급식을 통해 아동의 학습태도, 학습능력, 개인위생에 대한 실천율 등이 좋아지는 결과도 얻을 수 있다.

사회적으로는 학생 당사자가 올바른 식습관을 갖게 되어 다른 사람들과 어울려서 쉽게 식사함으로써 협동심과 사회성을 늘려 주며, 가정으로 돌아가서 바람직한 식생활을 위한 조언자적인 역할을 하게 된다. 또 도시락에 대한 부담을 줄여 부모님의 사회활동에 도움을 주기도 한다.

국가적으로는 미래의 중요한 국민이 될 학생들의 체위가 향상됨으로써 국가경쟁력이 증가되고, 건강을 유지하여 보건복지에 지출될 예산을 절약할 수 있다. 학교급식을 통해 국가 차원에서 식량과 식품 수급, 적정 분배 등을 효율적으로 이룰 수 있어 국가 경제에 많은 도움을 받을 수 있다.

환경정화적으로는 '학교급식을 통해 음식물을 남기지 않기'와 '음식물 분리수거'를 교육할 수 있으므로 환경오염 방지와 절약 운동에 영향을 미칠 수 있다.

2) 학교 영양교육이 다루는 문제들

학교에서 진행되는 영양교육이 다루어야 하는 문제들은 다음과 같다.

일반적으로 저학년들에게는 편식과 식사예절, 개인위생에 대한 교육 내용이 영양교육의 주요 문제점으로 제시된다. 고학년으로 가면서는 성장불량, 비만, 가공식품과 간식의 남용, 충치 예방과 같은 내용으로 주요 문제점들이 변화하게 된다. 경우에 따라서는 알레르기 증상과 골절에 대한 내용이 영양교육의 주요 문제점으로 떠오르기도 한다.

저학년의 경우

편식 식사예절 개인위생

고학년의 경우

성장불량 가공식품 남용 간식 남용과 비만 충치 예방

그림 9-1
**학교 영양교육에서
다루어야 하는
문제점들**

3 영양교육 교수·학습 과정안

영양교육의 교수·학습 과정안을 만드는 데 기본적으로 알아 두어야 하는 내용은
다음과 같다.

1) 교수·학습 과정안의 정의와 의의

교수·학습 과정안이란 학습지도의 계획서를 말한다. 이전에는 수업지도안, 학습지
도안, 교수·학습지도안 등으로 불려 왔다. 교수·학습 과정안을 만들면 수업의 질
이 보장되고, 수업 진행의 차질 예방, 수업 진행을 위한 통제력 발생 등의 장점을
얻을 수 있다. 또 교수·학습 과정안을 통해 다른 사람들이 교육자의 교육의지와 목
표, 준비성 등을 평가할 수 있고, 교육이 끝난 후 평가 자료로도 사용할 수 있다.

2) 교수·학습 과정안의 요소

교수·학습 과정안은 다음과 같은 요소들이 포함되도록 작성하여야 한다.

① 수업에 활용 가능한 자료를 준비한다.
② 알맞은 교육목표를 정한다.
③ 수업을 듣는 학생들의 수준과 능력, 흥미 수준을 충분히 고려한다.
④ 교재의 내용을 충분히 연구한다.

⑤ 이전 수업과의 연관성을 고려한다.

⑥ 적절한 과제가 피교육자들에게 제시되도록 한다.

⑦ 수업의 목적이 실현될 수 있도록 계획한다.

⑧ 수업 상황에 따라 계획을 조절할 수 있는 유동성을 부여한다.

⑨ 수업시간을 미리 예상한다.

⑩ 수업 결과를 쉽게 평가할 수 있도록 한다.

3) 교수·학습 과정안의 작성 방법

교수·학습 과정안을 반드시 정해진 틀이나 양식에 맞추어야 하는 것은 아니다. 이는 수업의 특성과 환경, 교육 대상자의 상태 등에 따라 다르게 작성될 수 있다.

(1) 교수·학습 과정안의 구성 내용 체제

교수·학습 과정안의 내용 체제는 정형적인 것이 없으나 일반적으로 다음과 같은 체제에 맞추어 작성한다.

---

1. 단원명
2. 단원의 개관
3. 단원의 목표
4. 교재 연구
5. 학급의 실태
    가. 제재   나. 학습목표   다. 교수·학습 과정안   라. 형성평가   마. 판서계획

6. 시간별 지도 계획
7. 지도상의 유의점
8. 단원의 평가 계획
9. 교수 활동의 실제

---

(2) 교수·학습 과정안의 항목별 작성 요령

교수·학습 과정안에는 교수·학습 활동에 대한 포괄적인 계획을 포함한 지도 계획인 세안과 단위 시간의 활동 계획만을 나타내는 약안이 포함된다. 여기서는 약안에 대한 내용을 작성함에 있어서 제재, 학습목표, 학습 계획, 학습 과정안과 평가 계획에 대한 내용을 살펴본다.

① **제재(단원)** : 단원의 학습 계획을 밝히는 곳으로 진술은 명사형 어구, 의문형 형식 또는 "~에 대해 알아보자"와 같은 형식으로 한다. 참신하고 간단명료하게 진술하는 것이 중요하다.

② **학습목표** : 학습 후에 기대되는 교육 대상자의 행동 변화와 학습 결과에 대해 진술한다. 암시적 표현(안다, 이해한다, 느낀다)보다는 직접 관찰되는 명시적 표현이나 구체적 행동 동사(비교한다, 계산한다)를 사용하여 진술하는 것이 바람직하다. 학습목표 작성에 대한 자세한 설명은 다음과 같다.

㉠ 학습목표 진술의 필요성
- 학습목표가 세분화될 경우 교육매체 선정 기준이 명확해진다.
- 구체적이고 세분화된 학습목표로 인해 학습평가의 타당도와 신뢰도를 높일 수 있다.
- 학습자가 학습목표를 명확하게 인식할 경우 스스로 수업 계획을 세우게 되어 학습효과를 증대시킬 수 있다.
- 교사나 학습자가 학습목표를 분명히 알게 되면, 무엇을 가르쳐야 하는지가 명확해져서 수업시간을 낭비하지 않게 되고 좋은 수업 태도를 유발시킬 수 있다.

㉡ 학습목표 진술 시 범하기 쉬운 오류
- 가르칠 내용이나 주요 제목만을 학습목표로 제시하는 오류(비타민의 기능) : 학습목표는 반드시 내용과 행동 모두 진술한다.
- 교사의 수업행동이나 수업 중에 할 교사의 활동을 학습목표로 진술하는 오류(예 : 조리실습을 통해 단백질 식품의 종류를 구분한다) : 학습 후에 나타나는 피교육자의 행동을 피교육자의 입장에서 진술한다.
- 학습 결과가 아니라 학습의 과정을 기술하는 오류(예 : 가족의 영양문제에 대해 심도 깊게 토론한다) : 토론한 후 얻게 되는 기대가 무엇인지가 학습목표가 된다. '가족의 영양문제의 해결책을 구상할 수 있다'처럼 표현하여야 한다.
- 하나의 학습목표 속에 두 가지 이상의 학습 결과를 포함시키는 오류(예 : 비만의 식사요법을 설명하고, 이를 개인에게 적용시켜 본다) : 설명과 적용이라는 두 가지 진술이며, 하나씩 나누어 생각해 보아야 한다.
- 학습목표를 지나치게 세분화시켜 학습목표가 너무 많아지게 되는 오류(예 : 단백질의 구조, 기능, 구성성분의 학습을 통해 비만자, 당뇨 환자, 암 환자, 신장 환자의 식사요법 식단 작성을 할 수 있게 한다) : 비만자, 당뇨 환자, 신장 환자의 경우 단백질 조절식 환자와 같은 형태로 조정해야 한다.

㉢ 학습목표 진술 방식
- 구체적인 내용과 행동을 진술한다('~한다, ~할 수 있다'로 표현한다).
- 학습자 입장에서 진술한다(예 : 자신의 비만도를 측정할 수 있다).
- 학습 결과에 초점을 맞추어 행동을 기술한다(예 : 자신에게 맞는 식단을 작성할 수 있다).
- 하나의 학습목표에는 한 가지 학습 성과만을 진술한다.
- 단위 수업시간에 달성할 수 있는 분량의 목표를 진술한다.

㉣ 학습목표 진술에 사용되는 행동 동사 : Bloom과 Krathwohl은 교육목표 분류학의 이름으로 교육목표를 내용과 행동으로 분류하는 방법을 개발하였다. 이는 교육목표 진술에 매우 유용한 방법이다(표 9-1). 여기서는 행동을 인지적 영역cognitive domain, 정의적 영역affective domain, 운동기능적 영역psychomotor domain으로 나누어 사용되는 예를 동사와 예를 제시하고 있다.

표 9-1
목표 진술에 사용되는 행동 동사 및 영양교육 학습목표의 예

영 역		목표 진술에 사용되는 동사의 예	영양교육 학습목표 진술 예
인지적 영역 (이해)	지식	정의한다, 열거한다, 기술한다, 진술한다, 찾아낸다, 명칭을 댄다, 짝짓다	• 편식을 정의한다. • 식품구성탑의 식품군을 기술한다. • 칼슘의 체내 기능을 기술한다.
	이해	구별한다, 설명한다, 전환한다, 부연한다, 일반화한다, 예시한다, 예측한다, 요약한다	• 좋은 식습관과 나쁜 식습관을 구별한다. • 식이섬유의 체내 역할을 구별한다.
	적용	적용한다, 작성한다, 계산한다, 사용한다, 수정한다, 조정한다, 준비한다	• 자신의 열량에 맞는 식단을 작성한다. • 자신의 비만도를 계산한다. • 식사운동일기를 주 3회 쓴다.
	분석	분석한다, 도식한다, 변별한다, 지적한다, 가려낸다	• 식이장애 원인을 찾기 위하여 상담 사례를 분석한다. • 체내 소화 과정을 도식한다.
	종합	계획한다, 제안한다, 설계한다, 분류한다, 고안한다, 창출한다	• 자신의 열량에 맞는 식단을 계획한다. • 식품교환표의 식품군을 군별로 분류한다.
	평가	평가한다, 판단한다, 판정한다, 비교한다, 등급을 매긴다	• 주어진 식단이 가족의 기호도에 적합한지 여부를 판단한다. • 자신의 비만도를 판정한다. • 식사 내용의 영양적 균형상태를 평가한다.
정의적 영역 (태도)		수용한다, 인식한다, 주의 깊게 듣는다, 태도를 가진다, 관심을 가진다, 완성한다, 참여한다, 흥미를 보인다, 실행한다	• 비만의 심각성을 인식한다. • 편식 실습시간에 자진해서 참여한다. • 음식을 골고루 먹으려는 태도를 가진다. • 역할연기에 흥미를 보인다.
운동기능적 영역 (기능)		선택한다, 시작한다, 찾아낸다, 준비한다, 진행시킨다, 만든다, 조립한다, 진열한다, 혼합시킨다, 측정한다, 변화시킨다, 조정한다, 정돈한다, 설계한다	• 샌드위치 만드는 데 필요한 조리기구를 찾아낸다. • 시범에 따라서 스크램블에그를 만든다. • 환자의 상태에 따라 식사량을 조정한다.

자료 : 손숙미, 이경혜, 김경원, 이연경(2007), 영양교육 및 상담의 실제

③ **학습 계획** : 학습 계획은 학습 내용, 학습집단, 학습활동과 학습자료에 대한 내용을 열거하고 기술하는 방법으로 진술한다.

④ **학습 과정안** : 학습 과정은 단계, 교수·학습 활동, 시간, 자료 및 유의점에 대한 내용을 진술한다.

　　단계는 교과 특수성에 다른 단계를 선정하고, 제시하고 각 과정을 열거한다. 교수·학습 활동은 교수와 학습 활동 중 예상 가능한 모든 것을 쓰는 것이다. 각 단계의 위계를 분명하게 정하여 적절한 기호를 사용하는 것도 중요하다. 시간은 단계별 소요 시간을 예상하여 분단위로 표시하는 것이다. 너무 세분화시키거나 여러 과정을 하나로 묶는 것은 옳은 접근이 아니다. 자료 및 유의점은 자료가 어느 시점에서 활용될 것인지와 교수·학습 과정에서 교사가 명심하고 주의하여야 할 점을 다양하게 적어 주어야 한다.

⑤ **평가 계획** : 학습목표의 도달도를 측정하는 내용을 적는 것이다. 학습목표의 도달 여부를 알 수 있는 의문형의 문장을 2~3개 정도 제시하도록 한다.

(3) 교수·학습 활동의 기법과 작성 시 주의점

교수·학습 과정 안에서 교수·학습 활동에 사용되는 기법에는 다음과 같은 것들이 있다.

① **교육 시작 기법** : 교육을 시작하면 처음 2~3분이 전체 분위기를 좌우한다. 교육의 도입 과정으로 교육 내용의 필요성, 교육자에 대한 신뢰, 선행 학습의 복습 등을 진행하여 교육의 효과를 키운다. 또한 교육목표를 정확하게 제시하여 교육 대상자들이 능동적으로 참석할 수 있도록 계획을 세운다.

② **교육 진행 기법** : 교육자에게 있어 교육 내용의 전달 기술은 매우 중요하다. 그러므로 교육을 시작하기 전에 사전 준비를 철저히 한다. 교육 방법을 반복 연습하고 자신의 몸짓, 말하는 태도, 대화기술 등을 비디오를 이용하여 녹화한 다음 보고 평가하면 도움이 된다. 또는 자신의 교육 방법에 대하여 비판해 줄 수 있는 사람을 청중 속에 배치하여 모니터링하도록 한다. 교육 당일에는 교육 대상자 집단에 좋은 이미지를 주는 옷을 입고 미리 교육이 이루어지는 장소에 도착하여 교육 대상자, 좌석 배치 및 시설 등을 사전에 점검한다. 가능하다면 사전에 시청각 기자재 등을 이용하여 리허설을 해 본다. 교육이 시작되면 교육 대상자들이 집중할 수 있게 한 후 교육한다. 시선은 교육 대상자에게 골고루 준다. 대본을 읽는다는 느낌보다는 대화하듯이 자연스럽고 편안한 마음으로 이야기할 수 있도록 계획을 세운다. 필요한 부분은 강조, 요약, 질문을 거쳐 내용이 오래 남도록 한다.

③ **질문시간의 활용 기법** : 질문시간은 미리 교육 시작 전에 알려 주어 진행을 원활하게 한다.

교수·학습 과정안 작성 시의 주의점 ●

1. 교재에 대한 내용 연구를 충실히 한다.
2. 수업 시간 배분에 신경 쓰고, 유동성이 있도록 한다.
3. 학습목표 달성에 가장 적합한 학습 모형을 적용하여 작성한다.
4. 학습목표와 수업의 중요 사항을 구체적이고 분명하게 진술한다.
5. 학생의 흥미, 요구와 능력과 수준을 고려하여 적합하게 작성한다.
6. 선행학습은 물론 타 교과와 후속학습과의 연관성도 고려하여 작성한다.
7. 교재 외의 다양한 보충 자료나 관련 자료를 다양하고 적합하게 사용한다.

교육 대상자 집단이 아주 크거나, 필요한 경우 질문을 종이에 적어 내도록 하는 것이 좋다. 질문 내용이 주제에 벗어나거나 개인적인 경우는 교육이 끝난 후 따로 논의할 것을 제안한다. 질문의 답을 모르는 경우는 솔직하게 알아본 후 답해 줄 것을 약속한다. 가능하면 '틀렸다', '아니다' 등 부정적인 답변보다는 '그럴 가능성도 있겠습니다만……' 하고 우회적이고 긍정적인 표현을 사용한다.

 교수·학습 과정안의 작성 예 ●

다음 교수·학습 과정안의 작성 예를 통해 과정안에 대한 실제 모습을 정확하게 이해해 보도록 한다.

작성 예 1. 초등학교 특별활동과 영양상담 프로그램의 예

구재옥의 〈학동기 아동을 위한 영양교육프로그램 및 매체개발〉(보건복지부, 2000)에 나타나 있는 예이다. 여기서는 초등학교에서 특별활동 또는 상담 프로그램으로 진행되고 있는 편식아동반 프로그램을 6주 과정으로 분류하여 각 주에 대한 세부적 주제와 목표와 과정안을 제시하였다. 6주 교육에 대한 학습 주제와 학습목표 및 제2주차 편식의 학습지도안은 아래 표에 나타내었다.

편식 아동반 프로그램 및 주별 학습지도안(4~6학년)

구 분	주 제	학습목표
1주	교육 과정 소개 및 자기소개서 작성	• 교과과정을 소개한다. • 교육에 참가한 아동에 대해 파악한다(자기소개서, 상담기록표 작성 및 체위 측정). • 기호도 조사, 식습관 조사, 영양지식 조사
2주	편 식	• 음식의 중요성을 알고, 음식을 골고루 먹는 태도를 갖는다. • 올바른 식사태도를 익힌다.
3주	영양소의 역할 및 균형식	• 영양소의 역할에 대해 알아본다. • 균형식에 대해 알아본다. • 무기질·비타민의 종류 및 기능에 대해 알아본다.
4주	비타민과 무기질이 풍부한 채소·과일 식품	• 게임을 통해 흥미롭게 각 식품군의 식품을 알게 한다. • 아동들이 주로 기피하는 채소 위주로 알아본다.

(계속)

구 분	주 제	학습목표
5주	역할극을 통한 식습관의 조명	• 역할극을 통해 식품이 몸속에 들어가면 어떠한 영향을 주는지 이야기한다.
6주	튼튼아동반 참여소감 발표 및 기호도, 식습관 영양지식의 변화 조사	• 튼튼아동반에 참여한 소감을 발표하고 평가한다. • 튼튼아동반에 참여한 후의 기호도, 식습관, 영양지식 변화를 알아본다.

편식아동 영양교육 학습지도안의 예(편식 2주차 교육안)

단 원	편식과 바른 식습관			차 시	2/6
주 제	편 식				
수업목표	영양소의 역할에 대해서 알아본다. 균형식에 대해서 알아본다.			학습준비물	
학습목표	1. 음식의 중요성을 알고, 음식을 골고루 먹는 태도를 갖는다. 2. 올바른 식사태도를 익힌다.			스케치북, 색연필	
수업 구조	<원숭이 나라> 동화 듣기	→	편식의 정의, 증상, 원인, 교정법 알기	→	<원숭이 나라> 동화 듣기

단 계	시 간	학습 내용	학습 활동	자료 및 유의점
도 입	15분	• <원숭이 나라> 동화 듣기	• 동화 <원숭이나라>를 들려주어 흥미를 유발시킨다. <질문> 1. 게으름이는 맛있는 것을 많이 먹었는데 왜 몸이 아프고 살만 쪘을까요? 2. 튼튼이는 어떻게 대장 원숭이가 될 수 있었을까요? 3. 게으름이는 왜 대장 원숭이가 못 되었을까요? • 학부모님용 설문시를 제출하게 한다.	OHP
전 개	15분	• 올바른 식품 선택하기 • 음식물 안 남기기 • 식사태도 알아보기	• 많은 음식물이 있는데 이 중에서 우리 몸에 이로운 음식과 해로운 음식이 있다. – 영양신호등으로 이로운 음식과 해로운 음식에 대하여 설명 • 동화에서 만약 우리가 음식물을 버리지 않았다면 게으름이는 무엇을 먹었을까? – 우리가 먹고 버리는 음식물이 썩어 강물과 산 등 자연을 오염시켜 비정상적인 모습의 생명체가 나타난다. • 올바른 식사태도 익히기 – 아동들에게 발표하게 한다. • OHP 필름의 그림을 보고 올바른 식사태도에 대해서 복습한다.	보드판 OHP
정 리	10분	• 노래 배우기	• <튼튼이가 될거야>(개사곡) 노래 부르기 • 다음 차시 예고	개사 악보 보드판

(계속)

작성 예 2. 우리나라 발효식품의 우수성을 교육하기 위한 교수·학습 과정안

창원대학교에서 제시한 교수·학습 과정안으로 발효식품에 대한 우수성을 교육하는 내용을 담고 있다.

200 년 월 일 요일 교시		영양교사			
단 원	조상들의 지혜, 전통발효식품	학 년	3	차 시	1
학습 주제	우리나라의 전통발효식품 알기	학습 형태	강의식, 멀티미디어		
학습목표	1. 전통발효식품의 종류를 설명할 수 있다. 2. 전통발효식품이 건강에 좋은 점을 설명할 수 있다.				
교수· 학습 자료	교 사 ─ 플래시 자료, 학습 자료				
	학 생 ─ 교재, 필기도구				

단 계	교수·학습 활동	시 간	자료·유의점
도 입	1. 학습동기 유발 • 다음 중 발효식품이 들어 있는 속담은? 　─ 욕심쟁이 메주 빗어 놓듯 　─ 값싼 것이 비지떡 　─ 구슬이 서 말이라도 꿰어야 보배 　─ 김칫국부터 마신다. 2. 공부할 문제 제시 • 전통발효식품의 종류와 건강, 좋은 점을 알아본다.	5'	• 플래시 자료 • 학습 분위기를 　조성한다. • 플래시 자료
전 개	1. 학습활동 안내 • 활동 1 : 발효식품이란 무언인가요? • 활동 2 : 발효식품의 좋은 점 이야기하기 • 활동 3 : 우리나라와 서양의 발효식품 구분하기 • 활동 4 : 전통발효식품의 우수성을 알리는 광고 만들기 ■ 활동 1 : 발효식품이란 무엇인가요? • 발효식품의 뜻 알기 　─ 발효란 식품을 저장하는 과정에서 생겨난 좋은 미생물 　　들의 작용으로 식품 성분들이 변화하여 영양가가 높아 　　지고, 좋은 맛과 향기를 만들어내는 과정을 말하며, 이 　　런 과정을 통해 얻어지는 식품을 말함 • 교사는 식품을 발효시킬 때 특히 장독을 사용해 온 이유를 　설명해 준다. 　─ 작은 구멍을 가지고 있기 때문에 숨을 쉴 수 있음 　─ 내부의 온도를 일정하게 유지시켜 줌 • 우리 주변에서 볼 수 있는 발효식품에 대해 이야기하기 ■ 활동 2 : 발효식품의 좋은 점 이야기하기 • 발효식품의 좋은 점 　─ 비타민, 무기질, 단백질이 풍부해요. 　─ 장을 튼튼하게 해요. 　─ 변비와 비만을 예방해요. 　─ 면역력을 높여주고, 항암작용을 해요. 　─ 음식이 상하는 것을 막아 줘요. • 우리 몸에 좋은 영향을 미치고 있는 전통발효식품을 친숙 　하게 하여 섭취를 장려한다. ■ 활동 3 : 우리나라와 서양의 발효식품 구분하기 • 학생들이 교재 '해 보기'에 제시된 발효식품을 우리나라와 　서양발효식품으로 분류해 보기	3' (8') 27' (35')	• 교재 • 플래시 자료, 　교재

(계속)

전개	– 우리나라 발효식품(김치, 된장, 간장, 고추장, 식초, 막걸리, 젓갈) – 서양의 발효식품(치즈, 요구르트, 맥주, 포도주, 빵) • 교사는 발효식품이 어디에 속하는지 이야기하며 바르게 분류한 경우 동그라미를 치게 한다. ■ 활동 4 : 전통발효식품의 우수성을 알리는 광고 만들기 • 각 모둠별로 학습자료인 식품카드를 하나씩 나눠 주고, 전통발효 식품의 우수성을 알리는 광고를 제작하게 한다. – 학습자료를 점선에 맞추어 하나씩 오려 카드로 만들어 사용하며, 우수성 내용이 반영된 광고를 제작하도록 지시한다. • 발표하기 – 각 모둠별로 발표를 함 – 전통발효식품 홍보활동을 통해 그 우수성을 다시 한 번 인식하고 즐겨 먹을 수 있게 한다.		
정리	■ 학습 내용 정리하기 • 발효식품의 좋은 점을 이야기해 보자. • 전통발효식품의 종류를 이야기해 보자. ■ 차시 예고 : 맛있는 김치이야기(1) ■ 정리정돈 ■ 인사하기	5' (40')	• 플래시 자료
평가계획	발효식품의 우수성을 이해하고 섭취한다.		D

자료 : 창원대학교 영양교육상담실(2006), 영양교사용 지침서 '영양과 건강'

4 CAI를 이용한 교육

CAIComputer Assisted Instruction는 컴퓨터 발전 및 인터넷망 보급과 더불어 급격히 사용이 증가하고 있는 교육 방법이다. 최근 대학이나 학원가를 중심으로 점차 그 영역을 넓히고 있으며, 일부 대형 급식업체 역시 종업원의 영양·위생교육을 위해 사용하고 있다.

1) CAI의 정의

CAIComputer Assisted Instruction는 컴퓨터를 직접 수업매체로 활용하여 지식, 태도, 기능의 교과 내용을 학습자에게 가르치는 수업 방법이다. 교수·학습 프로그램인 코스웨어를 통해 학습 내용을 제시하고 학습 과정을 상호작용으로 지도 및 통제하며 학습 결과를 평가한다. CAI는 학습자 개개인에 맞는 수준과 속도로 학습을 진행할 수 있도록 해 주고, 학습자와 프로그램 간 상호작용의 기회를 충분히 제공해 준다. 또한 학습 진단과 처방을 내릴 수 있고, 인내심을 가지고 격려해 주어 학습자가 실수를 두려워하지 않게 하는 장점이 있다.

2) CAI의 기원 : 컴퓨터 학습 프로그램

CAI는 교수용 소프트웨어인 코스웨어를 통하여 학습자를 가르치는 체제로, 그 기원은 교수기계teaching machine와 프로그램 학습에서 시작되었다. 교수기계는 1958년에 지멘Zeaman과 스키너가 프레시Pressey의 교수기계를 발달시켜 새로운 형태의 교수기계를 고안한 것으로, 몇몇 산업체에서도 다양한 유형의 교수기계를 만들어냈다.

교수기계는 반응구성형으로 사전에 준비된 순서대로 학습 내용을 연속적으로 제시하고 학습자가 스스로 각 항목에 대해 해답을 기록하면 즉각 반응하여 정답과 오답의 여부를 알려 줄 수 있는 개별 처리 기능이 있다.

프로그램 학습은 책의 형식으로 되어 있어 위 교수기계의 원리와 장점을 살리면서 교수기계의 큰 부피와 엄청난 경비의 부담을 줄일 수 있도록 고안되었다. 이는 스키너의 강화이론에 토대를 두며, '주어진 학습목표에 도달시키기 위해 자극－반응관계에 대하여 학습자의 경험을 계획적으로 계열화한 것'이라고 정의된다.

프로그램 학습은 개별학습과 깊은 관련이 있다. 다시 말해 배워야 할 학습 내용을 학습자가 이해할 수 있는 기본 단위로 잘게 쪼개 점진적으로 목표에 도달하도록 배열함으로써, 모든 학습자가 성취감을 느끼면서 자신의 속도에 따라 목표에 도달할 수 있도록 되어 있다.

프로그램 학습의 원리는 다음의 몇 가지로 요약된다.

① 학습 내용이나 문제는 쉽게 답할 수 있도록 단계step 혹은 프레임frame으로 제시한다.
② 각 스텝 혹은 프레임마다 학습자의 반응을 유도한다.
③ 학습자의 반응에 피드백해 주며 오답인 경우 원인을 알고 정정할 수 있는 분지된 처방을 제공한다.
④ 학습 내용과 관련된 문제 해답에 도움을 주는 힌트나 단서를 사용하여, 힌트를 점차적으로 제거해 가는 페이딩fading 기법을 사용한다.
⑤ 각 프레임을 작은 스텝으로 고안해 정답률을 높이고 학습자의 성취감을 높여 강화의 횟수를 늘린다.
⑥ 자극－반응관계를 반복 제시함으로써 적극적인 학습 참여를 유도하고 주의 집중을 높인다.

이상의 프로그램 학습원리는 CAI에 그대로 적용된다. 즉, CAI가 추구하는 개별학습은 프로그램 학습의 기본 원리를 이어받은 것으로 CAI의 코스웨어를 설계할 때에도 분지를 활용하여 학습자의 반응에 따라 반복하여 내용을 제시하고, 힌트를 제시하거나 보다 심화된 내용으로 도약할 것인지를 고려하고 있다.

3) CAI의 특성

컴퓨터가 갖고 있는 교육적 잠재성을 수업에 적절하게 활용하기 위해서는 CAI 코스웨어를 통한 수업 방법의 장점을 잘 알고 있어야 한다.

① **상호작용적이다** : CAI에서는 교사와 학습자 사이에 정보를 교환하는 상호작용이 역동적으로 일어난다. 컴퓨터는 학습자의 반응에 따라 학습자의 특성과 능력을 평가 분석하여, 그 결과에 따라 학습자에게 적합한 과제를 선정하여 제시할 수 있다. 특히 어떠한 반복학습에서도 인내를 가지고 계속적으로 학습자를 상대해 줄 수 있다.

② **교수·학습 과정이 개별화된다** : 개별화된 패키지는 학습자가 이해한 것을 즉각 모니터하여 학습자의 요구에 기초하여 응답해 줄 수 있으며, 학습태도와 학습능력 수준이 같지 않은 개별 학습자를 동시에 수용하여 기대하는 성취수준에 개별적으로 이르게 할 수 있다.

③ **흥미로운 학습경험을 제공해 줄 수 있다** : 내용 진행과 화면 처리 방식에서 다양한 기법을 사용할 수 있다. 애니메이션이나 그래픽 등을 이용해서 강조하려는 내용을 재미있게 제시할 수 있는 것이다. 어린이를 위한 이야기 읽기 프로그램인 경우, 이야기 속에 자신의 이름이나, 취미, 좋아하는 음식 정보 등을 삽입할 수 있도록 프로그램을 설계하면 학습자는 더욱 친밀감을 느낄 수 있다.

④ **운영상 편리하며 비용효과**cost-effectiveness**적이다** : CAI 코스웨어는 교사가 가르치는 것과 똑같은 과정을 제공해 주어 교사가 없는 곳에서도 수업이 가능하다. 이를 이용하면 원격교육이나 무학년·무학급 교육과정도 충분히 운영해 나갈 수 있다. 또 필요한 수업 내용을 컴퓨터를 활용하여 얼마든지 복제할 수 있고, 통신망을 통해 원거리로 보낼 수 있으므로 개발비용이 처음에 다소 높다 하더라도 장기적으로 볼 때는 비용 측면에서도 효과적이다. 또한 과다한 비용이 들거나, 위험부담이 높은 훈련 내용을 모의실험해 볼 수 있으므로 경제적이면서도 안전하다.

CAI는 이처럼 교육적 가치를 인정받고 있음에도, 활용적인 면에서 몇 가지 제한점을 지닌다.

① **하드웨어에 소요되는 비용이 높다** : 적합한 하드웨어가 제공되어야만 코스웨어를 사용할 수 있다. 코스웨어 제품 간에 호환성이 결여되어 있는 실정이므로 한 코스웨어를 여러 기종에 사용하기 어렵다.

② **컴퓨터 모니터를 통해 재현되는 그래픽은 실제적이지 못하다** : 컴퓨터 영상은 색상 종류와 배합에 제한이 뒤따르며 화면의 해상도resoultion가 낮고, 동적인

화면을 구성하기가 어렵다. 프로그램을 코스웨어를 옮겨 주는 저작 시스템 autoring의 발전으로 다양한 색상으로 애니메이팅된 해상도 높은 그래픽을 제시할 수도 있지만, 이를 위해서는 엄청난 시간과 노력이 요구된다.

③ 코스웨어가 질, 양, 다양성의 측면에서 부적절하다고 인정되고 있다 : 질적 측면에서 학습과제나 학습자의 요구, 학습자 특성에 대한 세심한 분석이 뒷받침되지 않으며, 새로운 지식이 빨리 축적되어 감에 따라 개발 시간과 노력에 비해 수명이 짧다. 또한 수요가 많은 중간 능력 학습자의 수준에 맞추어 개발되므로 영재나 지진아들의 개별학습 요구를 만족시키지 못하고 있다.

이러한 코스웨어의 질, 양 다양성에서 비롯되는 문제점을 해결하기 위해서는 학습목표나 내용, 학습자의 특성과 배경에 관한 면밀한 검토가 코스웨어 개발에 선행되어야 하며, 학교 현장에서 적시에 사용할 수 있는 교사용 지침서나 교사가 코스웨어를 수정하고 보완할 수 있도록 안내해 주는 보조자료가 있어야 한다. 무엇보다 중요한 것은 질 좋은 코스웨어가 개발되어야 한다는 것이다. 컴퓨터가 무엇이든 저절로 해결해 준다는 '컴퓨터 신드롬'에서 탈피하여야 한다.

4) CAI의 유형

CAI는 다양한 형태를 가지고 있다. 이는 다양한 피교육자의 형태에 맞도록 제공할 수 있다. 표 9-2는 CAI 유형을 간략히 정리해 놓은 것이다.

표 9-2
CAI의 유형

유 형	교사 역할	컴퓨터 역할	학습자 역할	예
반복연습형	• 선수지식들의 순서화 • 연습을 위한 자료 선택 • 진행상황 점검	• 학생 반응을 평가하는 질문 던지기 • 즉각적 피드백 제공 • 학생 진전 기록	• 이미 배운 내용을 연습 • 질문에 응답 • 교정/확인 받음 • 내용과 난이도 선택	• 낱말 만들기 • 수학명제 • 지식 산출
개인교수형	• 자료 선택 • 교수에 적용 • 모니터	• 정보 제시 • 질문하기 • 모니터/반응 • 교정적 피드백 제공 • 핵심 요약 • 기록 보존	• 컴퓨터와 상호작용 • 결과 보고 • 질문에 대답하기 • 질문하기	• 서기(clerical) 교육 • 은행원 교육 • 과학 • 의료 절차 • 성경 공부

(계속)

유 형	교사 역할	컴퓨터 역할	학습자 역할	예
시뮬레이션형	• 주제 소개 • 배경 제시 • 간략하지 않은 안내	• 역할하기 • 의사 결정의 결과 전달 • 모형의 유지와 모형의 데이터 베이스	• 의사 결정을 연습 • 선택하기 • 결정의 결과 받기 • 결정 평가	• 고난 극복 • 역사 • 의료 진단 • 시뮬레이터 • 사업 관리 • 시험실 실험
게임형	• 한계를 정함 • 절차 지시 • 결과 모니터링	• 경쟁자, 심판, 점수 기록자로 행동	• 사실 전략, 기술률 • 학습 • 평가 선택 • 컴퓨터와의 경쟁	• 분수 게임 • 계산 게임 • 철자 게임 • 타자(typing) 게임
발견학습형	• 기본적인 문제 제시 • 학생 진전을 모니터	• 정보 원천을 학습자에게 제공 • 데이터 저장 • 검색 절차 허용	• 가설 만들기 • 추측을 검증 하기 • 원리나 규칙 개발하기	• 사회과학 • 과학 • 직업 선택
문제해결형	• 문제를 확인 • 학생들을 돕기 • 결과 검증	• 문자 제시 • 데이터 조작 • 데이터베이스 유지 • 피드백 제공	• 문제 정의 • 해결안 세우기 • 다양성 조절	• 사업 • 창의력 • 고난 극복 • 수학 • 컴퓨터 프로그래밍

5 문제중심 학습법

문제중심 학습법Problem based learning ; PBL은 상대주의적 인식론에 바탕을 둔 구성주의 학습 모형으로 Howard S, Barrows에 의해 제시되었으며 실제적 과제의 해결을 통해 학습자의 능동적 학습을 촉진시키기 위한 학습자 중심적 문제중심 전략이다. 이 학습법은 학생 중심의 교육환경을 강조한다. PBL에서 지식은 학생이 속해 있는 조직의 구성원으로 다른 구성원과의 상호작용을 통해 습득된다고 본다. 이러한 근거로 PBL의 학습 구조는 자율학습과 협동학습으로 구성된다.

문제중심 학습법은 이전 학습법과 비교해서 실생활의 복잡한 문제를 교육목표를 잡아 소그룹 협동학습을 이용하여 교육을 진행시킨다. 이 경우 피교육자는 능동적이고 주체적인 입장에서 교육에 참여하고, 교육자는 학습자의 학습을 지원하는 코치의 역할을 담당한다.

문제중심 학습법의 특징은 적극적이고 수준 높은 학습을 가능하게 한다는 것이다. 실질적인 문제로부터 학습이 시작되기 때문에 자기주도적 학습능력이 강조된다.

이와 더불어 비구조화된 문제가 주로 사용된다. 문제중심 학습법의 학습 진행 과정은 '문제 제시 → 가절 설정 → 실행 계획서 작성 → 자기주도적 학습(정보 수집과 분석) → 소그룹 활동(토의와 토론) → 해결책 제시 → 수정과 공유'이다.

문제풀이

01 다음은 배로스(H. Barrows)의 문제 중심 학습(Problem Based Learning ; PBL)을 적용한 '가정생활 문화' 단원에 대한 교단 일기의 일부이다. 괄호 안의 ①, ②에 들어갈 용어를 순서대로 쓰고, 밑줄 친 (A)가 갖추어야 할 요건 2가지를 설명하시오. [4점] 유사기출

교단 일기

가정 시간에 처음으로 문제 중심 학습을 시도했다. 먼저 학생들에게 모둠 활동 수업을 어떻게 진행할지 구체적으로 설명하였다. 주제는 '한복 박물관 기획하기'였고, 이 주제와 관련된 (A) <u>문제</u>는 시나리오 형태로 제시하였다. 문제 제시 단계에서는 문제와 관련된 시나리오를 읽게 하고 모둠별로 아이디어(생각), (①), (②), 향후 계획을 논의하게 하였다. 학생들은 모둠별 토의를 통해 다음과 같이 문제를 분석하고 모둠 활동지에 작성하였다.

… (중략) …

학생들은 (①)에 해당하는 것으로, 이미 알고 있는 내용인 시대별·신분별 한복의 개략적인 특징을 적었다. 그리고 (②)에 해당하는 것으로, 앞으로 알아야 할 내용인 한복의 구체적인 기원과 시대별 특징, 신분에 따른 한복의 구체적인 특징, 박물관의 구조 및 전시 방법 등을 적었다.

… (하략) …

---

① : _____   ② : _____

(A)가 갖추어야 할 요건 2가지   _____

_____

02 김 교사는 '식품구성자전거'를 주제로 직소 Ⅰ(Jigsaw Ⅰ) 모형에 따른 협동학습을 실시하기 위해 한 모둠을 6명으로 구성하고, 각 학생에게 서로 다른 전문가 과제를 주었다. 과제 분담표의 ㉠, ㉡에 해당하는 과제 내용을 각각 쓰고, 아래 대화에 나타난 직소 Ⅰ 모형의 문제점 2가지를 제시한 후 직소 Ⅱ(Jigsaw Ⅱ) 모형으로 각각의 문제점을 보완할 수 있는 방안을 서술하시오. [5점] 유사기출

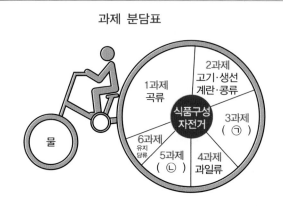

과제 분담표

김 교사   지난 시간에는 '식품구성자전거'의 앞바퀴로 표현된 '물'의 체내 기능에 대해서 공부했습니다. 오늘은 '식품구성자전거'의 나머지 6가지 과제로 모둠 활동을 시작하겠습니다.

… (중략) …

자신의 전문가 과제에 따라 전문가 모둠으로 이동하여 전문가 활동을 15분간 진행해 주세요. 그리고 다시 자신의 모둠에 돌아와서 모둠원들이 과제를 잘 이해할 수 있도록 설명해 주세요. 6명의 과제 설명이 모두 끝나면 개별 시험을 보겠습니다.

… (중략) …

마 음   경태가 전문가 집단에서 배운 것을 제대로 설명해 주지 않아서 '과일류'를 잘 이해하지 못했어요.

지 은   저도 그런 적이 있어요. 지난 시험에서 모둠 구성원 모두 보라가 맡았던 전문가 과제 분야에서 낮은 점수를 받았어요.

경 태   어차피 성적은 개인별로 받으니까 모둠에서 제 역할이 그렇게 중요하지는 않은 것 같아요.

㉠ : _____   ㉡ : _____

직소 Ⅰ 모형의 문제점 2가지   _____

_____

직소 Ⅱ 모형으로 각각의 문제점을 보완할 수 있는 방안   _____

_____

_____

03 다음은 2015 개정 교육과정(교육부 고시 제2015-74호)에 대한 박 교사와 강 교사의 대화이다. 밑줄 친 ①의 내용에 해당하는 과목명과 ②에 해당하는 용어를 쓰시오. [2점] [유사기출]

> 박 교사　최근 개정된 2015 개정 교육과정을 보면 특성화 고등학교와 산업수요 맞춤형 고등학교에 적용되는 교육과정이 이전과 많이 달라졌다고 들었어요.
>
> 강 교사　네, 교육청에서 이번에 실시한 연수에서 그에 대한 내용을 집중적으로 강의하더군요. 먼저 2015 개정 교육과정에서는 역량중심 교육과정을 학교에 적용하여 '아는 교육'에서 '할 줄 아는 교육'으로 변화를 유도하려고 합니다.
>
> 박 교사　그래요? 교과 편제는 어떻게 구성되어 있는데요?
>
> 강 교사　먼저 전문 교과 Ⅱ는 ① 전문 공통 과목, 기초 과목, 실무 과목으로 구분되어 있고, 특히 실무 과목의 경우에는 ② 산업현장에서 직무를 수행하기 위하여 요구되는 지식·기술·소양 등의 내용을 국가가 산업 부문별·수준별로 체계화한 것을 기반으로 해야 하며 필요에 따라 내용 영역(능력 단위) 중 일부를 선택하여 운영할 수 있다고 합니다.
>
> 박 교사　그렇군요, 교육과정에 상당히 큰 변화가 있는 것 같습니다. 개정된 교육과정에 따라 교육하기 위해서는 앞으로 많은 준비가 필요하겠어요.

① : _____　② : _____

04 다음은 식품가공 교과에 대한 학습목표를 잘못 진술한 사례이다. 올바른 학습목표로 바꾸어 진술하시오. [기출문제]

오류의 유형	잘못된 학습목표	올바른 학습목표
교수 활동을 학습목표로 진술	현미경을 통해 미생물을 관찰한다.	①
학습의 결과가 아닌 과정으로 진술	빵의 성분에 대해 토의한다.	②
교과목의 내용이나 주요 제목으로 나열	버터의 제조 공정	③
두 가지 행동 목표로 진술	달걀의 특성을 이해하고, 마요네즈를 만들 수 있다.	④

① : _____

② : _____

③ : _____

④ : _____

학습목표 진술 시 흔히 범하기 쉬운 오류들을 묻고 있는 문제이다. 대책은 아래와 같다.

1. 교수 활동을 학습목표로 진술한 경우 학습 후에 나타나는 피교육자의 행동을 피교육자의 입장에서 진술하여야 한다.
2. 학습의 결과가 아닌 과정으로 진술한 경우 토론 후 얻게 되는 기대가 무엇인지가 학습목표가 된다.
3. 교과목의 내용이나 주요 제목으로 나열한 경우 학습목표는 반드시 내용과 행동 모두 진술한다.
4. 두 가지 행동 목표로 진술한 경우 설명과 적용이라는 두 가지 진술을 하나씩 나누어 진술하도록 한다.

05 조리 실습 시간을 효율적으로 운영하기 위해 지도해야 할 가스레인지의 사용 전, 사용 중, 사용 후의 주의 사항을 각각 1가지씩 쓰시오. [기출문제]

사용 전 주의 사항 _____

사용 중 주의 사항 _____

사용 후 주의 사항 _____

조리 시간에 자주 사용하는 가스레인지의 주의 사항을 사용 전, 중, 후로 나누어 살펴보는 문제이다. 가스레인지의 사용 시 주의 사항은 수평으로 설치하여야 하며, 주방기구의 하부 중앙에 불꽃을 맞추어 사용하여야 열손실이 적다는 것이다. 주방용기의 밑이 젖어 있을 때 사용하면 가스가 많이 소비되며, 국물 및 먼지로 인하여 연소기구가 더러워지면 불완전연소가 되어 붉은 불꽃이 나고 화력이 약해진다. 월 1회 이상 연소솔(칫솔) 따위로 불구멍 주위를 청소하여야 하고, 중간 밸브의 개폐 여부와 가스가 새는지를 주의 깊게 체크하여야 한다.

06 다음은 고등학교 영양교육의 '영양소비생활' 단원을 수업하기 위해 박 교사가 선택한 PBL{문제기반(중심)학습} 모형이다. 이 모형의 특징을 교사의 역할 측면에서 1줄 이내로 쓰시오. 그리고 (가)의 1단계에서 학습자가 정의해야 하는 문제를 (나)의 사례를 통해 쓰고, 4단계와 5단계에 해당하는 학습 형태를 각각 쓰시오. [기출문제]

(가)

단계	활동
1단계	문제 정의하기
2단계	학습목표 설정
3단계	수행 계획
4단계	(①)
5단계	(②)
6단계	해결안 제시
7단계	평가 및 반성

(나)

상희는 중간고사가 끝나자 저축한 용돈으로 그동안 먹고 싶었던 홍어회를 구입하였다.
포장 배달이 된 홍어회를 먹으려 포장을 열었더니 하나는 냄새가 거의 나지 않고 하나는 냄새가 너무 심하게 났다. 동일한 제품을 시켰는데 이런 이유를 친구들에게 물어봤으나 정확한 이유를 모른다고 했다. 인터넷을 찾아보아도 정확한 이유는 나타나지 않았다.

교사 역할 측면에서의 특징 _____

_____

문제 정의 _____

학습 형태 ① : _____, ② : _____

해설 본문의 PBL에 대한 내용을 참고하도록 한다.

07 다음은 어느 실업계고등학교에 근무하는 K교사의 교수·학습 활동에 관한 내용이다. 효과적인 교수·학습 지도 측면에서 볼 때, K교사가 개선해야 할 점을 4가지 쓰시오. 기출문제

> 다양한 학습 환경이 잘 갖추어진 실업계 고등학교에 근무하는 K교사는 지난 10년 동안 '수산물의 가공' 단원을 초임 시절에 작성한 학습지도안에 따라 교실에서 판서 및 설명 위주로 지도하고, 선다형 위주의 지필고사만으로 학습 결과를 평가하여 왔다.

① : _____

② : _____

③ : _____

④ : _____

해설 문제 분석력을 요구하는 문제이다. 위의 보기에서 K교사가 잘못하고 있는 부분을 4가지 찾아 그에 대한 개선책을 제시하는 것이다. 10년간 학습지도안을 바꾸지 않았고, 판서와 설명 위주로만 지도한 점, 선다형 위주의 지필고사만으로 학습 결과를 평가해 왔다는 것이 개선할 점이다. 다양한 학습 환경이 잘 갖추어져 있음에도 그것을 사용하지 않은 것 역시 개선해야 할 점이다.

08 고등학생들의 비만 예방을 위한 영양교육안을 작성하기 위해 학습목표를 수립하려고 한다. 학습목표 서술에 포함되어야 할 5가지 요소를 모두 제시하고, 비만 예방교육을 예로 들어 4가지 이상의 요소가 들어가도록 구체적 학습목표의 예를 1가지만 쓰시오. 기출문제

학습목표의 요소

① : _____

② : _____

③ : _____

④ : _____

⑤ : _____

구체적 학습목표 _____

학습목표를 진술할 때는 다음과 같은 요소들이 들어가도록 해야 한다.

1. 구체적인 내용과 행동을 진술한다(예 : '~한다'와 '~할 수 있다'로 표현한다.).
2. 학습자의 입장에서 진술한다(예 : 자신의 비만도를 측정할 수 있다.).
3. 학습 결과에 초점을 맞추어 행동을 기술한다(예 : 자신에게 맞는 식단을 작성할 수 있다.).
4. 하나의 학습목표에 한 가지 학습 성과만을 진술한다.
5. 단위 수업시간에 달성할 수 있는 분량의 목표를 진술한다.

위의 5가지 내용에 전제를 두고 4가지 이상이 포함되도록 학습목표를 만들어 보도록 한다.

09 보건교육 방법 중에서 컴퓨터 보조 학습(Computer Assisted Instruction ; CAI)은 교수 · 학습 전략을 개선하는 데 효과가 있다. 컴퓨터 보조 학습의 장점을 교수-학습 측면에서 5가지만 쓰시오.

기출문제

① : _____

② : _____

③ : _____

④ : _____

⑤ : _____

해설 본문의 CAI 학습법에 대한 내용을 참고하도록 한다.

10 영양교사가 학교에서 해야 되는 주요 업무 중 하나는 학생들의 급식을 관리하는 것이다. 학교급식은 영양교육을 함에 있어서 교실에서 교육할 때와는 다른 교육효과를 볼 수 있는 적극적 교육 방법이다. 급식을 통해 학생들에게 줄 수 있는 교육적 · 사회적 효과를 4가지 적으시오.

① : _____

② : _____

③ : _____

④ : _____

해설 학교급식은 교육적, 사회적, 국가적, 그리고 환경정화적 관점에서 효과를 찾을 수 있다. 이 중 교육적 효과는 식사예절과 식사 중의 주의사항을 교육할 수 있고, 골고루 먹는 습관과 위생적 개념을 갖도록 교육시킬 수 있다는 것이다. 또한 급식을 통해 학습태도와 학습능력, 개인위생에 대한 실천율이 좋아진다. 사회적 효과는 해당 학생이 올바른 식습관을 갖게 되어 다른 사람들과 쉽게 어울리고 사회성이 높아진다는 것이다. 또한 단체급식을 통해 협동심을 증가시켜 주며 학교에서 배운 지식을 가정이나 친구 집단에 전파시키는 효과도 얻을 수 있다. 가정에서 도시락을 싸는 부담을 줄여 부모님의 사회활동에 도움을 주기도 한다.

11 S 영양교사는 '영양표시제'라는 단원을 지도하기 위해 구체적인 학습목표를 설정하고자 한다. 블룸 (B. Bloom)의 인지 영역 교육목표 분류체계에 근거하여 〈보기〉의 학습목표 중 '적용'에 해당하는 것은? 기출문제

> **블룸의 교육목표 분류체계**
> 지식 – 이해 – 적용 – 분석 – 종합 – 평가

> 보기
> 가. 영양표시의 내용을 파악할 수 있다.
> 나. 영양표시제의 개념을 정의할 수 있다.
> 다. 영양표시제의 중요성을 파악할 수 있다.
> 라. 영양표시를 보고 식품 구매 시에 활용할 수 있다.
> 마. 영양표시의 대상이 되는 영양소가 무엇인지 알 수 있다.

① 가   ② 나   ③ 다   ④ 라   ⑤ 마

정답 ④

12 취약 계층을 위한 영양관리 사업의 하나인 '영양플러스 사업'에 대한 설명으로 옳지 않은 것은? 기출문제

① 재가 노인의 건강 검진 및 영양상담
② 가정 방문을 통한 영양상담 및 식생활 교육
③ 조제분유, 쌀, 감자, 달걀, 우유 등 보충 식품 제공
④ 임신부, 수유부 및 영유아의 영양 관리를 위한 집단 영양교육
⑤ 신장 및 체중 측정, 빈혈 검사, 식품섭취 조사를 통한 영양평가

정답 ①

13 조리과 지필평가 중 배합형 문항의 요건으로 옳은 것만을 〈보기〉에서 있는 대로 고른 것은? 기출문제

> 보기
> ㄱ. 지시문은 내용이 명확해야 한다.
> ㄴ. 문제군의 문제 수와 답지군의 답지 수는 동일해야 한다.
> ㄷ. 문제군과 답지군은 각각 고도의 동질성이 유지되어야 한다.
> ㄹ. 문제군과 답지군의 각 항목은 최대한 계열성 있게 배열되어야 한다.

① ㄱ, ㄴ   ② ㄴ, ㄹ   ③ ㄷ, ㄹ   ④ ㄱ, ㄴ, ㄹ   ⑤ ㄱ, ㄷ, ㄹ

정답 ⑤

14 다음은 윤 교사가 작성한 우리나라의 '식생활 문화'에 대한 교수·학습 과정 설계의 일부이다. 이 수업의 (가)에 해당되는 내용으로 옳은 것은? 기출문제

생각(가설)	(가) 사실	학습 과제	향후 계획
• 광고를 제작해서 홍보할까? • 향토음식을 어떻게 알릴까? • 된장의 항암효과를 홍보할까? • 외국인은 어떤 음식을 좋아할까? ⋮			

- 문제 제시 : 한국음식 홍보 대사로서 한국음식의 우수성을 알리는 홍보 자료를 일주일 동안 제작한다.
- 과제 : 모둠별로 역할을 분담한다.

① 우리나라 각 지역의 향토음식을 조사한다.
② 발효 식품인 된장은 콩을 이용하여 제조한다.
③ 포스터를 효과적으로 제작하는 방법을 모색한다.
④ 외국인을 대상으로 김치 담그기 행사를 계획한다.
⑤ 전문적 지식을 얻기 위해 한식 연구가를 인터뷰한다.

정답 ②

15 〈보기〉의 영양섭취기준에 대한 교육 후 복습 시간에 이루어진 영양교사와 학생 간의 대화 내용이다. 가장 적절하게 답한 학생은? 기출문제

> 보기
>
> 교사 2010년에 개정된 '한국인 영양섭취기준'에서 새롭게 제시한 식사 모형의 이름은 무엇이고, 어떤 내용이 강조되었나요?
>
> 민수 '식품구성자전거'이고, 수분을 충분히 섭취하는 것과 지방 섭취를 줄일 것을 강조했어요.
>
> 교사 식품군 중에서 이름이 바뀐 것은 무엇인가요?
>
> 지연 곡류군이 곡류 Ⅰ군과 곡류 Ⅱ군으로 세분화되었어요.
>
> 교사 청소년은 에너지를 얼마나 섭취해야 하나요?
>
> 인영 다른 영양소처럼 에너지도 권장섭취량만큼 섭취해야 해요.
>
> 교사 청소년은 에너지를 얼마나 섭취해야 하나요?
>
> 경희 총에너지의 20~25% 정도로 섭취해야 해요.
>
> 교사 청소년은 총지방을 얼마나 섭취해야 하나요?
>
> 상우 총에너지의 15~30% 정도로 섭취해야 해요.

① 민수   ② 지연   ③ 인영   ④ 경희   ⑤ 상우

정답 ⑤

16 ○○조리과학고등학교 현장 견학 학습 계획(안)을 작성하고 있다. 이 계획(안)을 작성할 때 고려해야 할 사항으로 옳은 것만을 〈보기〉에서 있는 대로 고른 것은? 기출문제

2011년 조리과학과 현장 견학 학습 계획(안)

1. 목적
   • 학교에서 직접 경험할 수 없는 교육 내용을 현장에서 경험할 수 있게 한다.
   • 다양한 경험을 통해 학생들의 진로를 결정하는 데 도움을 줄 수 있다.
2. 세부 계획안

학 년	내 용	일 시	인 원	장 소
1학년	제과·제빵 페스티벌	2011. 10	75	서울
2학년	미정	미정	102	미정
3학년	미정	미정	105	미정

보기
ㄱ. 지역사회 자원의 이용 측면을 고려해 본다.
ㄴ. 견학 장소에 해당 학년의 학생 모두가 수용 가능한지 알아본다.
ㄷ. 담당 교사는 학생들이 견학 중에 관찰할 사항을 미리 파악한다.
ㄹ. 수업목표 달성에 대한 효율성을 견학 학습 계획 시 고려 대상에서 제외한다.

① ㄱ, ㄴ   ② ㄴ, ㄷ   ③ ㄱ, ㄴ, ㄷ
④ ㄴ, ㄷ, ㄹ   ⑤ ㄱ, ㄴ, ㄷ, ㄹ

정답 ③

---

17 최 교사가 연구 수업에 앞서 작성한 교수·학습 지도안의 일부이다. 밑줄 친 학습목표를 블룸(B. Bloom) 등의 교육목표 분류에 따라 해당 영역과 그에 속한 항목으로 구분한 것은? 기출문제

조리과 교수·학습 지도안

일시 : 2011년 10월 24일 2교시   대상 : 조리과 2학년 2반   교사 : 최○○

1. 단원명 : 서양 음식
2. 본시의 수업 계획
   (1) 단원명 : 샐러드
   (2) 학습 주제 : 월도프 샐러드

(계속)

(3) 학습목표
- 사과의 갈변을 일으키는 원인을 안다.
- <u>서양 조리 실습 시간에 적극적으로 참여하는 태도를 가진다.</u>
- 사과를 정육면체로 일정하게 썰어 월도프 샐러드를 만들 수 있다.

(4) 학습 형태 : 시범실습법

	영역	항목
①	정의적 영역	반응(responding)
②	정의적 영역	조직화(organization)
③	인지적 영역	감수(receiving)
④	인지적 영역	지식(knowledge)
⑤	인지적 영역	인격화(characterization)

정답 ①

18 다음과 같은 영양교육을 실시한 후 나타나는 교육의 효과로 기대할 수 있는 것을 〈보기〉에서 고른 것은? 기출문제

- 교육 대상 : 초등학교 1학년
- 교육목표 : 전통발효식품에 대한 편식 교정
- 교육 차시 : 6차시
- 교육 방법 : 활동중심교육 4가지 활동으로 구성
- 교육 내용 : 발효식품의 우수성 알아보기,
  내 고장의 전통식품 알아보기,
  김치·된장·고추장의 재료 알아보기,
  원재료와 제품을 관찰하고 시식하기

보기
ㄱ. 발효식품에 대한 이해와 기호도가 증가한다.
ㄴ. 김치의 재료를 알고 담그는 과정을 설명할 수 있게 된다.
ㄷ. 식품을 활용한 체험학습으로 식행동이 바람직하게 변화한다.
ㄹ. 전통식품의 우수성을 인지하여 패스트푸드를 대체하는 데 도움이 된다.
ㅁ. 학교급식에서 김치 및 된장국 등의 잔반을 줄일 수 있게 된다.

① ㄱ, ㄴ, ㄹ   ② ㄱ, ㄴ, ㅁ   ③ ㄱ, ㄷ, ㅁ
④ ㄴ, ㄷ, ㄹ   ⑤ ㄷ, ㄹ, ㅁ

정답 ③

19 중학생을 대상으로 다음의 행동 변화를 목적으로 교육할 때 교육목표를 달성하기 위해서는 여러 장애요인을 극복해야 한다. 아래에 제시된 각 장애요인에 따른 중재 방법으로 적합하지 않은 것은? 기출문제

중학생의 식행동 변화의 목적

• 현재의 식습관 : 과일과 채소 섭취가 적음

섭취 장애요인 ┬ ㄱ. 맛이 없음
　　　　　　　├ ㄴ. 과일과 채소 섭취의 이점을 모름
　　　　　　　├ ㄷ. 친구들이 과일과 채소를 먹지 않음
　　　　　　　├ ㄹ. 채소가 익숙하지 않고 모험을 싫어함
　　　　　　　└ ㅁ. 과일과 채소의 섭취 기회가 적음

• 목표 식행동 : 과일과 채소를 1일 5회 분량 이상 먹기

---

① ㄱ : 과일과 채소를 잘 선택하여 맛있게 먹을 수 있는 방법을 학습시킨다.
② ㄴ : 과일과 채소 섭취의 중요성을 인식시키고 교과 연계 활동으로 동기를 부여한다.
③ ㄷ : 인기 스타를 역할모델로 제공하고 자극을 유발한다.
④ ㄹ : 학교급식에서 매일 새로운 채소 반찬을 제공하여 동기를 부여한다.
⑤ ㅁ : 가정에서도 과일과 채소 섭취 기회를 늘리기 위해 교육에 부모의 참여를 유도한다.

정답 ④

20 어린이에게 많이 나타나는 식생활 문제를 주제로 초등학교 고학년을 대상으로 영양교육 프로그램을 계획하고자 한다. 이때 주제에 따른 교육 내용과 효과평가 예시가 바르게 연결된 것을 모두 고른 것은? 기출문제

구 분	주 제	교육 내용	효과평가 예시
ㄱ	비만 예방	올바른 간식	• 간식 선택 시 영양성분표를 비교할 수 있다. • 열량이 적은 간식을 선택할 수 있다.
ㄴ	바른 식생활	손 씻는 법	• 손은 왜 씻어야 하는지 이해한다. • 손 씻기 관련 노래를 잘 부를 수 있다.
ㄷ	편 식	편식의 문제점	• 편식의 장단점을 이해한다. • 편식의 장점을 살리고자 노력한다.
ㄹ	아침 결식	아침 식사 유형	• 아침 식사의 중요성을 인지한다. • 아침 식사를 하려고 노력한다.
ㅁ	균형식	식품구성탑	• 섭취한 음식에 포함된 영양소를 구분할 수 있다. • 식품 모형들을 식품구성탑 안에 알맞게 넣을 수 있다.

① ㄱ, ㄴ, ㄷ　　　　　　② ㄱ, ㄹ, ㅁ　　　　　　③ ㄴ, ㄹ, ㅁ
④ ㄱ, ㄷ, ㄹ, ㅁ　　　　⑤ ㄴ, ㄷ, ㄹ, ㅁ

정답 ②

21 다음은 제7차 교육과정에 근거한 중학교 가정과 교수·학습 과정안이다. (가)에서 다룰 수 있는 내용을 〈보기〉에서 고른 것은? 기출문제

단원	1. 식단과 식품의 선택 (1) 식단 작성하기	차시	1/3
학습목표	식단을 작성하여 균형 잡힌 식사를 할 수 있다.		3학년 1반
단계	교수·학습 활동		학습 준비물 및 지도상 유의점
	교사	학생	
도입	• 선수학습 능력 진단 • 학습동기 유발 • 학습목표 제시	• (가)진단평가 문제를 푼다.	• 학교급식 식단표 • 사진 자료

보기
ㄱ. 식단 작성　　　　　　　　　ㄴ. 식품과 질병
ㄷ. 영양소의 종류　　　　　　　ㄹ. 6가지 식품군
ㅁ. 식품 선택과 보관　　　　　　ㅂ. 식품군별 1일 권장섭취횟수

① ㄱ, ㄴ, ㅁ　　　　　② ㄱ, ㄹ, ㅂ　　　　　③ ㄴ, ㄷ, ㅁ
④ ㄷ, ㄹ, ㅁ　　　　　⑤ ㄷ, ㄹ, ㅂ

정답 ⑤

22 학교보건법과 학교보건법 시행령에 명시된 학교환경위생 정화구역(이하 '정화구역') 설정 및 관리에 관한 내용으로 옳은 것은? 기출문제

① 교육감은 정화구역을 설정할 때 절대정화구역과 상대정화구역으로 구분하여 설정한다. 이때, 상대정화구역은 학교출입문으로부터 직선거리로 300m까지인 지역 중 절대정화구역을 제외한 지역으로 한다.

② 정화구역은 정화구역이 설정된 해당 학교의 장이 관리한다. 학교 간에 절대정화구역과 상대정화구역이 서로 중복될 경우에는 상대정화구역이 설정된 학교의 장이 이를 관리한다.

③ 상·하급 학교 간에 정화구역이 서로 중복될 경우에는 상급학교가 관리하며, 같은 급의 학교 간에는 학생 수가 적은 학교가 관리한다.

④ 학교 설립 예정지를 결정·고시한 자나 학교 설립을 인가한 자는 학교 설립 예정지가 확정되면 지체 없이 해당 학교장에게 그 사실을 통보해야 하며, 학교장은 학교 설립 예정지가 통보된 날부터 정화구역을 관리해야 한다.

⑤ 교육감은 정화구역을 고시할 때 정화구역의 위치 및 면적과 정화구역이 표시된 지적도면을 포함하여야 하고, 게시판 또는 인터넷 등을 이용하여 그 내용을 국민에게 공개하여야 한다.

정답 ⑤

23 김 교사는 2007년 개정 실과(기술·가정) 교육과정에 근거하여 '청소년의 영양과 식사' 단원에 자율적 협동 학습(Co—op Co—op) 모형을 적용하고자 한다. (가)에서 이루어질 수 있는 활동을 〈보기〉에서 모두 고른 것은? 기출문제

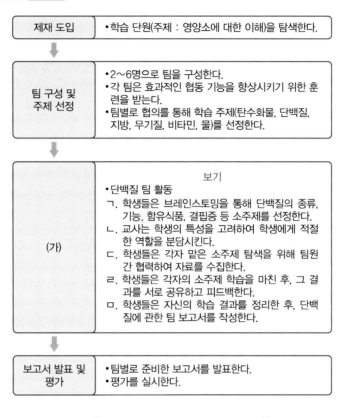

① ㄱ, ㄷ   ② ㄴ, ㄹ   ③ ㄷ, ㅁ

④ ㄱ, ㄴ, ㄹ   ⑤ ㄱ, ㄹ, ㅁ

정답 ⑤

24 서울 소재의 A 중학교에서는 학교건강검사규칙에 근거하여 학생 및 교직원을 대상으로 2009년 학교건강검사를 실시하였다. 이 규칙을 바르게 준수한 것으로 옳은 것은? 기출문제

① 학교장은 교무 회의를 거쳐 1개의 검진 기관을 선정한 후 3학년 학생들의 건강검진과 신체의 발달 사항 측정을 의뢰하여 실시하였고, 1~2학년의 신체의 능력검사 및 건강조사는 학교에서 자체적으로 시행하였다.

② 학교장은 학생 건강검사를 실시한 후 그 결과를 학생건강기록부에 작성·관리하고, 교직원들에 대해서는 국민건강보험법에 의한 건강검진 결과를 관리하였다.

③ 학교장은 건강검진 결과 결핵 초기로 판정받은 50세 임 교사에게 복무에 지장이 있다고 판단하여 휴직을 결정하였다.

④ 여학생들을 대상으로 한 신체능력검사를 하기 위하여 달리기, 오래달리기－걷기, 제자리멀리뛰기, 팔굽혀펴기, 윗몸일으키기 및 앉아윗몸앞으로굽히기를 실시하였다.

⑤ 3학년 1학기를 마친 후 자퇴하고 외국 유학을 준비 중인 학생의 담임교사는 부모에게 학생건강기록부 원본을 교부하였으며, 공증을 받은 후 외국 학교에 제출하도록 하였다.

정답 ②

25 보건교사가 초등학교 1학년을 대상으로 위생과 관련된 보건교육을 교실에서 실시하였다. 학생들의 학습 동기를 증진시키기 위한 전략으로 바람직한 것을 〈보기〉에서 모두 고른 것은? 기출문제

보기

ㄱ. 학생들이 교사를 좋아하게 만들기 위하여 수업 분위기를 적절하게 통제하면서도 자유롭고 온화하게 조성하였다.

ㄴ. 직접 체험 경험, 관찰을 통한 대리 경험, 그리고 격려 등의 언어적 설득 전략을 활용하여 학생들이 자신의 과제를 잘 수행할 수 있다는 자신감을 갖게 하였다.

ㄷ. 수업 시간에 외적 동기를 증진시키기 위하여 호기심, 탐험, 재미 등 다양한 학습 방식을 제공함으로써 학생들이 문제를 해결하고 이해하면서 의미를 느끼도록 하였다.

ㄹ. 즉각적이고 구체적으로 피드백을 제공하여 학생들로 하여금 자신이 가진 지식이 정확한지를 평가하게 하였다.

ㅁ. 처벌은 일시적인 효과는 있으나 비효과적이므로 수업 시간에 집중하지 않는 학생들을 꾸짖는 것을 가급적 삼가하였다.

---

① ㄱ, ㄹ   ② ㄴ, ㄷ   ③ ㄱ, ㄴ, ㅁ
④ ㄴ, ㄷ, ㄹ   ⑤ ㄱ, ㄴ, ㄹ, ㅁ

정답 ⑤

26 다음은 '의복의 손질과 보관' 단원에 대한 민 교사의 수업 계획서이다. 이를 통해 알 수 있는 민 교사의 교수전략과 교수매체에 대한 설명으로 옳은 것을 〈보기〉에서 모두 고른 것은? 기출문제

수업계획서	
단원	2. 의복의 손질과 보관 2) 세탁 및 보관 (2-3/7차시)
학습목표	환경오염을 줄일 수 있는 의복 관리 태도를 갖는다.
수업 준비 및 과정	• 환경오염 실태 관련 사진을 도입 자료로 제시한다. • 본시 수업은 면대면 교실수업으로 진행한다. • 수업 내용을 보충하고자 에듀넷에 '온라인 학습방'을 개설하고 자료실, 과제 제출란 등의 메뉴를 만든다. • 세제 남용에 따른 수질오염에 대해 조사하여 과제 제출 메뉴에 올리도록 한다. • 온라인상에서 학생들 간의 자유로운 토론을 유도한다. • 마지막 면대면 수업시간에는 학습목표와 관련시켜 그동안의 학습 내용을 정리한다.

보기

가. e-스토밍(e-storming) 교수전략이 적용되었다.

나. 블렌디드 러닝(Blended Learning) 교수전략이 적용되었다.

다. 학생의 반응에 즉각적으로 피드백을 주어야 하는 교수전략이다.

라. 시공간 제약으로 인한 상호작용 부족이 보완될 수 있는 교수전략이다.

마. 학생은 이 수업을 위해 컴퓨터와 인터넷 기반 체재가 필요하다.

바. 도입 자료로 제시한 사진은 데일(E. Dale)의 매체 분류에서 상징적 단계의 매체이다.

① 가, 나, 마

② 가, 다, 바

③ 나, 라, 마

④ 가, 나, 라, 바

⑤ 나, 다, 라, 마, 바

정답 ③

27 A 고등학교 '식품과 영양' 과목의 교수·학습 과정안 예시이다. (가) 단계에서 교사가 해야 할 활동으로 적절하지 <u>않은</u> 것은? 기출문제

대단원	II. 영양소의 종류와 기능	중단원	5. 무기질	소단원	칼슘의 기능	차시	6/20
학습주제	• 칼슘의 기능과 적정 섭취량						
학습목표	• 칼슘의 기능을 이해한다. • 칼슘의 적정 섭취량을 알 수 있다. • 칼슘의 결핍증과 과잉증을 비교할 수 있다.						

지도 단계	교수·학습 활동		교수·학습 자료 및 지도상의 유의점
	교사	학생	
도입 (5분)	(가)	생략	생략
전개 (38분)	• 수업 계획을 간략하게 설명한다. • 모둠을 편성한다. • 전문가용 학습지를 제시하고 역할을 정하게 한다. • 전문가 활동을 수행하도록 한다. • 모둠원에게 학습 내용을 설명하도록 한다.	• 교사의 설명을 듣는다. • 모둠별로 앉는다. • 주제에 대한 전문가 및 기타 역할을 정한다. • 주제에 대한 전문가 활동을 수행한다. • 모둠원에게 학습 내용을 설명한다.	교과서, 학습지, 참고 도서
정리 (7분)	생략	생략	생략

① 차시 예고
② 출석 확인
③ 학습목표 제시
④ 학습동기 유발
⑤ 전시 학습 내용 확인

정답 ①

PART 2

영양판정

개 요

빠른 산업화와 식생활의 변화는 우리나라를 영양부족에서 영양과잉의 상태로 만들었으며 이러한 변화는 영양 및 건강에 영향을 주어 어느 때보다도 영양판정을 더욱 중요시하게 되었다. 영양판정은 개인이나 집단에게 영양 서비스를 제공하는 것으로 영양상태가 불량한 사람을 선별해 내거나 이들을 대상으로 영양 서비스를 계획 및 실시하고 그 결과를 평가하여 지속적인 모니터링하는 모든 과정을 의미한다. 즉 영양판정은 대상자의 현재 영양상태를 파악하는 것뿐만 아니라 그 대상자의 영양상태를 개선해야 하므로 환자의 경우 영양불량 정도를 진단하고 올바른 영양계획을 수립하여 환자의 질병 치료에 기여해야 한다. 정상 생활을 영위하는 대상자의 경우 영양판정은 영양적으로 취약한 정도를 파악하여 질병을 예방하고 질병으로부터 보호할 수 있도록 대처해 주는 역동적인 과정이다.

따라서 영양판정을 수행하기 위해서는 식사조사법, 신체계측법, 생화학적 검사법, 임상조사법을 이용하는데 특히 연령 대상 및 질병에 따라 이들을 적절히 선택하여 영양상태 평가를 수행해야 하므로 이들 영양판정 조사법과 연령 및 대상, 질환에 따른 영양상태 판정 조사법의 특징을 자세히 공부하도록 한다.

CHAPTER **01**

영양판정

영양판정은 질병 치료 및 예방, 건강 증진을 위한 영양 서비스를 개인이나 집단에 제공하기 위한 필수 불가결한 수단으로 영양상태가 불량한 사람을 선별해 내거나 이들을 대상으로 영양 서비스를 계획 및 실시하고 그 결과를 평가하여 지속적으로 모니터링하는 모든 과정을 의미한다.

다시 말해 영양판정은 질병의 위험이 있는 사람들의 영양상태를 개선하고 질병으로부터 건강한 사람을 보호하기 위해 반드시 수행해야 할 중요한 과정이다.

1 영양판정 정의 및 목적

영양판정은 개인이나 집단에 영양 서비스를 제공하기에 앞서 실시되는 수단으로 영양상태의 취약한 정도를 파악하여 질병을 예방할 수 있도록 도와주는 역동적인 과정이다. 즉 질병을 예방하고 건강을 향상시키기 위한 전반적인 과정을 영양판정이라 하는데, 이는 개인 또는 집단의 영양소 섭취 상태를 조사하고 영양소 섭취와 관련하여 소변이나 혈액에 포함된 물질들을 생화학적으로 분석하며 신체 계측을 통한 자료와 임상적인 자료를 이용하여 개인이나 집단의 영양상태를 파악하고 분석해 나가는 일련의 과정을 말한다. 그러므로 영양판정에서는 평가 대상자의 현재 영양상태 파악뿐만 아니라 그 영양상태를 개선하고자 하는 것이 궁극적인 목적이 된다.

2 영양판정의 중요성

과거에는 기생충 감염, 폐결핵, 비위생적 환경 등으로 인한 전염성 질환이 사망 순위의 상위를 차지하였으나 산업의 발달과 생활 수준의 향상에 따른 식습관의 변화가 비만이나 당뇨, 고혈압 등의 만성질환을 증가시키고 있다. 특히 경제적 발달에 따른 의학 산업의 발전은 평균 수명의 증가를 가져와 사람들이 질병 없이 건강한 삶을 추구하기 시작하면서 질병과 영양과의 관계가 연구되고 이로 인해 영양의 중요성이 점차 확대되고 있다.

3 영양판정의 활용 범위

영양판정의 활용 범위는 다음의 4가지로 나눌 수 있다.

① 국민의 영양상태를 파악하여 영양정책을 수립하거나 영양사업 계획 수립에 중요한 역할을 한다.
② 지역사회, 보건소, 학교, 산업체 등에서 시행하는 영양사업을 평가할 수 있다.
③ 입원 환자를 위한 영양 관리의 측면이나 질병 치료 및 회복을 위해 영양판정이 이용된다.
④ 식사와 질병과의 관계를 파악하여 다수의 질병에 대한 이환율을 감소시키고 건강 증진 차원에서 식사지침을 제안하기 위한 일환으로 영양판정이 활용된다.

4 영양판정 방법의 종류

개인이나 집단의 영양상태를 평가하려면 영양결핍 정도에 따라 적용하는 영양판정법이 달라야 한다. 영양판정법은 직접평가와 간접평가로 나눌 수 있다. 직접평가란 개인 혹은 집단을 대상으로 진행하는 신체 계측anthropometry, 생화학적 검사 biochemical test, 임상적 검사clinical observation, 식사조사dietary survey를 말한다. 이런 직접 평가를 일명 ABCD 접근법이라 한다. 간접평가란 거대한 집단을 대상으로 하는 것으로서 보건 통계 분석(인구 동태 자료, 출생률 및 사망률, 질병 통계, 병원과 보건소 시설, 민간치료법 등), 식품 공급 상황(식품수급표, 식품 가격과 계절적 변동, 식품 구매 여건, 식품 광고 등)과 식생태 조사(사회·경제적 자료, 사회적·문화적 자료, 지리적 조건)를 이용한 방법을 말한다.

위에서 설명한 영양판정 방법 외에도 판정 도구와 판정 지표는 그 수가 매우 다양하다. 그중에서 알맞은 영양판정법, 도구와 지표를 선택하는 것은 매우 어려운 과정이다. 이를 선택할 때는 아래와 같은 사항을 고려하여야 한다.

① 영양상태를 평가하는 목적
② 조사 대상이 개인 혹은 집단인지의 여부
③ 영양평가를 할 내용의 종류와 양
④ 질적 평가 혹은 양적 평가인지의 여부

⑤ 영양조사의 면밀한 정도

⑥ 영양판정 도구의 타당성과 신뢰도

⑦ 조사 대상자에게 줄 수 있는 부담의 정도

⑧ 조사 대상자에게 요구되는 능력 또는 기술의 정도

⑨ 조사자의 훈련 필요성

⑩ 조사 자료 분석의 용이성

⑪ 조사에 사용될 예산, 인력과 시간

5 WHO의 영양판정 체계

WHO에서 제시하는 영양판정 체계는 다음과 같이 나눌 수 있다.

① **영양조사**nutrition survey : 이 방법은 지역사회의 영양상태를 횡단적으로 조사하고 결과를 평가하는 방법으로 만성 영양불량으로 취약한 집단을 파악하는데 유용한 조사 방법이다. 하지만 급성 영양결핍이나 영양결핍의 원인에 대해서는 정보를 주지 못한다는 단점을 가지고 있다. 따라서 이 방법은 대상 인구집단의 영양개선을 위한 정책을 수립하는 데 활용할 수 있다.

② **영양 모니터링**nutrition monitoring**과 영양감시**surveillance : 특정 인구집단의 영양상태를 주기적으로 평가하는 방법으로 오랫동안 자료를 수집하고 분석한다는 점에서 원인을 규명하고 영양중재를 취할 수 있다는 장점이 있다. 그러나 영양상태가 취약하다고 밝혀진 집단에 대해서만 자료 수집과 분석이 가능하다.

③ **영양선별검사**nutrition screening : 영양적으로 중재 조치가 필요한 사람을 선별할 수 있는 방법이다. 개인의 측정치를 영양불량의 판정 기준치와 비교함으로써 가능하다. 개인뿐만 아니라 소규모 집단에도 적용 가능하여 미국의 WIC 프로그램 대상자 선별에 이용된다.

6 영양불량 분류

영양판정의 목적에는 개인이나 집단의 영양상태 불량 여부의 판단이 포함된다. 영양불량은 탄수화물, 지방, 단백질, 비타민과 무기질이 서로 영향을 주어 복잡하게 나타나기 때문에 그 종류와 증상이 매우 다양하다. 이런 다양한 영양불량을 체계적으로 분류하고 그에 접근하는 것은 꼭 필요한 과정이다. 영양불량을 분류하는 방법으로는 Jelliffe의 분류 방법, 일차적 또는 이차적 영양불량으로 나누는 방법이 사용된다.

Jelliffe의 분류법에서는 영양불량을 아래와 같이 4가지로 분류하였다.

① 오랫동안 식품 섭취가 부족해서 여러 종류의 영양소를 제대로 섭취하지 않았
거나 체내에서 이용하지 못해 발생하는 영양부족undernutrition
② 오랫동안 식품을 과다 섭취하여 생기는 영양과다overnutrition
③ 특정 영양소의 섭취 부족이나 체내 이용률 감소로 인해 생기는 특정 영양소의
결핍증specific deficiency
④ 체내 영양 필요량과 비교했을 때 식사로부터 오는 두 가지 이상의 영양소가 양
과 질적인 면에서 균형적으로 섭취되지 못해서 생기는 영양불균형imbalance

다음은 영양불량이 발생하는 원인을 영양소 공급과 흡수·섭취의 관점에서 분류
한 일차적 또는 이차적 영양불량이다.

① 일차적 영양불량primary malnutrition : 식사를 통한 영양소의 공급이 양과 질적
인 면에서 신체 요구량에 비해 부족하여 발생하는 영양불량을 말한다.
② 이차적 영양불량secondary malnutrition : 영양소의 흡수 저하, 질병으로 인한 식
사섭취 저하 및 식욕부진, 특정 대사 장애, 장기 손상 또는 대수술로 인한 장기
손상, 약물에 의한 영양소 흡수불량 등이 원인이 되어 영양소의 흡수나 이용률
의 저하에 의해 발생하는 영양불량을 말한다.

7 영양불량의 진행 과정

영양불량은 체내에서 서서히 일정한 흐름에 따라 진행된다. 영양불량이 진행되는
과정과 각 단계에서 영양상태를 알 수 있는 영양판정법은 그림 1-1에 나타내었다.
그림 1-1을 보면 영양불량은 일차적 또는 이차적 영양섭취 이상에서부터 진행된
다. 영양 섭취에 이상이 있을 경우 섭취 이상의 영양소와 관련된 영양소들이 체내
조직에서부터 상실되거나 축적된다. 이런 상실과 축적이 계속되면 그 과정 중 신체
특정 장 기능과 대사 기능에 이상이 발생하여 기능적 장애를 유발하게 된다. 이런
기능적 장애는 몸 전체의 성장, 외형 등에 영향을 주어 신체적 이상을 유발한다.
이런 일련의 영양불량 진행은 영양판정의 직접평가인 ABCD 접근법에 의해 측정
할 수 있다. 하지만 ABCD 각각은 영양불량의 진행 과정을 측정할 수 있는 범위가
정해져 있다. 영양불량의 가능성이 있는 일차적 또는 이차적 섭취 이상은 식사조사
dietary survey에 의해 영양판정이 가능하다. 조직에서 특정 성분의 상실과 축적은 생
화학적 검사biochemical test 중 성분검사를 통해, 기능적 장애는 생화학적 검사 중
기능검사를 통해 판정할 수 있다. 오랜 시간이 지나야 나타나는 신체적 이상은 신체

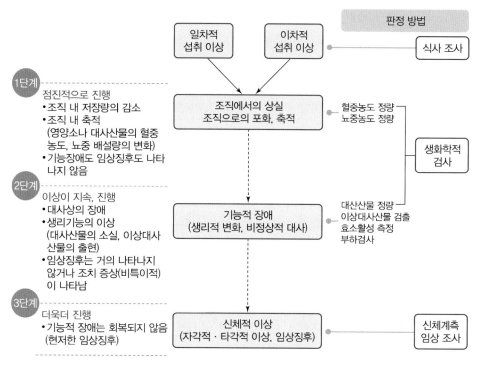

그림 1-1
**영양불량의
진행 정도에 따른
영양판정 방법**

판정 방법

일차적
섭취 이상

이차적
섭취 이상

식사 조사

1단계
점진적으로 진행
· 조직 내 저장량의 감소
· 조직 내 축적
 (영양소나 대사산물의 혈중
 농도, 뇨중 배설량의 변화)
· 기능장애도 임상징후도 나타
 나지 않음

조직에서의 상실
조직으로의 포화, 축적

혈중농도 정량
뇨중농도 정량

생화학적
검사

2단계
이상이 지속, 진행
· 대사상의 장애
· 생리기능의 이상
 (대사산물의 소실, 이상대사
 산물의 출현)
· 임상징후는 거의 나타나지
 않거나 조치 증상(비특이적)
 이 나타남

기능적 장애
(생리적 변화, 비정상적 대사)

대산산물 정량
이상대사산물 검출
효소활성 측정
부하검사

3단계
더욱더 진행
· 기능적 장애는 회복되지 않음
 (현저한 임상징후)

신체적 이상
(자각적·타각적 이상, 임상징후)

신체계측
임상 조사

· 일자적 섭취 이상 : 영양소의 섭취 부족 또는 과잉
· 이차적 섭취 이상 : 영양소의 불균형 및 질병 등에 의해서 유도되는 영양소의 흡수불량, 운반장애, 이용장애 등

자료 : 이정원 외 4인, 영양판정, 교문사

계측anthropometry과 임상조사clinical observation에 의해 판정한다.

영양불량의 진행 정도가 심화될수록 영양불량의 결과 변화를 보는 데 많은 시간
이 걸리게 된다. 따라서 영양교육의 교육목적을 세움에 있어 그 교육목적을 대·
중·소로 세분화하는 경우, 대목표는 시간이 오래 걸리는 신체 계측과 임상조사와
관련된 것을 세우고 소목표는 단시간에 확인 가능한 식사조사와 관련된 것을 세우
도록 한다. 다시 말해 비만 학생을 대상으로 '고설탕 함유 탄산음료의 섭취를 줄이
자'의 교육 내용을 포함하는 영양교육을 진행하고 단기적 교육효과를 평가할 경우
식사 조사를 통해 탄산음료의 섭취 빈도를 조사하여 교육 이전과 비교하면 된다. 하
지만 장기적 교육 결과에 대한 평가는 탄산음료 섭취를 줄임으로써 나타나는 비만
도와 BMI 등의 변화 같은 신체계측법을 조사하는 것이 더 적합하다.

영양불량의 진행 과정과 각 과정의 영양판정에 적합한 판정법이 다르다는 것은
영양판정 전체에서 매우 중요한 개념이다. 이는 영양판정 자체뿐만 아니라 영양교
육에서도 중요한 면을 갖는다.

위에서 설명한 내용을 기초로 해서 영양불량 진행 정도에 따라 적용되는 영양판정법은 표 1-1에 정리하였다.

단 계	결핍 단계	사용할 영양상태 판정법
1	식사 섭취 양호	식사조사
2	조직 저장량 감소	생화학적 검사
3	체액의 농도 감소	생화학적 검사
4	조직의 기능 감소	신체계측, 생화학적 검사
5	영양소 관련 효소의 활성도 감소	신체계측, 생화학적 검사
6	기능적 변화	행동/생리적 검사
7	임상적 증상	임상적 조사
8	해부학적 변화	임상적 조사

8 영양판정의 타당도와 신뢰도, 정확도, 무작위 측정 오차, 체계적 측정 오차, 민감도

① **타당도**Validity : 사용하고자 하는 영양판정 지표가 대상자의 영양상태를 얼마나 적절히 반영했는가를 나타내는 것이다.

② **신뢰도**reliability, reproducibility : 같은 방법을 이용하여 반복 측정하였을 때 얼마나 동일하고 일관된 결과를 나타내는가의 정도를 의미하는 것으로 **재현성** 또는 **정밀도**라고도 한다. 신뢰도는 변이계수{CV, CV = (표준편차 ÷ 평균) × 100}로 나타내며 영양상태를 판정할 때에는 어떤 방법을 사용하든 반복 측정해야 한다.

③ **정확도**Accuracy : 측정값이 얼마나 참값에 가까운가를 나타내는 척도를 말한다. 정확한 측정값을 얻으려면 재현성, 즉 신뢰도가 높아야 하나 신뢰도가 높다고 하여 반드시 정확한 것은 아니다.

④ **측정 오차**measurement error : 영양판정에 사용된 도구나 기구의 부정확성과 측정 과정 중 발생하는 우발적 실수 등에 의해 생기는 오차를 말한다. 측정 오차에는 무작위 측정 오차와 체계적 측정 오차가 있다. **무작위 측정 오차**란 눈금이 부정확하거나 기록하는 과정에서 생기는 오차로 측정값의 정확도를 떨어뜨린다. 이러한 오차를 줄이기 위해서는 조사 방법을 표준화시키고 조사원을 잘 훈련시켜야 한다. **체계적 측정 오차**란 어떤 판정법에서나 발생할 수 있는 오차로 측정한 결과의 평균값에 영향을 주며 무작위 측정 오차와 마찬가지로 정확

도를 떨어뜨린다. 오차가 발생할 수 있는 예로는 식사 섭취에 사용한 저울, 체지방 측정기 등이 실제적 측정값보다 더 적게 또는 더 많은 측정값을 나타내는 경우가 있으며, 이것은 정밀도에는 영향을 주지 않으나 참값과 많은 차이를 나타나게 하여 판정이 부정확해진다.

⑤ **민감도**Sensitivity : 영양상태 평가 지표가 영양상태 변화를 얼마나 잘 반영하는지를 나타내는 척도이다.

9 영양상태 평가 지표 도구 : 참고치 분포도, 참고치 범위, 한계치

① **참고치 분포도**reference distribution : 건강한 참고 표준집단으로부터 얻어진 자료를 말한다. 예를 들어 대상자들의 측정치는 우리나라 미국국립건강과 영양조사NHANES 등 대규모의 국민영양조사로부터 나온 참고치의 표준편차나 백분위 값과 비교할 수 있다.

② **참고치 범위**reference limits : 참고치 범위와 참고치의 간격을 정하는 데 이용할 수 있다. 참고치의 범위는 보통 2개로 정하며 그 사이에 해당하는 간격을 참고치의 간격이라 한다. 계측 시 참고치 분포도에서 제5백분위 값과 제95백분위 값의 두 곳을 참고치 경계로 하여 개인의 신체계측 측정값이 5백분위 값보다 낮으면 '매우 낮음'으로, 신체계측 측정값이 제95백분위 값보다 높으면 '매우 높음'으로 판정한다. 즉 측정한 값을 참고치 범위와 비교하여 '보통 이하, 보통, 보통 이상'으로 분류한다. 그러나 이것을 '정상' 또는 '비정상' 등으로 평가해서는 안 된다. 이 참고치는 단지 통계적으로 발생하는 수치이지 개인의 건강상태를 판정하는 기준이 아니기 때문이다.

③ **한계치**cut-off point : 영양상태 판정 지표와 대사기능의 저하, 임상적 결핍 증상 간의 관계에 근거하여 영양상태를 분류하기 위한 값이다. '결핍상태, 경계수준, 양호'로 나타내거나 영양결핍 위험 정도에 따라 '매우 위험, 약간 위험, 양호'로 나타낸다.

문제풀이

01 영양섭취기준을 설정할 때, 에너지는 다른 영양소와 달리 필요추정량을 권장 수준으로 정한다. 그 이유를 다음 조건에 따라 기술하시오(2010 한국인 영양섭취기준 적용). [5점] 영양기출

조건
- 영양섭취기준 4가지 중 2가지 이상을 사용하여 설명할 것
- 영양소 섭취의 부족 위험과 과다 위험을 포함하여 설명할 것
- 건강한 인구 집단의 필요량 충족 정도(%)를 포함하여 설명할 것

_____

_____

_____

_____

02 Jelliffe의 영양불량 분류에 대해 간단히 설명하시오.

_____

_____

_____

해설 Jelliffe의 영양불량 분류 4가지는 오랫동안 식품 섭취가 부족해서 생기는 영양부족, 장기간 식품을 과다 섭취하여 생기는 영영과다, 어떤 영양소의 부족으로 인해 생기는 특정 결핍상태, 영양필요량과 비교했을 때 식사로부터 오는 각 영양소가 균형적으로 섭취되지 못해서 생기는 영양 불균형을 말한다.

03 영양판정 방법의 종류에 대해 간단히 설명하시오.

_____

_____

_____

해설 식사조사는 개인 또는 집단의 식사섭취 상태를 조사하여 영양소 섭취량을 측정하는 것이고, 임상조사법은 영양상태 변화에 따른 신체적 증후를 조사하는 것이다. 신체계측 조사법은 신체를 계측하여 표준치와 비교함으로써 영양상태를 판정하는 것이며, 생화학적 조사는 혈액이나 소변 등을 조사하여 영양소의 대사물질 수준이나 대사장애 정도를 평가하는 것이다.

04 다음 〈보기〉는 제5기 1차년도(2010) 국민건강영양조사에 대한 설명이다. 옳은 것만을 있는 대로 고른 것은? 기출문제

> **보기**
> 가. 표본 가구는 층화추출법에 의해 선정한다.
> 나. 식사력 조사는 만 19세 이상 성인 가구원에 대해 실시한다.
> 다. 식품섭취빈도 조사는 만 12세 이상 가구원에 대해 조사한다.
> 라. 식품섭취량 조사는 만 1세 이상 가구원에 대해 식사기록법을 이용하여 조사한다.
> 마. 식생활 조사에는 만 1세 이상의 가구원에 대한 결식, 회식 빈도 등 일반적인 식습관에 관한 조사가 포함된다.

① 가, 다   ② 나, 라   ③ 가, 나, 라
④ 가, 다, 마   ⑤ 나, 다, 라, 마

정답 ④

05 국민건강영양조사에서 실시하는 검진 항목에 해당하는 것은? 기출문제

> **보기**
> ㄱ. 혈액 포도당   ㄴ. 혈액 HDL-콜레스테롤
> ㄷ. SGOT   ㄹ. 혈압

① ㄹ   ② ㄱ, ㄷ   ③ ㄴ, ㄹ
④ ㄱ, ㄴ, ㄷ   ⑤ ㄱ, ㄴ, ㄷ, ㄹ

정답 ⑤

06 다음 〈보기〉에서 신체의 단백질 영양상태를 판정하는 방법으로 옳은 것만을 모두 고른 것은? [기출문제]

보기
ㄱ. 혈청 트랜스페린 　　　　　　　　ㄴ. 뇨 크리아틴닌
ㄷ. 상완 근육둘레 　　　　　　　　　ㄹ. 적혈구 트랜스케톨라아제 활성

① ㄹ　　　　　　　　　② ㄱ, ㄷ　　　　　　　　③ ㄴ, ㄹ
④ ㄱ, ㄴ, ㄷ　　　　　　⑤ ㄱ, ㄴ, ㄷ, ㄹ

정답 ④

07 만성 퇴행성 질환에 대한 고위험군을 선별하기 위해 집단 검진 시 측정의 정확도(측정 방법의 타당도)에 대한 설명으로 옳은 것을 〈보기〉에서 고른 것은? [기출문제]

보기
ㄱ. 민감도와 특이도가 높으면 정확도가 낮다.
ㄴ. 측정의 신뢰도가 높으면 정확도도 높다.
ㄷ. 정확도 지표는 가양성률과 가음성률에 의해 좌우된다.
ㄹ. 정확도 지표는 검사 결과의 양성과 음성을 구분하는 한계치(cutting point)에 따라 달라진다.

① ㄱ　　　　　　　　　② ㄴ, ㄷ　　　　　　　　③ ㄴ, ㄹ
④ ㄷ, ㄹ　　　　　　　⑤ ㄴ, ㄷ, ㄹ

정답 ⑤

식사조사법

식사조사는 영양판정에서 널리 사용되는 가장 기본적인 조사 방법으로 비교적 간단하고 사용하기 쉬워 국가 단위의 대규모 영양조사, 역학연구 등의 영양상태 판정에 일상적으로 이용된다.

영양결핍의 첫 번째 확인 단계는 식사조사를 통해서이며 영양결핍은 단지 식사섭취의 부족 그 자체로 인한 1차적인 요인이 될 수 있으나 다른 2차적인 요인인 소화, 흡수, 생체 이용, 배설, 질병 등에 의해 2차적인 영양결핍이 생길 수 있다. 또한 영양성분표나 자료 이용 등의 문제, 대상자의 식사섭취량 조사의 오류 등에 의해 영양결핍으로도 판정될 수 있다.

이러한 한계에도 불구하고 식사조사가 영양판정에 있어 중요한 이유는 식사와 영양섭취, 건강, 질병의 관련성을 갖기 때문이며 신체 계측, 생화학적 검사, 임상적인 검사를 동시에 병행할 경우 이러한 한계를 보완·극복하여 영양상태 평가가 더욱 의미 있어진다.

식사조사법에는 회상법, 기록법, 실측법, 식품빈도 조사법 등이 있으며 각 방법에 따른 장단점 및 특징 등은 다음과 같다.

1 식사조사의 목표와 용도

식사조사의 목표는 ① 여러 집단의 평균 영양소 섭취를 비교하는 것, ② 집단 내에서 개인의 등급을 아는 것이다. 또한 ③ 개인의 일상적 섭취를 조사하기 위한 것이다.

식사조사는 적정량의 식품 공급과 영양소 섭취를 평가하여 개인 또는 집단의 영양상태를 평가하는 모니터링에 이용되며 정부의 건강 및 농업정책을 정하고 평가하는 데 이용된다. 즉 질병과 건강 증진 관계를 파악하여 영양교육 등에 활용되거나 식량 생산과 분배 계획에 쓰인다. 또한 영양 섭취와 건강 및 질병에 관한 연구인

역학연구 수행에 사용되며 광고용 캠페인이나 새로운 상품 개발 등의 상업적 용도로 식사조사가 필요하다.

2 식사섭취 부족의 원인

식사섭취 부족의 원인은 크게 1차적 원인과 2차적 원인으로 나눌 수 있다. 1차적 원인은 식사 섭취 그 자체가 부족인 경우이고, 2차적 원인은 어떤 질환이나 약물, 소화흡수 장애 등에 의해서이다. 이는 앞에서 이미 설명한 일차적 영양불량과 이차적 영양불량의 원인이 된다.

3 식사조사법의 분류

식사조사법은 조사 대상에 따라 국가, 가구와 개인 단위로 나누어 접근할 수 있다. 조사 대상에 따른 식사조사법의 종류는 표 2-1과 같다.

표 2-1
조사 대상에 따른
식사조사법

조사 대상	적용 식사조사법	
국 가	• 식품수급표	
가 구	• 식품 계정 조사 • 식품 재고 조사 기록법	• 식품 목록 회상법
개 인	• 24시간 회상법 • 식품 섭취 빈도법 • 간이식사조사법	• 식사 기록법 • 식사력

위의 조사 대상에 따른 분류 외에도 조사 방식에 따라 회상법, 정성법과 정량법, 실측법과 추측법 등으로 분류할 수 있다.

4 국가 식사조사법

국가 단위의 식사조사는 식품수급표에 의해 이루어진다. **식품수급표**란 국민에게 공급되는 식품의 수급 상황과 1일 1인 식품 공급량 및 영양 공급량 등을 제시한 자료이다. 식품수급표는 국제연합식량 농업기구Food and Agriculture Organization of the United Nations ; FAO의 방식에 따라 작성되며, 우리나라는 1962년부터 농림수산식품부 산하 한국농촌경제연구원이 작성하고 있다.

표 2-2 2013년 식품수급표의 예

인구 : 50,220천 명

식품명	생산	이입	수입	총공급량	이월	수출	사료	종자	감모	가공용 식용	가공용 비식용	식용 공급량	폐기율 %	순식용 공급량 총량 1,000ton	1인1년당 kg	1인1일당 g	에너지 kcal	단백질 g	지방질 g	Ca mg	Fe mg	A R.E.	B₁ mg	B₂ mg	나이신 mg	C mg
				1,000톤																						
1. 곡류	4,191.0	1,716.0	13,998.0	19,905.0	1,704.0	2.0	9,220.0	40.0	542.0	326.0	602.1	7,469.0		6,982.5	139.04	380.93	1377.28	30.19	4.50	51.38	6.27	34.51	0.88	0.16	5.42	0.00
밀	23.0	491.0	4,744.0	5,258.0	446.0		2,667.0	1.0	0.0	29.0	0.0	2,115.0	23.0	1,628.6	32.43	88.85	327.31	8.70	0.80	17.41	1.63	0.00	0.14	0.02	1.66	0.00
쌀	4,006.0	762.0	526.0	5,294.0	803.0	2.0		36.0	492.0	56.0	0.0	3,905.0		3,905.0	77.76	213.04	773.32	13.63	0.85	14.91	2.77	2.13	0.49	0.04	2.56	0.00
보리	61.0	57.0	234.0	352.0	50.0		11.0	3.0	0.0	241.0	0.0	47.0		47.0	0.94	2.56	8.83	0.26	0.02	0.62	0.06	0.00	0.01	0.00	0.05	0.00
옥수수	83.0	378.0	8,296.0	8,757.0	380.0		6,514.0	0.0	0.0	0.0	602.1	1,261.0		1,261.0	25.11	68.79	239.39	6.67	2.61	17.20	1.44	32.33	0.23	0.08	0.96	0.00
기타	18.0	28.0	198.0	244.0	25.0		28.0	0.0	50.0	0.0	0.0	141.0		141.0	2.81	7.69	28.44	0.92	0.22	1.24	0.36	0.05	0.02	0.02	0.19	0.00
2. 서류	1,088.5	0.0	49.3	1,137.9	0.0	0.0	108.9	61.3	108.9	0.0		858.8	16.0	744.1	14.82	40.59	34.27	0.85	0.03	6.96	1.23	2.71	0.08	0.02	0.20	5.42
감자	745.9	0.0	49.3	795.2	0.0	0.0	74.6	39.1	74.6	0.0		606.9	16.0	509.8	10.15	27.81	17.52	0.67	0.00	3.89	1.17	0.28	0.07	0.01	0.11	2.22
고구마	342.7	0.0	0.0	342.7	0.0		34.3	22.2	34.3			251.2	7.0	234.3	4.67	12.78	16.74	0.18	0.03	3.07	0.06	2.43	0.01	0.01	0.09	3.20
3. 설탕류	1,503.6	38.0	0.7	1,542.3	0.0	339.1		0.0	12.0			1,191.2		1,191.2	23.72	64.99	250.18	0.00	0.00	1.95	0.20	0.00	0.00	0.00	0.01	0.05
4. 두류	146.9	58.0	1,238.0	1,442.9	69.0	0.1		4.4	8.0	848.0	0.0	513.4		500.4	9.96	27.30	113.89	8.67	4.74	47.48	1.98	0.08	0.15	0.08	0.89	0.05
대두	123.0	54.0	1,153.0	1,330.0	61.0			4.0	7.0	848.0	0.0	410.0		410.0	8.16	22.37	93.90	7.66	3.90	43.85	1.75	0.00	0.11	0.08	0.52	0.00
팥	5.0	4.0	26.0	35.0	6.0			0.0	1.0	0.0		29.0		29.0	0.58	1.58	5.70	0.31	0.01	1.50	0.10	0.00	0.01	0.00	0.04	0.00
기타	18.9	0.0	59.0	77.9	2.0	0.1		0.4	1.0	0.0		74.4		61.4	1.22	3.35	14.29	0.70	0.83	2.13	0.14	0.08	0.03	0.01	0.32	0.05
5. 견과류	70.9	0.0	72.7	143.6	0.0	13.0		0.0	3.3	0.0		127.3		90.8	1.81	4.95	18.17	0.47	1.26	4.19	0.14	0.26	0.01	0.01	0.08	0.33
6. 종실류	38.7	9.1	108.5	156.3	8.0	0.7		0.3	1.0	121.8		24.5		40.3	0.80	2.20	11.71	0.39	0.90	20.29	0.17	0.02	0.01	0.00	0.15	0.00
참깨	9.8	9.1	77.9	96.8	8.0	0.7		0.2	0.4	70.3		17.1		17.1	0.34	0.93	5.38	0.18	0.48	10.81	0.10	0.02	0.01	0.00	0.05	0.00
기타	29.3	0.0	46.1	75.4	0.0			0.1	0.6	51.5		23.2		23.2	0.46	1.26	6.34	0.21	0.42	9.49	0.08	0.00	0.01	0.00	0.10	0.00
7. 채소류	9,454.5	1.9	1,211.2	10,667.6	8.6	125.1		53.4	2,397.2	0.0		8,083.3		7,355.2	146.46	401.26	139.37	6.26	1.03	131.41	4.91	590.30	0.31	0.30	2.51	73.59
8. 과실류	2,522.6	0.0	717.2	3,239.8	0.0	34.9			320.0	4.8		2,880.0		2,385.9	47.51	130.16	62.66	0.82	0.21	14.36	0.52	27.54	0.11	0.04	0.47	38.31
합계	27,066.0	2414.7	22,640.6	52,121.3	2,362.4	1,759.3	9,328.9	159.4	3,703.8	1,819.2	645.6	32,342.7		28,347.4	564.47	1,546.49	3,055.64	99.23	96.92	697.69	21.78	1,223.47	2.44	1.56	21.09	122.42
(주류 포함)																	3,231.64	99.97	96.92	701.81	21.81	1,223.47	2.46	1.59	21.75	122.66

식품수급표의 장점은 식품 공급량을 국가 간에 비교하거나 한 국가 내에서 연도별로 비교하여 식품수급정책이나 국민영양개선 등을 위한 기초 자료로 사용할 수 있다는 것이다. 단점은 국민의 섭취량을 정확히 측정한 것이 아니므로 실제 섭취량이나 개인 간 차이를 알 수 없고 국민의 영양상태 평가의 지표로 사용하기에 한계가 있다는 것이다.

5 가구 식사조사법

가구 식사조사법의 궁극적 목적은 가구당 식품 소비량을 정확하게 조사하는 것이다. 이를 다시 가구 구성원 수로 나누면 1인당 식품 소비량을 정확하게 구할 수 있고, 이를 통해 1인당 영양소 섭취량을 계산할 수 있다. 앞에 소개한 가구당 식품 소비량은 가옥이나 시설에서 소비되는 식품과 음료의 전체 양을 나타낸다. 가구당 식사 섭취는 조사 목적에 따라, 경제적인 목적일 때는 가구당 총 식품공급량을 측정하여 이것을 사용한 돈으로 전환한다. 영양적 목적일 때는 가구당 순수한 식품 공급량을 측정하고 이것을 통해 식품으로 섭취한 영양소의 양을 계산한다. 가구 식사조사 시에는 지역, 가구 구성원의 수, 성별, 나이와 직업, 활동량, 외식 횟수, 경제적 능력 등도 같이 조사한다. 이런 정보를 같이 조사하면 소득 수준, 가족 수, 지역별 1인당 식품 소비량과 영양소 섭취량을 계산할 수 있다.

가구 식사조사법에는 식품계정조사, 식품목록회상법과 식품재고조사 기록법이 있다. 각각을 간단히 설명하면 아래와 같다.

① **식품계정조사**food account method : 이 방법은 일정 기간 동안 조사 가구에서 구입한 식품, 선물받은 식품과 스스로 생산한 식품 등을 매일 기록하는 방법이다. 식품의 양은 정량적 환산을 위해 시중에서 파는 단위 혹은 조사 가구에서 사용하는 단위로 기록하며, 식품의 상표와 가격 등도 함께 적어 둔다.

② **식품목록회상법**food list-recall method : 훈련된 조사자가 조사 가구의 식품 구매 담당자에게 일정 기간 구입한 모든 식품의 양과 가격을 회상하게 하여 기록하는 방법이다. 일반적으로 1일에서 7일 사이의 내용을 기록한다.

③ **식품재고조사 기록법**food inventory method : 조사 기간 동안 식품의 구매와 더불어 재고의 변화도 기록하는 방법이다. 보통 1주일 정도의 조사 기간 동안 시작점과 끝점에 있는 모든 식품의 무게와 형태를 측정한다. 또한 조사 기간에 가구로 들어오는 식품의 양과 형태를 매일 기록한다. 이 방법은 응답자에게 많은 부담을 주어, 조사 기간 중 평소의 식품소비 패턴과 다른 패턴이 나타날 수 있다는 문제점을 가지고 있다.

6 개인 식사조사법

개인을 대상으로 하는 식사조사법이다. 우리나라의 경우 1998년부터 국민영양조사 시 개인 식사조사법 중 24시간 회상법을 사용하고 있다.

개인의 식사섭취량을 평가하는 방법에는 24시간 회상법, 식사기록법, 식품섭취 빈도법, 식사력과 간이식사 조사법이 있다. 이들은 다시 크게 2가지로 나눌 수 있다. 첫 번째는 하루 이상 섭취한 식품의 양을 회상이나 기록에 의해 측정한 정량적 방법 으로, 조사 범위를 증가시키면 실제 섭취량의 양적 추정과 실제 일상적인 섭취량 추 정이 가능하다. 두 번째로는 식사력이나 식품섭취빈도를 조사하는 방법으로 좀 더 장기간의 식품 섭취 유형에 대한 과거의 정보를 현재로부터 소급해서 구하거나 특 정 식품의 섭취량을 조사하는 데 사용한다. 이 방법을 약간 변형시킴으로써 일상적 영양소 섭취량도 알 수 있다.

회상법, 식사기록법, 식품섭취 빈도조사법, 식사력과 간이식사 조사법에 대한 대 략적인 내용은 다음과 같다.

1) 회상법

회상법Recall method은 조사 대상자나 대상자의 보호자(심한 환자, 어린이나 노인의 경우)에 의해 직접면접이나 전화면담을 통해 이루어진다. 24시간 전 또는 전날 섭취 한 모든 식품과 음료의 섭취량과 조리 방법, 가공식품이나 영양 보충제 등을 모두 조사하여 기록하는 방법이다.

회상법에서 가장 흔하게 사용되는 방법은 24시간 전의 회상법이나 48시간, 7일 또는 드물지만 1달 전을 회상하게 하는 것인데 이들은 정확성의 문제가 있으므로 24시간 회상법을 사용하는 것이 바람직한 편이다.

24시간 전의 식사 섭취를 정량적으로 조사하기 위해서는 가정용 계량기구를 사용 하거나 식품 모형이나 식품 사진 등을 이용하여 섭취량을 측정한다. 대상자가 어른 인 경우 직접 식사섭취량을 측정할 수 있으나, 어린이나 기억력이 약한 노인의 경우 보호자에게 물어야 한다. 특히 회상법은 문맹인 대상자에게도 사용할 수 있다는 장 점이 있으며 식품섭취빈도 조사에서 얻기 힘든 상용식품이나 음식의 레시피, 1회 섭 취 분량 등의 자료를 얻을 수 있다.

24시간 회상법은 조사 시 대상자의 부담이 적어 협조를 쉽게 받아 낼 수 있으며 비교적 조사가 간단하여 경제적이며 편리하나 조사 일수나 개인 간 변이에 따라 결 과가 달라진다. 24시간 회상법에 대한 장단점은 표 2-3에 자세히 설명하였다.

표 2-3
24시간 회상법의
장단점

장 점	단 점
• 시행하기가 용이하다. • 소요시간이 짧다. • 비용이 적게 든다. • 응답자의 부담이 적다. • 임상에 좀 더 유용하게 적용할 수 있다. • 회상법을 반복 실시하면 개인의 일반적인 식사섭취량 추정이 가능하다. • 식사력 조사보다 좀 더 객관적이다. • 동일한 조사원에게 반복 시행되면 자료의 신뢰도를 얻을 수 있다(반복성).	• 개인의 식사 섭취는 매일 변화되므로 단 하루의 섭취는 대표성을 지니지 못한다. • 영양소 섭취에 대한 정량적 자료를 제공하지 못한다. • 경험 있는 조사원이 필요하다. • 기억에 의존하므로 대상자에 따라 결과가 달라진다(노인의 경우). • 실제 섭취량과 조사 섭취량이 다를 수 있다. • 간식, 술, 카페인 등 기타 음식 및 식품이 누락될 수 있다. • 매일의 식품섭취량의 개인 내 변이가 커서 집단의 영양소 섭취량의 정확한 파악이 어렵다. • 섭취가 적은 식품은 더 많이 섭취한 것으로, 또는 섭취가 많은 식품은 더 적게 섭취한 것으로 말하려는 경향이 있다.

24시간 회상법 사용 시 주의점은 표본 집단이 인구집단을 대표할 수 있어야 한다는 것이다. 직접면접의 경우, 편한 분위기에서 조사가 이루어져야 하며 직접면접과 전화면담이 혼용되어서는 안 된다. 또한 면접원이 직접 기록하는 것을 원칙으로 하는데 조사 전 식품성분표나 눈대중량, 조리법 등에 관한 충분한 훈련이 필요하며 면접원은 편견이 없고 특정한 대답을 유도해서는 안 된다. 특히 2인 이상의 면접원을 고용할 경우, 표준화된 질문 서식으로 면접원을 훈련하여 오차를 최소화하여야 한다. 식사 섭취는 주중과 주말의 식품 섭취량에 차이가 날 수 있으므로 모든 요일을 비례적으로 포함되도록 하고 조사 계절과 조사 요일이 같아야 한다.

표 2-4
24시간 회상법의 예

일자, 시간	음식 종류	섭취량	섭취 장소	누구와 함께	섭취 시 행동
아침(7시)	우 유	1잔	주 방	혼 자	TV 보면서
점심(오후 1시)	커 피 과자(비스킷)	1잔 2개	학교 강의실	친 구	대 화
저녁(오후 7시)	스파게티 피 자 콜 라 오이피클	1/2접시 1쪽 1컵 2쪽	패밀리 레스토랑	친 구	대 화
간식(오후 12시)	사 과	중 1개	거 실	혼 자	TV 보면서

2) 식사기록법

식사기록법Food record이란 조사자 없이 조사 대상자 스스로 섭취한 식품을 그때그때 적는 방법으로 정확한 양을 측정한 후 기록하는 실측량 기록법weighed record과

섭취한 식품을 눈대중량에 의해 일기식으로 기록한 추정량 기록법estimated record이
있다. 식사기록법은 일반적으로 3일, 5일, 또는 7일을 조사 기간으로 작성하는데 주
말과 주중이 비례적으로 포함되게 조사일을 구성해야 한다.

조사자는 내용이 단순하고 명확하며 자세한 설명을 포함하고 있어야 하는데, 식
사 섭취 상태를 조사자가 아닌 조사 대상자가 직접 기록하기 때문이다. 특히 조사
전이나 조사 첫날 응답자에게 조사 방법을 훈련시켜 조사의 나머지 날 동안 스스로
작성할 수 있게 하여야 한다. 의문 사항이 발생할 경우 조사자와 연락이 가능하도록
하여야 한다.

식사기록법의 장단점은 표 2−5에 나타내었다.

표 2−5
**식사기록법의
장단점**

장 점	단 점
• 기억에 의존하지 않으므로 정확한 측정이 가능하다. • 보다 자세하고 정확한 식사 섭취 기록을 얻을 수 있다. • 식사시간과 장소, 식사 시의 기분 같은 식습관과 관련된 자료를 얻을 수 있다. • 일정 기간을 무작위로 조사하면서 평일·주말과 계절에 따라 기록하면 대상자의 평상시 섭취량을 구하기 쉽다. • 여러 날에 관한 식이자료를 쉽게 얻을 수 있다.	• 식사기록을 위해서 대상자에게 수와 문자에 대한 능력이 있어야 한다. • 조사 대상자의 전체 모집단을 대표하는 집단을 얻기 어렵다. • 조사 대상자의 자발적인 협조와 동기 유발이 필요하다. • 조사 대상자가 조사를 편하게 하기 위해 식사 패턴을 간단하게 조정할 수 있다. • 실측 기록법인 경우 많은 조사가 필요하므로 조사 비용이 많이 들고, 조사 대상자에게 조사 기기 사용능력이 필요하다.

위에서 설명한 것과 같이 식사기록법 중 실측량 기록법은 직접 섭취한 식품이나
음식을 측정하므로 1회 분량이 정확하여 자세한 자료를 얻을 수 있으나 응답자의
일상 생활에 부담을 주고 비용이 많이 들며 조사 기간에 제한된 식품을 섭취할 수
있다. 이에 비해 추정량 기록법은 응답자에게 부담을 덜 주고 비용이 적게 드나 기
억력이 나쁘거나 글을 읽거나 쓰는 데 어려움이 있는 응답자들로부터 좋은 자료를
얻기가 어렵다. 또한 1회 분량의 감을 가늠하기가 어렵다. 식사기록법의 실측량 기
록법과 추정량 기록법에 대한 비교 내용은 표 2−6에 나타냈다.

표 2−6
**실측량 기록법과
추정량 기록법**

구 분	실측량 기록법	추정량 기록법
방 법	조사 대상자가 섭취한 식품을 실제로 측정	조사 대상자가 일정한 기간 내에 섭취하는 모든 식품과 음료에 대한 자세한 내용을 직접 기록하는 방법

(계속)

구 분	실측량 기록법	추정량 기록법
측정법	• 식사 전 식품의 무게를 달고 식후에 식품의 무게를 측정 • 혼합요리의 경우, 조리 전에 재료로 사용할 생식품의 무게를 측정 조리 후 음식 무게에 잔식의 무게를 뺀 후 조사 대상자가 섭취한 생식품의 양으로 환산 • 외식의 경우, 섭취한 음식을 모두 기록한 다음 각 식품에 대한 목측량을 식품으로 직접 칭량하여 무게로 환산	식품의 준비 및 조리 과정, 재료의 양, 조리된 음식의 양, 섭취된 음식의 양, 상품명 등을 눈대중량으로 기록 • 폐쇄형 : 일상적으로 섭취하는 모든 식품들이 비슷한 영양소를 함유하는 식품군별로 정해진 눈대중량과 함께 열거되어 있는 형태 • 개방형 : 직접 기입
장 점	조사 대상자의 영양소 섭취량이 가장 정밀하여 상관분석이나 회귀분석 시 이용	• 코드화가 빠르고 영양소 계산이 쉽다. • 눈대중량에 대해 제한이 없다. • 비용이 적게 든다. • 부담감이 적다.
단 점	• 많은 수의 훈련된 인원과 충분한 비용 필요 • 외식의 경우, 측정 어려움 • 조사 대상자의 일상 섭취 패턴에 변화를 주기도 함	• 정해진 눈대중량에 익숙하지 않으면 사용에 제한이 있다. • 코드화하는 데 폐쇄형보다 시간이 더 걸리나 에너지 및 영양소 섭취량의 정확도가 더 낫다.
주의점	측정기구의 영점을 정확히 맞춘다.	• 부엌 세간의 이용으로 함 • 우리나라 음식의 조리법에 대한 표준화 미비로 한 번 집었을 때 어느 정도의 양을 취했다는 눈대중량이 보고되어야 함 • 평상시 식이 섭취에 영향을 주기도 함

표 2–7
식사기록법의 예

날 짜	시 간	섭취음식	식품명	목측량	양(g)	식사시간(분)	누구와 함께	식사 시 활동[1]	식사 시 기분[2]

1) TV 보면서, 책 보면서, 친구랑 대화를 나누면서, 걸어가면서 등
2) 지루하다, 피곤하다, 좌절, 우울해서, 화가 나서, 맛있어 보여서 등

3) 식품섭취 빈도조사법

식품섭취 빈도조사법food frequency questionnaire이란 식품의 목록을 작성하여 조사 대상자에게 제시하고 수록된 각 식품을 섭취하는 빈도를 표시하도록 하는 것이다. 일반적으로 3개월, 6개월, 1년 등 지나간 일정 기간에 섭취한 빈도를 조사하고 이를 모두 합하여 평균 섭취량을 환산한다. 목적은 일정 기간에 특정 식품이나 식품군을 섭취한 빈도를 추정하여 식품 안에 들어 있는 영양소와 질병과의 관계를 파악하기 위해서이다.

표 2-8
식품섭취 빈도조사법의 예

■ 단순 식품섭취 빈도조사

식품명	하루 3회 이상	하루 1~2회	주 4~6회	주 2~3회	주 1회	한달 1~3회	가끔 또는 전혀 안 먹음
채소류 (시금치, 당근, 콩나물)							
잡곡밥							
과일 (사과, 배, 귤, 딸기)							
해조류 (다시마, 미역, 김)							
콩류 (두부, 순두부, 콩)							
감자류 (감자, 고구마)							
우유류 (우유, 요구르트)							

■ 반정량적 식품섭취 빈도조사

음식명	1회 섭취분량	하 루			일주일			한 달		1년 6~11회	거의 안 먹음
		3회 이상	2회	1회	5~6회	3~4회	1~2회	2~3회	1회		
밥	1공기 (240g)										
보 리	10g										
국수류, 수제비 자장면 등	1그릇 (200g)										
라면류	1그릇 (120g)										

(계속)

■ 정량적 식품섭취 빈도조사

종 류	지난 일주일 동안 섭취한 평균 횟수							한 번 드실 때 섭취하는 양
	안 먹거나 매우 드묾	주 1회	주 2~3회	주 4~6회	매일 1회	매일 2회	매일 3회 이상	
흰빵, 식빵, 토스트								☐ 1쪽 ☐ 2쪽 ☐ 3쪽 이상
도넛, 꽈배기, 크로켓, 케이크								☐ 1쪽(케이크는 1조각) ☐ 2쪽 ☐ 3쪽 이상
기타 빵 (팥빵, 크림빵, 샌드위치, 소보로빵, 야채빵 등)								☐ 1쪽 ☐ 2쪽 ☐ 3쪽 이상

식품 목록의 선정은 식사섭취 목적에 따라 몇 가지 특정 식품이나 영양소의 섭취량을 측정할 것인지 아니면 전체적인 식품섭취량을 측정할 것인지에 따라 달라지며, 특히 조사 목적에 따라 식품 목록 선정이 달라진다. 일반적으로 식품 목록이 길면 지루해지기 쉽고 집중력과 정확성이 저하된다. 반면 식품 목록이 짧으면 원하는 특정 영양소 섭취를 파악할 수 없다. 따라서 식품 목록에는 조사 대상자 집단 중 상당수가 실제로 섭취하고 있는 것과 관심 있는 영양소를 충분히 함유한 식품, 각 개인에 따른 차이를 볼 수 있을 만큼 섭취하는 정도가 다양한 것들이 포함되어야 한다.

식품 목록을 선정하는 방법은 ① 식품성분표를 이용하는 것으로 관심 있는 영양소를 가장 많이 함유하고 있는 식품들의 목록을 작성하는 방법이다. 이 방법은 빠르고 간편하나 이들 식품이 실제 조사 대상 집단에서 자주 섭취하는 식품인지 알 수 없다. ② 식품 수에 관계없이 관심 있는 영양소를 가장 많이 함유하고 있는 식품들로 긴 목록을 작성한 다음, 예비조사를 통해 이들 중 대상집단에서 자주 섭취되는 식품으로만 다시 식품 목록을 선정하는 방법이다. ③ 식사기록법이나 24시간 회상법의 자료를 이용하여 각 영양소의 총 섭취량에 많이 기여하는 식품을 선택하는 방법이다.

식품섭취 빈도조사법의 종류에는 비정량적 식품섭취 빈도조사법non-quantitative food frequency questionnaire, 반정량적 식품섭취 빈도조사법semi-quantitative food frequency questionnaire, 정량적 식품섭취 빈도조사법quantitative food frequency questionnaire이 있다. 비정량적 식품섭취 빈도조사법은 1회 섭취 분량을 제시하지 않고 단순하게 일정 기간 동안의 섭취 횟수만을 기록하는 방법으로, 조사 방법이 단순하고 쉽지만 정확한 섭취량을 측정하기는 어렵다. 반정량적 식품섭취 빈도조사법은 일정량의 1회 섭취분량을 제시하고 이것의 섭취 빈도를 묻는 방법으로 영양소 섭취와 만성질환 간의 위험 관련성을 파악하는 데 도움이 된다는 장점이 있는 반면에 일정량의 1회 섭취분량을 제시하기 어려운 단점이 있다. 정량적 식품섭취 빈도조사법은 몇 개의 다른 섭취분량을(대, 중, 소) 제시한 후 선택하여 그 식품에 대한 섭취 빈도를 묻는 방법이다.

식품섭취 빈도조사의 어려운 점은 ① 응답자의 편견으로 조사 대상자가 면접원의 질문을 잘못 이해했을 경우, 면담 시 '올바른 정답'에 대한 비언어적 암시를 받은 경우, 사회적으로 바람직한 답을 할 필요를 느끼는 경우이다. ② 면접원의 편견으로 응답의 부정확한 기록, 의도적인 생략, 불편한 상담환경 등이다. ③ 조사 대상자의 기억 착오가 있다. 식품섭취 빈도조사법의 장단점은 표 2-9에 나타내었다.

표 2-9
식품섭취
빈도조사법의
장단점

장 점	단 점
• 조사 대상자가 직접 기록하여 정확한 조사가 가능하다. • 조사 대상자에게 큰 부담(시간과 노력)을 주지 않는다. • 쉽고, 빠른 시간에 많은 대상자를 대상으로 저렴한 비용으로 실시할 수 있다. • 장기간에 걸쳐 평상시의 식품과 영양소 섭취 패턴을 알 수 있다. • 영양상담이나 실험군-대조군 연구, 코호트 연구 및 대규모 역학연구에서 만성질병과 식이요인의 관련성 연구에 유용하게 쓰일 수 있다. • 섭취 빈도조사 결과를 회상법이나 기록법으로 얻은 최근의 식이섭취 정보와 대비시켜 근래의 식이 변화도 감지할 수 있다. • 컴퓨터를 이용하여 식품 및 영양소 섭취량의 신속한 분석이 가능하다.	• 한정된 식품 목록과 1회 섭취분량으로 조사 대상자의 평소 식품섭취 패턴을 제대로 반영하지 못할 수도 있다. • 단일 목록에 비슷한 식품을 몇 가지 묶어 놓는 경우 섭취빈도가 절충되어 조사될 수 있다. • 조사 대상자가 직접 기록하는 경우 식사를 기술하는 능력에 의존하므로 응답률이 낮거나 완전한 응답을 얻지 못할 수 있다. • 식품의 섭취빈도 이외에는 조리상태, 레시피 등 다른 상세한 정보를 전혀 얻지 못한다. • 섭취량 측정이 기록법이나 회상법에 비해 정확하지 않다. • 설문지의 타당성 검증이 필요하지만 용이하지 않다. • 식품 목록의 수가 많을수록 추산된 영양소 섭취량이 많고 식품 목록의 수가 적으면 섭취량이 적은 경향이 있다.

우리나라 음식은 표준레시피가 없어 각 가정이나 지방 특색에 따라 같은 요리라도 들어가는 부재료들이나 방법 등이 달라 식사조사가 어렵다. 즉 사람들이 많이 섭취하는 음식, 재료, 분량 등에 대한 정확한 자료가 부족한 실정이다. 또한 1인 1회 분량에 대한 개념이 약하여 섭취한 식품량에 대한 추정이 어려우며 음식을 여러 명이 함께 나눠 먹기 때문에 개인별 섭취량을 파악하기 어렵다. 그리고 식사를 통해 섭취한 영양소들을 정확히 환산하는 소프트웨어가 부족하다.

4) 식사력

식사력diet history이란 개인의 1개월에서 1년 사이의 식이섭취 형태를 알기 위한 방

법으로 식품의 섭취 빈도, 조리 상태, 레시피와 식단과 관련된 정보를 수집한다. 잘 훈련되고 전문적 지식을 가지고 있는 조사자와 개별면담을 통해 조사가 이루어진다. 식사력의 장점과 단점은 표 2-10에 정리하였다.

	장 점	단 점
표 2-10 **식사력의** **장단점**	• 다른 식사조사법보다 장기간의 평소 식사 섭취량을 조사할 수 있다. • 모든 영양소에 관한 자료를 얻을 수 있다. • 계절에 따른 변화도 파악할 수 있다. • 생화학적 측정치와 상관성이 높다.	• 면접 과정이 1~2시간으로 길다. • 조사 대상자가 판단해야 할 내용이 많아 인내와 협조가 요구된다. • 잘 훈련된 면접기술이 필요하다. • 자료 정리와 분석이 어렵다. • 영양소 섭취량이 높게 추산되는 경향이 있다.

표 2-11
식사력의 예

1. 나는 평소 하루에 쌀밥을 _____ 공기 먹는다.
2. 나는 평소 매일 사과나 배 등 과일을 _____ 개 먹는다.
3. 나는 평소 매일 녹황색 채소류를 _____ 접시 먹는다.
4. 나는 평소 매일 김치를 _____ 접시 먹는다.
5. 나는 평소 매일 담색 채소류를 _____ 접시 먹는다.
6. 나는 평소 매일 우유, 치즈, 요구르트를 _____ 개 먹는다.
7. 나는 평소 일주일에 콩을 _____ 접시 먹는다.
8. 나는 평소 매일 과자를 _____ 봉지 먹는다.
9. 나는 평소 일주일에 술을 _____ 잔(소주잔) 마신다.
10. 나는 매일 식사가 균형적이라고 생각한다. (그렇다 / 아니다)

5) 간이식사 조사법

식사섭취의 자세한 양적 평가를 필요로 하지 않을 땐 간이 조사법이 이용될 수 있다. 일반적으로 간이식사 조사법은 단순화된 식품섭취 빈도조사법의 형태나 식행동 조사에 초점을 맞추어야 한다. 간이식사 조사법을 진행함에 있어 유의할 점은 ① 특정 지역사회 주민의 식이 패턴에 근거해 개발하여야 하고, ② 검증 절차가 반드시 있어야 한다는 것이다. 마지막으로 ③ 이를 생활환경이 다른 지역에 그대로 적용해서는 안 된다.

6) 식사조사법의 선정

식사섭취 자료를 수집하는 방법에는 여러 가지가 있지만 모든 방법에는 장점과 단점이 있으며 항상 어느 정도의 오차를 수반한다. 이러한 오차의 불가피성을 감안하고도 식사섭취 자료는 매우 유용한 가치를 지닌다. 따라서 이용하려는 조사 방법의 장단점을 충분히 인지하면 연구 목적에 합당한 방법을 선택하여 바르게 적용할 수 있다.

① 연구 목적과 원하는 정보 고려 : 연구 목적에 가장 적절한 조사 방법을 선택해야 한다. 즉 조사의 목적이 집단의 평균 영양소 섭취량인지 또는 개인의 평상시 영양소 섭취량인지, 영양적으로 문제가 있는 사람들인지, 장기간의 연구인지, 단기간의 연구인지 등을 고려해야 한다.

② 조사 대상자의 특성 고려 : 조사 대상자의 연령, 조사자가 글을 읽고 쓸 수 있는지 없는지, 기억력이 있는지 없는지, 자신이 식사조사지를 사용하기 위해 훈련을 받을 수 있는 능력이 있는지 없는지 등을 고려해야 한다.

③ 이용 가능한 자원의 고려 : 인적 및 물적 자원인 조사원, 컴퓨터, 녹음기, 전화, 저울 등을 고려한다.

7 식사평가를 위한 영양지수

1) 영양소 밀도

영양소 밀도nutrient density ; ND란 권장량을 기준으로 하여 각 영양소의 섭취량을 에너지 섭취량과 비교한 척도를 말한다. 일반적으로 영양소 밀도는 개인의 영양소별로 평가하며 영양소 밀도가 1보다 클 때 그 영양소를 열량에 비해 많이 섭취하고 있는 것으로 평가할 수 있다. 대상자의 에너지 필요량이 충족될 때 영양소 필요량은 충족되는 편이다. 최근에는 영양의 질적 수준을 알기 위해 영양 밀도의 개념을 사용하며, 영양소 밀도는 식사와 질병 간의 상호 관련성을 설명하는 데 이용되기도 한다.

$$ND = \frac{1일\ 영양소\ 권장량에\ 대한\ 섭취량의\ 비}{에너지\ 권장량에\ 대한\ 섭취량의\ 비}$$

2) 영양밀도 지수

영양밀도 지수index of nutritional quality ; INQ는 영양소 밀도와 관련된 개념이다. 개인의 식사 충족도를 평가하거나 개인상담에 이용하여 에너지가 충족되는 상태에서의 영양소의 균형 상태를 파악할 수 있다.

INQ 값이 1 이상이면 그 영양소의 공급이 충분함을 의미하며, 1 미만이면 그 영양소를 더 많이 섭취해야 함을 의미한다. 한 예로 비타민이나 무기질의 INQ 값은 1 이상이어야 하나 콜레스테롤이나 지방, 나트륨 값은 1을 크게 넘지 않아야 한다.

$$INQ = \frac{1,000kcal에\ 해당하는\ 식이\ 내\ 영양소\ 함량}{1,000kcal당\ 영양권장량}$$

3) 영양소 적정섭취비율

영양소 적정섭취비율nutrient adequacy ratio ; NAR은 섭취량을 권장섭취량 혹은 충분섭취량과 비교하여 그 비율로 나타낸 것이다. 일반적으로 단백질, 칼슘, 아연, 비타민 A, 비타민 B$_1$, B$_2$에 대해 계산을 하나 기준치가 설정된 다른 영양소도 계산할 수 있다. NAR이 1 이상이 되면 1로 간주하고 평균을 구해 MARMean Adequacy Ratio를 구하고 식사의 질을 판단한다.

$$NAR = \frac{개인의\ 특정\ 영양소\ 섭취량}{특정\ 영양소의\ 권장섭취량}$$

4) 식사의 질적 지수

식사의 질적 지수diet quality index란 전체적인 식사의 질을 측정하고 식사의 유형에 관련된 만성질환의 위험도를 평가하기 위해 개발된 방법이다.

5) 표준편차점수 또는 Z 점수

표준편차점수 또는 Z 점수는 집단의 영양소 섭취량 자료로부터 집단 내에서의 개인의 영양소 섭취량 분포를 평가하는 데 사용된다. 편차를 사용하여 평가하는데 집단의 평균값으로부터 각 개인의 측정값이 얼마나 떨어져 있는지를 평가하는 것이다. 이 방법은 집단 내 개인의 영양소 섭취를 모니터링하기 위한 종단적 연구에 유용하다.

8 식품섭취 다양성에 대한 평가

1) 식품군 섭취 패턴

식품군 섭취 패턴dietary diversity score ; DDS은 식품을 각 식품군으로 나눈 다음 고체 형태인 육류·과일·채소는 30g, 고형유제품(치즈) 등은 15g, 곡류 및 감자류, 액체 형태의 유제품 및 과일, 채소군은 60g을 기준으로 하며 최소량으로 섭취한 식품은 제외시킨다.

따라서 1일 섭취한 식품의 중량이 각 군에서 기준량 이상이면 1, 섭취하지 못하였으면 0으로 하여 식품섭취의 균형성과 다양성을 평가한다.

식품군 섭취 패턴은 GMFVDgrain, meat, fruit, vegetable, dairy products로 표시한다. 예를 들어 GMFVD=10110이라 하면 곡류, 과일, 채소군은 섭취한 반면 육류 및 유제품은 섭취하지 않은 것이다. 즉 식품군 섭취 패턴을 섭취한 식품군이 하나 첨가될 때마다 1점씩 증가시켜 최고 5점으로 점수화한다. 이 DDS 방법은 미국 식사섭취 패턴에 바탕을 두고 있어 우리나라 식사섭취 상태에 적용하기에는 다소 어려움이 있다.

2) 식품군 가짓수에 의한 식사 다양성 Dietary Variety Score ; DVS

식사의 다양성은 식품군의 가짓수에 의해 평가된다. 식사의 다양성을 나타내는 DVS는 하루에 섭취하였다고 보고된 모든 다른 종류의 식품 수를 계산(동일 식품은 합쳐서 계산)하는 것으로 다른 식품 한 가지가 첨가될 때마다 1점씩 증가한다.

01 다음은 국민건강영양조사 중 영양조사에 관한 내용이다. 작성 방법에 따라 서술하시오. [4점]

영양기출

> • (가)는 만 1세 이상 가구 구성원 모두를 대상으로 식품섭취 조사를 수행할 때 사용하는 조사표의 일부이다.
> • (나)는 가구 구성원 중 일부를 대상으로 식품섭취 조사를 수행할 때 사용하는 조사표의 일부이다.

(가)

식사구분	식사시간	식사장소	매식여부	타인동반여부	음식명	조리총량			음식섭취량			식품재료명(상품명)	가공여부
						눈대중분량	부피	중량	눈대중분량	부피	중량		

(나)

식사구분	음식명	조리총량			식품재료명(상품명)	가공여부	식품상태	식품재료량		
		눈대중분량	부피	중량				눈대중분량	부피	중량

(계속)

(다)

1. 다음 중 최근 1년 동안 귀댁의 식생활 형편을 가장 잘 나타낸 것은 어느 것입니까?

① 우리 가족 모두가 원하는 만큼의 충분한 양과 다양한 종류의 음식을 먹을 수 있었다.
② 우리 가족 모두가 충분한 양의 음식을 먹을 수 있었으나, 다양한 종류의 음식은 먹지 못했다.
③ 경제적으로 어려워서 가끔 먹을 것이 부족했다.
④ 경제적으로 어려워서 자주 먹을 것이 부족했다.

작성 방법

• (가)를 사용하여 수행하는 식품섭취 조사 방법을 제시할 것
• (나)의 조사 대상자를 제시하고, 조사 내용을 바탕으로 파악할 수 있는 정보를 제시할 것
• (다) 문항을 사용하는 조사 항목의 명칭을 제시할 것

---

02 다음은 푸른여자중학교 2학년의 식사조사 결과와 12~14세 여자의 비타민 A 섭취기준이다. 자료를 근거로 작성 방법에 따라 서술하시오. [4점] 영양기출

식사조사 결과

• 조사 대상 : 푸른여자중학교 2학년 200명(12.9±0.3세)
• 조사 기간 : 1일
• 조사 방법 : 24시간 회상법
• 조사 결과 : 비타민 A 섭취량 470±90μg RAE

… (하략) …

※ 조사 결과 푸른여자중학교 2학년 이경미(13세)의 비타민 A 섭취량은 470μg RAE였다.

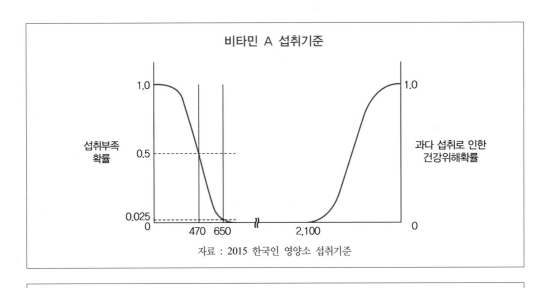

비타민 A 섭취기준

섭취부족
확률

과다 섭취로 인한
건강위해확률

1.0

0.5

0.025
0

470 650

2,100

1.0

0

자료 : 2015 한국인 영양소 섭취기준

작성 방법

- 제시된 '비타민 A 섭취기준'에 근거하여 푸른여자중학교 2학년 200명의 비타민 A 섭취의 적절성을 평가하고, 평가 결과를 확률로 제시할 것(단, 조사 대상자 200명의 섭취량은 정규분포를 따른다고 가정할 것)
- 밑줄 친 이경미 학생의 비타민 A 섭취의 적절성을 평가하기에 불충분한 이유를 자료에서 찾고, 이를 보완할 수 있는 식사조사 방법 2가지를 제안할 것

---

03 영양공급량과 영양섭취량의 개념을 정확히 알아 둘 필요를 느낀 영양교사는 2013년 식품수급표에서 1인 1일당 영양공급량의 산출 방법을 찾고, 2013년 국민건강통계(국민건강영양조사)에서 1인 1일당 영양섭취량 산출 방법을 찾았다. 영양교사가 찾은 1인 1일당 영양공급량과 1인 1일당 영양섭취량의 산출 방법을 각각 서술하고, 식품수급표는 국가 차원에서 어떻게 활용될 수 있는지 1가지를 기술하시오. [5점] 영양기출

04 다음은 식사조사의 신뢰도를 높이기 위하여 조사원 훈련에 사용된 지침의 일부이다. 어떤 식사조사 방법을 위한 지침인지 쓰시오. [2점] 영양기출

조사원 지침

- 주중 2일, 주말 1일을 포한철 것(총 3일)
- 특별한 예고 없이 시행할 것
- 주식 → 부식 → 후식 순서로 질문할 것
- 가공식품은 상표명도 기록할 것
- 식품 모형과 사진 책자 등 보조 도구를 활용할 것
- 섭취한 음식명, 재료, 양념의 양을 기록할 것

---

05 하루 에너지 필요량이 1,800kcal인 여성이 점심 식사로 (가) 제품 1봉지와 계란 프라이 1개를 먹은 경우, 1끼 식사로 가장 과다한 성분 1가지와 가장 부족한 성분 2가지를 각각 쓰시오. 기출문제

(가) 제품의 영양표시

영양성분표(1봉지 기준)

열량(kcal)	탄수화물(g)	단백질(g)	지방(g)	나트륨(mg)	칼슘(mg)
490	90(30)	8(13)	11(22)	500(25)	89(11)

※ ( )의 수치는 영양소 섭취기준에 대한 비율(%)임

(나) 계란 프라이 1개의 영양성분

열량(kcal)	탄수화물(g)	단백질(g)	지방(g)	나트륨(mg)	칼슘(mg)
110	1	6	9	220	20

과다한 성분 _____

부족한 성분

① : _____

② : _____

해설 우선 1,800kcal의 영양소 섭취기준이 필요한 여자 대상자의 열량을 파악하여 이에 따른 영양소 섭취기준을 알고 있어야 하며 아침, 점심, 저녁 식사 비율도 파악하여야 한다.

06 다음은 신장 160cm, 몸무게 52kg이고 활동량이 적은 고등학교 1학년인 영희의 1일 영양소 섭취량과 15~18세 여성에 대한 한국인 영양소 섭취기준이다. 물음에 답하시오.

구 분		에너지 (kcal)	탄수화물 (g)	지방 (g)	단백질 (g)	식이섬유 (g)	비타민 A (μg RAE)	니아신 (mg NE)	비타민 C (mg)	철 (mg)
영희의 섭취량		1,915	360	35	40	15	572	17	2,000	7
영양소 섭취 기준 (15~ 18세 여성)	평균필요량 (필요추정량)	2,000			40		440	11	70	11
	권장섭취량				50					
	(㉠)					20				
	상한섭취량						2,300	30	1,500	45

06-1 ㉠에 들어갈 용어를 쓰시오.

_____

06-2 위 표를 근거로 영희의 영양상태를 평가하고 이에 대한 개선 방안 3가지를 쓰시오.

　평가　_____

_____

　개선 방안

① : _____

② : _____

③ : _____

해설 청소년기의 영양소 섭취기준을 암기하여 문제를 풀어야 한다. 15~18세 청소년의 에너지 필요추정량은 남자 2,700kcal, 여자 2,000kcal이다. 칼슘의 권장섭취량은 남자 900mg, 여자 800mg이며 철은 남녀 14mg으로 같다.

07 35세 여교사의 평상시 1일 영양소 섭취량이다. 2010년에 개정된 한국인 영양섭취기준에 따라 평가한 것으로 옳은 것은?

에너지	비타민 C	나트륨	식이섬유	칼슘	철
2,000kcal	1,600mg	4.9g	25g	2,700mg	12mg

① 비타민 C : 상한섭취량을 넘기므로 섭취를 줄여야 한다.

② 나트륨 : 목표섭취량에 가까우므로 현재 섭취 수준을 유지한다.

③ 식이섬유 : 충분섭취량에 못 미치므로 더 섭취하는 것을 권장한다.

④ 칼슘 : 상한섭취량을 넘지 않으므로 현재의 섭취 수준을 유지한다.

⑤ 철 : 평균필요량보다 높지만 권장섭취량에 못 미치므로 더 섭취할 것을 권장한다.

정답 ⑤

08 보건소 영양사 A가 유아의 식생활 지도를 위해 어머니들로부터 받은 식사일지의 일부이다. 영양사 A가 평가한 내용으로 옳은 것만을 〈보기〉에서 있는 대로 고른 것은? 기출문제

혜진(여, 5세)	범수(남, 5세)
8 : 30 아침 식사 (흰밥, 쇠고기미역국, 달걀찜, 김구이, 김치)	8 : 00 아침 식사 (토스트, 땅콩버터, 우유)
12 : 30 점심 식사 (미트소스스파게티, 닭고기샐러드, 김치)	12 : 00 점심 식사 (카레라이스, 오이나물, 귤)
17 : 30 간식 (바나나 50g, 삶은 달걀 1개)	15 : 30 간식 (떡꼬치 120g, 호상요구르트 100g)
18 : 30 저녁 식사 (콩밥, 불고기, 버섯볶음)	19 : 00 저녁 식사 (흰밥, 콩나물국, 삼치구이)
총에너지 섭취량 : 1,430kcal	총에너지 섭취량 : 1,360kcal

보기

ㄱ. 혜진은 간식 시간을 조정할 필요가 있다.
ㄴ. 혜진은 식사에서 부족한 식품군을 간식을 통해 모두 보충하였다.
ㄷ. 두 어린이는 총에너지 섭취량 중에서 간식으로 섭취하는 에너지 비율이 바람직하다.
ㄹ. 식사구성안의 식품군을 기준으로 볼 때, 범수는 혜진에 비해 다양한 식품군을 섭취하였다.

① ㄱ, ㄹ   ② ㄴ, ㄷ   ③ ㄱ, ㄴ, ㄷ
④ ㄱ, ㄴ, ㄹ   ⑤ ㄴ, ㄷ, ㄹ

정답 ①

09 다음 〈보기〉에서 영양소 섭취의 질적 평가지표에 대한 설명으로 옳은 것만을 모두 고른 것은? 기출문제

보기

ㄱ. 영양지수(INQ)는 각 영양소의 권장섭취량에 대한 섭취비율이다.
ㄴ. 영양소 적정섭취비율(NAR)은 각 영양소의 권장섭취량에 대한 섭취비율이다.
ㄷ. 영양소 적정섭취비율(NAR)은 각 영양소의 섭취 적정도의 평균값이다.
ㄹ. 영양밀도(ND)는 에너지 1,000kcal를 섭취할 때 동시에 섭취되는 각 영양소의 함량이다.

① ㄹ   ② ㄱ, ㄷ   ③ ㄴ, ㄹ
④ ㄱ, ㄴ, ㄷ   ⑤ ㄱ, ㄴ, ㄷ, ㄹ

정답 ③

10 특별히 아픈 곳이 없는 여자 노인 3인(A, B, C)의 1일 평균 영양소 섭취량은 아래와 같다. 각 노인의 영양상태 개선을 위한 바람직한 음식을 올바르게 나열한 것은? 기출문제

구 분	A	B	C
연령(세)	71	66	74
신장(cm)	160	152	148
체중(kg)	50	52	52
에너지 섭취량(kcal)	1,400	1,600	1,800
당질에서 오는 에너지 비율(%)	80	60	50
단백질에서 오는 에너지 비율(%)	10	15	20
지질에서 오는 에너지 비율(%)	10	25	30
식이섬유(g)	24	24	12
콜레스테롤(mg)	150	200	430
나트륨(g)	3	7	4
칼슘(mg)	800	300	700
철(mg)	4	8	9

① A : 가지나물, B : 멸치조림, C : 깻잎튀김
② A : 달걀말이, B : 우유, C : 물미역무침
③ A : 두부조림, B : 풋고추장조림, C : 콩나물무침
④ A : 새우튀김, B : 요구르트, C : 명란젓달걀찜
⑤ A : 인절미, B : 치즈, C : 고사리볶음

정답 ②

11 24세 여성인 A, B의 하루 식사에 대하여 5가지 영양소와 식품군의 다양성을 분석한 결과는 다음과 같다. A, B의 식생활을 평가한 내용으로 옳은 것은? 기출문제

항 목		A	B	1일 권장섭취량
영양소별 섭취량	칼슘(Ca)	630mg	420mg	700mg
	철분(Fe)	9.8mg	11.2mg	14mg
	비타민 A	325μg RE	650μg RE	650μg RE
	비타민 C	90mg	120mg	100mg
	비타민 B_1	0.88mg	0.99mg	1.1mg
GMDFV (Grain, Meat, Dairy, Fruit, Vegetable)		10110	11011	—

① A보다 B에게 시금치, 당근, 양배추 섭취가 더 필요하다.

② B의 평균적정섭취비율(Mean Adequacy Ratio, MAR)은 0.86이다.

③ A가 B보다 식품섭취 다양성 점수(Dietary Diversity Score, DDS)가 높다.

④ B가 섭취한 비타민 C의 적정섭취비율(Nutrient Adequacy Ratio, NAR)은 1.2이다.

⑤ A가 섭취한 철분의 적정섭취비율(Nutrient Adequacy Ratio, NAR)은 0.8이다.

정답 ②

12 여고생 지연이(17세, 160cm, 66kg, 중등도 활동)의 평상시 영양소 섭취량을 한국인 영양섭취기준(KDRI)을 이용하여 평가한 결과이다. (가)~(라)에 들어갈 내용으로 옳은 것은? 기출문제

항목	지연이의 1일 섭취량	평균 필요량	권장 섭취량	상한 섭취량	평가	권고 사항
에너지 (kcal)	1,700	–	–	–	현재 섭취량이 개인별 에너지 필요추정량보다 낮음	현재 체중 조절 중이므로 섭취 증가를 권하지 않음
단백질 (g)	100	35	45	–	단백질의 에너지 섭취 비율은 (가) % 정도임	(나)
비타민 A (μg RE)	480	500	700	2,400	(다)	권장섭취량 수준으로의 증가가 바람직함
비타민 C (mg)	2,350	75	100	1,600	과잉 섭취로 건강 장애가 우려됨	권장섭취량 수준으로의 감소가 바람직함
엽산 (μg DFE)	450	320	400	1,000	(라)	섭취 습관은 잘 유지할 것

	(가)	(나)	(다)	(라)
①	23.5	과다 섭취를 주의할 것	부족할 확률이 50% 이상	부족할 확률이 3% 미만
②	15.0	20%로 증가시킬 것	부족할 확률이 3~50%	부족할 확률이 3% 미만
③	15.0	과다 섭취를 주의할 것	부족할 확률이 50% 이상	부족할 확률이 3~50%
④	23.5	15% 이내로 줄일 것	부족할 확률이 3~50%	부족할 확률이 3% 미만
⑤	15.0	섭취 습관을 잘 유지할 것	부족할 확률이 3~50%	부족할 확률이 3% 정도

정답 ①

13 다음은 단백질 효율(Protein Efficiency Ratio ; PER) 측정법에 대한 설명이다. 실험 조건의 변화에 따른 단백질 A의 단백질 효율(PER) 변화로 옳은 것은?(단, 변경 조건 이외의 조건은 아래 제시된 실험 방법과 동일함) 기출문제

> 보기
> • 실험 목적 : 단백질 A의 질 평가
> • 평가 원리 : 단백질 효율은 단백질 섭취량에 대한 체중 증가량으로, 체중 증가가 체단백질 이용과 정비례한다는 가정에 기초함
> • 실험 동물 : 성장기의 쥐
> • 실험 방법 : 단백질 A는 10% 수준으로, 에너지와 그 외 필수 영양소는 필요량 수준으로 포함된 사료로 4주 동안 쥐를 사육한 후, 쥐의 체중 변화를 측정함
> • 평가 결과 : 단백질 A의 단백질 효율=1.65

① 에너지 섭취량을 증가시키면 높아진다.
② 비타민 섭취량을 증가시키면 높아진다.
③ 칼슘 섭취량을 증가시키면 높아진다.
④ 철 섭취량을 증가시키면 낮아진다.
⑤ 사료의 단백질 A 비율을 증가시키면 낮아진다.

정답 ①

CHAPTER 03

생화학적 검사법

생화학적 검사법은 식사조사, 신체계측 조사, 임상조사법보다 좀 더 객관적인 영양 상태 판정 방법이다. 이 방법은 임상적으로 결핍 증상이 나타나기 전 단계인 가벼운 이상에서부터 상당히 진전된 경우까지 폭넓은 영양상태를 파악할 수 있다.

특히 생화학적 검사법은 대상자의 현재 체내 수준을 가장 잘 반영하기 때문에 다른 영양상태 판정과 함께 사용하면 보다 정확한 결과를 제시할 수 있으나 여러 가지 시설과 기술, 인력, 시간 등이 필요하다는 단점을 지니고 있다.

1 생화학적 검사의 장단점

생화학적 검사의 장점은 실험 결과를 이용하므로 객관적이고 결핍 증상이 임상적으로 나타나기 전에 결핍 증세를 미리 판단할 수 있다는 것이다. 또한 식이섭취 자료의 타당도 등에 이용할 수 있다.

단점은 측정 결과가 여러 요인의 영향을 받으며 영양상태 판정에 사용될 수 있는 방법이 아직 많지 않다는 것이다. 또한 시료의 올바른 수집과 분석, 비용 등이 필요하다.

2 생화학적 검사에 사용되는 시료

생화학적 검사에 사용되는 시료로는 혈액, 소변, 대변, 머리카락, 골수, 조직, 타액, 땀 등이 있다. 특히 혈액의 조성은 영양상태를 잘 반영하므로 가장 많이 사용되는 시료이며 조사 항목에 따라 혈장, 혈청, 혈구 등을 이용할 수 있다.

3 시료의 수집 및 보관

정확한 생화학적 시료를 얻으려면 시료의 수집과 보관이 잘 되어야 한다. 혈액 성분을 측정하는 경우 식사의 영향을 받지 않기 위해 저녁 9시 이후부터 금식하여 12시간의 공복시간을 가진 뒤 채혈하는 것이 좋다. 혈액이나 소변 같은 시료들은 수집 즉시 실험실로 옮겨 저온에서 냉동이나 냉장으로 보관하며 가능한 한 빨리 분석하는 것이 좋다.

4 생화학적 검사 결과의 특징 및 영향을 미치는 요인

생화학적 검사법은 식사조사 방법의 타당성을 알아보는 데도 사용할 수 있다. 예를 들어 식사조사로 단백질 조사를 한 다음, 혈액이나 소변으로 다시 단백질 섭취량에 따른 영양상태를 확인할 수 있다.

생화학적 검사의 한계점은 영양소의 체내 수준 이외의 다른 요인에도 영향을 받는다는 것이다. 즉 시료의 수집과 분석, 약물, 질병, 생리적 상태, 스트레스, 운동량, 성별, 연령, 최근 식사섭취 등의 영향을 받는다. 또 한 가지 영양소에 대해서만 특이하게 작용하지 않는 검사 방법들은 검사 결과의 특이성을 떨어뜨린다.

일반적으로 어떤 방법이든 간에 영양상태를 완벽히 반영하지는 못하므로 다른 조사 방법들과 함께 사용하는 것이 가장 좋다.

5 시료의 검사 유형인 성분검사와 기능검사

성분검사static test는 직접검사법이라고도 하며 혈액이나 소변, 조직 등에서 영양소나 영양소의 대사산물의 체내 수준 양을 직접 측정하는 것을 말한다. 예를 들어 혈액이나 소변 등을 통해 비타민 A, 칼슘, 알부민 농도를 측정하는 것이다. 이 검사는 측정이 비교적 용이하나 질병이나 감염, 스트레스, 식사섭취 상태 등에 영향을 받을 수 있다는 단점을 가지고 있다. 또한 선택된 시료가 체내의 수준을 항상 반영한다고 볼 수 없다.

반면 기능검사functional test인 간접검사법은 특정 영양소의 부족에 의한 생리적 기능에 이상이 있는지를 간접적으로 측정하는 것으로써, 특정 영양소 의존효소나 활성도 또는 생리, 기능 등을 측정한다. 기능검사 중에는 전반적인 영양상태 파악에는 기여하나 특정 영양소의 체내 수준을 제대로 제시하지 못하는 경우도 있다. 다음 표 3-1은 대표적인 기능검사의 예를 나타낸 것이다.

표 3-1
기능검사의 예

검사 유형	예
혈액이나 소변의 비정상적인 대사산물의 농도	• 비타민 B_6 결핍 시 소변 중의 잔투렌산 배설 측정(증가)
혈액의 구성물질 및 효소활성의 변화	• 철 영양상태의 판정 – 헤모글로빈 측정 • 티아민 – 적혈구 트랜스키톨라제 활성도 측정 • 리보플라빈 – 적혈구의 글루타치온 환원 효소활성도 측정
생체 내 기능을 위한 생체 외 검사	• 열량 단백질 결핍 – 백혈구 chemotaxis 측정 • 비타민 E 결핍 – 적혈구 용혈 검사 • 엽산 및 비타민 B_{12} 결핍 – 디옥시-유리딘 억제시험
정상적인 성장과 발달검사	• 아연 영양상태 – 성적 성숙도 측정 • 철 영양상태 – 인지수행능력 측정 • 어린이열량, 단백질 영양 – 성장속도 측정
자발적인 인체 내 반응검사	• 비타민 A 결핍 – 암적응 검사 • 아연 결핍 판정 – 미뢰 세포의 맛에 대한 민감도 측정
체내 유도반응과 투여반응검사	• 단백질·열량·아연 결핍 – 피부의 과민 반응성 측정 • 엽산 판정 – 히스티딘 부하 검사 • 비타민 B_6 판정 – 트립토판 부하 검사

6 생화학적 방법에 의한 단백질의 영양상태 판정

단백질은 신체의 구성성분으로 신체의 여러 반응을 조절하는 조절기능을 갖고 있다. 지방과 달리 저장되지 않아 지나친 단백질 결핍은 신체에 치명적인 문제를 야기할 수 있다. 일반적으로 생화학적 방법에 의한 단백질의 영양상태는 근육단백질, 내장 단백질과 면역기능검사를 통해 예측할 수 있다.

1) 근육단백질의 측정에 의한 영양판정

① **뇨 크레아티닌 배설량**Urinary creatinine excretion : 신체 내 크레아틴인산은 대부분 근육에 존재하며, 생화학 대사 과정을 거쳐 크레아티닌으로 변하여 소변으로 배설된다. 일반적으로 뇨 크레아티닌 배설량은 근육의 양과 비례하며, 하루에 약 2%에 해당하는 크레아틴인산이 크레아티닌으로 전환되는 것으로 알려져 있다. 하지만 격심한 운동, 육식 및 단백질 섭취 증가, 감염, 발열과 외상 같은 요소에 의해서 크레아티닌 배설량은 증가하며, 월경 중과 월경 직전, 나이의 증가와 만성 신부전증에 의해서는 감소하는 모습을 보인다. 일반적으로 24시간 동안 소변으로 배설되는 배설량을 통해 근육의 양을 간접적으로 알 수 있다.

② 크레아티닌－신장지수 측정Creatinine－Height Index ; CHI : 24시간 소변을 수집하여 뇨 크레아틴의 배설량을 측정한 후 대상자와 신장이 동일한 정상인의 배설량과 비교하여 크레아티닌 지수CHI를 산출하는 방법이다. 산출하는 방법은 아래 식과 같으며, 판정기준은 정상치(90~100%), 가벼운 단백질 결핍(60~80%), 중간 정도의 단백질 결핍(40~60%)과 심한 결핍(40% 이하)이다.

$$CHI(\%) = \frac{24시간\ 소변\ 중의\ 크레아티닌\ 양}{신장과\ 부합되는\ 이상적인\ 24시간\ 크레아티닌\ 배설량} \times 100\%$$

일반적으로 노인이 되면 젊은 사람보다 근육량이 약 20% 정도 감소한다. 특히 CHI는 마라스무스가 나타난 어린이의 근육 고갈 정도를 평가하거나 근육 고갈이 일어난 병원 환자에게 영양중재 조치를 하고 그 효과를 관찰할 때, 그리고 체중이나 피부의 주름 측정이 부적합한 환자들에게 사용하기에 유용한 방법이다.

표 3-2
연령에 따른 남자의
신장별 크레아티닌
배설량 기준치
(단위 : mg / day)

키 (cm)	나이(세)						
	20~29	30~39	40~49	50~59	60~69	70~79	80~89
146	1,258	1,169	1,079	985	896	807	718
148	1,284	1,193	1,102	1,006	915	824	733
150	1,308	1,215	1,123	1,025	932	839	747
152	1,334	1,240	1,145	1,045	951	856	762
154	1,358	1,262	1,166	1,064	968	872	775
156	1,390	1,291	1,193	1,089	990	892	793
158	1,423	1,322	1,222	1,115	1,014	913	812
160	1,452	1,349	1,246	1,139	1,035	932	829
162	1,481	1,376	1,271	1,160	1,055	950	845
164	1,510	1,403	1,296	1,183	1,076	969	862
166	1,536	1,427	1,318	1,203	1,094	986	877
168	1,565	1,454	1,343	1,226	1,115	1,004	893
170	1,598	1,485	1,372	1,252	1,139	1,026	912
172	1,632	1,516	1,401	1,278	1,163	1,047	932
174	1,666	1,548	1,430	1,305	1,187	1,069	951
176	1,699	1,579	1,458	1,331	1,211	1,090	970
178	1,738	1,615	1,491	1,361	1,238	1,115	992
180	1,781	1,655	1,529	1,395	1,269	1,143	1,017
182	1,819	1,690	1,561	1,425	1,296	1,167	1,038
184	1,855	1,724	1,592	1,453	1,322	1,190	1,059
186	1,894	1,759	1,625	1,483	1,349	1,215	1,081
188	1,932	1,795	1,658	1,513	1,377	1,240	1,103
190	1,968	1,829	1,689	1,542	1,402	1,263	1,123

자료 : Simko MD, Cowell CC, Gilbride JA. Nutrition Assessment, 1995

표 3-3
연령에 따른 여자의
신장별 크레아티닌
배설량 기준치
(단위 : mg / day)

키 (cm)	나이(세)						
	20~29	30~39	40~49	50~59	60~69	70~79	80~89
140	858	804	754	700	651	597	548
142	877	822	771	716	666	610	560
144	898	841	790	733	682	625	573
146	917	859	806	749	696	638	586
148	940	881	827	768	713	654	600
150	964	903	848	787	732	671	615
152	984	922	865	803	747	685	628
154	1,003	940	882	819	761	698	640
156	1,026	961	902	838	779	714	655
158	1,049	983	922	856	796	730	670
160	1,073	1,006	944	877	815	747	686
162	1,100	1,031	968	899	835	766	703
164	1,125	1,054	990	919	854	783	719
166	1,148	1,076	1,010	938	871	799	733
168	1,173	1,099	1,032	958	890	817	749
170	1,199	1,124	1,055	980	911	835	766
172	1,224	1,147	1,077	1,000	929	853	782
174	1,253	1,174	1,102	1,023	951	872	800
176	1,280	1,199	1,126	1,045	972	891	817
178	1,304	1,223	1,147	1,065	990	908	833
180	1,331	1,248	1,171	1,087	1,011	927	850

자료 : Simko MD, Cowell CC, Gilbride JA. Nutrition Assessment, 1995

③ 뇨 3-methylhistidine(3-MH) 배설 : 뇨 3-MH는 모든 골격근 섬유의 액틴과 마이오신에만 존재하는 아미노산이다. 액틴과 마이오신은 합성된 후 히스티딘 잔기가 methylation에 의해 3-MH로 합성된다. 이 지표를 사용하려면 완전한 24시간 소변 채취가 필수적이며 연속 3일 동안 채취하여야 한다.

　　3-MH 배설에 영향을 주는 요인으로는 성별, 연령, 영양상태, 성숙 정도, 호르몬 상태, 운동 정도, 질병 등이 있으며 이들 요인의 영향은 정량화되지 않았다. 일반적으로 운동 후나 질병이 있을 때 3-MH량이 증가되는 것으로 나타나 있다.

④ 질소평형 : 단백질의 turnover를 평가하기 위해 가장 많이 사용되는 지표이다. 이 지표의 측정으로 영양지원의 목표를 세우거나 효과를 평가하면 유용하다.

　　성인의 경우 질소평형을 0으로 유지시키는 것이 건강 측면에서 매우 유용하다. 양의 질소평형은 섭취량이 배설량보다 많은 경우를 말하며 예로는 성장기, 외상, 수술, 질병 등으로부터 회복 단계인 환자들이 있다. 음의 질소평형은 섭취량보다 배설량이 많을 때를 말하며 예로는 단백질 섭취 부족, 패혈증, 암,

화상 등이 있다.

　질소평형의 측정은 24시간 소변 수집을 필요로 하며 다음과 같은 식으로 계산한다.

> N 평형 = (단백질 / 6.25) − (소변의 요소에 포함된 질소(UUN) − 4*)
>
> * 4 = 요소가 아닌 형태의 질소 배설량, 피부, 대변 등으로 배설되는 질소의 양들을 합친 개략적인 값

2) 내장단백질

내장단백질 중 혈청단백질과 연관된 측정은 단백질 영양상태를 측정하는 가장 보편적인 방법이다. 이는 측정이 비교적 간단하며 정확도가 높다. 단백질 섭취가 부족해지면 간에서의 혈청단백질 생산도 줄어들기 때문이다.

　혈청단백질 농도에 영향을 주는 요인으로는 부적절한 단백질 섭취(식욕부진, 식사의 불균형 등), 대사 과정의 변화(외상, 스트레스, 패혈증 등), 임신, 단백질 합성의 감소(부적절한 열량 섭취, 전해질 결핍, 비타민 결핍 등), 약물 복용 등이 있다.

① **혈청 총 단백질**Total serum protein : 내장단백질 상태를 나타내는 지표로 측정은 쉬우나 민감도가 떨어지는 것이 단점이다. 단백질 섭취를 제한하면 초기에는 정상 농도를 보이고 심하게 고갈되어야만 증세가 나타난다. 혈청 총 단백질의 감소는 주로 알부민의 감소에 기인한다.

② **혈청 알부민**serum albumin : 체내 풀이 크고 혈관 내에 존재하므로 혈액 안의 단백질 상태 변화를 의미한다. 수술 후 합병증 발생에 대한 예견 지표로 사용하나 단기적인 단백질 상태 변화에는 민감하게 반응하지 않는다. 혈청 알부민 농도에 영향을 주는 인자로는 아래와 같은 것들이 있다.

　㉠ 부적절한 단백질 섭취 및 아연 결핍

　㉡ 갑상선 기능 저하, 간질환 등에 의한 단백질 합성 감소

　㉢ 패혈증, 스트레스, 외상, 저산소증, 수술 등에 의한 대사 이상

　㉣ 임신으로 인한 혈액 희석

　㉤ 모세관의 투과성 변화

　㉥ 피임약 등의 약물 복용

　㉦ 격심한 운동

③ **혈청 트랜스페린 및 레티놀 결합 단백질, 티록신 결합 프리 알부민** : 혈청 트랜스페린serum transferring은 철을 운반하는 단백질로 알부민보다 반감기가 짧아 단백질의 영양상태 변화를 더 잘 반영한다. 레티놀 결합 단백질retinol binding protein은 레티놀 이동에 관여하는 단백질로 철 혹은 비타민 A 영양상태의 변화에 관여하지만 단백질 상태 변화에 대해서도 관여한다. 티록신 결합 프리 알부민thyroxine binding pre-albumin은 반감기가 매우 짧아(2~3일) 단백질의 영양상태 변화에 매우 민감하여 단백질 결핍의 초기를 측정할 수 있다.

다음 표 3-4는 이들 혈청단백질의 영양상태 판정 기준치를 제시한 것이다.

표 3-4
단백질 영양상태
판정을 위한
기준치(성인)

평가지표	단백질 영양상태			
	정 상	약간 부족	부 족	결 핍
총 단백질(g/dL)	≥ 6.5	6.0~6.4		< 6.0
알부민(g/dL)	3.5~5.0	3.0~3.4	2.4~2.9	< 2.4
트랜스페린(mg/dL)	200~400	150~200	100~149	< 100
프리알부민(mg/dL)	16~40	10~15	5~9	< 5
레티놀 결합 단백질(mg/dL)	2.1~6.4	−	−	−

자료 : Lee RD, Nieman DC. Nutrition Assessment, 2013

3) 면역기능검사

영양결핍으로 면역기능이 저하되면 감염, 염증 등이 쉽게 발생하고 이것은 영양상태에 다시 영향을 준다. 면역능력을 측정하는 것은 단백질 영양상태를 평가하는 기능적 검사법의 한 가지이며 가장 많이 사용되는 방법으로는 총임파구수 측정, 피부지연 과민반응검사 등이 있다. 하지만 이들 검사는 약물 투여, 생리적 상태, 질병 유무 등의 영향을 받는다.

① **총임파구수**Total Lymphocyte Count ; TLC : 단백질 불량 상태에서는 면역기능 저하로 감염에 대한 저항력이 약해지기 때문에 총임파구수에 의해 단백질 영양상태를 알 수 있다. 백혈구의 일종인 임파구는 항체 형성에 관여하여 체내 면역기능 상태를 나타낸다.

> $$TLC = WBC \times lymphocytes / 100$$
>
> • 정상(> 1,500)　　• 약간 불량(1,200~1,500)　　• 보통 불량(800~1,200)
> • 심한 불량(< 800)　　• WBC=백혈구수　　• 단위 : cells/mm^3

② **지연형 피부반응**Delayed Cutaneous Hypersensitivity ; DCH : 피부에 항원을 주사하여 24~72시간 사이에 T-cell과 반응한 피부 붉어짐 반응의 직경을 조사하는 방법이다. 5mm 이상의 반응을 보이면 정상이다. 지연형 피부반응의 경우

콰시오카와 마라스무스와 같은 단백질 결핍증과 아연, 비타민 A, 철과 비타민 B$_6$의 결핍 시에는 큰 반응을 보이지 않는다.

7 생화학적 방법에 의한 지질의 영양상태 판정

혈액 중에 존재하는 중성지방과 콜레스테롤의 함량을 통해 지질의 영양상태를 판정할 수 있다. 중성지방과 콜레스테롤의 수치가 높을 경우 혈액의 점도가 커지고 혈류가 느려져 혈관벽에 혈전이 생겨 동맥경화를 유발할 수 있다.

혈액 중 중성지방, 콜레스테롤, LDL-콜레스테롤과 HDL-콜레스테롤의 측정을 통해 지질의 영양상태를 알 수 있다. 다음 표 3-5는 이들의 진단기준을 나타낸 것이다.

표 3-5
한국인의
이상지질혈증
진단 기준
(2015년 개정)

성 분	분 류	평가기준(단위 : mg/dL)
총콜레스테롤	높 음	≥ 240
	경계치	200~239
	적 정	< 200
중성지방	매우 높음	≥ 500
	높 음	200~499
	경계치	150~199
	적 정	< 150
HDL-콜레스테롤	높 음	≥ 60
	낮 음	< 40
LDL-콜레스테롤	매우 높음	≥ 190
	높 음	160~189
	경계치	130~159
	정 상	100~129
	적 정	< 100

자료 : 이상지질혈증 임상진료지침 제정위원회, 2015

8 생화학적 방법에 의한 철의 영양상태 판정

무기질의 영양상태 중 철Fe은 철 결핍성 빈혈과 연관되어 매우 중요한 면을 갖는다. 일반적으로 철의 결핍상태는 그림 3-1과 같이 3단계로 나누어 볼 수 있다.

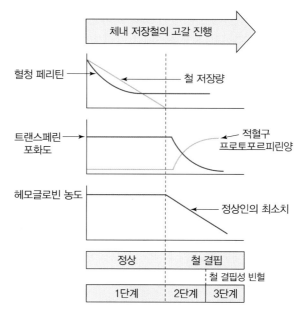

그림 3-1
철 결핍
진행 단계에 따른
철 영양상태
판정지표의 변화

자료 : Lee RD, Nieman DC, Nutrition Assessment, 1996

　　1단계는 철 저장량 고갈 단계로 혈청 페리틴의 측정을 통해 확인할 수 있다. 간의 저장 철량이 점차로 감소하는 단계로 이동 철의 양과 헤모글로빈은 영향을 받지 않고 정상치를 나타내며 혈청 페리틴만 감소한다. 2단계는 철 결핍성 조혈 단계로 간의 저장 철량이 고갈되어 적혈구 신생을 위한 혈장 철 공급량이 점차 감소하게 된다. 이때 Heme 합성의 전구체인 프로토포르피린이 적혈구 내에 증가하게 되고 헤모글로빈 수준은 점차 감소하게 된다. 빈혈 증상은 나타나지 않는 단계이며, 트랜스페린 포화도와 적혈구 프로토포르피린을 측정하면 판정할 수 있다. 3단계는 철 부족의 마지막 단계인 철 결핍성 빈혈 단계로, 철 저장량과 순환량 모두 감소하여 저색소성 소적혈구성 빈혈이 나타난다. 헤모글로빈, 헤마토크릿, 적혈구지수 등을 통해 판정할 수 있고, 모두 수치가 감소한다.

　　다음은 각 단계별로 철 영양상태 판정지표로 사용되는 생화학적 항수들에 대한 일반적인 설명이다.

① 1단계(철 저장량 고갈 단계) – 혈청 페리틴 : 철 저장량을 반영하는 지표로 철분이 결핍되면 혈청 페리틴 농도는 감소하고 철의 저장량이 많아지면 혈청 페리틴 농도는 증가한다. 혈청 페리틴 농도는 감염, 염증, 종양이 있을 때에도 증가한다.

② 2단계(철 결핍성 조혈 단계)

　㉠ 트랜스페린 포화도 : 전체 트랜스페린 중 철로 포화한 트랜스페린의 백분율을 의미하며 정상인의 경우 약 35% 정도나 철 결핍인 경우 이보다 낮

다. 철이 결핍되면 혈청 페리틴과 혈청 철은 감소하고 총 철 결합능력은 증가하나 트랜스페린 포화도는 감소한다.

$$TS = 혈청\ 성분(mol/L) / TIBC^*\ (mol/L) \times 100$$
$$^*TIBC = 총\ 철\ 결합력$$

    ⓒ 적혈구 프로토포르피린 : 프로토포르피린은 heme 전구체로 정상 적혈구에는 매우 적으나 철 저장량이 감소될 때에는 헴의 합성이 원활하지 않아 적혈구에 축적되므로 철 부족을 나타내는 민감한 지표로 사용한다.

③ 3단계(철 결핍성 빈혈 단계)

    ㉠ 헤모글로빈 : 철 영양상태를 평가할 때 가장 많이 사용하는 지표이다. 적은 양의 측정으로도 철 함량을 알 수 있다는 장점이 있으나 연령이나 성별, 감염, 수분 과잉, 영양상태 등에 따라 민감도와 특이성이 낮아진다는 단점이 있다.

    ㉡ 헤마토크릿 : 전체 혈액의 부피 중 적혈구가 차지하는 비율을 나타내는 것으로 측정이 간편하고 철의 영양상태를 쉽게 판정할 수 있다. 헤마토크릿은 헤모글로빈이 감소된 후에 나타나며 성별, 연령, 인종 등에 영향을 받고 재현성이 낮다는 단점이 있다.

    ㉢ MCVMean Cell Volume : 적혈구의 평균 크기를 나타내는 것으로 헤마토크릿치를 총적혈구 수로 나눈 것이다. MCV는 엽산, 비타민 B_{12}, 만성 간질환 등에서 감소한다.

    ㉣ MCHCMean Cell Hemoglobin Concentration : 적혈구의 평균 헤모글로빈 농도로, 헤모글로빈을 헤마토크릿으로 나눈 값이다. 연령의 영향은 낮으나 다른 지표보다 유용성이 낮으며 철 결핍의 최종 단계에서 감소가 나타난다.

표 3-6
철 결핍 진행 과정에 상용되는 항수와 진단 범위

철 결핍 단계	지표 항수	진단 범위
1단계	착색 가능한 골수 철	없음
	총 철분 결합력	$>400\mu g/dL$
	혈청 페리틴 농도	$<12\mu g/L$
2단계	트랜스페린 포화도	16%
	자유 적혈구 프로토포르피린	$>70\mu g/dL$
3단계	헤모글로빈 농도	$<130g/L$(남), $<120g/L$(여)
	평균 세포 용적	$<80fL^*$

$^*\ fL = 10^{-12}mL$

9 혈액검사에 의한 생화학적 검사

혈액은 매우 복잡한 성분들의 혼합체로 혈액 성분을 분석하면 여러 가지 영양상태를 알 수 있다. 혈액을 원심분리하면 위에서부터 혈장, 연층(퍼피코트)과 적혈구층으로 분리된다. 연층은 혈소판과 백혈구를 포함하는 층이다. 혈액 성분 중 적혈구에 의한 영양판정은 적혈구에 함유된 영양소의 농도가 오래전 영양상태를 반영하기 때문에 좋은 방법이 아닌 것으로 알려져 있다. 최근 혈액검사는 자동생화학분석기와 같은 장치로 쉽게 측정 가능해졌다. 표 3−7은 혈액검사를 통해 측정할 수 있는 항수들에 대한 판정 관련 내용과 정상 범위를 나타낸 것이다.

표 3−7
혈액검사 및
정상범위 참고치

혈액(혈청)의 판정 항목	판정 관련 내용	정상 범위 참고치
염소(Cl)	신장질환, 빈혈, 심장병, 갑상선기능항진증	100~106mEq/L
칼슘(Ca)	골격 이상, 부갑성질환, 신장질환, 암 등의 지표	9.0~10.5mg/dL
인(Phoaphorus)	구루병, 골연화증, 부갑상선기능 저하 및 과다	3.0~4.5mg/dL
나트륨	수분 공급 부족, 수분 손실 과다, 항이뇨호르몬조절 이상	135~145mEq/L
칼륨	신장기능 이상, 부신기능 이상, 섭식장애 등	3.5~5.0mEq/L
크레아티닌	신장 관련 질환 등	0.6~1.2mg/dL
포도당	당뇨병 지표	60~100mg/dL
중성지방	공복의 중성지방 농도는 VLDL수준의 지표	40~150mg/dL
총콜레스테롤 LDL 콜레스테롤 HDL 콜레스테롤	• 콜레스테롤 농도가 높으면 동맥경화증의 위험요인 • LDL 콜레스테롤 농도도 높으면 위험요인 • HDL 콜레스테롤은 동맥경화성 지단백으로 간주	<200mg/dL <130mg/dL >40mg/dL
아미노기 전이효소 활성도 ALT(SGPT) AST(SGOT)	• 간기능의 정상 유무(간염, 간질환) • 간염, 간경화, 담관 폐쇄 등 간기능 손상 시 ALT가 상승 • 심장마비, 간질환, 십이지장염, 근육 손상 시에 AST가 상승	4~36U/L 0~35U/L
ALP (염기성 인산분해 효소)	• 간, 골격, 장 조직의 질환상태 의미 • 부갑상선호르몬 과다 분비나 간질환 시 혈중 ALP 증가	30~120U/L
LDH (젖산 탈수소효소)	• 혈액에서 상승하면 골격근육, 심장, 간, 십이지장, 비장, 뇌 등 조직의 질환상태 의미 • 심근경색, 간염, 암, 신장질환, 화상 등에서도 상승	100~190U/L
혈중 요소질소(BUN)	• 신장기능 판별 지표로 이용 • BUN 증가 시 고질소혈증(uremia)임	10~20mg/dL
빌리루빈	총빌리루빈의 상승은 간에서의 중합이나 분비에 장애가 있거나 담관 이상 시, 빌리루빈은 용혈성 빈혈이나 신생아의 간기능 미숙에 의해 종합에 문제가 있을 때도 나타남	0.3~1.0mg/dL

01 다음은 아연의 생화학적 영양판정에 관한 내용이다. 작성 방법에 따라 서술하시오. [4점] 영양기출

> 아연의 영양상태를 판정하기 위하여 혈청 아연 농도, 메탈로티오네인 농도, ① <u>머리카락 아연 농도</u>, 소변 아연 농도 등을 사용할 수 있다. 그러나 혈청 아연 농도는 ② <u>아연이 약간 결핍되거나</u> ③ <u>스트레스, 염증, 감염 등의 급성 자극</u>이 있을 경우 아연 영양판정에 적합한 지표가 아니다.

> **작성 방법**
> • 밑줄 친 ①을 아연의 영양판정 지표로 사용할 때의 장점과 주의할 점을 각각 1가지씩 제시할 것
> • 밑줄 친 ②인 경우 혈청 아연 농도가 아연 영양판정에 적합한 지표가 아닌 이유를 1가지 제시할 것
> • 밑줄 친 ③에 의하여 혈청 아연 농도가 어떻게 변하는지 제시할 것

02 다음은 엽산의 생화학적 영양판정에 대한 내용이다. 괄호 안의 ①, ②에 해당하는 명칭을 순서대로 쓰시오. [2점] 영양기출

> 간의 엽산 저장량을 반영하는 (①)의 엽산 농도는 엽산의 영양상태를 판정하는 지표로 주로 활용된다. 그러나 엽산 결핍증을 정확하게 판정하기 위해서는 (①)의 엽산 농도와 혈청의 (②) 농도를 동시에 측정하는 것이 바람직하다. 식물성 식품에는 거의 들어 있지 않은 (②)이/가 결핍되는 경우에도 (①)의 엽산 농도가 영향을 받을 수 있기 때문이다.

① : _____ ② : _____

03 다음은 철 영양판정 지표인 트랜스페린 포화도를 구하는 식이다. 철 영양판정에 관한 내용을 작성 방법에 따라 서술하시오. [4점] 영양기출

$$\text{트랜스페린 포화도(\%)} = \frac{\text{혈청 철}(\mu\text{mol/dL})}{(\qquad\qquad)} \times 100$$

작성 방법
- ( ) 안에 들어갈 트랜스페린 양을 간접적으로 측정하는 지표의 명칭과 측정 방법을 제시할 것
- 트랜스페린 포화도가 감소하기 시작하는 철 결핍 단계를 제시할 것
- 철이 아닌 다른 영양소의 영양상태가 부적절하기 때문에 트랜스페린 포화도를 철 영양판정 지표로 사용하기 어려운 경우와 그 이유를 서술할 것

_____

_____

_____

_____

_____

04 다음은 체중과 신장이 비슷한 55세 남자 A씨와 B씨의 건강검진 결과의 일부이다. 자료를 근거로 작성 방법에 따라 A씨와 B씨의 심혈관질환 위험도를 비교하여 서술하시오. [4점] [영양기출]

검사 항목 \ 피검사	A	B
총콜레스테롤(mg/dL)	245	245
HDL-콜레스테롤(mg/dL)	70	35
중성지방(mg/dL)	200	200

> **작성 방법**
> • A씨와 B씨의 LDL-콜레스테롤 수치를 계산 과정과 함께 제시할 것
> • HDL과 LDL의 콜레스테롤 운반 측면을 서술할 것
> • A씨와 B씨의 혈중 HDL-콜레스테롤과 LDL-콜레스테롤 상태를 판정하고 심혈관질환 위험도를 비교할 것

05 다음은 평소 편식이 심한 A군(19세)의 혈액검사 결과이다. 이를 바탕으로 A군에게 부족할 것으로 예상되는 영양소 2가지를 쓰시오. 또한 이 두 영양소의 결핍을 판정하기 위해 추가로 시행해야 할 생화학적 기능 검사의 명칭을 각각 1가지씩 쓰시오. 그리고 식사요법을 적용하기 전에 이러한 추가 검사가 필요한 이유를 서술하시오. [5점] [영양기출]

검사 항목	참고치	검사 결과
헤모글로빈(g/dL)	13~17	13
헤마토크릿(%)	39~52	40
트랜스페린 포화도(%)	20~50	39
적혈구 프로토포피린(μ mol/L)	0.352~0.892	0.596
평균 혈구 혈색소(MCH, pg)	27~34	35
평균 혈구 혈색소 농도(MCHC, g/L)	320~360	325
평균 혈구 부피(MCV, fL)	80~100	108

A군에게 부족할 것으로 예상되는 영양소 2가지 _____

추가로 시행해야 할 생화학적 기능 검사의 명칭 각 1가지 _____

_____

추가 검사가 필요한 이유 _____

_____

---

06 다음은 영양소 ①, ②의 영양상태를 판정하기 위하여 적혈구 효소 활성 계수를 검사한 결과이다. 영양소 ①, ②는 무엇인지 순서대로 쓰고, 각 영양소의 영양상태를 제시된 판정 기준에 따라 '양호' 또는 '불량'으로 판정하시오. [2점] 영양기출

영양소	판정지표		활성 계수	
			검사 결과	판정 기준
①	트랜스케톨라제(transketolase)		1.43	1.14～1.24 [a]
②	트랜스아미나제 (transaminase)	EGOT(EAST)	1.54	1.80 [b]
		EGOT(EAST)	1.12	1.25 [b]

[a] Gibson RS. Principles of Nutritional Assessment, 2005

[b] Lee RD, Nieman DC. Nutritional Assessment, 2006

① : _____ ② : _____

각 영양소의 영양상태 _____

_____

---

07 다음은 철 영양상태를 판정할 때 철 결핍 단계에 따른 생화학적 지표를 설명한 것이다. ㉠~㉢에 해당하는 내용을 각각 쓰시오. 기출문제

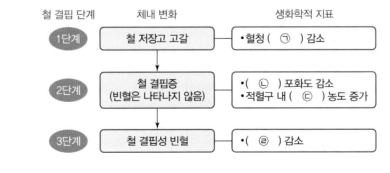

㉠ : _____ ㉡ : _____

㉢ : _____ ㉣ : _____

철의 결핍은 3단계의 과정을 거친다.

- 첫 번째, 철 저장량 고갈 : 간의 저장 철의 양이 점차로 감소하는 단계로 이동 철의 양과 헤모글로빈은 영향을 받지 않고 정상치를 나타내며 혈청 페리틴만 감소한다.
- 두 번째, 철 결핍성 조혈 : 간의 저장 철의 양이 고갈되어 적혈구 신생을 위한 혈장 철 공급량이 점차 감소하게 되는 경우이다. Heme 합성의 전구체인 프로토포르피린이 적혈구 내에 증가하게 되고 헤모글로빈 수준은 점차 감소하게 된다.
- 세 번째, 철 결핍성 빈혈 : 철 부족의 마지막 단계로 철 저장량과 순환량 모두 감소하여 저색소성 소적 혈구성 빈혈이 나타나는 단계이며 헤모글로빈, 헤마토크릿, 적혈구 지수 모두 감소한다.

08 단백질 섭취 부족에 의한 질소평형에 대해 간단히 설명하시오.

_____

_____

_____

음의 질소평형은 섭취량보다 배설량이 많을 때를 말하며 예로는 단백질 섭취 부족, 패혈증 등이 있다.

09 다음 자료는 여고생의 신체계측 및 생화학적 검사 결과의 일부이다. 검사 결과를 근거로 추론할 수 있는 건강상의 문제로 옳은 것만을 〈보기〉에서 있는 대로 고른 것은? 기출문제

> **자료**
> - 신체계측치　　－신장 : 169cm
> 　　　　　　　　－체중 : 50kg
> - 혈액검사치　　－당화 혈색소 : 6.7%
> 　　　　　　　　－경구 당부하 2시간 후 혈당 : 110mg/dL
> 　　　　　　　　－중성지방 : 12mg/dL
> 　　　　　　　　－혈청 페리틴 : 9μg/L
> 　　　　　　　　－헤모글로빈 : 8.9g/dL

> **보기**
> 가. 빈혈　　　　나. 당뇨병　　　　다. 저체중　　　　라. 저혈당　　　　마. 고중성지방혈증

① 가, 나　　　　　　　② 가, 다　　　　　　　③ 나, 마
④ 가, 나, 다　　　　　⑤ 나, 다, 마

②

10 다음은 철의 결핍 정도에 따른 체내 철 영양상태 판정 지표들의 변화이다. (가)~(다)에 해당하는 지표를 바르게 나열한 것은? 기출문제

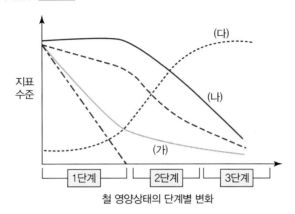

철 영양상태의 단계별 변화

	(가)	(나)	(다)
①	혈청 페리틴 (serum ferritin)	헤모글로빈 (hemoglobin)	프로토포피린 (protoporphyrin)
②	혈청 페리틴 (serum ferritin)	헤모글로빈 (hemoglobin)	트렌스페린 포화도 (transferrin saturation)
③	프로토포피린 (protoporphyrin)	트렌스페린 포화도 (transferrin saturation)	헤모글로빈 (hemoglobin)
④	트렌스페린 포화도 (transferrin saturation)	혈청 페리틴 (serum ferritin)	헤모글로빈 (hemoglobin)
⑤	트렌스페린 포화도 (transferrin saturation)	혈청 페리틴 (serum ferritin)	프로토포피린 (protoporphyrin)

정답 ①

11 단백질 섭취량이 55g이고 요, 변 및 기타의 질소 배설량 합이 10g일 때 나타나는 질소균형(nitrogen balance) 상태로 옳은 것을 〈보기〉에서 고른 것은? 기출문제

> 보기
> ㄱ. 성장 중　　　　　　　　　　　ㄴ. 감염 상태
> ㄷ. 질병으로부터 회복 중　　　　　ㄹ. 발열이나 화상이 있음
> ㅁ. 오랫동안 병상에 누워 있음　　　ㅂ. 인슐린 및 성장호르몬 분비가 증가하는 상황

① ㄱ, ㄷ, ㄹ　　　　　　② ㄱ, ㄷ, ㅂ　　　　　　③ ㄴ, ㄷ, ㅁ
④ ㄴ, ㄹ, ㅁ　　　　　　⑤ ㄴ, ㅁ, ㅂ

정답 ④

12 다음은 A씨의 영양상태를 판정하기 위한 검사 결과이다. 아래의 검사치를 기준 수치와 비교하여 볼 때, 해당 영영소의 결핍으로 판정되는 항목이 옳은 것을 고른 것은? 기출문제

	항목(단위)	검사치	기준 수치(일부만 제시)		
			정 상	경 계	부 족
ㄱ	비타민 A의 상대적 용량 반응검사 (투여 반응도 검사, relative dose response, %)	10		20~50	
ㄴ	혈청 25-OH-비타민D 농도(ng/mL)	50		10~30	
ㄷ	총철결합능 (total iron binding capacity, μg/dL)	420		360	
ㄹ	적혈구 글루타티온 환원효소 (glutathione reductase) 활성계수	1.6		1.2~1.4	
ㅁ	백혈구 비타민 C 농도(mg/dL)	20		8~15	

① ㄱ, ㄴ   ② ㄱ, ㄷ   ③ ㄴ, ㅁ

④ ㄷ, ㄹ   ⑤ ㄹ, ㅁ

정답 ④

13 다음 각 영양소의 결핍을 판정하기 위한 생화학적 검사법이 옳게 연결된 것은? 기출문제

① 칼슘 결핍-혈청 칼슘 측정

② 비타민 D 결핍-혈청 $1,25(OH)_2D_3$ 측정

③ 철 초기 결핍-혈액 헤모글로빈(hemoglobin) 측정

④ 단백질 초기 결핍-혈청 프리알부민(prealbumin) 측정

⑤ 비타민 B_{12} 결핍-적혈구 트랜스케톨라아제(transketolase) 활성 측정

정답 ④

14 철 결핍상태를 초기에 판정하는 데 가장 유용한 지표로 옳은 것은? 기출문제

① 간 페리틴 농도

② 혈청 페리틴 농도

③ 혈청 헤모글로빈 농도

④ 혈청 트랜스페린 포화도

⑤ 적혈구 프로토포르피린 농도

정답 ②

15 식사 내 섭취량을 파악할 수 있는 생체지표로 옳은 것은? 기출문제

① 단백질 섭취량-혈청 알부민
② 나트륨 섭취량-혈액 나트륨
③ 해조류 섭취량-혈액 T₄ 수준
④ 육류 섭취량-소변 3-메틸히스티딘
⑤ 비타민 C 섭취량-백혈구 아스코르빈산

정답 ④

16 다음은 성인의 혈액 중 단백질 영양상태 평가지표를 설명한 것이다. (가)~(마)에 해당하는 것으로 옳은 것은? 기출문제

평가 지표	정상 범위	특징 및 장단점
(가)	20~40mg/dL	• 체내 저장량이 체중 kg당 0.01g이며, 최근 식이 섭취에 대한 지표로 사용한다. • 영양 보충이 시작되면 곧 정상치로 회복되기 때문에 영양 보충을 끝내야 할 시기를 알아내는 데는 부적당하다.
(나)	> 6.5g/dL	• 단기간의 영양상태를 판정하는 데 사용한다. • 간편하고 비교적 정확한 방법이다.
(다)	260~430mg/dL	• 반감기가 8~9일 정도로 짧으므로 결핍 초기 단계에서 변화된다. • 철의 영양상태에 따라 영향을 받는다.
(라)	3.5~5.0g/dL	• 반감기가 18일 정도로 만성적인 단백질 결핍을 나타낸다. • 단기간 동안의 결핍에 예민하게 반응하지 못한다.
(마)	2.6~7.6mg/dL	• 반감기가 매우 짧고 단백질-열량 결핍에 민감하다. • 체내의 보유량이 적어 정확한 농도를 측정하기 어렵다.

① (가)-알부민(albumin)
② (나)-트랜스페린(transferrin)
③ (다)-프리알부민(prealbumin)
④ (라)-총단백질(total protein)
⑤ (마)-레티놀 결합 단백질(retinol binding protein)

정답 ⑤

17 동철이는 최근 계속되는 식욕 부진과 의욕 상실로 인해 자신을 걱정하는 부모님과 함께 병원에 가서 여러 가지 검사를 받았다. 검사 결과 일부 자료는 아래와 같다. 가장 우려되는 동철이의 건강상 문제점은? 기출문제

건강검진 결과

1. 인적 사항

이름	신동철	나이	12세	성별	남

2. 혈압 및 비만 판정

수축기 혈압	105mmHg	이완기 혈압	67mmHg	비만도	115%

3. 혈액 분석치

항목	결과	항목	결과
알부민	4.5g/dl	총콜레스테롤	199mg/dl
헤모글로빈	10.0g/dl	LDL－콜레스테롤	128mg/dl
트랜스페린 포화도	12%	혈장 총 칼슘	9.5mg/dl

---

① 비만　　　　　　　② 부종　　　　　　　③ 빈혈
④ 저혈압　　　　　　⑤ 고지혈증

정답 ③

CHAPTER **04**

신체계측법

신체계측법이란 서로 다른 연령과 영양계층에서 그에 따른 인체의 종합적인 구성과 신체적인 여러 지표의 변이를 측정하는 것으로, 인간의 성장 발달과 체위 형성에 영양의 결핍이나 과다가 어느 정도까지 영향을 미쳤는지를 간접적이고 계량적으로 측정하여 평가하는 방법이다.

1 신체계측법의 종류와 장단점

신체계측은 크게 성장 정도를 나타내는 지표와 신체 구성(조성)을 나타내는 지표로 구분된다. 인간의 신체적 크기는 생물학적 요인(성별, 부모님의 체격과 유전인자)과 환경적 요인(영양상태, 질병의 유무, 스트레스, 사회경제와 기후)의 영향을 받으며, 여러 요인 중 특히 영양적 측면에 많은 영향을 받기 때문에 신체계측법을 통해 영양상태를 판단할 수 있다.

대표적인 성장 정도를 나타내는 지표로는 머리둘레, 누운 키, 신장, 무릎길이, 체중, 팔목둘레 등이 있으며 영양상태가 우수한 집단으로부터 얻은 연령별 참고치와 비교하여 영양상태를 판정한다.

신체 구성과 관련되어, 체지방fat mass 측정에서는 에너지 균형을 간접적으로 알 수 있으며, 제지방fat-free mass 측정에서는 체내 단백질 보유량을 알 수 있다. 장단기적으로 영양결핍이 되면 근육 소모가 초래되고 체지방과 제지방 양의 변화가 일어나 영양상태를 평가할 수 있다.

표 4-1은 대표적인 신체계측의 예를 나타낸 것이다.

표 4-1 대표적 신체계측의 예	성장 정도를 나타내는 지표	신체 구성을 나타내는 지표
	신장, 체중, 두위, 흉부, 팔꿈치 넓이, 팔목둘레, 비만도, 비체중, 체질량지수, 폰더럴지수, 뢰러지수, 카우프지수	상완둘레, 장딴지둘레, 허벅지둘레, 상완근육둘레, 상완근육면적, 상완지방면적, 허리-엉덩이 둘레비, 피부두겹두께, 밀도법, 총체수분량 측정법, 총칼륨량 측정법, 중성자 활성분석법, 뇨중 크레아티닌량 측정법, 3-메틸히스티딘량 측정법, 전기전도법, 적외선 간섭법, 초음파, 단층촬영법, 자기공명영상장치법, 이중 에너지 X-선 흡광법

신체계측법 역시 다른 영양판정법과 마찬가지로 명확한 장단점을 가지고 있으며, 이는 표 4-2에 간단히 정리하였다.

표 4-2 신체계측의 장단점	장 점	단 점
	• 간단하고 안전하다. • 대규모 조사에도 사용 가능하다. • 휴대가 가능하며 필요에 따라 구입하거나 제작 가능하다. • 가벼운 훈련을 행한 후 조사원으로 투입 가능하다. • 표준화된 측정법 이용으로 정밀하며 정확하다. • 과거의 장기간 영양상태에 대한 정보를 제공한다. • 다양한 영양상태의 확인이 가능하다. • 시대를 달리한 영양상태 변화 평가가 가능하다.	• 단기간의 영양상태 변화를 알기 어렵다. • 영양상태가 불량이라고 판정되었을 때 어떤 영양소에 의한 문제인지 규명하기 어렵다. • 신체계측 값은 영양적인 요소 외에 질병이나 유전적 요인 등의 영향을 받는다.

2 신체계측 지표의 활용과 선택

신체계측은 여러 영양적 문제 중에서 단백질과 열량의 섭취 부족에 의한 영양불량과 과잉영양에 의한 비만 판정에 유용하게 쓰이고 있다. 비만이 고혈압, 당뇨, 심장병, 뇌졸중과 같은 다양한 성인병과의 연관성이 높은 것이 알려지고 나서는 신체계측 결과와 성인병 유발 가능성의 연관성에 대한 연구도 많이 진행되었다.

신체계측 지표를 선택함에 있어 중요한 것은 지표의 예민도와 특이성이다. 예민도가 높은 지표는 실제로 영양결핍이나 영양실조인 대상자를 정확히 선별해 준다. 따라서 영양선별 과정이나 영양감시를 위해서는 예민도가 높은 지표를 선택하는 것이 바람직하다. 한편 특이성이 높은 지표는 건강한 사람들의 선별에 정확도가 높으므로 영양서비스 대상으로 잘못 분류되어 예산과 인력의 낭비를 초래하지 않도록 해 준다.

3 오차의 출처

신체계측에서도 여러 가지 오차가 발생한다. 이러한 오차는 자료의 정밀도, 정확성, 신뢰도에 영향을 주며 신체계측상의 오차는 다음과 같이 크게 분류한다.

① 측정상의 오차 : 피부두겹집기처럼 측정상 어려움에 따른 오차, 측정 기구에 의한 오차, 불충분한 훈련에 기인한 오차가 있다.
② 측정 대상이 되는 신체 조직의 구성과 생리적 특성의 변화 : 건강한 사람과 환자 모두에게서 발생할 수 있는 오차이다. 건강한 사람도 때 또는 생리주기에 따라 조직의 수분함량이 변화하거나 연령에 따라 피부두겹집기가 변화한다.
③ 신체계측값에서 신체 구성을 유도해 내는 과정에서 타당하지 못한 가정을 적용 : 피하지방과 체내 지방조직은 직선적인 상관관계를 나타내야 하는데 연령, 성별, 체중, 질병, 인종 등에 따라 달라진다.

이외에도 신체계측 시 실험오차experimental error와 심리적 오차psychological error가 발생할 수 있다. 실험오차에는 실험자의 개인 오차intra-observer variation와 실험자 간의 오차inter-observer variation가 있다. 전자는 한 조사자가 인체계측을 측정하는 데 익숙하지 못하여 일어나는 오차로 한 대상자를 반복 측정할 때마다 그 측정값이 다르게 나오는 것을 말한다. 이를 방지하기 위해서는 조사자의 숙련도가 필요하다. 후자는 조사자들 간의 인체계측을 하는 데 있어 차이가 나는 오차로 집단 교육과 훈련이 필요하다. 심리적 오차란 연구자가 연구 결과를 긍정적으로 유도하는 데서 나타나는 오차를 말한다.

4 성장 정도를 나타내는 지표 – 체위계측법

성장의 정도를 측정하기 위해 사용되는 신체계측은 빠르고 간단하며 비교적 정확하게 측정할 수 있기 때문에 영양판정에 널리 사용되고 있다. WHO는 나이에 따른 신체계측 부위를 표 4-3과 같이 제시하였다.

성장과 관련된 대표적인 지표들은 다음과 같다.

① 머리둘레head circumference : 생후 1년 동안 머리와 두뇌 발달의 비정상을 선별하는 좋은 지표로 만성적인 영양불량이나 자궁 내에서의 성장 지체는 뇌세포수를 감소시키고 머리둘레를 작게 한다. 머리둘레는 비영양적인 요소인 유전이나 문화적 습관 등에 의해서도 영향받는다. 측정 시에는 자세를 바로 하고

표 4-3
WHO에서 권장하는
연령별
신체계측 부위

나이(세)	일반적인 영양조사	정밀한 영양조사
0~1	• 체 중 • 신 장	• 앉은키 • 머리둘레와 가슴둘레 • 뼈 넓이(어깨와 엉덩이) • 피부두겹두께(삼두근, 견갑골 하부, 가슴)
1~5	• 체 중 • 신 장 • 이두근 피부두겹두께 • 삼두근 피부두겹두께 • 상완둘레	• 앉은키 • 머리둘레와 가슴둘레 • 뼈 넓이(어깨와 엉덩이) • 피부두겹두께(견갑골 하부와 가슴) • 장딴지둘레 • 손과 손목의 X-선 촬영
5~20	• 체 중 • 신 장 • 삼두근 피부두겹두께	• 앉은키 • 뼈 넓이(어깨와 엉덩이) • 피부두겹두께(삼두근 이외의 부위들) • 상완둘레와 장딴지둘레 • 손과 손목의 X-선 촬영
20 이상	• 체 중 • 신 장 • 삼두근 피부두겹두께	• 피부두겹두께(삼두근 이외의 부위들) • 상완둘레와 장딴지둘레

똑바로 앞을 보게 한 뒤 줄자의 아래쪽이 눈썹 바로 위와 귀 위쪽으로 평행이 되게 하여 머리카락을 당겨 측정한다.

② 신장height : 집단이나 개인의 영양상태를 대변하는 것으로 유전적 요소와 종족 등에 따라 차이가 난다. 고개를 바로 하여 정면을 응시하고 무릎을 곧게 편 다음 발뒤꿈치와 엉덩이, 어깨가 신장계에 닿도록 한 후 숨을 최대한 들이마신 상태에서 측정한다.

누운 키recumbent length는 생후 2년 미만의 어린이에게 적용되나 생후 2~3년 사이의 어린이 중 혼자 설 수 없는 경우에도 적용된다. 아기를 신장계의 눈금을 중심으로 하여 바르게 등을 대고 눕힌 후 아기의 머리를 잡아 바른 자세로 머리 쪽 벽에 머리가 가볍게 닿도록 한 다음 아기의 무릎을 곧게 펴고 다리 쪽 수직판을 밀어 발바닥이 신장계의 평면과 수직이 되게 하고 다리 쪽에서 눈금을 읽어 측정한다.

③ 체중weight : 영양판정에 가장 많이 사용되는 방법으로 옷을 완전히 벗거나 최소한의 옷을 걸친 상태에서 측정한다. 되도록이면 공복 시에, 그리고 일정한 시간에 측정하도록 한다.

④ 체격 크기frame size : 팔꿈치 넓이elbow breadth와 팔목둘레wrist circumference를 재는 것으로 신체 골격의 크기를 분류하기 위해 측정한다. 팔꿈치 넓이는

팔꿈치를 수직으로 구부린 다음 팔꿈치의 가장 넓은 곳을 측정한다. 팔목둘레는 골격의 크기를 분류하기 위해 이용되며 실제로는 '신장 / 팔목둘레'의 값이 이용된다. 오른손을 펴서 손바닥을 위로 향하게 하고 손의 힘을 뺀 다음 손목의 튀어나온 뼈 앞쪽, 손목의 가장 가는 부위를 mm 단위로 측정한다.

5 성장 정도를 나타내는 지표 – 판정 지수

영양판정 시 한 가지 부분에 대한 신체계측에 의존하는 것보다는 몇 가지 계측 결과를 복합적으로 사용하는 것이 더 정확한 경우가 많다. 일반적으로 신장과 체중을 이용하여 여러 판정 지수를 제시하는 경우가 대부분이다.

표준체중을 구하는 방법으로는 Broca 지수법과 대한당뇨학회의 방법이 폭넓게 사용된다. 대표적인 판정지수의 공식과 기준, 특징은 다음과 같다.

Broca 지수법에 의한 표준체중
- Broca 변법 1 : 표준체중(kg) = [신장(cm) − 100] × 0.9
- Broca 변법 2
  161cm 이상인 경우, 표준체중(kg) = [신장(cm) − 100] × 0.9
  160~150cm 이상인 경우, 표준체중(kg) = [신장(cm) − 150] ÷ 2 + 50
  150cm 미만인 경우, 표준체중(kg) = [신장(cm) − 100]

대한당뇨학회법에 의한 표준체중
- 남자 : 표준체중(kg) = 신장(m)^2 × 22
- 여자 : 표준체중(kg) = 신장(m)^2 × 21

비만지수(obesity rate)
비만지수 = [(실제체중 − 표준체중) / 표준체중] × 100
(20% 이상이면 비만 판정)

상대체중(relative weight, percent of ideal body weight, PIBW)
PIBW = 실제 체중 / 이상(기준)체중 × 100
(90~120% 정상범위)

체질량지수(Quetelet's index, body mass index ; BMI)

$BMI = 체중(kg) / 신장(m^2)$

체질량지수(BMI)에 의한 성인의 비만 판정 기준

BMI	WHO 기준	BMI	대한비만학회기준
〈 18.5	저체중	〈 18.5	저체중
18.5~24.9	정 상	18.5~22.9	정 상
25~29.9	과체중	23~24.9	과체중
30~34.9	경도 비만	25~29.9	경도 비만
35~39.9	중등도 비만	30~34.9	중등도 비만
≥ 40	고도 비만	≥ 35	고도 비만

비체중(weight / height ratio)
- 비체중 = 체중(kg) / 신장(cm) × 100
- 성장기 어린이의 영양판정에 유용

Ponderal index
- Ponderal index = $신장(inch) / 체중^{1/3}(lb)$
- 심혈관질환 관련 : 12이하 시 심혈관계의 질환 위험 높음

Röhrer index
- Röhrer index = $체중(kg) / 신장(cm)^3 × 10^7$
- 학동기 어린이 대상
  고도비만 : 156 이상, 비만 : 156~140, 정상 : 140~110, 마름 : 110~92, 매우마름 : 92 이하

Kaup index
- Kaup index = $체중(g) / 신장(cm)^2 × 10$
- 어린이 대상(5세 미만 특히 2세 미만)

Kaup지수에 의한 영유아의 영양판정

1세 미만	판 정	1~2세
15 이하	영양불량	14 이하
15~18	정 상	14~17
18~20	비만 경향	17~18.5
20 이상	비 만	18.5 이상

6 신체 구성을 나타내는 지표 중 체지방량 측정 체위계측

1) 체지방량의 의미

표준 성인의 총체지방량 중 1/3은 피하지방이다. 지방은 인체에서 에너지를 저장하는 주된 형태로 심한 영양불량상태에서는 체지방이 많이 감소하게 된다. 따라서 체지방이 감소된다는 것은 심한 에너지 결핍이 있음을 의미한다. 바람직한 체지방량은 남자 8~15%, 여자 13~23%이다.

2) 피부두겹집기

피부두겹집기skin-fold thickness는 피하지방의 양을 알기 위하여 측정하는 것으로, 피하지방량을 이용하여 총지방량을 추정한다. 피부두겹집기는 종족, 성별, 연령 등에 따라 다양하며 측정 시 동일한 측정점에서 15초 이상의 간격으로 2~3번 측정해야 하고, 측정치의 차가 1mm 이하이어야 사용할 수 있다.

가장 많이 사용되는 상완 삼두근 피부두겹집기triceps skin-fold thickness는 옷 아래에서 오른쪽 팔을 측정한다.

3) 견갑골 아랫부분

견갑골 아랫부분subscapular skinfold은 왼쪽 팔을 등 뒤로 돌리게 하여 정확한 견갑골의 위치를 확인한 후, 대상자의 어깨와 팔을 자연스럽게 내리게 한 다음 엄지가 견갑골의 아래쪽에 위치하도록 하여 견갑골 1cm 아랫부분을 약 45°로 잡아당겨 측정한다.

4) 장골 윗부분

장골 윗부분suprailiac skinfold 피부두겹집기는 대상의 두 발을 모으고 똑바로 서서 팔을 자연스럽게 내리게 한 다음 팔을 뒤로 돌리게 하여 장골의 가장 윗부분의 대각선으로 접히는 옆 중심선의 뒤쪽 1cm 부분을 잡고 측정한다.

5) 허리-엉덩이 둘레비

허리-엉덩이 둘레비Waist to Hip Ratio ; WHR는 피하지방과 복부지방의 분포를 나타내 주는 분포로, 연령이 많을수록, 체중이 많이 나갈수록 증가한다. 허리-엉덩이 둘레는 측정 전날 밤 동안 금식한 다음 재는 것이 원칙이다. 허리둘레는 갈비뼈의 가장 아래쪽 부분과 장골의 윗부분을 옆 중심선을 따라 표시한 후 그 중간지점을 줄자로 수평이 되도록 하여 측정한다. 호흡을 자연스럽게 하여 숨을 내쉰 순간에 측정하면 된다. 엉덩이 둘레는 편안하게 선 자세에서 엉덩이의 가장 돌출된 부위에 줄자를 수평으로 만들어 측정한다.

허리−엉덩이 둘레비의 값이 클수록 당뇨, 고혈압, 고지혈증 등 만성질환의 위험이 높은 것으로 보고되고 있다. 이 값은 성인 여성의 경우 0.9, 남성의 경우 1.0 이상일 때 상체 비만 또는 복부 비만으로 판정하고 여성 0.75 이하, 남성 0.85 이하일 때는 사지 비만 또는 말초 비만이라 한다.

7 신체 구성을 나타내는 지표 중 제지방량 측정 체위계측

1) 상완둘레

상완둘레Mid−upper Arm Circumference ; MAC는 제지방량을 측정하기 위해 측정하는데, 이를 통해 체단백질의 보유 상태를 알 수 있다. 근육은 주로 단백질로 구성되어 있는데 영양불량 상태가 지속되면 근육의 소모에 따른 영양상태를 파악할 수 있기 때문이다.

상완둘레 측정의 장점은 단백질−열량 부족에 의한 지방조직 감소나 근육조직 감소 또는 두 조직의 감소를 예상할 수 있다는 것과 영양 보충에 의한 효과를 측정할 수 있다는 점이다. 측정 시에는 조사 대상자가 편안히 선 상태에서 측정하고 줄자를 너무 단단히 조여 살갗을 누르지 않도록 한다.

2) 상완 근육면적

상완 근육면적mid−upper Arm Muscle Area ; AMA 측정은 상완 근육둘레 측정보다 근육량의 변화를 더 정확히 나타내 준다. 하지만 단기간 영양상태의 변화를 알 수 없고, 비만인 사람에게는 근육량이 과대 평가될 수 있으며, 근육 위축의 경우 너무 적게 판정되는 경향이 있다.

$$AMA = \frac{[MAC - (\pi \times TSF)]^2}{4\pi}$$

TSF : 삼두근 피부두겹두께

3) 상완 근육둘레

상완 근육둘레Mid−upper Arm Muscle Circumference ; MAMC는 상완둘레와 삼두근 피부두겹집기에 의해 구할 수 있다. 상완 근육둘레는 체단백질량의 변화를 잘 나타내나 미약한 체단백질량에 민감하지 않은 특징이 있다.

$$MAMC = MAC - (\pi \times TSF)$$

8 기기를 이용한 신체 구성 측정법

1) 전기전도법

전기전도법이란 지방조직과 제지방조직 간의 전해질 농도 차를 이용하여 측정하는 방법으로 생체전기 저항측정법bioelectrical impedence이 가장 많이 이용된다. 인체에 전류를 통과시키면 수분과 전해질이 많은 조직(대부분의 제지방조직)은 전류를 전도하나, 지방이나 세포막 같은 비전도성 조직에 의해서는 저항이 나타나는 것을 이용하여 지방량과 근육량 등을 측정하는 것이다.

체성분 분석

성분 분석	측정치	체수분	근육량	체지방량	체중
세포내액(L) Intracellular Fluid	17.4	26.0	35.4	37.6	47.9
세포외액(L) Extracellular Fluid	8.5				
단백질(kg) Protein	9.5				
무기질(kg) Minerals	2.21	추정치			
체지방(kg) Body Fat Weight	10.3				

비만 진단

측정 항목	표준 이하	표준	표준 이상	
신장(cm) Height	80% 85% 90% 95% 100%	105% 110% 115% 120% 125% — 159		한국인, 성별, 연령 기준
체중(kg) Weight	60% 70% 80% 90% 100%	110% 120% 130% 140% 150% — 47.9		비만도
근육량(kg) Muscle Mass	60% 70% 80% 90% 100%	110% 120% 130% 140% 150% — 35.4		표준체중 기준
체지방량(kg) Body Fat Mass	20% 40% 60% 80% 100%	150% 220% 280% 340% 400% — 10.3		표준체중 기준
체지방률(%) Percent Body Fat	Male 0% 5% 10% 15% / Famale 5% 13% 18% 23%	20% 25% 30% 35% 40% / 28% 33% 38% 43% 48% — 21.5		17세 이하 연령 고려
복부지방률(kg) Waist-Hip Ratio	Male 0.65% 0.70% 0.75% 0.80% / Famale 0.60% 0.65% 0.70% 0.75%	0.85% 0.90% 0.95% 1.00% 1.05% / 0.80% 0.85% 0.90% 0.95% 1.00% — 0.78		WHR 기준

종합 평가

근육 형태		저체중	표준	과체중
	저근육형	□	□	□
	비례형	□	☑	□
	근육형	□	□	□

영양 상태		부족	양호	과다
	단백질	□	☑	□
	지방질	□	☑	□
	무기질	□	☑	□

상하 균형		발달	표준	허약
	상체	□	□	☑
	하체	□	☑	□

좌우 균형		균형	불균형	
	상체	☑	□	□
	하체	☑	□	□

체수분 검사

진단 부위	부위별 수분 분포(L)			부종지수 정상=0.30~0.35
	표준 이하	표준	표준 이상	
오른팔 Right Arm	40% 60% 80% 100% — 1.20	120% 140% 160%		0.329
왼팔 Left Arm	— 1.18			
몸통 Trunk	— 11.8			
오른다리 Right lag	— 4.28			
왼다리 Left lag	— 4.28			

체중 조절(kg)

적정체중	52.5
체중조절	+ 4.3
지방조절	+ 1.7
근육조절	+ 2.6

신체 발달

79	점

참고 사항

BMR	= 1246.1kcal
ABDo	= 69.0cm
ABDi	= 62.7cm
THGHo	= 45.6cm
Arm Cir	= 24.5cm

그림 4-1
전기전도법을 이용한 체성분 분석 결과의 예

2) 수중 측정을 이용한 밀도계산법

수중 측정을 이용한 밀도계산법은 아르키메데스 원리를 이용하여 신체의 밀도를 측정하는 방법으로, 조사 대상자가 완전히 물속에 잠기도록 한 후 대치된 물의 부피를 조사자 신체의 부피로 추정하여 밀도를 환산하는 방법이다.

이 방법은 인체의 체지방밀도가 0.90으로 일정하며 제지방밀도는 1.10으로 일정하다는 가정 위에 성립된다. 대상자는 식후 5~6시간 후에 대소변을 배설한 다음 측정에 응하고, 위장관의 가스가 수중 체중값을 감소시켜 오차를 유발할 수 있으므로 측정 전에 탄산음료나 복부의 가스를 유발하는 음식을 피하고 수영복 차림으로 측정에 응하며 숨을 최대한 내쉰 후 물속에 완전히 잠겨 5~7초 동안 움직이지 않아야 한다.

이는 체밀도를 측정하는 가장 정밀한 방법이기는 하지만 골밀도와 근육의 밀도가 높은 운동선수들은 상대적으로 체지방량이 과소평가될 수 있으며, 반대로 골밀도가 낮은 노인의 경우 과대평가될 수 있다는 한계를 가지고 있다.

3) 총체수분량

체지방조직에는 수분이 함유되어 있지 않고 제지방조직에만 수분이 함유되어 있는데, 그 비율은 평균 73.2% 정도인 것으로 알려져 있다. 따라서 총수분량을 알면 제지방조직의 양을 알 수 있고 체지방률을 계산할 수 있다.

총수분량은 보통 중수소(^{2}H), 삼중수소(^{3}H), 산소(^{18}O) 등과 같은 희석된 방사성 동위원소를 경구 또는 혈관주사를 이용하여 주입한 후 혈장, 침, 또는 오줌 샘플을 이용하여 측정하며 다음의 수식을 이용한다.

$$\text{제지방량(kg)} = \text{총수분량(kg)} \div 0.732$$

그러나 실제로 인체 제지방조직의 수분 함량은 67~77%까지 다양하며 생리주기와 질병상태에 따라 차이를 나타낸다. 특히 임신부나 비만인 경우 제지방조직의 수분함량은 더 높은 것으로 알려져 있어, 제지방조직은 과대평가되고 지방조직은 과소평가될 위험이 있다.

4) 컴퓨터 단층촬영

CT computerized tomography는 X-선이 밀도가 다른 체조직을 지나갈 때 약화되고 가늘어져 검색기에 의해 측정되는 원리를 이용한다. 의학적 진단용으로 많이 이용되나 영양 평가면에서, 특히 피하지방과 복부지방의 축적을 측정하는 데 주로 이용된다.

인체의 지방은 양뿐만 아니라 지방조직의 분포에 따라 건강에 영향을 미치므로 지방의 양과 분포의 추정이 가능한 CT 촬영은 가치 있는 영양상태 평가법으로 보인다. 그러나 방사선의 노출과 비싼 장비값 때문에 제한이 있어 특별한 연구에 주로 이용되는 편이다.

5) 뇨중 크레아티닌 측정법

뇨중 크레아티닌 측정법이란 24시간 뇨중으로 배설되는 크레아티닌의 양을 측정하여 인체의 근육량을 산정하는 방법이다. 이것은 환자에게 좀 더 유용한 방법인데 육류를 많이 섭취하면 크레아티닌 양이 증가한다는 단점이 있다.

01 다음은 근육량을 평가하기 위한 상완근육면적 계산 보정식이다. ㉠, ㉡에 해당하는 신체계측치의 명칭을 순서대로 쓰시오. 그리고 근육량을 평가하기 위한 생화학적 판정 지표 1가지를 제시하고, 제시한 생화학적 판정 지표로 근육량을 평가할 수 있는 이유를 서술하시오. [5점] [영양기출]

- 남자 : 보정한 상완근육면적(cm^2) = $\dfrac{(㉠ - \pi \times ㉡)^2}{4\pi} - 10.0$

- 여자 : 보정한 상완근육면적(cm^2) = $\dfrac{(㉠ - \pi \times ㉡)^2}{4\pi} - 6.5$

㉠ : _____   ㉡ : _____

근육량을 평가하기 위한 생화학적 판정 지표 1가지 _____

생화학적 판정 지표로 근육량을 평가할 수 있는 이유 _____

_____

_____

_____

02 다음은 김○○ 학생의 신체 발달 상황 검사 결과를 알려 주는 가정통신문이다. 괄호 안의 ①, ②에 해당하는 내용을 차례대로 쓰시오. [2점] 유사기출

가정통신문

이 름	김○○	성별/연령	남/15세
일 시	2013년 ○월 ○일	학년-반	3-2

안녕하십니까?

귀 자녀의 2013년도 신체 발달 상황 검사 결과를 다음과 같이 알려드리오니 가정에서의 건강 관리에 참고하시기 바랍니다.

• 신체 발달 상황 검사 결과

키	체 중	표준체중
150.0cm	60.0kg	45.0kg

• 비만도 판정 : (①   )
• 건강 관리 방법

··· (하략) ···

비만도 판정표*

1. 표준체중에 의한 (②   )으로 산출
2. 표기 방법
   1) 표준체중보다 20% 이상 30% 미만 무거운 경우 : '경도 비만'
   2) 표준체중보다 30% 이상 50% 미만 무거운 경우 : '중등도 비만'
   3) 표준체중보다 50% 이상 무거운 경우 : '고도 비만'

* 학교건강검사 시행규칙
 [시행 2013.3.23] [교육부령 제1호, 2013.3.23. 타법개정]

① : _____   ② : _____

03 (가)는 영양상태를 판정하는 방법 중 하나이고, (나)는 이 과정 중 상완둘레를 측정하는 모습이다. ①~④에 해당하는 용어를 각각 쓰시오. [기출문제]

(가)	(나) 상완둘레 측정
신체 총 근육량은 (①)와(과) (②)로(으로) 추정할 수 있다. ①, ②는 그림 (나)와 같이 측정한 상완둘레와 (③)의 측정치로부터 산출한다. ①, ②은 신체계측치를 이용한 (④) 영양상태 판정의 좋은 지표이다.	

①: _____ ②: _____

③: _____ ④: _____

해설 상완둘레 측정은 제지방량을 측정하여 체단백질의 보유 상태를 알기 위해 한다. 상완둘레 측정의 장점은 단백질 – 열량 부족에 의한 지방조직의 감소나 근육조직의 감소 또는 두 조직의 감소를 예상할 수 있다는 것과 영양 보충에 의한 효과를 측정할 수 있다는 점이다. 측정 시에는 조사 대상자가 편안히 선 상태에서 하며 줄자를 너무 단단히 조여 살갗을 누르지 않도록 한다.

04 청소년의 체중(kg)과 신장(cm)을 이용하여 비만도를 판정할 수 있는 방법으로는 신체질량지수와 표준체중에 대한 현재 체중의 비율 등이 있다. 다음 표의 빈칸에 계산법과 비만도를 쓰시오.

방 법	신체질량지수(BMI)	표준체중에 대한 현재 체중의 비율
계산법	①	$비만도(\%) = \dfrac{현재체중(kg) - 표준체중(kg)}{표준체중(kg)} \times 100$
비만도	비만도 : 25.1~30.0	②

①: _____

②: _____

05 비만 학생에게 8주 동안 식이요법을 시행하였다. 그 효과를 평가하려고 할 때, 사용할 수 있는 신체 측정 자료를 6가지만 쓰시오.

①: _____

②: _____

③ : _____

④ : _____

⑤ : _____

⑥ : _____

해설 비만 아동을 위한 신체계측법 중에서도 비만 치료 전후의 뚜렷한 변화를 대표할 수 있는 신체계측법을 알아야 한다. 예로 는 체중, 허리둘레, 피부두겹집기, 생체전기저항법 등이 있다.

06 다음 그림과 같이 측정한 신체 측정치의 설명으로 옳은 것만을 보기에서 있는 대로 고른 것은? 기출문제

> **보기**
> 가. 체지방의 상대적 평가를 할 수 있다.
> 나. 단백질-에너지 영양불량 진단에 적합한 방법이다.
> 다. 이 측정치와 상완둘레 측정치를 이용하여 상완지방 면적을 추 정할 수 있다.
> 라. 이 측정치와 상완둘레 측정치를 이용하여 체단백질 영양평가에 활용할 수 있다.

① 가, 다   ② 나, 다   ③ 다, 라

④ 가, 나, 다   ⑤ 가, 다, 라

정답 ⑤

07 다음 가족의 신체계측 결과에서 비만 혹은 복부 비만에 해당하는 사람 수로 옳은 것은? 기출문제

> • 아버지(56세) : 허리둘레 87cm
> • 어머니(54세) : 이상체중에 대한 백분율 124%
> • 아들(29세) : 체지방률 29%
> • 딸(25세) : 체질량지수 22.8

① 0명   ② 1명   ③ 2명

④ 3명   ⑤ 4명

정답 ③

08 A고등학교 영양교사는 다음과 같이 영양교육을 실시하고 매주 학생의 변화 추이를 파악할 예정이다. (가)와 (나)에 관련된 설명을 바르게 짝지은 것은? 기출문제

- 교육 대상 : 비만 학생 20명
- 교육 기간 : 8주
- 교육 내용 : 비만과 관련된 식사요법, 운동요법, 행동수정요법
- 영양판정 일정

	신체계측 항목	식사조사 방법
첫째 날	키, 몸무게, (가)	식품섭취 빈도법, 24시간 회상법
1주 후	몸무게, (가)	(나)
2주 후	몸무게, (가)	(나)
⋮	⋮	⋮

(가)의 측정법 및 원리	(나)의 특징
① 삼두근 피부두겹의 양면이 거의 수직이 되도록 캘리퍼(caliper)를 잡는다.	조사 결과에 기울기 수평화 현상(flat slope syndrome)이 발생할 수 있다.
② 팔을 45° 각도로 구부린 상태에서 어깨꼭짓점과 팔꿈치의 중간 지점에서 삼두근 피부두겹두께를 측정한다.	조사 결과는 컴퓨터를 이용하여 신속한 분석이 가능하다.
③ 생체전기저항측정법(bioelectrical impedance analysis)은 체지방과 제지방의 전기저항 차이를 이용한다.	최근 6개월 동안의 식사 상태를 평가할 때 유용하다.
④ 허벅지 피부두겹두께는 사타구니의 접히는 부위와 무릎뼈 사이의 뒤쪽 중간 지점을 측정한다.	패스트푸드와 같이 바람직하지 못한 음식은 의도적으로 섭취를 적게 할 수 있다.
⑤ 운동 직후에는 체액이 피부 쪽으로 이동하여 평상시 피부두겹두께보다 두껍게 측정될 수 있다.	조사지를 작성할 때 학생에 비해 영양교사의 노력이나 시간에 큰 부담이 없다.

정답 ⑤

09 최근 28세 남성 직장인 동훈 씨의 신체계측을 실시한 결과, 키 170cm, 체중 80kg, 체지방 24%, 허리둘레 88cm, 엉덩이 둘레 90cm로 나타났다. 동훈 씨의 체질량지수(BMI), 브로커 변법을 활용한 상대체중(relative weight, PIBW), 허리 − 엉덩이 둘레비(W/H ratio) 및 비만 판정 결과가 모두 옳은 것은? 기출문제

	BMI	PIBW(%)	W/H ratio	비만 판정
①	47.0	127.0	0.98	고도 비만, 복부 비만
②	27.6	114.3	0.98	경도 비만, 복부 비만
③	47.0	127.0	0.88	고도 비만, 복부 비만
④	27.6	127.0	0.98	경도 비만, 복부 비만
⑤	47.0	114.3	0.88	경도 비만, 복부 정상

정답 ④

CHAPTER **05**

임상조사법

임상조사법은 조사 대상자의 영양불량과 관련된 징후와 증상을 알아내어 영양상태를 판정하는 방법이다. **징후**signs란 대상자가 일상적으로 깨닫지 못하는 것을 조사자가 관찰하여 찾아내는 것이며, **증상**symptoms은 대상자가 조사자에게 이야기하는 임상적인 조짐이다. 임상조사는 이러한 임상적 징후나 증상을 진단할 수 있는 의료 전문인이나 적절한 훈련을 받은 조사자에 의해 행해져야 한다. 임상조사는 지역사회 영양조사에서 많이 사용되며 질병이 분명하게 나타나거나 영양불량상태가 상당히 진전되었을 때 가장 유용하게 사용된다.

1 임상조사의 특징

임상조사에 의해 나타나는 신체의 여러 징후나 증상의 변화는 상당히 복잡한 단계를 거치면서 서서히 나타나므로 영양상태가 심각하게 진행된 후에야 발견된다. 이런 임상적 변화들은 특정 영양소의 결핍으로만 나타나는 것이 아니라 여러 가지 영양결핍증이 동시에 나타나기 때문에, 보다 정확한 진단을 위해서는 임상조사 결과뿐만 아니라 식사조사, 신체계측 및 생화학적 분석 결과를 종합적으로 평가하여야 한다.

2 임상조사의 장단점

임상조사 시에는 임상적인 징후들을 평가하기 위해 특별한 장비나 시료 분석을 위한 실험실이 필요하지 않으므로 다른 조사 방법에 비해 비용이 적게 든다. 또한 적절한 훈련을 받으면 누구나 손쉽게 사용할 수 있으며 다른 평가 방법에 비해 상대적으로 결과 해석이 빠르고, 개인이나 지역사회의 임상조사로 가치 있는 객관적인 정보를 얻을 수 있다.

반면에 조사자의 경험과 숙달 정도에 따라 대상자의 영양상태 평가에 차이가 날 수 있다. 또한 대상자에 따라 신체적 징후가 나타나는 형태에 차이가 있으므로 특정 영양소의 결핍과 관련된 신체 손상의 형태는 유전적인 요인이나 활동 정도, 환경과 식사 형태, 연령, 영양불량의 정도, 기간, 진행 속도 등에 따라 차이를 보여 임상적인 징후가 나타날 정도라면 이미 영양불량이 심각한 정도로 진행된 것이므로 영양문제를 조기 발견하고 치유한다는 관점에서 다소 문제가 된다.

표 5-1
임상조사의
장단점 및
유의 사항

장 점	단 점	주의점
• 비용이 저렴 • 진단이 빠름 • 특별히 기구가 필요 없음	• 주관적 • 진단의 확실성이 제한 • 잘 훈련된 조사원 필요 • 대부분의 징후들이 심한 영양 불량 상태에서만 나타남 • 초기 임상 징후를 알 수 없음	• 표준화의 문제 • 검사자의 경험 • 영양소 결핍에 의한 것인지 비 영양적 요소가 원인인지 파악

자료 : Jelliffe DB, Patrice Jelliffe EF. Community nutritional assessment. 1989

3 임상적인 영양판정을 위한 징후들

WHO는 임상적인 영양판정을 위한 징후를 다음과 같이 분류하였다.

① 한 가지 이상의 영양소 결핍의 가능성을 나타내 주는 징후들
② 다른 여러 원인과 관련되어 장기간의 영양불량 가능성을 제시해 주는 징후들
③ 영양상태와 관련 없는 징후들

임상조사는 영양상태의 결과 해석을 용이하게 하기 위한 방법으로, 신체 징후와 증상들을 영양소 결핍상태와 관련하여 평가할 수 있다. 예를 들어, 특정 영양소의 결핍증에 따른 신체의 주요한 징후들을 저·중·고의 세 위험군으로 분류하여 고위험군에 속하는 신체 징후를 가진 대상자는 그 특정 영양소 결핍에 대한 고위험군으로 분류할 수 있다.

4 임상조사와 함께 고려해야 할 사항

임상조사를 할 때 함께 고려해야 할 사항은 영양상태와 관련된 과거와 현재의 병력조사, 수술 여부, 화학 및 방사선요법, 복용하는 약과 영양소의 상호관계, 영양 관련 문제들의 병력, 사회심리적 상태, 음주, 흡연, 재정상태, 사회보조, 영양결핍 존재 유무, 비타민 결핍으로 알려진 징후나 증상, 무기질 결핍으로 알려진 징후나 증상 등이다.

1) 임상력(병력)

영양상태 판정을 위한 임상조사의 첫 번째 단계는 판정 대상자의 과거와 현재의 병력조사Medical history이다. 대상자의 과거 병력 기록을 주의 깊게 조사하는 것은 대상자의 현재 병력이나 영양적인 문제점에 대한 중요한 단서를 제공해 주기 때문이다. 따라서 대상자의 임상력을 파악하기 위해 과거 및 현재의 진단명, 수술 경력, 가족력, 식욕 변화, 설사, 변비, 음주, 흡연 등을 고려해야 한다. 또한 대상자의 평상시 체중과 체중 변화, 복용하는 약물, 민간요법의 사용 여부도 조사해야 한다. 복용하는 약물이나 영양보충제의 성분에 대한 정확한 정보가 필요한 이유는 체내에서 약물의 화학적인 작용으로 인해 영양에 변화가 생기거나 약물치료 효과에 영향을 미칠 수 있기 때문이다.

그리고 대상자의 연령이나 직업, 교육 수준, 경제적 상태, 결혼 상태뿐만 아니라 부양가족이나 사회심리적 요인 및 환경적 요인, 일상의 육체적 활동량 및 운동량 등도 조사해야 한다. 특히, 대상자가 유아나 어린이인 경우 부모와의 상담을 통해 조사하며 출생 시 체중, 모유수유 유무, 이유 시기 등도 조사한다. 대상자가 여성인 경우 초경, 임신, 낙태, 경구피임약 사용, 여성 호르몬제 이용 등에 대해서도 조사한다.

임상조사를 위한 임상력(병력) 조사는 대상자와의 직접면담이나 대상자를 잘 아는 가족과의 면담을 통해 할 수 있다. 또한 병력에 첨가될 수 있는 다른 세부 항목들을 대상자의 능력이나 상황에 따라 적절히 추가하거나 생략한다.

표 5–2
임상력에 근거한 결핍증후군을 알아내기 위한 체계적인 접근 방법

결핍기전	임상력	의심되는 결핍영양소
부적절한 섭취	• 알코올 중독 • 과일, 채소, 곡류의 섭취 기피 • 육류, 낙농제품, 난류의 섭취 기피 • 변비, 치질, 게실증 • 가난, 치과질환, 격리, 식품특이체질 • 체중 감소	• 에너지, 단백질, 비타민 B_1, 니아신, 엽산, 비타민 B_6, 비타민 B_2 • 비타민 C, 비타민 B_1, 니아신, 엽산 • 단백질, 비타민 B_{12} • 식이섬유 • 여러 가지 영양소들 • 에너지, 다른 영양소들

부적절한 흡수	• 약(특히 제산제, 항경련제, 완화제, cholestylamin, neomycin 등)
	• 흡수불량(설사, 체중감소, 지방변)
	
	• 기생충감염
	• 악성빈혈
	• 수 술
	  −위장 절제
	  −소장 절제
		• 약과 영양소 상호작용에 영향받는 다양한 영양소들
		• 비타민 A, D, K, 에너지, 단백질, 칼슘, 마그네슘, 아연
		• 철, 비타민 B_{12}
		• 비타민 B_{12}
		
		• 비타민
		• Vit B_{12}, 흡수불량에서 제시한 영양소들

(계속)

결핍기전	임상력	의심되는 결핍영양소
이용률 감소	• 약제(특히 항경련제, 경구피임약, 대사길항제, isoniazid 등) • 선천적 대사 이상	• 약과 영양소와의 상호작용과 관련된 여러 가지 영양소들 • 여러 가지 영양소들
손실 증가	• 알코올 남용 • 혈액 손실 • 복수천자, 늑막천자 • 당뇨병(잘 통제되지 않은 경우) • 설 사 • 배농 시, 상처 • 신증후군 • 복막투석 또는 혈액투석 시	• 마그네슘, 아연 • 철 분 • 단백질 • 에너지 • 단백질, 아연, 전해질 • 단백질, 아연 • 단백질, 아연 • 단백질, 수용성 비타민, 아연
체내 요구량 증가	• 발 열 • 갑상선 기능항진 • 생리적 요구(유아기, 청소년기, 임신기, 수유기) • 수술, 화상, 감염, 패혈증 • 조직저산소증 • 흡 연	• 에너지 • 에너지 • 여러 가지 영양소들 • 에너지, 단백질, 비타민 C, 아연 • 에너지(비효율적 이용) • 비타민 C, 엽산

자료 : Weinsier RL, Morgan SL, Perrin VG, Fundamentals of clinical nutrition, 1993

2) 식사력

임상조사 시 판정 대상자의 식생활에 대한 정보, 즉 식사력dietary history을 고려해야 한다. 이를 위해 식사시간, 간식시간, 장소와 관련된 식생활 패턴, 좋아하는 식품과 싫어하는 식품, 개인적인 불내증과 식품 알레르기, 식품 구매와 관련된 경제력과 식사 준비 능력 같은 것들을 조사하여야 한다. 판정 대상자의 식사력 파악 시에는 체중 변화, 배변 습관, 평상시 식사 패턴, 생활환경, 식욕, 포만감, 간식 섭취, 비타민과 무기질 보충제 사용, 식후 불편감, 음주·약제 사용, 저작 및 삼키는 능력, 식사 제한 경험 등을 고려하여야 한다.

5 영양불량의 임상적 판정

영양불량이란 식품을 필요한 양보다 너무 부족하거나 과다하게 섭취함으로써 영양상태가 불량해진 것을 말한다. 일반적으로 사용되는 영양불량은 저영양상태under-nutrition를 의미하며, 이차적인 영양불량은 다른 질병으로 인해 영양요구량이 감소하거나 증가함으로써 발생하는 것을 말한다. 따라서 임상적인 의미에서의 영양불량은 이환율이나 사망률에 나쁜 영향을 미칠 수 있는 상태인 저영양under-nutrition, 과잉영양over-nutrition, 영양 불균형imbalance 상태를 모두 포함한다.

6 영양상태를 나타내는 신체적 징후

영양상태를 나타내는 신체적 징후에 따른 영양상태 평가는 표 5-3, 5-4와 같다.

표 5-3
영양상태를
나타내는
신체적 징후

신체 부위	영양이 좋은 상태	영양이 좋지 않은 상태
전반적인 외모	주의력이 좋음	게으르고 무관심함, 건강이 안 좋음
몸무게	키, 나이, 체격에 적당한 몸무게	과체중, 저체중
자세	체격이 똑바르고 팔과 다리가 곧게 뻗음	어깨가 처지고 몸이 빈약함, 등이 굽음
근육	근육이 잘 발달되고 단단하며, 색깔이 건강해 보임. 피부 밑에 어느 정도의 지방이 있음	근육이 잘 발달되어 있지 않으며 연약하고 무기력하고, 색이 건강해 보이지 않고 소모된 듯한 모양임. 근육 활동이 좋지 않음
신경 조절	주의력이 좋고 침착함. 반사적용이 정상적임. 정서적으로 안정됨	주의가 산만하며 침착하지 못함. 손발의 지각 이상으로 다른 자극이나 감각이 온 위치를 알지 못함. 근육이 약함. 무릎과 발목의 반사작용이 줄거나 없음
소화기관의 기능	식욕과 소화기능이 좋음, 규칙적인 배변, 복부에 만져지는 혹 같은 것이 없음	식욕감퇴, 소화불량, 변비나 설사, 복부 촉진 시 간이나 지라의 비대가 관찰
순환계의 기능	정상적인 맥박, 잡음이 없음, 정상혈압	너무 빠른 맥박(100회/분 이상), 비대한 심장, 비정상적인 맥박, 고혈압
신체의 생동감	활기차 보이고, 원기가 좋으며 잠을 잘 자고 강건함	쉽게 피로하고 원기가 없으며, 잘 졸고 피곤해 보이며 만사에 무관심함
머리카락	윤기가 흐르고 단단하며 잘 뽑히지 않고 머리 밑의 피부가 건강함	윤기가 없고 건조해 보이고 머리카락이 가늘고 쉽게 빠지며, 머리색이 변하였음
피부	부드럽고 약간 촉촉하며 피부색이 좋음	거칠고 말랐으며 각질화되었거나 창백하고 피부색이 변해 있음. 염증이 있음. 멍이 있고 붉은 부분들이 있음
얼굴과 목	피부색이 균일하고 부드러우며 건강한 모습이며, 붓지 않음	기름기가 흐르거나 색이 변해 있으며 피부가 벗겨지기 쉬움. 뺨 위나 눈밑의 피부가 검고 코와 입 주위의 피부가 벗겨지거나 부스럼 같은 것이 있음
입술	부드럽고 색깔이 좋으며, 터지거나 붓지 않으며 습기가 촉촉함	건조하여 껍질이 벗겨지고 부어 있음. 구각염이 있으며, 입 주위에 상처가 있거나 터진 자리가 있음

(계속)

신체 부위	영양이 좋은 상태	영양이 좋지 않은 상태
입과 입안의 피부, 잇몸	입안은 보기 좋은 붉은색이 도는 분홍색. 붓거나 피가 나지 않음	입안의 점막이 붓고 구멍이 있음. 푸석푸석하고 피가 잘 나며 붉은기가 적고 염증이 있으며 잇몸이 가라앉음
혀	보기 좋은 분홍색이며 붓거나 너무 반반하지 않음. 상처난 부위가 없고 표면이 오돌토돌함	혀가 붓고, 주황색이 나는 붉은색이며, 혀의 돌기가 충혈되거나 이상하게 비대하거나, 돌기의 크기가 작음
치 아	충치가 없고 통증이 없으며 이가 고르고 반짝임. 이는 깨끗하고 색이 변해 있지 않음	충치, 빠진 이가 있으며, 표면이 닳았고 이의 위치가 고르지 않음. 반점이 있음
눈	눈가에 무른 곳이 없고, 점액은 물기가 있고 건강한 분홍색임. 정맥이나 조직이 튀어 나온 곳이 없고 눈에 피곤한 기가 없음	눈 점막이 창백하고, 눈가에 핏발이 섰으며, 건조하고 염증이 있음. Bitot's spot이 있고 붉은기가 있으며, 눈동자가 흐릿하며 연해 보임
목	갑상선이 비대해져 있지 않음	갑상선 비대

자료 : 보건사회부. 영양교육용 지침서, 1990

표 5-4
영양소 결핍 및 과잉 섭취와 관련된 신체적 징후

신체적 징후	결핍 영양소	과잉으로 여겨지는 영양소	발생빈도
머리카락 / 손톱			
띠 모양의 머리카락 탈색(flag sign)	단백질		드뭄
쉽게 빠지는 머리카락	단백질		흔함
머리카락 숱이 적음	단백질, 비오틴, 아연	비타민 A	가끔
나사 모양의 머리카락과 감긴 머리	단백질 C		흔함
손톱을 가로지르는 융기	단백질		가끔
피 부			
비늘 모양	비타민 A, 아연, 필수지방산	비타민 A	가끔
셀로판처럼 반질한 피부	단백질		가끔
갈라짐	단백질		드뭄
모낭각화증	비타민 A, C		가끔
점상 출혈	비타민 C		가끔
자반증	비타민 C, K		흔함
색소침착, 태양에 노출된 부위의 박리	니아신		드뭄
황색색소침착		carotene	흔함
눈			
시신경원판의 울혈유두		비타민 A	드뭄
야맹증	비타민 A		드뭄
비토반점	비타민 A		
안구건조증	비타민 A		

(계속)

신체적 징후	결핍 영양소	과잉으로 여겨지는 영양소	발생빈도
입 주위			
구각염	비타민 B₂, 비타민 B₆, 니아신		가끔
구각증(입술의 점막과 구각의 균열)	비타민 B₂, 비타민 B₆, 니아신		드묾
구 강			
위축성설유두 (혀유두의 위축으로 매끈한 혀)	비타민 B₂, 니아신, 엽산, 비타민 B₁₂, 단백질, 철		흔함
설염(주홍색, 겉 피부가 벗겨진 혀)	비타민 B₂, 니아신, 비타민 B₆, 엽산, 비타민 B₁₂		가끔
미각감퇴증, 후각감퇴증	아연		가끔
잇몸이 붓고 출혈	비타민 C		가끔
뼈, 관절			
늑골주상형상, 골단팽윤, 휘어진 다리	비타민 D		드묾
연화(어린이의 골막하 출혈)	비타민 C		드묾
신 경			
두통		비타민 A	드묾
졸음, 기면, 구토		비타민 A, D	드묾
치매현상	니아신, 비타민 B₁₂		드묾
작화감, 부위 감각 상실	비타민 B₁		가끔
안면 근육 마비	비타민 B₁, 인		가끔
말초신경증	비타민 B₁, 비타민 B₆, 비타 민 B₁₂,	비타민 B₆	가끔
테타니(tetany)	칼슘, 마그네슘		가끔
기 타			
이하선비대	단백질		가끔
심부전증	비타민 B₁(습성각기), 인		가끔
급성심부전	비타민 C		드묾
간비대	단백질	비타민 A	드묾
부종	단백질, 비타민 B₁		흔함
상처 회복이 더딤	단백질, 비타민 C, 아연		흔함

자료 : Weinsier, Morgan SL, Perrin VG. Fundamentals of clinical nutrition, 1993

7 단백질-에너지 영양불량 : 콰시오카와 마라스무스

단백질-에너지 영양불량 종류에 따른 비교는 표 5-5와 같다.

표 5-5
콰시오카와
마라스무스의 비교

특 징	Kwashiorkor	Marasmus
1. 골격 근육	감소 없음	뚜렷한 감소
2. 혈청단백질	뚜렷한 감소	정상
3. 지방 조직	변화 없음	뚜렷한 감소
4. 체 중	상대적으로 정상	뚜렷한 감소
5. 부 종	일반적	없음
6. 발병 원인	에너지와 단백질의 부족	에너지와 단백질의 부족
7. 기 타	피부 두께, 탈색	monkey face

8 깃발 징후와 성장부진

단백질-에너지 영양 불량증의 또 다른 임상적 특징은 깃발 징후와 성장부진이다.

① 깃발 징후flag sign : 단백질 섭취가 양적으로 부족하거나 질적으로 불완전할 때 머리카락이 탈색되어 띠 모양을 형성하는 것을 말한다. 단백질 섭취 부족 기간 동안 자란 머리카락은 그 부분이 탈색되어 흐린 갈색이나 붉은색, 또는 누르스름한 흰색을 띤다. 그러나 단백질의 섭취가 온전히 공급되면 머리카락은 다시 정상적인 색으로 회복된다. 이 깃발 징후는 머리카락이 진하고 긴 사람에게 더 두드러지게 나타난다.

② 성장부진 : 어린이의 영양불량증에서 가장 흔하게 나타나는 특징 중 하나로, 기대율만큼 신장이나 체중이 증가하지 않는다. 불충분한 영양소 섭취나 영양소의 흡수 및 이용불량, 영양소 손실의 증가, 영양소 요구량의 증가와 같은 하나 또는 여러 가지 원인에 의해 발생될 수 있다. 주요 원인은 빈곤, 감염, 장내 기생충 감염, 부적절한 정서적·사회적 환경 등이다.

9 단백질-에너지 영양불량의 분류

어린이와 사춘기 청소년들에게 나타나는 단백질-에너지 영양불량Proteinenergy Malnutrition ; PEM의 심한 정도는 나이, 신장, 체중 등에 따라 다르게 분류하며, 신장별 체중과 연령별 신장으로 계산할 수 있다. 신장별 체중은 현재의 영양상태를 알려 주는 유용한 지표이며, 연령별 신장은 과거의 영양상태를 잘 알려 준다.

PEM의 심한 정도를 분류하는 데는 두 가지 용어가 사용되는데 **소모**wasting는 신장에 대한 체중의 부족에 대한 용어로 사용되며, **성장 정지**stunting는 연령에 대한 신장의 부족에 대한 용어로 사용된다. 이 두 가지 용어를 이용하여 PEM을 가진 대상자를 표 5-6과 같이 분류할 수 있다.

표 5-6
성장 중인 PEM
대상자의 분류

분 류	소모(wasting)	성장 정지(stunting)
정 상	소모되지 않음	정지되지 않음
급성 PEM	소모됨	정지되지 않음
급성과 만성의 PEM	점점 소모되어 쇠약해짐	정지됨
과거 PEM이었으나 현재 적절한 영양상태	소모되지 않음	정지됨

또한, 다음의 공식으로 신장별 체중의 소모 정도와 성장 정지 정도를 판정할 수 있다.

- 신장별 체중의 소모 정도

  신장별 체중(%) = 실제 체중 / 대상자의 신장별 참고 체중 × 100

- 성장 정지 정도

  연령별 신장(%) = 실제 신장 / 대상자의 연령별 참고 신장 × 100

일반적으로 성인에게서 PEM의 심한 정도를 평가하기 위한 가장 간단한 방법은 판정 대상자의 Body Mass Index(kg/m^2, BMI) 수치를 이용하는 것이다.

10 임상조사법의 한계점

임상조사법은 신체 징후의 비특이성으로 말미암아 하나 이상의 영양소 결핍인지 비영양적인 요인, 또는 유전적인 요인 등에 의한 것인지 명확히 알 수 없다는 한계점을 가진다. 또한 다양한 신체 징후를 가지며 조사자 간의 진단에 대한 원인이 불일치할 수 있고 성별, 생활환경, 연령 등에 따라 신체징후 패턴이 다양하게 나타날 수 있다.

문제풀이

01 주관적 종합평가에 대해 간단히 설명하시오.

_____

_____

_____

해설 주관적 종합평가는 대상자의 병력과 신체검사를 기초로 하여 영양상태를 평가하는 임상적인 기법이다.

02 한 여아에게서 깃발징후가 나타났다. 이것이 무엇을 나타내는지 간단히 설명하시오.

_____

_____

_____

해설 깃발징후는 단백질 섭취가 양적으로 부족하거나 질적으로 불완전할 때 머리카락이 탈색되어 띠 모양을 형성하는 것을 말한다. 단백질 섭취 부족 기간에 자란 머리카락은 그 부분이 탈색되어 흐린 갈색이나 붉은색, 누르스름한 흰색을 띤다.

03 보건교사가 김 교사를 면담한 뒤 작성한 간호 조사지와 병원 검사 결과지이다. 밑줄 친 자료 (가)~
(바)를 근거로 설정한 실제적 문제로 옳은 것을 〈보기〉에서 모두 고른 것은? 기출문제

간호 조사지

작성일 : 2009. 10. 16

- 성명 : 김○○ 　　　　　• 연령 : 55세 　　　　　• 성별 : 남성
- 현재 병력 : 위암 진단 후 위절제술 받음
  　　　　　　1차 보조적 화학요법 후 10일째 되었음
- 투약 상태 : 현재 투약 중인 약물은 없음
- 활력 징후 : 혈압 120/85mmHg, 맥박 79회/분, 체온 36.8℃(액와 측정), 호흡 17회/분
- 체질량 지수(BMI) : 22kg/m^2
- (가) 주 호소 : 구강이 헐고, 통증이 심함. 목젖이 붓고, 쉰 목소리가 남
- (나) 피부, 모발 상태 : 탈모가 심하여 가발 구입처를 궁금하게 여김
- 식이 섭취 상태 : 소화가 용이하고, 자극이 적은 음식을 소량씩 자주 먹고 있음. 탄수화물
  이 많이 포함된 음식을 피하고 있으며, 식사 직후 눕지 않음
- 배설 상태 : 설사나 변비 없음. 배뇨 장애 없음

병원 검사 결과지

성명 : 김○○　　　　　　　　　　　　　　　　　　　　　　　　날짜 : 2009. 10. 15

〈총 혈구수(CBC) 검사〉

- 헤모글로빈 14.5g/dl
- 적혈구 4,400,000개/mm^3
- (다) 백혈구 1,350개/mm^3, 호중구 40.5%
  　　　　　　　　호염구 3.1%, 호산구 0.2%
  　　　　　　　　림프구 50.1%, 단핵구 6.1%
- (라) 혈소판 200,000개/mm^3

〈일반 화학 검사〉	〈소변 분석 검사(UA)〉
- 총단백질 7.5g/dl	- 요비중 1.021
- (마) 알부민 4.3g/dl	- (바) 백혈구 1개
	- 적혈구 없음

보기

ㄱ. (가)-구강 점막 손상　　　ㄴ. (나)-신체상 장애　　　ㄷ. (다)-골수 기능 저하
ㄹ. (라)-출혈　　　　　　　　ㅁ. (마)-영양 결핍　　　　ㅂ. (바)-요로 감염

① ㄱ, ㄴ, ㄷ　　　　　　　　② ㄱ, ㄴ, ㄹ　　　　　　　③ ㄱ, ㄷ, ㄹ
④ ㄱ, ㄴ, ㄷ, ㅂ　　　　　　⑤ ㄱ, ㄴ, ㄷ, ㅁ, ㅂ

정답 ①

CHAPTER **06**

연령에 따른 영양평가

인간은 생애주기에 따라 생리적인 특성과 요구되는 영양소 필요량, 질병에 대한 취약성 등이 다르므로 한 개인의 영양상태를 평가할 때는 연령에 따른 특성을 고려해야 한다. 연령에 따라 적용되는 영양평가 지표는 다양하며 그 분류 기준도 다르므로 이에 대한 전반적인 고려가 필요하다. 식이조사, 신체계측, 생화화적 검사, 임상적 조사 외에도 영양상태에 미치는 여러 가지 관련 요인의 파악이 필수적이고, 연령에 따라 그 종류와 영향을 미치는 정도가 다르다. 여기서는 연령층에 따른 적절한 영양평가법과 판정 기준을 자세히 알아보고자 한다.

1 영유아 및 아동의 영양평가

① **영유아의 영양평가가 필요한 이유** : 영아기는 일생 중 성장속도가 가장 빠른 시기로 유아기를 거쳐 청소년기에 이르기까지 지속적인 성장을 하기 때문에 이 시기의 충분하고도 적절한 에너지와 영양소의 공급은 성장과 발육에 영향을 준다. 즉, 이 시기의 에너지와 영양소 공급 부족은 뇌조직의 발달, 성장 및 발달, 면역력 등에 영향을 주므로 영양평가로 필요한 영양소를 공급하여 영유아가 질병 없이 온전하게 성장할 수 있도록 해야 한다.

② **영유아와 어린이의 임상기록과 병력의 중요성** : 영유아와 어린이의 경우 임상기록이 매우 중요한 영양평가의 자료가 된다. 임상기록에는 출생 체중, 재태 기간, 현재 체중, 심각하거나 만성적인 특성을 지닌 질병 등에 관한 자세하고도 많은 기록이 포함되어 있기 때문이다.

③ **유아의 영양평가 방법** : 영유아의 영양평가 방법은 크게 식이 섭취, 신체계측, 생화학적 검사로 나누어지며 각 평가법에 관한 내용은 표 6-1과 같다.

④ **영유아와 어린이에게 사용되는 신체계측** : 영유아와 어린이에게 체중과 신장은 매우 중요한 영양상태의 지표가 된다. 체중은 상대적으로 단기간에 걸친 영양

표 6-1 생애주기별 영양판정 방법

생애주기	식사조사		신체계측		생화학적 검사		임상조사 및 기타	
	1단계	2단계	1단계	2단계	1단계	2단계	1단계	2단계
영유아 및 학령기 아동	식습관, 철급원 유즙섭취량	관찰법, 회상법, 실측법	출생체중, 신장, 체중	두위, 흉위, 상완둘레, 성장속도		Hb, Hct	모유/인공영양, 임상기록, 병력, 가족력, 어머니의 영양지식	혈압, 이유기 섭식행동
청소년	식습관, 회상법, 빈도법	실측법, 반정량 빈도법, 식사력	신장, 체중	상완둘레, 피부두겹두계, 체지방율, 성장속도	Hb, Hct, 혈당 및 뇨당, 뇨단백	트랜스페린, 페리틴, 아연, 결핍이 우려되는 미량영양소	초경시기, 체중감량경험, 병력, 식사환경평가, 혈압, 영양보충제, 머리카락, 피부색	골밀도
성 인	식습관, 빈도법, 회상법	실측법, 반정량 빈도법, 식사력	신장, 체중, WHR, 팔목둘레	상완둘레, 비부두겹두계, 체지방율	Hb, Hct, 혈당	혈액지질분포, 내당능검사, 트랜스페린, 페리틴, 기타 미량영양소	질병가족력, 혈압, 영양보충제	골밀도, 심전도
임신부	회상법, 빈도법	실측법, 반정량 빈도법, 식사력	체중, 신장, 체중 증가량	상완둘레, 피부두겹두께	Hb, Hct, 혈당	트랜스페린, 페리틴, 알부민, 혈액지질분포, 엽산 기타 미량영양소	부종, 자녀수, 임신력, 병력, 혈압, 맥박, 영양지식, 영양보충제	심전도, 골밀도
노 인	식습관, 빈도법	관찰법, 실측법, 식사력	신장, 체중, 비만도, WHR	피부두겹두께, 체지방률, 상완둘레, 장딴지둘레, 무릎길이	Hb, Hct, 혈당	혈액지질분포, 잠혈, 관능검사, 트랜스페린, 페리틴, 내당능검사	혈압, 주거환경, 앓고 있는 질병, 장애, 청력, 시력, 치아상태, 영양보충제	

상태의 변화를 나타내 주며, 신장은 장기간에 걸친 영양상태의 지표가 된다. 한편 체중이나 신장의 단일값 외에 신장에 따른 체중값을 참고하는 것도 좋은 방법 중 하나이다.

영유아와 어린이의 영양평가에는 성장참고치growth curve, growth reference 를 이용하는데 성장참고치는 출생~생후 1년까지는 매월, 그 후 생후 2년까지는 3개월 간격, 그 후에는 6개월 간격으로 제시되는 경우가 많다. 또한 성별과 연령별로 중앙값을 중심으로 백분위값에 따른 각각의 곡선이 제시되며 바람직한 성장기준값 부분이 빗금이나 색깔로 표시되어 있다. 성장 참고치를 이용함에 있어 연령(월령)이 증가될수록 체중과 신장의 절대값이 증가하여도 상대적인 영양상태는 악화되는 경우가 종종 있으므로 이런 경우 백분위값에 기초한 성장곡선을 이용해야 평가가 가능하다. 이러한 성장 곡선표는 어린이의 장기

적인 영양상태 변화를 추적하는 데에도 이용되지만 대규모의 영양조사나 영양
개선사업의 실시 여부 등을 파악하는 데도 이용할 수 있다. 두위의 백분위값은
생후 2년 이하의 어린이에 대한 영양평가에 이용할 수 있으나 다른 영양평가
자료도 함께 이용하는 것이 좋다.

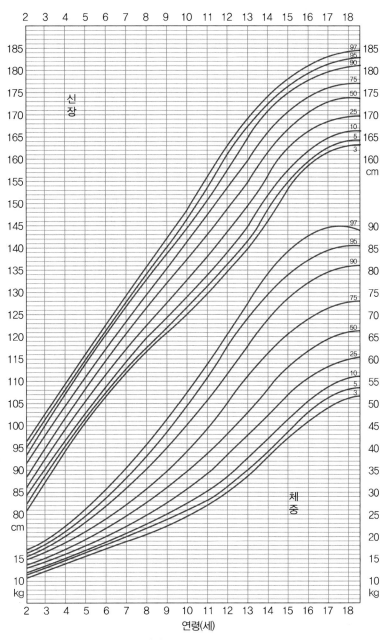

그림 6-1
한국 남자
소아·청소년의
표준성장도표

자료 : 질병관리본부, 대한소아과학회, 2007

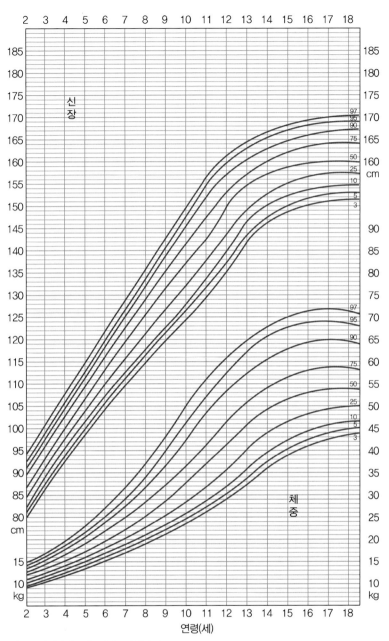

그림 6–2
한국 여자
소아·청소년의
표준성장도표

자료 : 질병관리본부, 대한소아과학회, 2007

⑤ 영유아와 어린이의 식사조사 : 모유영양을 하는 영아의 경우 유즙 섭취량을 조
사하고, 인공영양을 하는 영아의 경우 엄마를 통해 아기의 우유 섭취량과 횟수
를 알아본다. 영아의 식사력 조사 시에는 수유 방법, 수유 횟수와 양, 영양제
보충, 고형 음식의 섭취, 섭식 행동의 이상, 가족의 식습관과 식품 알레르기를
꼭 조사하도록 한다.
　　어린이의 경우 식사력 조사나 식품섭취 빈도보다는 실제로 먹은 양을 측정

하는 실측법이 가장 좋으나, 불가능한 경우 보호자를 대상으로 24시간 회상법을 사용하는 것도 좋다. 무엇보다 어린이는 식사 이외에도 간식으로 섭취한 에너지가 더 많을 수 있기 때문에 간식의 섭취도 조사한다. 유치원생이나 저학년 어린이에게는 자신이 먹은 식품이나 음식을 그림으로 그리게 하는 것도 도움이 된다. 특히 식사섭취는 가정의 사회·경제적 상태, 가족(또는 부모)의 식습관, 식품 알레르기 등에 영향을 받으므로 이에 대한 것도 조사한다.

⑥ 영유아와 어린이의 생화학적 검사 : 영유아의 경우 생후 6개월까지는 출생 시 저장된 철을 이용하여 철 결핍이 일어나지 않지만, 이후의 연령에서는 철 결핍성 빈혈이 가장 흔하게 일어난다. 영유아의 철 결핍성 빈혈 유무를 알기 위해서는 손가락 끝이나 귓볼에서 채혈침으로 소량의 혈액을 채취하여 헤모글로빈, 헤마토크릿 정도만 검사하는 것이 일반적이다.

어린이의 경우 모든 생화학적 검사가 적용될 수 있으며 연령에 맞는 적합한 판정 기준을 이용해야 한다.

2 청소년의 영양평가

① 청소년기의 영양평가가 중요한 이유 : 청소년기의 영양은 성장뿐만 아니라 성적 성숙을 위해 더 많은 양의 영양소가 필요하나 과중한 학업, 이성에 대한 관심, 과도한 활동량 또는 운동부족, 흡연, 음주, 패스트푸드 섭취 등으로 인해 영양결핍이나 부족 또는 영양과잉이 쉽게 초래될 수 있으므로 개인에게 맞는 연령과 성숙 정도 등에 따른 영양평가가 필요하다.

② 청소년기의 식사조사 : 청소년기의 식사섭취는 질적·양적 조사가 동시에 이루어져야 한다. 청소년만이 갖는 내분비계의 변화 또는 특성, 외모, 학업 등으로 인해서이다. 청소년의 식사조사는 성인과 동일하게 24시간 회상법, 식품섭취 빈도법, 식사기록법 등을 이용하여 파악하며 식사의 규칙성, 간식의 빈도나 양, 외식 정도, 급식, 식품 알레르기, 금기식품 등을 함께 조사해야 한다.

③ 청소년기의 신체계측 : 청소년기의 영양평가 기준으로 주로 사용되는 것은 체중과 신장이다. 특히 체중을 측정할 때는 현재 체중 감량을 하고 있는지 조사해야 한다. 또한 피부두겹집기를 이용하여 영양상태를 판정한다.

④ 청소년의 생화학적 검사 시 수행되는 항목 : 청소년의 영양상태를 판정하기 위해서는 성인과 동일한 혈액검사가 이루어지며 간단한 선별검사를 통해 심도 있는 검사로 이행되곤 한다. 즉 헤모글로빈, 헤마토크릿, 투베르쿨린 검사, 혈압, 소변검사 등이 간단히 이용되고, 심도 있는 검사로는 각종 비타민과 대사성 산물들을 알아보는 검사들이 실시된다.

3 임신기의 영양평가

① 임신 중의 영양평가가 중요한 이유 : 임신 중의 불량한 영양상태는 저체중아와 조산, 사산으로 연결된다. 특히 저체중아의 경우 성인이 된 후 만성질환에 노출될 확률이 높다는 연구 결과가 있으며, 만기 출산된 경우라도 저체중은 영아 사망률 및 질병 이환율과 밀접한 관계가 있다. 임신부와 태아·영유아의 온전한 영양상태는 미래 국민건강의 기초가 된다.

② 임신부 중 영양평가가 필요한 대상자 : 임신부 중 특별 영양평가에 주의를 기울여야 하는 예로는 혼외 임신을 한 청소년, 임신 전 저체중이었거나 임신 중 체중 증가가 부족한 경우, 저체중아 출산 경험이 있는 경우, 비만이나 빈혈과 같은 영양 문제가 있는 경우, 저소득층이거나 부양가족이 많은 경우, 당뇨나 고혈압·폐결핵·정신질환 등과 같이 현재 질병을 가지고 있어 영양상태에 영향을 주는 경우, 알코올 중독, 흡연, 유해음식 또는 식품이 아닌 것을 섭취하는 임신부가 있다.

표 6-2
영양적 위험이
높은 임산부

요 인	위험도를 증가시키는 상황
모체의 체중	
임신 전	BMI < 19.9 또는 BMI > 26.0
임신기간	불충분한 또는 과다한 체중 증가
모체의 영양	영양소 결핍 또는 과다 섭취, 섭식장애
사회·경제적 수준	가난, 낮은 학력, 식품 이용 제한, 가족의 협조가 없음
생활양식	흡연, 음주, 약물 복용
연 령	15세 이하 또는 35세 이상
출산경력	
출산 횟수	20세 미만일 때 3회 이상, 20세 이상일 때 4회 이상
출산 간격	출산 후 1년 이내 재출산
출산 시 문제	지난 출산 시 문제가 있었음
쌍생아 출산	쌍생아 이상 출산
출생 시 체중	저체중아 또는 과체중아 출산
모체 건강상태	
고혈압	임신과 관련된 고혈압 발병
당 뇨	임신성 당뇨 발병
만성질환	당뇨병, 심장질환, 호흡기계 질환, 신장질환, 일부 선천적 이상, 특정 처방식이나 약제 사용
임신중독증	임신중독증

자료 : Rolfes SR, DeBruyne LK, Whiney EN, Life span nutrition, 1998

성인의 영양평가가 중요한 이유 ●

성인의 영양평가는 질병 이환과 사망 위험을 예방하기 위해 중요하다. 성인의 과도한 열량 섭취, 필수 및 특정 영양소나 에너지 섭취 부족, 대장질환이나 알코올 중독 등의 특별한 영양적인 문제, 만성질환을 예방하고 치료하는 차원에서 말이다.

③ 임신기 동안 체중 변화의 중요성 : 임신기의 체중 변화 패턴은 임신 진행 상황을 평가하는 중요한 요소로, 임신 동안의 적절한 체중 변화는 모체와 태아의 최적 영양상태를 유지하는 데 매우 중요하다. 모체의 체중 증가가 부적절할 경우 저체중아 출산과 동시에 사산 위험률이 높아진다. 미국 산부인과학회에서는 임신 중 적정한 체중 증가로 약 11~16kg 정도를 권장하고 있으나 이는 임신부의 연령, 임신 전 체중, 신장 등에 따라 달라진다. 일반적으로 정상체중인 여성은 임신 1기 동안 1~2kg 정도, 그 후에는 매주 0.3~0.5kg 정도 증가가 권장되어 임신 전 체중보다 약 11~16kg 정도 증가하는 것이 권장된다.

노인의 영양상태에 영향을 주는 요인 ●

경제적 수준, 교육 수준, 핵가족으로 인한 사회적 고립, 질병이나 신체적 장애, 정신적 건강 문제, 식욕 저하, 소화불량, 미각 변화, 약물 등은 노인의 식품 섭취와 식품 종류 선택에 영향을 주어 노인의 영양상태를 저하시킨다.

4 에너지 요구량의 결정

에너지 결정 요인은 체격, 연령, 성별, 활동량, 수술, 화상 등에 따라 다르다. 그러나 일반적으로 에너지 필요량 산정은 다음의 4가지에 의해 결정된다.

① 기초대사량 / 휴식대사량 : 생명 유지에 필요한 체내대사활동으로 쾌적한 상태에서 조용히 누워 또는 앉아서 측정한다. Harris-Benedict 공식을 이용한다.
② 활동대사량 : 휴식대사량을 제외한 신체활동으로 주로 근육활동에 필요한 에너지를 말하며 이는 활동 종류에 따라 영향을 받는다.
③ 발열작용 : 특이동적 작용(식품의 열생산작용)과 변화하는 환경에 적응하기 위해 소모되는 대사량인 적응대사량으로 나뉜다.
④ 1일 에너지 필요량

Harris−Benedict 공식을 이용한 에너지 필요량 산정법은 다음과 같다.

1. **기초소비열량(Basal Energy Expenditure, BEE) 산정**
   Harris−Benedict Formula를 이용하여
   남성 : 66.5＋13.7×실제 체중＋5.0×신장−6.8×연령
   여성 : 655.1＋9.6×실제 체중＋1.8×신장−4.7×연령

2. **1일 에너지 필요량 산정**
   스트레스 없는 환자 : BEE × 활동계수
   스트레스 있는 환자 : BEE × 활동계수 × 상해계수

   활동계수
거의 누워 있는 정도	1.2
낮은 활동	1.3
보통 활동	1.5∼1.75
많은 활동	2.0

   상해계수(Injury Factor)
가벼운 수술	1.0∼1.1
큰 수술	1.1∼1.3
약간의 감염	1.0∼1.2
중 정도의 감염	1.2∼1.4
심한 감염	1.4∼1.8
화상 정도 〈 20% 체표면적	1.2∼1.5
화상 정도 : 20∼40% 체표면적	1.5∼1.8
화상 정도 〉 40% 체표면적	1.8∼2.0

- 만약 환자가 심한 저체중(표준체중의 80% 미만)이거나 최근 갑자기 현저한 체중 감소(10% 이상)가 있었다면 300∼500kcal를 더해 준다.
- 환자가 비만인 경우(표준 체중의 120% 이상)에는 조정체중을 사용한다.
   조정체중＝표준체중＋(현재체중−표준체중) × 0.25

자료 : 개정판 영양판정, 이정원 외 4인, 교문사

01 다음은 영양교사가 학생의 병원 검진 자료를 바탕으로 영양상담을 실시하여 기록한 내용이다. 이 상담 내용을 SOAP 형식에 맞추어 기록할 때 '판정(assessment)'에 해당하는 항목의 기호를 모두 쓰시오. 또한 이 상담 내용 중 문제점을 개선하기 위해 학생이 식생활에서 실천할 수 있는 '계획 (plan)'을 1가지 서술하시오{단, 계획 수립 시 '판정'과 '객관적 자료(objective data)'만을 바탕으로 할 것}. [4점] 영양기출

> (ㄱ) 성별 : 여, 연령 : 16세
> (ㄴ) 운동을 좋아하지 않음
> (ㄷ) 1일 에너지 섭취량 : 1일 에너지 필요추정량의 70%
> (ㄹ) 혈청 트랜스페린(transferrin) 포화도 : 10%
> (ㅁ) 혈청 헤모글로빈(hemoglobin) : 9g/100mL
> (ㅂ) 공복 혈당 : 90mg/100mL
> (ㅅ) 당화혈색소(HbAlc) : 적절함
> (ㅇ) 여자 연예인들의 마른 몸매를 동경하며 자신이 과체중이라고 늘 생각함
> (ㅈ) 단백질의 에너지 구성 비율 : 15%

판정에 해당하는 항목 _____

식생활에서 실천할 수 있는 계획 1가지 _____

_____

02 다음 (가)는 김철수 씨의 증상과 혈액검사 결과이고 (나)는 정상인의 암모니아 대사 과정이다. 작성 방법에 따라 서술하시오. [4점] 영양기출

(가)

- 환자명 : 김철수(52세, 남)
- 증상 : 복수, 발 부종, 소변량 감소, 정신착란증
- 특이 사항 : 만성 알코올 중독
- 혈액검사 결과

측정 항목	결 과	정상 범위
ALT	60U/L	남 : 10~40U/L, 여 : 7~35U/L
AST	110U/L	10~30U/L
암모니아	95μmol/L	15~45μmol/L
BUN	25mg/dL	6~20mg/dL

(나)

암모니아는 (①)에서 (②)와/과 반응하여 카바모일인산을 형성한다. 카바모일인산은 다시 오르니틴과 결합하여 시트룰린을 합성한다. 시트룰린은 <u>아스파트산(aspartic acid)</u>과 결합하여 아르기니노숙신산을 거쳐 아르기닌과 최종 대사물을 생성하고, 최종 대사물은 신장으로 가서 소변으로 배설된다.

작성 방법
- (가)를 토대로 김철수 씨의 혈중 암모니아 농도가 상승한 이유를 관련 신체 기관의 기능과 연관 지어 서술할 것
- (나)의 ①에 들어갈 반응이 일어나는 세포 소기관과 ②에 들어갈 반응물을 제시할 것
- (나)의 밑줄 친 아스파트산이 최종 대사물을 생성하는 데 기여하는 역할을 서술할 것

---

03 다음은 권장식사패턴을 활용하여 학생 스스로 식사를 평가하고 계획할 수 있도록 영양교사가 중학교 1학년 남학생과 영양상담을 하는 상황이다. 작성 방법에 따라 논술하시오. [10점] 영양기출

| 학 생 | 선생님! 주말에 먹은 음식을 적어 오라고 하셔서 토요일 하루 식단을 써 가지고 왔는데요. 한번 봐 주세요. |

학생의 하루 식단   ( )는 섭취 횟수

메 뉴 / 식품군	섭취 횟수	아 침 페이스트리 햄 구이 계란프라이	점 심 햄버거 감자튀김 아이스크림	저 녁 쌀밥 돈가스(소스 포함) 양배추샐러드 단무지	간 식 크림빵 팝콘 바나나 우유
곡류	3.5회	페이스트리 40g(0.5)	햄버거빵 40g(0.5) 감자 140g(0.3)	백미 45g(0.5) 밀가루+빵가루 20g(0.2)	크림빵 80g(1) 팝콘 28g(0.5)
고기·생선·달걀·콩류	5.5회	햄 30g(1) 달걀 60g(1)	햄버거 패티 120g(2) 베이컨 15g(0.5)	돼지고기 60g(1)	
채소류	2.5회		양상추+토마토 35g(0.5)	양배추 70g(1) 단무지 40g(1)	
과일류	1회				바나나 100g(1)
우유·유제품류	2회		아이스크림100 g(1)		우유 200mL(1)

유지·당류는 조리 및 가공에 15회 포함됨
버터 10g(2), 마가린 15g(3), 콩기름 25g(5), 케첩 20g(0.5), 마요네즈 12.5g(2.5), 설탕 20g(2)

| 영양교사 | 식사 내용을 보니 ① 포화지방산의 섭취가 높고 마가린이나 팝콘 같은 트랜스지방산이 포함된 음식을 먹었네요. 반면에 식이섬유의 섭취는 부족하네요. 이런 식사를 계속하면 혈중 지질농도를 변화시켜 질병을 일으킬 수 있어요. 또한 필수지방산의 섭취도 혈중 지질농도와 관련이 있어서 ② 식사에서 필수지방산 섭취 비율을 적절하게 유지해야 해요. |

… (중략) …

이번엔 ③ 권장식사패턴과 비교해 볼까요? 섭취가 부족한 식품군이 있네요. 균형 잡힌 식사를 위해서는 권장식사패턴에 맞추어 모든 식품군을 골고루 섭취하는 것이 중요해요. 건강한 식사로 어떻게 바꿀 수 있을지 우리 한번 살펴볼까요?

… (하략) …

작성 방법

• 밑줄 친 ①에 해당하는 3가지 영양성분의 섭취가 혈중 콜레스테롤 농도에 미치는 영향에 대해 서술할 것(단, 포화지방산과 트랜스지방산의 경우 혈중 지단백질 종류에 따라 서술할 것)

(계속)

- 영양교사는 학생에게 밑줄 친 ②을 위해 햄 대신 고등어를 선택하도록 제안했다. 그 이유를 서술할 것
- 밑줄 친 ③의 구체적인 평가 내용을 건강한 청소년기 남자 권장식사패턴과 비교하여 식품군을 기반으로 서술할 것
- 균형 잡힌 식사를 위하여 점심 메뉴 3가지를 모두 바꾸어 새로운 식단을 계획하고 그 이유를 서술할 것(단, 권장식사패턴 섭취 횟수를 근거로 하여 과잉 또는 부족 식품군을 위주로 서술할 것)
- 위의 내용을 짜임새 있게 구성하여 서술할 것

04 연수(여, 10세)의 신장은 150cm이고 체중은 48kg이다. 연수의 체질량지수(body mass index ; BMI)를 구하시오. 그리고 제시된 연령별 체질량지수 성장도표를 참고하여 비만을 판정하고 그 근거를 제시하시오(단, 체질량지수는 소수점 이하 둘째 자리에서 반올림할 것). [4점] 영양기출

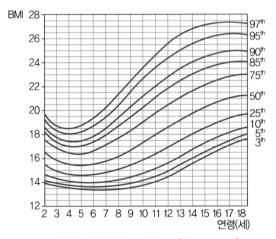

연령별 체질량지수 성장도표(여, 2~18세)

자료 : 질병관리본부, 대한소아과학회. 소아ㆍ청소년 표준 성장도표, 2007

05 다음은 중학교 보건교사가 작성한 상담 일지이다. 작성 방법에 따라 순서대로 서술하시오. [4점]

유사기출

상담 일지			
이 름	강○○	성별/연령	여/15세
상담 일시	○월 ○일 ○시	학년－반	3－2
주요 문제	과도한 체중 감량		

상담 개요	• 학생 현황
	－현재 신장 160cm, 체중 48kg
	－지난주 수업 중에 경련성 복통을 호소함
	－응급실에 학부모와 함께 방문하여 치료를 받은 후 귀가함
	－평소 날씬한 연예인들이 부러워 본인도 살을 빼서 멋지게 변신하고 싶었다고 함
	－살을 빼기 위해 약국에서 설사제를 구입해 3개월 동안 1주일에 2~3회 복용했다고 함
	－3개월 동안 매 끼니 바나나만 먹어서 체중이 10kg 빠짐
	
	• 응급실 검사 결과(학생이 가져옴)
	  1. 혈액검사
	  가. ㉠ 전해질 검사
	  －Na^+ : 125mEq/L　　　　　－K^+ : 3.8mEq/L
	  －Cl^- : 99mEq/L　　　　　　－HCO_3^- : 24mEq/L
	  나. ㉡ 전혈구 검사
	  －RBC : $3.36×10^6/mm^3$　　　－WBC : $7,500/mm^3$
	  －Hemoglobin : 9.6g/dL　　　－Hematocrit : 30.2%
	  －Platelet : $280×103/mm^3$
	  2. 소변 검사
	  －㉢ Ketone bodies : ++
	
	　　　　　　　　　　　　　　　　… (하략) …		

작성 방법
• 밑줄 친 ㉠에서 나타난 전해질 불균형의 명칭을 제시할 것
• 밑줄 친 ㉡에서 나타난 건강 문제를 제시할 것
• 밑줄 친 ㉢이 소변 검사 결과에서 나타나는 기전을 2단계로 서술할 것

_____

_____

_____

_____

06 다음 사례를 읽고 정희 씨가 임신성 당뇨를 예방하기 위해 혈당 검사를 받아야 했을 적절한 시기를 쓰시오. 그리고 이 사례에서 발견할 수 있는 임신성 당뇨의 위험 인자 2가지를 쓰시오. 기출문제

> **보기**
>
> 정희 씨는 27세로 임신 32주이다. 키는 158cm, 임신 전 체중은 51kg이었고, 현재 체중은 68kg이다. 임신 전 건강검진을 받은 적이 없다. 영양보충제를 복용하고 있으며 임신 후 운동은 하지 않고 있다. 그런데 최근 병원에 가서 임신성 당뇨로 진단받았다.

임신 시기 임신 _____ 주

위험 인자

① : _____   ② : _____

해설 임신 시에는 에스트로겐, 프로게스테론, 태반락토겐, 프롤락틴, 코티솔 등의 여러 가지 호르몬의 분비가 상승되면서 인슐린의 혈당 조절 작용이 감소한다. 임신부의 당뇨 증세는 산모나 태아에게 좋지 않은 영향을 주어 출산 후 신생아가 질병에 걸릴 확률이나 조산율, 사망률 등에 영향을 준다.

07 청소년기는 근육량, 혈액량이 증가하고 골격이 발달하는 시기이므로 영양 요구량이 급격히 증가한다. 이 시기에 특히 요구량이 증가하는 무기질 3가지와 그 결핍증을 각각 1가지씩 쓰시오. 기출문제

	\<무기질\>	\<결핍증\>
① :		
② :		
③ :		

해설 청소년기에는 충분한 비타민과 무기질이 공급되어야 하는데 비타민 A는 세포 분화와 정상적인 성장을 위해, 비타민 D는 골격의 석회화를 위해, 비타민 K는 신체 크기를 증가시키기 위해 필요하다. 비타민 C는 콜라겐 합성에 관여해 성장에 중요하고 특히 흡연을 하는 청소년이라면 더 많은 비타민 C의 섭취가 요구된다. 칼슘은 아동의 성장기 골격 생성 및 발달에, 철은 성장에 따른 혈액량 증가에, 아연은 정상적인 단백질 합성과 성장에 필수적이다.

08 영아가 성인에 비해 수분 불균형으로 탈수가 될 위험이 높은 이유 3가지를 쓰시오. 기출문제

① : _____

② : _____

③ : _____

해설 영아는 단위 체중당 체표 면적이 성인보다 넓으며, 피부 및 폐를 통한 불감수분손실량이 높기 때문에 충분한 수분 공급이 필요하다.

09 다음 그래프는 연령과 칼슘 섭취에 따른 골질량의 변화를 나타낸 것이다. 그래프를 보고 칼슘을 충분히 섭취해야 하는 이유를 골질량과 골절 측면에서 각각 1가지씩 1줄 이내로 쓰시오. 기출문제

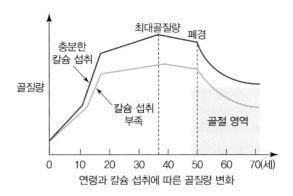

연령과 칼슘 섭취에 따른 골질량 변화

골질량 측면 _____

골질 측면 _____

해설 칼슘은 체내에서 가장 많이 존재하는 무기질 중 하나로 인체 내 칼슘의 99%는 골격과 치아를 구성하는 데 사용되며, 나머지 1%는 혈액 및 체액에 존재하여 생리작용에 관여한다. 체내 칼슘의 흡수율은 각 개인의 식사 섭취 및 건강 상태, 성별 등에 따라 다르고, 골격 발달이 왕성한 성장기에는 그 흡수율이 약 75%가 되나 폐경 후 여성이나 노인의 경우 칼슘의 흡수율이 현저히 저하된다. 칼슘 섭취 상태는 성인기의 최대 골밀도에 영향을 주는데 20대 후반에서 30대 초반까지의 골밀도가 가장 높다. 이후에는 골격으로부터 용출되는 칼슘의 양이 많아져 골밀도가 감소하게 된다. 칼슘의 섭취량이 낮으면 골연화증이 초래되고 폐경 후 골 손실에 더욱 심한 영향을 주어 골반뼈 골절 등이 쉽게 나타난다.

10 다음은 회사원 이 씨가 대사증후군으로 진단받은 건강 검진 결과이다. 대사증후군으로 진단받게 된 지표에 해당하는 것은? 기출문제

건강 검진 결과

1. 인적 사항
   • 이름 : 이○○　　　　• 나이 : 42세　　　　• 성별 : 남
2. 혈압
   • 수축기 혈압 : 160mmHg　　　　• 이완기 혈압 : 110mmHg
3. 혈액검사치
   • 알부민 : 4.5g/dL　　　　　　　　• 총콜레스테롤 : 200mg/dL
   • 중성지방 : 200mg/dL　　　　　　• LDL-콜레스테롤 : 130mg/dL
   • HDL-콜레스테롤 : 300mg/dL　　• 공복 혈당 : 98mg/dL

① 혈압, LDL – 콜레스테롤, 공복 혈당　　② 혈압, HDL – 콜레스테롤, 중성지방
③ 혈압, LDL – 콜레스테롤, 총콜레스테롤　④ 중성지방, 총콜레스테롤, 공복 혈당
⑤ 중성지방, LDL – 콜레스테롤, 공복 혈당

정답 ②

11 다음은 노인을 위한 영양평가지의 예이다. 이에 대한 설명으로 옳은 것만을 〈보기〉에서 있는 대로 고른 것은? 기출문제

노인 영양평가지

점검 항목	그렇다
나는 질병이나 신체 상태 장애로 음식의 양, 종류를 제한한다.	2
나는 하루 2끼 이하를 먹는다.	3
나는 채소, 과일, 유제품을 거의 안 먹는다.	2
나는 매일 3회 이상 맥주, 포도주 등의 술을 마신다.	2
나는 치아 또는 구강 문제로 먹기가 불편하다.	2
나는 원하는 식품을 살 돈이 부족하다.	4
나는 대개 혼자 식사한다.	1
나는 매일 세 종류 이상의 처방약을 복용한다.	1
나는 지난 6개월간 4.5kg 이상 체중이 줄거나 늘었다.	2
나는 혼자 시장을 보고 조리하고 식사하는 것이 신체적으로 어렵다.	2
총점	

평 가	총점 0~2점	영양상태 양호
	총점 3~5점	중등 정도의 영양 위험 상태
	총점 6점 이상	심한 영양 위험 상태

보기
ㄱ. 영양 전문가만 사용하는 평가지이다.
ㄴ. 영양중재가 필요한 대상을 가려내기 위한 조사에 활용된다.
ㄷ. 평가 결과를 통해 식품섭취량 정도를 파악할 수 있다.
ㄹ. 시간과 물적 자원이 제한되어 있는 서비스 현장에서 유용하다.

① ㄱ, ㄴ   ② ㄴ, ㄹ   ③ ㄷ, ㄹ
④ ㄱ, ㄴ, ㄷ   ⑤ ㄴ, ㄷ, ㄹ

정답 ②

12 다음은 3~9세 남아의 성장도표이다. 도표의 백분위수 곡선을 이용하여 발육상태를 평가해 볼 때 아래의 아동 중 영양중재가 가장 시급한 아동은? 기출문제

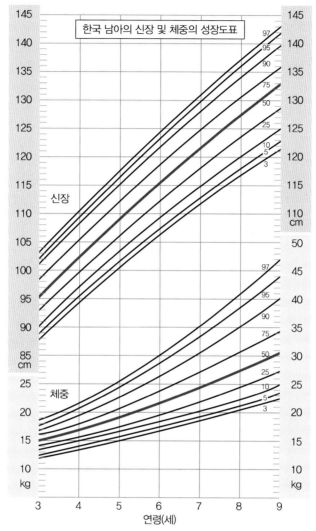

자료 : 소아 · 청소년 표준 성장 도표, 질병관리본부 · 대한소아과학회, 2007

① 영철-4세, 체중 15kg, 신장 103cm
② 은섭-5세, 체중 19kg, 신장 105cm
③ 지성-6세, 체중 20kg, 신장 110cm
④ 철수-7세, 체중 20kg, 신장 130cm
⑤ 택진-8세, 체중 27kg, 신장 125cm

정답 ④

13 38세 성인 남자 A의 건강검진 결과와 관련된 설명으로 옳은 것은? 기출문제

> - 신체계측치
>   - 키 : 175cm
>   - 몸무게 : 98kg
> - 수축기 혈압 : 150mmHg, 이완기 혈압 : 90mmHg
> - 혈액 지표
>   - 알부민(albumin) : 3.8g/dL
>   - 중성지방(triglyceride) : 210mg/dL
>   - 고밀도 콜레스테롤(HDL-cholesterol) : 30mg/dL
>   - 저밀도 콜레스테롤(LDL-cholesterol) : 180mg/dL
> - 임상 증상 : 두통, 이명, 피로

① BMI(Body Mass Index)가 약 30.2이므로 비만이다.
② 체중 감량을 위해 단백질을 체중 kg당 0.5g으로 섭취한다.
③ HDL-cholesterol치를 증가시키려면 적당한 운동을 해야 한다.
④ 식사 중 나트륨/칼륨(Na/K)의 비는 1 이상이 되도록 권장한다.
⑤ 고(high) LDL-cholesterol 혈증이므로 옥수수유, 팜유를 섭취하는 것이 바람직하다.

정답 ③

14 다음 〈보기〉는 영양판정에 대한 사례이다. 판정 항목이 적절한 것을 모두 고른 것은? 기출문제

> 보기
> ㄱ. 청소년 영양조사 : 식사 섭취 조사, 식습관, 패스트푸드 섭취 빈도, 섭식 장애 유무, 신체계측
> ㄴ. 임신부 영양조사 : 식사·식생태 조사, 임신 전 체중과 영양상태, 체중 변화, 빈혈 관련 지표 검사
> ㄷ. 노인 영양조사 : 식품군별 섭취 횟수, 커피 및 알코올 섭취량, 편식 여부, 패스트푸드 섭취 빈도
> ㄹ. 초기 입원 환자의 영양 스크리닝 : 환자의 섭식 형태, 식욕, 체중 변화 정도, 혈중 알부민
> ㅁ. 콰시오카(Kwashiorkor) 스크리닝 : 혈청 내 총 단백질, 알부민, 칼슘, 총콜레스테롤

① ㄱ, ㄴ, ㄷ   ② ㄱ, ㄴ, ㄹ   ③ ㄱ, ㄴ, ㅁ
④ ㄴ, ㄷ, ㄹ, ㅁ   ⑤ ㄱ, ㄴ, ㄷ, ㄹ, ㅁ

정답 ②

15 45세 김 교사는 최근 교직원 신체검사를 통해 체질량 지수(Body Mass Index)가 25kg/m²이며 고혈당이 있어 제2형 당뇨병으로 통보받았다. 보건교사가 김 교사를 위해 실시할 당뇨 교육 내용으로 옳지 <u>않은</u> 것은? [기출문제]

① 움직임이 많은 부위에 인슐린을 주사하여 저혈당을 예방한다.

② 감염은 혈당을 상승시키므로 감염되지 않도록 주의한다.

③ 총섭취열량의 55~60%는 탄수화물로 섭취한다.

④ 고혈당과 함께 케톤증이 있는 동안에 운동은 금기이다.

⑤ 발톱을 일직선으로 자르고 환기가 잘되는 신발을 신는다.

정답 ①

16 고등학교 1학년 여학생 예은이의 신체발달 상황과 학교 건강검사 규칙에 근거하여 올해 예은이가 받아야 할 건강검진 항목으로 옳은 것은? [기출문제]

건강 검사 실시 현황

가. 신체 발달 상황

구분		초등학교 (학년)			중학교 (학년)		고등학교 (학년)		
		1	2	3	2	3	1	2	3
키(cm)		122	125	132	157	160	160		
몸무게(kg)		24	25	30	60	65	70		
비만도	체질량지수	16.1	16.0	17.2	24.4	25.7	27.3		
	상대체중	21.2	11.1	4.16	16.9	22.4	29.6		

① 흉부 X-선 검사, 색각검사

② 간염검사(B형 간염 항원검사), 혈색소검사

③ 흉부 X-선 검사, 간염검사(B형 간염 항원검사)

④ 색각검사, 혈액검사(혈당·총콜레스테롤·AST·ALT)

⑤ 혈액검사(혈당·총콜레스테롤·AST·ALT), 혈색소검사

정답 ⑤

17 30세 여자의 영양소 섭취량 평가 결과표에 대한 〈보기〉의 설명으로 옳은 것은? 기출응용문제

A씨의 섭취량(30세 여자, 64kg, 160cm, 저활동)					
	평균 섭취량	평균 필요량	권장 섭취량	충분 섭취량	상한 섭취량
에너지(kcal)	1,880	개인별 계산			
당질(g)	360				
지방(g)	30				
단백질(g)	42.5	35	45		
비타민 A(RE)	500	450	650		
비타민 B₁(mg)	1.2	0.9	1.1		
비타민 B₂(mg)	1.1	1.0	1.2		
니아신(mg)	17.5	11	14		35
엽산(μg)	250	320	400		1,000
비타민 C(mg)	2,120	75	100		2,000
칼슘(mg)	480	580	700		2,500
철(mg)	12	11	14		45

보기

가 : 에너지의 평균 필요량을 계산하면 2,100kcal 정도가 나온다. 하지만 현재 다이어트가
　　요구되는 상태이므로 현재 상태를 유지한다.

나 : 당질의 경우 현재 에너지의 77%를 섭취하고 있으므로 65%로 낮추도록 식단을 조정
　　한다.

다 : 섭취량의 증가가 꼭 필요한 영양소는 2가지가 있다.

라 : 현재 과잉증에 대한 우려가 나타나는 영양소는 없다.

① 라　　　　　　　　② 가, 다　　　　　　　　③ 나, 라

④ 가, 나, 다　　　　　⑤ 가, 나, 다, 라

해설　가 : 에너지의 평균필요량을 계산하면 2,100kcal 정도가 나온다. 하지만 현재 다이어트가 요구되는 상태이므로 현재 상태를 유지한다. (○)
　　　 → 성인여자 = 354 − 6.91×30(연령) + 1.12(저활동)[9.36 × 64(체중) + 726 × 1.6(신장)] = 2,118.6kcal
　　다 : 섭취량의 증가가 꼭 필요한 영양소는 2가지가 있다. (○)
　　　 → 엽산과 칼슘의 경우가 평균필요량에 평균섭취량이 미치지 못하고 있어서 섭취량을 증가시켜야 한다.
　　라 : 현재 과잉증에 대한 우려가 나타나는 영양소는 없다. (×)
　　　 → 현재 비타민 C의 섭취량이 상한섭취량을 넘어 과잉 섭취 중이다.

정답　④

18 아동의 정상 성장발달을 평가하는 방법과 해석에 대한 옳은 설명을 〈보기〉에서 고른 것은? 기출문제

> 보기
>
> ㄱ. 한국형 Denver Ⅱ는 출생에서 3세까지 아동의 발달 지연을 선별하는 도구이다.
> ㄴ. 한국형 Denver Ⅱ는 개인 사회성, 미세 운동, 언어, 운동 발달을 평가한다.
> ㄷ. 소아발육곡선(growth chart)은 아동의 전반적인 신체 성장 양상을 감시하는 데 사용한다.
> ㄹ. 9세 남아의 체질량 지수(Body Mass Index)가 19.8kg/m²(85 percentile)이면 9세 남아의 84%는 이 아동보다 체질량 지수가 낮다는 것을 의미한다.
> ㅁ. 키를 측정한 결과가 90백분위수(percentile)이면 동일 연령과 성별 집단의 89%는 이 아동보다 키가 크다는 것을 의미한다.

① ㄱ, ㄴ, ㄷ   ② ㄱ, ㄴ, ㅁ   ③ ㄱ, ㄹ, ㅁ
④ ㄴ, ㄷ, ㄹ   ⑤ ㄷ, ㄹ, ㅁ

정답 ④

CHAPTER **07**

예방 차원의
질환별 영양상태 평가

만성질환이 식생활과 관련이 있다는 것은 이미 널리 알려진 사실이다. 우리나라는 당뇨, 비만, 고혈압, 골다공증 등이 현저히 증가함에 따라 식생활의 변화를 꾀하고 있다. 올바른 식생활로 만성질환을 예방하고 건강을 증진시키는 것은 개인은 물론 국가적인 차원에서 의료비 절감에 기여할 수 있는 좋은 변화 중 하나이다. 여기서는 질환별 영양상태에 관해 살펴보고자 한다.

1 고혈압

고혈압이란 육체적 · 정신적 요인이 안정되어 있음에도 불구하고 혈압이 지속적으로 어느 한도 이상으로 높은 것을 말한다. 즉 수축기 혈압이나 이완기 혈압 중 어느 한쪽이라도 정상 수준을 초과할 때를 의미하며 수축기 혈압 140mmHg, 이완기 혈압 90mmHg 이상일 때를 1기 고혈압으로 본다.

고혈압은 본태성 고혈압과 이차성 고혈압으로 나누어지는데 전자는 원인이 분명하지 않은 고혈압으로 물리적 요인, 신경성 요인, 유전, 성별 등의 영향을 받는다. 반면 이차성 고혈압은 신장질환(신우염, 신결석, 사구체염), 뇌출혈, 뇌종양, 갑상선 기능항진, 임신중독증 등에 의해 발생된다.

고혈압의 원인으로는 물리적 요인인 혈압이 있으며 신경성 요인인 스트레스, 긴장, 불안 등과 체액성 요인인 renin, angiotensin, aldosteron system 등이 있다. 고혈압을 치료 및 예방하려면 식사요법(특히 식염), 행동수정요법, 운동요법을 실시해야 한다.

2 동맥경화증

동맥경화증이란 동맥의 벽이 두꺼워지고 굳어지는 것을 가리키는 포괄적인 개념이다. 원인은 조절할 수 없는 위험 요인과 조절할 수 있는 위험 요인으로 나누어진다. 조절할 수 없는 위험 요인으로는 연령, 성별, 인종, 유전 등이 있으며 조절할 수 있는 위험 요인으로는 고혈압, 고지혈증, 당뇨, 비만, 흡연, 운동 부족, 식사, 스트레스 등이 있다. 동맥경화증을 예방하기 위해서는 정상 체중을 유지하고 복부비만, 혈청 지질 농도 및 총체지방량, 식습관 등을 관리해야 한다.

3 당뇨병

당뇨병이란 혈당이 높아져 소변으로 포도당이 빠져나오는 질병이다. 혈당치가 신장에서의 포도당 재흡수 역치보다 높으면 당이 소변으로 빠져나오는데 단순히 당이 소변으로 나오는 것뿐만 아니라 각종 대사 장애와 합병증이 문제가 된다. 당뇨병은 인슐린이 제대로 분비되지 못하거나 부족한 경우, 또는 체내 조직에서 인슐린을 적절하게 이용하지 못할 때 발생한다.

당뇨병은 원인에 따라 제1형 당뇨병(인슐린 의존형 당뇨병, Insulin Dependent Diabetes Mellitus IDDM), 제2형 당뇨병(인슐린 비의존형 당뇨병, Non Insulin Dependent Diabetes Mellitus NIDDM), 특이형 당뇨병, 임신성 당뇨병, 그리고 내당능장애impaired glucose tolerance와 공복혈당장애로 분류된다. 제1형 당뇨병의 경우에는 세균이나 바이러스 감염 등에 의해 제2형 당뇨병의 경우에는 비만, 과식, 스트레스, 운동 부족 및 부신피질 호르몬제와 같은 약물 남용 등에 의해 발병된다. 당뇨병은 유전적 소인이 있더라도 환경적 요인을 조절하면 발생 위험을 줄일 수 있다. 또한 부모나 형제 중에 당뇨병이 있는 경우, 비만이나 과체중, 45세 이상, 과거 내당능장애가 있던 경우, 약물, 고혈압, 고지혈증 등이 있는 경우 고위험군이므로 주의 깊은 관찰이 필요하다.

그림 7-1
공복혈당과 당부하
2시간 혈당을
기준으로 한
당대사 이상의 분류

자료 : 대한당뇨병학회, 당뇨병 진료지침, 2015

01 다음은 2가지 질환을 진단받은 51세 성인 남성의 검진 자료 일부이다. 작성 방법에 따라 서술하시오. [4점] 영양기출

검진 자료

(가) 신체계측 결과 ・ BMI : 27kg/m²

(나) 생화학적 검사 결과 ・ 혈중 중성지방 : 145mg/dL

・ 혈중 총콜레스테롤 : 195mg/dL

・ 혈중 LDL 콜레스테롤 : 121mg/dL

・ 혈중 HDL 콜레스테롤 : 45mg/dL

・ 당화혈색소 : 6.7%

작성 방법

・ 자료 (가)와 (나)의 요인 중에서 이 남성이 진단받은 2가지 질환의 근거 요인을 각각 제시할 것

・ 각 요인과 관련된 질환명을 진단 기준치를 포함하여 서술할 것

---

02 다음은 한국인의 식사에서 나트륨 섭취를 줄이기 위한 방안의 일부이다. 〈보기〉에서 잘못된 내용 3가지를 골라 해당 기호를 쓰고 각각에 대한 이유를 1줄 이내로 쓰시오. [기출문제]

> **보기**
> ㉠ 국수나 우동 국물은 가능한 한 남기도록 한다.
> ㉡ 국이나 찌개는 적정 염도인 1.5% 정도로 조리하도록 한다.
> ㉢ 소금은 WHO 하루 섭취 기준인 10g 미만을 섭취하도록 한다.
> ㉣ 생선은 소금에 절이지 않고 구워서 양념간장을 찍어 먹도록 한다.
> ㉤ 신장질환의 염분 섭취를 줄이기 위하여 저염간장을 사용하도록 한다.

기호 _____

이유

① : _____

② : _____

③ : _____

해설 한국인의 식사지침 10계명을 알아 두자.
1. 다양한 식품을 골고루 먹자.
2. 정상체중을 유지하자.
3. 단백질을 충분히 섭취하자.
4. 지질은 총 에너지 섭취량의 20% 정도로 섭취하자.
5. 우유를 매일 마시자.
6. 짜게 먹지 말자.
7. 치아건강을 유지하자.
8. 술, 담배, 카페인 음료 등을 절제하자.
9. 식생활 및 일상생활의 균형을 유지하자.
10. 식사를 즐겁게 하자.

03 다음은 중년 여성의 임상 및 식습관 조사 결과이다. 이 여성은 갑상선종으로 의심된다. 이를 확인하기 위해 더 필요한 검사로 옳지 <u>않은</u> 것은? 기출문제

> • 증상 및 증후
>   −권태감과 무기력을 느끼며, 추위에 민감하고 생리불순을 호소한다.
>   −목 주위가 비대해져 있다.
> • 식습관
>   −해조류나 해산물보다 육류를 즐긴다.
>   −무청, 컬리플라워 같은 채소를 좋아한다.
>   −양배추는 익힌 것보다 샐러드 형태로 먹는 것을 좋아한다.
>   −설파제(sulfa-drug)를 먹고 있다.

① 혈청 티록신(T4, thyroxine) 농도 측정
② 혈청 레보티록신(levothyroxine) 농도 측정
③ 동위원소를 이용한 갑상선요오드 흡수율 측정
④ 혈청트리요오드티로닌(T3, triiodothyronine) 농도 측정
⑤ 혈청 갑상선자극호르몬(TSH, thyroid stimulating hormone) 농도 측정

정답 ②

04 다음 61세 여성의 신체 소견 중 골다공증 발생 위험 요인으로 옳은 것을 모두 고른 것은? 기출문제

> ㄱ. 폐경 후 10년 경과
> ㄴ. 체질량 지수(BMI) : $16kg/m^2$
> ㄷ. 50세부터 당뇨병을 앓고 있음
> ㄹ. 혈중 콜레스테롤 : 180mg/dl

① ㄱ   ② ㄱ, ㄷ   ③ ㄴ, ㄹ
④ ㄱ, ㄴ, ㄷ   ⑤ ㄴ, ㄷ, ㄹ

정답 ④

05 최○○은 30세의 남자이다. 6개월 전부터 살을 빼기 위하여 '황제 다이어트'를 극단적으로 진행하고 있다. 다음은 황제 다이어트에 대한 설명이다. 〈보기〉의 설명 중 최○○에게 나타났거나, 나타날 수 있는 생리·영양적 현상들로 옳은 것은? 기출응용문제

황제 다이어트

황제 다이어트의 핵심은 밥·빵 등 탄수화물 섭취를 최대한 줄이고, 대신 육류나 달걀 등 단백질과 지방은 얼마든지 먹어도 된다는 것이다.

탄수화물은 인슐린 등에 의해 당으로 분해되어 에너지로 사용되며, 쓰고 남은 에너지는 지방으로 바뀌어 몸 안에 축적된다. 그렇기 때문에 인위적으로 탄수화물 공급을 중단해 혈당 수치가 떨어지면 당을 공급하기 위해 체내에 축적된 지방이 분해되는데, 이 과정에서 살이 빠진다.

황제 다이어트가 세계적으로 선풍적 인기를 끈 이유는 소식(小食)의 고통 없이 실제로 체중이 쑥쑥 빠지기 때문이다. 보름 정도 곡류를 끊고 고기만 먹으면 누구나 2~3kg 이상 살을 뺄 수 있다.

보기

가 : 단백질 섭취로 Ca의 흡수가 촉진된다.
나 : 충분한 단백질 섭취로 근육·내장 단백질이 충분하다.
다 : 엄지발가락이나 손가락 관절 부위에 흰 결절이 생긴다.
라 : 경우에 따라 발열, 오한, 두통, 위장장애 등이 나타나기도 한다.

---

① 라 　　　　　② 가, 나 　　　　　③ 다, 라
④ 가, 나, 다 　　　⑤ 가, 나, 다, 라

해설 가 : 단백질 섭취로 Ca의 흡수가 촉진된다. (×)
　　　 → 과도한 단백질 섭취로 Ca의 흡수가 감소
　　 나 : 충분한 단백질 섭취로 근육·내장 단백질이 충분하다. (×)
　　　 → 당질 섭취가 없어 체내 단백질을 에너지원으로 사용하여 체내 단백질 부족
　　 다 : 엄지발가락이나 손가락 관절 부위에 흰 결절이 생긴다. (○)
　　　 → 통풍의 증상
　　 라 : 경우에 따라 발열, 오한, 두통, 위장장애 등이 나타나기도 한다. (○)
　　　 → 통풍의 증상

정답 ③

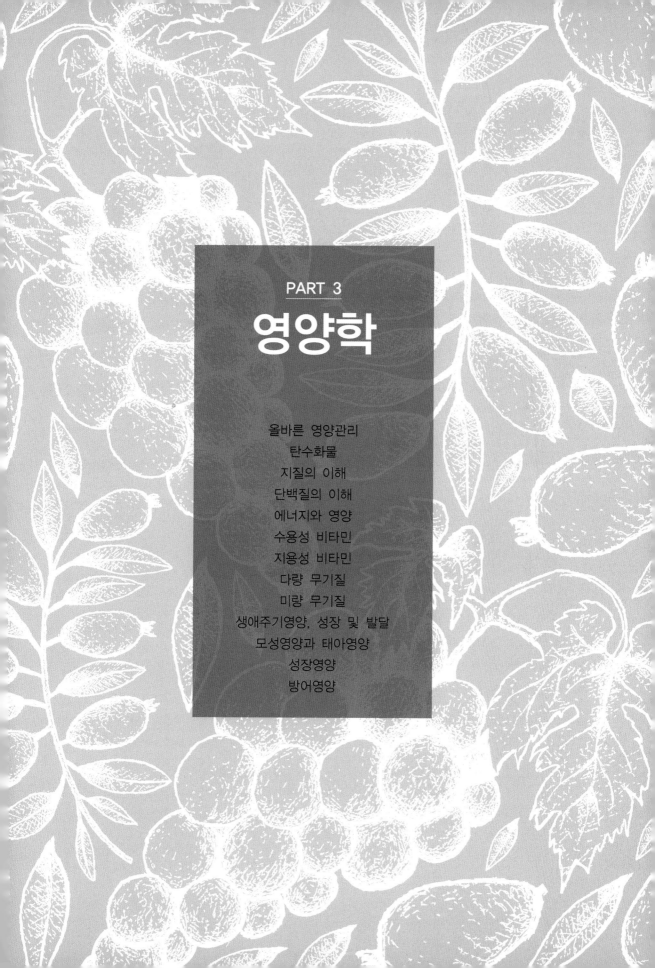

PART 3

영양학

개 요

평균 수명이 길어지고 건강증진에 대한 관심이 높아지면서 어떤 음식에 어떤 영양소가 많으며 어떻게 먹어야 하는지에 대한 관심이 높아지고 있다. 따라서 건강을 우선으로 하여 삶의 질을 추구하는 생활방식인 웰빙의 개념이 식생활에 도입되게 되었다.

최근 우리의 생명을 위협하고 있는 암, 심혈관질환, 당뇨병, 고혈압, 비만 등의 만성질환들은 잘못된 생활습관 및 식습관이 중요한 원인임이 밝혀지고 있다. 따라서 영양학에서는 건강과 질병에 대한 식품, 영양소, 식품에 포함된 물질들의 상호작용과 균형에 대해 과학적으로 규명하고, 사람이 영양소를 섭취하고 소화·흡수·운반·이용·배설하는 인체대사의 흐름과 건강을 지키고 질병의 예방과 치료에 영양학적 올바른 접근 방법을 학습하고자 한다.

CHAPTER **01**

올바른 영양관리

영양nutrition이란 인간을 비롯한 생물체들이 식품에 함유된 성분을 이용하여 성장 및 생명 유지 활동을 계속하는 과정이다. 즉 외부에서 음식을 섭취하고 이것을 인체 내에서 소화·흡수 후 이용함으로써 건강을 유지하는 것을 의미한다.

영양소nutrient란 식품의 섭취를 통하여 에너지를 공급하고 체조직을 구성하며, 다양한 생리기능을 수행하여 사람을 건강하게 유지시키는 역할을 한다. 종류에 따라서는 체내에서 합성되는 것도 있지만 대부분 식품의 섭취를 통해 얻게 된다. 식품에 포함되어 있는 영양소는 탄수화물, 지질, 단백질, 비타민, 무기질, 물 등 6가지 영양소로 분류할 수 있다.

표 1-1
영양소의 종류

구 분			내 용
열량 영양소	탄수화물		포도당, 과당, 갈락토오스, 유당, 서당, 전분, 식이섬유 등
	지질		중성지방, 인지질, 콜레스테롤 등
	단백질 (아미노산)		이소류신, 루신, 메티오닌, 리신, 페닐알아닌, 트레오닌, 트리토판, 발린, 히스티딘
조절 영양소	비타민	지용성 비타민	비타민 A, D, E, K
		수용성 비타민	비타민 B_1, B_2, B_6, B_{12}, C, 니아신, 판토텐산, 엽산, 비오틴
	무기질	다량무기질	칼슘, 인, 마그네슘, 나트륨, 칼륨, 염소
		미량무기질	철, 아연, 구리, 요오드, 불소, 셀레늄, 망간, 크롬, 몰리브덴, 코발트
	물		수분

영양학nutrition이란 인간을 비롯한 생물체가 식품에 함유된 영양소를 섭취하여 소화, 흡수 및 대사 과정을 거쳐 성장하고 발달하면서 생명을 유지하기 위해 에너지를 생산하고, 각 영양소들 간의 상호작용을 통해 균형을 이루는 과정을 연구하는 학문이다. 영양학에서는 영양소의 특성, 소화, 흡수, 이동, 대사, 배설, 결핍 및 과잉증,

급원식품 및 올바른 식생활을 영위하기 위한 영양소 섭취기준과 식사지침 등을 다루게 된다.

1 영양상태

영양상태는 체내에 필요한 영양소의 기능과 공급 정도에 따라 다음과 같이 세 가지로 구분할 수 있다.

① **바람직한 영양** : 다양한 영양소들이 체조직에 충분히 공급되어 정상적인 대사를 수행하고, 필요량의 증가를 대비하여 영양소들을 인체에 저장하고 있는 상태이다.

② **영양결핍** : 영양소의 섭취량이 인체필요량을 충족시키지 못하여 체내 저장량이 고갈되고 결핍되어 기능적 결함이 나타나게 되는 것이다. 영양결핍 정도에 따라 준임상적 증세부터 영구적으로 심각한 임상적 증세가 나타날 수 있다.

　㉠ 준임상적 영양결핍 : 체내 영양소 저장이 감소되고 생화학적 대사과정에 문제가 생기는 단계로 효소활성도 및 저장물질 함량 저하 등의 기능적 이상이 생긴다. 이 단계의 영양결핍은 외관으로 나타나지 않으며 생화학적 검사를 통하여 관찰할 수 있다.

　㉡ 임상적 영양결핍 : 영양부족 상태가 지속되어 전체적인 외형이나 머리카락, 피부, 손톱, 혀, 입술 등에 결핍 증상이 나타나는 단계로 질환으로 발전할 가능성이 있다.

③ **영양과잉** : 오랫동안 영양소를 과잉 섭취하여 나타나는 것으로 영양결핍만큼 해로운 영향을 줄 수 있다. 가장 흔한 영양과잉은 열량 영양소 과잉 섭취로 인해 나타나는 비만이다.

2 영양상태 평가

올바른 식생활을 하고 있는지를 영양학적으로 판단하는 데는 여러 가지 영양상태 평가 방법이 이용된다. 영양상태 평가는 기본적으로 크게 **신체계측에 의한 판정**$_A$, **생화학적 상태 판정**$_B$, **임상적 상태 판정**$_C$, **식이조사 판정**$_D$으로 나눌 수 있다.

3 영양상태 평가의 기본원리

1) 신체계측에 의한 판정 Anthropometric assessment : A

신체의 발달은 연령 및 영양상태에 따라 다르게 나타나므로 신체계측값을 영양상태 판정의 자료로 이용한다. 연령에 따라 권장되는 신체계측 항목이 있는데 신장, 체중, 삼두근 피부 두께 등이 공통적으로 사용된다. 또한, 연령에 맞는 체력지수를 토대로 수척과 비만 정도를 판단하여 영양상태를 평가할 수 있다.

2) 생화학적 상태 판정 Biochemical assessment : B

영양결핍 증세를 조기에 발견하거나 건강상태를 올바로 파악하기 위해 혈액, 소변, 대변, 머리카락, 손톱 등의 생체시료를 이용하여 성분을 분석하거나 효소의 활성 등을 측정하는 생화학적 검사를 통해 영양상태를 평가할 수 있다.

3) 임상적 상태 평가 Clinical assessment : C

영양결핍의 상태가 심각한 경우 신체에 징후가 나타나게 되므로 임상적 증세에 대한 소견으로 상태를 파악할 수 있다.

4) 식이조사 판정 Dietary assessment : D

영양섭취 상태를 평가하기 위해서는 먼저 개인의 음식 섭취량을 조사해야 하며, 사용되는 방법으로 24시간 회상법, 식이기록법, 식품섭취 빈도 조사법, 식사 균형도, 식사다양성, 식생활 자가진단표 이용한 평가 등이 있다. 조사된 식품섭취량을 기본으로 영양소 섭취량을 분석하는데 CAN-Pro 등의 컴퓨터 프로그램을 이용할 수도 있다.

표 1-2
**식이기록지의
형식과 실례**

식사시간	음식명	음식 분량	매 식	재료명	재료 분량
아 침	토스트	2개	집	식 빵 딸기잼 버 터	4쪽(140g) 4작은술(20g) 4작은술(20g)
	우 유	1컵	집	흰우유	1컵(200mL)
	계란부침	1개	집	계 란 식용유	1개(100g) 1½큰술(18g)
	사 과	1개	집	사 과	중간 크기 1개(200g)
간식 (오전)	녹 차	1잔	집	녹 차	티백 1개(1g)

(계속)

식사시간	음식명	음식 분량	매 식	재료명	재료 분량
점 심	콩 밥	1공기	학생회관 식당	쌀 검은콩	1공기(200g) 10알 정도
	꽁치구이	2토막	학생회관 식당	꽁 치 참기름 소 금	2토막(100g) 1작은술(2g) 2작은술(4g)
	미역국	1대접	학생회관 식당	생미역 쇠고기 참기름 간 장	10장(10×5cm) 3점(2×2×2cm) 1/2작은술(2g) 1/2작은술(3g)
	배추김치	1접시	학생회관 식당	배추김치	5점(50g)
간식 (오후)	커 피	1잔	매 점	커 피 설 탕 프 림	2작은술(2g) 2작은술(5g) 3작은술(5.5g)
	비스킷	5개	매 점	참크래커	5개(20g)
저 녁	쌀 밥	2/3공기	집	쌀	2/3공기(140g)
	불고기	8점	집	쇠고기 양 파 배 간 장 설 탕 파 참기름 마 늘	8점(60g) 20g 20g 1작은술(5g) 2작은술(5g) 5g 3/4작은술(3g) 1/2개(2g)
	된장찌개	1대접	집	된 장 감 자 호 박 두 부 조갯살 마 늘 고 추 파 멸 치	2작은술(20g) 30g 20g 30g 10g 1/2개(2g) 2g 1g 5g
	깍두기	1접시	집	깍두기	10쪽(g)
	콩나물무침	1접시	집	콩나물 파 마 늘 참기름	30개(40g) 2g 1/2개(2g) 1/4작은술(1g)
간 식	포 도	1송이	집	포 도	1송이(300g)

4 올바른 식생활을 위한 기초

올바른 식생활을 실천하기 위한 기본은 다양한 식품을 적당한 양으로 섭취하고 영양의 균형을 맞추는 것이다.

1) 다양성

어느 한 가지 식품이 모든 영양소 필요량을 골고루 함유하고 있을 수는 없다. 예를 들면, 같은 육류라도 쇠고기, 돼지고기, 닭고기의 단백질, 무기질, 비타민 함량이 조금씩 차이가 나며 완전식품으로 알려진 계란의 경우도 비타민 C가 전혀 없고 칼슘도 거의 공급할 수 없다. 그러므로 다양한 식품의 섭취를 통해 한 식품에 부족한 영양소를 다른 식품으로부터 공급받아 상호 보완효과를 얻어야 한다.

2) 적절한 양

적절한 양의 섭취란 모든 영양소를 너무 많거나 적지 않게, 필요한 양만큼 다양하게 조절하는 것을 말한다.

> **한국인 영양소 섭취기준**
>
> 2015년 제정된 한국인 영양소 섭취기준은 국민영양관리법에 근거하여 국가 차원에서 처음으로 제정한 것으로 '국민의 건강증진 및 질병 예방을 목적으로 에너지 및 각 영양소의 적정 섭취량'을 정한 것이다. 기존의 영양권장량에서는 각 영양소의 권장량을 단일값으로 제시하였으나, 한국인 영양소 섭취기준은 만성질환이나 영양소 과다섭취 예방 등을 고려한 4가지 수준으로 영양소 섭취기준을 설정하였다.

한국인 영양소 섭취기준은 권장섭취량 외에도 평균필요량, 충분섭취량, 상한섭취량으로 분류되어 있으며, 분류에 따른 정의는 다음과 같다.

표 1-3
영양소 섭취기준의
개념

구 분	개 념
평균필요량	• 대상 집단을 구성하는 건강한 사람들의 절반에 해당하는 사람들의 일일 필요량을 충족시키는 값 • 대상 집단의 필요량 분포치 중앙값으로부터 산출한 수치
권장섭취량	• 평균필요량에 표준편차의 2배를 더하여 정한 수치 • 통계적으로 집단의 97.5%의 영양필요량을 충족시켜 주는 값
충분섭취량	• 영양소 필요량에 대한 정확한 자료가 부족하거나, 필요량의 중앙값과 표준편차를 구하기 어려운 영양소의 경우 • 건강한 인구집단의 섭취량을 추정 또는 관찰하여 정한 값
상한섭취량	• 과량 섭취 독성을 나타낼 위험이 있는 영양소를 대상으로 선정 • 인체 건강에 유해한 영향을 나타내지 않는 최대 영양소 섭취수준

한국인 영양소 섭취기준은 에너지와 영양소 섭취량에 대한 기준을 나타내고 있지만 활용 시 모든 영양소를 항상 고려해야 하는 것은 아니다. 평균필요량, 권장섭취량, 충분섭취량에 대해서는 생명 및 건강 유지와 성장에 필요한 영양소를 우선 배려하며, 만성질환 예방 차원에서 대상자 개인에 대해 별도로 고려해야 할 필요가 있는 경우 적절한 영양소 섭취가 되도록 배려해야 한다.

표 1-4
식사계획을 위한
영양소 섭취기준 활용

구 분	개 인	집 단
평균필요량	개인의 영양섭취목표로 사용하지 않음	평소 섭취량이 평균필요량 미만인 사람의 비율을 최소화하는 것을 목표로 함
권장섭취량	평소 섭취량이 평균필요량 이하인 사람은 권장섭취량을 목표로 함	집단의 식사계획 목표로 사용하지 않음
충분섭취량	평소 섭취량을 충분섭취량에 가깝게 하는 것을 목표로 함	섭취량의 중앙값이 충분섭취량이 되도록 하는 것을 목표로 함
상한섭취량	평소 섭취량을 상한섭취량 미만으로 함	평소 섭취량이 상한섭취량 이상인 사람의 비율을 최소화하도록 함

자료 : 한국인 영양소 섭취기준, 보건복지부 · 한국영양학회, 2015

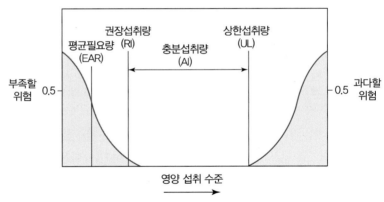

그림 1-1
영양소 섭취기준

자료 : 한국인 영양소 섭취기준, 보건복지부 · 한국영양학회, 2015

3) 균형식

균형 잡힌 식사란 모든 영양소가 적당한 양으로 포함되어 있는 식사를 말한다. 균형 잡힌 식사를 위한 가장 좋은 방법은 매일 식사에서 6가지 식품군을 골고루 섭취하는 것이다.

5 우리나라 식사구성안

한국인 영양소 섭취기준은 건강한 사람이 건강을 유지하고 생활하기에 적절한 영양소의 양을 정한 것이다. 사람들은 영양소를 섭취할 때 대부분 식품의 형태로 먹게 되므로 모든 사람이 한국인 영양소 섭취기준에 따라 식품을 섭취할 것으로 기대하기 어렵다. 따라서 건강한 일반인들이 한국인 영양소 섭취기준을 만족시키면서 쉽고 올바르게 실천할 수 있도록 어떤 식품을, 얼마만큼, 어떻게 구성해서 먹어야 하는지에 대한 식사계획의 지침을 제안한 것이 바로 **식사구성안**이다.

1) 식사구성안의 특징

① 식품에 함유된 영양소의 특성을 6가지 **기초식품군**(곡류/채소류/과일류/고기·생선·계란·콩류/우유 및 유제품/유지 및 당류)으로 나누었다.

② 각 식품군에 속하는 식품들에 대해 한 번에 섭취하는 1인 1회 **분량**serving size를 정하였다.

③ 생애주기 및 성별에 따라 **하루 동안 섭취해야 할 횟수**를 제시하고 있다.

 식품구성자전거

식품구성자전거란 6가지 식품군에 권장식사패턴의 섭취 횟수와 분량에 따라 자전거 바퀴면적을 배분한 형태이다. 기존에 제시한 식품구성탑보다 다양한 식품 섭취를 통한 균형 잡힌 식사와 규칙적인 운동, 적당한 수분 섭취를 강조하였다. 또한 물잔 이미지를 삽입하여 수분 섭취를 강조하고, 적절한 운동을 통한 비만 예방 개념을 도식화하였다. 2015년에 제시된 식품구성자전거는 기존에 제시되었던 6가지 식품군에서 '유지 및 당류'의 식품군을 제외하고 5가지 식품군으로 변경되었다.

2) 식사구성안을 위한 1인 1회 분량

6가지 기초식품군을 기준으로 영양소 함량이 비슷하고, 우리나라 사람들이 한 번에 섭취한다고 생각되는 분량을 고려하여 1인 1회 분량을 설정한 것이다. 이 양은 꼭 섭취해야 하는 것은 아니며, 사람들이 통상적으로 섭취한다고 생각되는 양(예 : 밥 1공기, 우유 1컵)으로 산출된 것이므로 개인의 1회 섭취량이 1인 1회 분량보다 적거나 많은 경우에는 조절해 주어야 한다.

식사구성안을 위한 1인 1회 분량의 설정은 2001년 국민건강·영양조사 자료를 기초로 하여 각 식품군별로 섭취량이 상대적으로 높고, 영양소별 기여도가 높으며, 연령별 사용식품을 고려하여 대표식품으로 선정하였다.

식사구성안을 위한 1인 1회 분량은 정확한 열량과 3대 영양소를 조절해야 하는 질병 시의 식이요법을 위한 **교환단위**와는 다르다. 곡류의 대표식품 분량 및 해당 횟수는 에너지 함량 300kcal에 해당되도록 하였고 옥수수, 고구마, 감자 등의 1회 분량은 100kcal에 해당되므로 0.3회라는 1인 1회 분량에 해당되는 횟수를 제시하였고, 제시된 분량은 가식부위의 조리 전 무게를 나타내고 있다.

표 1-5
식품군별 대표식품의 1인 1회 분량

식품군	1인 1회 분량						
곡류 (300kcal)	쌀밥 (210g)	보리밥 (210g)	백미 (90g)	현미 (90g)	수수 (90g)	팥 (90g)	가래떡 (150g)
	시루떡 (150g)	국수 말린 것(90g)	라면사리 (120g)	고구마 (70g)*	감자 (140g)*	옥수수 (70g)*	밤 (60g)*
	묵 (200g)*	시리얼 (30g)*	당면 (30g)*	식빵 (35g)*	과자 (30g)*	밀가루 (30g)*	
고기·생선·계란·콩류 (100kcal)	돼지고기 (60g)	돼지고기 삼겹살(60g)	쇠고기 (60g)	닭고기 (60g)	소시지 (30g)	햄 (30g)	고등어 (60g)

(계속)

식품군	1인 1회 분량						
고기·생선·계란·콩류 (100kcal)	명태 (60g)	참치통조림 (60g)	오징어 (80g)	바지락 (80g)	새우 (80g)	어묵 (30g)	멸치 말린 것(15g)
	명태 말린 것(15g)	오징어 말린 것(15g)	달걀 (60g)	두부 (80g)	대두 (20g)	잣 (10g)*	땅콩 (10g)*
채소류 (15kcal)	당근 (70g)	양배추 (70g)	오이 (70g)	무 (70g)	애호박 (70g)	콩나물 (70g)	부추 (70g)
	풋고추 (70g)	상추 (70g)	시금치 (70g)	토마토 (70g)	양파 (70g)	마늘 (10g)	배추김치 (40g)
	총각김치 (40g)	열무김치 (40g)	깍두기 (40g)	표고버섯 (30g)	느타리 버섯(30g)	김 (2g)	미역 (30g)
과일류 (50kcal)	참외 (150g)	사과 (100g)	배 (100g)	복숭아 (100g)	귤 (100g)	오렌지 (100g)	바나나 (100g)
	키위 (100g)	감 (100g)	포도 (100g)	건포도 (15g)	대추 말린 것(15g)	과일주스 (100mL)	
우유·유제품류 (125kcal)	우유 (200mL)	호상요구르트 (100g)	액상요구르트 (150mL)	아이스크림 (100g)	치즈 (20g)*		

(계속)

식품군	1인 1회 분량						
유지·당류 (45kcal)	깨 (5g)	콩기름 (5g)	마요네즈 (5g)	버터 (5g)	설탕 (10g)	물엿 (10g)	꿀 (10g)

* 표시는 0.3회

자료 : 한국인 영양소 섭취기준, 보건복지부·한국영양학회, 2015

3) 권장식사패턴

권장식사패턴은 2015년 제정된 한국인 영양소 섭취기준을 만족시키는 1일 식사 구성의 예를 제시하기 위해 개발되었다. 권장식사패턴은 2009~2013년 국민건강영양조사 결과를 바탕으로 일상적인 식사섭취패턴을 반영하고 있는데, 반드시 이렇게 먹어야 하는 것은 아니며 이 정도의 구성이면 영양소 섭취기준을 만족시킬 수 있으므로 1일 식사구성안의 예로서 보여 주는 것이다. 권장식사패턴에서는 양념장(간장, 된장, 고추장 등) 계산의 번거로움을 피하기 위해 일정 에너지를 양념장으로 고려하고 있다.

한국인 영양소 섭취기준에서는 에너지 수준별 영양 섭취의 기준을 설정하기 위해 적용 연령을 정하여 만족하는 영양소 섭취기준을 만들었다. 적용 연령의 평균 에너지 필요량은 활동량이 낮은 사람을 기준으로 해당 연령과 성별을 고려한 에너지 필요추정량이다. 패턴 A는 소아 및 청소년의 권장식사패턴으로 우유 2컵을 기준으로 하였고, 패턴 B는 성인의 권장식사패턴으로 우유 1컵을 기준으로 하였다. 표 1-6은 생애주기별 권장식사패턴을, 표 1-7은 권장식사패턴에 적용할 성별·연령별 기준 에너지를 나타낸 것이다.

표 1-6
생애주기별
권장식사패턴

A타입(우유·유제품 2회 권장)

열량 (kcal)	곡류	고기·생선·달걀·콩류	채소류	과일류	우유·유제품	유지·당류
1,000	1	1.5	4	1	2	3
1,100	1.5	1.5	4	1	2	3
1,200	1.5	2	5	1	2	3
1,300	1.5	2	6	1	2	4
1,400	2	2	6	1	2	4
1,500	2	2.5	6	1	2	5
1,600	2.5	2.5	6	1	2	5

(계속)

열량 (kcal)	곡류	고기·생선· 달걀·콩류	채소류	과일류	우유·유제품	유지·당류
1,700	2.5	3	6	1	2	5
1,800	3	3	6	1	2	5
1,900	3	3.5	7	1	2	5
2,000	3	3.5	7	2	2	6
2,100	3	4	8	2	2	6
2,200	3.5	4	8	2	2	6
2,300	3.5	5	8	2	2	6
2,400	3.5	5	8	3	2	6
2,500	3.5	5.5	8	3	2	7
2,600	3.5	5.5	8	4	2	8
2,700	4	5.5	8	4	2	8
2,800	4	6	8	4	2	8

B타입(우유·유제품 1회 권장)

열량 (kcal)	곡류	고기·생선· 달걀·콩류	채소류	과일류	우유·유제품	유지·당류
1,000	1.5	1.5	5	1	1	2
1,100	1.5	2	5	1	1	3
1,200	2	2	5	1	1	3
1,300	2	2	6	1	1	4
1,400	2.5	2	6	1	1	4
1,500	2.5	2.5	6	1	1	4
1,600	3	2.5	6	1	1	4
1,700	3	3.5	6	1	1	4
1,800	3	3.5	7	2	1	4
1,900	3	4	8	2	1	4
2,000	3.5	4	8	2	1	4
2,100	3.5	4.5	8	2	1	5
2,200	3.5	5	8	2	1	6
2,300	4	5	8	2	1	6
2,400	4	5	8	3	1	6
2,500	4	5	8	4	1	7
2,600	4	6	9	4	1	7
2,700	4	6.5	9	4	1	8

표 1-7
권장식사패턴에
적용할
성별·연령별
기준 에너지

연 령	에너지필요추정량				기준 에너지			
	2010 한국인 영양섭취기준		2015 한국인 영양섭취기준		2010 한국인 영양섭취기준		2015 한국인 영양섭취기준	
	남 자	여 자	남 자	여 자	남 자	여 자	남 자	여 자
1~2세	1,000	1,000	1,000	1,000	1,000A	1,000A	1,000A	1,000A
3~5세	1,400	1,400	1,400	1,400	1,400A	1,400A	1,400A	1,400A
6~8세	1,600	1,500	1,700	1,500	1,800A	1,600A	1,900A	1,700A
9~11세	1,900	1,700	2,100	1,800				
12~14세	2,400	2,000	2,500	2,000	2,600A	2,000A	2,600A	2,000A
15~18세	2,700	2,000	2,700	2,000				
19~29세	2,600	2,100	2,600	2,100	2,400B	1,900B	2,400B	1,900B
30~49세	2,400	1,900	2,400	1,900				
50~64세	2,200	1,800	2,200	1,800				
65세 이상	2,000	1,600	2,000	1,600	2,000B	1,600B	2,000B	1,600B
	2,000	1,600	2,000	1,600				

6 식품교환표

식품교환표는 식사계획을 위한 수단 중 하나로 식품을 곡류군, 어육류군, 채소군, 과일군, 우유군, 지방군의 6가지로 분류하고, 주요 영양소인 탄수화물, 단백질, 지방의 양이 비슷하게 되도록 1회 분량을 제시하여 군내에서 자유롭게 바꾸어 먹을 수 있도록 한 것이다. 식품교환표는 당뇨병학회에서 당뇨병 환자를 위해 처음으로 고안했으며, 각 군에 포함된 식품은 종류에 관계없이 1단위당 해당 주요 영양소를 거의 비슷하게 포함하고 있으므로 영양소 함량에 대한 별도의 계산 없이 식품을 다양하게 교환하여 선택할 수 있다는 장점이 있다. 제시된 1단위는 **1교환단위**라고 하며, 각 군으로부터 일정한 교환량을 매일 섭취하면 균형 잡힌 식사를 할 수 있다. 이는 식단 평가 시 유용한 기준이 될 수 있다.

표 1–8
식품군별
1교환단위의 예

식품군		식품의 예	영양소(g)			열량 (kcal)
			당 질	단백질	지 방	
곡류군		송편(깨) 50g 감자(중) 1개 140g 쌀밥 1/3공기 70g 식빵 1쪽 35g 옥수수 1/2개 70g 삶은국수 1/2공기 90g	23	2	—	100
어육류군	저지방	쇠·돼지·닭고기(순살코기) 40g 참치 1토막 50g 새우(중, 하) 3마리 50g 조갯살(소) 1/3컵 70g	—	8	2	50
	중지방	달걀(중) 1개 55g 두부 80g 순두부 200g 햄(2장) 40g 쇠·돼지고기 40g	—	8	5	75
	고지방	갈비(삼겹살) 40g 닭고기(껍질 포함) 40g 치즈 1 ½장 30g 꽁치통조림 1/3컵 50g	—	8	8	100
채소군		당근 70g 시금치 70g 배추 70g 오이 70g 가지 70g 깻잎 40g 무 70g 김 1장 2g	3	2	—	20
과일군		사과(중) 1/3개 80g 귤 120g 포도주스 80g 단감(중) 1/3개 50g 딸기(중) 7개 150g	12	—	—	50

(계속)

식품군		식품의 예			영양소(g)			열량 (kcal)
					당 질	단백질	지 방	
우유군	일반우유	우유 200mL	두유(무가당) 200mL	조제분유 5큰술 25g	10	6	7	125
	저지방우유	저지방우유(2%) 200mL			10	6	2	80
지방군		땅콩 1큰술 8g	잣 1작은술 8g	마요네즈 1작은술 5g	들기름, 참기름 1작은술 5g			45

> 1교환단위
>
> 1회 섭취량을 기준으로 탄수화물, 단백질, 지방 함량이 동일하도록 중량 설정

7 국민 공통 식생활지침

그림 1-2
국민 공통
식생활지침 포스터

보건복지부는 2016년에 농림축산식품부, 식품의약품안전처와 공동으로 '국민 공통 식생활지침'을 제정 및 발표하였다. 바람직한 식생활을 위한 기본적인 수칙을 만든 것이다. 국민 공통 식생활지침에서는 균형 있는 영양소 섭취, 올바른 식습관, 식생활 안전 등을 종합적으로 고려한다.

8 식품 및 영양표시제도

식품표시제도란 각종 식품 정보를 제품의 포장이나 용기에 표기하는 제도로 가격, 품질, 성분, 성능, 효력, 제조일자, 사용 방법 등을 표시한다.

영양표시제도란 소비자들이 식품에 함유된 영양성분이나 특수성분을 파악하지 못하여 불이익을 당하지 않고 자신에게 필요한 영양계획을 세우고 효율적으로 실천하는 것을 돕기 위해 식품이 함유하고 있는 영양성분을 표시한 것을 말한다. 즉 영양에 대한 적절한 정보를 소비자에게 제공하여 합리적인 식품 선택을 하도록 돕는 제도로 식품표시 항목 중 하나인 '영양'에 대한 정보를 제공한다.

식품 및 영양표시제도의 기능

- 첫째, 소비자 보호수단으로 경쟁상품과 비교하여 소비자가 알 권리를 제공한다.
- 둘째, 소비자에 대한 영양교육으로 영양 및 건강에 미치는 정보를 올바르게 전달한다.
- 셋째, 건전한 식품의 생산을 유도하기 위한 수단으로 소비자의 요구에 따라 제조업자가 건전한 식품을 생산하도록 하기 위한 것이다.
- 넷째, 식품산업의 국제화에 대처하기 위한 수단으로 수출 및 수입에 대한 국제적인 교역 증대와 자국의 수입식품 관리를 위한 것이다.

01 지질 함량이 적은 간식의 예를 3가지 들어 보시오.

① : _____

② : _____

③ : _____

해설 간식의 정의와 간식으로 좋은 식품 및 저지방 식품이 무엇인지 알아야 한다.

02 영양과 영양소를 비교하여 설명하고 과잉영양과 관련 있는 질환 3가지를 쓰시오.

① : _____

② : _____

③ : _____

해설 영양과 영양소의 정의 및 영양과 건강과의 관계를 파악하여 이들과 관련된 질환을 설명할 수 있어야 한다.

03 우리나라에서는 2010년 건강수명 72.0세를 목표로 건강증진종합계획을 세우고 4개의 중점분야별 중점과제를 설정하였다. 중점분야와 중점과제가 올바르게 짝지어진 것만을 모두 고른 것은? 기출문제

중점분야	중점과제
ㄱ. 건강생활 실천 확산	– 금연, 절주, 비만과 과체중
ㄴ. 예방중심의 건강관리	– 암관리, 고혈압, 당뇨병, 정신보건, 구강보건
ㄷ. 인구집단별 건강관리	– 모성보건, 영유아보건, 노인보건, 근로자 건강 증진
ㄹ. 건강 환경조성	– 건강 형평성 확보

① ㄱ, ㄴ   ② ㄴ, ㄷ   ③ ㄷ, ㄹ

④ ㄱ, ㄴ, ㄷ   ⑤ ㄴ, ㄷ, ㄹ

정답 ⑤

04 다음 그림에서 나타난 (가)를 가장 적게 포함하고 있는 세트 메뉴의 구성은? 기출문제

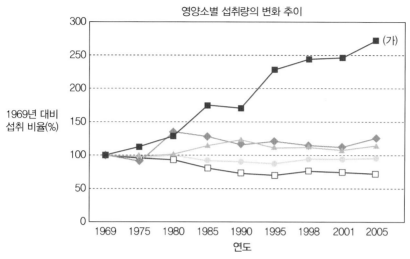

자료 : 2005년도 국민건강영양조사

① 완두콩밥, 배추된장국, 달걀찜, 오이생채, 갓김치
② 김치볶음밥, 콩나물국, 돈가스, 멕시칸샐러드, 깍두기
③ 콩나물밥, 쇠고기뭇국, 동태전, 모듬채소튀김, 파김치
④ 현미찹쌀밥, 쇠고기전골, 꽃게찜, 연어채소롤, 총각김치
⑤ 잡채덮밥, 감자국, 갈치조림, 꽈리고추멸치볶음, 배추김치

정답 ①

05 2005년에 제정된 한국인 영양섭취기준(KDRI)의 상한섭취량(Tolerable Upper Intake Level ; UL)에 대한 설명이다. 상한섭취량의 정의와 설정된 영양소가 바르게 연결된 것은?

	상한섭취량의 정의	설정 영양소
①	인체 건강에 유해 영향이 나타나지 않는 최대 영양소 섭취 수준	비타민 A, 니아신(niacin)
②	인체 건강에 유해 영향이 나타나지 않는 최대 영양소 섭취 수준	비타민 A, 비타민 K
③	역학 조사에서 관찰된 건강 사람들의 영양소 섭취기준을 추정한 값	비타민 B$_6$, 엽산
④	인체 건강에 유해한 영향이 나타난 최소 영양소 섭취 수준	철분, 아연, 니아신
⑤	인체 건강에 유해한 영향이 나타난 최소 영양소 섭취 수준	칼슘, 인, 나트륨

정답 ①

06 1일 에너지 필요량이 2,100kcal인 25세 여성의 아침 식단을 A와 B에서 선택할 경우, 그에 대한 설명으로 옳은 것을 〈보기〉에서 모두 고른 것은?(단, 달걀 1교환단위는 55g으로 함) 기출문제

A

음식명		분 량	목측량
토스트	식 빵	70g	2쪽
	버 터	6g	1.5 작은술
달걀 반숙	달 걀	55g	1개
햄구이	햄	40g	8×6×0.8cm
우 유		200ml	1컵
바나나		60g	중 1/2개

B

음식명		분 량	목측량
보리밥		210g	1공기
쇠고기 뭇국	쇠고기(사태)	20g	6×5×0.3cm
	무	35g	익혀서 1/6컵
콩나물 무침	콩나물	70g	익혀서 1/3컵
	참기름	5g	1작은술
달걀찜	달걀	55g	1개
배추김치		70g	
사 과		100g	중 1/2개

보기
ㄱ. 지방 함량은 A가 B보다 10g 많다.
ㄴ. 단백질 함량은 A가 B보다 5g 많다.
ㄷ. 당질 함량은 A가 B보다 19.5g 적다.
ㄹ. A의 단백질 함량은 1일 권장섭취량의 약 57.8%이다.
ㅁ. B의 전체 에너지에 대한 당질 에너지 비율은 약 58.7%이다.

① ㄱ, ㄹ   ② ㄱ, ㅁ   ③ ㄴ, ㅁ
④ ㄱ, ㄷ, ㄹ   ⑤ ㄴ, ㄷ, ㄹ

정답 ④

07 다음은 ○○유제품에 표기되어 있는 영양표시이다. (가)~(마)에 대한 설명으로 옳은 것을 〈보기〉에서 모두 고른 것은? 기출문제

영양성분

1회 분량 1개(150mL)

총 1회 분량(150mL) 1회 분량당 함량 : 열량 165kcal, 탄수화물 28g(9%)* (가) <u>식이섬유</u> 3g(12%)·당류 18g, 단백질 5g(8%), 지방 4.5g(9%) 포화지방 3g(20%)· [나] 0g, 콜레스테롤 5mg(2%), [다] 95mg(5%), (라) <u>칼슘</u> 168mg(24%), 비타민 C 17mg(17%)

* ( ) 안의 수치는 [마]

보기

ㄱ. (가)의 종류 중 난용성 식이섬유는 겔 형성력이 높고 장내 미생물에 의해 분해되어 포도당 흡수를 지연시키며, 혈청 콜레스테롤 수준을 낮춘다.

ㄴ. (나)는 성장 증진과 피부의 정상적 기능에 필요한 성분으로서, 관상동맥질환 예방을 위해 가공식품에 의무적으로 표기된다.

ㄷ. (다)는 삼투압과 수분을 조절하는 전해질로서, 만성질환 예방을 위해 한국인의 1일 상한섭취량이 2,000mg으로 설정되어 있다.

ㄹ. (라)의 항상성은 부갑상선 호르몬, 비타민D, 칼시토닌 등에 의해 조절된다.

ㅁ. (마)는 1일 영양소 기준치에 대한 비율로서, 소비자들에게 영양에 관한 정보를 제공한다.

① ㄱ, ㄴ   ② ㄷ, ㅁ   ③ ㄹ, ㅁ

④ ㄱ, ㄹ, ㅁ   ⑤ ㄴ, ㄷ, ㄹ

정답 ③

CHAPTER 02

탄수화물

탄수화물Carbohydrate은 탄소 : 수소 : 산소가 1 : 2 : 1의 비율로 조성된 물질로 당질이라고도 불리며, 지방, 단백질과 함께 3대 영양소를 구성한다. 탄수화물은 에너지 섭취량의 60% 이상을 공급하는 중요한 에너지 공급원으로 포도당 형태로 혈액에 들어가 세포의 연료로 이용되며, 특히 신경세포와 적혈구에서는 포도당이 일차적인 에너지원이 된다. 탄수화물은 자연계에 가장 많이 존재하는 유기물질로 광합성 작용에 의해 포도당이 합성되면 여러 가지 경로를 통해 변환되어 식물의 뿌리, 열매, 줄기, 잎 등에 녹말과 섬유소 형태로 존재하며 동물에서는 당과 글리코겐의 형태로 간과 근육 등에 존재한다.

1 탄수화물의 분류

모든 탄수화물의 구성단위는 단당류이며, 크기나 중합도에 따라 단당류 2개가 결합한 이당류, 단당류가 3~10개로 구성된 올리고당류, 10개 이상 여러 개의 단당류로 이루어진 다당류가 있다.

1) 단당류

단당류monosaccharide는 가수분해에 의해 더 이상 분해되지 않는 당으로 구성하는 탄소수에 따라 3탄당triose, 4탄당tetrose, 5탄당pentose, 6탄당hexose, 7탄당heptose으로 나누어진다. 자연식품에서 볼 수 있는 대표적인 단당류는 6탄당으로 **포도당, 과당, 갈락토오스**가 대표적이며, 5탄당에는 **리보오스, 디옥시리보오스** 등이 있다.

　포도당glucose은 조직세포에서 주로 이용되는 탄수화물의 기본형으로 혈당의 성분이며 세포에 에너지를 공급하고, 탄수화물 대사에서 중심적인 역할을 하며 과당 및 갈락토오스와 결합해 이당류를 만들게 된다.

표 2-1
단당류의 분류

분류	형태	급원식품
헥소오스	D – 포도당	과일즙, 녹말, 사탕수수, 엿당 등의 가수분해산물
	D – 과당	과일즙, 벌꿀, 고과당 옥수수시럽
	D – 갈락토오스	유즙
펜토오스	D – 리보오스	핵산(RNA의 구성물질)
	D – 디옥시리보오스	핵산(DNA의 구성물질)

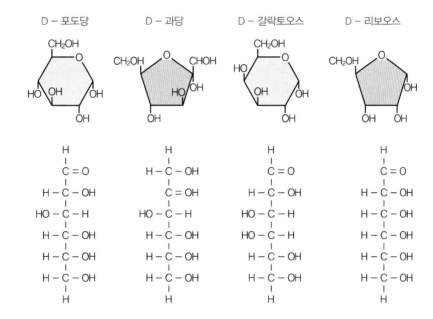

그림 2-1
단당류의 구조

과당fructose은 포도당과 같이 채소나 과실의 액즙, 꿀 등에 존재하며 서당이 가수분해될 때 포도당과 함께 얻을 수 있다.

갈락토오스galactose는 유리상태로 식품에 거의 존재하지 않으며 유당의 구성성분으로 존재한다. 다당류인 갈락탄galactan, 한천, 아라비아고무 등에 갈락토오스가 들어 있으나 이들은 체내에서 쉽게 이용되지 못한다.

2) 이당류

이당류disaccharide는 단당류 2개가 결합된 탄수화물로 맥아당, 서당, 유당 등이 있다. 맥아당은 두 개의 포도당이 $\alpha - 1,4$ 결합을 통해 만들어진 환원당으로 녹말의 가수분해 산물로 생성된다. 서당은 포도당과 과당이 한 분자씩 글리코시드 결합을 통해 만들어진 비환원당으로 과즙이나 설탕에 들어 있는 형태이다. 유당에는 포도당과 갈락토오스가 $\beta - 1,4$ 결합을 이루고 있으며 모유에 6~7%, 우유에 4.5~5%가 존재하는 당이다. 유당은 다른 이당류와 달리 β 결합으로 이루어져 과량 섭취하거나 유당분해효소가 부족하면 소화되기 어렵다.

 글리코시드 결합(glycosidic bond) ●

한 단당류의 글루코시성 −OH가 다른 하나의 단당류 −OH와 결합할 때 물분자가 빠져나가며 단당류 2개가 탈수 축합하는 반응

표 2-2
이당류의 분류

이당류	단당류 + 단당류	형 태	급원식품
맥아당	포도당 + 포도당	환원당	식혜 등
서 당	포도당 + 과당	비환원당	과즙, 설탕 등
유 당	포도당 + 갈락토오스	환원당	유즙 등

3) 올리고당

올리고당oligosaccarides은 3~10개의 단당류로 구성되어 있으며, 기능성식품을 만드는 데 많이 사용된다. 콩류에 들어 있는 올리고당인 라피노오스raffinose와 스타키오스stachyose의 경우 사람의 소화효소로는 분해되지 않으며, 대장에 있는 박테리아에 의해 분해되어 가스와 찌꺼기를 만든다. 콩이나 청국장 등을 많이 먹으면 속이 더부룩하며 가스가 많이 생기는 것은 박테리아가 콩의 올리고당을 분해하여 가스를 만들기 때문이다.

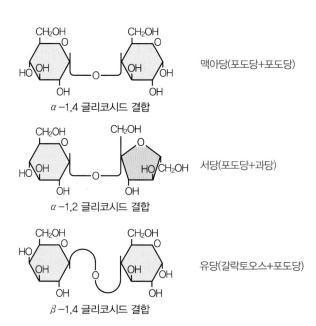

맥아당(포도당+포도당)
α-1,4 글리코시드 결합

서당(포도당+과당)
α-1,2 글리코시드 결합

유당(갈락토오스+포도당)
β-1,4 글리코시드 결합

그림 2-2
이당류의 구조

기능성 올리고당

서당, 유당, 전분 등을 효소 처리하여 만든 **프락토올리고당**, **갈락토올리고당**, **이소말토올리고당** 등을 말한다. 이들 기능성 올리고당은 대장 내 비피도박테리아(bifldobacteria)를 선택적으로 활성화시켜 장의 건강을 증진시켜 주므로 장내 균 성장촉진제라고 한다. 이외에도 혈청콜레스테롤 저하, 혈당 개선 등의 생리적 기능을 지니며 성인병 예방을 위한 기능성식품이나 다이어트 식품으로 이용된다.

4) 다당류

다당류polysaccharide는 수십에서 수천 개 이상의 단당류가 결합된 중합체로 동물과 식물에서 에너지를 저장하거나 식물의 구조를 만들며, **복합탄수화물** 또는 **복합당질**이라고도 한다. 에너지를 저장하는 다당류로는 식물의 녹말과 동물의 **글리코겐**이 있고, 식물의 구조를 만드는 다당류로는 **섬유소**가 있다.

에너지 저장하기 위한 다당류인 **녹말**과 글리코겐은 소화가 가능하므로 **소화성 다당류**라 하며, 아밀로오스 분해효소에 의해 소화된다. 다당류 중 식이섬유소dietary fiber는 인체의 소화효소에 의해 분해되지 않는 화합물로 **난소화성 다당류**라 하며, 물에 녹지 않고 대장에서 박테리아에 의해 대사되지 않는다. 식이섬유소 중 대표적인 **셀룰로오스**는 포도당이 $\beta-1,4$ 결합으로 인체 내에서 이를 분해하는 셀룰라아제cellulase가 생성되지 않아 에너지 급원으로 사용하지 못한다.

식이섬유의 종류로는 물에 녹는 가용성 섬유소soluble fiber와 물에 녹지 않는 불용성 섬유소insoluble fiber가 있다.

표 2–3
식이섬유소의
분류와
급원식품 및
체내작용

분류		종류	급원식품	체내작용
가용성 식이섬유 (soluble dietaryfiber)	탄수화물	검류, 펙틴 일부 헤미셀룰로오스, 한천	과일(감귤류, 사과, 포도), 귀리, 보리 등의 곡류, 해조류, 두류	혈청콜레스테롤, 농도 저하, 혈당 상승 지연, 장통과 시간 지연, 공복감 지연
불용성 식이섬유 (insoluble dietaryfiber)	비탄수화물	리그닌	전곡류의 외피, 껍질	대장암 예방, 배변량 증가, 장 통과시간 단축
	탄수화물	셀룰로오스	모든 식물, 곡류	
		헤미셀룰로오스	채소(양배추, 당근 등)	

2

탄수화물의 소화와 흡수

1) 소 화

① 소화성 다당류 : 탄수화물의 소화는 크게 구강, 십이지장, 소장에서 이루어진다.

장 소	소화효소	소화 결과
구 강	타액 아밀로오스 분해효소 (ptyalin)	• 전분 → 덱스트린, 맥아당
십이지장	췌장 아밀로오스 분해효소 (pancreatic amylase)	• 단당류인 포도당, 과당 • 이당류인 맥아당, 유당, 서당
소 장	이당류 분해효소 (maltase, sucrase, lactase)	• 맥아당 → 포도당 + 포도당 • 서당 → 포도당 + 과당 • 유당 → 포도당 + 갈락토오스

표 2-4
탄수화물의
소화 장소 및
소화효소, 소화 결과

② 난소화성 다당류 : 대부분의 포유동물은 **셀룰로오스 분해효소**가 없어 셀룰로오스 $\beta-1,4$ 결합을 분해하지 못하므로 영양소 및 에너지로 이용할 수 없다. 소화되지 않는 셀룰로오스의 찌꺼기는 장이 배변운동을 하는 데 도움이 된다. 대장에서는 특별한 소화 작용이 없으나, 소장에서 분해되지 않은 셀룰로오스나 헤미셀룰로오스 등이 대장의 세균에 의해 발효되거나 부패된다.

2) 탄수화물의 흡수

탄수화물은 소화되어 단당류의 형태로 **소장**에서 흡수된다. 흡수속도는 당의 종류에 따라 다르며 헥소오스hexose가 펜토오스pentose보다 빠르다. 포도당의 속도를 100이라 할 때 갈락토오스 110, 과당 43, 만노오스 19, 자일로오스 15의 속도로 흡수된다.

포도당, 과당, 갈락토오스는 소장의 **융모**에서 흡수된 후 간문맥을 지나 간으로 가서 에너지로 사용되거나, 혈액으로 직접 방출되며, 일부는 글리코겐과 지방을 합성하는 데 사용된다. 결과적으로 에너지로 쓰고 남은 탄수화물은 마지막에 지방으로 합성되어 체내에 저장된다.

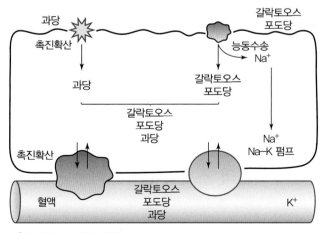

그림 2-3
단당류의 흡수

자료 : Scheider WL, 1983

 유당불내증

영유아기 이후에 소장의 유당분해효소(lactase) 활성이 부족하여 소장에서 유당의 소화 및 흡수가 이루어지지 않고 장내 세균에 의해 유당이 대사되어 가스가 차고 장내로 수분을 끌어들여 설사와 복통을 일으키는 증상이다. 아시아, 아프리카 중동의 성인 또는 노인계층에서 많이 관찰되며, 우유를 오랫동안 먹지 않아 락타아제의 체내 합성이 이루어지지 않은 경우나 선천적으로 합성되지 않아 발생한다.

최근에는 유당분해효소를 첨가하여 유당을 분해시키거나 함량을 낮추고 제거한 제품이 등장하고 있으며, lactose−free 또는 lactose−reduced라고 표시된다. 발효유 대체 방법도 있는데, 이것은 유산균이 유당의 40% 정도를 갈락토오스와 포도당으로 분해하여 감소시키는 원리를 이용한 것이다.

3 탄수화물의 대사 과정

섭취된 탄수화물은 포도당으로 분해되어 세포로 이동한다.

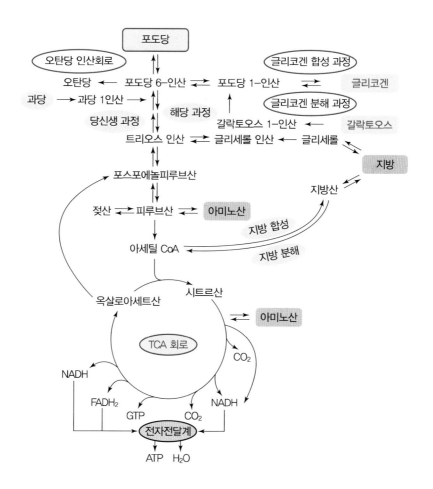

그림 2−4
탄수화물 대사의 요약

1) 포도당 대사

포도당의 대사는 크게 분해와 합성으로 나눌 수 있다. 에너지를 필요로 하는 경우 포도당은 해당 과정, TCA 회로를 거쳐 에너지를 공급한다. 과량의 포도당은 글리코겐을 합성하여 간이나 근육에 저장되거나 **지방산**으로 전환되어 피하조직에서 중성지방을 합성한다. 일부 포도당은 핵산의 구성성분인 리보오스, 디옥시리보오스, 과당, 글루코사민 등으로 전환되거나 불필수아미노산 합성에 이용된다.

포도당의 대사 과정에는 해당 과정, TCA 회로, 펜토오스인산경로, 글루쿠론산 회로 등이 있다.

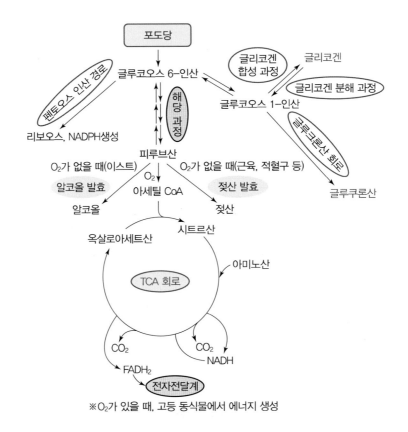

그림 2-5
포도당 대사

※O₂가 있을 때, 고등 동식물에서 에너지 생성

① 해당 과정 : 포도당을 분해하여 에너지를 만들기 위한 과정으로 각 세포의 세포질에서 이루어지며 탄소수 6개의 포도당을 10단계의 반응경로를 통하여 2개의 피루브산pyruvic acid을 생산한다. 해당 과정에서는 2개의 ATP 분자와 2개의 NADH 분자의 생성으로 8 ATP를 생성한다. 유산소 상태에서 피루브산은 TCA 회로로 들어가 에너지를 생산하며, 무산소 상태에서는 젖산으로 발효된다.

과 정	목 적	장 소	반응물	결과물	관련 대사
분 해	에너지 생성	각 세포질	포도당	에너지	해당 과정, TCA 회로
합 성	포도당의 부족	간과 신장	당 이외의 물질	포도당	포도당신생합성

포도당의 두 가지 방향

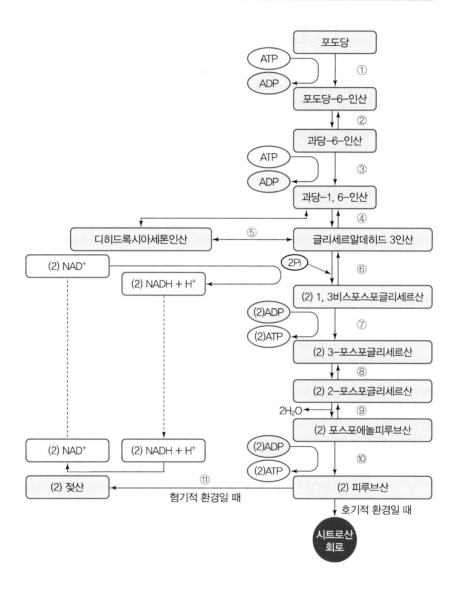

그림 2-6
해당 과정

② TCA 회로(구연산 회로) : 해당 과정에서 만들어진 2개의 **피루브산**으로 에너지
를 전달하는 물질인 NADH, FADH₂를 만드는 과정으로 **미토콘드리아**에서 일어
난다. 이렇게 만들어진 NADH, FADH₂는 전자전달계로 가서 6분자의 CO_2와
H_2O로 완전연소되어 총 30ATP를 생성한다.

$$C_6H_{12}O_6 + 6O_2 \rightarrow 6CO_2 + 6H_2O + 30ATP$$

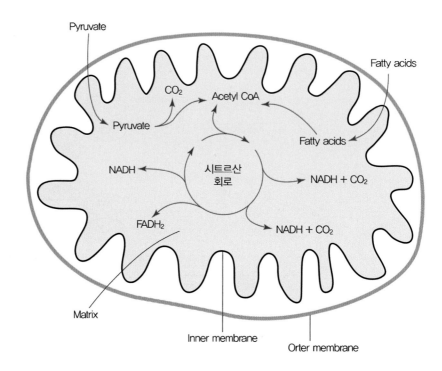

그림 2-7
TCA 회로

2) 갈락토오스

갈락토오스는 간에서 글리코겐을 합성하거나 포도당이 대사되는 중간에 들어가 포도당과 같은 경로로 통해 대사된다.

3) 과 당

과당은 간에서 포도당으로 전환되며 과당이 세포로 이동하는 것은 인슐린 의존성이 아니다. 과당도 포도당으로 전환되므로 많이 섭취할 경우 혈당을 높일 수 있다. 또한 과당은 포도당이 대사되는 중간 과정에 끼어들어 속도조절 단계를 거치지 않으므로 아세틸 CoA의 전환속도를 증가시켜 지방산 합성속도를 증가시킨다. 제2형 당뇨병 환자의 경우 혈액 내 중성지질의 농도를 높일 수 있으므로 주의해야 한다. 단당류의 대사 요약은 그림 2-8과 같다.

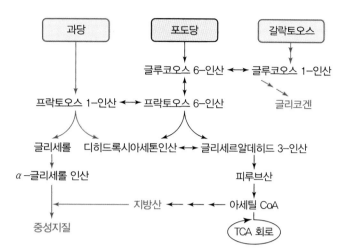

그림 2-8
단당류의 대사

4) 포도당신생합성

포도당은 뇌·신경·적혈구·부신수질·수정체 등의 에너지 급원으로 매우 중요하며, 혈당이 저하되면 인체 내에서 호르몬의 작용으로 당의 절약작용과 당신생합성이 증가하여 혈당을 올리게 된다. **포도당신생합성**gluconeogenesis은 당 이외의 물질인 아미노산·글리세롤·피루브산·젖산 등을 이용하여 포도당을 새롭게 만들어 내는 과정이다.

적혈구에서의 포도당은 해당 과정을 통해 에너지를 생산하고 피루브산이 되며 이곳에는 미토콘드리아가 없으므로 피루브산은 젖산으로 전환된 후 간으로 이동하여 포도당 신생합성의 기질로 이용되는데, 이를 **코리회로**Cori cycle라고 한다. 근육에서 생성된 피루브산은 젖산으로 되어 간으로 이동하거나 **아미노산 대사**에서 생성된 아미노기와 함께 알라닌 단백질의 형태로 간으로 이동하여 다시 포도당 합성에 이용되는데 이것을 **알라닌회로**alanine cycle라고 한다.

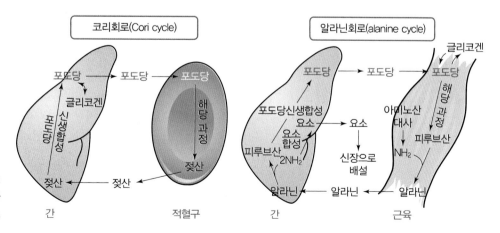

그림 2-9
**코리회로와
알라닌회로**

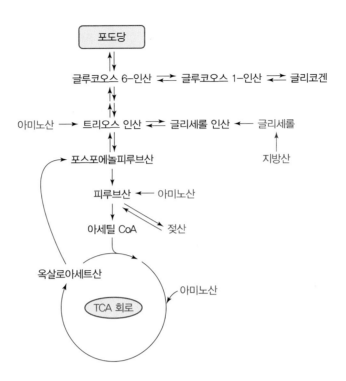

그림 2-10
포도당신생합성

5) 다당류의 대사

에너지를 생성하고 남은 포도당은 간과 근육에서 **글리코겐**으로 저장된다. 글리코겐 저장량은 건강한 사람의 경우 간 무게의 4~6%, 근육에서는 1% 이하이다. 근육의 글리코겐은 격심한 운동을 할 때 고갈되며, 근육의 글리코겐은 간보다 총질량이 훨씬 크기 때문에 실제로 간의 글리코겐 양보다 근육 글리코겐 양이 더 많게 된다.

신체 내에서 에너지가 부족하거나 혈당이 감소되면 글루카곤, 에피네피린, 노르에피네프린이 분비되어 글리코겐의 분해가 일어나 간에서 **포도당 6-인산분해효소**에 의해 **포도당**으로 전환되어 혈당의 급원이 될 수 있으나 근육에는 이 효소가 없어 포도당으로 전환되지 못하고 **근육**에서 **에너지 공급**에만 이용된다.

6) 혈당의 조절

정상상태의 혈당은 공복 시 평균 70~110mg/100mL 정도로 항상성을 유지한다. 식사 후 혈당이 0.1%를 넘으면 초과량은 조직의 에너지 생산 및 유당, 당지질, 핵산 뮤코당의 합성에 쓰이며, 간과 근육의 **글리코겐** 형태로 저장되고 남으면 **체지방**으로 전환된다. 혈당이 170mg/100mL 이상이 되면 소변으로 배설된다.

4 탄수화물의 기능

1) 에너지 급원 및 저장

탄수화물의 가장 큰 기능은 에너지를 공급하는 것으로, 1g당 4kcal의 에너지를 공급한다. 탄수화물 식품을 소화·흡수하여 얻어지는 에너지로 인간에게 필요한 에너지의 50~60% 이상을 얻을 수 있다.

적혈구·뇌세포·신경세포 등 생명을 유지하는 기본적인 일을 하는 곳에서는 연료로 포도당을 우선 에너지원으로 사용하고, 근육 등에서도 주로 식후에 포도당을 에너지로 사용한다. 에너지원으로 쓰고 남은 포도당은 간과 근육에 다당류인 글리코겐 형태로 저장되고, 여분의 당은 지방으로 전환되어 지방조직에 저장된다.

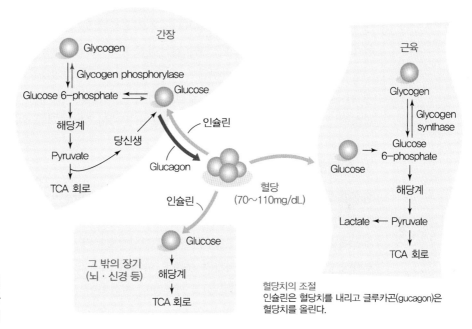

그림 2-11
탄수화물의
이용과
혈당 유지

혈당치의 조절
인슐린은 혈당치를 내리고 글루카곤(gucagon)은
혈당치를 올린다.

표 2-5
혈당 조절에
관여하는
여러 호르몬의 기능

호르몬	분비기관	작용기관	작 용	혈 당
인슐린	췌 장	간, 근육, 피하조직	글리코겐 합성 증가, 포도당 신생 합성 억제 근육과 피하조직으로 혈당의 유입 증가	감소작용
글루카곤	췌 장	간	간의 글리코겐을 분해시켜 혈당 방출 증가, 간의 포도당신생합성 증가	증가작용
에피네프린	부신수질	간, 근육	간의 글리코겐을 분해시켜 혈당 방출 증가	증가작용

(계속)

호르몬	분비기관	작용기관	작용	혈당
노르에피네프린	교감신경 말단		간의 포도당신생합성 증가, 근육의 포도당 흡수 억제, 체지방 사용 촉진, 글루카곤 분비 촉진, 인슐린 분비 저해	증가작용
글루코코르티코이드	부신피질	간, 근육	간의 포도당신생합성 증가, 근육에서의 당의 사용 억제	증가작용
성장호르몬	뇌하수체 전엽	간, 근육, 피하조직	간의 당 방출 증가, 근육으로 당 유입 억제, 지방의 이동과 사용 증가	증가작용
갑상선호르몬	갑상선	간, 소장	간의 포도당신생합성·글리코겐 분해 과정 증가 소장의 당 흡수 촉진	증가작용

2) 단백질 절약작용

탄수화물의 섭취가 부족해지면 포도당을 꼭 사용해야 하는 적혈구, 뇌세포, 신경세포 등에 포도당을 공급하기 위해 근육·간·심장 등에 있는 단백질 등을 이용하여 간과 신장에서 포도당을 새롭게 합성할 수 있으며 이를 **포도당신생합성**이라고 한다. 따라서 탄수화물을 충분히 섭취하면 넉넉한 에너지가 공급되어 체내 단백질이 포도당 합성에 쓰이지 않으므로 쇠약해지지 않으며 **단백질 절약효과**를 얻을 수 있다.

3) 케톤증의 예방

적절한 탄수화물 섭취는 지질 산화에 필수적이다. **탄수화물의 섭취가 부족**하면 인슐린 분비가 감소하면서 체지방이 분해되어 에너지원으로 이용된다. 이때 지질 분해 과정에서 생성되는 **아세틸 CoA**에 비해 포도당으로부터 생성되는 **옥살로아세트산이 부족**하여 TCA 회로로 들어가지 못하고 아세틸 CoA가 누적되어 **아세토아세트산·β-히드록시부티르산·아세톤** 등의 케톤체로 전환되어 혈액과 조직에 케톤체가 축적되는데 이것을 **케톤증**이라 한다. 따라서 **케톤증 예방**을 위해 하루 50~100g의 탄수화물을 꼭 섭취하여야 한다. 밥 한 공기(210g), 식빵 3장(105g), 감자 중간 크기 3개(390g)에 약 65g의 탄수화물이 포함되어 있으므로, 단식이나 지나친 저탄수화물 식사로 다이어트를 하는 경우를 제외하면 탄수화물을 주식으로 하는 한국인에게는 케톤증이 쉽게 나타나지 않는다.

4) 식품에 단맛과 향미 제공

탄수화물은 독특한 단맛과 향미를 지니고 있어 식품에 대한 수용도를 높여 준다. 감미도는 당의 종류에 따라 다르게 나타나는데 설탕 100을 기준으로 하였을 때, 천연 당 중 과당의 감미도가 가장 높으며 맥아당의 감미도가 가장 낮다.

당류의 감미도	과당 > 서당 > 포도당 > 맥아당 > 유당 → 당의 용해도 순서

5 탄수화물 섭취와 현대인의 건강

1) 당뇨병

당뇨병은 고혈압과 당뇨가 나타나는 만성질환으로 **췌장**에서 분비되는 **혈당조절 호르몬인 인슐린의 작용**에 문제가 생기면 발생한다. 인슐린의 분비가 감소되었거나 부족할 때 생기는 당뇨병을 **인슐린 의존성 당뇨병**이라 한다. 또한 인슐린이 있기는 하지만 능력이 떨어져 인슐린 저항성이 나타나는 것을 **인슐린 비의존성 당뇨병**이라고 하는데, 이는 **성인당뇨병**이라고도 한다. 성인당뇨병은 주로 비만과 운동이 부족하여 생기는 것으로 치료에 있어 **식이요법**과 **체중 조절**이 매우 중요하다. 또한 임신 후반기에 인슐린 작용을 방해하는 호르몬의 영향으로 **임신성 당뇨병**이 생기기도 한다. 당뇨병은 합병증이 문제가 되는데 심혈관계 장애·신장이상·망막증·신경계 등의 합병증이 나타날 수 있다.

표 2-6
당뇨병 진단기준

당뇨병학회(ADA) 기준(1997)	WHO의 진단기준(1985)
• 8시간 이상 금식 후 채혈한 공복 혈당이 126mg/dl 이상인 경우 • 식사와 관계없이 하루 중 어느 때에 채혈한 혈당이 200mg/dl 이상인 경우 • 경구 당부하 검사에서 식후 2시간 혈당이 200mg/dl 이상인 경우	• 공복 시 140mg/dl 이상이 2회 이상 • 하루 중 어느 때라도 정맥혈 혈당이 200mg/dl 이상인 경우 • 경구 당부하 검사 시 식후 2시간 측정값과 그 외 다른 시간대 측정값이 200mg/dl 이상인 경우

표 2-7
제1형 당뇨병과 제2형 당뇨병의 비교

분 류	제1형 당뇨병	제2형 당뇨병
형 태	인슐린 의존성	인슐린 비의존성
발병시기	주로 소아기 발병(평균 12세)	주로 성인기 발병(40세 이후)
발병원인	인슐린 생성 부족, 면역 반응 저하, 바이러스 감염	인슐린 저항성 증가, 비만, 고인슐린혈증
증 상	• 비교적 심하다. • 다식, 다뇨, 다갈, 체중 감소	• 비교적 가볍다. • 다갈, 피로감 혈관계 및 신경계 합병증
인슐린	매우 낮다.	정상 또는 높거나 낮다.
케톤증 발생	발생 가능하다.	별로 없다.
치료법	인슐린 치료, 약물요법, 식이요법 및 운동 권장	식이요법, 약물요법, 운동요법

당뇨병에 대한 식이요법의 기준으로는 **혈당지수**Glycemic Index ; GI를 사용한다. 혈당지수란 흰빵이나 포도당의 형태로 식품을 섭취한 후 혈액에 나타나는 총 포도당 양의 기준을 100으로 하여, 특정 식품을 섭취하였을 때 나오는 포도당의 양을 비교하는 방법이다. 혈당지수가 높은 식품은 낮은 혈당지수를 가진 식품에 비해 혈당을 더 빨리 상승시키므로 당뇨 환자들은 식품 섭취 시 주의하여야 한다. 식품의 혈당지수는 식이섬유소 함량, 소화 흡수속도, 총 지방 함유량 등의 요인에 영향을 받으며, 혈당지수가 낮은 식품은 관상심장질환과 비만의 치료 및 예방에 도움이 된다.

2) 식이섬유소

식이섬유소는 물을 보유하여 변의 부피를 증가시키고 장벽의 내압을 높여 변의 통과속도를 빠르게 해 준다. 현대인들은 정제된 식품을 많이 섭취하고 신선한 과일과 야채를 섭취할 기회가 적어 식이섬유소의 부족현상이 빈번히 일어나고 있다.

① 식이섬유소의 역할 및 체내작용 : 가용성 식이섬유소를 다량 섭취 시 다음과 같은 긍정적인 생리적 기능이 있다.

  ㉠ 입안에서 씹는 활동을 자극하여 타액과 위액의 분비를 촉진

  ㉡ 위장의 포만감 증가

  ㉢ 소장 내 통과시간 단축으로 영양소의 흡수를 저하시켜 체중 조절에 도움을 줌

  ㉣ 장내 통과속도를 정상화시킴

  ㉤ 배변량 증가

  ㉥ 미생물에 의해 발효되어 에너지 생산

표 2-8
**식이섬유소 역할 및
체내작용**

관련 질병	식이섬유소 역할	체내작용
비 만	• 포만감 증가 • 영양소 체내 이용률 저하 • 영양밀도 감소 • 인슐린 분비 감소	• 음식물 저작에 시간 걸림 • 지방 배설량 증가 • 탄수화물 흡수 방해 • 소화물의 대장통과시간 단축 • 지방 분해 작용
대장암	• 대장소화물의 희석 • 소화물의 대장 통과속도 빨라짐	• 발암물질과 직접 접촉 방해 • 미생물에 의한 독성물질 감소
게실증변비	• 장벽의 내압이 높아져 통과속도 빨라짐	• 대장의 통과시간 단축 • 보습력 높아져 변이 부드러움
당뇨병	• 공복혈당 낮춤 • 요당 감소 • 인슐린 필요량 감소 • 식후 고혈당 예방	• 위장을 비우는 속도 늦어짐 • 탄수화물 소화 더딤 • 탄수화물 흡수량 감소 및 속도 지연
동맥경화증	• 담즙산 배설 • 혈중 중성지방과 콜레스테롤의 감소	• 콜레스테롤과 결합하여 재흡수 방해 • 지방 흡수 방해 및 배설 증가

② 고섬유 식사의 문제점 : 고섬유식은 에너지 밀도를 낮추고 포만감을 주어 비만을 조절하는 건강상 유익한 점도 있지만 생리적 문제점도 가지고 있다. 하루 60g 이상의 고섬유 식사를 할 경우 다량의 수분 섭취가 필요하며 이때 물을 많이 섭취하지 않으면 오히려 분변이 매우 단단해져서 배변이 어려워지고 변비가 생긴다. 또한 식이섬유소가 소화·흡수되지 않고 배설되며 이때 칼슘, 아연, 철 등의 무기질이 식이섬유소와 함께 대변으로 배설되어 무기질 흡수에 방해가 되며 장내 가스 생성을 활발하게 하여 복부 팽만감 등의 위장관 장애를 일으킨다. 적절한 식이섬유소 섭취는 많은 건강상 이익을 얻을 수 있는데 한국인 영양소 섭취기준(2015)에서는 충분섭취량의 개념으로 하루에 1,000kcal를 섭취할 때마다 12g의 식이섬유소를 섭취할 것을 권장하였다.

3) 설탕 과잉 섭취 문제

설탕을 과잉 섭취할 경우 주의력 결핍성 과잉행동장애Attention Deficit Hyperative Disorder ; ADHD와 충치가 생길 수 있다.

6 탄수화물 급원식품

탄수화물 급원식품은 곡류, 감자류 등의 주식을 말하는 것으로 쌀밥 1공기에 60g 이상의 탄수화물이 들어 있다. 2008~2012년 국민건강영양조사에 따르면 우리나라 사람들의 탄수화물 평균 섭취량은 남녀 각기 348.6~367.7g, 261.3~301.7g으로 주요 공급원은 백미와 라면을 비롯한 곡류, 두류, 감자류, 과일류가 대부분을 차지하고 있다. 탄수화물의 에너지 적정비율은 55~65%로 설정하는 것이 바람직한 것으로 나타났으며, 전곡·야채·콩·과일 등의 섭취를 통해 혈당지수가 낮은 복합탄수화물 섭취를 권장하고 있다.

표 2-9
탄수화물이
들어 있는 식품과
탄수화물 함량

식 품	1회 분량(g)	탄수화물 함량(g/1회 분량)
대두콩	150	6
우 유	250	12
사 과	120	15
배	120	11
밀크초콜릿	50	28
포 도	120	18
쥐눈이콩	150	30

(계속)

식 품	1회 분량(g)	탄수화물 함량(g/1회 분량)
호밀빵	30	12
현미밥	150	33
파인애플	120	13
페이스트리	57	26
고구마	150	28
아이스크림	50	13
환 타	250	34
수 박	120	6
늙은 호박	80	4
게토레이	250	15
콘플레이크	30	26
구운 감자	150	30
흰 밥	150	43
떡	30	25
찹쌀밥	150	48

자료 : 대한당뇨병학회, 당뇨병 식품교환표 활용지침 제3판, 2010

01 다음은 공복 시 포도당 생성에 관한 내용이다. 작성 방법에 따라 순서대로 서술하시오. [4점]

영양기출

> 장시간(10~18시간) 음식을 통한 에너지의 공급이 이루어지지 못하게 되면, ① 근육에 저장된 (②)은/는 포도당을 직접 제공하지 못하지만, 대사되어 젖산이나 알라닌 형태로 간으로 보내져 포도당 생성에 기여한다. 또한 ③ 중성지질 분해산물인 (④)도 간으로 보내져 포도당 생성에 기여한다.

> 작성 방법
> • ②, ④에 해당하는 명칭을 순서대로 쓸 것
> • 밑줄 친 ①의 이유를 효소와 연관 지어 서술할 것
> • 밑줄 친 ③의 포도당 생성에 기여하는 과정을 서술할 것

② : _____ ④ : _____

①의 이유 _____

_____

③의 포도당 생성에 기여하는 과정 _____

_____

_____

_____

_____

_____

02 다음은 과당의 대사 과정에 관한 내용이다. 괄호 안의 ①, ②에 해당하는 효소의 명칭을 순서대로 쓰시오. [2점] 〔영양기출〕

> 과당은 포도당 섭취 부족 시 당신생경로를 통해 포도당으로 전환되어 이용되지만, 적절한 포도당과 함께 간으로 들어왔을 때에는 해당 과정을 통하여 대사된다. (①)은/는 ATP를 사용하여 과당을 과당 1-인산으로 전환시킨다. 이후, 과당 1-인산은 해당 과정의 중간 대사물질인 디히드록시아세톤인산과 글리세르알데히드 3-인산으로 전환되어 해당 과정으로 합류한다. 과당은 해당 과정에서 속도 조절 단계의 효소인 헥소키나아제와 (②)에 의해 촉매되는 반응을 거치지 않고 대사되기 때문에 포도당보다 아세틸-CoA로 더 빨리 전환된다.

① : _____ ② : _____

03 다음은 등굣길에서 만난 학생과 영양교사의 대화이다. 괄호 안 ①, ②에 들어갈 영양교사의 설명을 작성 방법에 따라 서술하시오. [4점] 〔영양기출〕

> 학   생   선생님! 어제 체육대회에서 농구와 릴레이 선수로 뛰었더니 팔과 다리에 통증이 있어요. 왜 그런가요?
> 영양교사   그래? 근육에 젖산이 축적되어 그렇단다.
> 학   생   왜 운동할 때 근육에서 젖산이 만들어지나요?
> 영양교사   (①   ).
> 학   생   그렇게 만들어진 젖산도 체내에서 사용이 되나요?
> 영양교사   응, 젖산은 다른 물질로 전환되어 이용되는데 그 과정은 이렇단다. (②).

> **작성 방법**
> • ①에는 근육에서의 젖산 생성 기전을 포함할 것
> • ②에는 젖산의 이동경로 설명과 전환된 물질의 명칭을 포함할 것

① : _____
_____

② : _____
_____

04 다음은 포도당 신생합성 과정과 적혈구에서의 포도당 대사에 대한 설명이다. 작성 방법에 따라 서술하시오. [4점] 유사기출

- 혈당이 낮아지면, 간이나 신장에서는 당 이외의 물질, 즉 아미노산, 피루브산, 젖산, 그리고 중성지방에서 유래한 (①) 등의 전구체를 이용하여 포도당을 합성한다.
- 특히, 적혈구의 포도당은 ② TCA회로를 거치지 않고 에너지를 생산하며 ③ 피루브산으로 된다.
- 피루브산은 ④ 젖산으로 전환된 후 간에서 다시 포도당으로 합성되어 적혈구에 공급될 수 있다.

작성 방법
- 괄호 안의 ①에 들어갈 용어를 1가지 제시할 것
- 밑줄 친 ②의 이유를 설명하고, 포도당이 밑줄 친 ③으로 되는 과정을 제시할 것
- 밑줄 친 ④의 대사회로를 제시할 것

---

05 다음은 탄수화물 대사의 글리코겐 분해 과정에 대한 설명이다. 괄호 안의 ①, ②에 들어갈 용어를 순서대로 쓰고, 밑줄 친 ③의 이유를 서술하시오. [4점] 유사기출

- 체내 에너지 공급이 부족하거나 혈당이 감소되면 글루카곤, 에피네프린, 노르에피네프린 등이 분비되어 글리코겐의 분해가 일어난다.
- (①)에 저장된 글리코겐은 포도당으로 전환되어 혈당 유지에 사용된다.
- (②)에 저장된 글리코겐은 ③ 혈당 유지에 사용되지 못하고 해당과정을 거쳐 에너지원으로 소비된다. 산소의 공급이 불충분하면 해당과정에서 생성된 피루브산(pyruvic acid)은 젖산(lactic acid)으로 전환되며 이 젖산은 혈액에 의해 (①)(으)로 운반된다.

---

① : _____ ② : _____

③의 이유 _____

06 다음은 성인을 위한 식생활 지침 중 일부이다. 작성 방법에 따라 서술하시오. [4점] [유사기출]

- 곡류는 다양하게 먹고 ① 전곡류를 많이 먹습니다.
- 여러 가지 색깔의 채소를 매일 먹습니다.
- 다양한 제철 ② 과일을 매일 먹습니다.
- 간식으로 우유, 요구르트, 치즈와 같은 유제품을 먹습니다.
- 가임기 여성은 기름기 적은 붉은 살코기를 적절히 먹습니다.

··· (하략) ···

자료 : 보건복지부, 2009

작성 방법
- 밑줄 친 ①에 함유된 성분 중 불용성 식이섬유를 1가지 제시하고, 그 생리기능을 2가지 서술할 것
- 밑줄 친 ② 중 바나나, 오렌지, 멜론 등에 함유된 무기질로서 혈당이 글리코겐으로 전환될 때 관여하고, 혈압을 강하시키는 대표적인 무기질을 1가지 제시할 것

---

07 비만은 에너지 섭취량이 소비량보다 많아질 때 잉여 에너지가 지방의 형태로 저장되면서 나타나므로 인체에서 소화·흡수되기 어려운 식이섬유가 건강기능식품 소재로 주목을 받고 있다. 펙틴 (pectin), 검류(gums)와 같은 수용성 식이섬유의 작용을 작성 방법에 따라 서술하시오. [4점] [유사기출]

작성 방법
- 수용성 식이섬유(펙틴, 검류) 섭취가 포만감을 유도하는 근거를 쓸 것
- 수용성 식이섬유(펙틴, 검류) 섭취가 열량 영양소의 소화·흡수에 미치는 영향 2가지를 쓸 것

---

08 다음 (가)는 영양소에 대한 내용이고, (나)는 그 영양소의 인체 내 흡수 및 대사와 관련된 그림이다. 작성 방법에 따라 서술하시오. [4점] 유사기출

(가)

(①)은/는 과일에 많이 함유되어 있고, 돼지감자의 주요 성분인 이눌린(inulin)의 구성 단위이다. 이 영양소는 주로 소장에서 흡수된 뒤 간으로 이동되어 해당 과정과 중성지방 생합성에 이용된다.

(②)은/는 소간, 굴 등에 많이 함유되어 있고, 주로 소장에서 흡수된다. 이 영양소는 섭취량 및 체내 요구량에 따라 흡수율과 흡수 방식이 다르다. 체내 여러 효소의 구성 성분으로 존재하고, 결합조직의 합성에 관여하며, 철의 이동을 돕는 작용을 한다. 15~18세 남녀의 1일 권장섭취량은 840μg이다(2015 한국인 영양소 섭취기준).

윌슨병은 (②)의 ③ 체내 대사 이상으로 간, 뇌 및 눈의 각막 등에 손상을 초래하는 선천성 질환이다.

(나)

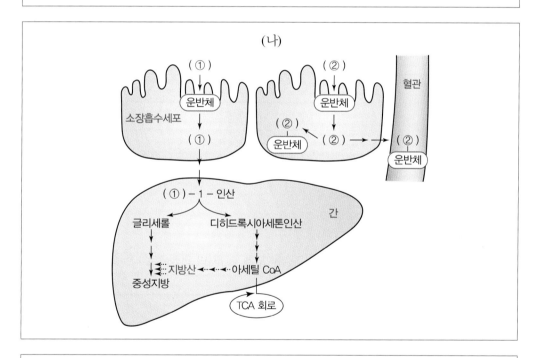

작성 방법

• (가), (나)의 ①, ②에 해당하는 영양소를 순서대로 쓸 것
• (가), (나)의 ①, ②의 공통된 흡수 방식의 명칭과 그 장점을 1가지 쓸 것
• (가)의 밑줄 친 ③의 내용을 1가지 설명할 것

① : _____   ② : _____

①, ②의 공통된 흡수 방식의 명칭과 장점 _____

_____

③의 내용 1가지 _____

_____

09 다당류를 분류하는 방법은 매우 다양하다. 이들 중 다당류를 크게 두 종류로 분류하는 세 가지 방법을 제시하고 대표적인 다당류의 예들을 적으시오.

_____

_____

_____

_____

_____

_____

_____

해설 다당류를 두 종류로 분류하는 데는 가용성 & 불용성, 소화성 & 난소화성, 단순다당류 & 복합다당류, 저장다장류 & 구성 다당류 등의 방법이 있다. 대표적인 다당류의 성격에 따라 이들을 분류에 맞도록 적으면 된다. 차이점을 골라 서술하는 문제이다.

10 쌀밥을 먹어서 ATP를 얻는 일련의 과정을 크게 4가지의 과정으로 나누어 설명하시오.

_____

_____

_____

_____

_____

_____

_____

쌀밥을 먹어서 ATP를 얻는 데는 탄수화물 소화, 해당 과정, TCA 사이클, 전자전달계의 과정을 거쳐야 한다. 소화는 다당 류인 전분을 단당류인 포도당으로 분해하여 소장에서 흡수하여 혈액을 통해 간으로 보내는 과정을 말한다. 해당 과정은 포도당을 분해하여 pyruvate를 만드는 과정이다. 호기적 조건에서는 아세틸 CoA로 만들어 TCA 사이클을 거치게 된다. 이때 만들어진 NADH와 $FADH_2$는 전자전달계로 들어가 ATP를 만들어 내게 된다. ATP는 해당 과정, TCA 사이클, 전자 전달계 모두에서 다양한 형태로 나타난다. 각각의 과정을 자세히 쓰도록 하며, ATP 생성에 대해서는 조금 더 집중해서 쓰도록 한다.

11 포도당의 분해와 합성은 체내에서 일어난다. 분해와 합성의 목적, 일어나는 장소, 반응물, 결과물, 관련 대사를 각각 간단히 정리하시오.

분해 _____

_____

합성 _____

_____

해설 아래 표의 내용을 토대로 정리하면 된다.

과 정	목 적	장 소	반응물	결과물	관련 대사
분 해	에너지 생성	각 세포질	포도당	에너지	해당과정, TCA 회로
합 성	포도당의 보충	간과 신장	당 이외의 물질	포도당	포도당신생합성

12 혈당 조절에 관여하는 호르몬 중 인슐린, 글루카곤, 에피네프린에 대해 분비기관, 작용기관, 작용 방 식과 혈당에 미치는 영향을 간단히 정리하시오.

_____

_____

_____

_____

_____

해설 본문 중 '4. 탄수화물의 기능'에서 제시한 표를 참고한다.

13 다음은 포도당 대사 경로이다. (가)~(다)에 알맞은 것은? 기출문제

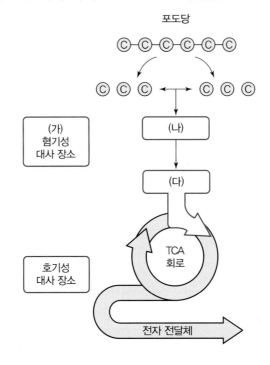

	(가)	(나)	(다)
①	미토콘드리아	포도당 1-P	옥살로아세트산
②	세포질	피루브산	아세틸-CoA
③	미토콘드리아	과당 1-P	시트르산
④	세포막	피루브산	아세틸-CoA
⑤	세포질	포도당 1-P	옥살로아세트산

정답 ②

CHAPTER 03

지질의 이해

지질lipids은 탄소·수소·산소로 이루어진 유기화합물로 물에 녹지 않고 에테르와 같은 유기 용매에만 녹으며, 상온에서 고체인 **지방**과 액체인 **기름**을 합쳐서 **지질**이라 부른다. 또한 탄수화물과 단백질이 1g당 4kcal를 내는 것과 다르게 지질은 1g당 9kcal를 발생시킨다. 이것은 탄수화물과 단백질에 비해 탄소와 수소의 함량이 많고 상대적으로 산소의 함량이 적기 때문이다. 이러한 이유로 체내의 과잉 에너지는 중성지질의 형태로 저장된다.

지질의 과도한 섭취는 비만·암·동맥경화증 등을 일으키게 되므로 적당한 양을 섭취하도록 하는 영양교육이 필요하다.

1 지질의 분류

지질은 구성 성분에 따라 **단순지질**, **복합지질**, **유도지질**로 구분된다. 단순지질은 상온에 존재하는 형태에 따라 기름oils과 지방fat으로 구분되기도 한다.

식품과 체내에 존재하는 지질은 98~99%가 **중성지질**이며, 1~2%가 인지질·당지질·지단백질과 같은 **복합지질**이거나 콜레스테롤과 같은 스테로이드 또는 비타민 D 등의 **유도지질**로 이루어져 있다.

표 3-1
지질의 분류

분 류	정 의	종 류
단순지질	글리세롤과 지방산의 결합체	중성지방
복합지질	단순지질과 다른 성분의 결합체	인지질, 당지질, 지단백질
유도지질	스테롤 및 지질분해물	콜레스테롤, 피토스테롤, 비타민 D

1) 중성지질

중성지질은 자연계에서 지방산이 유리된 상태로 존재하는 경우는 드물며 대부분 **에스테르 결합**을 하고 있다. 지방산의 카르복실기는 글리세롤의 수산기–OH와 에스테르 결합을 하고 있으며, 모노글리세롤·디아실글리세롤·트리아실글리세롤이 있다. 1분자의 글리세롤과 3분자의 지방산이 에스테르 결합을 이루고 있는 것을 **중성지질**이라고 하며, 대부분 지질의 존재 형태이다. 중성지질은 비극성 용매에 녹고 물보다 낮은 비중을 가지며, 구성하는 지방산의 종류에 따라 융점이 달라진다.

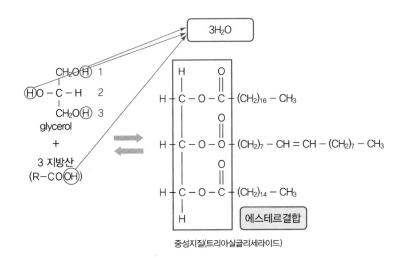

그림 3–1
중성지질의 구조

중성지질(트리아실글리세라이드)

 중성지질의 종류

글리세롤에 지방산이 결합한 수에 따라 지방산 수

- 1개일 때 : 모노아실글리세롤(monoglyceride ; MG)
- 2개일 때 : 디아실글리세롤(ddiglyceride ; DG)
- 3개일 때 : 트리아글리세롤(triglyceride ; TG)

2) 지방산

(1) 지방산의 분류

지방산은 우리 몸과 식품에 있는 지방의 구성 성분으로 가장 단순한 형태의 지질이다. 2개의 수소를 잡고 있는 탄소들이 길게 연결되어 있는 것이 기본 구조이다. 지방산의 탄소사슬이 시작되는 **알파**$_\alpha$부분에는 **카르복실기**–COOH가, 사슬의 끝인 **오메가**$_\omega$부분에는 **메틸기**–CH₃가 결합되어 있다. 일반적인 화학구조식은 CH₃(CH₂)n COOH로 RCOOH 형태로 줄여 표시하기도 한다.

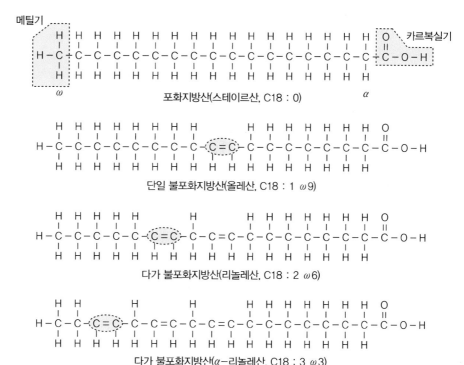

포화지방산(스테이르산, C18 : 0)

단일 불포화지방산(올레산, C18 : 1 ω9)

다가 불포화지방산(리놀레산, C18 : 2 ω6)

그림 3-2
지방산의 분류

다가 불포화지방산(α-리놀레산, C18 : 3 ω3)

 탄소수에 따른 지방산 분류 ●

지방산은 **탄소 사슬길이**에 따라 **짧은 사슬지방산, 중간 사슬지방산, 긴 사슬지방산, 매우 긴 사슬지방산**으로 나누어지며, 생체 내 지방산은 대부분 12~22개 짝수의 탄소원자를 갖고 있다. 지방산은 탄소사슬의 길이가 길수록 융점이 높아진다.

· **지방산** : 카르복실기(COOH)와 메틸기(CH_3)를 가진 탄화수소로 구성
· **짧은 사슬지방산** : 탄소수가 4~6개로 이루어진 지방산
· **중간 사슬지방산** : 탄소수가 8~12개로 이루어진 지방산
· **긴 사슬지방산** : 탄소수가 14~20개로 이루어진 지방산
· **매우 긴 사슬지방산** : 탄소수가 22개 이상으로 이루어진 지방산

 포화 정도에 따른 지방산 분류 ●

지방산은 **포화 정도**에 따라 **포화지방산**과 **불포화지방산**으로 분류된다.

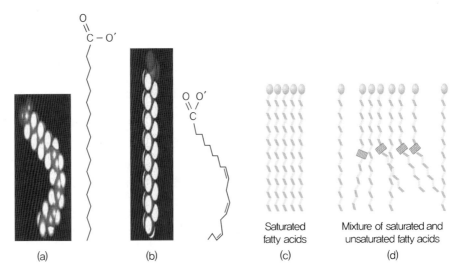

그림 3-3
포화지방산(a, c)과
불포화지방산(b, d)

Saturated fatty acids (c)   Mixture of saturated and unsaturated fatty acids (d)

(a)   (b)

표 3-2
포화지방산(a, c)과
불포화지방산(b, d)의
분류

구 분	포화지방산(Saturated fatty acid)	불포화지방산(Unsaturated fatty acid)
구 조	HOOC ─ CH₂ ─ CH₂ ─ CH₃ Saturated fatty acid (Butyric acid)	Cis double bond unsaturated
급 원	동물성 식품, 코코넛유, 마가린 등	• 올리브유, 카놀라유에 많은 $\omega-9$지방산(올레산 등) • 옥수수기름, 대두유, 참기름에 많은 $\omega-6$지방산(리놀레산 등) • 생선과 들기름에 많은 $\omega-3$지방산(알파-리놀렌산 등)
특 징	• 모든 탄소가 2개의 수소와 결합 • 상온에서 고체	• 이중결합을 한 탄소가 1개 이상 • 상온에서 액체
종 류	• stearic acid(C18 : 0) • palmitic acid(C16 : 0)	• oleic acid(C18 : 1, ω 9) • linoleic acid(C18 : 2, ω 6)

포화지방산은 각 탄소가 2개의 수소와 2개의 인접한 탄소를 갖고 있어 이중결합이 없다. 불포화지방산은 이중결합의 수에 따라 단일 불포화지방산과 다가 불포화지방산으로 나누어진다. 단일 불포화지방산은 1개의 이중결합을 가지고 있으며 체내합성이 가능하고 올리브유에 많은 올레산이 대표적이다. 다가 불포화지방산은 2개이상의 이중결합을 가지고 있는 것으로, 이중결합의 수가 많을수록 융점이 낮고 상온에서 액체로 존재한다.

이중결합에 따른 지방산의 명칭 ●

1. 포화지방산(Saturated fatty acid ; SFA) : 이중결합이 없는 지방산
2. 단일 불포화지방산(Monosaturated fatty acid ; MUFA) : 1개의 이중결합이 있는 지방산
3. 다가 불포화지방산(Polysaturated fatty acid ; PUFA) : 2개 이상의 이중결합이 있는 지방산

이중결합에 따른 지방산 분류

지방산에 존재하는 **이중결합의 위치에 따라** 지방산의 대사가 달라지는데 지방산이 말단의 메틸기로부터 6번째에 이중결합을 갖는 지방산들은 $\omega-6$계 지방산으로 분류되며, n−6계 지방산이라 한다. 최근 건강기능성식품으로 각광받고 있는 $\omega-3$계 지방산은 메틸기로부터 3번째에 이중결합을 갖고 있으며, n−3계 지방산으로 불린다. 대표적인 $\omega-3$계 지방산으로는 DHA(docosahexaenoic acid)와 EPA(eicosahexaenoic acid)가 있다. 올리브유에 많은 올레산의 경우에는 오메가 부분에서 9번째 이중결합을 갖게 되어 n−9계 지방산이라고 한다.

화학적 구조에 따른 지방산 분류

이중결합을 가진 불포화지방산은 화학적으로 구조가 다른 2개의 이성질체로 존재할 수 있으며, 수소원자가 동일한 방향에 놓인 경우를 시스형(cis)형이라 하고, 다른 방향으로 놓인 경우를 트랜스형(trans)형이라 한다.

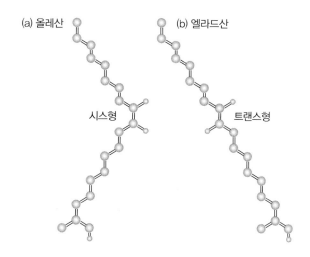

(a) 올레산 (b) 엘라드산

시스형 트랜스형

그림 3-4
시스형과 트랜스형 지방산의 구조

(2) 필수지방산

체내에서 합성되지 않거나 합성되어도 그 양이 충분하지 않아 식품으로 섭취해야 하는 지방산을 필수지방산이라 한다. 필수지방산의 종류에는 리놀레산(18 : 2), 리놀렌산(18 : 3), 아라키돈산(20 : 4)이 있다. 리놀레산과 리놀렌산은 체내에서 전혀 합성되지 않으며, 아라키돈산의 경우 리놀레산으로 일부 합성될 수 있으나 양이 충분하지 않을 수 있다.

지방산 종류	구 조	기 능	급원식품
리놀레산(linoleic acid)	C18 : 2	항 피부병인자, 성장인자	채소, 종실류
리놀렌산(linolenic acid)	C18 : 3	성장인자	콩기름
아라키돈산(arachidonic acid)	C20 : 4	항 피부병인자	동물의 지방

표 3-3
필수지방산

필수지방산은 세포막의 구조적 완전성 유지, 혈청콜레스테롤 감소, 두뇌 발달과 시각기능의 유지, 아이코사노이드의 전구체 역할을 한다.

(3) 트랜스지방산

액체인 식물성 기름을 물리적으로 고체를 만들고 산패를 억제하기 위해 수소를 첨가하는 경우 경화유(마가린, 쇼트닝 등)가 만들어지는데, 이때 구부러진 이중결합이 직선의 트랜스형trans으로 바뀌게 된다. 트랜스형 지방산은 이중결합이 있는 불포화지방산이지만 포화지방산과 유사한 성질을 가지고 있으며 중성지질 부분에 존재한다.

트랜스지방산은 세포막의 인지질로 들어가 세포막을 단단하게 하여 막에 존재하는 수용체나 효소의 작용을 방해하고 콜레스테롤 막 수용체의 기능을 떨어뜨려 혈청 콜레스테롤 농도를 증가시킬 뿐만 아니라 아라키돈산 합성을 방해하여 필수지방산의 필요량을 증가시키게 된다.

따라서 트랜스지방산의 섭취를 줄이기 위해서는 마가린·쇼트닝을 이용한 페이스트리, 케이크, 쿠키와 같은 것들의 섭취량을 줄이고, 도넛과 프렌치프라이, 프라이드치킨, 감자칩, 튀김류 등의 섭취량도 줄여야 한다.

3) 복합지질

복합지질에는 인지질과 스핑고지질이 있다. 인지질의 경우 중성지방과 유사한 구조를 가지고 있으나 뼈대가 되는 글리세롤의 3번째 수산기-OH에 지방산 대신 인산과 염기가 붙어 인지질이 된다.

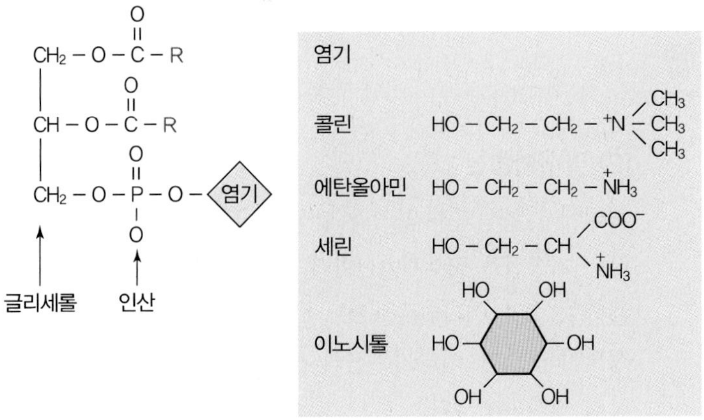

그림 3-5
인지질의 구조

스핑고지질은 글리세롤 대신 아미노알코올인 스핑고신에 지방산이 아미드 결합을 하여 만들어진 유도체이다. 뇌와 신경조직에서 소량 발견되며 종류로는 **세레브로시드**와 **강글리오시드** 등이 있다.

4) 스테로이드

스테로이드는 4개의 탄화수소 고리구조를 갖는 불비누화성 지질들로 **콜레스테롤**이 대표적이다. 콜레스테롤은 계란 노른자·오징어·새우·가재·명란젓·버터·내장 등의 동물성 식품에 많이 포함되어 있다. 식물에는 피토스테롤, 시토스테롤 등의 콜레스테롤 유사물질이 있으나 흡수율이 낮고 콜레스테롤의 흡수 또한 감소시킨다.

 콜레스테롤

1. 동물 조직에서 널리 발견되며 식물조직에서는 발견되지 않는다.
2. 섭취한 식품으로부터 오기도 하고, 체내에서 합성되기도 한다.
3. 주로 간과 소장에서 콜레스테롤의 합성이 이루어진다.
4. 뇌와 신경조직에 풍부히 존재한다.
5. 담즙의 주성분으로 성호르몬과 담즙산은 콜레스테롤 유도체이다.

2 지질의 소화와 흡수

1) 소 화

식품으로 섭취한 지질은 주로 중성지방이며, 섭취한 지방이 소화가 잘되려면 소화효소와 함께 **담즙산염**bile salt이 필수적이다. 지질은 소수성이기 때문에 친수성인 소화효소에 의해 소화작용을 받기 어려워 유화제가 필요하다. **지질소화**는 구강과 위에서 시작하여 주로 소장에서 이루어진다.

표 3–4 지질의 소화 부위와 작용효소

장 소	관여하는 효소	소화작용
구강, 위	구강 리파아제 위 리파아제	중성지방 → 디글리세롤 + 모노글리세롤 + 지방산 (짧은 사슬 지방산, 중간사슬 지방산)
소 장	췌장 리파아제	중성지방 → 디글리세롤 + 모노글리세롤 + 지방산 (모든 지방산)
	췌장 포스포리파아제	인지질 → 글리세롤 + 지방산 + 염기 + 인산
	췌장 콜레스테롤에스테르	콜레스테롤에스테르 → 콜레스테롤 + 지방산

2) 흡 수

지질은 소장의 중간과 하부에서 흡수되는데 지질의 소화산물은 물과의 친화력이 낮기 때문에 담즙산염의 작용이 필요하다. 따라서 담즙과 소화된 지방산과 모노아실글리세롤이 혼합 미셀을 형성해서 소장세포에 접근하고 지질의 소화산물은 수동확산으로 흡수된다. 지방산과 모노아실글리세롤은 세포막을 통과해서 흡수되고, 다시 중성지방으로 재합성된다. 재합성된 지방은 **카일로미크론**chylomicron을 형성하는데, 크기가 크기 때문에 모세혈관으로 바로 들어가지 못하고 림프관으로 들어가 혈액에 분비된다. 또한 대부분의 담즙은 소장에 남아 있다가 재흡수된다.

지질의 소화와 흡수는 매우 효율적이어서 섭취한 지질의 약 95%가 흡수된다.

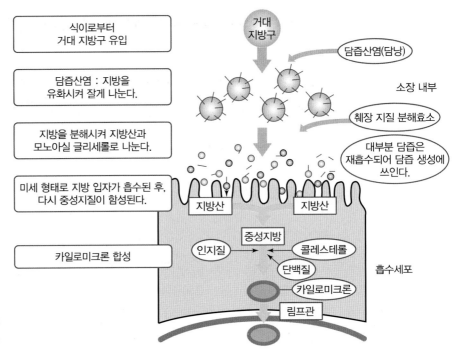

그림 3-6
지질의 소화와 흡수

---

3 지질의 대사 과정

1) 지단백질의 종류 및 대사

지질이 혈액으로 운반되려면 혈액에 잘 섞일 수 있어야 하기 때문에 지단백질이라는 특별한 물질이 필요하다. 지단백질의 외부는 친수성으로 혈액 내에서 자유롭게 이동이 가능하여 중성지질이나 콜레스테롤과 같이 물과 친하지 않은 소수성 물질을 안에 넣고 혈액 속을 이동하게 한다. 혈액에는 **카일로마이크론**을 비롯해 VLDL과 HDL 및 VLDL의 대사 과정에서 생성되는 LDL 등 다른 밀도와 조성을 갖는 지단백질들이 순환하고 있다.

표 3-5
지단백질의 종류

종 류	밀 도	생성장소	특 성
Chylomicron	낮음	소 장	식이의 중성지질을 운반, 중성지질이 풍부, 밀도가 가장 낮음, 공복상태에서는 존재하지 않음, 생성 후 분해 속도가 빠름
VLDL		간	간에서 합성된 중성지질을 조직으로 운반
LDL		혈액 내에서 전환	CE가 가장 많은 지단백, LCAT 작용에 의해 HDL로부터 CE를 받아서 조직으로 운반
HDL	높음	간	조직에서 간으로 콜레스테롤을 운반, 아포B가 없는 유일한 지단백

2) 중성지질 대사

지질의 대사 과정에는 **분해와 합성**이 있다. 중성지질을 글리세롤과 지방산으로 분해한 후에 에너지 생성을 위해서 지방산을 더 작게 분해하는 과정을 **지방산의 β 산화**라고 부른다. 이때 분해산물인 아세틸코엔자임Aacetyl CoA는 **TCA 회로**를 통해 에너지를 생성한다. 지방산의 β 산화는 세포 내 **미토콘드리아**에서 작용하고, 지질의 합성은 **세포질**에서 이루어진다.

표 3-6
중성지질의
분해와 합성

성 질	지방산 분해	지방산 합성
장 소	Mitochondria, Peroxisome	Cytoplasm
효 소	개별효소	효소복합체
2-C unit	Acetyl-CoA	Malonyl-CoA
Acyl group 운반체	CoA-SH	ACP-SH
보조인자	NADH 또는 $FADH_2$ 생성	NADPH 소비
CO_2의 관여	없음	있음
대사결과	중성지질 = 글리세롤 + 지방산	Acetyl-CoA = 체지방 합성 및 저장
언 제	공복, 운동 시	열량 과잉 섭취 시

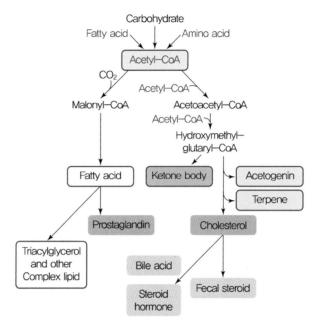

중성지질의 분해와 합성

구 분	지방산 분해	지방산 합성
자극물질	Tyroid hormone Catecholamine Glucocorticoid Glucagon ACTH	Insulin High carbohydrate diet

그림 3-7
지질 분해 및 합성

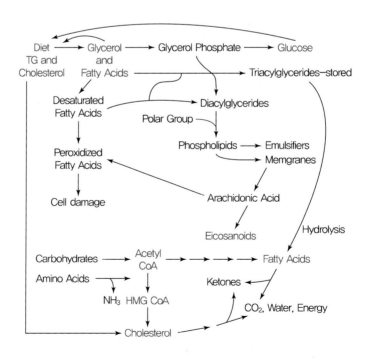

그림 3-8
지질 대사

4 지질의 기능

1) 인체에서 지질의 역할

지질은 체내의 세포막을 구성하는 필수성분이며 세포의 구조적 성분 및 영양과 관련된 여러 가지 기능을 수행한다. 또한 신체기능의 조절·에너지 저장·체온 유지·물리적 충격에 대해 내장기관을 보호하는 작용을 한다.

① **신체 구성** : 지질은 세포막 및 세포 내 구조물질의 막을 구성하고 있다. 특히 세포막은 인지질의 이중층으로 되어 있는데 인지질을 구성하는 포화지방산의 비율이 세포막의 유동성, 유연성, 투과성 등에 매우 중요한 역할을 한다. 또한 인지질 사이에 콜레스테롤과 단백질 분자들이 자리 잡고 있다. 신경세포막의 경우 지질 함량이 높으며 뇌는 건조중량의 52%가 지질로 이루어져 있다.

② **효율적인 에너지 저장고** : 지방은 수분 없이 저장되기 때문에 적은 부피를 차지하는 효율성을 가지며, 1g당 9kcal의 에너지를 보유한다.

③ **장기 보호** : 우리의 장기, 특히 신장이나 심장 주변에는 지방조직이 발달해 있으며, 이것을 내장지방 또는 심부지방이라 한다. 내장지방의 경우 장기가 제 위치에 자리 잡고 있도록 지지하고 외부로부터 가해지는 물리적 충격을 받지 않도록 주요 장기를 보호하는 역할을 한다.

④ **체온 유지** : 신체 내의 지질은 주로 피부 밑에 많이 존재하며 이를 피하지방이라 한다. 피하지방은 체내에서 발생한 열이 외부로 방출되지 않도록 열 전달을 억제하여 추위로부터 체온을 유지한다. 피하지방이 적은 경우 열손실이 많아 추위에 적응하기 어렵고, 너무 많으면 열을 방출하기 어려워 더운 환경에서 쾌적한 체온을 유지하기 어렵다.

⑤ **신체기능의 조절** : 신체의 세포막 인지질과 콜레스테롤 함량은 세포막 유동성을 결정하고 물질 수송에 영향을 끼치게 된다. 지질은 세포의 성장과 관련해 세포의 크기와 형태를 변화시킨다. 또한 리놀레산이 아라키돈산으로 전환된 뒤 생리기능을 조절하는 국소호르몬인 아이코사노이드ecosanoids를 합성한다. 아이코사이드는 탄소수 20개인 지방산들이 산화되어 생긴 물질들을 총칭한다. 아이코사이드에는 프로스타글란딘, 트롬복산, 프로스타사이클린 루코트리엔 등이 있으며, 이 호르몬들은 혈관의 수축과 이완을 비롯한 혈소판의 응집, 혈전형성 또는 염증반응을 일으킨다.

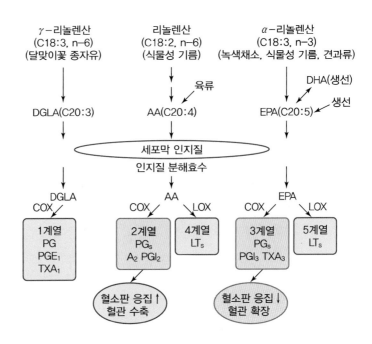

γ-리놀렌산
(C18:3, n-6)
(달맞이꽃 종자유)

리놀렌산
(C18:2, n-6)
(식물성 기름)

α-리놀렌산
(C18:3, n-3)
(녹색채소, 식물성 기름, 견과류)

육류

DHA(생선)
생선

DGLA(C20:3)

AA(C20:4)

EPA(C20:5)

세포막 인지질
인지질 분해효수

DGLA
COX

AA
COX   LOX

EPA
COX   LOX

1계열
PG
PGE₁
TXA₁

2계열
PGₛ
A₂ PGI₂

4계열
LTₛ

3계열
PGₛ
PGI₃ TXA₃

5계열
LTₛ

혈소판 응집↑
혈관 수축

혈소판 응집↓
혈관 확장

그림 3-9
아이코사노이드의
생성 및 기능

2) 식품에서 지질의 역할

식품에서 지질은 표 3-7과 같은 역할을 한다.

표 3-7
인체와 식품에서
지질의 기능

인 체	식 품
• 에너지 저장 : 저장 에너지의 대표적인 형태 • 근육의 연료 : 근육이 움직일 때 에너지를 제공 • 에너지 제공 : 음식의 섭취가 감소되거나 질병이 있을 때 에너지를 제공 • 보호작용 : 장기를 외부의 충격으로부터 보호 • 보온효과 : 피부 밑의 지방층은 체온을 유지 • 세포막 구성 : 세포막의 주요 구성성분 • 몸속 성분의 재료 : 호르몬, 담즙, 비타민 D 구성	• 영양소 제공 : 필수지방산을 제공, 지용성 비타민(비타민 A, D, E, K 등)의 운반 및 흡수 • 에너지 제공 : 식품 속 농축에너지 제공 (9kcal/g) • 맛과 향미 : 식품의 맛과 향 부여 • 식욕 자극 : 식욕을 자극하는 성분 • 만복감 : 식품 속 지방은 만복감(포만감)을 제공 • 음식의 질감 : 음식에 부드러운 질감 제공

5 지질과 건강

지질은 영양소 중 질환과 가장 밀접한 관계가 있는 영양소로, 우리나라의 지질 섭취는 최근 30년간 양적 증가와 함께 동물성 지방 섭취의 증가라는 질적인 면에서도 상당한 변화가 있었다. 최근 진행된 많은 연구에 의하면 지질의 양이나 종류가 심혈관질환 및 암 등 만성퇴행성 질환과 매우 관계가 있는 것으로 밝혀졌다.

1) 지질과 심혈관계 질환

심혈관계 질환의 경우 주로 동맥경화증의 합병증으로 생기며, 혈중 콜레스테롤 농도가 높을수록 동맥경화증이 많이 발생하는 것으로 나타났다. 동맥경화증은 동맥의 내벽에 지질과 결합조직, 평활근 세포 등으로 구성된 물질들이 침착되면서 혈관벽이 굳고 탄력성이 없어진 것을 말한다. 또한 혈액응고물이 심장근에 분포된 관상동맥이나 뇌로 가는 혈관을 막으면 심장마비나 뇌졸중을 등을 일으키기도 한다.

혈액 중 LDL의 경우 산화가 잘되고, 산화된 LDL은 동맥경화증을 촉진하므로 혈액 중 콜레스테롤과 LDL-콜레스테롤 농도를 낮추어야 하며 **포화지방산, 콜레스테롤이 많은 식사를 줄이고** 고콜레스테롤혈증·고혈압·흡연 등의 위험요인을 제거해야 한다.

LDL은 콜레스테롤을 간에서 다른 조직으로 운반하여 관상동맥의 혈관벽에 콜레스테롤을 쌓을 염려가 높다. HDL은 조직의 콜레스테롤을 간으로 운반하고 진공청소기처럼 빨아들여 혈관벽에 침착하는 것을 억제하며, 간에서 콜레스테롤을 체외로 내보내므로 **동맥경화증의 방어효과가** 있다. 따라서 혈청콜레스테롤 농도보다 총콜레스테롤 농도에 대한 HDL-콜레스테롤의 농도비나 HDL-콜레스테롤 농도에 대한 LDL-콜레스테롤의 농도비가 심혈관계질환 위험도를 예상할 수 있는 좋은 지표가 될 수 있다.

 콜레스테롤을 운반하는 LDL과 HDL

1. LDL : 간 ⇒ 조직으로 운반 : 심혈관계질환 위험 ↑
2. HDL : 조직 ⇒ 간으로 운반 : 심혈관계질환 위험 ↓(콜레스테롤 체외로 배출)

2) 지질과 암

지질은 암 발생과 관련하여 가장 많이 연구된 식이인자로, 섭취량뿐만 아니라 조성에 따라서도 암 발생에 미치는 영향이 다르게 나타나고 있다. 식이로 섭취하는 지질은 **대장암**, 유방암 발생 증가와 깊은 관련이 있다. 특히 동물성 지질의 섭취량이 증가할수록 대장암 발생 위험이 증가하는 것으로 나타났다.

3) 지질의 섭취 부족

대체로 에너지가 부족할 때 나타나기 쉬운 현상이며 그 결과 일반적인 영양실조로 성장 부진 등을 초래한다. 저지방 고탄수화물 식사와 같이 에너지가 충분한 경우 지방이 부족하다고 해도 단기적으로는 큰 영양문제가 생기지 않는다. 그렇지만 태아·영아·아동의 경우에는 성인보다 에너지 공급 면에서 지방의 비율이 많이 요구된다.

4) 지질의 섭취 과잉

지질을 과잉 섭취하면 에너지 섭취가 과잉이 된다는 문제가 있다. 그러나 에너지 섭취가 적절하다 해도 지질과 탄수화물의 섭취 비율 및 섭취하는 지질의 종류에 따라 혈청 지질에 변화가 있고, 심혈관계 질환의 발생에 영향을 미치므로 지질과 탄수화물의 적절한 섭취가 중요하다.

5) 지방섭취기준 지표

2001년도 국민건강영양조사에 의하면 한국인 지질 평균섭취량은 41.6g로 총 에너지 중 19.5%로 조사되었다. 1969년 3.0%에서 1987년 20.2%까지 증가하여 현재까지 유지되고 있다. 한국인 영양소 섭취기준에서 지질의 적정 섭취 비율은 총 에너지 섭취 대비 19세 이상 성인은 15~30%로 정하고 있으며, n-6계 지방산과 n-3계 지방산의 섭취를 에너지의 4~10%와 1% 내외로 각각 권장하고 있다.

표 3-8
총지방과 다가불포화지방산의 에너지 적정 비율

분 류	1~2세	3~18세	19세 이상
총지방	20~35%	15~30%	15~30%
n-6계 지방산	4~10%	4~10%	4~10%
n-3계 지방산	1% 내외	1% 내외	1% 내외

자료 : 한국인 영양소 섭취기준, 보건복지부·한국영양학회, 2015

01 다음은 콜레스테롤 생합성과 운반에 관한 내용이다. 작성 방법에 따라 서술하시오. [4점] 영양기출

> 간에서의 콜레스테롤 생합성은 음식으로 섭취한 콜레스테롤 양에 따라 조절된다. ① 콜레스테롤 섭취량이 증가하면 체내 콜레스테롤 생합성이 감소된다. 체내 콜레스테롤은 지단백질 형태로 수송이 이루어지며 지단백질 중 ② 저밀도 지단백질(LDL)에 의해 조직으로 운반된다. 이와 달리, ③ 고밀도 지단백질(HDL)은 조직에서 간으로 콜레스테롤을 역수송한다.

작성 방법
• 밑줄 친 ①의 대사 과정에서 콜레스테롤 생합성 속도 조절효소의 명칭을 제시하고, 반응 생성물의 변화를 설명할 것
• 밑줄 친 ②에서 LDL이 세포 안으로 들어가는 과정을 관련된 아포지단백질의 명칭을 포함하여 설명할 것
• 밑줄 친 ③ 과정에서 방출된 콜레스테롤을 에스테르화시키는 효소의 명칭을 제시할 것

_____

_____

_____

_____

_____

02 다음은 영양교사와 고등학교 남학생의 대화 내용이다. 밑줄 친 (가), (나)에 대한 내용을 작성 방법에 따라 서술하시오. [4점] 영양기출

학　　생	선생님! 저는 자전거를 오래 타면 너무 힘이 들어요. 체육 선생님께 상의 드렸더니 '카르니틴'이라는 식이보충제를 추천해 주셨어요.
영양교사	그래? (가) 운동 초기에는 (①)을/를 주요 에너지원으로 사용하지만, 운동 시간이 지속되면 (②)을/를 사용하는 비율이 높아지거든. 이때 (나) 카르니틴이 있으면 도움이 될 수도 있어서 지구성 운동을 하는 운동선수들이 보충제로 사용하기도 해. 그렇지만 카르니틴은 체내에서 합성될 수도 있고, 육류나 우유 등에 들어 있으니 음식으로 먹는 것이 더 바람직할 거야.

> **작성 방법**
> (가) : 혼합식이를 섭취한 사람의 운동 시간 경과에 따른 호흡상(호흡계수) 변화와 그 이유를 ①, ②에 해당하는 영양소 명칭을 포함하여 서술할 것
> (나) : 카르니틴이 관여하는 지질대사 기전을 관련된 세포소기관의 명칭을 포함하여 서술할 것

_____

_____

_____

_____

_____

03 중쇄중성지방(Medium Chain Triglycerides ; MCT)의 소화, 흡수, 이동에 관하여 서술하시오. 그리고 지방을 중쇄중성지방으로 섭취하여야 하는 질병의 예를 2가지만 쓰시오. [5점] 영양기출

_____

_____

_____

_____

_____

_____

04 다음은 소화기계의 일부를 나타낸 것이다. A에서 합성되고, B에서 농축·저장되며 C로 분비되어 지질의 소화·흡수에 관여하는 물질과, 이 물질을 합성하는 주요 재료가 되는 지질 성분을 순서대로 쓰시오. [2점] 유사기출

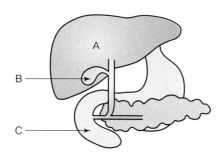

_____

_____

_____

05 다음은 지방 섭취 시 유의해야 할 사항에 관한 설명이다. 괄호 안의 ①, ②에 해당하는 물질을 순서대로 쓰시오. [2점] 유사기출

지방의 과잉 섭취는 고지혈증, 심장병, 비만 등 여러 가지 만성질환과 연관이 있으므로 이들 질환을 예방하고 건강을 유지하기 위하여 지방에 대한 올바른 이해가 필요하다. 콜레스테롤은 만성질환을 유발하기도 하지만 세포막을 구성하고 성호르몬과 담즙산의 전구체로이용되는 등 없어서는 안 되는 필수영양소이다. 따라서 콜레스테롤 함량이 높은 식품을 무조건 기피하는 것은 바람직하지 않다. 콜레스테롤은 지방의 주된 전구체인 (①)(으)로부터 합성된다. (①)은/는 에너지 대사 과정에서 포도당, 지방산 또는 아미노산의 산화로생성되며, 판토텐산을 구성 성분으로 함유하고 있는 물질이다.
한편, 불포화지방산의 섭취량이 증가하면 카로티노이드, 비타민 C, 비타민 E, (②)와/과같은 항산화영양소의 요구도 증가된다. (②)은/는 필수무기질로 항산화효소인 글루타티온 과산화효소(glutathione peroxidase)의 구성 성분이며, 동물의 내장, 유제품, 견과류 등에 풍부하게 함유되어 있다. 그러나 과잉 섭취할 경우 탈모, 손톱 변형, 신경계 손상 등의중독 증세가 나타나므로 주의가 필요하다.

① : _____   ② : _____

06 다음은 식이 지방의 소화와 흡수 과정을 도식화한 것이다. ①~③에 해당하는 물질의 명칭을 각각 쓰고, 지방의 소화와 관련한 ①의 작용 원리를 서술하시오. 그리고 지방의 식이성 발열효과가 단백질보다 적은 이유를 소장에서의 지방 흡수 원리와 연계하여 설명하시오. [5점] 유사기출

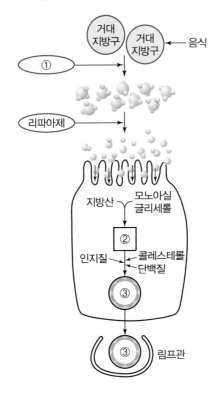

_____

_____

07 다음은 4가지 혈중 지질 운반 물질의 조성을 나타낸 그래프이다. 이 물질들을 구성하는 성분 중 ①, ②가 무엇인지 쓰시오. [2점] 유사기출

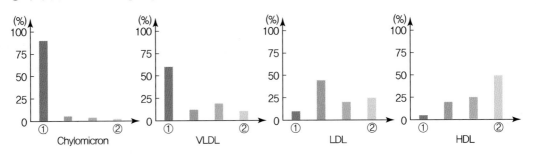

① : _____ ② : _____

08 트랜스지방산이란 무엇인지 화학적 구조, 생성되는 메커니즘, 시스지방산과의 물리화학적 차이와 생리적 위해를 쓰시오.

_____

_____

_____

_____

_____

_____

해설 트랜스지방산의 정의를 쓰는 문제이다. 정의를 내릴 때 불포화 부분인 이중결합의 화학적 구조의 차이를 시스형과 비교하여 서술하고, 자연 중에 존재하지 않음을 설명하여야 한다. 자연 중에 존재하지 않으므로 인위적으로 만들어지는 과정을 식품학에서의 내용을 토대로 써야 된다. 트랜스형이 되었을 때의 끓는점과 녹는점 등의 차이, 밀도, 발연점 등의 내용도 써야 하며, 생리적으로 심혈관질환 등을 일으키는 것에 대하여 서술한다.

09 지질의 소화는 구강, 위, 소장에서 진행된다. 기관별로 지질이 소화에 관여하는 효소가 무엇인지 쓰고, 효소에 의한 소화작용이 무엇인지 쓰시오.

효소 _____

효소에 의한 소화작용 _____

해설 본문의 표 3 – 4를 참조한다.

10 지질의 흡수 과정을 다음 단어를 활용하여 서술하시오.

지질, 담즙, 미셀, 수동확산, 카일로미크론

_____

_____

_____

_____

_____

해설 본문 중에서 지질의 흡수 부분을 찾아 서술하면 된다. 특히 그림 3 – 6의 내용을 정리하도록 한다.

11 지단백질의 4가지 종류를 쓰고 밀도, 생성장소와 특성 등을 서술하시오.

_____

_____

_____

_____

_____

_____

해설 지단백질은 심혈관질환의 생화학적 지표로 중요하다. 각각의 특징에 대해 이해하고 쓰는 것은 영양학과 더불어 영양판정의 생화학검사법의 내용으로도 중요하다. 본문 중 표 3 − 5의 내용을 참고하도록 한다.

12 지질의 영양·생리학적 기능이 무엇인지 쓰시오.

_____

_____

_____

_____

_____

_____

해설 본문 중 지질의 기능에 관한 내용을 참고한다.

13 콜레스테롤에 대한 설명으로 옳지 않은 것은? 기출문제

① 인지질과 함께 세포막의 구성 성분이다.

② 에스트로겐, 테스토스테론 호르몬의 전구물질이다.

③ 달걀노른자, 오징어, 샐러드유 등에 함유되어 있다.

④ 지방의 소화 흡수 과정에 관여하는 담즙산의 주성분이다.

⑤ 7 − 디하이드로콜레스테롤(7-dehydrocholesterol)은 자외선에 의해 비타민 D_3로 전환된다.

정답 ③

14 다음은 지단백 대사에 대한 그림이다. 대사산물 (가)~(마)에 대한 설명으로 옳지 <u>않은</u> 것은?
[기출문제]

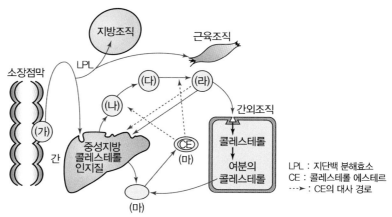

① 섭취한 지방산은 모두 (가)를 형성하여 이동한다.
② 다량의 당질 식품을 섭취하면 (나)와 (다)가 증가한다.
③ (가)와 (나)의 혈중 농도가 상승한 경우 V형(제5형) 고지혈증에 해당된다.
④ (다)의 혈중 농도가 상승하면 혈청 중성지방과 콜레스테롤 농도가 모두 증가한다.
⑤ (나)와 (라)의 함량이 높아지고 (마)가 낮으면 동맥경화증, 허혈성 심장병의 발생 가능성이 높아진다.

정답 ①

15 오늘날에는 풍요로운 식생활과 활동량 감소로 심혈관계 질환이 증가함에 따라 콜레스테롤이 관상 동맥 질환의 주된 위험 요인으로 간주되고 있다. 콜레스테롤에 대한 설명으로 옳은 것을 〈보기〉에 서 모두 고른 것은? [기출문제]

보기
ㄱ. 인지질과 함께 세포막을 구성한다.
ㄴ. 자외선에 의해 비타민 D로 전환된다.
ㄷ. 에스트로겐과 같은 스테로이드 호르몬의 전구체이다.
ㄹ. 체내에서는 아세틸 Co-A로부터 스쿠알렌(squalene)을 거쳐 합성된다.
ㅁ. 체내에서 재흡수되지 않고 배설되므로 혈중 농도는 콜레스테롤 섭취량에 의해 조절 된다.

① ㄱ   ② ㄱ, ㄴ   ③ ㄱ, ㄴ, ㄷ
④ ㄱ, ㄴ, ㄷ, ㄹ   ⑤ ㄱ, ㄴ, ㄷ, ㄹ, ㅁ

정답 ④

16 다음은 n−3계와 n−6계 지방산의 대사경로를 표시한 것이다. 필수지방산의 종류와 지방산들의 생리적 기능이 옳은 것만을 모두 고른 것은? 기출문제

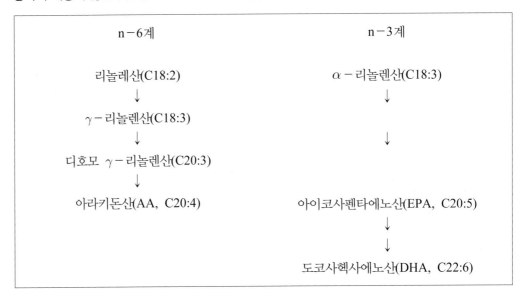

보기

ㄱ. 리놀레산에서 n−3계인 α−리놀렌산을 합성할 수 없다.

ㄴ. 필수지방산은 리놀레산, γ−리놀렌산, 아라키돈산이다.

ㄷ. DHA는 시각 기능, 인지 기능, 신경증 예방에 도움이 된다.

ㄹ. EPA에서 합성된 프라스타글라딘(PGI3)은 심혈관 질환 발생을 억제한다.

ㅁ. AA에서 합성된 트롬복산(TXA2)은 혈액 응고 억제 및 혈관 확장 효과가 있다.

① ㄱ, ㄴ   ② ㄱ, ㄷ, ㄹ   ③ ㄴ, ㄷ, ㅁ

④ ㄴ, ㄹ, ㅁ   ⑤ ㄱ, ㄷ, ㄹ, ㅁ

정답 ②

CHAPTER 04

단백질의 이해

단백질protein은 탄소, 수소, 산소, 질소로 이루어져 있으며, 이 중 **질소는 반드시 식품으로부터 섭취해야 한다.** 체내에 존재하는 단백질은 **체중의 약 16%** 정도로 이 성분은 지질과 수분으로 대체할 수 없다. 단백질은 탄수화물, 지방과 함께 **3대 영양소**라고 불리며, 생명 유지에 필수적이다. 단백질을 뜻하는 'protine'은 '가장 으뜸가는 것'이란 뜻으로 그리스어에서 유래된 것이다.

1 단백질의 분류

단백질은 구성이나 기능에 따라서 분류하면 다음과 같다.

1) 구성에 따른 분류

아미노산만으로 구성된 단백질을 **단순단백질**이라 하고, 아미노산 이외에 몇 가지 화학성분을 함유하고 있는 단백질을 **복합단백질**이라 한다. 아미노산이 아닌 부분은 보결기prosthetic group라 하는데 단백질의 생물학적 기능에 중요한 역할을 한다. 또한 단순단백질과 복합단백질이 산·알칼리·효소 또는 가열에 의해 변성된 유도단백질이 있다.

표 4-1
복합단백질의 분류

복합단백질	보결기	예
지단백질	지 질	카일로마이크론, VLDL, LDL, HDL
당단백질	탄수화물	뮤신, 점액단백질, 면역글로불린 G
인단백질	인산기	우유의 카제인
햄단백질	햄	혈중 헤모글로빈
플라빈단백질	플라빈 뉴클레오티드	숙신산 탈수소효소
금속단백질	철, 아연, 칼슘, 구리	철 저장단백질, 알코올 탈수소효소

2) 기능에 따른 분류

단백질은 생체 내 수행기능에 따라 호르몬, 효소, 운동단백질, 구조단백질, 면역단백질, 운반단백질, 방어단백질 등으로 분류할 수 있다.

표 4-2
생리적 기능에 따른
단백질 분류

분 류	기 능	종 류
조절단백질(호르몬)	성장과 분화에 관여	• 인슐린, 글루카곤, 성장호르몬 등
효 소	촉매기능, 체내 화학작용에 관여	• 소화효소 : 펩신, 트립신 • 대사효소 : 알코올 탈수소효소
운동단백질	근육의 수축과 이완	• 액틴과 미오신 : 수축운동 • 튜블린 : 편모 섬모운동
구조단백질	골격과 조직의 형태유지	• 콜라겐 : 결합조직 • 엘라스틴 : 인대 • 케라틴 : 모발, 손 · 발톱 등
면역단백질	면역 및 방어기능	• 항체 : 면역작용 • 피브리노겐, 트롬빈 : 혈액 응고
운반 및 저장단백질	영양 운반과 저장	• 지단백질 : 지질 운반 • 헤모글로빈, 미오글로빈 : 산소 운반 등 • 트랜스페린 : 철 운반

2 단백질의 구조

단백질의 기본 구성단위인 **아미노산**은 **펩티드** 결합으로 연결되어 있다.

1) 아미노산

아미노산amino acid은 **탄소, 수소, 산소, 질소**로 이루어져 있고 총 20여 종이 존재하며 일부는 황을 함유하고 있다. 우리 몸에서 합성할 수 없거나 아주 조금 합성되기 때문에 꼭 식사를 통해 섭취해야 하는 필수 **아미노산이 9가지**, 몸속에서 합성 가능한 불필수 아미노산이 11가지이다. 필수 아미노산 9가지를 골고루 충분히 섭취하지 않으면 단백질의 분해가 합성을 능가하게 되어 건강이 나빠지고 성장기일 경우 성장이 지연된다.

아미노산의 중심탄소에는 **아미노기**–NH2, **카르복실기**–COOH, **수소**H가 결합되어 있는데, 나머지 한 팔에 결합하는 곁가지인 **R부분**은 기능기로 아미노산의 형태와 이름을 결정한다.

따라서 화학적으로 비슷한 성질의 **R부분**(곁가지)을 기준으로 산성 아미노산, 염기성 아미노산, 중성 아미노산(지방족, 방향족, 곁가지 아미노산)으로 분류된다.

표 4-3	필수 아미노산(9가지)	불필수 아미노산(11가지)
필수 아미노산과 불필수 아미노산	• 히스티딘(Histidine) • 아르기닌(Arginine) • 이소루신(Isoleucine) • 류신(Leucine) • 라이신(Lysine) • 메티오닌(Methionine) • 페닐알라닌(Pheneylalanine) • 트레오닌(Threonine) • 트립토판(Tryptophan) • 발린(Valine)	• 알라닌(Alanine) • 아르기닌(Arginine) • 아스파라긴(Asparagine) • 아스파르트산(Aspartic acid) • 시스테인(Cysteine) • 글루탐산(Glutamic acid) • 글루타민(Glutamic) • 글리신(Glycine) • 프롤린(Proline) • 세린(Serine) • 티로신(Trosine)

2) 단백질의 구조

단백질은 아미노산의 수많은 조합에 의해 만들어지며 20개의 아미노산으로 구성되어 있다. 단백질의 구조는 1, 2, 3, 4차로 나누어지며 이 구조를 통해 제 기능을 하는 단백질이 만들어진다.

단백질의 구조와 특징

구 조	특 징
아미노산	단백질의 기본 단위
1차 구조	펩티드 결합으로 연결되는 배열
2차 구조	이웃하는 아미노산끼리 당김 → α헬릭스(α나선), β시트(β병풍)
3, 4차 구조	3차원의 입체 구조, 단백질의 기능을 가짐

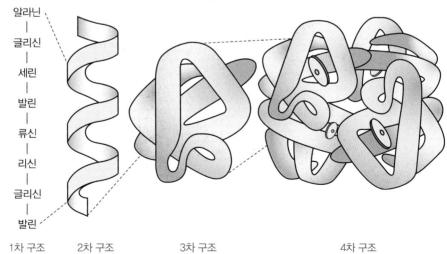

알라닌
|
글리신
|
세린
|
발린
|
류신
|
리신
|
글리신
|
발린

그림 4-1
단백질의 구조　　1차 구조　　　2차 구조　　　　　3차 구조　　　　　　　　　　4차 구조

(1) 1차 구조

아미노산의 종류와 배합 순서가 결정되어 **펩티드 결합**으로 이어진 구조를 1차 구조라 한다. 아미노산의 결합순서는 단백질에 따라 다르며, 헤모글로빈, 인슐린, 콜라겐 등 대부분 단백질 분자는 15~20개의 아미노산을 함유하고 있다.

 아미노산의 펩티드 결합 ●

두 아미노산 분자 사이에서 한쪽의 아미노기 −NH_2와 다른 한쪽의 카르복실기 −COOH가 결합하는 것을 **펩티드 결합**이라 한다. 이 결합을 통하여 단백질의 1차 구조(아미노산의 배열)가 만들어진다. 아래 그림은 아미노산의 펩티드 결합을 탈수현상을 통해 만들어지는 과정을 보여준다. 이 그림에서 R은 곁사슬로서 기능기를 나타내고 있다.

(2) 2차 구조

단백질의 2차 구조는 아미노산의 상호작용으로 이루어지며 실 같은 1차 구조물이 회전·접힘·꼬임 등의 과정을 통하여 α **헬릭스**(α **나선**), β **시트**(β **병풍**) 등을 형성하며 수소결합에 의해 안정화된다.

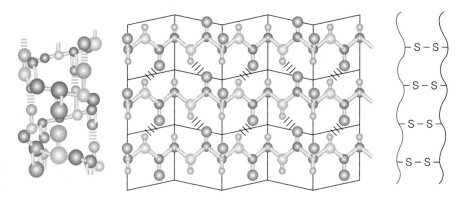

그림 4-2
단백질의 2차 구조

(3) 3차, 4차 구조

폴리펩티드 사슬들이 서로 접히고 꼬이면서 단백질이 생리적 기능을 수행할 수 있는 구조로 변하게 되는데, 이를 **3차 구조**라 한다. 2, 3차 구조를 통하여 섬유형과 구형의 단백질 분자 모양을 나타낸다. 또한 3차 구조를 가진 둘 이상의 폴리펩티드가 상호작용하여 하나의 구조적 기능 단위를 형성한 경우를 **4차 구조**라 한다. 이들 구조의 안정화에는 수소결합·반데르발스 힘·이온결합·소수성결합 등의 비공유결합과 이황화 결합이 관여하고 있다.

3) 단백질의 변성

단백질의 활성 형태인 3차 입체구조에서 급격히 교반하거나 가열·알코올·산과 알칼리 용액으로 처리했을 때 단백질의 모양이 직선의 폴리펩티드 사슬로 펼쳐지며 단백질의 고유한 기능을 잃게 되는 과정을 **단백질의 변성**denaturation이라 한다. 변성된 단백질은 본래의 입체구조를 유지할 수 있는 조건으로 돌려주면 **재생**된다. 단백질의 소화 과정 중 위에서 분비되는 염산에 의해 **식이단백질이 변성**되고 펩티드결합을 가수분해시키는 효소의 접근이 용이하게 되어 소화율이 증가한다.

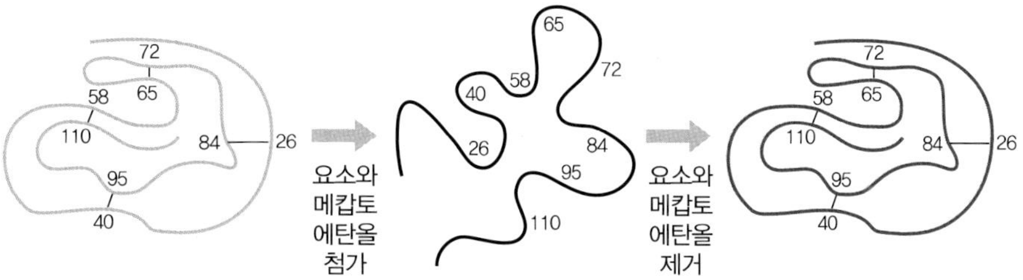

그림 4-3
단백질의 변성과 재생

3 단백질의 소화와 흡수

단백질의 소화는 위에서 위산HCl에 의한 **변성**이 일어나며 시작된다. 위와 소장을 거치며 각종 **펩티드 분해효소**에 의해 **아미노산**으로 분해되어 소장의 흡수세포를 통해 융모에 있는 **모세혈관**으로 들어가 간으로 운반된다.

단백질 분해효소의 종류와 분비장소

펩신(위), 트립신(췌장), 키모트립신(췌장), 카르복실말단분해효소(췌장), 아미노말단분해효소(소장), 디펩티드분해효소(소장)

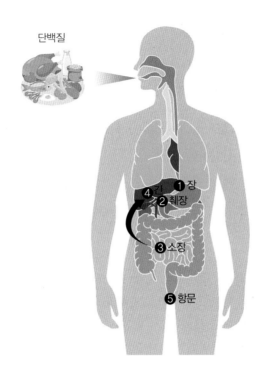

단백질

❶ 위산과 펩신에 의한 부분적인
　단백질 소화
❷ 췌장에서 분비된 효소에 의해
　단백질이 분비됨
❸ 소장세포 내의 효소에 의해 아
　미노산으로 완전 분해됨
❹ 간문맥을 통해 흡수된 아미노산
　이 간으로 이동된 후 아미노산
　이 체세포로 이동
❺ 식이단백질의 매우 소량만이 변
　으로 배설

간　❶장
❹　❷췌장
❸소장
❺항문

그림 4-4
단백질의 소화와 흡수

4 단백질 및 아미노산 대사 과정

1) 단백질 대사

건강한 성인은 하루에 섭취하는 단백질의 양과 체외로 배출하는 단백질이 같은 **동적인 평형상태**에 있다. 단백질은 합성과 분해 후 약 5/6 정도는 재이용되므로 합성·분해되는 양의 1/6이 식이 단백질로부터 섭취되어야 한다. 식사로 섭취한 단백질과 체단백질이 분해되어 나온 단백질은 아미노산으로 분해되어 새로운 단백질과 물질들을 만들기 위해 세포 속 **아미노산 풀**amino acid pool로 들어간다. 아미노산 풀이 너무 커지면 과잉 아미노산들은 에너지·포도당·지방 생성에 사용되며 식이를 통한 단백질의 섭취가 부족하게 되면 아미노산 풀이 감소하고 부족한 아미노산 풀을 채우기 위해 세포 내 단백질을 분해해서 사용하게 된다. 충분한 단백질 섭취는 단백질 합성에 필요한 아미노산을 공급하고 불필수 아미노산의 합성에 필요한 질소를 공급한다.

 단백질 합성을 위한 조건 ●

1. 충분한 양의 식이 단백질 섭취　　　　　　2. 적당한 양의 필수지방산
3. 탄수화물 및 지방과 같은 충분한 에너지원

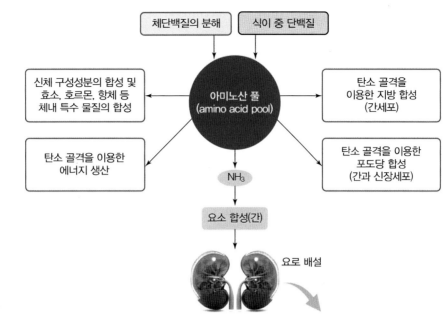

그림 4-5
세포 내
아미노산 풀

2) 아미노산 대사

① 아미노기 전이반응 : 아미노기 전이반응은 한 아미노산의 아미노기를 아미노산이 아닌 다른 물질의 탄소골격에 전달하여 **새로운 아미노산을 만드는** 과정이다. 이 반응은 불필수 아미노산의 합성 또는 아미노산의 탄소골격을 이용한 **포도당 신생합성과 에너지 생성**을 위해 일어난다. 이때 아미노기를 옮겨 주는 역할은 비타민 B_6로부터 전환된 **피리독살인산**이 조효소로서 작용한다.

② 탈아미노기 반응 : 탈아미노기 반응은 아미노산으로부터 아미노기를 떼어내는 과정으로 글루탐산 등에서 요소 생성을 위해 암모니아가 떨어져 나오는 것이 대표적이다.

③ 아미노산 탄소골격의 분해 : 탈아미노기 반응 후 아미노산의 탄소골격이 탄수화물이나 지방의 분해되는 경로로 합류하여 대사되는 것으로, 탄소골격이 궁극적으로 대사되는 경로에 따라 **케톤 생성 및 포도당 생성 아미노산**으로 분류된다.

표 4-4
포도당 및
케톤 생성
아미노산

분류	아미노산
포도당 생성	알라닌, 세린, 글리신, 시스테인, 아스파트산, 아스파라긴, 글루탐산, 글루타민, 아르기닌, 히스티딘, 발린, 트레오닌, 메티오닌, 프롤린
케톤 생성	류신, 리신
케톤 및 포도당 생성	이소루신, 페닌알라닌, 티로신, 트립토판

④ 요소회로 : 아미노산의 탈아미노기 반응 후 생성된 유독 암모니아NH_3는 혈액을 통해 간으로 운반된 후 간세포에서 이산화탄소와 결합하고 무해한 수용성의 요소로 전환된 후 신장을 통해 배설된다. 고단백 식이 섭취 시 질소배설량이 저단백 식이 섭취 때보다 현저히 높으면 요소질소로 배설된다.

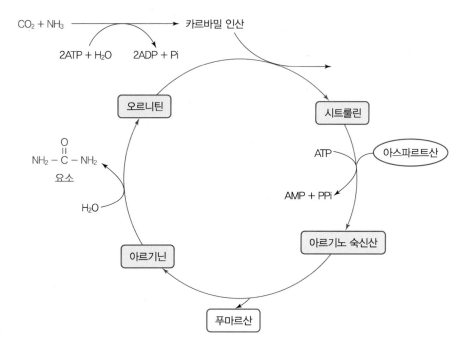

그림 4-6
요소회로

5 단백질의 기능

식이 단백질로부터 소화·흡수된 아미노산은 충분한 에너지가 공급되면 효소·체조직 성분·혈액 내 운반단백질·면역물질·근수축단백질 등으로 합성되어 생리적 기능 및 생명 유지에 필수적인 역할을 수행한다.

1) 성장과 유지 : 체조직의 생성과 보수

단백질은 모든 신체조직을 구성하는 성분으로 성장과 유지에 중요한 영양소이다. 성장기·임신기·수유기에는 특별히 많은 단백질이 필요하고, 성장이 끝난 후에는 체조직의 증가는 없지만 교체와 재생이 계속되므로 필요한 단백질을 매일 섭취해야 한다.

2) 효소 및 호르몬, 신경전달물질, 글루타티온 형성

단백질 또는 아미노산의 형태로 생체의 주요 기능을 담당하는 물질로 작용하거나 생리물질의 합성 전구체로 작용한다.

글루타티온
- **효소** : 체내 화학반응 속도를 빠르게 촉매하는 유기물질
- **호르몬** : 체내 반응을 조절하기 위한 메시지를 전달하는 물질
- **신경전달물질** : 세로토닌(전구체 : 트립토판), 카테콜아민(전구체 : 티로신) 등

---

3) 면역기능 : 항체 형성

단백질은 면역체계에서 사용되는 세포성분을 구성하며 면역체계에 외부의 침입물질(예 : 바이러스·박테리아·각종 독성물질 등)이 들어오면 **항체**로 작용하여 **질병에 대한 저항력**을 높여 준다. 대표적인 예로 γ-글로불린이 항체로서 병원균에 대한 방어작용을 하는 것을 들 수 있다. 만약 식이로 섭취하는 단백질이 부족하면 면역체계의 세포가 부족하거나 기능이 떨어져 전염병에 치명적일 수 있다.

4) 수분평형

알부민과 글로불린은 혈액에 있는 단백질로 이들은 체내 **수분평형을 돕는 작업**을 수행한다. 이 단백질은 분자량이 커서 모세혈관을 빠져나가지 못해 혈관 내의 삼투압을 조직액의 단백질 농도보다 높게 유지시키는 데 중요한 역할을 하며 수분을 혈관에 보관할 수 있도록 한다(조직액 → 모세혈관으로 이동하는 삼투현상). 그러나 식이로부터 섭취하는 단백질의 섭취량이 줄어들면 저농도의 혈장 단백질을 갖게 되어 모세혈관이 있는 조직(손과 발)에 과다한 양의 액체가 축적되는데, 이를 **부종**edema이라고 한다. 간경변 환자에게 **알부민**의 부족으로 부종이 나타나기도 한다.

그림 4-7
수분평형

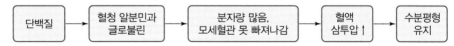

5) 산·염기 평형 유지

체액은 약알칼리성인 pH 7.4 정도를 유지하고 있으며 pH 2.0만 벗어나도 대사에 이상이 나타난다. 단백질은 양성물질로 혈액 중 단백질은 쉽게 수소 이온을 받아들이거나 내어 줌으로써 혈액의 pH를 일정한 상태(pH 7.35~7.45)로 유지시켜 주는 완충작용buffer을 한다.

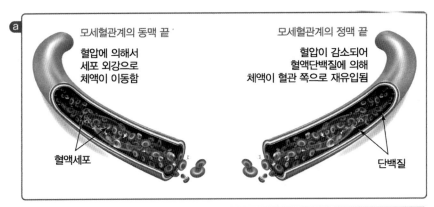

| 모세혈관계의 동맥 끝 | 모세혈관계의 정맥 끝 |
| 혈압에 의해서 세포 외강으로 체액이 이동함 | 혈압이 감소되어 혈액단백질에 의해 체액이 혈관 쪽으로 재유입됨 |

혈액세포

단백질

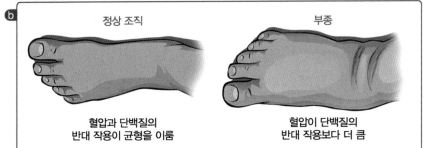

| 정상 조직 | 부종 |
| 혈압과 단백질의 반대 작용이 균형을 이룸 | 혈압이 단백질의 반대 작용보다 더 큼 |

그림 4-8
**혈액 내 단백질의
체액 균형 유지**

6) 포도당의 생성과 에너지 제공

신경조직이나 **적혈구**는 에너지원으로 **포도당**을 이용하게 되는데 탄수화물을 식이로부터 충분히 섭취하지 못하면 간과 신장에서 **당신생**을 통해 포도당을 합성하게 된다. 기아상태에서 당신생 과정이 계속되면 근육의 소모가 일어난다. 단백질은 인체 내에서 사용되는 에너지의 2~5%를 제공하며, 1g당 4kcal의 에너지를 생성한다.

 에너지로 사용할 때 단백질의 단점

1. 간과 신장에서 암모니아 배설을 위해 요소를 합성해야 하므로 간과 신장에 부담
2. 에너지원으로 사용하기 위해 여러 과정과 대사에 에너지를 사용하기 때문에 비효율적임(비싼 에너지원)

6 단백질의 질 평가

1) 식이단백질의 질

식이단백질의 질은 체조직의 성장과 유지를 위한 식이단백질의 능력으로 아미노산의 종류와 양에 의해 결정된다.

양질의 식이단백질의 조건

1. 필수아미노산이 충분히 포함(체내 단백질 합성 효율이 ↑)
2. 소화가 잘되면 필수아미노산의 양이 충분해져 아미노산 풀을 채울 수 있음

육류·생선·우유·달걀과 같은 동물성 단백질이 식물성 단백질보다 질이 높다. 곡류나 채소 단백질은 한 가지 이상의 필수 아미노산이 결여되어 있으며 충분하지 못한 양으로 인해 **불완전 단백질**이라 한다.

2) 단백질의 질 평가 방법

단백질의 질을 평가할 때는 생물학적 방법과 화학적 방법을 사용한다.

① **생물학적 방법** : 생물학적 방법은 성장하는 동물의 성장률 또는 인체에 대한 질소평형실험 등을 근거로 단백질의 질을 평가하는 방법이다. 단백질의 질을 평가하는 생물학적 방법에는 **단백질 효율, 생물가, 단백질 실이용률** 등이 있다.

단백질효율은 쥐 실험을 통해 일정 사육기간 동안 단백질을 섭취시킨 후 실제 쥐가 얼마나 성장했는지를 비교하는 것이다. **생물가**는 흡수된 단백질이 얼마나 효율적으로 신체 단백질로 전환되는지를 조사한 것으로 동물성 식품인 달걀은 96, 우유는 90으로 높게 나타났다. **단백질 실이용률**의 경우 생물가에 실제로 소화되는 능력을 고려하여 계산한 것이다.

표 4-5
단백질의 생물학적 측정 방법

종 류	지 표	방 법
단백질효율	어린 쥐의 성장 정도	어린 쥐 실험
생물가	흡수된 질소의 체내 보유 정도	질소평형실험
단백질 실이용률	생물가 × 소화흡수율	질소평형실험

② **화학적 방법** : 단백질의 질을 평가하는 화학적 평가 방법에는 **화학가와 소화율**을 고려한 아미노산가가 있다. 화학가는 단백가라고도 하며 식품단백질의 아미노산 성분을 분석하고 결과를 기준이 되는 단백질의 아미노산 조성과 비교하는 방법이다. 계란단백질의 필수아미노산 조성이 인체가 필요한 필수아미노산의 조성과 일치하므로, 계란단백질을 기준으로 다른 식품과 비교·평가하는 방법이다.

소화율이 고려된 아미노산가(Protein Digestibility Corrected Amino Acid Score ; PDCAAS)는 생물학적인 방법과 화학적인 방법의 단점을 보완한 것으로 세계보건기구(WHO)가 제안한 것이다. 미국 FDA에서는 4세 이상 어린이와 성인을 위한 식품의 단백질효율을 대신하여 사용하도록 권고하고 있다. 즉 단백질의 아미노산가를 100으로 나눈 값에 소화흡수율을 곱한 값을 말한다.

표 4-6
단백질의
화학적 측정 방법

종 류	지 표
화학가	필수아미노산의 함량
소화율이 고려된 아미노산가	아미노산가 × 소화흡수율

3) 단백질 상호보조효과

단백질은 식품에 따라 구성하는 아미노산의 종류와 양이 서로 다르므로 부족한 아미노산과 다른 단백질을 같이 섭취하면 필수아미노산의 상호 보완이 가능하다. 이것을 단백질 상호보조효과라고 한다.

부족한 아미노산을 다른 식품을 통해 섭취함으로써 한 가지 식품만을 섭취할 때보다 단백질의 이용률을 높일 수 있는 것이다.

식품단백질의 상호보조효과 ●─────

```
* 잡곡밥 : 단백질의 질을 높이기 위한 현명한 선택
         쌀      리신 부족              불완전 단백질
   +     콩      메티오닌              부족불완전 단백질
   =     잡곡밥   리신과 메티오닌 보충    완전 단백질을 섭취한 효과
```

7 단백질 섭취와 현대인의 건강

1) 단백질 섭취기준

이상적인 단백질 섭취기준에서는 체내 질소 균형을 유지시키는 데 필요한 최소량을 아미노산 양으로 정하는 질소균형실험을 바탕으로 단백질 필요량을 산출한 후 평균필요량과 권장섭취량을 설정하고 있다. 한국인 영양소 섭취기준(2015)에서는 성별에 상관없이 성인의 단백질 평균필요량에 단백질 소화율을 보정하여 0.73g/kg/일로 하였다.

단백질 필요량에 영향을 주는 요인
① 생리상태   ② 식이의 열량섭취량   ③ 단백질의 질과 양   ④ 식품의 종류

표 4-7
한국인 단백질
섭취기준

성 별	연 령	단백질(g/일)			
		평균필요량	권장섭취량	충분섭취량	상한섭취량
영 아	0~5(개월)			10	
	6~11	10	15		
유 아	1~2(세)	12	15		
	3~5	15	20		
남 자	6~8(세)	25	30		
	9~11	35	40		
	12~14	45	55		
	15~18	50	65		
	19~29	50	65		
	30~49	50	60		
	50~64	50	60		
	65~74	45	55		
	75 이상	45	55		
여 자	6~8(세)	20	25		
	9~11	30	40		
	12~14	40	50		
	15~18	40	50		
	19~29	45	55		
	30~49	40	50		
	50~64	40	50		
	65~74	40	45		
	75 이상	40	45		
임산부[1]		+12	+15		
		+25	+30		
수유부		+20	+25		

1) 에너지 임신부 1, 2, 3 분기별 부가량, 단백질 임신부 2, 3 분기별 부가량
자료 : 한국인 영양소 섭취기준, 보건복지부 · 한국영양학회, 2015

양(+)의 질소 균형

질소 섭취 > 질소 배설

양의 질소 균형인 경우
• 성장기
• 임신기
• 질병으로부터의 회복기
• 운동선수의 훈련시기*
• 인슐린, 성장호르몬, 남성호르몬
  등의 호르몬 분비 증가 시

질소평형

질소 섭취 = 질소 배설

정상 성인

음(−)의 질소 균형

질소 섭취 < 질소 배설

음의 질소 균형인 경우
• 단백질 섭취 부족(굶주림, 위장관 장애)
• 열량 섭취 부족
• 고열, 화상, 감염 등의 상태
• 수일간의 입원
• 필수아미노산의 결핍
  (질이 낮은 단백질 섭취)
• 단백질 손실 증가(신장질환)
• 갑상선 호르몬, 코티솔 등의
  호르몬 분비 증가 시

그림 4-9
질소평형
(질소 섭취량과
배설량 간의 균형)

* 체지방 조직의 증가 시에만 해당됨

2) 단백질 결핍증

단백질 결핍증은 성인의 경우 단시간에 나타나지 않으며 장기간에 걸친 단백질 결핍 시 발생하게 된다. 단백질 결핍증은 성인보다 성장기 아동에게 많이 나타나며 주로 저개발국이나 저소득층 아동들에게 **발육부진과 질병 감염 증세**로 나타난다. 선진국에서는 주로 입원 환자, 암·에이즈·결핵·흡수불량증·신장질환·간질환·식욕감퇴증 환자들에게 나타난다.

표 4-8
대표적인
단백질 결핍증

질병 분류	에너지	단백질	부 종	체지방	혈청알부민
마라스무스 (Marasmus)	부족	부족	없음	대부분 이용하여 거의 없음	정상
콰시오카 (Kwashiokor)	겨우 충족	심각한 부족	많음	정상으로 존재	감소

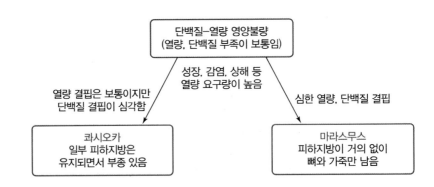

그림 4-10
영양불량 아동의 분류

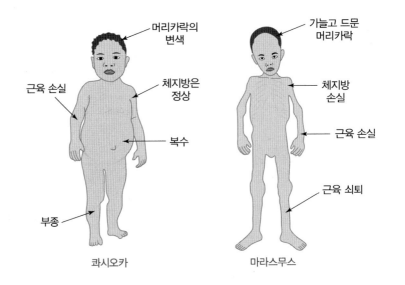

그림 4-11
**콰시오카와
마라스무스의 비교**

3) 단백질 과잉증

동물성 단백질을 과잉 섭취하면 과다한 동물성 지방 섭취로 인해 포화지방산과 콜레스테롤 섭취가 증가하여 심혈관계 질환의 위험을 증가시킬 수 있다. 또한 동물성 단백질에 많이 들어 있는 산성의 황아미노산 대사물질이 중화되는 과정에서 소변을 통한 칼슘 손실이 많아지며 골다공증의 위험이 높아진다. 과잉 단백질은 여분의 아미노산 산화로 체지방 축적과 질소 노폐물 배설이 일어나 간과 신장에 부담을 줄 수 있다.

다이어트 중 지나친 고단백 다이어트는 위험할 수 있다. 일부 비만인 중에서 고단백 다이어트를 통해 근육을 증가시키고 탄력 있는 몸매를 만들려고 하는 경우가 있는데, 이는 오히려 신장에 부담을 줄 수 있다.

8 단백질 급원식품

우수한 단백질을 공급하는 급원으로는 동물성 식품인 쇠고기·돼지고기·닭고기·생선·우유 및 유제품, 계란 등이 있다. 식물성 식품 중 콩류는 좋은 단백질 급원인데, 이 중 대두는 단백질 함량이 높고 질이 우수하여 중요 단백질 식품으로 꼽힌다. 우리나라의 경우 주식인 곡류 섭취량이 매우 많기 때문에 단백질 급원으로 매우 중요하다. 그러나 곡류는 1~2개의 필수 아미노산이 부족한 불완전단백질로 흡수율이 동물성단백질 보다 낮다.

2010년에 비해 질소평형 유지를 위한 단백질 필요량기준이 상향되고 체위기준인 평균체중이 증가하면서 유아와 임신 및 수유기를 제외한 거의 모든 연령에서 단백질 섭취기준이 상향 조정되었다.

표 4-9
단백질의 주요 급원식품 및 함량

급원식품	단백질 함량(g/100g)	급원식품	단백질 함량(g/100g)
쇠고기, 한우안심	20.8	계란	11.4
돼지고기, 목살	20.2	검정콩, 마른 것	34.3
닭고기	19.0	두부	7.6
생선, 고등어	20.2	두유	4.4
어묵	11.8	우유	2.8
새우, 보리새우	15.1	치즈	18.3
맛조개	9.7	요거트, 호상	5.2

자료 : 농촌진흥청 국립농업과학원, 2011

문제풀이

01 다음은 식사단백질의 질 향상과 단백질 섭취 불균형에 따른 증상에 관한 내용이다. 작성 방법에 따라 서술하시오. [4점] [영양기출]

> 우리 몸에 필요한 단백질을 식사로부터 적절히 공급받기 위해서는 식품단백질의 질과 양을 고려해야 한다. 예를 들어, 흰쌀밥보다는 검정콩을 섞은 밥을 섭취하면 ① 쌀 단백질의 질을 높일 수 있다. 단백질은 체내에서 체액 균형 유지에 중요한 작용을 하기 때문에 섭취량이 불충분할 경우 ② 혈장알부민의 농도가 감소하여 부종이 발생한다. 그러나 단백질을 과잉 섭취하면 (③)의 생성량이 증가하여 신장에 부담을 주고, ④ 탈수 현상이 나타날 수도 있다.

작성 방법
- 밑줄 친 ①에서 보완되는 아미노산의 명칭을 제시할 것
- 밑줄 친 ②의 이유를 제시할 것
- 괄호 안의 ③에 들어갈 물질의 명칭을 쓰고, 이 물질과 관련하여 밑줄 친 ④의 이유를 제시할 것

02 다음은 메티오닌 재생에 관한 대사 과정의 일부이다. ①, ②에 해당하는 물질의 명칭을 순서대로 쓰시오. [2점] 영양기출

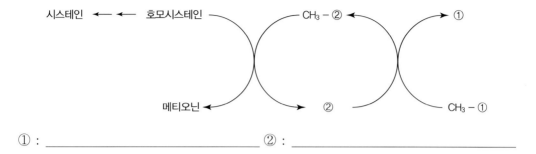

① : _____ ② : _____

03 다음 괄호 안의 ①, ②에 해당하는 명칭을 순서대로 쓰시오. [2점] 영양기출

대부분의 아미노산이 간에서 대사되는 것과 달리 (①) 아미노산은 근육에서 대사된다. 이 아미노산의 이화작용이 활발히 진행되면 아미노기 전이효소에 의해 근육으로부터 다량의 (②)이/가 생성되어 간으로 이동한다. (②)은/는 다음 그림과 같이 아미노기 전이 반응(transamination)에 의해서 생성된다.

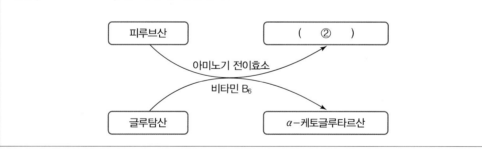

① : _____ ② : _____

04 다음은 단백질의 수분 평형 유지 기능에 관한 설명이다. 작성 방법에 따라 서술하시오. [4점]
유사기출

> - 혈액 성분 중 ① 혈장(plasma)단백질은 혈관 안에 머물지만 혈장의 수분과 기타 영양 성분들은 혈압에 의해 세포 조직 사이로 끊임없이 이동한다.
> - 단백질 섭취량이 지속적으로 부족하면 이 혈장 단백질의 농도가 낮아져 ② 말단 부위에 있는 세포 조직 사이에 과도하게 수분이 잔류할 수 있다.

> **작성 방법**
> - 밑줄 친 ①의 주요 혈장 단백질을 2가지 제시할 것
> - 밑줄 친 ②에 해당하는 증상을 1가지 제시하고, 그 이유를 서술할 것

---

05 다음은 단백질의 질을 평가하는 방법 중 일부이다. 작성 방법에 따라 서술하시오. [4점] 유사기출

> - ① 생물가(biological value)는 식품단백질이 얼마나 효율적으로 신체단백질로 전환되었는지를 알아보는 방법으로, 식품으로부터 체내에 흡수된 질소의 보유 정도를 나타내는 것이다.
> - ② 화학가(chemical score)는 식품 1g 중에 들어 있는 필수아미노산에 대해 각각의 아미노산의 함량(mg)을 알고, 기준단백질(reference protein) 중 해당 아미노산의 함량(mg)으로 나눈 후 100을 곱해 퍼센트로 나타낸 것이다. ③ 기준 단백질은 (④)에 들어 있는 단백질을 사용한다.

> **작성 방법**
> - 밑줄 친 ①과 비교하여 밑줄 친 ② 평가법의 장점과 단점을 각각 1가지씩 서술할 것
> - 괄호 안의 ④에 해당하는 식품을 쓰고, 밑줄 친 ③의 이유를 서술할 것

06 다음은 식품가공 수업 시간에 선생님과 학생들이 아미노산에 대해 나눈 대화 내용이다. 작성 방법에 따라 순서대로 서술하시오. [4점] [유사기출]

선생님	인체를 구성하고 있는 아미노산 중에서 황(S)을 함유하고 있는 아미노산들에 대해 말해 봅시다.
학생 A	(①)와/과 (②)이/가 있습니다.
학생 B	(①)은/는 설프하이드릴기(-SH)가 산화되어 (③) 결합을 형성해서 시스틴 (cystine)을 만들기도 합니다.
학생 A	(②)은/는 필수아미노산들 중 하나입니다.
선생님	네, 모두 맞습니다. 그러면 필수아미노산의 정의는 무엇인가요?
학생 B	필수아미노산의 정의는 (④)입니다.

작성 방법
- 괄호 안의 ①, ②에 해당하는 아미노산의 명칭을 각각 쓸 것
- 괄호 안의 ③에 해당하는 공유결합의 명칭을 쓸 것
- 괄호 안의 ④에 해당하는 필수아미노산의 정의를 서술할 것

① : _____ ② : _____

③ : _____

④에 해당하는 필수아미노산의 정의 _____

_____

07 다음은 여자 중학생 A의 1일 영양소 섭취량에 대한 자료이다. 이에 근거하여 단백질 섭취량 ①을 쓰고, 단백질의 에너지 섭취비율(%)을 구하시오. [2점] [유사기출]

영양소 섭취량

- 탄수화물 : 360g
- 지방 : 40g
- 단백질 : (①)g
  - 식이질소(N) 함량 : 8,000mg
※ 단백질 섭취량은 식이질소(N) 함량을 이용하여 산출함

① : _____

단백질의 에너지 섭취비율(%) _____

08 단백질은 체구성과 생명 유지에 중요한 영양 성분으로, 단백질의 구조적 특성을 응용하여 여러 가지 식품을 제조하기도 한다. (가)~(다)를 바탕으로 〈보기〉의 지시에 따라 단백질의 식품·영양적 기능을 쓰시오. [10점] 유사기출

(가) 김치는 발효가 진행될수록 pH가 점차 낮아지다가 숙성 후기에는 pH의 감소 폭이 둔화된다. 이런 현상은 김치에 젓갈을 첨가하면 더 분명해지는데, 이는 젓갈에 유리 아미노산이 풍부하기 때문이다.

(나) 탈지유에 식초나 레몬즙을 첨가하면 응고물이 생긴다.

(다) 단백질 필요량이 1일 35g인 성인 여성이 단백질을 매일 120g씩 섭취하고 있다. 이 여성이 섭취한 단백질은 체내에서 다음 그림과 같이 이용될 수 있다.

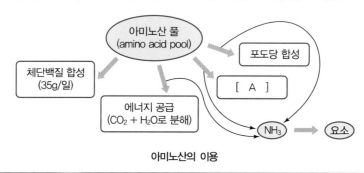

아미노산의 이용

보기

- (가)와 (나)에 나타난 현상을 아미노산/단백질의 구조적 특성과 연계하여 각각 설명할 것
- 그림의 [A]에 들어갈 내용을 쓰고, [A]이/가 일어나게 되는 조건을 설명할 것
- 간경변증으로 간성혼수(hepatic coma)가 발생한 환자에게 (다)에 제시된 여성의 식이가 적절하지 않은 이유를 설명할 것

09 다음은 영양결핍증 펠라그라에 대한 설명이다. 괄호 안의 ①, ②에 들어갈 용어를 쓰시오. [2점]

유사기출

> (①)의 결핍증인 펠라그라(pellagra)는 옥수수를 주식으로 하던 아프리카와 유럽 등지에
> 서 많이 발생하였다. 펠라그라는 햇빛에 노출된 피부에 나타나는 염증성 질환으로 치매와
> 설사 증세를 동반하며, 치료가 늦어지면 사망에 이르는 병이다. 오늘날에는 (①)이/가
> 풍부한 곡식과 함께 단백질 섭취량이 증가하면서 아미노산의 일종인 (②)이/가 충분히
> 체내에 공급되어 펠라그라는 사라져 가는 영양결핍증이 되었다.

① : _____ ② : _____

10 단백질을 생리적 기능에 따라 분류하고 대표적인 예를 쓰시오.

_____

_____

_____

_____

_____

해설 본문의 표 4 – 2를 참고한다.

11 단백질의 구조는 크게 1차, 2차, 3차, 4차 구조로 구분된다. 헤모글로빈을 예로 들어 각각의 구조를
설명하시오.

_____

_____

_____

_____

_____

_____

_____

해설 단백질의 1차 구조는 아미노산 서열이라고 부르며, 아미노산의 개수와 순서, 그리고 S-S 결합의 위치를 결정하는 것이
다. 2차 구조는 아미노산 배열에 의해 아미노산이 나선형, 병풍형, 무정형(random coil)을 이루는 것을 말한다. 3차 구조
는 2차 구조가 3차원적으로 배열되어 모양을 말하며, 4차 구조는 3차 구조들이 모여서 새로운 구조를 만드는 것이다. 본
문제는 헤모글로빈을 예로 들어 설명하라고 하고 있으므로 3차 구조는 미오글로빈, 4차 구조는 헤모글로빈으로 설명하
면 된다.

12 단백질의 변성을 정의하고 소화효소 중 위에 존재하는 효소의 예를 들어 변성을 설명하시오.

_____

_____

_____

_____

_____

_____

_____

해설 위에 존재하는 효소 중 변성과 관련 있는 것은 펩신이다. 펩신은 위산의 pH 변화에 의해 펩시노젠이 활성형의 펩신으로 변화하게 된다.

13 단백질은 여러 소화효소에 의해 분해된다. 아래 소화효소들의 분비 장소를 쓰고 대표적인 분해 방식을 몇 가지 쓰시오.

펩신, 트립신, 키모트립신, 카르복실말단분해효소, 아미노말단분해효소, 디펩티드분해효소

분비 장소 _____

_____

분해 방식 _____

_____

해설 본문의 내용을 참조한다.

14 단백질 대사와 관련하여 아미노산 풀이 무엇인지 쓰고, 아미노산 풀이 차는 경로와 빠지는 경로에 대해 서술하시오.

아미노산 풀의 의미 _____

_____

경로 _____

_____

15 아래 반응이 무엇인지 설명하고 반응식으로 나타내시오.

아미노기 전이반응　_____

_____

탈아미노기 반응　_____

_____

탈탄산 반응　_____

_____

16 체내 단백질의 기능을 쓰시오.

_____

_____

_____

_____

17 단백질효율(PER)의 정의와 화학가의 정의를 쓰시오.

_____

_____

_____

18 식품단백질의 상호보조효과가 무엇인지 설명하고 대표적인 예를 쓰시오.

_____

_____

_____

_____

해설 부족한 아미노산과 다른 단백질을 같이 섭취하면 필수아미노산의 상호 보완이 가능하다.

CHAPTER **05**

에너지와 영양

에너지energy는 생명현상을 유지하는 원동력으로 호흡작용·혈액순환·근육활동·신경전달 등과 같은 신체 내 대사와 기능을 수행하고 체온을 유지하기 위해 필요하다. 식품 섭취를 통해 탄수화물·단백질·지질을 얻어 필요한 에너지를 공급하며 알코올 섭취를 통해서도 에너지 전환이 가능하다.

여러 대사 과정에서 사용하는 에너지는 ATP 형태이고 필요량 단위는 칼로리calorie이며 'kcal'라고 쓰기도 한다. 한편 비활동적인 현대인의 생활과 불균형적인 식이 패턴으로 인해 에너지의 섭취량과 에너지 소모량 간의 불균형이 발생하여 비만 유병률이 세계적으로 증가하고 있다.

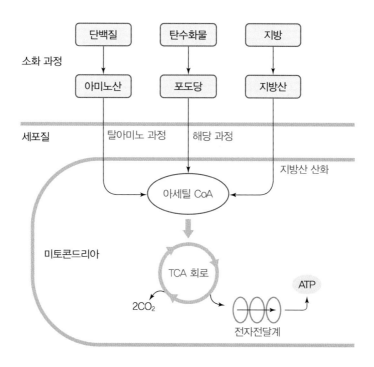

그림 5-1
에너지 대사 개요

1 식품의 열량가

인체는 식품을 체내에서 산화시킴으로써 에너지를 얻으며, 일을 하고 남은 에너지는 저장된다. 식품 1g에 들어 있는 탄수화물·지방·단백질의 열량을 열량계 calorimeter를 통해 측정하면 탄수화물 4.15kcal, 지방 9.45kcal, 단백질 5.65kcal, 알코올 7.1kcal로 열이 발생하며 실제 이용 가능한 생리적 열량가는 탄수화물이 4kcal, 지방 9kcal, 단백질 4kcal, 알코올 7kcal로 인체가 열량계에 비해 효율이 떨어지는 것으로 나타났다. 이러한 현상이 나타나는 이유는 식품이 섭취 후 불완전하게 소화·흡수되고, 단백질의 경우 일부가 요소로 체외 배설되기 때문이다.

표 5-1
열량영양소의
총열량가, 소화율,
생리적 열량가

영양소	총열량가(Kcal/g)	소화율	생리적 열량가(Kcal/g)
탄수화물	4.15	0.97	4.0
지 방	9.45	0.95	9.0
단백질	5.65	0.92	4.0
알코올	7.1	1	7.0

 식품마다 함유하고 있는 에너지 함량이 다른 이유 ●

식품 중에 함유된 탄수화물, 지방, 지질, 단백질 및 알코올은 모두 탄소－탄소로 결합되어 있으므로 체내에서 연소되어 에너지를 낼 수 있다. 지질과 알코올은 동량의 당질 및 단백질보다 탄소－탄소 결합을 더 많이 가지고 있기 때문에 더 많은 에너지를 보유한다. 식품마다 이들 열량소 함량이 다르므로 에너지 함량도 다른 것이다.

2 인체의 에너지 필요량

건강한 사람은 체중의 변동이 없으며, 하루에 소비하는 에너지량과 요구하는 에너지량이 같다. 인간이 소비하는 에너지는 크게 기초 및 휴식대사량, 활동대사량, 식이성 발열효과, 적응대사량으로 나눌 수 있다.

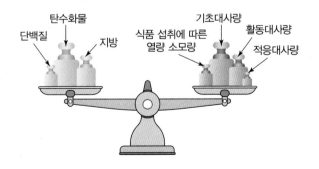

그림 5-2
열량섭취량과
소비량의 주요 요소

1) 기초대사량

기초대사량은 인체가 정상적인 생명을 유지하고 체내 항상성을 유지하기 위한 기본적이고 필수적인 최소한의 에너지이다. 기초대사량에는 호흡 및 혈액순환, 심장박동, 호르몬 분비, 항상성 유지 등을 수행하기 위한 에너지가 포함된다. 성인의 경우 기초대사량에 의해 하루 총에너지의 50~70% 정도가 소비되며 체격과 신체 조성·연령 및 성별·호르몬·체온·환경 온도·개인 차이의 영향을 받는다.

표 5-2
기초대사량 증가 및
감소 요인

증가 요인	감소 요인
근육량 증가, 갑상선호르몬 수치 증가, 남성, 니코틴, 임신, 성장기, 카페인, 운동, 스트레스, 유전적 차이, 겨울	에너지 섭취량 감소와 절식, 노화, 여성, 근육량 감소, 작은 키, 적은 몸무게, 월경 시작 후, 유전적 차이, 여름

2) 식사성 발열효과

식사성 발열효과dietinduced thermogenesis는 식품 섭취 후 소화와 흡수, 대사, 이동, 저장 과정에서 소요되는 에너지로 음식의 특이동적 효과라고도 한다. 총에너지 소비량의 10% 정도를 차지하며, 단백질 > 탄수화물 > 지방의 순서로 에너지가 소모된다. 지질의 경우 흡수·분해·저장 과정이 비교적 쉽게 이루어지기 때문에 열량영양소 가운데 식사성 발열효과가 0~5%로 가장 적으며, 탄수화물은 중간 정도로 5~10%, 단백질은 20~30% 정도로 가장 많다. 단백질의 식사성 발열효과가 높은 이유는 아미노산의 흡수·체단백질 합성·요소 합성·포도당 신생합성 등과 같은 복잡한 대사 과정을 거치기 때문이다.

3) 활동대사량

신체는 활동 강도에 따라 심장박동과 호흡이 증가하며 하루 에너지 소모량의 20~30%를 활동대사량으로 소비한다. 신체활동에 따른 에너지 소비량은 활동의 강도나 종류, 체중 등에 따라 개인차가 많으며, 일부 노동자나 운동선수의 경우 활동을 통한 에너지 소비량이 많아 식사량이 많고 칼로리가 높아도 에너지 균형을 이룰 수 있다. 하지만 일반 사무직 종사자들은 인터넷 사용과 TV 시청 등의 저활동으로 에너지 소비량이 적어 비만 문제가 증가하고 있다.

기초대사량과 식사성 발열효과, 활동대사량을 기준으로 성인의 섭취 에너지필요량을 추정하고 있으나, 성인 중반기 이후에는 기초대사량과 활동대사량 감소로 에너지 필요추정량이 줄어들게 된다. 여성의 경우 남성에 비해 기초대사량과 체중이 적기 때문에 에너지 필요량이 동일 연령대의 남성보다 400~500kcal 정도 낮게 책정되어 있다. 에너지 필요추정량에서 저활동이며 체격이 작은 경우에는 기준보다 섭취 에너지를 줄이는 것이 좋으며, 고활동이며 체격이 큰 경우에는 섭취량이 늘려도 에너지 불균형이 일어나지 않는다.

4) 적응대사량

적응대사량이란 환경 변화에 적응하는 데 요구되는 대사량을 말한다. 인체의 **열생산** thermogenesis과 관계되는 **갈색지방세포**는 추운 환경·과식·스트레스 등에 의해 촉발되는 비자발적 신체활동의 증가 지방을 연소하는 데 쓰이는 세포로, 체온을 유지하는 것과 관계가 있다. 양어깨·앞가슴·목 뒤·견갑골 양쪽·등골 양쪽의 다섯 군데가 갈색지방세포가 쌓이기 쉬운 곳이다.

 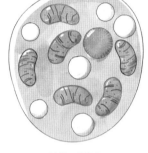

그림 5-3
백색 지방세포와
갈색 지방세포

백색 지방세포   갈색 지방세포

3 에너지 균형

에너지 균형energy balance이란 에너지 섭취량과 에너지 소모량이 일치하는 상태로, 에너지 균형을 맞춘 성인은 일정한 체중을 유지하게 될 것이다. 에너지 섭취량이 에너지 소모량보다 많을 때를 **양의 에너지 균형**이라 하며, 이때 여분의 에너지는 지방

 양·음 에너지 균형의 문제점

1. 양의 에너지 균형의 문제점
   체지방량의 증가 : 고혈압, 당뇨, 암, 심장질환, 임신합병증 등의 위험 증가
2. 음의 에너지 균형의 문제점
   • 체지방, 근육단백질 손실, 성장기 지적·신체적 성장 둔화(영구적)
   • 전반적인 영양상태 저하 : 병에 대한 저항력 감소, 질병, 상해, 수술 회복이 느려짐

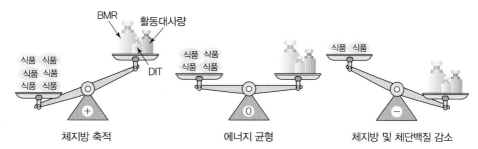

그림 5-4
에너지 균형

체지방 축적 | 에너지 균형 | 체지방 및 체단백질 감소

으로 축적되어 체중이 증가하게 된다. 반대로 에너지 섭취량이 소모량보다 적을 때를 음의 에너지 균형이라 하며, 이때 지질과 단백질의 분해가 촉진되고 수분이 손실되어 체중이 감소된다.

4 비 만

비만은 체지방이 과다 축적된 상태이며 그 결과 체중이 많이 나가는 것을 의미한다. 그러나 체중이 많이 나가도 근육량이 많은 경우 비만이라 하지 않는다. 비만은 건강상의 문제뿐만 아니라 사회·정신적 문제를 유발할 수 있다.

우리나라는 1970년대 이래 경제 발전과 더불어 지방 섭취량이 증가하고, 교통수단의 발달·생활방식의 변화로 인하여 국민의 비만율이 증가하고 있다. 2005년 국민건강·영양조사 보고서에 따르면 우리나라 20세 이상 성인의 비만 유병률은 남자 35.2%, 여자 28.3%로 나타났으며, 2015년 국민건강영양조사에서는 남자 39.7%, 여자 26.0%로 남자는 증가하고 여자는 감소하였다.

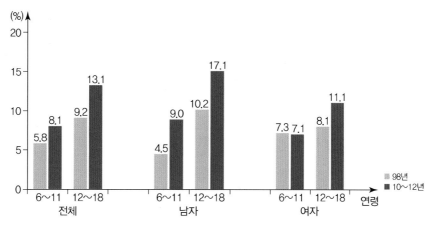

그림 5-5
한국
소아·청소년의
비만 유병률 변화

※ 소아청소년 비만 유병률 : '2007년 소아·청소년 성장도표' 연령별 체질량지수 기준 95백분위수 이상
또는 체질량지수 25kg/m² 이상인 분율, 만 6~18세
자료 : 한국인 영양소섭취기준, 보건복지부 한국영양학회, 2015

청소년 비만율의 경우 1998년 국민건강·영양조사 보고서에서 8.7%로 조사되었으나, 2005년도 조사에서는 남자 17.3%. 여자 11.5%로 증가하였다. 청소년 비만이 증가하는 이유는 학업에 집중해야 하는 환경 탓에 운동량 감소와 불규칙한 식생활, 아침 결식, 각종 인스턴트 식품 및 패스트푸드에 노출되기 때문이라 할 수 있다. 청소년기 비만이 중요한 이유는 성인기 비만으로 이행될 가능성이 높기 때문이다.

비만과 관련하여 상대적으로 위험성이 매우 커지는 질병으로는 인슐린 비의존성 당뇨병·담당질환(결석)·고혈압·뇌졸중·인슐린 저항성·호흡곤란·수면 무호흡·피부질환 등이 있으며, 관상동맥 질환·관절염·통풍·사고와 난상 위험 증가·뼈와 관절의 질환 등의 위험도 증가한다. 암·생식 호르몬의 이상·불임·요통·비만한 임산부의 태아 이상도 우려되는 문제이다.

표 5-3
비만의
질병 위험도

매우 증가	중간 정도 증가	약간 증가
당뇨병		암
담낭 질환	관상동맥질환	생식 호르몬 이상
고혈압	관절염	다낭성 난소 증후군
인슐린 저항성	통 풍	요 통
호흡 곤란		마취 위험도 증가
수면 무호흡증		태아 기형(모성 비만)

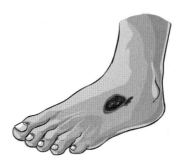

그림 5-6
당뇨 환자의 발

 공복감과 식욕

에너지 섭취는 다음과 같은 두 가지 기전에 의해 조절된다.

1. 공복감
음식을 찾아 먹게 하는 생리적 반응으로 시상하부의 섭식 중추가 혈액 내 영양소 또는 호르몬 등의 농도를 감지하여 농도가 낮아지면 공복감을 느끼게 하여 음식 섭취를 유도한다. 포만 중추를 자극하면 만복감을 느껴 음식 섭취를 중단하게 된다. 그러나 포만 중추가 손상되면 포만감을 느끼지 못해 계속되는 섭취로 비만이 유발된다.

• 공복감 관련 요인
– 두뇌, 소화기관, 지방조직, 간 등의 내적 요소
– 호르몬(인슐린, 코르티솔 등)
– 신경 내 분비물질(세로토닌, 뉴로펩티드 Y, 히스타민)

(계속)

2. 식욕

식욕은 특정 음식을 먹고자 하는 심리적·사회적 충동으로 정의할 수 있으며, 주로 외적 신호에 의해 조절된다.

- 식욕을 자극하는 외적 요인
  - 식사시간, 특정 장소, 좋아하는 음식을 보게 되는 것 등
  - 스트레스 및 감각적 자극

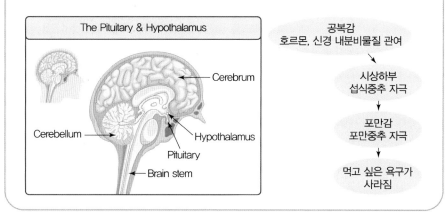

1) 비만의 원인

섭취하는 에너지 및 소비하는 에너지의 불균형, 비활동적인 생활로 에너지 소비량이 적은 것이 원인이 되기도 한다. 에너지 섭취량과 소비량은 정상이나 호르몬 및 에너지 대사의 이상으로 비만이 되는 경우도 있다.

 비만의 원인

1. 유전적 요인

   특정 가족이나 인종의 비만율이 높은 경우, 일란성 쌍생아의 체중 증가의 형태나 체지방 분포와 형태의 유사성 등은 유전적 요인이 작용한다는 가설을 뒷받침해 준다. 한쪽 부모가 비만일 경우 태어난 아이의 비만율은 40% 정도, 양쪽 부모가 비만인 경우 아이의 비만율은 70%가 넘는 것으로 나타났다. 또한 같은 양의 에너지를 섭취할 경우에도 효율이 높은 대사(체질적으로 에너지 소모량 적고, 에너지 보존량이 많은)를 가지고 태어나면 비만이 되기 쉽다. 즉 대사효율이 높은 사람은 보통 사람에 비해 체지방이 더 쉽게 증가한다.

2. 환경적 요인

   비만의 원인은 70% 이상이 환경적 요인으로 분석된다. 유전적 소인이 다르더라도 가족은 비슷한 식습관과 식품 선택 경향이 있으므로 체형이 비슷한 경우가 많다. 일란성 쌍생아의 경우 서로 다른 환경에서 자라면 체지방량이 상당히 다를 수 있으며, 체지방의 최저치는 유전적으로 타고나지만, 최대치는 환경적 요인을 통한 식행동의 영향을 받게 된다.

3. 에너지대사의 이상

   여러 가지 질병이 에너지 균형에 영향을 줄 수 있다. 암이나 소화기계 질환은 식사섭취량을 감소시키며, 당뇨나 갑상선기능 이상은 에너지대사에 이상을 초래한다. 신장이나 간질환 치료 시 다량의 부신피질 스테로이드제를 장시간 사용하면 비만이 될 확률이 높다.

2) 비만의 분류

비만은 발생 원인·발생 시기·지방조직 형태·지방 분포에 따른 체형·체지방의 위치에 따라 분류할 수 있다. **단순 비만**의 경우 특별한 질환보다는 과식과 운동 부족이 원인인 경우가 많다. **증후성 비만**은 다양한 신경 및 내분비계(갑상선, 시상하부 질환 등)질환, 유전, 전두엽 및 대사성 이상 등의 원인으로 발생한다. **지방세포 증식형 비만**은 지방 세포수가 많은 것을 말하며, **지방세포 비대형 비만**은 지방세포의 크기 자체가 큰 경우로 성인 비만의 대부분을 차지한다. **아동기 비만**의 경우 지방세포 자체가 많아진 **지방세포 증식형 비만**인 경우가 많아, 소아비만이 성인비만보다 치료하기가 더 어렵다.

체지방의 절대적인 양과 함께 지방의 분포도 위험 정도를 평가하는 데 중요하다. **복부 비만(상체 비만)**은 남성형 또는 **사과형 비만**이라고 하며, 하체 비만은 **여성형, 서양배형 비만**이라 한다. 복부 비만인 경우 고혈압·성인 당뇨병·심장병 등에 걸릴 위험이 크다. 복부는 문맥혈관에 가까워 복부 지방이 간으로 곧장 이동하여 LDL(저밀도 지단백)의 생성을 자극하므로 당뇨와 관상심장병의 발병률을 증가시킨다. 복부지방은 **내장지방형 비만**과 **피하지방형 비만**으로 나눌 수 있으며, 내장지방형 비만의 경우 대사질환의 위험을 더 높일 수 있다.

표 5-4
비만의 분류

분류 방법	종 류
원 인	단순 비만, 증후성 비만
발생 시기	소아 비만, 성인 비만
지방조직 형태	지방세포 증식형 비만, 지방세포 비대형 비만
지방 분포에 따른 체형	상체 비만(남성형/복부 비만/사과형), 하체 비만(여성형/서양배형)
복부 지방의 위치	내장지방형 비만, 피하지방형 비만

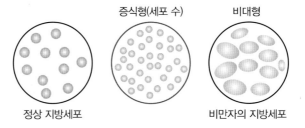

그림 5-7
비만과 지방세포

복부 비만의 판정을 쉽게 하는 방법으로는 **허리둘레와 엉덩이둘레 비율**Waist-Hip Ratio ; WHR을 이용하여 판정하는 방법과 **복부 둘레 자체로 판정하는 방법**이 있다. 최근에는 복부 둘레를 기준으로 복부 비만을 판정할 것이 권장되고 있다.

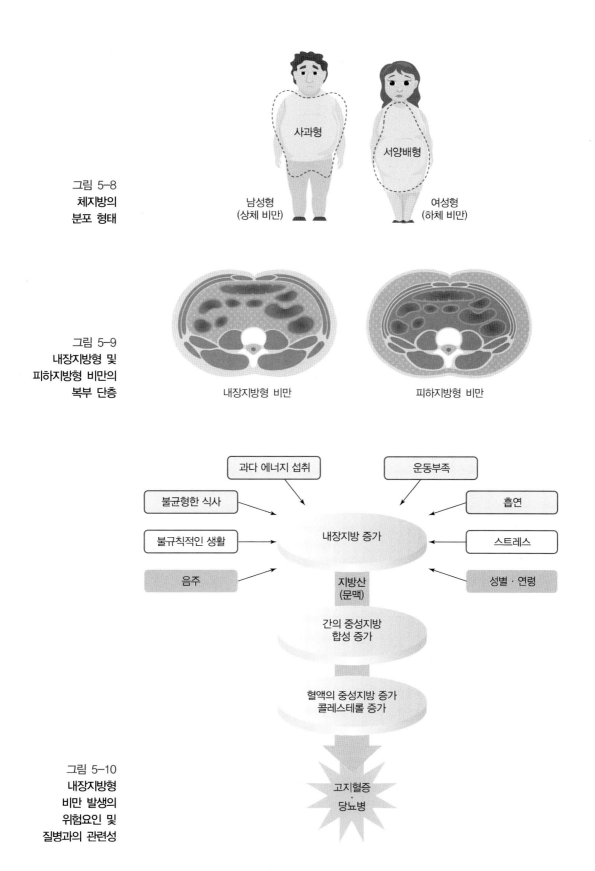

그림 5-8
체지방의
분포 형태

사과형

서양배형

남성형
(상체 비만)

여성형
(하체 비만)

그림 5-9
내장지방형 및
피하지방형 비만의
복부 단층

내장지방형 비만

피하지방형 비만

과다 에너지 섭취

운동부족

불균형한 식사

흡연

불규칙적인 생활

내장지방 증가

스트레스

음주

지방산
(문맥)

성별·연령

간의 중성지방
합성 증가

혈액의 중성지방 증가
콜레스테롤 증가

그림 5-10
내장지방형
비만 발생의
위험요인 및
질병과의 관련성

고지혈증
·
당뇨병

복부 비만의 진단기준 ●

1. 허리둘레 / 엉덩이 둘레(WHR)	2. 복부둘레(아시아 및 태평양 지침)
• 남성 WHR ≧ 0.90	• 남성 ≧ 90cm
• 여성 WHR ≧ 0.85	• 여성 ≧ 80cm

3) 비만의 판정

비만은 엄밀한 의미에서 체내에 지방이 과다하게 축적된 상태로 비만을 정확히 판정하려면 체지방량의 측정이 필요하다. 체지방은 사람에 따라 차이가 많으며 정상 남자의 경우 12~18%, 정상 여자의 경우는 20~25% 정도를 나타낸다. 여자는 생식기능을 위하여 많은 양의 체지방을 필요로 한다.

비만 환자를 진단하기 위해서는 신체지수를 이용하는 방법과 직간접적으로 체지방량을 측정하는 방법을 사용한다. 신체지수를 사용한 비만 진단 기준은 우리나라의 경우, 아시아 및 태평양 지침을 사용한다.

표 5-5
비만의 판정
(아시아 및
태평양)

분류		BMI (kg/m²)	동반질환의 위험도	
			허리둘레	
			< 90cm(남성) < 80cm(여성)	≧ 90cm(남성) ≧ 80cm(여성)
저체중		< 18.5	낮다	보통
정상 범위		18.5~22.9	보통	증가
과체중		23~24.9	증가	증가
비만	1단계	25~29.9	중등도	고도
	2단계	30.0~34.9	고도	매우 고도
	3단계	≧ 35.0	매우 고도	매우 고도

비만 판정 시 가장 쉽게 쓰이는 방법은 체질량지수Body Mass Index ; BMI를 이용하는 것인데, 이 방법은 몸무게kg를 신장m의 제곱으로 나눈 값을 이용하는 것으로 세계보건기구WHO에서는 BMI≧30을 비만의 기준으로 정하였으나 서양인에 비해 체격이 작은 아시아인에게는 적합하지 않아 대한비만학회에서 BMI≧23~24.9를 과체중으로 분류하여 사용하고 있다.

최근에는 전기저항 측정법을 많이 사용하고 있는데, 이는 지방이 근육에 비해 전기가 잘 통하지 않아 전기저항을 많이 받는 원리를 이용하여 체내 지방량을 측정하는 방법이다. 일반적으로 체지방률은 성인 남자의 경우 체중의 25% 이상, 여자의 경우 30%가 넘으면 비만으로 판정한다.

표 5-6
비만 판정 방법

종류	측정법	방법	장단점
체지방률 측정	수중체중	지방조직이 비지방조직보다 밀도가 낮음을 이용	정확하나 장비가 필요
	피하지방 두께	피하지방량이 체지방량을 반영	정확성 떨어짐
	전기저항	지방조직의 전류 흐름에 대한 저항이 높음을 이용	정확하나 장비가 필요
신체지수 이용	체질량지수 (BMI)		간편해서 가장 많이 사용
	브로카 공식 이용	(실제체중 − 표준체중 / 표준체중) × 100	표준체중의 기준이 명확하지 않음

4) 비만의 치료

비만 치료의 목적은 비만한 사람의 체중을 바람직한 체중으로 감소시킨 후 감소된 체중을 반복된 체중 증가 없이 적어도 5년 동안 유지하는 것이다. 비만 치료를 위한 방법에는 식이요법, 운동요법, 행동수정요법, 약물치료요법 등이 있다.

(1) 식이요법

비만 치료에 있어 식이요법은 가장 중요한 방법이다. 음의 에너지 균형을 만들기 위해 가장 선호되는 체중 감량 방법으로 전문가들은 식이요법을 통해 한달에 2kg 정도의 감량을 권한다. 그동안 소개된 체중 감량을 위한 식이요법의 종류로는 단식, 열량 제한 균형식, 열량 제한 불균형식 등이 있었다.

표 5-7
감량 식이의
종류

종 류	방 법	내 용	특 징
열량 제한 불균형식	특정 식품이 많은 식사	해조류, 포도, 사과, 바나나 등	영양소 불균형, 단조로움
	케톤생성 식이	저당질	케톤증(식욕 저하, 체액의 산성화, 혈중 요산 증가, 메스꺼움, 피로 등)
	고단백 식이	고단백(40~45%)	케톤증, 간 및 신장 부담
	고당질 식이	저단백(35g), 저지방(10%)	철, 지용성 비타민, 필수지방산 부족
단식 및 단식 변형식	완전 절식	–	체단백, 전해질 소모, 케톤 생성 증가
	초저열량식	300~600kcal	케톤 생성, 완전 절식에 비해 체단백질 절약
	단백질 보충 변형 단식	양질의 단백질	체단백질 절약
열량 제한 균형식	혼합 저열량식	여러 식품 사용	맛있고 균형 잡힌 영양 공급 가능
	성분 영양식	균질 유동식	열량 섭취 관리 용이, 균형 잡힌 영양 공급, 단조로움
	저영양 밀도 식사	고섬유/저지방	–

(2) 운동요법

비만 치료를 위한 운동요법은 운동의 종류·강도·빈도 및 지속 시간이 적당해야 하고 개인의 신체적 여건에 맞으며 즐겁고 편안하게 할 수 있어야 한다.

운동은 종류에 따라 소비되는 에너지원이 다르며 걷기·수영·자전거 타기·조깅·에어로빅 등의 **유산소운동**aerobic exercise을 하는 경우 신체 내에 저장된 연료를 에너지로 전환시키는 데 필요한 충분한 양의 산소를 공급받을 수 있으며 주로 체지방이 연료로 사용된다. 고강도 근력운동, 단거리 질주 등의 무산소 운동 시에는 신체가 호흡을 통해 세포에 산소를 공급하는 속도보다 산소 소모가 더 빠르게 진행되므로 이때는 당질만 에너지의 급원으로 이용한다.

비만인이 운동 시 소모되는 칼로리가 적다는 것은 잘못 알려진 사실로, 체중이 증가할수록 에너지 소비량도 증가하지만 지방 연소효율이 떨어져 운동을 할 때 에너지 소비 중 탄수화물 연소비율이 높아지게 된다.

표 5-8
비만 관리를 위한
운동

종 목	처 방	
스트레칭	• 주 5~7회	• 한 동작당 15~30초
유산소 운동	• 주 5회 • 최대 산소 섭취량의 40~75%(중강도) • 20~60분(한 번에 최소 10분 이상 지속)	

(계속)

종 목	처 방
저항성 운동	• 주 2~3회 • 주요 근육(엉덩이, 허벅지, 팔, 어깨)을 포함한 8~10부위 운동 • 1~3세트, 세트 당 3~20회
레크리에이션	• 주 3~5회　　　　　　　　　　• 농구, 라켓볼, 테니스 등의 게임 • 고강도 : 20분 이상　　　　　• 저강도 : 장기간 실시

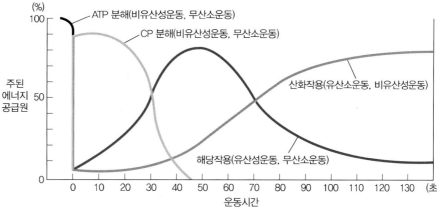

그림 5–11
중간 강도의 운동 시
시간 경과에 따른
주된 에너지
공급원의 변화

※ CP : 크레아틴 인산

　　육체적 운동에 따른 에너지 소모는 그 자체로 체중 조절에 어느 정도 도움은 줄 수 있으나, 운동에 의해 소비되는 에너지는 의외로 적으므로 식이요법을 병행하면 제지방을 유지하면서 체지방을 상대적으로 크게 감소시킬 수 있다.

(3) 행동수정요법

행동수정요법은 자기통제self–control 방법으로 비만 치료에 중요한 전략이다. 행동 수정의 목표는 비만인의 식습관을 바꾸고, 활동량을 증가시키며 의도적인 수정을 통하여 건강하게 만드는 것이다. 행동수정요법은 자기 감시, 자극 조절 및 보상의 3단계로 이루어진다. 따라서 체중 감량에 도움이 되는 행동을 할 때마다 칭찬, 선물, 용돈 등으로 보상을 하는 것도 중요하다.

　　그러나 행동수정만 사용한 경우 다른 치료보다 체중 감소율이 높지 않으나 중도 포기율은 20% 미만으로 다른 치료 방법들보다 낮은 편이다. 따라서 감량된 체중을 장기간 유지하는 데는 행동수정요법을 이용한 체중 감소가 필수적이다.

5) 신경성 섭식장애

신경성 섭식장애는 에너지 균형을 의도적으로 변화시키려는 행동으로 너무 먹거나 거부한 결과의 반복이 비만이나 신체 쇠약을 초래하는 것을 말한다.

신경성 섭식 장애의 원인은 크게 생물학적 원인, 심리적 원인, 사회문화적 원인으로 나누어진다. 생물학적 원인은 주로 우울증과 관련된 섭식장애를 말하며, 심리적 원인은 완전함을 추구함과 동시에 자신을 힘들게 함으로써 만족감을 느끼는 것을 말한다. 사회문화적인 원인으로는 우리 사회의 지나치게 마른 체형에 대한 집착과 선망이 있다.

(1) 신경성 식욕부진증(거식증)

신경성 식욕부진증anorexia nervosa 환자는 날씬한 몸매를 추구하는 정도가 극에 달해 자신이 '살이 쪘다'고 느껴 극도로 수척해질 때까지 굶는다. 특별한 질병이 없는 상태임에도 불구하고, 원래의 체중에서 최소 25% 이상 감소되어 있다. 신경성 식욕부진증 환자에게서 나타나는 증상은 다음과 같다.

① 여성의 경우 무월경과 여성호르몬인 에스트로겐 분비가 감소되고 골다공증 위험이 증가한다.
② 시상하부 기능에 이상이 생겨 혈압 및 체온과 맥박수가 감소된다.
③ 호흡 및 심장박동수가 감소된다.
④ 추위에 대한 내성이 감소된다.
⑤ 반사작용이 지연된다.
⑥ 변비 및 피부건조증, 손톱이 쉽게 부러짐, 머리카락이 가늘어지고 빠지는 현상이 나타난다.
⑦ 전해질(Na, K, Mg, Ca)의 불균형으로 인하여 피로감·근육경련·신장이상·부정맥 및 심장마비 등의 증세가 나타난다.
⑧ 전반적인 영양불량으로 인하여 무기력증·건망증·집중력 감소·편집증·충동적인 흥분 증상이 나타나며 극심한 경우 사망에 이르게 된다.

(2) 신경성 탐식증(폭식증)

신경성 탐식증bulimia nervosa 환자는 무조건 음식을 거부하는 것이 아니라 때때로 남 몰래 음식을 실컷 먹고 폭식한 것을 후회하며 스스로 자책하고 우울해하면서 의도적으로 구토를 유발하거나 하제laxative를 복용하여 먹은 것을 토하거나 배설시킨다. '폭식 → 굶기 → 폭식' 등을 반복하므로 단기간 내에 체중 변화의 폭이 10kg 이상으로 유동적으로 나타난다. 신경성 탐식증 환자는 평소에 정상적인 패턴으로 식사를 하다가도 일단 폭식이 시작되면 불과 약 15분간 3,000~4,000kcal 정도의 열량을 섭취하게 된다. 신경성 탐식증 환자에게서 나타나는 증상은 다음과 같다.

① 여성의 경우 40% 이상이 월경불순이다.
② 갑자기 많은 양의 음식을 먹음으로 인하여 위확장증·위파열 증상이 나타난다.

③ 구토가 반복됨에 따라 타액선이 확장되어 볼이 부어오르며, 치아의 에나멜층이 부식·발진되고 뺨의 모세혈관 파열 및 식도염 등의 증상이 나타난다.

④ 하제를 남용하는 경우 칼륨 등의 무기질 손실이 초래되고, 전해질 불균형으로 인하여 심부전 또는 신부전의 원인이 되며 쇼크를 유발하기도 한다.

(3) 마구먹기 장애

마구먹기 장애는 거식증이나 폭식증보다 훨씬 흔한 섭식장애로, 반복적인 다이어트 실패로 생기기 쉬우며 비만인 사람에게 자주 발견된다. 폭식 후 인위적으로 구토하지 않는다는 점에서 폭식증과 차별화되며, 스트레스를 음식으로 풀고 문제를 회피하려는 경우 많이 발생한다. 특정 음식에 대한 통제보다는 배가 고플 때만 먹도록 교육하고 자신의 감정을 적당한 방법으로 표현하는 연습을 해야 한다.

 거식증 체크리스트 ●

- 짧은 기간 동안 급격한 체중 감소가 있다.
- 체중 감량의 목표를 달성한 뒤 또 새 감량목표를 설정한다.
- 마른 체격인데도 불구하고 살이 쪘다고 불평한다.
- 음식을 매우 적게 먹는데도 배가 고프지 않다.
- 혼자 있는 시간이 많고, 식사도 혼자 하는 것을 좋아한다.
- 식사에 대한 강박감이 있다.
- 음식을 너무 오래 씹는다든지 아주 작은 조각으로 잘게 잘라먹는다.
- 월경이 중단되고 있다.
- 자신이 불행하다고 생각하며 대부분의 경우 우울 증상을 보인다.
- 학업 성적을 올리려고 지나치게 노력한다.
- 머리카락이 빠지고 체온이 내려간다.

 탐식증 체크리스트 ●

- 최근 폭식으로 인해 체중이 늘었다.
- 폭식습관이 있다는 것을 알면서도 그것을 조절하지 못해 괴로워한다.
- 다른 사람에게는 다이어트 중이라고 말하지만 여전히 체중이 많이 나간다.
- 남몰래 음식을 많이 먹는다.
- 과체중 또는 비만으로 인해 사회적·육체적 활동이 위축되어 있다.
- 체중과 체형이 자신의 이미지를 결정하는 제1요소라고 생각하며 체중 문제가 생활의 주된 관심사가 되고 있다.
- 자주 피로한 증상을 보인다.
- 우울하고 비관적인 생각을 갖고 있다.
- 뺨의 침샘이 부어 얼굴이 동그랗게 변한다.
- 이를 자주 닦아도 충치가 생긴다.
- 몸무게가 5~8kg 범위 내에서 자주 변한다.
- 목이 아프다거나 근육통을 호소한다.

01 다음은 ○○고등학교에서 이루어진 영양교사 실습생(이하 교생)과 영양교사의 대화 내용이다. 괄호 안의 ①에 해당하는 값을 쓰고, ②에 해당하는 값의 범위를 쓰시오(소수점 첫째 자리까지 표기). [2점] 영양기출

영양교사	교생 선생님, 우리 학교 12월 식단을 구성해 보세요. 모든 영양소의 양은 2015 한국인 영양소 섭취기준에 근거해서 계획해 보세요.
교 생	네, 제일 먼저 무엇을 하는 것이 좋을까요?
영양교사	학교에서 점심 식사로 제공할 에너지량을 계산해 보세요. 15~18세 남성의 에너지필요추정량을 사용하고 간식은 고려하지 마세요.
교 생	(①)kcal입니다. 맞게 계산했는지 검토 부탁드려요.
영양교사	네, 맞았어요. 그리고 요즘 당류 섭취가 증가하고 있기 때문에 학교에서는 '당 섭취 줄이기 사업'을 실시하고 있어요. 15~18세 남성의 1일 총당류 섭취량 범위를 구해 보세요.
교 생	총당류 섭취량 범위는 하루 (②)g으로 해야겠네요.
영양교사	네, 맞아요.

① : _____ ② : _____

02 다음은 영양교사와 학생이 나누는 대화이다. 괄호 안의 ①, ②에 해당하는 용어를 순서대로 쓰시오. [2점] 영양기출

학 생	열량영양소는 신체에서 어떻게 이용되나요?
영양교사	우리 몸은 음식으로부터 얻은 에너지를 (①)의 형태로 전환시키고 이를 이용하여 생명을 유지하고 신체 활동을 해요.
학 생	주로 어떻게 소비되나요?
영양교사	총 에너지 소비량의 약 60~70%가 주로 기초대사에 이용돼요.
학 생	기초대사량에 남녀 차이가 있나요?
영양교사	나이, 신장, 체중이 같아도 여자는 남자보다 일반적으로 기초대사량이 5~10% 낮아요. 이유는 신체조성에서 (②)의 양이 적기 때문이에요

① : _____ ② : _____

03 다음은 성인의 에너지필요추정량 설정에 대한 설명과 공식이다. 작성 방법에 따라 순서대로 서술하시오. [4점] 영양기출

2015년 한국인 영양소 섭취기준에서 성인의 에너지필요추정량은 현재까지 가장 정확한 총 에너지소비량 측정 방법으로 알려져 있는 이중표식수법(double labeled water technique)을 근거로 산출한 공식을 이용하여 구하였다. 이 방법은 영양상담에 활용할 수 있는 개인별 에너지필요추정량을 쉽게 구할 수 있다는 장점이 있다.

성인 남자
에너지필요추정량$=662-9.53\times A+PA(15.91\times B+539.6\times C)$

성인 여자
에너지필요추정량$=354-6.91\times A+PA(9.36\times B+726.0\times C)$

작성 방법
• 에너지필요추정량 계산 공식에서 A와 C가 무엇인지 순서대로 쓸 것
• PA가 무엇이며 어떻게 적용하는지 설명할 것

_____
_____
_____
_____

04 다음은 알코올 대사에 관한 내용이다. 작성 방법에 따라 순서대로 서술하시오. [4점] 영양기출

> 과도한 음주 시 알코올은 탈수소화과정을 통해 아세트알데히드를 거쳐 아세틸 CoA로 산화되면서 환원물질인 (①)을/를 대량 생성한다. 이로 인해 알코올 대사가 진행될수록 아세틸 CoA는 TCA회로를 통한 사용이 억제되고, 대신에 ② 세포질로 운반된 후 지방산합성의 기질로 제공되어 간에 지방으로 축적된다. 또한 (①)(으)로 인해 피루브산으로부터 (③)이/가 많이 생성되어 체액의 pH가 낮아질 수 있다.

> **작성 방법**
> • ①에 해당하는 물질의 명칭을 제시할 것
> • 밑줄 친 ②에서 아세틸 CoA가 미토콘드리아에서 세포질로 운반되는 과정을 서술할 것
> • ③에 해당하는 물질의 명칭을 제시할 것

---

05 다음 괄호 안의 ①, ②에 해당하는 용어를 순서대로 쓰시오. [2점] 유사기출

> 식품 미생물을 포함한 모든 세포 내에서 이루어지는 일련의 화학반응을 총칭하여 대사(metabolism)라고 한다. 대사작용에는 기질(영양분)을 분해하여 에너지 전달 물질인 (①)을/를 얻는 이화작용과 그 에너지를 이용하여 단위 성분으로부터 세포 구성 물질을 만들어내는 (②)작용이 있다.

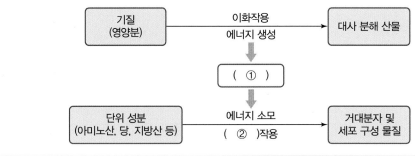

① : _____   ② : _____

06 다음의 (가)는 비단백 호흡계수와 산소 1L에 대한 에너지 소비량을 나타낸 표이고, (나)는 고등학생인 A군의 산소 소비량과 이산화탄소 배출량 측정 결과이다. 탄수화물만 연소되는 상태에서는 호흡계수가 1임을 포도당의 분자식을 이용하여 기술하고, (가)와 (나)를 이용해서 A군의 1일 기초대사량(kcal)을 구하시오(단, 풀이 과정을 상세히 쓸 것). [4점] 영양기출

(가)

비단백 호흡계수	산소 1L에 대한 에너지 소비량(kcal)	비단백 호흡계수	산소 1L에 대한 에너지 소비량(kcal)
0.70	4.686	0.86	4.875
0.72	4.702	0.88	4.889
0.74	4.727	0.90	4.924
0.76	4.751	0.92	4.948
0.78	4.776	0.94	4.973
0.80	4.801	0.96	4.998
0.82	4.825	0.98	5.022
0.84	4.850	1.00	5.047

(나)

기초대사량을 측정하는 조건에서 호흡계를 사용하여 A군의 산소 소비량과 이산화탄소 배출량을 측정하였더니, 6분 동안의 산소 소비량은 1.60L, 이산화탄소 배출량은 1.31L였다.

07 다음은 '식품과 영양' 수업 중 '영양정보'에 대해 교사와 학생이 나누는 대화이다. 작성 방법에 따라 서술하시오. [4점] 유사기출

학생	일상에서 섭취하는 당류에는 어떤 것이 있나요?
교사	㉠ 설탕, 유당, 맥아당, 액상과당 등이 있어요.
학생	그런데, 단 것을 많이 먹으면 안 좋은 가요?
교사	당연하지요. 그래서 식품의약품안전처 는 식품의 조리 및 가공 시 사용하는 ㉡ 첨가당 섭취를 총 열량의 10% 이내 로 권장하고 있어요.
학생	영양정보표에 표시된 (가)의 각 영양성 분별 비율은 어떤 기준에서 나왔나요?
교사	영양성분별 비율은 1일 영양성분 기준 치에 대한 비율이에요.

영양정보
총 내용량 336g(28g×12봉지)
[봉지(28g)당] 140kcal

1봉지당	1일 영양 성분 기준치에 대한 비율
나트륨 80mg	(㉢)%
탄수화물 15g	5%
당류 9g	
트랜스지방 0g	
콜레스테롤 5mg	2%
단백질 2g	4%

(가)

1일 영양성분 기준치에 대한 비율(%)은 2,000kcal 기준이므로 개인의 필요 열량에 따라 다를 수 있습니다.

작성 방법
- 밑줄 친 ㉠이 가수분해될 때 생성되는 단당류 2가지를 제시할 것
- 밑줄 친 ㉡에서 하루 총 열량이 2,000kcal인 사람의 하루 첨가당의 권장량(g)을 계산식과 함께 제시할 것
- '영양정보표'에서 괄호 안의 ㉢에 들어갈 비율을 제시할 것(단, 나트륨의 1일 영양성분 기준치는 2,000mg임)

08 다음은 12~14세 남자 중학생의 총에너지소비량과 에너지필요추정량에 대한 그래프와 설명이다. 괄호 안에 들어갈 말을 쓰시오. [2점] 유사기출

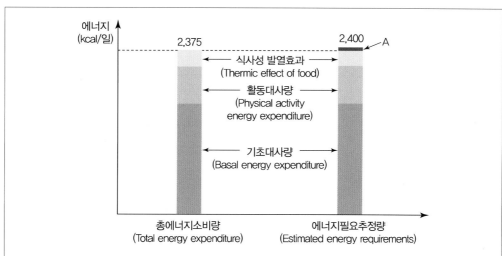

- 청소년의 총에너지소비량은 기초대사량, 활동대사량, 식사성 발열효과로 구성된다.
- 청소년의 에너지필요추정량은 총에너지소비량에 A를 더하여 산출하며, A는 (   )을/를 위한 에너지 소요량이다.

09 식품의 열량가에는 총열량가와 생리적 열량가가 있다. 이 두 가지가 서로 같지 않은 이유를 설명하시오.

해설 총열량가는 봄열량계에서 조사되는 열량이다. 실제 소화율이 100%가 안 되기 때문에 생리적 열량가는 총열량가에 비해 적게 나타난다.

10 1일 에너지요구량을 구하기 위한 기초대사량, 식사성 발열효과, 활동대사량과 적응대사량이 무엇인지 각각 쓰고 대체적인 열량의 비를 설명하시오. 그리고 1일 필요에너지량을 구하는 방법에 대해 설명하시오.

기초대사량 _____

_____

식사성 발열효과 _____

_____

활동대사량 _____

_____

적응대사량 _____

_____

열량의 비 _____

_____

1일 필요에너지량을 구하는 방법 _____

_____

해설 1일 에너지요구량을 구하는 전통적 방법에 대해 서술하면 된다. 본문의 내용을 통해 각각을 서술해 보자.

11 몸무게 60kg, 신장 175cm인 고등학교 2학년 남학생의 일일 기초대사량을 계산하시오(단, 계산식을 자세히 쓸 것).

_____

_____

_____

_____

_____

_____

해설 남성의 경우는 1.0kcal/kg/hr로 계산하면 된다. 60kg×1.0kcal/kg/hr×24hr/day = 1,440kcal/hr

12 비만의 원인과 종류를 지방구와 지방 분포 부위에 따라 분류하시오.

_____

_____

_____

_____

_____

해설 본문 내용을 참조한다.

13 영양교사가 비만인 학생들에게 제안할 수 있는 치료법을 3가지 제시하시오.

① : _____

_____

② : _____

_____

③ : _____

_____

해설 비만의 치료법은 식이요법, 운동요법, 행동수정요법, 약물치료요법이 있다. 각 내용을 대략적으로 풀어쓰면 된다.

14 거식증의 체크리스트와 탐식증의 체크리스트를 각각 5개씩 쓰시오.

거식증의 체크리스트

① : _____

② : _____

③ : _____

④ : _____

⑤ : _____

해설 본문 내용을 참조한다.

15 다음은 에너지대사 과정 중의 일부인 구연산 회로(citric acid cycle)를 간략하게 나타낸 그림이다. (가) 과정에서 조효소로 작용하는 비타민에 대한 설명으로 옳은 것은? 기출문제

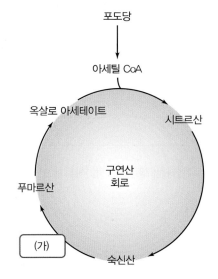

① 노인의 권장섭취량은 성인보다 높다.

② 자외선에 강하고 열에 약한 특징이 있다.

③ 육류, 난류, 우유 및 요구르트, 치즈가 주요 급원이다.

④ 상한섭취량이 설정되어 있으며, 과잉 시 독성의 위험이 있다.

⑤ 2010년 국민건강영양조사 결과, 성인의 경우 평균필요량 미만 섭취자 비율(%)이 낮아 비타민의 섭취가 충분한 것으로 나타났다.

정답 ③

16 다음은 생체 내에서 물질이 흡수되는 원리에 대한 그림이다. (가)~(라)에 대한 설명으로 옳은 것을 〈보기〉에서 고른 것은? 기출문제

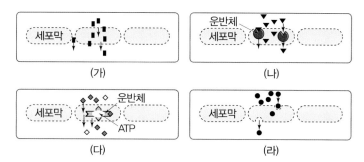

(가)

(나)

(다)

(라)

> ㄱ. 알코올은 (가)의 방법으로 흡수되므로 빈속에 술을 마시면 즉각적으로 흡수된다.
> ㄴ. 과당은 (나)의 방법으로 흡수되므로 갈락토오스보다 흡수 속도가 빠르다.
> ㄷ. 루이신은 (다)의 방법으로 흡수되므로 발린이나 이소루이신의 흡수를 촉진시킨다.
> ㄹ. 포도당은 소장에서 (다)의 방법으로 흡수되므로 세포 내의 포도당 농도가 높아도 흡수된다.
> ㅁ. 알부민과 면역 글로불린 G는 (라)의 방법으로 세포 내로 흡수된다.

① ㄱ, ㄴ, ㄷ   ② ㄱ, ㄷ, ㄹ   ③ ㄱ, ㄹ, ㅁ

④ ㄴ, ㄷ, ㅁ   ⑤ ㄴ, ㄹ, ㅁ

정답 ③

17 그림은 포도당의 이화 작용 및 지방산의 합성 과정을 간략하게 나타낸 것이다. A와 B에 해당되는 조효소의 공통적인 전구체 비타민에 대한 설명으로 옳은 것은? 기출문제

① 동물성 식품에만 함유되어 있다.

② 결핍되면 거대적아구성 빈혈이 나타난다.

③ 항산화제로 작용하여 비타민 E의 절약 작용을 한다.

④ 혈청 지질 수준의 개선 효과가 있고 과잉 섭취 시 부작용이 있다.

⑤ 숙신산(succinate)이 푸마르산(fumarate)으로 산화되는 과정에서 조효소로 작용한다.

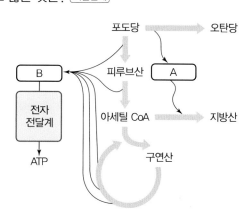

정답 ④

18 다음은 에너지대사 과정을 도식화한 것이다. (가)의 구성 성분인 비타민에 대해 바르게 설명한 것만을 〈보기〉에서 모두 고른 것은? 기출문제

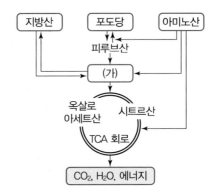

보기

ㄱ. 신경전달물질인 아세틸콜린을 합성한다.

ㄴ. 지방산, 콜레스테롤, 스테로이드 호르몬을 합성한다.

ㄷ. 헤모글로빈의 헴구조에서 프로토포르피린 생성에 관여한다.

ㄹ. 한국인 영양섭취기준(2005)에 충분섭취량이 설정되어 있다.

ㅁ. 거의 모든 식품에 들어 있으며 특히 소간, 닭고기, 계란 등에 많이 들어 있다.

① ㄱ, ㄴ   ② ㄱ, ㄴ, ㅁ   ③ ㄴ, ㄷ, ㄹ

④ ㄱ, ㄴ, ㄷ, ㅁ   ⑤ ㄱ, ㄴ, ㄷ, ㄹ ,ㅁ

정답 ⑤

19 다음은 바나나와 오렌지주스의 식품 성분 함량을 제시한 표이다. 표의 내용에 대한 설명으로 옳은 것만을 〈보기〉에서 모두 고른 것은? 기출문제

식품명	에너지	단백질	비타민 A	레티놀	β-카로틴	콜레스테롤	폐기율
바나나	80	1.2	2	0	9	(가)	40%
오렌지주스	36	0.7	11	0	68	(나)	0%

보기

ㄱ. 에너지와 영양소의 양은 가식부 100g당 함량이다.

ㄴ. 단백질의 양은 질소를 정량하고 질소계수를 적용하여 산출한다.

ㄷ. 비타민 A, 레티놀, β-카로틴은 함량 단위가 동일하다.

ㄹ. 바나나와 오렌지주스의 콜레스테롤 함량 (가)와 (나)는 각각 0이다.

ㅁ. 바나나 1개(껍질 포함 120g)는 오렌지주스 1컵(200g)보다 에너지 함량이 많다.

① ㄱ, ㄴ   ② ㄴ, ㅁ   ③ ㄷ, ㄹ

④ ㄱ, ㄴ, ㄹ   ⑤ ㄱ, ㄷ, ㄹ

정답 ④

20 다음은 식품 에너지의 체내 이용 경로를 제시한 그림이다. (가)~(마)에 대한 설명으로 옳은 것을 〈보기〉에서 고른 것은? 기출문제

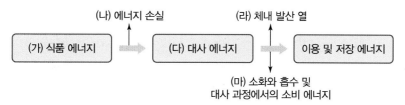

보기

ㄱ. 봄 열량계(bomb calorimeter)로 측정한 연소 에너지는 (가)이다.

ㄴ. 소변과 대변으로 배설되는 에너지는 (나)이다.

ㄷ. 탄수화물, 단백질, 지방의 (다)는 각각 4.15kcal/g, 5.65kcal/g, 9.45kcal/g이다.

ㄹ. (라)는 식사성 발열효과(thermic effect of food)이다.

ㅁ. 에너지 영양소 중 (마)가 가장 큰 영양소는 단백질이다.

① ㄱ, ㄴ, ㄹ   ② ㄱ, ㄴ, ㅁ   ③ ㄱ, ㄷ, ㅁ

④ ㄴ, ㄷ, ㄹ   ⑤ ㄷ, ㄹ, ㅁ

정답 ②

CHAPTER **06**

수용성 비타민

1 비타민 개요

1) 비타민의 발견

인류는 비타민 결핍증인 야맹증, 괴혈병, 각기병, 펠라그라, 악성 빈혈과 같은 질병으로 고통받아 왔다. 20세기 초에 과학자들은 이러한 질병들이 식품에 있는 어떤 중요한 물질의 섭취 부족에서 온다는 것을 발견하였다. 여러 실험 결과, 인공 합성 사료에서 발견되지 않은 미지의 영양소가 빠져 있기 때문이라는 사실을 알아냈다.

1912년 폴란드의 풍크C. Funk라는 화학자가 쌀겨에서 동물 성장에 필수적인 식품 성분을 확인하고 아민amine을 함유하는 유기화합물이라는 뜻에서 'vitamine'이라고 명명하였다. 그 후 생명에 필수적인 다른 식품성분이 발견되었고 이들이 모두 아민 기를 가지는 것은 아니므로 마지막 글자 'e'를 떼어 내고 'vitamin'이라 부르게 되었다. 또한 정상적인 성장을 돕는 물질에는 두 가지가 있으며 하나는 **지용성**이고 또 다른 하나는 **수용성** 물질이라고 하였다. 이에 따라 비타민을 지용성 비타민과 수용성 비타민으로 분류하게 되었다.

2) 비타민의 특성

신체에 미량 필요하며 체내에서 전혀 합성되지 않거나, 합성되더라도 필요량만큼 충분하지 못하므로 식사를 통해 공급받아야 한다. 섭취가 부족할 때에는 각기 독특한 결핍증상이 나타난다. 결핍증상은 대부분 치명적일 수 있으나, 필요한 비타민을 보충해 주면 다시 원래의 상태로 회복될 수 있다.

3) 비타민의 종류

인체에 필요한 비타민은 콜린choline을 포함하여 14가지이다. 발견 순서에 따라 알파벳 순으로 A, B, C, D, E의 명칭이 붙었다. 비타민 B는 기능적 유사성을 고려해 일련

분 류	화학명	종 류	발견 연도
지용성 비타민	레티놀(retinol)	비타민 A	1913
	콜레칼시페롤(cholecalciferol)	비타민 D	1919
	토코페롤(tocopherol)	비타민 E	1922
	필로퀴논(phylloquinone)	비타민 K	1935
수용성 비타민	아스코르브산(ascorbic acid)	비타민 C	1928
	티아민(thiamin)	비타민 B_1	1911
	리보플라빈(riboflavin)	비타민 B_2	1933
	니코틴산(nicotinic acid)	나이아신(niacin)	1937
	비오틴(biotin)	비오틴	1935
	판토텐산(pantothenic acid)	판토텐산	1938
	피리독신(pyridoxin)	비타민 B_6	1938
	폴라신(folacin)	엽산(folic acid)	1942
	코발라민(cobalamin)	비타민 B_{12}	1948
	콜린(choline)	콜린	1862

번호로 구분하였다. 기능에 따라 명명된 예로는 비타민 K가 있는데, 이는 혈액응고 요인을 나타내는 덴마크의 용어인 'Koagulation factor'의 머리글자를 딴 것이다.

비타민은 물과 기름에 대한 용해도에 따라 지용성 비타민fat-soluble vitamins과 수용성 비타민 water-soluble vitamins으로 나누어진다. 수용성 비타민에는 비타민 B군과 비타민 C가 있으며 지용성 비타민에는 비타민 A, D, E 및 K가 있다. 비타민의 용해도는 비타민의 체내 흡수·운반·대사·저장·배설 등에 영향을 미친다.

비타민의 양을 나타내는 단위는 비타민별로 **국제단위**International Unit ; IU를 정하여 그램 단위와 함께 사용하고 있다. 생물학적 활성이 다른 이성체나 전구체가 존재할 경우에는 활성형으로 전환되는 비율을 고려하여 이성체나 전구체로부터 전환될 수 있는 양을 모두 합하여 **당량**equivalent이라는 단위를 사용한다.

구 분	지용성 비타민	수용성 비타민
흡 수	림프로 먼저 들어간 후 혈류로 흡수	혈류로 직접 흡수
운 반	단백질 운반체 필요	혈액 내에서 자유로이 수송
저 장	지방세포에 축적	체액에서 자유로이 순환
결핍증	서서히 발생	빨리 발생
배 설	쉽게 배설되지 않음	과잉 섭취 시 소변으로 배설
독 성	과잉 섭취 시 독성 수준에 도달할 가능성이 큼	과잉 섭취해도 독성 수준에 도달하기 어려움
요구량	주기적 섭취 필요	소량씩 자주 섭취 필요

물에 용해되는 성질을 가진 비타민은 수용성 비타민water soluble vitamins이라고 하며, 종류로는 비타민 C와 비타민 B 복합체 8가지가 있다. 비타민 B 복합체는 조효소 형태로 전환되어 특정 이온이나 원자단을 옮겨 주는 역할을 하며 에너지 대사 및 여러 화학반응에 관여한다. 비타민 C는 중요한 성분의 합성에 필수적이며 세포의 산화·환원 반응 및 여러 화학반응에 관여한다. 수용성 비타민은 물에 잘 용해되므로 가열·조리·알칼리 조건에서 쉽게 손실될 수 있으며 몸에 저장되지 않고 지용성 비타민보다 소변이나 대변으로 쉽게 배설된다. 장기간 수용성 비타민의 섭취가 부족할 경우 결핍 증상이 나타날 수 있으며, 섭취량이 과다할 경우에도 과잉 증상이 나타날 수 있으나 지용성 비타민에 비해 독성은 적은 편이다.

2 티아민

1) 티아민의 구조 및 특징

티아민Thiamin은 비타민 B_1으로 불리며, 질소N를 포함하는 6원자 고리와 황S을 포함하는 5원자 고리 구조로 티아졸이 메틸렌기$-CH-$와 연결되어 있다. 체내에서 티아민이나 티아민 피로인산thiamin pyrophosphate ; TPP으로 존재한다. 티아민은 열과 알칼리(pH > 8)에 약하므로 장시간 가열조리하거나 식소다를 첨가하여 알칼리 상태에서 조리하면 영양상 기능을 잃게 된다.

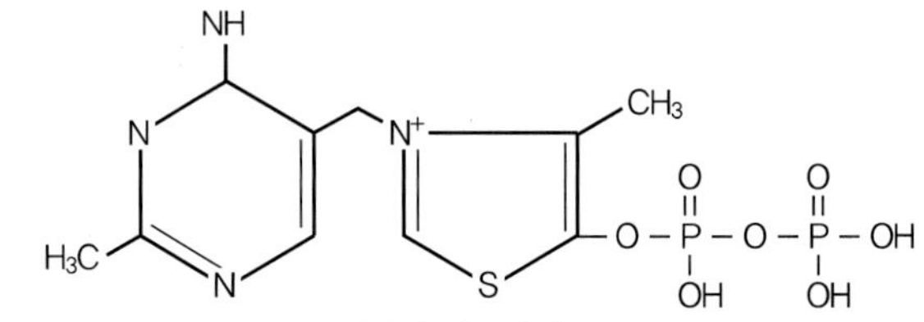

그림 6-1
티아민의 구조

티아민 피로인산

2) 티아민의 흡수 및 대사

티아민은 주로 소장의 공장에서 능동수송에 의해 흡수되고, 소장점막세포에서 인산기와 결합하여 활성형인 티아민 피로인산thiamin pyrophosphate ; TPP으로 전환되어 혈장과 적혈구를 통해 간과 근육으로 운반된다. 티아민과 티아민 대사물은 저장량이 매우 적어 과잉 섭취하면 소변을 통해 배설된다.

3) 티아민의 체내 기능

티아민은 조효소인 **티아민 피로인산**thiamin pyrophosphate ; TPP의 구성성분으로 에너지 대사를 돕는다.

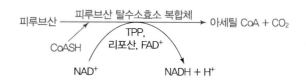

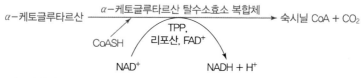

그림 6-2
TPP가 관여하는 에너지 대사

※ α-케토산인 피루브산과 α-케토글루타르산의 산화적 탈카르복실화 반응에 티아민으로부터 형성된 TPP가 조효소로 작용하며, 그 외에도 리보플라빈은 FAD, 니아신은 NAD, 판토텐산은 CoA로 전환되어 효소 반응에 조효소로 이용된다.

조효소(TTP)의 기능

1. 에너지 대사 : TCA 회로의 시작 과정에 관여
2. 신경 전달 : 신경전달물질인 아세틸콜린의 합성에 관여 → 정상적으로 신경자극 전달되도록 도움 ☞ 결핍 시 말초신경계 이상
3. RNA와 DNA의 구성성분인 리보오스 합성에 관여

4) 티아민의 결핍증과 과잉증

티아민은 탄수화물 산화 과정에 필수적인 식품으로, 탄수화물과 에너지의 섭취량이 많을수록 티아민의 필요량은 증가한다. 티아민 결핍으로 나타나는 대표적인 임상증세는 **각기병**으로 에너지 대사를 위해 필요한 조효소인 **티아민 피로인산**thiamin pyrophosphate ; TPP의 부족으로 신경계, 심혈관계, 소화기계 장애가 나타난다. 각기병에는 신경계 이상이 주로 나타나는 **건성각기**와 심혈관계 이상이 나타나는 **습성각기**가 있다.

티아민 결핍의 요인

1. 지나친 탄수화물 위주의 식사
2. 만성적인 알코올 섭취
3. 심한 운동을 하는 운동선수나 육체노동 강도가 높은 직업군

	결핍증	과잉증
표 6-3 티아민 결핍증과 과잉증	• 신경계(건성각기) : 말초신경계의 마비로 인한 사지의 감각· 　운동·반사기능의 장해, 근육소모증 등 • 심혈관계(습성각기) : 말초신경 마비, 부종, 울혈성 심부전증 등 • 소화기계 : 식욕부진, 소화불량, 변비, 위산 분비 감소, 위무력 　증 등	보고된 것이 거의 없으나, 알 레르기가 나타날 수 있음

5) 티아민 급원식품

티아민은 육류 중 돼지고기와 내장고기, 해바라기씨, 콩류, 감자 등에 많이 함유되어
있다. 티아민은 수용성 비타민이므로 조리 과정 중 열이나 산화 등에 의해 손실될
수 있다.

> **티아민 급원식품**
>
> 1. 동물성 식품 : 돼지고기, 내장고기(간) 등
> 2. 식물성 식품 : 콩류, 해바라기씨, 전곡, 종실류, 강화곡류, 아스파라거스, 견과류(땅콩, 밤, 호
>   두, 아몬드), 참깨 등

3 리보플라빈

1) 리보플라빈의 구조 및 특징

리보플라빈Riboflavin은 비타민 B_2라 불리며, 체내에서 조효소인 플라빈 모노뉴클레오
티드Flavin Mononucleotide ; FMN와 플라빈 아데닌 디뉴클레오티드Flavin Adenine
Dinucleotide ; FAD의 구성성분으로 고리 중앙에 당의 환원형인 리비톨이 결합되어
있다. 리보플라빈은 수용성으로 물에 쉽게 녹지 않으며 비교적 열에 안정하고 자외
선에 쉽게 파괴된다.

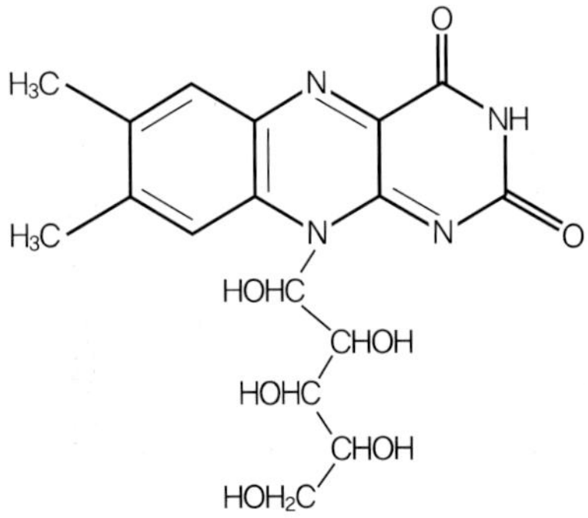

그림 6-3
리보플라빈의 구조

2) 리보플라빈의 흡수 및 대사

리보플라빈은 두 가지 조효소의 형태로 단백질과 결합되어 있기 때문에 위산과 단백질 소화효소가 필요하며, 위에서 단백질과 분리되어 소장에서 리보플라빈으로 전환된 후 흡수된다. 과잉으로 섭취한 리보플라빈은 대부분 소변으로 배설되며 이때 소변의 색이 리보플라빈으로 인하여 진한 노란색을 띠게 된다.

3) 리보플라빈의 체내 기능

리보플라빈은 탄수화물, 지방, 아미노산 대사경로에서 필수적인 영양소로, 대개 산화·환원 반응의 조효소로 이용된다.

 FMN과 FAD는 산화환원 반응의 조효소로 이용

1. 각종 대사작용 : 전자전달계에서 활동
   - 포도당 산화 과정
   - 지방산 분해 과정
   - 일부 다른 비타민과 무기질의 대사 과정
2. 항산화 기능 : 글루타티온 환원효소(glutathione reductase)의 활성 유지에 관여

4) 리보플라빈 결핍증

리보플라빈 결핍증은 주로 구강에 많이 나타나는데, 입 주변의 조직이 갈라지는 **구각염·구순염·설염** 등과 생식기 주변에 나타나는 **지루성 피부염, 중추신경계** 장애 등이 있다. 경구피임약을 지속적으로 복용하거나 알코올 중독·간질환자·노인에게 리보플라빈 결핍 증상이 보고되고 있다. 리보플라빈의 결핍증상은 티아민, 니아신, 엽산, 비타민 B_6 등과 연결되어 이루어지기 때문에 단독으로 결핍되는 일은 거의 없다.

리보플라빈은 열량 영양소 대사 과정에 필수적인 요소이므로 열량 대사가 매우 활발한 운동선수들은 일반인보다 약 1.5배의 리보플라빈을 섭취하는 것이 좋다.

그림 6-4
설염과 구각염

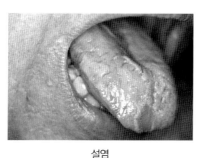
설염

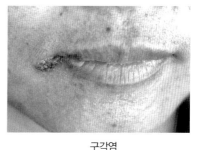
구각염

표 6-4	결핍증	과잉증
리보플라빈 결핍증과 과잉증	설염, 구순염, 지루성 피부염, 안구충혈, 정신착란 등	보고된 것 없음

5) 리보플라빈 급원식품

리보플라빈은 동물성 식품과 유제품에 많이 함유되어 있으며 자외선에 약하므로 종이나 불투명 재질로 보관하는 것이 좋다.

리보플라빈 함유식품

1. 동물성 식품 : 우유 및 유제품, 육류, 계란, 간 등
2. 식물성 식품 : 강화 곡류, 버섯, 시금치, 아스파라거스 등

4 니아신

1) 니아신의 구조 및 특징

니아신Niacin은 니코틴산nicotinic acid과 니코틴아미드nicotinamide로 존재하고, 조효소 형태는 니코틴아미드 아데닌 디뉴클레오타이드NIcotinamide Adenine Dinucleotide ; NAD와 니코틴아미드 아데닌 디뉴클레오타이드 포스페이트Nicotinamide Adenine Dinucleotide Phosphate ; NADP로 체내 산화·환원 반응에 참여한다. 니아신은 열에 매우 안정하며 조리 중 손실이 거의 없다.

2) 니아신의 흡수 및 대사

니아신은 위에서 흡수되기도 하지만 대부분 소장 상부에서 흡수된다. 소량의 나이아신은 나트륨 이온펌프나 운반체의 도움을 받아 흡수되며 다량 섭취하면 단순확산에 의해 흡수된다.

니아신은 체내에서 필수아미노산인 트립토판으로부터 합성될 수 있다. 니아신의 단위는 니아신 당량Niacin Equivalent ; NE으로 60mg 트립토판이 1mg의 니아신으로 전환되어 사용된다.

니아신 당량

1NE = 1mg 니아신 = 60mg 트립토판

3) 니아신의 체내기능

니아신은 생체 내의 수많은 산화·환원 반응에 관여하며 에너지대사에 필수적인 NAD와 NADP를 공급한다.

니아신 조효소의 기능

1. 각종 대사작용
   • NAD : 탄수화물 대사(해당, TCA 회로), 지방산화 과정, 알코올 대사 등
   • NADP : 오탄당인산경로, 지방산과 스테로이드의 합성
2. 약리작용 : 심장병 환자들의 혈청 콜레스테롤 수치의 저하

4) 니아신의 결핍증과 과잉증

니아신은 신체의 전반적인 대사에 관여하므로 결핍될 경우 신체 전체에 장애를 가져오고, 펠라그라pellagra라는 임상증상이 나타난다.

표 6-5
**니아신
결핍증과 과잉증**

결핍증	과잉증
펠라그라(피부염, 소화관 점막염, 설사, 정신적 무력증, 우울증 등의 증상)	• 일반 식품으로는 없음 • 니아신 복용 : 피부 홍조, 가려움증, 메스꺼움, 간기능 장애 등

펠라그라pellagra
• 식이 중 **니아신이 결핍**되었을 때 또는 **트립토판이 풍부한 단백질의 섭취가 부족**할 때 나타나는 질병
• 펠라그라의 증상은 4D로 표현 : **피부염**(Dematitis), **설사**(Diarrhea), **정신질환**(Dementia), **죽음**(Death)

니아신 결핍증의 원인

1. 알코올 중독   2. 식이 제한   3. 티아민, 리보플라빈, 피리독신의 결핍
4. 스트레스   5. 외상   6. 종양   7. 갑상선 기능항진
8. 만성 열병   9. 임신, 수유   10. 당뇨 등

5) 니아신 급원식품

니아신은 계란, 우유, 쇠고기, 돼지고기, 생선, 밀가루 등을 통해 주로 섭취되며, 간이나 콩 등에 있는 니아신은 체내 이용률이 높다.

 니아신 급원식품

1. 식물성 식품 : 버섯, 땅콩, 밀기울, 아스파라거스 등
2. 동물성 식품 : 참치, 칠면조, 닭고기 등
3. 트립토판 함유식품 : 우유, 난류 → 니아신 함량은 낮으나 전구체인 트립토판 풍부

5 비타민 B₆

1) 비타민 B₆의 구조 및 특징

비타민 B₆에는 피리독신pyridoxine, 피리독살pyridoxal, 피리독사민pyridoxamin의 3가지가 있으며, 모두 간에서 인산화 과정을 거쳐 피리독살 5'−인산PLP과 피리독사민 5'−인산PMP, 피리독신 5'−인산PNP라는 조효소 형태로 존재한다. 비타민 B₆는 산성용액에 안정하며 알칼리 용액에는 약하고 자외선에 의해 파괴된다.

 비타민 B₆와 조효소의 종류

1. 비타민 B₆
   • 피리독신ptridoxine ; PN−식물성 식품
   • 피리독살pyridoxal ; PL−동물성 식품
   • 피리독사민pyridoxamine ; PM−식물성 식품
2. 인산이 결합된 비타민 B₆ 조효소
   • 피리독살 5'−인산ptridoxal 5'−phosphate ; PLP : 동물성 식품의 활성이 높음
   • 피리독사민 5'−인산pyridoxamine 5'−phosphste ; PMP
   • 피리독신 5'−인산pyridoxine 5'−phosphate ; PNP

2) 비타민 B₆의 흡수 및 대사

비타민 B₆는 주로 공장에서 흡수된다. 흡수속도는 피리독살이 가장 빠르고, 피리독신이 가장 늦게 흡수된다. 흡수된 비타민 B₆는 대부분 간으로 운반되어 조효소인 PLP로 전환되며 근육에 저장된다. 과량 섭취한 비타민 B₆는 신장을 통해 소변으로 배설된다.

 비타민 B6

1. 활성이 가장 높은 비타민 B6 : 피리독살 5'-인산(pyridoxal 5'-phosphate ; PLP)
2. 흡수속도 : PL>PM>PN
3. 저장량 : 근육>간>혈장

3) 비타민 B6의 체내 기능

비타민 B6는 주로 PLP 형태의 조효소가 되어 탄수화물·지방·단백질 대사에서 필요한 효소의 활성화를 돕는다.

① 아미노산과 단백질 대사 : 비타민 B6는 탈아미노기 반응, 아미노기 전이반응, 탈탄산 반응과 같은 모든 대사 과정에서 PLP가 조효소로 작용한다.

② 탄수화물 대사 : 비타민 B6는 글리코겐을 포도당으로 분해시키는 효소glycogen phosphoylase의 조효소로 작용하여 혈당 유지와 에너지 생성 및 당신생 과정에 관여한다.

③ 과호모시스테인 혈증의 방지 : 비타민 B6는 동맥경화를 유발하는 호모시스테인homocystein을 메티오닌으로 전환하는 과정을 도와 혈관 질환을 예방한다. 노인의 경우 비타민 B6, 엽산, 비타민 B12 등이 부족한 식사를 할 경우 인체에 유해한 호모시스테인을 메티오닌으로 전환시켜 과호모시스테인혈증으로 발생하는 심장병을 예방할 수 있다.

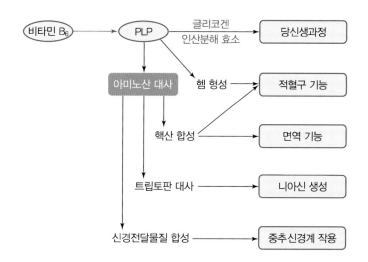

그림 6-5
PLP 조효소가
관여하는 생체반응

과 정	결 과	PLP 결핍
혈구세포 합성	면역기능(백혈구, 림프구 생성), 적혈구 기능	빈 혈
비타민 합성	트립토판 → 니아신	펠라그라 증세
신경전달물질 합성	중추신경계 작용 • 티로신 → 도파민, 노르에피네프린(부교감신경) • 히스티딘 → 히스타민 • 글루탐산 → γ-아미노부티르산(GABA)	신경전달물질 결핍증 (우울, 두통, 메스꺼움 등)

표 6-6
PLP가 관여하는
대사

4) 비타민 B6의 결핍증과 과잉증

비타민 B6는 단백질 및 아미노산 대사와 관련이 높아 단백질 섭취가 증가할수록 더욱 필요해진다. 알코올 중독의 경우에도 비타민 B6의 부족증상이 나타날 수 있으며 리보플라빈 등 다른 비타민의 섭취가 부족할 때 구각염, 피부염, 우울증 등의 증상이 동시에 나타난다.

표 6-7
비타민 B6의
결핍증과
과잉증

결핍증	과잉증
• 다른 비타민 B 복합체의 섭취 부족과 함께 나타남 • 피부염, 구각염, 구내염, 말초신경 장애, 현기증, 우울증, 빈혈 등	• 일반 식품으로는 없음 • 생리전증후군(Premenstural syndrome) 등 질병 예방 목적으로 비타민 B6 복용 : 운동 및 신경 이상 증세

비타민 B6 결핍 요인

• 알코올 중독, 갑상선 기능항진, 요독증, 스트레스, 피임약 장기 복용, 임신
• 고단백 식이, 간질환, 고령화, 유방암

---

5) 비타민 B6 급원식품

비타민 B6는 동물성 식품과 식물성 식품에 고르게 함유되어 있으나, 식물성 식품은 동물성 식품에 비해 이용률이 낮다.

 비타민 B6 급원식품 ●

1. 동물성 식품 : 육류, 생선류, 가금류 등의 근육
2. 식물성 식품 : 현미, 대두, 밀, 배아, 귀리, 시리얼, 전곡, 바나나, 시금치 등

6 엽 산

1) 엽산의 구조 및 특징

엽산folic acid은 '식물의 잎'이라는 라틴어에서 유래되었으며, 임신부의 거대적아구성 빈혈을 치료하는 과정에서 발견된 수용성 물질이다. 엽산은 **프테리딘**Pteridine, **파라-아미노벤조산**para-aminobenzoic acid, **글루탐산**glutamic acid이 한 분자씩 연결되어 있는 구조로 체내에 흡수되거나 엽산보충제로 사용된다. 자연식 엽산은 식품의 조리·가공 과정에서 파괴되는 비율이 높다.

2) 엽산의 흡수 및 대사

식품 중의 엽산은 소장에서 흡수된 후 **테트라히드로 엽산**THF 형태로 전환되어 혈액을 통해 운반된다. 자연식품에 함유된 엽산의 체내 흡수율은 약 50% 정도이며, 체내 엽산의 50% 정도가 간에 저장되고 담즙과 소변을 통해 체외로 배설된다. 알코올은 엽산의 흡수를 방해하고 소변을 통한 엽산 배설량을 증가시키며, 엽산의 장 간 순환도 방해한다.

3) 엽산의 체내 기능

① DNA 합성 및 세포분열 : 엽산은 DNA 합성에 필요한 퓨린과 피리미딘 염기 합성에 관여하여 세포분열을 돕는다. 따라서 유아기·성장기·임신기·수유기 등 세포분열이 많이 일어나는 시기의 엽산 섭취가 중요하다.

② 메티오닌 합성 : 엽산은 비타민 B_{12}와 함께 조효소로서 **호모시스테인**으로부터 메티오닌을 합성하는 과정에 관여한다.

4) 엽산의 결핍증과 과잉증

엽산 결핍 시 나타나는 대표적인 임상증세로는 **거대적아구성 빈혈**megaloblastic anemia과 **이분 척추** 등의 신경관 손상이 있다. 임신기에는 태아의 성장과 자궁 확대 등을 위해 엽산의 필요량이 증가한다. 이 시기에 엽산의 섭취가 부족하면 빠른 속도로 교체되어야 하는 **적혈구가 DNA를 합성**할 수 없어, 성숙한 적혈구로 분열되지 못하여 비정상적으로 크고 **미성숙한 거대적아구 형태**가 된다. 따라서 혈액 내로 방출되는 성숙한 정상 적혈구 수가 감소되고 핵을 가진 대형 적혈구가 혈류에 나타나서 산소운반능력이 저하되는 거대적아구성 빈혈이 생기고, 유산이나 태아의 기형이 유발될 수 있다. 따라서 미국은 가임기 여성에게 엽산 보충제를 섭취하도록 권장하고 있다.

	결핍증	과잉증

	• 거대적아구성 빈혈
	   – 비정상적으로 크고, 파괴되기 쉬우며, 산소운반능력이 떨어짐
	   – 허약감, 피로, 불안정, 가슴 두근거림이 나타남
	 • 신경관 손상 : 기형아 출산 확률 ↑, 무뇌증, 이분 척추로 전신마비, 배
	   변실금, 뇌수종, 학습 장애가 발생
	 • 과호모시스테인혈증 : 혈액 내 호모시스테인 농도↑ → 과호모시스테
	   인혈증(hyperhomo-cysteinemia) 유발 → 동맥 손상을 유발
		일반 식품은 없음

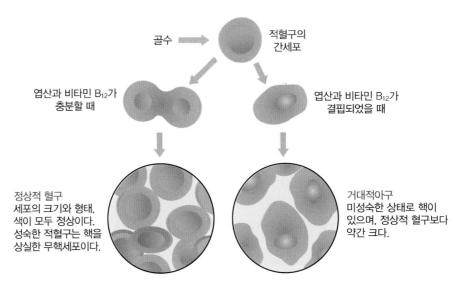

그림 6-6
거대적아구성 빈혈

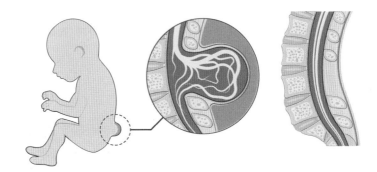

그림 6-7
이분 척추

5) 엽산 급원식품

엽산은 시금치, 상추, 배추와 같은 짙푸른 잎채소에 많이 들어 있고 브로콜리, 간, 오렌지주스, 바나나, 대두, 녹두에도 들어 있다. 열에 쉽게 파괴되며 조리수를 통한 손실량도 많으므로 신선한 생과일이나 열처리를 하지 않은 채소가 엽산 공급원으로 좋다. 비타민 C는 엽산의 산화를 방지해 준다.

엽산 함유식품

1. 짙푸른 잎채소, 콩류, 브로콜리, 아스파라거스, 오렌지주스 등
2. 동물의 간

7 비타민 B_{12}

1) 비타민 B_{12}의 구조 및 특징

비타민 B_{12}는 **동물성 식품**에만 함유되어 있는 수용성 비타민이다. **코발트**Co를 중심으로 한 고리형 구조로 **코발라민**cobalamin이라고도 한다. 비타민 B_{12}는 장내 세균에 의해 합성되며 체내에서는 조효소인 **메틸코발아민**methylcobal-amin과 **5-디옥시아데노실코발아민**5-deoxyadenosyl cobalamin의 형태로 존재한다.

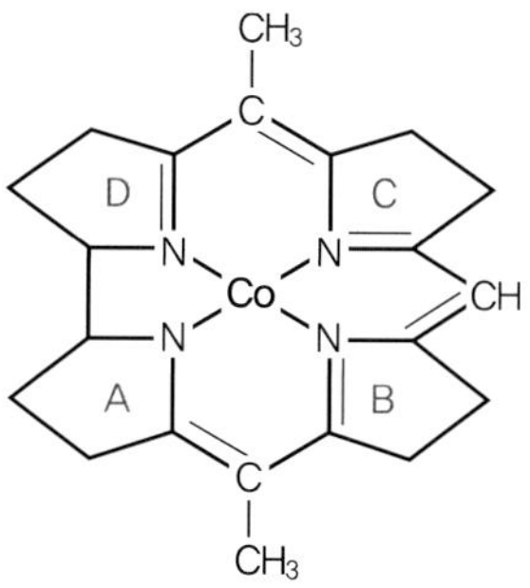

그림 6-8
비타민 B_{12} 구조

2) 비타민 B_{12}의 흡수 및 대사

식품 내의 비타민 B_{12}는 다른 물질과 결합된 형태로, 소화 과정에서 위산과 펩신에 의해 유리되며 주로 소장 끝부분인 **회장**에서 흡수된다. 비타민 B_{12}는 혈액 내에서 단독으로 다닐 수 없으므로 운반 단백질인 **트랜스코발아민 II**와 결합하여 간과 골수 등의 조직으로 운반되며 간에서 50% 정도가 저장된다.

비타민 B_{12}의 흡수 방해 요인

1. 내적 인자의 합성 부족
2. 선천적으로 R-단백질 또는 트립신 분비 부족
3. 소장 또는 위절제 수술 등에 의해 내적 인자의 부족
4. 제산제의 복용으로 위산 분비 억제
5. 무산증 환자의 내적 인자 부족
6. 회장 점막의 비타민 B_{12} 수용체의 내적인자/비타민 B_{12} 복합체가 잘 결합하지 않을 때
7. 촌충에 감염되었을 때

3) 비타민 B₁₂의 체내 기능

① 메티오닌 합성 : 엽산과 상호작용하여 **호모시스테인**을 메티오닌으로 합성시킨다.

② 신경섬유의 미엘린 수초myelin 유지 : 신경섬유의 절연체 역할을 하는 미엘린 수초를 정상적으로 유지시켜 준다.

③ 정상 적혈구의 형성 : 결핍되면 메틸-THF가 THF로 전환되지 못하여 엽산 조효소 THF가 작용하지 못해 DNA 합성에 방해를 받는다. 그에 따라 2차적으로 엽산 결핍을 초래하여 **거대적아구성 빈혈**이 나타나게 된다.

4) 비타민 B₁₂의 결핍증과 과잉증

비타민 B₁₂는 **동물성 식품**을 통해서만 섭취가 가능하여 채식주의자들에게 부족하기 쉬운 영양소이다. 비타민 B₁₂의 섭취 부족 시 나타나는 임상증상은 악성빈혈('악성'이라 함은 '사망에 이른다'는 의미)과 신경 장애가 있다. 신경 장애의 경우 비타민 B₁₂를 공급해 주어도 회복되지 않는다. 따라서 채식주의자의 모유를 먹는 유아에게는 여러 발달 장애가 나타날 수 있으므로 따로 비타민 B₁₂를 보충해야 한다.

표 6-9
비타민 B₁₂의 결핍증과 과잉증

결핍증	과잉증
• 악성빈혈 : 거대적혈구성 빈혈 • 신경 장애 : 운동 장애, 무감각, 인지능력 장애 • 유아의 결핍증 : 빈혈, 두뇌 성장 발달 지연, 척추 퇴화, 지적능력의 발달 부진 등	일반 식품으로는 없음

5) 비타민 B₁₂ 급원식품

비타민 B₁₂는 **동물성 식품**에서만 섭취 가능하며, 육류와 우유 및 유제품 등에 많이 함유되어 있다.

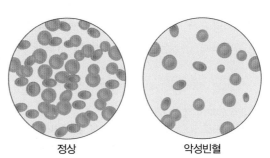

그림 6-9
정상 적혈구와 악성빈혈

정상 　　　　　악성빈혈

 비타민 B₁₂ 함유식품 ●

동물성 식품인 육류, 내장육(간, 신장, 심장육), 가금류, 어패류, 우유 및 유제품 등

8 판토텐산

1) 판토텐산의 구조 및 특징

판토텐산Pantothenic acid은 **코엔자임 A의 구성성분**으로 탄수화물, 지방, 단백질 등의 에너지 대사에 필수적이다.

2) 판토텐산의 흡수 및 대사

판토텐산은 소장에서 쉽게 흡수된 후 인산화반응에 의해 **CoA**를 형성한다. 적혈구 내에서는 **CoA**의 형태로 존재하며 혈장에서는 유리 형태인 판토텐산으로 존재한다. 판토텐산은 모든 조직에 존재하며, 특히 간과 신장에 많고 과잉 섭취 시 소변을 통해 배설된다.

3) 판토텐산의 체내 기능

판토텐산은 조효소 형태인 CoA와 아실기 운반단백질ACP의 **구성성분**으로 여러 대사 과정에 관여한다.

조효소 CoA의 기능

1. 에너지 영양소의 산화 : 탄수화물, 지방, 단백질 모두 아세틸 CoA 합성
2. 지방산의 합성 : 코엔자임 A + 아세테이트 → 아세틸 CoA → 지방산 합성
   콜레스테롤, 케톤체 등의 합성
3. 신경물질의 합성 : 아세틸 CoA + 콜린 = 아세틸콜린 합성
4. 헴의 합성

4) 판토텐산 급원식품

판토텐산은 거의 모든 식품에 함유되어 있으며, 버섯·간·땅콩·육류·계란의 노른자·두류·전곡 등에 많이 함유되어 있다. 일반 조리 과정이나 저장 조건에서 비교적 안정한 편이지만 통조림의 제조 과정 중 열처리에 의해 파괴될 수 있다.

9 비오틴

1) 비오틴의 구조 및 특징

비오틴Biotion은 황을 포함하고 있는 비타민으로, 식품에 유리 상태나 리신과 결합된

비오시틴의 조효소 형태로 존재한다. 생난백이 들어 있는 음식을 먹은 동물에게 결핍 증세가 발생함에 따라 발견되었다.

2) 비오틴의 흡수 및 대사

비오틴은 주로 식품 중의 단백질과 결합되어 있으므로 소장의 비오틴 분해효소 biotinidase에 의해 단백질을 분리한 후 **능동운반**에 의해 대부분 흡수되어 문맥을 통해 혈액으로 들어간다. 그러나 생난백을 다량으로 섭취한 경우, 비오틴이 계란흰자의 **아비딘**과 결합하여 흡수를 방해한다.

3) 비오틴의 체내 기능

비오틴은 포도당, 지방산, 아미노산의 대사 과정에서 조효소로 작용한다. 또한 DNA 결합 단백질에 관여하여 세포 증식에 중요한 역할을 한다.

표 6-10
비오틴의 체내 기능

체내 기능	생체 반응	관여 효소
포도당신생 합성	피루브산 → 옥살로아세트산	피루브산 카르복실화 효소
지방산 합성	아세틸 CoA → 말로닐 CoA	아세틸 CoA 카르복실화 효소
아미노산 → TCA 중간산물로 전환	프로피오닐 CoA → 메틸말로닐 CoA	포로피오닐 CoA 카르복실화 효소
루신의 이화 과정	메틸크로토닐 CoA → 메틸글루타코닐 CoA	메틸크로토닐 CoA 카르복실화 효소

4) 비오틴의 결핍증과 과잉증

비오틴 결핍은 인체에서 거의 일어나지 않으나 선천적으로 **비오티니다아제**biotinidase라는 비오틴 합성효소가 부족한 유아에게 나타나 피부 발진과 머리 및 눈썹의 탈모, 경련, 신경계 질환, 성장저해를 일으킨다.

표 6-11
비오틴의 결핍증과 과잉증

결핍증	과잉증
• 유아 : 선천적인 비오티니다아제의 결핍, 2~3개월 안에 피부발진, 탈모증 등의 증세 • 영아 및 성장기 아동 : 성장 저해 • 성인 : 경련과 뇌손상 등	거의 없음

비오틴이 결핍되기 쉬운 조건 ●

1. 진정제를 장기간 복용한 사람 : 비오티니다아제의 활성이 저해
2. 과량의 생난백을 섭취하는 사람 : 생난백의 아비딘은 비오틴과 결합하여 비오틴의 흡수를 저해
3. 임신, 수유기
4. 무염산증
5. 알코올 중독자 등

5) 비오틴 급원식품

비오틴은 동물성 식품에 모두 포함되어 있다. 곡류는 육류에 비해 비오틴의 생체이용률이 낮으며, 비오틴의 섭취량이 많을수록 생체이용률은 낮아진다.

비오틴 급원식품 ●

1. 동물성 식품 : 계란노른자, 간, 치즈, 닭고기 등
2. 식물성 식품 : 땅콩, 대두, 밀 등
※ 비오틴의 생체이용률 : 옥수수와 대두는 100%, 밀은 0%

10 비타민 C

1) 비타민 C의 구조 및 특징

비타민 C는 포도당과 모든 생물 조직에 존재하며 대부분의 포유류에서 포도당으로부터 합성할 수 있다. 그러나 사람, 원숭이, 조류, 생선류 등은 비타민 C를 자체 생성하지 못하므로 음식을 통해서만 섭취할 수 있다. 체내에서 비타민 C의 활성을 지니는 물질로는 환원형인 **아스코르브산**ascorbate, 산화형인 **디하이드로아스코르브산** dehydroascorbate이 있다. 이는 건조 상태나 산성 용액에서는 비교적 안정하나, 수용액에서는 열·알칼리 등에 의해 쉽게 파괴된다.

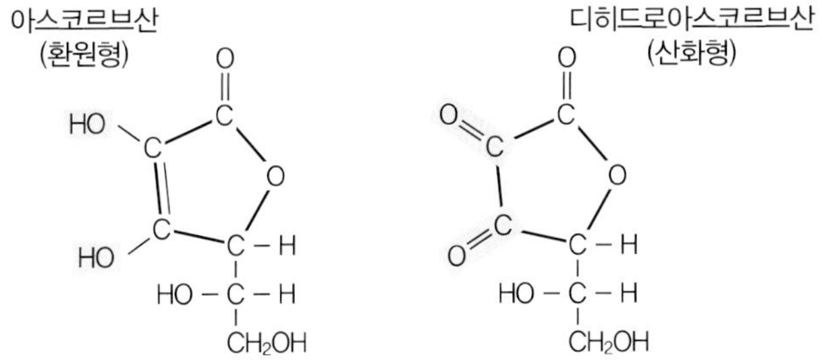

아스코르브산
(환원형)

디히드로아스코르브산
(산화형)

그림 6-10
비타민 C의 구조

2) 비타민 C의 흡수 및 대사

비타민 C는 소장 하부에서 **능동수송**에 의해 대부분이 흡수되며 섭취량이 적을 때는 빨리 흡수되고 많을 때는 속도가 느려진다. 흡수된 아스코르브산은 각 조직으로 이동하고, 부신 피질, 뇌하수체·수정체 순으로 함량이 많다.

3) 비타민 C의 체내 기능

비타민 C는 수소 또는 전자공여자로 탄수화물, 지방, 단백질 대사 과정에 필수적인 역할을 한다. 수용성 환경에서 강력한 환원제로 작용하며 수산화반응에 조효소로 사용된다. 콜라겐collagen 형성과 카르니틴carnitine, 신경전달물질의 합성, 철의 흡수, 면역기능, 상처 회복 등의 기능에 관여한다.

 비타민 C의 기능

1. 콜라겐(결합조직을 구성하는 단백질) 합성
2. 강력한 항산화제
3. 철의 흡수·이동·저장 등
4. 세포구성물질(카르니틴) 합성
5. 해독·면역 작용, 상처 회복
6. 신경전달물질(도파민, 노르에피네피린, 세로토닌) 합성

4) 비타민 C의 결핍증과 과잉증

비타민 C가 결핍되면 결합조직에 있는 콜라겐의 정상적인 합성이 방해되어 신체 내 모든 결합조직에 변화를 주어 **괴혈병**이 생기게 된다. 괴혈병의 주된 증상은 피로감, 잇몸 출혈, 피부의 점상 출혈이며 상처 치유가 지연되고 뼈의 통증 및 골절이 유발되어 설사가 나타나기도 한다. 알코올 중독·수술·스트레스·갑상선기능항진증·노화에 의해 비타민 C 흡수가 떨어져 결핍증상이 나타날 수도 있다. 흡연자의 경우 폐에서 산화적 스트레스가 증가하여 혈중 비타민 C 농도가 현저하게 감소되므로 비흡연자에 비해 많은 양이 필요하다.

표 6-12
비타민 C의
결핍증과 과잉증

결핍증	과잉증
• 콜라겐 합성 방해로 연골과 근육조직의 변형, 성장 지연 • 괴혈병(점상 출혈, 허약 증세)	위염, 설사, 복통, 결석 등

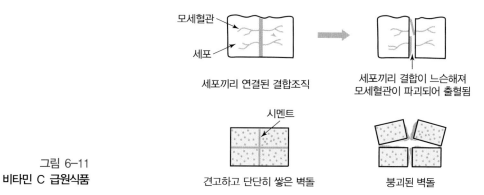

모세혈관

세포

세포끼리 연결된 결합조직

세포끼리 결합이 느슨해져
모세혈관이 파괴되어 출혈됨

시멘트

견고하고 단단히 쌓은 벽돌

붕괴된 벽돌

그림 6-11
비타민 C 급원식품

5) 비타민 C 급원식품

비타민 C는 신선한 상태의 과일과 채소에서 가장 많이 섭취할 수 있다. 비타민 C를 보충제로 섭취할 때의 흡수율은 식품 섭취 시의 흡수율과 비슷하다.

비타민 C는 주스와 같은 산성 용액에서는 안정하나 알칼리성 용액과 가열·산소·철·구리 등의 금속에 매우 불안정하여 가공 및 조리 과정 중에 쉽게 파괴되므로 조리 가공 시 주의를 기울여야 한다.

 비타민 C 급원식품 ●

1. 감귤류, 레몬, 토마토, 딸기, 키위, 강화된 과일주스 등
2. 녹색 채소류(풋고추, 브로콜리, 케일, 양배추, 피망, 시금치, 고춧잎 등)

그림 6-12
비타민 C 결핍으로
나타나는 괴혈병

비타민 C의 급원식품
(   ) 안의 수치는 제시된
식품 중에 비타민 C의 함량임

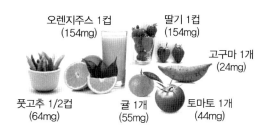

오렌지주스 1컵
(154mg)

딸기 1컵
(154mg)

고구마 1개
(24mg)

풋고추 1/2컵
(64mg)

귤 1개
(55mg)

토마토 1개
(44mg)

CHAPTER 06 수용성 비타민에 관련된 문제풀이는 495쪽에 있음

CHAPTER **07**

지용성 비타민

지용성 비타민fat soluble vitamins은 말 그대로 **지질에 녹는 비타민**으로, 수용성 비타민과 가장 큰 차이점은 흡수 및 이동이 지질의 흡수 및 이동과 밀접하게 관련이 있다는 점이다. 지용성 비타민의 종류로는 **비타민 A, D, E와 K**가 있다. 일반적으로 지용성 비타민은 소변으로 배설이 되지 않고 체내에 상당량 저장될 수 있으므로 과잉 섭취 시 **과잉증 또는 독성**이 나타날 수 있다. 지용성 비타민의 영양상태 평가에는 다음과 같은 방법들이 이용된다.

표 7-1
**지용성 비타민의
영양상태 평가**

구 분	평가 방법
비타민 A	1. 혈중 레티놀 농도 측정 : 극심한 결핍 이전에는 낮아지지 않음 2. 간의 레티노이드 함량 : 가장 정확하나 간 조직을 떼어내야 함 3. 비타민 A 보충 전후 혈중 레티놀 함량 측정 4. 상대적 용량 반응 실험
비타민 D	혈청의 25-하이드록시로 D 측정
비타민 E	1. 혈청의 비타민 E 측정 2. 적혈수를 과산화물과 함께 3시간 동안 배양하여 적혈구 파괴 정도 측정 3. 불포화지방산을 과산화물과 함께 3시간 동안 배양하여 불포화지방산의 분해산물 측정
비타민 K	1. 혈액응고 시간 측정 2. 혈중 비타민 K 농도 측정 3. 혈중 프로트롬빈 농도 측정

1 비타민 A

1) 비타민 A의 구조 및 특징

비타민 A는 활성형인 **레티노이드**retinoid와 비활성형인 **카로티노이드**carotenoids를 총칭하는 말이다. 레티노이드는 동물성 식품에 존재하는 **레티놀과 레티날** 등을 말하며 카로티노이드는 주로 식물성 식품에 들어 있는 **황색** 또는 **적황색 색소성분**을 말한다. 비타민 A의 전구체로 천연 카로티노이드 중 활성이 가장 높고 양이 풍부한 것은 **베타카로틴**β−carotine으로 비타민 A의 활성이 다른 카로티노이드의 2배 이상이다. 카로티노이드는 체내에서 여러 단계를 거치며 최종적으로 레티놀, 레티날, 레티노익산의 3가지 형태로 활동한다.

비타민 A의 종류 ●

1. 레티노이드 : 레테놀, 레티날, 레티노익산 등
2. 카로티노이드 : 베타카로틴, 알파카로틴 등

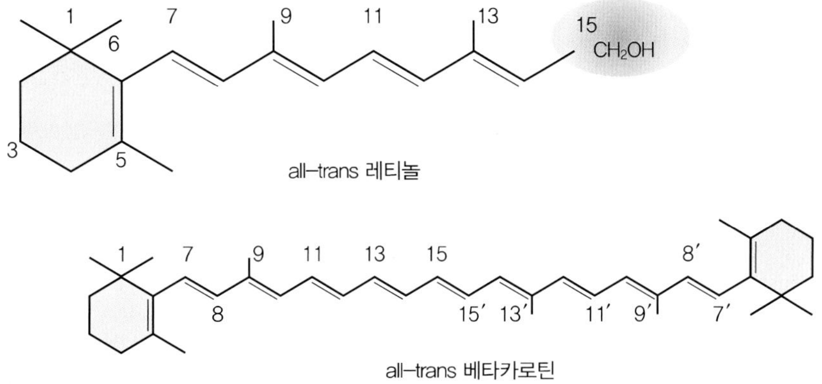

그림 7−1
**비타민 A와
카로티노이드의
구조**

all−trans 레티놀

all−trans 베타카로틴

2) 비타민 A의 흡수 및 대사

우리가 섭취하는 식품 또는 체내에 저장되어 있는 비타민 A는 대부분 지방산과 결합된 레티닐에스테르 형태이다. 소장에서 담즙과 췌장효소에 의해 레티닐에스테르가 분리된 후 미셀 형태가 되어 점막세포 내로 흡수되고 다시 지질과 결합되어 카일로마이크론을 구성한 다음 림프로 들어간다. 그 후 흉관을 거쳐 정맥으로 들어간 후 간으로 운반되어 대사되고 저장된다. 건강한 사람의 비타민 A 흡수율은 80% 이상이나 카로티노이드의 경우 흡수율은 비타민 A의 약 1/3에 불과하다.

3) 비타민 A의 체내 기능

비타민 A는 정상적인 시각 기능을 유지하는 데 중요한 역할을 한다. 성장·세포 분화·면역 기능 유지에 중요하며 항산화 및 항암효과도 보고되었다.

비타민 A의 체내 기능 ●

1. 시각 관련 작용 : 비타민 A 결핍증의 대표적인 임상증상은 야맹증이다. 망막의 간상세포(어두운 곳)와 시각원추(밝은 곳)가 시각 기능을 담당하는데 레티날은 간상세포의 옵신과 결합하여 로돕신(레티날 + 옵신)을 형성한다. 로돕신은 약한 빛을 감지하는 데 필수적인 물질로, 어두운 곳에서 시각을 유지하는 데 반드시 필요하다. 밝은 곳에서는 로돕신이 많이 분해되어 있는데 갑자기 어두워지면 로돕신의 양이 부족해서 로돕신이 충분히 생성되기 전까지 잘 보이지 않게 된다. 따라서 비타민 A가 부족하면 로돕신이 생성이 충분치 못하여 야맹증이 나타난다.

2. 세포 분화 관련 작용 : 세포 분화란 아직 기능이 없는 세포를 특정 기능을 가진 세포로 발달시키는 과정을 말한다. 비타민 A는 이 세포 분화 과정이 정상적으로 이루어지도록 돕는 역할을 한다. 임신 중에 비타민 A가 결핍되면 배아가 제대로 발달하지 못하여 태아가 기형이 되거나 사산될 수 있다.

3. 항암 및 항산화 작용

결막건조증

결막연화증

심한 결막연화증(실명 단계)

4) 비타민 A의 결핍증과 과잉증

비타민 A의 결핍증은 세계적으로 개발도상국이나 저개발국가의 어린이들에게 주로 나타난다. 비타민 A의 결핍의 대표적 임상증상은 **야맹증과 안구건조증**이다. 어린 아동의 경우 떨어져 나간 세포들이 결막 가장자리에 흰 거품 형태로 축적되는 **비토반점**이 나타나기도 한다.

비타민 A를 과잉 섭취하면 간독성과 함께 다양한 부작용이 나타날 수 있다. 특히 임신 중 과잉 섭취로 인하여 태아 기형이 발생할 수 있으므로 주의해서 섭취해야 한다. 또한 알코올이 간에 부정적 영향을 주어 비타민 A의 독성을 가중시키고 간질환·고지혈증·단백질 섭취가 불량한 경우 더욱 위험할 수 있다. 한편 폐경기 중년 여성이나 노인이 비타민 A를 과잉 섭취하면 골밀도 감소가 일어나 골절을 일으킬 수 있으므로 상한섭취량을 반드시 고려해야 한다.

표 7-2
비타민 A의
결핍증과 과잉증

결핍증	과잉증
• 시각 관련 : 야맹증, 안구건조증, 각막연화증	• 급성과잉증 : 오심, 두통, 현기증, 무력감, 시력 불선명 등 • 만성과잉증(급성보다 흔함) : 두통, 탈모증, 입술 균열, 피부 건조 및 가려움증, 간 비대, 골관절 통증 등 • 임신 시 : 사산, 기형아 출산, 출산아의 영구적 학습 장애 등

5) 비타민 A 급원식품

비타민 A는 동물성 급원인 간과 생선의 간유에 많이 들어 있으며 전지분유나 달걀을 통해서도 다량 섭취할 수 있다. 식물성 식품의 경우 모든 카로티노이드가 비타민 A로 전환되는 것은 아니며 베타카로틴 같은 일부만 비타민 A로 전환된다. 하지만 베타카로틴 역시 레티놀로 활성되는 비율이 높지 않기 때문에 골고루 섭취하는 것이 좋다.

비타민 A 급원식품 ●────

1. 동물성 식품 : 간, 어유, 달걀 등
2. 식물성 식품 : 카로티노이드의 급원(당근, 시금치, 늙은 호박, 녹황색 채소, 옥수수, 토마토, 오렌지, 귤, 감) 등

2 비타민 D

1) 비타민 D의 구조 및 특징

비타민 D는 비타민 D의 활성을 가진 화합물의 총칭으로 식물성 급원의 비타민 D_2(에르고칼시페롤)와 동물성 급원인 비타민 D_3(콜레칼시페롤)가 있다. 다른 비타민과 달리 뼈의 성장과 건강에 관여하는 비타민 D는, 빛의 자극을 받아 체내에서 합성될 수 있으며 작용기전이 스테로이드 호르몬과 유사하여 호르몬 전구체로 불리기도 한다. 비타민 D는 식품에 많이 존재하지 않아 미국과 캐나다에서는 비타민 D를 강화한 우유를 판매하고 있으며, 최근에 우리나라에서도 몇 가지 제품에 비타민 D를 첨가하고 있다.

표 7-3
비타민 D의
종류와 급원

종 류	체내 합성	급원식품
비타민 D_2(에르고칼시페롤)	피부에서 합성 불가	식물성 식품
비타민 D_3(콜레칼시페롤)	피부에서 합성 가능	동물성 식품

2) 비타민 D의 흡수 및 대사

피부에 존재하는 비타민 D_3(7-디히드로콜레스테롤)는 자외선에 의해 비타민 D를 합성하게 된다. 피부에서 합성된 비타민 D는 혈액을 통해 간으로 이동해 음식으로 섭취한 비타민 D와 만나게 된다. 식품으로 섭취된 비타민 D는 소장에서 담즙산의 도움을 받아 약 80%가 흡수된다. 카일로마이크론 형태로 림프계를 거쳐 간으로 운

반되어 25-하이드록시비타민 D25-OH-vitamin D으로 전환되었다가 신장에서 활성형인 1,25-디하이드록시 비타민 D1,25-(OH)2-vitamin D로 전환된다. 활성화된 비타민 D는 체내에서 이용된 후 대부분 담즙 형태로 배설된다. 비타민 D의 합성에 영향을 주는 요소는 햇빛 노출 시간 및 강도, 나이, 피부색, 계절 등이다.

 비타민 D의 합성 ●

1. 7-디하이드로콜레스테롤이 자외선을 받아 비타민 D를 합성
2. 경로 : 피부(7-디하이드록시콜레스테롤) → (혈액을 타고) → 간(25-하이드록시 비타민 D) → 신장(1,25-디하이드록시 비타민 D)
3. 비타민 D의 양에 영향을 주는 요소 : 햇빛 노출 시간, 강도, 피부색, 나이, 계절 등

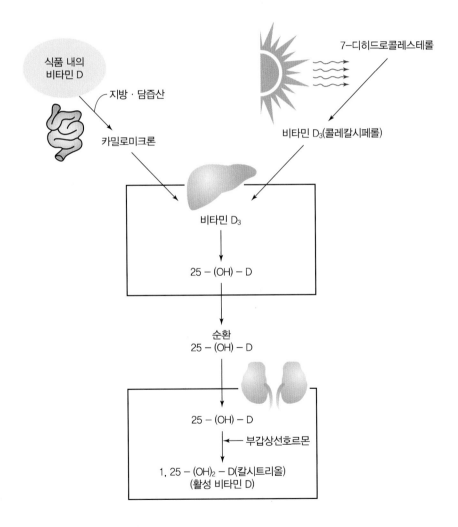

그림 7-2
비타민 D의
합성 경로

3) 비타민 D의 체내 기능

비타민 D는 부갑상선호르몬과 함께 혈장의 칼슘의 항상성을 유지한다. 칼슘의 항상성은 뼈의 건강뿐만 아니라 칼슘이온으로 조절되는 호르몬의 작용, 혈액 응고, 세포 기능 유지, 신경 전달, 근육 수축에 중요하다.

 비타민 D의 칼슘 조절 및 체내 기능

1. 비타민 D의 칼슘 조절 : 혈액의 칼슘 농도 감소 → 부갑상선호르몬 분비 → 신장에서 비타민 D 활성화 → 비타민 D의 혈장의 칼슘 농도 높임
2. 비타민 D의 체내 기능
   • 칼슘과 인 흡수 촉진(소장)
   • 뼈의 칼슘 혈액으로 용해(파골세포)
   • 칼슘의 배설 감소(신장)

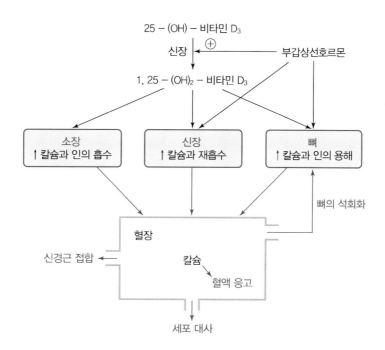

그림 7-3
비타민 D의
체내 기능

비타민 D는 면역조절세포 · 상피세포 · 악성종양세포 등의 증식과 분화를 조절한다. 따라서 비타민 D의 섭취로 유방암 · 결장암 · 전립선암의 발병을 줄일 수 있다.

4) 비타민 D의 결핍증과 과잉증

비타민 D는 햇빛을 통해 합성되기 때문에 필요 수준으로 섭취하지 못하더라도 결핍될 우려가 적다. 외출이 힘든 환자나 노인, 공해로 인해 일조량이 부족한 지역주민, 야간 근로자의 경우는 비타민 D를 피부에서 합성시킬 기회가 부족하여 결핍이 일어

날 수 있다. 비타민 D의 결핍의 대표적인 임상증상은 뼈에 칼슘과 인이 충분하게 축적되지 못하여 골격의 석회화를 방해하여 뼈가 약해지고 압력을 받아 뼈가 굽는 것이다. 이로 인하여 어린이에게는 구루병, 어른에게는 골연화증, 폐경기 여성에게는 골다공증이 일어난다.

다량의 비타민 D를 장기간 과잉섭취하면 혈액 내 칼슘의 농도가 비정상적으로 증가하는 고칼슘혈증과 연조직(신장, 심장, 폐, 혈관) 등에 칼슘이 축적되어 나타나는 고칼슘뇨증, 신장결석 등이 발생할 수 있다. 독성이 생길 수 있으므로 상한섭취량을 반드시 고려해야 한다.

표 7–4 비타민 D의 결핍증과 과잉증	결핍증	과잉증
	구루병, 골다공증, 골연화증	고칼슘혈증, 고칼슘뇨증, 신장결석 등

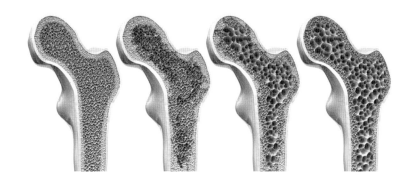

그림 7–4
골다공증

5) 비타민 D 급원식품

비타민 D는 자연식품에 전혀 없거나 아주 소량 함유되어 있다. 식품을 통해 비타민 D를 공급하려면 기름기가 많은 생선, 강화우유, 강화시리얼 등 비타민 D가 강화된 식품을 선택해야 한다. 모유에는 비타민 D가 부족하기 때문에 비타민 D 강화유아식을 먹이거나 유아가 피부를 통해 비타민 D를 합성할 수 있도록 자주 햇빛을 쪼여 주어야 한다.

 비타민 D 급원식품

1. 피부에서 햇빛의 자극으로 비타민 D 합성
2. 자연식품에는 비타민 D가 극히 소량만 존재
3. 비타민 D 강화식품

3 비타민 E

1) 비타민 E의 구조 및 특징

비타민 E에는 4개의 **토코페롤**tocopherol과 4개의 **토코트리에놀**tocotrienols이 있다. 이 중 활성이 가장 큰 것이 **알파 토코페롤**α-tocopherol로, 이것을 보통 **비타민 E**라 부른다.

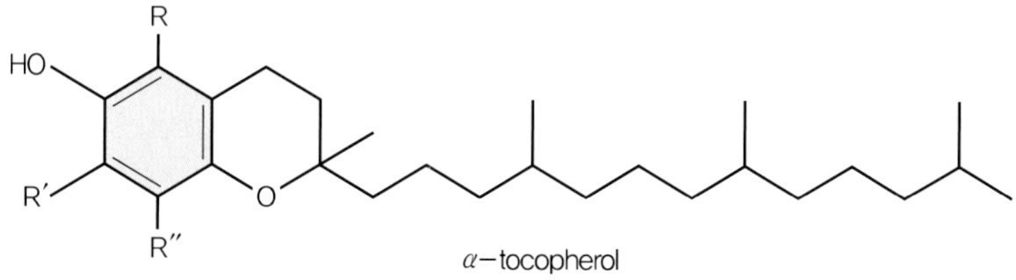

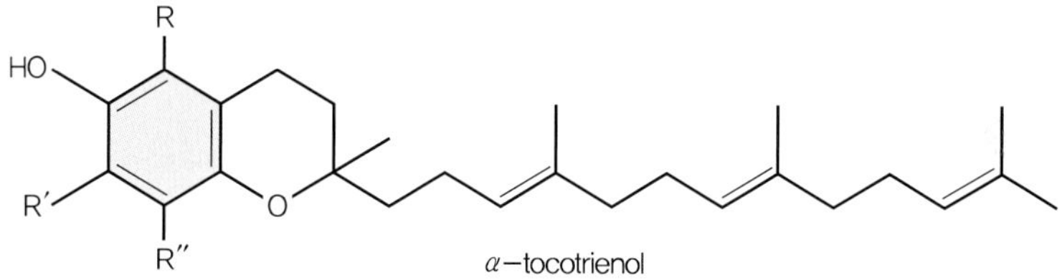

그림 7-5
비타민 E의 구조

2) 비타민 E의 흡수 및 대사

비타민 E는 섭취량의 약 30~50%가 담즙의 도움을 받아 흡수되며 섭취량이 증가할수록 흡수율이 감소된다. 비타민 E는 소장에서 카일로마이크론에 포함되어 흡수되고 지단백의 형태로 다른 지방성분과 함께 이동한다. 비타민 E는 막성분으로 몸 전체에 고루 분포되어 있으며 특히 간·혈장·지방조직에 다량 존재한다. 비타민 E는 세포막과 같이 다량의 지방산이 있는 구조에서 중요하다.

3) 비타민 E의 체내 기능

① **항산화작용** : 비타민 E는 항산화작용을 하는 대표적인 영양물질로 세포막에 불포화지방산의 산화를 일으키는 라디컬을 제거하는 작용을 한다. **항산화제**는 자신은 산화되면서 다른 물질의 산화를 막아 다른 분자나 세포의 일부분을 보호하는 작용을 한다. 체내에는 비타민 E 외에 비타민 C를 비롯한 많은 항산화제가 있으나 막 안에서 항산화작용을 하는 것은 비타민 E밖에 없다. 따라서 비타민 E는 불포화지방산 대신 유리라디컬과 결합하여 우리 몸에서 유리라디컬의 연쇄반응을 중단시켜 불포화지방산의 산화를 막을 수 있다.

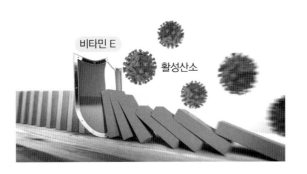

그림 7-6
비타민 E의
지질 과산화 방지 역할

② **면역 증진 기능** : 비타민 E는 세포의 철대사와 신경계 및 면역계의 원활한 작용 유지에도 관여한다. 면역 증강 효과는 동맥경화증의 예방과 항암효과와도 관련이 있는 것으로 알려지고 있다.

 비타민 E의 체내 기능 ●

1. 세포막 보호(불포화지방산의 산화 방지)
3. 노화 방지
5. 면역 반응 증진

2. 신경세포, 근육, 적혈구막 보호
4. 항암효과
6. 심혈관계질환 예방

4) 비타민 E의 결핍증과 과잉증

비타민 E의 결핍증은 사람에게 거의 나타나지 않으나 조산으로 인한 미숙아의 경우 비타민 E 부족현상이 나타날 수 있다. 미숙아는 출생 시 비타민 E의 저장량이 적어 지질 흡수가 잘되지 않으며 빠른 성장으로 인해 빨리 고갈된다. 그 결과 적혈구 용혈현상으로 인하여 **용혈성 빈혈**이 나타난다. 식품을 통한 비타민 E 과잉 섭취 시 나타나는 독성은 거의 없으나 보충제를 섭취할 경우 출혈이 증가하고 혈액 응고가 억제되는 현상이 나타나는데, 이것은 비타민 K 섭취가 부족한 경우 더욱 증가할 수 있다.

표 7-5
비타민 E의
결핍증과
과잉증

결핍증	과잉증
• 용혈성 빈혈 • 세포 산화 • 결핍이 쉽게 나타나는 경우 : 미숙아, 지방흡수불량증 환자	독성이 거의 없음

5) 비타민 E 급원식품

비타민 E는 식물성 기름(면실류, 홍화유, 팜유, 옥수수유, 올리브유, 대두유), 곡류의 배아, 땅콩, 종자류 등에 많이 함유되어 있다. **비타민 E 함량**은 불포화지방산인 **리놀**

레산의 농도와 밀접한 관련이 있으나 이것은 곡류의 도정, 기름의 추출 및 정제 과정, 밀가루의 표백 과정에서 손실될 수 있다.

 비타민 E 급원식품

식물성 기름, 밀배아, 견과류(아몬드, 땅콩, 땅콩버터), 아스파라거스

4 비타민 K

1) 비타민 K의 구조 및 특징

비타민 K는 혈액 응고 및 뼈대사와 관련된 영양소로 식물에 함유된 비타민 K₁(필로퀴논)과 생선기름과 육류 등의 동물에서 발견한 비타민 K₂(메나퀴논), 인공적으로 합성한 비타민 K₃(메나디온) 등 세 가지가 있다. 비타민 K₂(메나퀴논)은 사람의 장에서 박테리아에 의해 합성될 수 있다.

2) 비타민 K의 흡수 및 대사

식사로 섭취한 비타민 K₁(필로퀴논)은 담즙의 도움으로 소장에서 흡수되어 카일로마이크론의 형태로 간으로 간다. 비타민 K는 간에 일부 저장되며 비장과 골격에도 소량 저장된다.

3) 비타민 K의 체내 기능

비타민 K는 칼슘과 결합하는 단백질의 카르복실화에 관여하는 혈액응고인자 합성에 관여한다. 혈액응고인자들은 간에서 불활성형 단백질로 합성되며 활성화되기 위해서는 비타민 K가 필요하다.

비타민 K는 탈탄산효소의 조효소로 작용하여 응고인자의 하나인 **프로트롬빈의 전구체**를 **프로트롬빈**으로 활성화시키게 된다. 활성화된 **프로트롬빈**은 **트롬빈**으로 전환되고, 트롬빈이 혈장단백질인 **피브리노겐**을 **피브린**으로 전환시켜 **혈액을 응고**시킨다. 따라서 **비타민 K가 결핍**되면 혈액응고인자가 감소하여 **출혈현상**이 발생한다. 식사에서 공급된 **비타민 K**는 와파린에 의해 작용이 저해되므로, 항응고제를 복용하는 경우에는 이에 대한 고려가 필요하며 의사와 상의하여 섭취해야 한다.

비타민 K는 비타민 K 의존성 단백질인 **오스테오칼신**osteocalcin의 합성에 관여하여 골격을 형성한다.

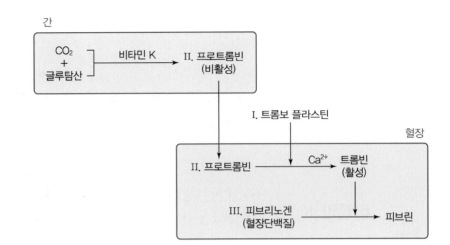

그림 7-7
비타민 K의
체내 기능

4) 비타민 K의 결핍증과 과잉증

비타민 K는 필요량이 적고 장관이 미생물에 의해 합성되며 여러 식품에 널리 분포되어 있으므로 정상 성인의 섭취 부족은 거의 없다. 그러나 지방의 흡수 상태가 불량하거나 비타민 K 흡수를 방해하는 약물을 복용하는 경우 생길 수 있다. 비타민 K는 체내에서 빨리 배설되므로 독성은 거의 나타나지 않는다.

표 7-6
비타민 K의
결핍증과 과잉증

결핍증	과잉증
신생아 출혈, 지방 흡수 불량증	거의 독성 없음

5) 비타민 K 급원식품

비타민 K는 주로 비타민 K_1(필로퀴논)으로 인체에서 20% 정도만 사용된다. 급원식품은 간, 콩류, 브로콜리, 비름나물, 근대, 파슬리, 순무 등의 녹색 채소이며 과일, 곡류, 고기 등에도 많이 있다.

 비타민 K 함유식품

1. 동물성 식품 : 간
2. 식물성 식품 : 순무, 녹색 채소, 브로콜리, 콩류

문제풀이

---

01 다음은 영양교사와 학생의 대화 내용이다. 작성 방법에 따라 서술하시오. [4점] 영양기출

> **학 생** 선생님, 역대 노벨상 수상 내역을 검색하다가 비타민 B_{12} 연구로 노벨상이 수여되었다는 것을 알게 되었어요. 그래서 비타민 B_{12}의 구조가 궁금해졌어요.
>
> **영양교사** 비타민 B_{12}는 코린 고리의 중앙에 (①)을/를 가지고 있는 복잡한 구조로 되어 있어요.
>
> **학 생** 그러면 우리가 식품으로 섭취한 비타민 B_{12}는 소화관에서 어떤 과정을 거치나요?
>
> **영양교사** 식품 중의 비타민 B_{12}는 단백질과 결합된 형태로 존재하는데, 섭취 후 ② <u>위에서 단백질로부터 분리되어요.</u> 이후, 비타민 B_{12}는 침샘에서 분비되는 물질과 결합하여 ③ <u>십이지장에 들어온 후 회장에 도달하여</u> 흡수되지요.

> **작성 방법**
> • 괄호 안의 ①에 들어갈 무기질의 명칭을 제시할 것
> • 밑줄 친 ②의 분리 기전을 설명할 것
> • 밑줄 친 ③의 기전을 비타민 B_{12}의 분리, 결합 과정을 포함하여 설명할 것

---

02 다음은 영양교사와 학생의 대화이다. 작성 방법에 따라 순서대로 서술하시오. [4점] [영양기출]

학　생	선생님! 비타민 C가 결핍되면 우리 몸의 콜라겐 합성에 문제가 생기나요?
영양교사	맞아요. 콜라겐 안에는 ① 결합조직에서만 발견되는 2가지 아미노산 유도체가 있어요. 이들은 콜라겐 구조를 안정화시키는 데 핵심적인 역할을 하며, 비타민 C가 부족하면 합성장애가 발생해요.
학　생	참! 지난번 빈혈로 병원에 갔더니 의사 선생님이 철분제를 먹으라고 했는데, 철분제와 비타민 C를 함께 먹어도 좋은가요?
영양교사	그럼요, ② 철분제와 비타민 C를 함께 먹으면 도움이 돼요.

작성 방법

• 밑줄 친 ①에 해당하는 2가지를 제시할 것
• 밑줄 친 ②의 이유를 비타민 C의 기능과 연관지어 서술할 것

① : _____

②의 이유 _____

_____

03 다음은 에너지를 생성하는 영양소 대사의 일부이다. 괄호 안의 ①, ②에 해당하는 조효소의 구성 성분이 되는 비타민의 명칭을 순서대로 쓰시오. [2점] [영양기출]

숙신산(succinic acid) ――――(①)――――▶ 푸마르산(fumaric acid)

L－β－하이드록시아실CoA　　　　(②)
(L－β－hydroxyacylCoA) ―――――――▶　β－케토아실CoA
(β－ketoacylCoA)

① : _____　② : _____

04 다음은 경희와 영양교사의 대화 내용이다. 괄호 안의 ①에 해당하는 비타민의 명칭을 쓰고, ②에 공통으로 해당하는 이 비타민의 영양상태 판정지표를 쓰시오. [2점] 영양기출

경 희	선생님, 제가 요즈음 체중이 많이 늘어나서 고민이에요. 매일 실내에 앉아서 하루 종일 공부만 하고, 입시에 대한 스트레스 때문에 피자나 햄버거를 많이 먹고 있어요.
영양교사	그럼 체성분 분석기로 체질량지수와 체지방률을 알아보자. 체질량지수는 28이고 체지방률도 39%로 나오네. 둘 다 높은 수치구나.
경 희	어머, 정말이에요? 요즈음 감기도 자주 걸리는 것 같아요.
영양교사	(①) 영양상태가 불량하면 면역력도 떨어질 수 있으니, 병원에서 혈중 (②) 농도를 검사해 보면 어떻겠니? 체지방 증가로 비만이 되어 혈중 (②) 농도가 떨어질 수도 있어.

① : _____   ② : _____

05 다음 그림은 체내에서 비타민이 관여하는 반응을 나타낸 것이다. ①은 세포막에 ②는 세포질에 주로 존재하며, ②는 ①을 재생시킴으로써 ①을 절약해 준다. 이 반응의 명칭과, ①에 해당하는 비타민의 명칭을 순서대로 쓰시오. [2점] 영양기출

① : _____   ② : _____

06 다음은 중학생 A양(13세)과 B 영양교사의 대화 내용이다. 괄호 안의 ①에 들어갈 상한섭취량과 ② 에 들어갈 질병 명칭을 순서대로 쓰시오(2010 한국인 영양섭취기준 적용). [2점] 영양기출

A양	선생님, 저는 매끼 비타민 C를 보충제로 1,000mg씩 먹고 있어요. 1년 동안 먹었는데 괜찮은가요?
B 영양교사	응? 한국인 영양섭취기준에 따르면 너의 경우 비타민 C의 상한섭취량이 (①)mg이야. 비타민 C를 많이 먹는다고 다 좋은 것은 아니야. 적절한 양을 먹어야 해. 계속 그렇게 많이 먹다가 갑자기 복용을 중지하면 (②)이/가 나타날 수 있으니 섭취량을 서서히 줄여야 한단다.

① : _____   ② : _____

07 다음 두 반응에 공통적으로 관여하는 조효소는 (①)이다. 이 조효소의 구성 성분으로, 부족하면 피부염, 설사 등을 일으키는 비타민은 (②)이다. 괄호 안의 ①, ②에 해당하는 용어를 순서대로 쓰시오. [2점] 영양기출

- 이소시트르산(isocitric acid) ──────→ α-케토글루타르산(α-ketoglutaric acid)
- 지방산 ──→ ──→ ⋯ ──→ 아세틸 CoA
  β 산화

① : _____   ② : _____

08 수용성 비타민과 지용성 비타민을 각각 2가지씩 쓰시오.

수용성 비타민

① : _____   ② : _____

지용성 비타민

① : _____   ② : _____

해설 수용성 비타민과 지용성 비타민의 이름을 쓰는 문제이다. 비타민 C, D와 같은 이름이 아니라 아스코르빈산, 칼시페롤 등과 같은 화학명을 쓰도록 한다.

09 수용성 비타민과 지용성 비타민의 대사적 특성을 흡수, 운반, 저장, 결핍증, 배설, 독성, 요구량 등과 관련하여 비교 설명하시오.

_____

_____

_____

_____

_____

해설 본문 표 6 – 2의 내용을 참조하여 서술형으로 표현하도록 한다. 비교 설명이므로 각 요소별로 하나 하나 비교·서술한다.

10 티아민의 흡수 과정을 자세히 설명하고 체내 기능을 서술하시오.

_____

_____

_____

_____

_____

해설 본문 내용을 참조한다.

11 구각염, 구순염, 설염 등과 생식기 주변의 지루성 피부염, 중추신경계 등의 문제가 생겼을 경우 공급을 늘려야 하는 식품의 종류를 5가지 이상 적으시오.

_____

_____

_____

_____

_____

해설 결핍증과 공급식품을 연결하는 문제이다. 위의 구각염 등은 리보플라빈의 결핍증이므로 리보플라빈이 많이 들어 있는 우유 및 유제품, 육류, 계란, 간 등의 동물성 식품과 강화 곡류, 버섯, 시금치, 아스파라거스 등의 식물성 식품을 공급하면 된다.

12 소장의 분해효소에 의해 단백질을 분리한 후 능동운반에 의해 대부분이 흡수되어 문맥을 통하여 혈액으로 들어오며, 포도당, 지방산, 아미노산의 대사 과정에서 조효소로 작용하며 DNA 결합 단백질에 관여하여 세포 증식에 중요한 역할을 하는 비타민은 무엇인가?

해설 비타민의 흡수 및 대사와 체내 기능에 대한 설명을 제시하고, 설명에 알맞은 비타민이 무엇인지 맞추는 문제이다. 이 문제는 비오틴에 대한 설명이다.

13 다음 각 영양소의 과잉 또는 결핍에 따른 신체 징후에 대한 설명으로 옳은 것은? 기출문제

구 분	영양소 과잉 또는 결핍	신체 징후
가	비타민 C 과잉	점막 출혈, 성장 지연
나	비타민 D 과잉	고칼슘혈증, 고칼슘요증
다	비오틴 결핍	월경전증후군, 구각염
라	비타민 B_1 결핍	베르니케-코르사코프, 펠라그라
마	아연 결핍	미각 기능 감퇴, 면역 기능 저하

① 가, 다 ② 가, 라 ③ 나, 다
④ 나, 마 ⑤ 라, 마

정답 ④

14 호모시스테인이 메티오닌이나 시스테인으로 전환되는 과정에서 특정 영양소가 결핍되면 고호모시스테인혈증이 되어 심장병에 걸릴 확률이 높아진다. 이 과정에 관여하는 영양소로 옳은 것은? 기출문제

① 비타민 B_1, 비오틴, 엽산
② 비오틴, 엽산, 비타민 B_{12}
③ 비타민 B_6, 엽산, 비타민 B_{12}
④ 비타민 B_6, 비오틴, 엽산
⑤ 비타민 B_6, 비오틴, 비타민 B_{12}

정답 ③

15 에너지 발생에 관여하는 비타민과 그 기능이 바르게 연결된 것을 〈보기〉에서 모두 고른 것은?

기출문제

> 보기
>
> ㄱ. 비오틴(biotin) − 지방산의 β − 산화 과정과 아미노산의 탈아미노 반응(deamination)에
>   서 조효소로 작용한다.
> ㄴ. 판토텐산(pantothenic acid) − 아실운반단백질(acyl carrier protein)의 구성 성분으로 지
>   방산 합성에 관여한다.
> ㄷ. 니아신(niacin) − 산화 환원 반응에 관여하며, TCA 회로(tricarboxylic acid cycle)와 전
>   자 전달 반응을 통해 ATP를 생성한다.
> ㄹ. 리보플라빈(riboflavin) − 아미노산에서 탈탄산반응(de-carboxylation)의 조효소인 PLP
>   (pyridoxal phosphate)를 형성한다.
> ㅁ. 티아민(thiamin) − TPP(thiamin pyrophosphate) 형태로 피루브산(pyruvic acid)의 카르
>   복실화 반응(carboxylation)을 촉매하여 단백질, 지질 대사에 관여한다.

① ㄱ, ㄴ   ② ㄴ, ㄷ   ③ ㄷ, ㄹ
④ ㄱ, ㄹ, ㅁ   ⑤ ㄴ, ㄷ, ㅁ

정답 ②

---

16 신체 징후의 사례별로 영양상담을 할 경우 영양소 결핍과 과잉의 판정을 한 결과로 옳지 <u>않은</u> 것은?

기출문제

	신체 징후	판정 결과
①	미각과 후각이 점차로 감퇴하면서 식욕이 저하됨	아연 결핍
②	항산화제 과잉 섭취로 눈의 공막에 황색소가 침착됨	카로틴(carotene) 과잉
③	안구건조증과 모낭각화(hair follicle keratosis)현상이 보임	비타민 A 결핍
④	피부색소 침착 예방을 위한 과잉 섭취로 위궤양과 피부병이 악화됨	니아신 과잉
⑤	비토반점(Bitot's spot) 치료를 위한 과잉 섭취로 탈모와 간 비대 현상이 보임	비타민 B_6 과잉

정답 ⑤

17 다음은 비타민 D의 활성화 과정이다. (가), (나)의 대사가 일어나는 곳은? 기출문제

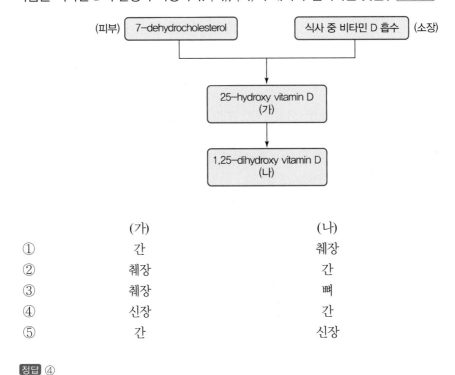

	(가)	(나)
①	간	췌장
②	췌장	간
③	췌장	뼈
④	신장	간
⑤	간	신장

정답 ④

다량 무기질

무기질minerals은 유기물들이 연소해 버리고 남은 재로 '회분'이라고 하며, 우리 몸의 4% 정도를 차지한다. 비타민처럼 체내에서 합성하지 못하므로 반드시 식품으로 섭취해야 하는 필수영양소이다. 무기질은 인체에서 소량이지만 골격과 치아 조직의 구성, 심장 및 근육 운동, 신경의 자극 전달 등 신체기능의 조절과 유지에 중요한 작용을 한다. 또한, 체내에서 여러 대사작용 및 생리작용에 관여하는 효소나 호르몬의 중요한 구성요소이다. 무기질은 몸 안에서 서로 다른 기능을 하고 있으며, 장기간 섭취가 부족하면 결핍증상이 나타나며, 과잉 섭취하는 경우에도 중독증을 일으키므로 적당한 섭취가 필요하다.

무기질은 우리 몸에 존재하는 양과 하루 필요량에 따라 **다량 무기질**macrominerala과 **미량 무기질**microminerals로 분류할 수 있다. 다량 무기질은 섭취량 측면에서 하루 100mg 이상 필요한 무기질을 말한다. 종류로는 칼슘, 인, 소디움(나트륨), 칼륨(포타슘), 염소, 마그네슘, 황이 있다. 다량 무기질은 주로 치아 및 골격, 체액을 구성하고, 여러 가지 중요한 생리기능을 조절하는 역할을 한다.

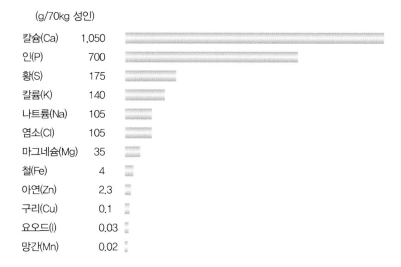

(g/70kg 성인)

무기질	함량
칼슘(Ca)	1,050
인(P)	700
황(S)	175
칼륨(K)	140
나트륨(Na)	105
염소(Cl)	105
마그네슘(Mg)	35
철(Fe)	4
아연(Zn)	2.3
구리(Cu)	0.1
요오드(I)	0.03
망간(Mn)	0.02

그림 8-1
체내 무기질 함량

1 칼 슘

칼슘Calcicum ; Ca은 인체에서 가장 함량이 높은 무기질로 체중의 1.5~2%를 차지하고 있다. 칼슘의 99%는 뼈와 치아를 구성하고 1%는 생리기능을 조절하는 데 사용된다.

1) 칼슘의 흡수 및 대사

① 칼슘의 흡수, 저장 및 배설 : 칼슘의 흡수는 개인의 생리적 상태와 성장 단계에 따라 차이가 난다. 식사로 섭취한 칼슘 흡수율은 30% 정도로 성장기와 임신기 간에는 흡수율이 높게 유지되고 노년기가 되면 흡수율이 떨어진다. 칼슘염은 산성용액에 용해가 더 잘 일어나고 위에서 염산과 혼합되어 이동한 음식물이 알칼리성이 췌액과 충분히 섞이지 않은 상태로 소장 상부에서 칼슘이 흡수된다. 칼슘의 배설경로는 대변, 소변, 피부 등이다. 신장을 통해 여과된 칼슘 중 0.2% 정도는 소변으로 배설되고, 99.8% 정도의 칼슘은 재흡수된다. 이때 칼슘의 재흡수는 주로 부갑상섭호르몬에 의해 조절된다. 재흡수되지 않은 식이성 칼슘과 내인성 칼슘(장내 분비액에 함유된 칼슘)은 대변을 통해 배설된다. 피부의 땀을 통해서도 칼슘이 배설되며 이것은 환경조건에 따라 크게 달라진다.

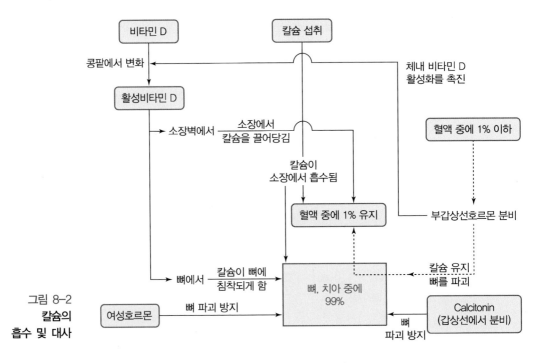

그림 8-2
**칼슘의
흡수 및 대사**

<table>
<tr><td>표 8-1
칼슘 흡수의
증가 및
방해 요인</td><td>증가 요인</td><td>방해 요인</td></tr>
<tr><td></td><td>• 소장 상부의 산성 환경
• 유당
• 부갑상선호르몬
• 비타민 D
• 리신, 아르기닌 등의 아미노산
• 비타민 C
• 생리적 요구량 증가
• 칼슘 : 인 = 1 : 1의 동량 섭취</td><td>• 소장 하부의 알칼리성 환경
• 수산염이 많은 식품의 섭취
• 피틴산염이 많은 식품의 섭취
• 섬유질의 과다한 섭취
• 흡수되지 않은 지방산의 존재
• 비타민 D결핍
• 노령기 및 폐경기
• 탄닌
• 운동 부족, 스트레스</td></tr>
</table>

② 칼슘의 항상성 : 혈액 내 총 칼슘 함량은 10mg/dL 내외의 일정한 농도를 유지하고 있으며, 이것을 칼슘의 항상성이라고 한다. 칼슘의 항상성 유지에 작용하는 주요 호르몬은 **부갑상선 호르몬, 칼시토닌, 비타민 D_3**로 이들은 소장의 흡수, 신장의 재흡수, 뼈의 용출 등을 자극하여 칼슘을 일정한 농도로 유지시킨다.

칼슘 농도에 관여하는 신체기관

• 소화관(흡수/배설)　　　　　• 뼈(용출/축적)　　　　　• 신장(재흡수/배설)

칼슘의 항상성과 조절기관

주요 호르몬	분비 조건	경로	결과
부갑상선 호르몬	혈중 칼슘농도 감소 시	부갑상선에서 합성 및 분비	신장에서 칼슘 재흡수, 뼈의 분해 자극 → 칼슘 농도 증가
칼시토닌	혈중 칼슘농도 상승 시	갑상선에서 분비	칼슘 농도 낮춤(부갑상선호르몬과 반대작용)
비타민 D_3	혈중 칼슘농도 감소 시	식품으로 섭취, 피부에서 합 성 → 간 → 신장에서 활성화	소장의 칼슘 흡수 촉진, 신장의 재 흡수 촉진 → 칼슘농도 증가

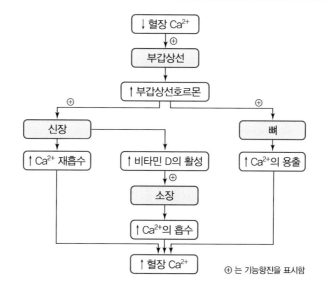

그림 8-3
부갑상선호르몬과
비타민 D의
혈압 칼슘 농도 조절

2) 칼슘의 체내 기능

① 골격의 형성과 유지 : 칼슘의 대부분은 뼈에 저장된다. **칼슘의 주된 기능은 뼈와 치아를 구성하고 유지하는 것이다.** 뼈는 건을 둘러싼 단단한 **치밀골**과 스펀지 형태의 **해면골**로 이루어져 있으며, 해면골에 있는 칼슘이 항상성에 관여하게 된다. 해면골에는 척수와 혈관이 있으며, 조골세포와 파골세포도 해면골에서 활동하여 뼈의 재형성을 돕는다. 뼈는 조골세포와 파골세포의 작용을 통해 일생 동안 형성과 용해를 반복하는 활발한 조직이다. **파골세포**는 무기질을 용해하고 뼈의 기질을 분해하여 칼슘이 뼈로부터 나오게 하고, **조골세포**는 콜라겐과 점성다당류로 구성된 뼈의 기질을 분비하고 무기염을 축적하여 새로운 뼈를 형성한다. 칼슘의 섭취량이 증가하면 칼슘이 축적되어 해면골에 쌓이고, 칼슘의 섭취량이 적어지면 해면골의 칼슘 보유량이 줄어든다. 즉 해면골의 상태로 칼슘 섭취의 적절성을 알 수 있다.

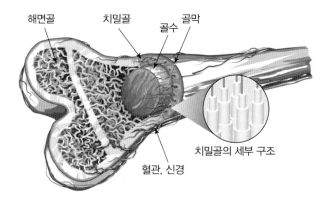

해면골　치밀골　골수　골막

치밀골의 세부 구조

혈관, 신경

그림 8-4
뼈의 구조

② 생리기능의 조절 : 골격을 구성하고 남은 1%의 칼슘은 혈액, 세포액, 근육 등에 존재하면서 생리기능을 조절한다.

 칼슘이 조절하는 생리기능 ●

1. 혈액 응고 과정에 관여
3. 근육의 수축과 이완
2. 신경 흥분 전달
4. 세포막 투과성 조절

3) 칼슘의 결핍증과 과잉증

칼슘은 한국인에게 가장 결핍되기 쉬운 무기질 중 하나로 칼슘이 부족하면 아동은 골격의 석회화가 늦어지면서 성장장애가 생기는 **구루병**이 나타날 수 있으며, 성인기 이후에는 골밀도와 골질량 감소로 **골다공증**과 **골연화증**이 나타날 수 있다.

칼슘을 장기간 과잉 섭취하면 **고칼슘혈증, 신장결석, 우유－알칼리 증후군** 등이 나타날 수 있다.

결핍증	과잉증
• **뼈** 건강 악화 : 구루병, 골다공증, 골연화증 등 • 근육 경련 • 2차적 비타민 D 결핍 증세	• 고칼슘혈증 • 변비, 신장결석 • 철과 아연 등 무기질 흡수 저해

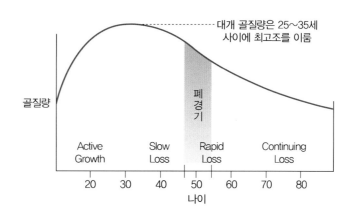

4) 칼슘 급원식품

칼슘 급원식품을 고를 때에는 칼슘 함량도 중요하나 체내 이용률이 더욱 중요하다. 칼슘 흡수를 방해하는 수산이 들어 있는 시금치의 경우, 흡수율이 우유의 1/10밖에 되지 않는다.

 칼슘 함유식품

1. 우유, 치즈, 요구르트 : 칼슘 함량이 높고, 체내 이용률이 좋은 우수한 급원
2. **뼈째 먹는 생선**
3. 해조류, 두류, 곡류 등
4. 칼슘 강화 주스, 칼슘 고형 두부, 배추, 케일, 브로콜리 등 녹황색 채소에 다량 함유

2 인

인Phosphorus : P은 칼슘과 함께 **뼈**를 구성하는 중요한 원소로 여러 효소의 성분으로 작용하며 일반적으로 산소와 결합하여 **인산**phosphate으로 존재한다. 칼슘과 인의 흡수와 대사는 서로 밀접한 관계가 있으므로 칼슘과 인의 섭취비율을 1 : 1로 유지하

는 것이 바람직하다. 인은 많은 식품에 함유되어 있으므로 섭취 부족보다 과다 섭취의 가능성이 높다.

1) 인의 흡수 및 대사

식품 중에 포함된 인은 유기염의 형태인 인산염의 형태로 존재하며 소장에서 소화·분리되어 흡수된다. 성인은 식사로부터 섭취한 인의 약 60~70%를 흡수하지만, 성장이, 임신기, 수유기에는 흡수율이 증가한다.

식사 내 칼슘과 인의 비율은 체내 칼슘 이용효율에 영향을 미치며 칼슘이 너무 많으면 인의 흡수를 방해하고, 반대로 인이 너무 많으면 칼슘의 흡수를 방해하므로 흡수를 높이기 위해서는 섭취비율을 1 : 1로 유지하는 것이 좋다. 일반적인 식품에는 칼슘보다 인의 함량이 많고 식품첨가물에도 인산염의 형태로 많이 포함되어 있어 실제로 1 : 1을 유지하기는 힘들다. 따라서 인의 섭취량이 칼슘 섭취량의 2배를 넘지 않도록 권장하고 있다. 인의 80% 이상은 신장을 통해 소변으로 체외로 배설되며, 배설량은 섭취량에 비례한다. **비타민 D**는 신장에서 인의 재흡수를 증가시키고, **부갑상선호르몬**은 재흡수를 감소시켜 혈청의 인을 일정 수준으로 유지하는 데 관여한다.

2) 인의 체내 기능

① 신체 골격의 형성과 유지 : 인의 85%는 인산칼슘염의 형태로 뼈와 치아를 구성하며, 골격 내의 인과 칼슘의 비율은 1 : 2 정도로 유지되고 있다.

② 핵산의 구성성분 : 인은 핵산DNA, RNA과 인지질의 구성성분으로 고에너지 화합물인 ATP를 합성하여 당질의 산화 및 에너지 대사에 관여한다.

③ 효소의 활성화 및 체내 산·염기의 평형 조절 : 인은 티아민, 니아신, 비타민 B_6 등의 조효소를 활성화시키고, 중탄산염 및 단백질과 함께 체내의 산과 염기의 평형을 조절하는 완충작용을 한다.

3) 인의 결핍증과 과잉증

인은 거의 모든 동식물에 함유되어 있으므로 일반 성인의 경우 결핍증이 발생하는 일은 드물다. 그러나 조산아의 경우 구루병이 생길 수 있으며 당뇨병, 알코올 중독, 신장병 등과 인과 결합하는 제산제를 장기 복용한 경우 저인산혈증이 나타날 수 있다.

표 8-3
인의 결핍증과
과잉증

결핍증	과잉증
• 결핍증의 발생 드뭄 • 장기적인 인의 결핍 : 저인산혈증, 식욕 부진, 근육과 뼈 약화	골격 손실, 저칼슘혈증

4) 인의 함유식품

인은 모든 동식물에 함유되어 있으며, 주요 급원은 칼슘과 마찬가지로 우유 및 유제품이다. 또한 가공식품과 탄산음료에 다량 들어 있으며 육류, 가금류, 생선 등에도 칼슘의 15배 이상 되는 인이 들어 있다.

 인 함유식품

1. 동물성 식품 : 우유 및 유제품, 육류, 어류
2. 식물성 식품 : 곡류군
3. 가공식품, 탄산음료

3 나트륨

나트륨Sodium : Na은 세포외액의 주된 양이온으로 체중의 0.15~0.2%를 차지하며, 세포외액 삼투압의 85%를 기여한다.

1) 나트륨의 흡수 및 대사

① **나트륨의 흡수, 저장 및 배설** : 나트륨은 대부분 소장 상부에서 거의 완전히 흡수되며, 약 5%는 대변을 통해 배설된다. 소장에서 나트륨 흡수는 포도당, 염소와 함께 흡수·촉진된다. 흡수된 나트륨은 혈액을 통해 신장으로 운반되어 필요한 양만 혈액으로 내보내지고, 나머지는 소변으로 배설된다.

소변의 나트륨 양은 식사 중의 나트륨 양을 반영하며 나트륨 섭취량이 증가하면 소변 중 나트륨 양도 증가하고, 나트륨의 섭취량이 적은 경우 소변 중 나트륨 양도 감소한다. 날씨가 더우면 땀을 통해서도 나트륨이 배설되며, 이뇨제를 복용하면 소변으로 수분과 나트륨의 배설을 증가시켜 혈액 중의 나트륨 농도가 떨어져 **저나트륨혈증**이 생기게 된다.

② **나트륨의 항상성** : 장기간 나트륨 섭취가 부족하거나 땀으로 손실되는 양이 많으면, 신장의 **부신피질**에서 분비되는 **알도스테론**에 의해 **나트륨을 재흡수**하게 된다. 마라톤 및 축구와 같은 지구력이 필요한 운동선수의 경우 나트륨과 다른 전해질의 보충을 위해 운동 중 스포츠음료를 섭취하는 것이 좋다.

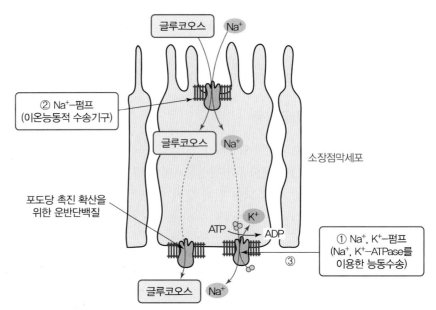

그림 8-6
나트륨 및
포도당 대사에
관여하는 운반기전

① 나트륨, 포타슘 펌프 ② 나트륨 펌프 ③ 포도당 운반체(carrier protein)

2) 나트륨의 체내 기능

나트륨은 삼투압의 정상 유지, 산과 염기의 평형, 신경과 근육의 자극 전달에 중요한 무기질이다.

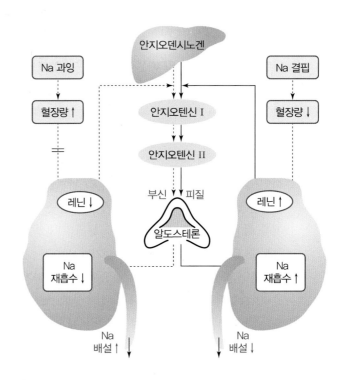

그림 8-7
나트륨 배설의 조절

나트륨의 체내 기능

1. 삼투압의 정상 유지(Na^+와 K^+의 펌프)
2. 산과 염기의 평형 유지
3. 신경과 근육의 자극 전달
4. 다른 영양소의 흡수 : 당질과 아미노산의 흡수에 필수적임

3) 나트륨의 결핍증과 과잉증

나트륨은 대부분의 식품에 함유되어 있으므로 결핍증이 나타나는 경우는 드물다. 그러나 채식주의자의 경우, 식품에 소금을 첨가하지 않고 섭취하면 심한 설사, 구토, 땀, 부신피질의 기능부전 등에 의해 혈액량이 감소하고 혈압이 떨어지게 된다.

세계적으로 나트륨 섭취량이 높은 한국인에게 나트륨 결핍증은 드물며, 이는 한국인 영양소 섭취기준(2015)에서 제안한 성인의 충분섭취량인 1.5g/1day가 넘는다. **나트륨 과잉 섭취 시** 심근의 수축이 증가하고 혈관의 수축작용에 관련된 부신수질호르몬인 **노르에피네피린 분비가 증가**되어 **말초혈관의 저항이 상승**함에 따라 **혈압 증가**가 나타난다. 이를 예방하기 위해 나트륨의 섭취량을 감소시키고 칼슘 섭취량을 증가시킬 수 있도록 다양한 영양교육과 영양정책이 필요할 것으로 보인다.

표 8-4
나트륨의
결핍증과 과잉증

결핍증	과잉증
• 결핍증 발생 거의 없음 • 나트륨 결핍 : 성장 감소, 식욕 부진, 근육 경련, 메스꺼움, 설사, 두통 등	고혈압, 부종

4) 나트륨 함유식품

나트륨은 대부분 염화나트륨, 즉 식염의 형태로 섭취된다. 식품 자체에 나트륨이 있기도 하지만 조리 과정에서 첨가되는 경우가 많다.

나트륨 함유식품

1. 소금 또는 식염(NaCl)   2. 가공식품

4 포타슘

포타슘Potassium ; K은 칼슘과 인 다음으로 체내에 많이 존재하는 무기질로 체내 함량은 나트륨의 2배 정도인 135~250g 수준이며 '칼륨'이라 부르기도 한다. 대부분 포타슘은 세포 내에 존재하고, 혈중 포타슘은 섭취량에 영향을 받으며 세포가 파괴되면 혈중 포타슘 농도가 높아진다.

1) 포타슘의 흡수 및 대사

식품으로 섭취된 포타슘의 약 90% 이상이 소장에서 단순확산으로 흡수된다. 포타슘의 배설은 주로 소변을 통하여 이루어지며 신장에서 부신피질 호르몬인 알도스테론에 의해 포타슘의 배설이 촉진된다. 이뇨제, 알코올, 커피, 설탕 등의 섭취가 많아도 포타슘 배설이 증가한다.

2) 포타슘의 체내 기능

포타슘의 98%는 세포내액에 양이온K^+으로 존재하며, 나트륨 이온Na^+과 함께 여러 가지 조절 기능을 담당한다.

 포타슘의 체내 기능

1. 수분과 전해질의 평형 유지
2. 산과 염기의 평형 유지
3. 신경근육의 흥분 전도에 필수적인 역할
4. 당질 대사에 관여
5. 단백질 저장에 관여

3) 포타슘의 결핍증과 과잉증

포타슘은 모든 동식물성 식품 내에 널리 분포되어 있어 결핍증은 거의 일어나지 않는다. 그러나 장기간 단식을 하거나 이뇨제를 상습적으로 복용할 경우 결핍증이 생길 수 있다.

포타슘의 과잉 섭취 시 위장장애가 일어날 수 있으며, 신장 기능의 부전으로 포타슘이 정상적으로 배설되지 않으면 고포타슘혈증이 나타날 수 있다.

	결핍증	과잉증
표 8-5 포타슘의 결핍증과 과잉증	• 모든 동식물성 식품에 존재, 흡수율이 90%로 높아서 결핍증 거의 없음 • 결핍 가능성 : 구토 및 설사의 지속, 알코올 중독, 이뇨제 복용, 지극히 적은 식사량 • 저포타슘혈증 : 식욕 감퇴, 근육 경련, 어지러움, 무감각증, 변비, 심장 박동 불규칙으로 혈액펌프능력 감소	• 고포타슘혈증 : 근육 과민, 혼수, 불규칙한 심장 운동, 호흡 곤란, 사지 마비

4) 포타슘 함유식품

포타슘은 가공되지 않은 곡류에 많이 들어 있다.

포타슘 함유식품

1. 가공하지 않은 곡류 또는 서류 : 감자, 고구마
2. 채소 : 토마토, 오이, 호박, 가지, 근채류 등
3. 과일 : 사과, 바나나, 귤, 토마토 등
4. 우유, 돼지고기(등심), 쇠고기, 연어, 고등어 등

5 염 소

염소Chlorine ; Cl는 세균을 살균하기 위해 식품에 사용하는 **강한 소독제**이며 일반적으로 **염화나트륨**NaCl, 즉 소금의 형태로 존재한다. 세포외액에 있는 **음이온**Cl⁻ 중에 가장 많이 존재한다.

1) 염소의 흡수 및 대사

염소는 나트륨이나 포타슘과 함께 소장에서 쉽게 흡수되고, 신장의 **알도스테론**에 의해 배설이 조절되며 일부는 땀으로 배설되기도 한다.

2) 염소의 체내 기능

염소는 체내 평형 유지와 소화 작용에 관여한다. 체내 평형 유지와 관련하여 삼투압 유지, 수분 평형, 산·염기 평형 등에 관여하며, 소화 관련 기능으로는 위산HCl의 재료와 타액의 아밀라아제를 활성화시킨다.

3) 염소의 결핍증과 과잉증

식사를 통한 소금 섭취량이 많은 한국인에게 결핍증상은 나타나지 않는다. 반면 염소를 과량 섭취하게 되면 나트륨 섭취도 같이 증가하여 고혈압의 위험성이 증가하는 것으로 나타나 있다.

표 8-6
염소의
결핍증과 과잉증

결핍증	과잉증
소금 섭취량이 많은 관계로 결핍증이 거의 없음	고혈압

4) 염소 함유식품

일반적으로 나트륨과 결합하여 소금 형태로 존재하므로, 나트륨이 풍부한 식품과 가공조리식품에 많이 들어 있다.

염소 함유식품

소금 또는 식염(NaCl)

6 마그네슘

마그네슘Magnesium ; Mg은 식물색소인 **엽록소의 구성성분**으로, 식물성 식품에 풍부하게 들어 있다. 마그네슘의 60% 정도는 골격과 치아의 구성성분으로 존재하며 나머지는 근육, 혈액, 연조직에 양이온상태Mg^{2+}로 존재한다.

1) 마그네슘의 흡수 및 대사

마그네슘은 주로 소장에서 흡수되며 섭취한 식품의 30~40%가 흡수된다. 마그네슘의 섭취가 부족할 때는 흡수율이 80%까지 증가하고, 담즙, 소변, 대변을 통해 배설된다. 신장에서 **알도스테론**에 의해 배설이 자극되며, 알코올 또는 이뇨제에 의해 마그네슘의 배설이 촉진된다.

2) 마그네슘의 체내 기능

마그네슘은 신체를 구성하고, 여러 가지 대사에서 **효소의 반응을 돕는 보조인자**로 관여한다.

마그네슘의 체내 기능

1. 골격과 치아의 구성성분
2. 여러 효소의 보조인자와 활성제로 작용
3. ATP의 구조적 안정 유지 및 에너지 대사에 관여
4. 신경자극의 전달과 근육의 긴장과 이완 조절

3) 마그네슘 결핍증과 과잉증

마그네슘은 칼슘과 달리 자연계에 널리 분포되어 있으며 골격에서 서서히 혈액으로 이동하므로 마그네슘의 고갈은 서서히 진행된다. 한국인의 경우 마그네슘이 많이 들어 있는 녹황색 채소를 자주 먹기 때문에 마그네슘 결핍증상은 적은 편이다.

마그네슘 섭취가 부족하면 혈액 내 마그네슘 농도가 떨어져 다른 무기질의 균형을 떨어뜨려 **근육 수축과 이완에 장애**가 일어나 **경련현상**이 생긴다. 만성적인 마그네슘 부족은 혈액의 칼슘 농도를 떨어뜨려 근육 경련, 고혈압, 뇌혈관의 경련 등도 일으킬 수 있다. 마그네슘은 칼슘과 함께 골격과 치아의 구성성분으로 폐경 후 마그네슘 결핍은 골다공증의 원인이 될 수 있다.

마그네슘은 과잉 섭취 시 독성현상은 거의 없으나 신장에 문제가 있는 경우 구역질이나 허약현상이 나타날 수 있다.

표 8-7
마그네슘의
결핍증과 과잉증

결핍증	과잉증
신경이나 근육의 심한 떨림(경련)	구역질, 허약현상

4) 마그네슘 함유식품

마그네슘은 엽록소에 함유된 성분으로 녹색 채소에 많이 들어 있다. 곡류에도 많이 들어 있으나 도정을 하는 과정에서 손실되기 쉽다.

 마그네슘 함유식품

1. 녹색 채소
2. 견과류, 두류 및 곡류

7 황

체내의 황Sulfur ; S은 대부분 비타민이나 아미노산의 구성성분으로 존재하며, 신체의 모든 세포 내에서 발견된다.

1) 황의 흡수 및 대사

식품 중의 황은 대부분이 **유기물의 상태(함황 아미노산)**로 소장 벽을 통해 흡수된다. 주로 소변을 통해 배설되며, 소변에서 질소와 황의 비는 13 : 1 정도이다. 저단백 식사를 하는 경우 황의 배설량이 감소한다.

2) 황의 체내기능

황은 체조직 및 생체 내 주요 물질(**함황아미노산 : 메티오닌, 시스테인, 시스틴, 타우린**)의 구성성분으로 결체조직, 피부, 손톱, 모발 등에 많이 함유되어 있다. 뇌·건·골격·피부·심장 판막 등에 있는 **콘드로이틴 황화염**과 같은 점성다당류의 구성성분이다.

황의 체내 기능

1. 신체의 구성물질
   • 황아미노산(메티오닌, 시스테인, 시스틴)의 구성성분
   • 점성다당류의 구성성분
   • 황지질의 구성성분(간, 신장 등)
   • 인슐린(췌장 호르몬), 헤파린(항응혈성 물질), 티아민, 비오틴, 리포산, 코엔자임 A의 구성성분
2. 대사, 생리작용
   • 산화·환원 반응에 관여
   • 산·염기 평형에 관여
   • 해독작용(독성물질에 결합하여 소변으로 배설)

3) 황의 결핍증과 과잉증

황의 결핍증과 과잉증에 관해서는 알려진 바가 없으며, 황의 정확한 필요량에 대해서도 밝혀지지 않았다.

4) 황 함유식품

육류, 생선, 콩 등 메티오닌과 시스테인이 풍부한 단백질 식품에 많이 들어 있다.

표 8-8 다량 무기질의 종류와 기능

종 류	기 능	결핍증	과잉증	급원식품

칼슘
(Ca)
	• 뼈와 치아 구성
	• 혈액 응고
	• 신경 전달
	• 근육 수축, 이완
	• 세포대사
		• 골다공증
		• 골연화증
		• 성장 지연
		• 근육 경련
			• 신장결석
			• 변비
			• 일부 무기질
			  흡수 저해
				• 동물성 : 우유 및 유제
				  품, 뼈째 먹는 생선
				• 식물성 : 녹색 채소

인 (P)	• 뼈와 치아 구성 • 세포 구성 • 산, 염기 평형	• 골격 손상 • 오심, 구토 • 허약감	• 골격 손실 • 근육 경련	• 동물성 : 우유 및 유제 품, 육류 • 식물성 : 곡류, 견과류
나트륨 (Na)	• 체액 유지 • 산과 염기 평형 유지 • 근육의 자극 • 신경자극 전달 • 당질과 아미노산의 흡수	• 성장 감소 • 식욕 부진 • 근육 경련 • 메스꺼움 • 설사	• 고혈압 • 부종	• 식염
포타슘 (K)	• 수분과 전해질 평형 • 산과 염기 평형 유지 • 근육의 수축, 이완 • 당질 대사 관여 • 단백질 합성 관여	• 근육 경련 • 식욕 감퇴 • 어지러움 • 무감각 • 변비	• 근육 과민 • 혼수 • 불규칙한 심장운동 • 호흡 곤란 • 사지 마비	• 미가공 곡류 • 채소 • 과일 • 우유, 육류 등
염소 (Cl)	• 삼투압 유지와 수분 평형 • 산과 염기 평형 • 위산 생성 • 타액 아밀라아제 활성화	• 거의 없음	• 고혈압	• 식염

마그네슘
(Mg)
	• 뼈와 치아 구성
	• 효소의 구성
	• 신경과 심장 근육에 작용
		• 허약, 근육통
		• 심장기능 약화
		• 신경장애
			• 설사, 탈수
			• 칼슘기능 방해로
			  신경기능 이상
				• 식물성 : 콩, 견과류,
				  두유, 녹색 채소
				• 동물성 : 우유

황 (S)	• 황 아미노산의 구성 • 해독작용 • 신체의 다양한 세포 존재	• 없음	• 거의 없음	• 단백질 식품

CHAPTER 08 다량 무기질에 관련된 문제풀이는 533쪽에 있음

미량 무기질

미량 무기질microminerals은 체중의 0.05% 이하로 존재하거나 1일 권장량이 100mg 이하인 무기질을 말하며 종류로는 철, 아연, 구리, 불소, 망간, 요오드, 셀레늄, 몰리브덴 등이 있다. 하루에 필요한 양과 몸 안에 존재하는 양이 매우 적지만, 생명을 유지하는 데 꼭 필요한 영양소이다.

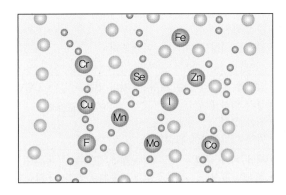

그림 9-1
미량 무기질

1 철

철Iron ; Fe은 모든 생물체에서 발견되는 미량 무기질로, 체내에서 **산소를 조직으로 운반·저장**하는 데 관여하고 여러 보조인자로 작용하는 매우 중요한 영양소이다. 철이 부족하면 **철 결핍성 빈혈** 등 심각한 질환이 생길 수도 있다.

1) 철의 흡수 및 대사

철은 소장 상부인 **십이지장 및 공장에서 주로 흡수**된다. 철의 흡수율은 10~15% 정도이나 흡수된 철의 약 90% 이상은 재사용된다. 철의 흡수는 섭취하는 철의 종류, 철 영양상태 등 다양한 요인들의 영향을 받는다. 섭취한 철의 대부분은 대변으로,

나머지는 소변으로 배설된다. 철은 소장 점막세포가 떨어져 나가면서 대변과 함께 배설되거나 소변·땀·피부 등을 통해 일상적으로 배설된다.

표 9-1
철 흡수에 영향을 주는 요인

증가 요인	방해 요인
• 섭취하는 식품의 영향 － 헴철 － 육류, 어류, 가금류 • 체내 조건 － 저장 철 양의 저하 － 위산 • 다른 영양소의 작용 － 비타민 C	• 섭취하는 식품의 영향 － 곡류, 콩 등에 있는 피틴산 － 옥살산 － 차의 탄닌 등 • 체내 조건 － 저장 철 양의 증가 － 위산 분비의 저하 － 위장질환 • 다른 영양소의 작용 － 다른 무기질

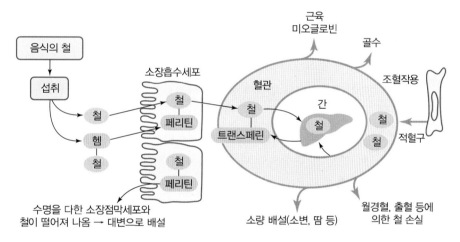

그림 9-2
철의 흡수 및 대사

소장 점막세포에서 철은 페리틴과 결합한다. 체내 철의 영양상태에 따라 철이 흡수되기 전에 소장의 점막세포가 탈락하면 철은 흡수되지 못한다. 이는 체내에서 철의 흡수를 조절하는 기전으로 특히 비헴철의 경우에 그렇다.

2) 철의 체내 기능

철은 헤모글로빈 및 효소를 포함한 많은 단백질의 구성성분으로 헤모글로빈은 조직에 산소를 운반하는 중요한 역할을 한다. 철은 헤모글로빈이라는 단백질과 결합하여 적혈구를 만드는데, 적혈구를 생성하는 장소는 골수로 에리트로포이에틴erythropoietin 이라는 호르몬의 자극으로 적혈구가 만들어진다. 적혈구의 수명은 120일 정도로, 수명을 다한 적혈구에서 빠져나온 철은 재활용되어 새로운 적혈구를 만드는 데 사용된다.

철의 체내 기능

1. 산소의 이동과 저장
   - 이동 : 철은 헤모글로빈과 결합하여 폐로 들어온 산소를 각 조직의 세포로 운반하고, 이산화탄소를 폐로 운반하여 밖으로 배출
   - 저장 : 철은 근육 미오글로빈의 구성성분으로 근육조직 내 산소를 일시적으로 저장
2. 효소의 보조인자로 작용
   - 전자전달계에서 에너지 대사에 필요
   - 신경 전달 물질, 콜라겐 합성에 필요한 효소의 보조인자로 작용
   - 면역 기능 유지
   - 약물의 독성을 제거

3) 철의 결핍증과 과잉증

철의 결핍은 세 단계로 진행된다. 여성은 정기적인 월경으로 인해 철이 많이 손실되므로 철의 요구량이 남성보다 높다. 여성의 철 섭취량에 대한 높은 요구도는 폐경이 되는 50대부터 감소하게 된다.

철의 섭취가 부족할 때는 **철 결핍성 빈혈**이 나타난다. 성장이 빠른 사춘기와 영유아기에는 빈혈로 인하여 손톱이 숟가락처럼 움푹 패이고 식욕부진, 허약 등의 증상이 나타난다.

한편 **철의 과잉증**은 영양보충제나 철분제의 과잉 복용 및 많은 양의 알코올 섭취로 인한 간 손상으로 체내 **철 축적이 저장능력보다 초과**되어 나타난다.

철의 결핍 3단계

1. 철 저장량 고갈 단계
   - 체내 철 저장량은 감소하나 생리적인 변화는 없음
     → 혈청 페리틴(ferritin) 농도 감소로 확인
2. 적혈구 생성 감소
   - 철 결핍으로 적혈구 생성이 감소하지만 임상적인 빈혈상태는 아님
     → 트랜스페린(transferrin) 포화도 감소로 확인
3. 철 결핍성 빈혈
   - 생리적인 기능 변화가 오고, 철 결핍성 빈혈의 증세가 나타남
     → 헤모글로빈(hemoglobin), 헤마토크릿(hematocrit) 농도 감소로 확인

표 9-2
철의 결핍증과 과잉증

결핍증	과잉증
• 적혈구 감소 • 철 결핍성 빈혈	• 간 · 혈액 · 근육 · 심장 · 췌장 등에 철 축적 　- 간, 심장 등 기관 손상 　- 당뇨병, 심부전

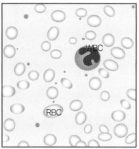

정상 혈구세포　　　　　　철 결핍성 빈혈

그림 9-3
정상 혈구세포와
철 결핍성 빈혈

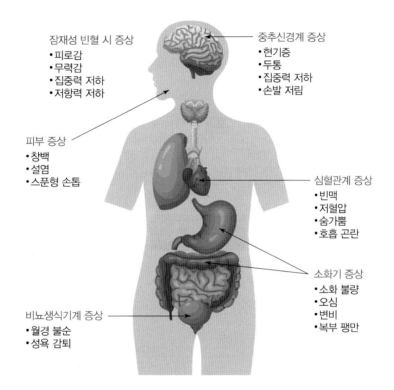

잠재성 빈혈 시 증상
• 피로감
• 무력감
• 집중력 저하
• 저항력 저하

중추신경계 증상
• 현기증
• 두통
• 집중력 저하
• 손발 저림

피부 증상
• 창백
• 설염
• 스푼형 손톱

심혈관계 증상
• 빈맥
• 저혈압
• 숨가쁨
• 호흡 곤란

소화기 증상
• 소화 불량
• 오심
• 변비
• 복부 팽만

비뇨생식기계 증상
• 월경 불순
• 성욕 감퇴

그림 9-4
철 결핍 시
나타나는 증상

4) 철 함유식품

철의 급원으로 가장 좋은 것은 육류, 어패류, 가금류 등 헴철을 함유하고 있는 식품
이다.

 철 함유식품

1. 동물성 식품 : 육류, 어패류, 가금류 등
2. 식물성 식품 : 곡류, 곡류 가공식품(빵, 면류), 콩류, 녹색 채소 등

2 아 연

아연Zinc ; Zn은 체내에 1.5~2.5g 정도로 소량 존재하나, 생체 내에서 여러 효소를 구성하며 핵산의 합성이나 면역작용에 관여한다.

1) 아연의 흡수 및 대사

식이로 섭취된 아연은 10~30% 정도로 대부분 소장에서 흡수되며, 소량만 위나 대장에서 흡수된다. 장세포 내에서 아연은 메탈로티오네인metallothionein이라는 단백질 합성을 유도하며 결합하는 아연의 흡수 정도에 영향을 미친다. 아연의 흡수는 여러 가지 이유로 저해되며 흡수된 아연의 90% 이상은 대변으로, 소변·피부·땀으로도 소량 배설된다.

아연의 흡수를 방해하는 요인

1. 식물성 식품의 피틴산/섬유소(흡수 저해), 식물성 단백질
2. 구리(흡수 경쟁)
3. 철, 인, 칼슘 섭취의 증가
4. 소화기계 질환(장염 등)

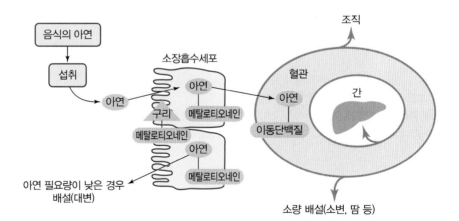

그림 9-5
아연의
흡수 및 대사

2) 아연의 체내 기능

아연은 체내 여러 효소를 구성하는 성분으로 핵산의 합성과 면역작용에 관여하는 필수적인 기능을 한다.

아연의 체내 기능

1. 체내 여러 금속효소의 구성요소 : 탄수화물의 대사, 항산화 작용, 이산화탄소 운반 등
2. 성장 및 면역 기능
   - DNA나 RNA 등의 핵산의 합성에 관여
   - 단백질 대사와 합성을 조절
   - 상처 회복, 면역 기능 증진
3. 생체막의 구조와 기능에 관여

3) 아연의 결핍증과 과잉증

아연의 결핍증과 과잉증은 식이에서 섭취 부족과 흡수율 저하, 손실이나 배설의 증가, 체내요구량의 증가로 나눌 수 있다. 식이 섭취 부족과 관련된 요인으로 거식증이나 단백질 및 에너지 영양불량과 같은 저영양상태와 식물성 식품 위주의 식사, 정맥영양 등의 처방식이를 하는 경우에 결핍증이 많이 나타난다.

아연 결핍증상은 다양하게 나타나며 성장 지연·상처 회복 지연 등의 가벼운 증상에서 피부염·탈모·정신장애·감염 등의 심각한 증상까지 보고되고 있다.

아연의 과잉 섭취에 의한 독성은 철과 구리 흡수를 방해하여 빈혈 증상·구토·복통·메스꺼움·무기력증 등이 나타나며, 식품을 통한 부작용보다는 보충제를 과다 섭취했을 때 나타나는 경우가 많다.

표 9-3
아연의
결핍증과 과잉증

결핍증	과잉증
• 성장 지연, 근육 발달 지연, 생식기 발달 지연 • 면역 기능 저하, 상처 회복 지연 • 식욕 부진, 미각·후각 감퇴	• 빈혈 • 구토, 설사, 식욕 저하 등

4) 아연 함유식품

아연의 주된 급원은 동물성 식품으로, 쇠고기를 비롯한 육류·간·굴·게·새우 등이 좋은 공급원이다. 전곡류와 곡류의 아연 함량은 동물성 식품과 비슷하나 흡수를 방해하는 피틴산이 많이 들어 있기 때문에 양질의 아연을 얻기 어렵다.

 아연 함유식품

1. 동물성 식품 : 쇠고기, 육류, 간, 굴, 게 새우 등
2. 식물성 식품 : 전곡류, 곡류, 콩류

3 구리

구리Copper ; Cu는 체내에서 **여러 효소의 성분으로** 존재하며 기능과 대사 면에서 철과 비슷한 미량 무기질로 간, 뇌, 신장, 심장 등에 존재한다.

1) 구리의 흡수 및 대사

식이로 섭취된 구리는 10~55%가 소장에서 흡수되며 흡수 정도는 섭취량이나 체내 구리 요구량에 따라 다르다. 구리는 아연과 마찬가지로 메탈로티오네인과 결합하여 흡수된다. 흡수 후 주로 알부민에 결합하여 이동하고, 대부분 간에 저장되며 일부는 신장에 저장된다. 사용하고 남은 구리는 간에서 담즙을 통해 대변으로 배설되고, 소량은 소변과 땀으로 배설된다.

구리의 흡수를 방해하는 원인

식이 내 칼슘, 카드뮴, 납, 몰리브덴, 유황, 아연 등이 과다하게 많을 때

2) 구리의 체내 기능

구리는 **철 대사에 작용**하며 결합조직의 건강을 돕고 인체 내에서 몇몇 효소의 구성성분이 된다.

구리의 체내 기능

1. 철의 흡수 및 이용을 돕는다.
   - 철이 흡수되는 과정에 작용하는 단백질의 구성성분
   - 철을 헤모글로빈 합성장소로 이동하는 데 관여 → 헤모글로빈 합성에 관여
2. 금속효소의 구성성분
   - 전자전달계에서 ATP 생성에 관여
   - 신경전달물질 형성
   - 항산화 작용
3. 결합조직의 건강에 관여
   - 결합조직인 콜라겐과 엘라스틴이 결합하는 데 작용
4. 기타 : 면역기능, 혈액응고, 콜레스테롤 대사 등

3) 구리의 결핍증과 과잉증

일반적으로 구리 결핍증은 거의 나타나지 않으나 완전정맥영양을 장기간 실시하여 균형 잡힌 영양식을 하기 힘든 환자의 경우 빈혈이나 백혈구 감소증이 생길 수 있다. 또한 모유가 아닌 우유를 먹는 영아나 조산아에게서 결핍증이 주로 발생하는데,

이것은 모유에 비해 우유에 함유된 구리의 생체 이용률이 훨씬 낮기 때문에 신경장해와 골다공증 위험이 생길 수 있다. 한편 고농도의 구리가 들어 있는 오염된 음료와 음식을 먹게 되어 복통, 구토, 설사 등의 소화장애가 일어나기도 하는데, 심한 경우 혼수·간세포 손상·혈관질환 등으로 인해 사망할 수도 있다.

표 9-4
구리의
결핍증과
과잉증

결핍증	과잉증
• 심장질환, 빈혈증, 성장장애, 백혈구 감소, 뼈의 손실 등	• 복통, 오심, 구토, 설사 • 심할 경우 : 혼수, 결뇨, 간세포 손상, 혈관질환 등

4) 구리 함유식품

구리의 급원식품은 다음과 같다.

구리 함유식품

1. 동물성 식품 : 내장고기인 쇠간, 돼지간, 굴, 가재, 패류 등
2. 식물성 식품 : 견과류, 콩류, 코코아, 버섯 등 → 식물성 식품은 토양에 따라 다름

4 불 소

불소Fluorine ; F는 **치아건강에 중요한 요소로 충치 발생을 예방하기 위해 식수 등에** 첨가되는 미량 무기질이다. 불소는 체내에서 95% 정도가 뼈와 치아에 존재하며 불소의 농도는 연령 및 섭취량에 따라 증가한다.

1) 불소의 흡수 및 대사

불소는 섭취량의 80~90%가 주로 소장에서 흡수되며 소변으로 배설된다. 연령이 증가함에 따라 배설량도 증가한다.

2) 불소의 체내 기능

불소는 **충치 예방 및 발생을 억제**한다. 설탕 등 구강 내 탄수화물은 미생물에 의해 분해되어 산을 형성하는데, 충치는 이렇게 형성된 산에 의해 치아의 에나멜층이 부식되면서 발생한다. 불소는 플루오르아파타이트fluorapatite라는 결정을 만드는데, 이 성분은 산에 대한 저항력이 높아 충치 예방에 효과적이다. 또한 불소는 충치의 원인이 되는 박테리아 및 효소의 활동을 억제하는 기능도 한다.

3) 불소의 결핍증과 과잉증

불소의 섭취는 식품보다 식수를 통해 섭취의 차이가 생길 수 있다. 불소 결핍 시 나타나는 대표적인 증상은 **충치 발생**이며, 충치 발생률은 불소의 필요량을 정하는 중요한 기준이 된다.

불소의 과잉 섭취 시에는 치아의 에나멜층이 파괴되어 치아가 변색되기도 한다.

표 9-5
불소의 결핍증과 과잉증

결핍증	과잉증
충치, 골다공증	• 치아의 반점, 치아가 약해짐(불소증) • 위장장애, 통증

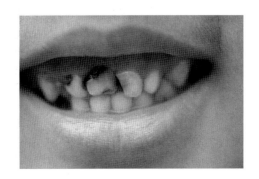

그림 9-6
불소의 결핍으로 생기는 충치

4) 불소 함유식품

불소의 급원식품은 녹차, 생선 등이며, 불소가 들어간 식수로 만든 음료를 통해서도 많이 섭취할 수 있다. 물속에 있는 불소의 흡수율은 약 100%로 일반 식품의 흡수율인 50~80%에 비해 상당히 높은 편이다.

 불소 함유식품 ●

1. 해조류, 어류(고등어, 정어리, 연어 등), 차류
2. 불소 함유 식수 등

5 망 간

성인의 체내에는 약 20mg 정도의 **망간**Manganese ; Mn이 있으며, 주로 간·골격·췌장·뇌하수체에 존재한다. 세포 내에서는 핵이나 미토콘드리아와 같은 소기관에 존재한다.

1) 망간의 흡수 및 대사

망간은 소장에서 흡수되며 철이나 **코발트와** 같은 금속과 **경쟁적으로** 흡수되므로 이들 금속이 많은 경우 흡수가 저해된다. 망간은 담즙을 통해 대변으로 배설되며 소량만 소변으로 배설되는데, 체내 망간상태에 따라 배설량이 조절된다.

2) 망간의 체내 기능

망간은 **효소의 구성성분으로** 당질 합성, 항산화 작용(지질의 과산화 방지), 암모니아 제거 등의 대사에 관여하며 뇌에 고농도로 존재한다. 망간은 효소를 활성화시키기도 하며 탄수화물, 단백질, 지질 등의 대사, 뼈와 연골 조직의 형성에 관여하게 된다.

3) 망간의 결핍증과 과잉증

망간 결핍증은 사람에게는 거의 보고되지 않았으나 동물실험에서 망간 결핍이 생식장애와 성장장애를 일으키는 것으로 보고되었다.

망간은 과잉 섭취 시 파킨슨병과 같은 신경독성이 생길 수 있는데 이것은 제련소, 광산 등의 작업환경에서 망간에 오래 노출되었을 때 나타날 수 있다. 식품으로 소량 섭취 시에는 근육통, 피로, 반사 신경 감소 등 근육 조절에 이상이 생길 수 있다. 철 결핍이나 빈혈, 간질 환자, 노인, 알코올 중독자 등에게서 망간 축적과 독성이 잘 나타난다.

	결핍증	과잉증
표 9-6 망간의 결핍증과 과잉증	성장장애, 생식장애	정신적 장애, 근육 조절 이상

4) 망간 함유식품

망간은 주로 **식물성 식품을** 통해 섭취 가능하다. 한국인은 쌀·밀·무·배추·채소·시금치·콩 등을 통해 섭취하며 대부분의 흡수율은 5% 미만이다. 망간 섭취는 탄수화물과 식물성 단백질 섭취가 증가할 때 함께 증가한다.

 망간 함유식품

식물성 식품인 견과류, 쌀겨, 전곡류, 시리얼, 콩류

6 요오드

요오드Iodine : I는 식품 중에 요오드 이온 형태로 존재하며 갑상선호르몬의 주성분으로 결핍 시 갑상선종에 걸릴 수 있다. 요오드의 체내 보유량은 15~20mg 정도로 이중 70~80%가 갑상선에 존재한다.

1) 요오드의 흡수 및 대사

식이에 함유되는 요오드는 요오드 이온의 형태로 소장에서 흡수되고, 단백질과 결합하여 갑상선으로 이동한다. 갑상선의 혈중 농도가 저하되면 뇌하수체에서 갑상선 자극호르몬이 분비되어 갑상선이 요오드의 유입을 자극한다. 여분의 갑상선호르몬은 소변으로 배설되며, 소량만 담즙을 통해 대변으로 배설된다.

2) 요오드의 체내 기능

요오드는 체내 대사율을 조절하고 성장 발달을 촉진하는 갑상선호르몬인 트리요오드티로닌과 테트라요오드티로닌의 구성성분이다. 갑상선호르몬은 아미노산인 티로신에서 합성되며, 요오드는 활성형인 호르몬이 되는 데 필수적인 역할을 한다.

3) 요오드의 결핍증과 과잉증

삼면이 바다로 둘러싸인 한국은 해산물을 통한 요오드 섭취와 산후 미역국을 먹는 문화가 있어 한국인에게 요오드 결핍증상은 잘 나타나지 않지만, 세계적으로는 요오드결핍증이 많이 나타나고 있다. 임신 시 요오드 섭취가 부족하면 태아에게 정신박약, 왜소증, 성장 지연 등의 크레틴병cretinism이 생길 수 있고, 어린이가 결핍 시에는 인지능력의 장애와 성장 지연 등이 나타난다. 성인에게 장기간 요오드 섭취가 부족하면 갑상선종goiter이 나타난다.

성인이 하루 3,000μg 이상의 요오드를 과량 섭취할 경우 갑상선기능항진증과 갑상선 악성종양이 악화될 수 있으며, 이러한 독성현상은 식품보다 보충제를 통해 나타나는 경우가 많다.

표 9-7
요오드의 결핍증과 과잉증

결핍증	과잉증
• 중증도 결핍 : 갑상선 기능 저하 • 만성 결핍 : 단순갑상선종(갑상선 비대) • 임신기간 결핍 : 태아의 뇌 발달 저해, 크레틴증	• 갑상선기능항진증 • 갑상선중독증 • 바세도우씨병 : 갑상선호르몬 분비 증가 → 기초대사율 증가, 자율신경계 장애 등

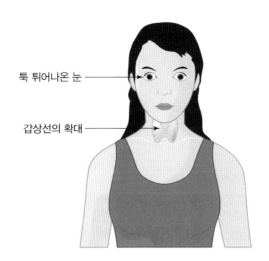

툭 튀어나온 눈 ──

갑상선의 확대 ──

그림 9-7
요오드의 결핍증인
바세도우씨병

4) 요오드 함유식품

요오드는 해조류와 해산물에 풍부하게 들어 있다. 서구에서는 요오드 강화소금 등으로 섭취하기도 한다.

 요오드 함유식품 ●

1. 해조류(김, 미역, 다시마, 파래 등), 해산물
2. 요오드 강화소금 등

7 셀레늄

셀레늄Selenium ; Se은 인체 내에서 주로 간·심장·신장·비장에 분포되어 있는 미량 영양소이다.

1) 셀레늄의 흡수 및 대사

셀레늄은 흡수가 잘되는 영양소로 대부분 메티오닌과 시스테인 유도체와 결합되어 존재한다. 전체 섭취량의 80%가 소장에서 흡수되며 다른 미량 무기질보다 생체 이용률이 높다. 셀레늄의 배설은 소변을 통해 이루어지고, 섭취량이 많을 때에는 호흡을 통해서 배출되기도 한다.

2) 셀레늄의 체내 기능

셀레늄은 베타카로틴, 비타민 C, 비타민 E와 함께 **항산화 작용을 하는 영양소이다.**
셀레늄을 충분히 섭취하면 글루타티온 과산화효소가 과산화된 물질을 독성의 약한
물질로 전환시킨다. 셀레늄은 세포막을 공격하고 산화하는 과산화물의 생성을 미리
줄여 비타민 E 요구량을 줄이는 절약작용을 한다.

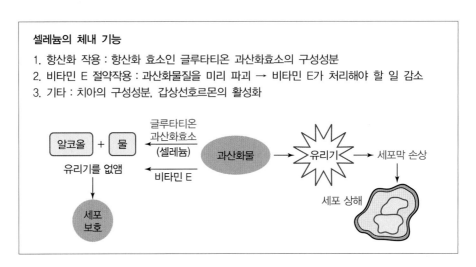

셀레늄의 체내 기능

1. 항산화 작용 : 항산화 효소인 글루타티온 과산화효소의 구성성분
2. 비타민 E 절약작용 : 과산화물질을 미리 파괴 → 비타민 E가 처리해야 할 일 감소
3. 기타 : 치아의 구성성분, 갑상선호르몬의 활성화

3) 셀레늄의 결핍증과 과잉증

셀레늄 결핍증세로 가장 많이 알려진 것은 **케산병**Keshan disease이다. 이것은 중국의
풍토병으로 어린이와 여자에게 많이 나타나며, 심장 비대와 같은 심장 기능의 이상
이 대표적인 증상이다. 과잉 섭취 시 구토·설사·피로·피부 손상·신경계 손상
등이 나타날 수 있다.

표 9–8
**셀레늄의
결핍증과 과잉증**

결핍증	과잉증
• 근육 손실, 성장 저하, 심근장애 • 케산병 : 중국 케샨 지방에서 발견, 울혈성 심장병	구토, 설사, 피로, 피부 손상, 신경계 손상 등

4) 셀레늄 함유식품

셀레늄의 주요 급원은 육류의 내장과 해산물이다. 곡류 등의 식물성 식품에 있는 셀
레늄은 토양의 셀레늄 함량에 영향을 받는다.

셀레늄 함유식품

1. 동물성 식품 : 육류, 어류, 내장, 패류 등
2. 식물성 식품 : 전밀, 밀배아, 견과류 등 → 토양에 따라 함량이 달라짐

8 몰리브덴

몰리브덴Molybdenum ; Mo의 필요량은 미량 영양소 중에서도 매우 소량이다. 유전적 결함으로 이 원소가 결핍되면 대사 이상 등의 결핍증이 나타난다.

1) 몰리브덴의 흡수 및 대사

섭취한 몰리브덴의 25∼80%가 흡수되며 식이 내 몰리브덴의 양이 적으면 장의 흡수율이 증가한다. 섭취량이 많은 경우 소변으로 배설되는 양이 증가하고, 섭취량이 적은 경우 소변 배설량이 감소한다.

2) 몰리브덴의 체내 기능

몰리브덴은 산화·환원과 관련된 여러 효소의 보조인자로 대사작용에 관여한다.

3) 몰리브덴의 섭취와 건강

몰리브덴의 결핍증은 거의 나타나지 않으나, 정맥영양을 공급받는 환자들에게 심장박동 이상·호흡곤란·부종·허약증세·혼수 등의 결핍증상이 보고되었다.

표 9-9
몰리브덴의
결핍증과 과잉증

결핍증	과잉증
• 거의 없음 • 정맥 영양 환자 : 심장박동 증가, 호흡곤란 부종, 허약증세, 혼수 등	• 독성이 적음 • 혈중 요산 증가(통풍)

4) 몰리브덴 함유식품

몰리브덴은 곡류, 우유, 콩 등에서 섭취할 수 있다. 이러한 식품들은 몰리브덴 성분이 함유된 토양의 영향을 받는다.

몰리브덴 함유식품

1. 동물성 식품 : 내장, 우유 및 유제품
2. 식물성 식품 : 밀배아, 전곡류, 말린 콩 등

표 9-10 미량 무기질의 종류와 기능

종 류	기 능	결핍증	과잉증	급원식품
철 (Fe)	• 적혈구 구성성분 • 효소의 구성성분 • 면역기능 유지	• 철 결핍성 빈혈 • 허약, 피로	• 혈색소증 • 복통, 구토	• 육류 • 어패류 • 콩류

아연
(Zn)
	• 단백질 합성에 관여(성장,
	  면역기능, 상처 회복)
	• 효소의 구성성분
		• 성장 지연
		• 왜소증
		• 상처 회복 지연
		• 식욕 부진
			• 설사, 오심, 구토, 허
			  약, 피로
			• 면역 기능 저하
				• 육류
				• 우유 및 유제품
				• 도정하지 않은 곡류

구리 (Cu)	• 철 흡수 및 이용에 관여 • 효소의 구성성분 • 결합조직의 구성 • 면역기능, 혈액응고 등	• 심장질환 • 빈혈증 • 성장장애 • 백혈구 감소	• 복통 • 오심 • 구토 • 설사	• 간 등 내장육 • 견과류, 콩류 • 패류
불소 (F)	• 충치 예방 • 골다공증 예방	• 충치 유발	• 오심, 구토, 설사 • 치아 변색	• 차 • 해조류, 어류
망간 (Mn)	• 당질 대사 • 단백질 대사 • 지질 대사 • 항산화(과산화 방지), 암모니아 제거 등	• 성장장애 • 생식장애	• 정신적 장애 • 근육 조절 이상	• 견과류 • 전곡류, 콩류
요오드 (I)	• 갑상선호르몬의 성분	• 갑상선기능부전증	• 갑상선기능항진증	• 해조류, 해산물
셀레늄 (Se)	• 항산화작용	• 빈혈 • 근육통 • 심장부전	• 탈모, 허약 • 간기능 이상 • 구토, 복통	• 육류 • 어패류 • 도정하지 않은 곡류
몰리브덴 (Mc)	• 산화환원효소의 보조	• 심장박동 증가 • 호흡 곤란 • 부종 • 허약, 혼수	• 독성이 적음 • 혈중 요산 증가(통풍)	• 전곡류, 콩류 • 간 등 내장육 • 우유 및 유제품

01 다음은 칼슘 흡수에 관한 영양교사와 민수의 대화 내용이다. 괄호 안의 ①, ②에 해당하는 영양소의 명칭을 순서대로 쓰시오. [2점] 영양기출

영양교사	민수 학생은 또 콜라를 마시네요.
민　수	네, 매일 한 캔은 마셔요.
영양교사	골격이 성장하는 시기에 탄산음료나 가공식품을 자주 섭취하는 것은 좋지 않은 식습관이에요. 그런 식품에는 (①)이/가 많이 함유되어 있어서 칼슘 흡수를 방해하기 때문이에요.
민　수	그럼 어떤 영양소가 칼슘 흡수에 도움이 될까요?
영양교사	(②)은/는 칼슘의 흡수를 증가시키고 배설을 감소시켜 뼈에 칼슘을 축적시켜요. 뿐만 아니라 이 영양소는 인슐린의 분비와 관련이 있어 혈당 조절에도 관여하는 것으로 알려져 있어요.

① : _____　② : _____

02 알도스테론 길항제를 이뇨제로 사용할 때, 소변 중 무기질 배출량의 변화를 알도스테론의 기능과 연관 지어 서술하시오. 알도스테론 길항제의 영향으로 어떤 무기질의 배출량이 감소하는데, 이 무기질의 섭취를 줄이기 위하여 조리 과정에서 주의할 사항을 2가지 서술하시오. [4점] 영양기출

① : _____

② : _____

03 다음은 영양교사와 학생의 대화이다. 괄호 안의 ①에 공통으로 해당하는 무기질의 명칭과 ②에 해당하는 내용을 순서대로 쓰시오. [2점] 영양기출

영양교사	지원이는 굴과 새우를 많이 남겼네요.
지 원	네, 선생님. 하지만 밥과 채소 반찬은 모두 먹었으니 괜찮죠? 저는 해산물을 좋아하지 않아서요.
영양교사	굴이나 새우 같은 해산물은 (①)을/를 풍부하게 함유하고 있어서 적당한 양을 섭취하는 것이 좋아요. 이 영양소는 곡류와 채소에도 들어 있지만 해산물에 비해 체내 이용률이 낮거든요.
지 원	아, 그렇군요. 그 영양소가 우리 몸에 중요한가요?
영양교사	(①)은/는 체내 여러 효소와 생체막의 구성 성분이 되고 면역 기능에 관여하기 때문에 우리 몸에 꼭 필요해요.
지 원	아, 그래요. 만약에 이 영양소를 필요한 양만큼 섭취하지 않으면 어떻게 되나요?
영양교사	부족하게 섭취하면 성장 지연, 설사, 면역 기능 저하가 나타나고, 과잉으로 섭취하면 철이나 구리 등 다른 무기질의 (②)이/가 일어나요.

① : _____   ② : _____

04 다음은 칼슘(Ca)에 대한 내용이다. 괄호 안의 ①, ②에 해당하는 질환을 순서대로 쓰고, 밑줄 친 ③의 저해 과정을 서술하시오. [4점] 유사기출

- 칼슘은 인체 내에서 가장 많이 존재하는 다량 무기질이며, 정상적인 뼈와 치아의 발달에 필수적이다.
- 성장기에 칼슘 섭취가 부족하면 골격의 석회화가 충분하지 못해 성장 저해, 뼈 성분의 변화, 뼈의 기형 등이 나타나는 (①)에 걸릴 수 있다.
- 특히, 폐경기 여성에게 칼슘이 부족하면 골격 대사 이상이 나타날 수 있다. 그중 골질량이 감소하여 뼈 조직의 구조가 치밀하지 못하게 되어 작은 구멍이 생기는 것을 (②)(이)라 한다.
- 칼슘은 주로 녹색 채소류, 생선류, 멸치류 등에 풍부하게 함유되어 있다. 특히, 우유 및 유제품은 칼슘 함량이 높고 체내 이용률이 우수한 식품이다.
- 칼슘의 흡수는 ③ 수산(oxalic acid)을 함유하는 무청, 시금치, 근대 등이나 피트산(phytic acid)을 함유하는 밀기울, 콩류 등에 의해서 저해되기도 한다.

① : _____   ② : _____

③의 저해 과정 _____

_____

05 다음 (가)는 영양소 섭취기준에 대한 영양소별 섭취비율이고, (나)는 영양소 ①, ②의 체내 분포이다. (나)에서 ①, ②이 세포막을 통해 이동하는 방법 (A)가 무엇인지 쓰고, ①의 목표섭취량인 2,000mg에 해당하는 식염의 양(g)을 쓰되, 계산 과정을 포함하시오. 또한 만성 신부전 환자의 식사 요법에서 ②를 제한해야 하는 이유를 설명하시오. [4점] 유사기출

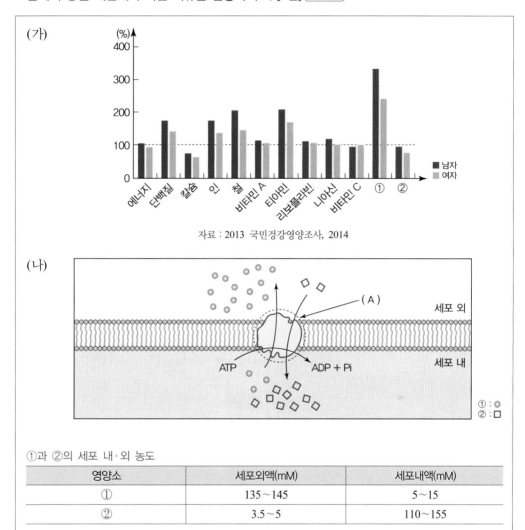

(가)

자료 : 2013 국민건강영양조사, 2014

(나)

①과 ②의 세포 내·외 농도

영양소	세포외액(mM)	세포내액(mM)
①	135~145	5~15
②	3.5~5	110~155

06 다음은 19~29세 성인 여성의 영양소 섭취기준을 제시한 표이다. 괄호 안의 ①과 ②에 해당하는 용어를 순서대로 쓰고, 식이섬유와 칼륨의 권장섭취량이 설정되지 <u>않은</u> 이유를 설명하시오. [4점] 유사기출

구 분	권장섭취량	충분섭취량	(①)
단백질(g/일)	55	−	−
비타민 B6(mg/일)	1.4	−	100
(②)(μg DFE/일)	400	−	1,000
철(mg/일)	14	−	45
아연(mg/일)	8	−	35
식이섬유(g/일)	−	20	−
칼륨(mg/일)	−	3,500	−

① : _____   ② : _____

식이섬유와 칼륨의 권장섭취량이 설정되지 않은 이유 _____

_____

07 다음 괄호 안의 ①, ②에 해당하는 명칭을 순서대로 쓰시오. [2점] 영양기출

섭취한 구리는 대부분 소장에서 흡수되며, 사용되고 남은 구리는 주로 (①   )을/를 통해 대변으로 배설된다. 그런데 유전적으로 구리의 대사와 배설이 정상적으로 일어나지 않으면 간, 뇌, 신장, 각막 등에 구리가 축적되어 (②   )이/가 발병할 수 있다.

① : _____   ② : _____

08 다음은 어떤 영양소의 연령별 권장섭취량과 특성에 관한 내용이다. 이 영양소는 무엇이며, 밑줄 친 ①은 무엇인지 순서대로 쓰시오. [2점] 영양기출

• 남자의 권장섭취량

연령(세)	6~8	9~11	12~14	15~18	19~29	30~49	50~64	65~
권장섭취량(mg/day)	5	8	8	10	10	9	9	9

자료: 2010 한국인 영양섭취기준

• 특성 : DNA 및 RNA 합성에 관여하여 성장 발달을 촉진하고 세포막의 구조를 안정하게 유지시킨다. 소장에서 흡수되어 혈액에서 ① 운반체와 결합하여 간으로 이동된다. 동물성 단백질이 풍부한 식품이 좋은 급원이며 식이섬유와 피틴산(phytic acid)의 섭취가 많을 때 흡수가 저해된다.

영양소의 이름 _____

① : _____

09 다음은 철(Fe)의 흡수율에 대한 설명이다. 밑줄 친 ①, ②이 철의 흡수율에 미치는 영향을 작성 방법에 따라 서술하시오. [4점] 유사기출

> 철은 흡수율이 매우 낮은 영양소로, 섭취하는 음식의 종류, 체내 철 저장량과 요구량에 따라서 흡수율에 많은 차이가 있다. 성장기의 청소년과 빈혈이 있는 사람은 헴철(heme iron)이 들어 있는 육류를 자주 섭취하는 것이 좋다. 한편, ① 감귤류, 딸기 등에는 철의 흡수를 촉진하는 영양소가 들어 있고, ② 차와 커피에는 철의 흡수를 방해하는 성분이 들어 있다.

작성 방법
- 흡수 촉진, 흡수 방해 성분의 명칭을 각각 1가지씩 제시할 것
- 해당 성분이 흡수율을 어떤 방법으로 증가 또는 감소시키는지 각각 1가지씩 서술할 것

_____

_____

_____

_____

10 다음은 '식품과 영양' 수업의 학습 자료이다. 학습 주제에 해당하는 무기질 ①의 명칭을 쓰시오. [2점] 유사기출

> 학습 주제 : (①   )
>
> **기능**
> - 체내 여러 종류의 효소 작용에 관여
> - DNA와 RNA 합성에 관여
> - 면역 기능, 성장 및 발달, 항산화 기전 등에 관여
>
> **결핍증**
> - 발육 및 상처 치유 지연, 성적 성숙 지연
> - 미각 감퇴, 심한 설사 등
>
> **급원식품**
> - 쇠고기, 굴, 전곡류 등

① : _____

11 다음은 식품과 관련된 무기질에 관한 설명이다. 괄호 안의 ①, ②에 해당하는 무기질의 명칭을 순서대로 쓰시오. [2점] 유사기출

> - (①)은/는 갑상샘호르몬인 티록신(thyroxine)의 구성 성분으로 미역, 다시마 등에 함유되어 있다.
> - 지방산의 불포화도 측정에 (①)이/가 사용될 수 있다.
> - 헤모글로빈(hemoglobin)과 미오글로빈(myoglobin)을 구성하는 무기질인 (②)은/는 체내에서 산소의 이동에 관여한다.
> - 청주 발효 시 양조 용수의 (②) 농도가 높을 경우 착색의 원인이 될 수 있다.

① : _____ ② : _____

12 칼슘의 항상성을 조절하는 주요 호르몬과 분비 조건, 경로, 호르몬 작용 시의 결과를 정리하시오.

_____
_____
_____
_____
_____
_____

해설 칼슘의 항상성에 관한 것은 골다공증과 연관되어 있어 매우 중요하다. 본문에서 '칼슘의 항상성과 조절기관'의 내용을 찾아 써 보자.

13 우유와 유제품, 육류, 어류, 곡류군과 탄산음료를 많이 먹었을 경우 발생하는 증상을 무기질의 종류와 연관하여 설명하시오.

_____
_____
_____
_____

해설 탄산음료는 대체로 인이 많이 함유된 식품이다. 인을 과잉 섭취할 경우 골격 손실, 저칼슘혈증 등이 발생한다.

14 최근 저염식에 대한 관심이 높다. 하지만 극도로 심한 저염식을 할 경우 여러 문제가 발생할 수 있다. 소금을 전혀 먹지 않을 경우 발생할 수 있는 증상과 과잉으로 먹었을 경우 발생할 수 있는 증상을 적으시오.

결핍 증상 _____

_____

과잉 증상 _____

_____

해설 염이라고 하면 NaCl을 의미한다. 나트륨과 염소의 무기질로서의 기능을 제시하고, 결핍증과 과잉증을 서술하면 된다.

15 철 흡수에 영향을 주는 인자를 증가 요인과 방해 요인으로 나누어 서술하시오.

증가 요인 _____

_____

_____

방해 요인 _____

_____

_____

해설 철은 빈혈과 관련된 중요한 무기질이다. 철 흡수에 영향을 주는 인자와 철이 많이 들어 있는 식품은 매우 중요한 내용이므로 꼭 확인해 두어야 한다.

16 아연은 생체 내에서 여러 효소를 구성하며 핵산의 합성이나 면역작용에 관여하는 무기질이다. 아연 흡수를 방해하는 인자 4가지를 적으시오.

① : _____

② : _____

③ : _____

④ : _____

해설 본문의 내용을 참조한다.

17 다음은 철과 아연의 흡수 조절에 관한 그림이다. (가), (나)에 알맞은 내용과 성인의 철과 아연 1일 상한섭취량으로 옳은 것은? (2010 한국인 영양섭취기준 적용) [기출문제]

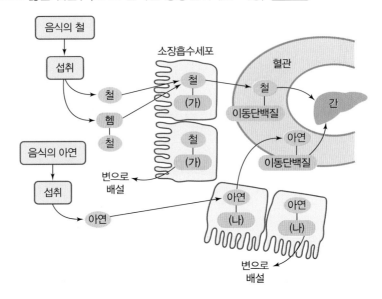

	(가)	(나)	철 상한섭취량 (mg/일)	아연 상한섭취량 (mg/일)
①	페리틴 (ferritin)	세룰로플라스민 (ceruloplasmin)	65	45
②	페리틴 (ferritin)	메탈로티오네인 (metallothionein)	45	35
③	페리틴 (ferritin)	메탈로티오네인 (metallothionein)	65	45
④	트렌스페린 (transferrin)	세룰로플라스민 (ceruloplasmin)	65	45
⑤	트렌스페린 (transferrin)	메탈로티오네인 (metallothionein)	45	35

정답 ②

18 다음은 혈액 응고 과정에 대한 그림이다. 혈액 응고에 관여하는 물질 (가), (다)와 해당 기관 (나)에 알맞은 것은? 기출문제

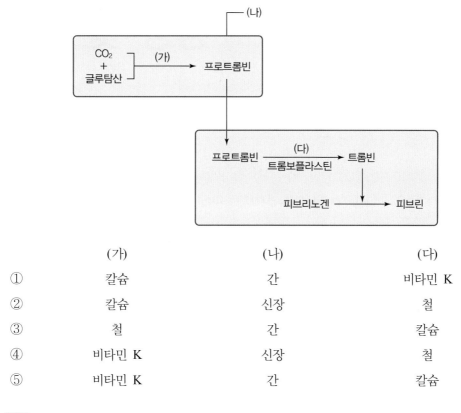

	(가)	(나)	(다)
①	칼슘	간	비타민 K
②	칼슘	신장	철
③	철	간	칼슘
④	비타민 K	신장	철
⑤	비타민 K	간	칼슘

정답 ⑤

19 최근 아동들의 패스트푸드와 탄산음료의 소비가 증가하고 있다. 탄산음료는 단순당 함량이 많아 열량이 높을 뿐 아니라, 칼슘 흡수를 방해하여 뼈와 치아 건강을 저해하는 성분을 함유하고 있다. 이 성분은 무엇인가? 기출문제

① 칼륨   ② 인산   ③ 수산
④ 아연   ⑤ 단백질

정답 ②

CHAPTER **10**

생애주기영양, 성장 및 발달

생애주기는 크게 영아기(0~1세), 유아기(1~5세), 학동기(6~11세), 청소년기(12~19세), 성인기(20~64세), 노년기(65세 이상), 임신기 및 수유기로 분류할 수 있다. 인간의 삶은 생명의 시작에서 종말까지 신체적·정신적·사회적 사건의 연속이라 할 수 있으며, 성장과 발달은 유전인자 및 환경인자의 영향을 받는다. 인체는 외부로부터 영양소를 받아 대사·성장하며 생애주기에 따른 차이, 각 생애주기별 대사와 영양소별 중요성, 영양필요량, 식생활 관리가 차별화된다.

영아기 때는 출생 후 일정 기간 모유수유에 의존하다가 반고형식과 고형식을 수용하게 되고, 유아기와 학령기에는 식생활의 독립과 균형 잡힌 식생활을 학습하게 된다. 청소년기에는 성적 성숙과 자아정체성이 형성되며, 성인기에는 각 기관 및 조직의 기능을 유지하고자 하는 대사가 이루어지고, 노년기에는 노화에 따른 생리적 기능 저하를 막아 만성질환을 예방하는 영양관리가 필요해진다.

여기서는 생애주기 각 단계에서 획득해야 하는 최적의 영양 및 건강상태에 대해 알아보고자 한다.

생애주기영양학 ●

생애주기영양학은 영양학 원리를 토대로 인간의 각 생애주기별 단계의 특성을 영양적 우선순위에 따라 특징을 세분화하여 탐구하는 학문을 말한다. 즉, 건강한 삶을 영위하기 위해서 생애주기에 따른 영양면의 특징을 충분히 이해하고 이에 대응하는 영양관리를 학습하는 것이 목적이다. 특히, 고령화사회로 진입하는 현대사회의 특징을 고려할 때, 노년기의 건강관리는 영아기의 영양관리부터 시작한다는 예방 의학적 관점을 가지고 학습하는 태도가 필요하다. 따라서 생애주기영양학은 일종의 '평생영양학'이라 표현할 수 있으며, 전 생애를 통해 적절한 성장과 발달로 최적 건강상태를 유지해야 하기 때문이다.

1 성장과 발달

성장growth이란 신체의 길이와 크기가 형태학적으로 일부 또는 전체적으로 증대되는 과정을 말한다. 예로는 체중이나 신장의 증가가 있으며, 단순히 체중만 증가하는 것은 성장이라 할 수 없다. **발달**development이란 신체의 기능 면이 점차 복잡해지면서 성숙하는 과정을 말한다. 예를 들어 형태학적인 성장, 정신 발달, 운동기능 발달 등이 있다.

성장과 발달은 연속적이면서 일정하게 동시적으로 이루어지므로 이를 합쳐 **발육**이라고 하거나, **성장** 또는 **발달**이라는 단어로 양쪽 의미를 모두 포함하여 사용하기도 한다. 성장과 발달은 개인에 따라 다르게 나타난다. 전반적으로 성장과 발달이 가장 뚜렷이 나타나는 시기는 태아기와 사춘기이다.

2 성장기에 작용하는 호르몬의 종류와 특징

① **성장호르몬** : 신체의 뼈와 각 여러 조직의 성장을 촉진한다. 대부분 수면하는 동안 분비되어 작용한다.
② **갑상선호르몬** : 골격 및 성장, 성적 성숙, 두뇌 발달 등에 영향을 준다. 학동기에 중요한 호르몬 중 하나이다.
③ **성호르몬** : 청소년기의 성장과 성기관의 발달을 담당한다.

3 세포의 성장 단계

① **세포증식기** : 세포 분열에 의해 세포 수가 증가하는 시기로 성장과 발달에 결정적으로 중요한 시기이다.
② **세포증식기 및 비대기** : 세포 수와 세포 크기가 동시에 증가하는 시기이다.
③ **세포비대기** : 세포 분열은 중지되고 세포의 크기만 증가하는 시기이다.

 영구적 성장장애 VS 만회적 성장

• 영구적 성장장애 : 세포 수 증가(세포 분열)시 영양불량
　　　　　　　　　임신기, 생후 1~2년까지의 영양이 특히 중요
• 만회적 성장(catch up growth)

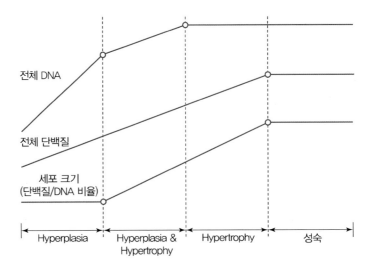

그림 10-1
세포 성장의
3단계

전체 DNA

전체 단백질

세포 크기
(단백질/DNA 비율)

| Hyperplasia | Hyperplasia & Hypertrophy | Hypertrophy | 성숙 |

4 스캐몬 Scamon 의 성장곡선

① 일반적인 성장곡선 : S자형 성장곡선(3단계)
② 각 기관별 성장곡선 : 림프형(흉선), 신경형, 생식기 발육형(성선형)

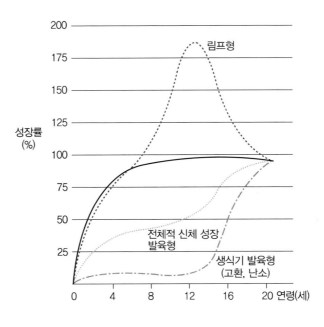

그림 10-2
신체기관별
성장곡선

5 노 화

노화란 수정부터 사망에 이르기까지의 연속되는 과정으로 **가령**可齡에 따라 신체 전
반에 일어나는 기능적, 구조적 및 생화학적 변화로 정의된다.

01 한국 성인 여성의 1일 단백질 권장량 중 1/3을 쇠고기로 섭취하는 경우 몇 g을 섭취해야 하는가?

_____

[해설] 한국의 영양소 섭취기준에서 성인 여성의 1일 단백질 권장량 중 1/3을 나누고 여기서 육류 섭취인 쇠고기로 환산하여 그 섭취량을 계산해 본다.

02 필수아미노산 조성이 다른 두 개의 단백질을 함께 섭취하여 서로의 제한점을 보충해 주는 것을 쓰고, 이것의 예를 2개 이상 쓰시오. 그리고 이것을 급식에 어떻게 적용시킬 수 있는지 간단히 설명하시오.

_____

_____

_____

[해설] 식품단백질의 종류와 질 평가의 내용을 알아야 한다. 제한 아미노산과 단백질의 상호 보조효과가 무엇이며, 그 예로는 무엇이 있는지 알아 두자.

03 유당불내증에 대해 설명하시오.

_____

_____

_____

[해설] 유당불내증의 정의와 원인, 증상을 파악하며 이를 완화하기 위한 방법도 숙지하여야 한다.

04 식이섬유소의 기능과 급원식품에 대해 쓰시오.

_____

_____

_____

해설 식이섬유소의 기능과 종류, 급원식품에 대해 알아 두도록 하자.

05 세포의 성장 단계에 대해 간단히 설명하시오.

_____

_____

_____

해설 세포의 성장 단계는 크게 세포증식기, 세포증식기 및 비대기, 세포비대기로 나눌 수 있다.

06 기관과 조직의 발달 곡선에 대해 간단히 설명하시오.

_____

_____

_____

해설 Scammon의 성장곡선에 대해 알아 두어야 한다. 기관과 조직의 발달은 일반형, 림프형, 신경계형, 생식기형으로 분류된다.

07 식품으로 인한 알레르기 반응은 면역 반응과 비면역 반응으로 나눌 수 있는데, 다음 중 면역 반응으로 인해 발생하는 알레르기는? 기출문제

① 달걀 알레르기
② 알코올 알레르기
③ 유당 불내성 우유 알레르기
④ 타트라진(tartrazine) 착색 단무지 알레르기
⑤ 고추, 겨자 등의 향신료 알레르기

정답 ①

08 보건복지부에서는 한국인을 위한 식생활지침을 제정하여 국민들이 쉽게 실생활에서 활용할 수 있도록 하고 있다. 여기서는 특별히 각 생활주기에 필요한 실천 지침들을 만들어 각 시기에 반드시 실천해야 할 것들을 알기 쉽게 제시하고 있다. 다음 중 생활주기와 식생활지침이 올바르게 짝지어진 것만을 모두 고른 것은? 기출문제

생활주기	식생활지침
ㄱ. 성인	- 지방이 많은 고기나 튀긴 음식을 적게 먹자.
ㄴ. 청소년	- 건강체중을 바로 알고 알맞게 먹자.
ㄷ. 어린이	- 우유제품을 매일 3회 이상 먹자.
ㄹ. 영유아	- 물이 아닌 음료를 적게 마시자.
ㅁ. 임신·수유부	- 많이 움직이고 먹는 양은 알맞게 먹자.

① ㄱ
② ㄱ, ㄴ
③ ㄱ, ㄴ, ㄷ
④ ㄴ, ㄷ, ㄹ
⑤ ㄴ, ㄷ, ㅁ

정답 ②

09 에릭슨(E. Erikson)이 제시한 심리 사회 발달의 특성이 바르게 설명된 것을 〈보기〉에서 고른 것은? 기출문제

보기
ㄱ. 영아기 : 신뢰감이 형성되는 시기로, 영아를 돌보는 사람을 통하여 수유, 옷 입기, 달래기와 같은 영아의 기본 욕구가 충족될 때 발달한다.
ㄴ. 유아기 : 솔선감이 형성되는 시기로, 이 시기의 과업을 달성하지 못한 유아는 죄책감을 갖게 된다.
ㄷ. 학령 전기 : 자율성이 형성되는 시기로, 이 시기의 과업을 달성하지 못한 아동은 수치심이나 의심을 갖게 된다.
ㄹ. 학령기 : 근면성이 형성되는 시기로, 부모와 교사의 지지는 근면성 발달에 긍정적인 영향을 주는 요인이다.
ㅁ. 청소년기 : 자아정체성이 확립되는 시기로, 이 시기를 어떻게 보내느냐에 따라 주체성이 확립되거나 역할 혼돈의 상태가 된다.

① ㄱ, ㄴ, ㄷ
② ㄱ, ㄴ, ㅁ
③ ㄱ, ㄹ, ㅁ
④ ㄴ, ㄷ, ㄹ
⑤ ㄷ, ㄹ, ㅁ

정답 ③

10 그림은 스캐몬(Scammon)이 신체 중요 기관의 성장률을 조사하여 연령에 따라 4가지로 분류하여 나타낸 성장곡선이다. 그림의 (ㄱ)~(ㄹ)이 바르게 표시된 것은? 기출문제

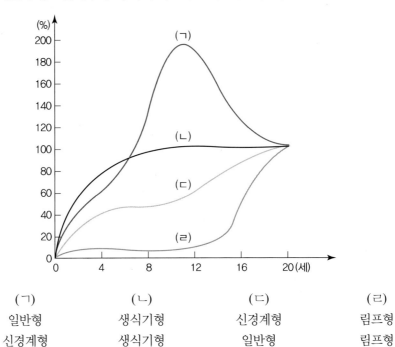

	(ㄱ)	(ㄴ)	(ㄷ)	(ㄹ)
①	일반형	생식기형	신경계형	림프형
②	신경계형	생식기형	일반형	림프형
③	림프형	신경계형	생식기형	일반형
④	신경계형	림프형	생식기형	일반형
⑤	림프형	신경계형	일반형	생식기형

정답 ⑤

11 기초대사량에 미치는 영향을 설명한 것 중 옳은 것을 〈보기〉에서 고른 것은? 기출문제

> 보기
> ㄱ. 임신 시 기초대사량이 증가한다.
> ㄴ. 갑상선기능항진 시 기초대사량이 감소한다.
> ㄷ. 성인 이후 나이가 증가함에 따라 기초대사량이 증가한다.
> ㄹ. 수면하는 동안은 깨어 있을 때보다 기초대사량이 감소한다.
> ㅁ. 온도가 높은 여름철이 낮은 겨울철보다 기초대사량이 낮아진다.

① ㄱ, ㄴ, ㄷ   ② ㄱ, ㄴ, ㅁ   ③ ㄱ, ㄹ, ㅁ
④ ㄴ, ㄷ, ㄹ   ⑤ ㄷ, ㄹ, ㅁ

정답 ③

CHAPTER **11**

모성영양과 태아영양

모성영양은 새 생명을 탄생시킨다는 점에서 매우 중요하다. 여성은 남성과 달리 생리적 주기인 **월경**을 경험하므로 가임기가 되면 누구나 **임신**을 할 수 있다. 따라서 가임기 여성의 건강 상태에 따라 임신 성공 및 태아의 성장·발육을 순조롭게 진행시킬 수 있다.

여기서는 임신부의 건강뿐만 아니라 태아에게 매우 중요한 모성영양과 태아영양의 합리적인 영양관리에 대해 알아보고자 한다.

1 모성영양과 태아영양

1) 모성영양의 중요성

모성영양은 건강한 임신에서부터 출산과 수유를 위해 중요하다. 즉, 건강한 임신과 정상적인 태아 발육, 순조로운 출산, 산욕, 모유영양 및 합리적인 영양관리를 위해 중요하다.

 성공적인 임신 결과

- 재태 기간 37주 이상
- 아기 체중 2.5kg(출생)
- 모체의 건강 유지

2) 가임기 여성의 신체적 특징 및 영양관리

① **여성호르몬** : 체내 호르몬은 원활한 신체 대사를 조절하고 성장과 생식 등의 기능을 순조롭게 하는 윤활유와 같은 역할을 한다. 체내 호르몬의 양은 극히 미량이지만, 특정 세포 속에서 만들어진 후 목표가 되는 세포에 작용하기 위해 혈액으로 운반된 후 목표 세포에 활발하게 작용하거나 억제시켜 각 체내 부위에서 중요한 역할을 한다.

여성호르몬은 크게 성선자극호르몬(난포자극호르몬, 황체호르몬), 에스트로겐, 프로게스테론으로 분류할 수 있다. 성선자극호르몬은 난포기 초기에 시상하부의 명령에 따라 뇌하수체 전엽에서 **난포자극호르몬**follicle stimulating hormone ; FSH과 **황체호르몬**lutenizing hormone ; LH을 소량씩 혈액으로 분비한다. 이들은 난소로 이동해 성호르몬인 에스트로겐과 프로게스테론의 생성을 촉진한다. 난포자극호르몬은 난포의 성숙에 관여하며 난포 내에서 에스트로겐의 생성을 자극한다. 황체호르몬은 난포를 자극하여 배란을 촉진하며 황체호르몬의 현저한 증가는 난포를 성숙한 난자로 만들어 방출하는 배란이 일어나게 한다.

에스트로겐은 자궁, 난관, 질, 유선, 2차 성징에 관여한다. 에스트로겐은 난포자극호르몬에 의해 생성되어 자궁벽(자궁 내막)을 발달시키는데 자궁벽에 글리코겐이나 다른 영양소들을 축적하게 해 주며 혈관 또는 결체조직이 확장·증가될 수 있도록 도와준다. 또한 자궁의 흥분을 상승시킬 뿐만 아니라 난관의 흥분과 운동을 촉진시키고 질의 산성화, 유선 발육 촉진에 영향을 준다. 에스트로겐의 감소는 자궁벽의 혈관을 압축하여 외층을 분리시켜 월경혈을 분비하게 한다.

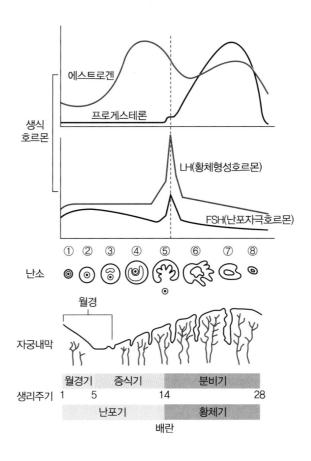

그림 11-1
생리주기와 호르몬 변화

프로게스테론은 자궁 내막을 발달시켜 비후하게 만들어 수정란의 착상을 돕는다. 또한 자궁근의 흥분성을 저하시켜 자궁 수축을 방지하고 임신을 유지하도록 만든다. 또한 임신 시 기초체온을 상승시키고 유선세포의 증식을 촉진시킨다. 프로게스테론은 위장운동 감소와 나트륨 배설 증가에도 관여한다.

② 생리주기와 영양 : 생식기능의 성숙을 상징하는 월경(초경)은 혈액 내 에스트로겐 호르몬 분비로부터 시작된다. 대부분 초경은 10~14세, 체중 47kg, 체지방 17~22% 정도일 때 시작되어 폐경기인 45~55세까지 일정한 간격을 두고 자궁 출혈이 반복된다. 사춘기 이전 여성은 신장에 알맞은 체중에서 10~15% 정도가 부족하면 초경이 지연된다. 현대에는 식생활의 개선과 단백질 및 지방 섭취량의 증가로 성장기 아동의 체중이나 체지방량이 과거보다 빨리 한계치에 도달하게 되어 젊은 여성들의 초경 연령이 50년 전 여성들에 비해 2년 정도 빨라졌다.

체지방세포는 에스트로겐의 생성과 대사에 중요한 역할을 한다. 체지방량이 적고 영양상태가 좋지 않은 여성은 에스트로겐의 생산량이 적고 활성도 감소되어 있으며, 뇌하수체에서 난포자극호르몬과 황체호르몬의 분비를 방해하여 에스트로겐의 생성을 방해받는다.

생리주기 동안의 호르몬 변화는 열량요구량과 식욕에 영향을 준다. 배란 이후부터 월경 전(황체기)까지는 식사섭취량의 증가로 단백질, 탄수화물, 지방 등과 무기질 및 비타민 등의 섭취량도 많아진다. 또한 여성호르몬 분비량 변화는 체내 나트륨과 수분 축적을 도와 체중이 증가되는 경향을 나타낸다.

비만으로 인한 과다한 체지방 축적도 무월경이나 불임을 야기할 수 있다. 비만 여성은 정상체중을 가진 여성에 비해 에스트로겐의 분비량이 많다. 고도 비만 여성은 혈중 에스트로겐 농도 증가로 정상적인 내분비기능에 교란이 올 수 있으며, 이것은 뇌하수체와 난소 사이의 신호 전달 체계에 이상을 야기할 수 있다.

 월경전증후군(Premenstural syndrom)

일부 여성들에게 월경이 시작되기 전 매달 주기적으로 바람직하지 못한 현상인 하복부 통증, 수분 축적(부종), 두통, 피곤과 같은 신체적 증세와 불안, 우울증, 신경질 등의 감정적 변화와 식욕 변화, 특정 음식에 대한 갈망 같은 것이 나타나는 것이다. 주로 생리주기 마지막 7~10일째에 나타나며, 이를 완화하기 위해서는 마그네슘, 칼슘, 비타민 B6를 보충해야 한다.

생리주기는 '뇌하수체 전엽에서 난포자극호르몬과 황체호르몬의 분비 → 난소의 원시 난포세포를 자극하여 성숙난포세포로 발육 → 에스트로겐 분비로 자궁벽 비후와 증식 → 황체호르몬 분비 → 성숙난포세포 파열시켜 배란(생리주기 14일) 황체 형성 → 프로게스테론 분비로 자궁벽이 더욱 비후해지고 분비기능 시작 → 황체 퇴화로 에스트로겐과 프로게스테론 분비 감소 → 자궁내막 탈락 → 월경'의 순서로 이루어진다. 여성의 생리주기는 매달 한 개의 난자를 성숙시켜 배란을 가능케 하며, 수정이 이루어질 경우 수정란을 보호하고 임신이 유지되도록 자궁 내 환경을 조절하는 두 가지 목적을 수행한다.

3) 가임기 영양의 중요성

가임기 여성들은 질적·양적으로 영양이 풍부한 식사를 해야 하며 **정상체중을 유지**해야 한다. **임신 전의 양호한 영양상태**가 임신 초기의 성공적인 임신 및 태아의 건강에 영향을 주기 때문이다.

가임기 여성의 **임신 전 체중**은 태아 성장과 건강한 임신 결과에 영향을 주므로, 임신을 계획하는 여성들은 자신의 **체중을 바람직한 범위로 유지**하는 것이 좋다. 임신 전 BMI가 20 미만인 저체중 여성의 경우, 임신 기간 중 체중 증가량이 많아도 출생한 아기의 체중이 적은 것으로 나타났으며, 조산아 출산율, 빈혈, 고혈압 등 모체의 합병률도 높다. 따라서 **저체중 여성의 경우 에너지 밀도가 높은 식품**을 선택하여 **체중을 증가**시켜야 한다. 또한, **과체중 또는 BMI가 30 이상의 비만 여성은 임신성 당뇨**와 **고혈압**의 발생률이 높은 것으로 나타났다. 과체중인 가임기 여성은 과식이나 에너지가 높은 식품의 섭취를 줄이고 규칙적인 운동으로 체중을 감량해야 한다.

가임기 여성은 체내에 영양소를 충분히 저장하는 것이 좋다. 특히 **철, 엽산, 칼슘** 등의 무기질 및 비타민은 임신기에 필요량이 크게 증가하므로 임신 전 체내 함량을 늘려 임신 기간 중 결핍증이 나타나지 않도록 노력해야 한다. 가임기 여성들은 월경으로 인한 출혈 때문에 철 손실이 높을 뿐만 아니라 엽산의 요구량도 증가한다. 특히 **엽산은 핵산합성 및 아미노산 대사에 중추적인 역할**을 하며, 결핍 시 세포성장과 분화에 문제가 발생한다. **임신 초기의 엽산 결핍은 신경관 손상**이라는 산과적 결함의 위험을 높이며, **다양한 형태의 척추와 신경계의 선천적인 장애**를 야기한다. 엽산으로 인한 선천성 기형은 주로 임신 21~28일 동안 엽산 섭취가 부족할 때 발생한다. 또한 월경과 별도로 가임기 여성은 임신과 수유 및 폐경기에 남성보다 골격으로부터의 칼슘 방출량이 많아 골다공증을 유발할 수 있기 때문에 주의해야 한다.

4) 임신기의 생리적 변화

임신 시 모체의 변화는 주로 태반조직에서 분비되는 **호르몬이 주도**하며, 모체의 영양요구량을 충족하여 태아의 성장을 정상적으로 유지하고 분만 후 수유기를 준비하는 기능을 한다.

① 태반을 통한 영양소 이동 : 태아는 성장과 발달에 필요한 영양소와 산소를 모체의 혈액순환으로부터 공급받는다. 따라서 모체 혈액 내에 있는 영양소가 태반을 통하여 태아에게 전달된다.

태반은 모체와 태아 간 물질 대사의 완충 조절 작용뿐만 아니라 환경을 일정하게 유지하여 태아를 보호하는 역할을 한다. 즉, 모체의 태반을 통해 영양소나 산소가 태아에게 운반되며, 모체가 영양소를 다량 섭취하여도 바로 태아에게 이동하는 것이 아니라 태반에 일시적으로 저장하여 이동을 조절한다. 영양소가 부족한 경우에는 태반에서 영양소를 합성기도 한다. 태반에서 분비되는 호르몬은 10여 가지로 에스트로겐, 프로게스테론, 성선자극호르몬, 최유호르몬, 성장호르몬 등이 있다.

 태반을 통한 영양소 이동 ●

- 단순확산 : 모체 혈액 농도가 높은 영양소 → 제대혈액의 낮은 농도, 평형
- 촉진확산 : 농도가 높은 쪽 → 농도가 낮은 쪽, 운반체 필요
- 능동적 수송 : 태아 쪽 제대혈의 농도가 높아도 제대혈 방향으로 이동, 농도차에 역행하는 이동, 운반체단백질과 에너지 필요

표 11-1
임신기간 동안 분비되는 호르몬과 역할

호르몬	분비장소	주요 역할
프로게스테론 (progesteron)	태 반	위장 운동의 감소, 지방 합성 촉진, 나트륨 배설 증가, 엽산 대사 방해
에스트로겐 (estrogen)	태 반	혈청단백질의 감소, 결합조직의 친수성 증가, 뼈의 칼슘 방출 저해, PTH 분비 자극, 엽산 대사의 방해
태반 락토겐 (human placental lactogen ; HPL)	태 반	• 글리코겐 분해 촉진-혈당 증가 • 태반에서 인슐린의 파괴 증가
프롤락틴(prolactin)	뇌하수체 전엽	유즙 생성 촉진
옥시토신(oxytocin)	뇌하수체 후엽	유즙 분비 촉진
난막갑상선자극호르몬 (human chorionic thytrotropin ; HCT)	태 반	갑상선호르몬의 분비 자극
성장호르몬 (human growth hormone ; HGH)	뇌하수체 전엽	혈당 증가, 뼈의 성장 자극, 질소 보유 증가
갑상선자극호르몬 (thyroid stimulating hurmone ; TSH)	뇌하수체 전엽	갑상선 내 요오드의 유입 증가, 티론신 분비 자극

(계속)

호르몬	분비장소	주요 역할
티록신(thyroxine)	갑상선	기초 대사를 조절
부갑상선 호르몬 (parathyroidhormone ; PTH)	부갑상선	뼈의 칼슘 방출 증가, 칼슘의 흡수 증가, 인의 배설 증가
인슐린(insulin)	췌장의 $\beta-$세포	• 임신 초기 : 인슐린 민감성 상승, 글리코겐과 지방 축적 • 임신 말기 : 인슐린 저항성 상승, gluconeogenesis 촉진
글루카곤(glucagon)	췌장의 $\alpha-$세포	글리코겐 분해 - 혈당 증가
코티손(cortisone)	부신피질	단백질 분해 - 혈당 증가(gluconeogenesis $\uparrow$)
알도스테론(aldosterone)	부신피질	나트륨 보유, 칼륨 배설 자극
레닌 - 안지오텐신 (renin - angiotensin)	신 장	알도스테론 분비 자극, 나트륨과 수분 보유, 갈증 유발

② **생리적 변화** : 임신기간 중 가장 큰 변화를 보이는 기관은 **자궁**으로, 수정란의 착상에 의해 자궁 내막이 비후하고 혈관이 풍부해진다. 수정란이 자궁에 안전하게 안착하면 점차 **유방 변화**와 **피부 변화**가 나타나는데 이때 **임신선이 생성**되고 색소 침착, 피하지방의 침착, 발모, 정맥류 발생, 부종 등이 나타난다. 임신 시 모체는 많은 영양소와 산소를 태아에게 전달하며, 대사산물들을 효율적으로 배설해야 한다.

심장이 비대해지고 심박동수가 증가하면서는 임신 전보다 30~50%가량 심박출량이 늘어나 태반과 신장으로 많은 양의 혈액이 순환하게 된다. 따라서 모체는 혈액 생성량을 증가시키게 되며 혈장량은 임신 전보다 45%가량 증가된다. 혈장단백질인 알부민의 합성은 혈장량 증가에 미치지 못해 혈중알부민 농도가 감소하게 되므로 조혈작용에 필요한 철, 엽산, 아연 등의 미량영양소와 단백질을 충분히 섭취해야 한다. 또한 혈장량 증가와 함께 적혈구량도 증가하나 적혈구량이 혈장 증가율보다 적기 때문에 혈액 희석현상이 나타난다. 따라서 헤마토크릿값과 혈색소량이 저하되어 빈혈이 나타나며, 백혈구 수는 증가하게 된다.

신장은 임신 기간 중 나트륨과 수분을 축적해 혈액량과 세포외 혈액량을 증가시키며, 레닌renin과 알도스테론aldosterone의 활성이 2~20배가량 증가하고 체내 수분은 약 7L, 나트륨은 약 17g 정도 증가한다.

위장기능도 임신기간 중 혈액 내 **프로게스테론 농도 상승**으로 위장관을 이루는 평활근이 이완되어 식도 하부 괄약근의 운동성이 감소하면 위 내용물이 위산과 함께 역류되어 불편함을 느끼게 된다. 또한 운동성의 저하는 위 내용물의 배출을 억제하므로 식사 후 **포만감** 또는 **복부팽만감**을 느끼게 되고 장내 이동도 느려져 영양소의 흡수에 충분한 시간이 확보된다. 반면 결장에서 수분 흡수가 증가되어 **변비증상**이 나타나게 된다. 또한 임신부에게 나타나는 담석증은 담낭 내용물의 불출이 지연되고 담즙에서 더 많은 양의 콜레스테롤을 함유하게 되어 쉽게 담즙을 형성할 수 있기 때문이다.

③ **영양소 대사의 변화** : 임신 시 영양소 대사는 **모체의 항상성 유지와 태아의 성장·발달**을 지지해 주는 방향으로 일어난다.

태반은 모체혈액으로부터 에너지 기질로 **포도당, 알아닌** 등 일부 아미노산 및 글리세롤을 받아들여 태아에게 전달한다. 태아의 에너지 요구량 중 80%가량은 **포도당**으로 공급되며 나머지는 아미노산의 이화작용을 통해 제공된다. 포도당과 아미노산을 수송하기 위해 모체는 다른 에너지 기질을 사용하며, 임신이 진행되면서 모체가 점점 지방산에 의존하게 되어 모체의 혈중 유리지방산과 중성지방 농도가 상승하게 된다.

임신은 **역동적인 동화 과정**으로 식욕과 식품섭취량은 증가하고, 신체활동량은 감소하며 상당량의 새로운 지방과 단백질이 모체와 태아조직에 축적된다. 태아와 태반조직은 계속적인 **동화작용**에 의존하지만, 모체의 경우 임신 초기에는 **동화작용**, 후반기에는 **이화적 상태**로 변하게 된다. 임신 초기에 에너지는 모체조직에 저장되었다가 임신 후기에 **포도당 형태**로 태아에게 이동된다. 모체는 단백질을 경제적으로 이용하며 태아를 위해 아미노산을 저장하려고 한다.

태반호르몬은 임신 기간 중 모체의 영양소 대사를 조절하는 주요 역할을 한다. 임신기 동안 식후 **인슐린 분비**는 급격히 상승하며, 고농도의 인슐린은 **임신 초반의 동화적인 대사**를 가능케 한다. 임신 진행에 따라 **에스트로겐, 프로게스테론** 및 **태반락토겐**의 분비량이 늘어나며 이들 호르몬은 인슐린의 동화작용과는 상반된다.

모체 내에서는 식후 일정 시간이 지나면 **대사적 적응현상**이 일어나는데, 이때 임신하지 않은 일반 여성이 장기간 굶었을 때처럼 혈당치가 떨어지고 포도당 내성이 감소되며 혈중 아미노산 농도 저하, 유리지방산과 중성지방, 케톤체 농도 상승이 나타난다. 따라서 임신부들은 쉽게 **저혈당**이 오며 끼니를 거르거나 공복상태가 되면 **케토시스**가 빠르게 나타난다.

미량 영양소에도 혈중 에스트로겐의 농도 상승으로 간 조직에서 미량영양소의 운반에 필요한 혈장단백질의 합성이 증가한다.

④ **체중 증가** : 임신 시 체중 증가는 단계에 따라 다르다. 임신 초기에는 미약한 체중 증가를 나타내다 중기에는 모체 조직의 증가로 인한 체중 증가가 주를 이루며 적은 양의 태아 조직이 증가한다. 임신 후기에는 대부분 태아 조직의

표 11-2 임신부의 바람직한 체중 증가	구 분	임신 전 BMI(kg/m²)	바람직한 체중 증가량(kg)
	저체중	BMI < 18.5	13~18.0
	정상체중	18.5~24.9	11~16.0
	과체중	25~29.9	7.0~11
	비 만	BMI > 30.0	5~9
	쌍둥이 임신부		11~25

자료 : 이연숙 외 6, 생애주기영양학, 교문사, 2017

증가로 임신부의 뚜렷한 체중 증가를 나타낸다. 임신 기간 중 총 체중 증가량의 약 30%는 생식기관 및 관련 조직의 발달, 25%는 태아조직, 5%는 태반, 6%가량은 양수, 모체조직과 체액의 축적이 나머지이다. 증가한 체중의 조성은 수분 62%, 단백질 8%, 지방 30%로 구성된다.

바람직한 체중 증가 양상은 임신의 유지 과정과 결과를 예측하는 중요한 인자로 보통 임신 중에 11.5~16.0kg의 체중 증가가 바람직하다. 권장되는 체중 증가 범위는 임신 전 체질량지수인 BMI에 따라 다르며, BMI가 낮은 임신부의 경우 BMI가 높은 경우보다 임신 중 체중 증가량이 더 많아야 한다. 체중 증가량이 7kg 미만으로 적으면 성장이 부진한 신생아를 분만할 확률이 높으며, 체중 증가량이 많으면 체중 초과 신생아를 분만할 확률이 높아 분만 시 어려움을 겪게 된다.

체중 증가를 결정짓는 요인으로는 임신 전 체중, 나이, 분만 횟수, 활동 정도, 사회·경제적 상태, 약물 또는 특정 식품의 섭취 여부 등이 있다.

5) 임산부의 영양관리

우리나라 임산부의 경우 열량, 단백질, 비타민 B_1과 비타민 B_2, 니아신은 권장량을 섭취하고 있으나 비타민 A, 비타민 B_6, 엽산, 철, 칼슘, 아연 등의 섭취량은 부족한 실정이다.

① 채식 : 식물성 식품이나 고섬유소 식사, 육류를 전혀 먹지 않는 여성들의 혈액 내 에스트로겐 수치가 정상인 여성에 비해 낮고 체중은 저체중인 것으로 나타나 임신과 균형 잡힌 식사가 중요한 관계임을 알 수 있다.

② 임신 전기 : 입덧에 주의하여 영양관리를 해야 하며 태아의 성장을 위해 충분한 단백질과 칼슘, 엽산 등의 섭취가 필요하다. 또한 소화가 쉬운 식품을 섭취해야 한다.

③ 임신 중기 : 태아의 성장과 발육, 모체의 건강, 산후의 건강관리를 위해 적극적이면서도 규칙적인 식사 섭취 및 영양관리가 필요하다. 빈혈과 변비, 부종, 과

도한 체중 증가, 임신중독증에 주의해야 한다.

④ 임신 후기 : 체내 당 대사와 건강을 유지하기 위한 규칙적인 식사, 적절한 간식, 충분한 휴식이 필요하다.

 임산부의 영양불량 특징 ●

1. 태아 : 모체에 영양 의존, 성장 발달 지연
2. 임산부 : 임신합병증, 원인불명부전증 → 저체중아, 미숙아, 조산아 출산

표 11-3
임산부 영양불량과 태아의 성장 지연

태아 성장 지연 형태	
TYPE 1(대칭적 성장)	TYPE 2(비대칭적 성장)
• 신장, 체중, 두위 전반적인 신체 발육 부진 → 신체 구성 비율 정상, 체중 미달 • 임신 초반기 영양불량의 영향	• 신장, 두위 발달에 비해 체중 미달 뚜렷함 • 출생 시 불균형적인 신장 저하 • 임신 중, 후반기 영양불량의 영향

자료 : 이연숙 외 6, 생애주기영양학, 교문사, 2017

표 11-4
임신부의 1일 에너지 및 단백질, 칼슘, 철 섭취기준

영양소(권장섭취량)	임신부	일반 여성(20~29세)
에너지(kcal)	+0 / 340 / 450	2,100
단백질(g)	+25	45
칼슘(mg)	700	700
철(mg)	24	14

자료 : 한국인 영양소 섭취기준, 보건복지부 · 한국영양학회, 2015

6) 임산부의 섭식 및 소화장애

① **섭식** : 임산부의 열량 섭취는 임신 중·후반기에 증가하며 주로 태반호르몬의 영향을 받게 된다. 혈액 내 **프로게스테론과 에스트로겐 농도 상승**은 **식욕을 증가시키는** 경향이 있으며, 임신 중반기에 배고픔을 가장 많이 느끼며 식사 섭취량도 늘어나게 된다.

임신을 하면 **특정 식품의 맛과 향미에 대한 기호가 좋아지거나 싫어지기도** 한다. 임신 중반기에는 단맛이 있는 음식이 선호되며 후반기에는 짠맛에 대한 예민도가 감소하면서 짠 음식을 선호하게 된다. 특정 식품에 대한 갈망을 나타내거나 혐오감을 느끼는 경우도 있다.

② **소화장애(입덧**morning sickness, **이식증)** : 입덧은 임신 초기 약 2~3개월에 나타나며 주로 이른 새벽이나 아침에 일어난다. 증상은 **메스꺼움, 구토, 식욕부진, 식품의 기호 변화** 등이다. 원인으로는 임신 초기 호르몬의 변화와 긴장 및 불안

감으로 시간이 흐르면서 자연히 소멸한다. **입덧 발생 시에는** 소량의 식사를 자주 섭취하거나, 소화가 쉬운 식품(크래커, 비스킷) 또는 차가운 식품을 섭취한다. 가능하면 조리할 때 음식 냄새를 맡지 않는 것이 좋으며, 물은 식후에 마시는 것이 좋다.

이식증pica은 임신기간에 **식품 이외의 물질에 집요한 섭식 태도나 강박성을** 나타내는 것을 말한다. 이식증의 대상으로 보고된 것으로는 먼지, 지푸라기, 진흙 또는 전분, 얼음, 성냥, 자갈, 숯 등이 있다. 이러한 이식증으로 인하여 영양이 부족한 식품을 섭취하고 필수영양소가 부족할 수 있으며, 전분류와 같이 열량만을 제공하는 식품을 섭취하여 비만을 유발할 수도 있다.

7) 고위험 임신과 영양관리

① **임신중독증** : 임신 후반기에 나타나며 **비만인 임신부에게 발생 빈도가 높은 편**이다. 증상으로는 **부종, 고혈압, 당뇨, 단백뇨, 경련** 등이 있고 체중 증가의 제한이 필요하다. 치료를 위해서는 안정을 취하는 것이 최선이며 칼슘 등을 충분히 보충하면 예방도 가능하다. 식이요법으로는 **저탄수화물식과 저동물성지방식, 고단백질식, 고비타민식, 저나트륨식, 수분제한식**이 있다.

임신중독증

1. 정 의
- 임신부에게 부종, 단백뇨, 고혈압 중 한 가지 이상의 증상이 발생하는 것
- <u>자간전증(preeclampsia, 단백뇨가 있는 고혈압, 임신중독증)</u>
  → 자간증(eclampsia, 임신성 고혈압, 경련, 혼수상태)

2. 특 징
- 증상 : 고혈압, 단백뇨, 부종, 자간(경련발작) 등이 나타남
- 병태 : 자궁 내 태반의 혈관 수축 → 태반 혈류 감소 → 태아 성장 지연, 조산, 태아호흡곤란증후군, 백혈구 및 혈소판 감소증, 사망률 증가
- 일과 운동으로 소비되는 에너지가 감소하므로 에너지 섭취 줄임
- 요단백이 나타나 단백질의 손실이 크므로 양질의 단백질 섭취 및 보충이 필요함
- 급격한 체중 변화, 부종, 소변 양 감소가 나타나므로 나트륨과 수분의 섭취를 줄임

② **임신성 빈혈** : 임신 중기에서 후기까지 나타나는 어지러운 증상으로 대부분 **철결핍성 빈혈**이다(혈색소량 11g/dl). 임신성 빈혈이 심하면 저체중아, 조산아, 산후 출혈 등이 나타날 수 있으므로 고단백질식, 고비타민식, 고철식이 필요하다.

③ **임신성 당뇨** : 임신 시에는 에스트로겐, 프로게스테론, 태반락토겐, 프롤락틴, 코티솔 등 여러 가지 호르몬 분비가 상승하면서 **인슐린의 혈당 조절 작용이 감**소한다. 임신부의 당뇨 증세는 산모나 태아에게 좋지 않은 영향을 주어 출산

후 신생아가 질병에 걸릴 확률이나 조산율, 사망률 등에 영향을 준다. **임신성 당뇨**에는 균형 잡힌 **식사 섭취**와 운동이 필수적이다. 단백질은 총 열량 섭취 중 10~20%, 포화지방산은 총 열량 섭취 중 10% 미만, 불포화지방산은 총 열량 섭취 중 10% 이상, 나머지는 탄수화물로 구성하는 것이 바람직하다. 특히 아침식사 시 탄수화물의 섭취를 줄이고 식사를 소량씩 자주 하는 것이 혈당 조절에 도움을 줄 수 있다.

 임신 결과에 영향을 주는 생활습관

1. 알코올 – 태아알코올증후군
   - 아기의 코 아래 인중이 없고, 윗입술이 아래 입술에 비해 현저하게 가늘며, 미간이 짧고 눈은 작다. 출생 후 성장 지체, 팔·다리 관절 이상, 학습장애, 심장 기형, 고환 등 외부 생식선과 귓불 기형
   - 태아 : 알코올 대사산물인 아세트알데히드 태반 쉽게 통과 → 직접적 기형 유발(정신발달 장애 초래)
   - 임신부 – 영양결핍
     → 알코올(empty calorie)은 단백질, 비타민, 무기질 등의 섭취 제한
     → 과음 시 소화관 내 미량 영양소 흡수장애
        비타민 B, 엽산, 아연의 결핍(만성알코올 중독자 : 기형아 출산)

2. 흡 연
   - 임신 시 흡연 대사 과정 : 임산부 흡연 → 니코틴 → 혈관 수축, 태반 혈류량 감소 → 태아, 태반의 저산소증, 영양소 양 제한 → 태아심박수 증가, 호흡운동 장애, 태아발육 장애, 태반기능 저하, 모체의 체중증가량 적음 → 저체중아, 조산, 사산, 기형아
   - 임신 중 흡연이 미치는 영향
     – 불임, 임신 이상, 상습적 유산, 조산, 사산 및 신생아 사망과 관련 ↑
     – 태반조기박리, 출혈, 전치태반, 자연유산, 양막 장기 파열 등 합병증 발생
     – 비흡연 여성보다 저체중아 출산율 2배 정도 높음
        → 신생아 체중 150~200g 정도 낮게 출산
        → 단백질, 아연, 비타민 B_1, 비타민 B_2 및 철 섭취량이 적기 때문
     – 11개비 이상 피우는 경우 조산아 분만 비율 4배 증가

3. 카페인 : 차, 초콜릿, 콜라와 많은 종류의 의약품
   - 임신 시 카페인 대사 과정
     – 카페인 대사 변경 → 혈중 고농도의 에스트로겐으로 인해 간조직에 있는 카페인 분해효소의 활성 감소 → 카페인 제거속도 느려짐 → 태반 혈관 수축 → 태아 산소, 영양소 공급 감소(태아 전달 시 → 카페인 분해효소 활성 미약) → 조산, 유산, 산과적 결함, 태아성장부진, 신생아 건강불량)
   - 하루 3잔(300mg) 이상의 커피는 금물

4. 신체활동
   - 체온 상승(39.2℃로 상승 → 태아 성장부진, 선천적 기형 유발)
   - 혈당 감소{모체의 혈당 감소 → 태아에게 전달되는 에너지(혈당) 부족}
   - 태반과 태아조직의 혈류량 감소(피부, 근육 혈액순환량 증가 → 자궁, 태반으로 혈류량 감소)
   - 신체조직의 스트레스 증가(근육과 골격의 긴장 증가로 조기분만 위험률 ↑)

2 수유부의 영양

수유부의 영양은 **모유 생성과 직접적인 관련**이 있다. 수유부는 유방의 유선조직이 발달하여 정상적인 해부학적 구조를 갖추고 있어야 하며, 유즙을 분비하고 유지하기 위한 생리적인 변화가 나타나야 한다.

1) 수유부의 생리적 변화

에스트로겐과 프로게스테론의 농도가 높아 프로락틴의 작용을 억제하기 때문에 출산 후 즉시 모유 분비가 이루어지지는 않는다. 대개 분만 후 **2~3일**부터 적은 양의 **초유 분비**를 시작으로 점차 유즙량이 증가하게 된다. 성숙유가 자리를 잡는 수유 **1개월 이후**부터 수유 전반기인 **6개월**까지 모유 분비량은 매일 **750mL 정도**이며, 영아가 이유보충식을 하면서 분비량은 점차 감소하여 **수유 후반기 6개월**의 모유 분비량은 약 **600mL 정도**가 된다.

2) 수유부의 영양필요량

한국인 영양소 섭취기준에서는 수유 전반기를 기준으로 영양필요량을 설정하였다. 비임신과 비수유 여성의 영양소 섭취기준이 설정되지 않은 n-3계 및 n-6계 **지방산**과 상한 섭취량은 절대값으로 표기했다. 수유기간에는 비타민 D, 엽산, 철, 마그네슘, 식이섬유소를 제외하고는 임신기에 추가로 요구되는 양보다 많다. 특히 **에너지**와 **비타민 A, 비타민 C, 아연, 구리, 요오드, 셀레늄, 수분**의 섭취 증가량이 크다.

 수유부의 영양이 모유 조성에 주는 영향

1. 에너지 단백질, 탄수화물, 무기질, 콜레스테롤, 엽산 등은 모체의 식사 섭취에 영향받지 않고 일정 농도 유지
2. 요오드, 셀레늄, 지용성·수용성 비타민의 수준은 모체의 영양상태 및 식사 섭취의 영향을 받아 모유에 현저한 영향을 줌
3. 엽산은 모체가 결핍되어도 모유에서는 적절한 수준 유지하는 유일한 비타민
4. 거대적아구성 빈혈일 때 모유의 엽산량 감소 → 보충제 복용
5. 저지방식일 때 지질 함량은 낮으나 모유의 콜레스테롤 함량은 영향을 받지 않음
6. 채식주의자 모유는 리놀레산이 많으며, 그렇지 않은 경우 팔미트산, 스테아르산이 많음

3) 모유수유의 실제

(1) 모유 분비 관련 호르몬

모유 분비 관련 호르몬인 **프로락틴**은 모유 생성을 자극하고 모유분비세포를 성숙시켜 모유 합성을 자극한다. 옥시토신은 모유의 배출을 자극하여 모유가 유두로 배출

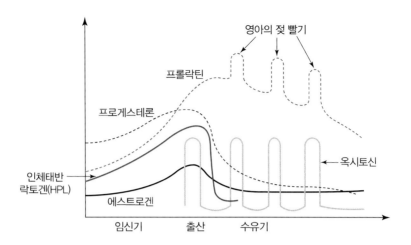

그림 11-2
임신, 출산, 수유기의 호르몬 변화

되도록 돕는 작용을 한다. 옥시토신은 수유부가 불안, 우울, 피로, 과음, 흡연 등에 노출되었을 때 분비가 감소한다.

(2) 모유 분비의 유지

유즙의 분비 능력은 개인의 생리적 특성과 환경의 영향에 따라 현저하게 다르다. 유즙 분비의 유지를 위한 필수조건은 **충분한 식사**로, 음식물 섭취량이 부족하면 결과적으로 유즙 분비량이 감소되고 젖의 성분이 변화될 수 있다.

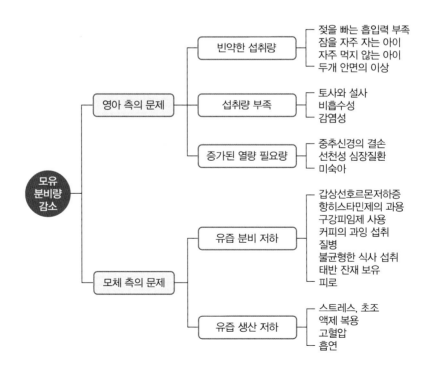

그림 11-3
모유 분비량을 감소시키는 요인

(3) 모유수유의 장점

모유수유의 장점은 신생아와 산모 모두에게 이득이 된다는 것이다. 신생아는 초유에 함유된 면역물질과 백혈구 등을 모체로부터 받아 수동면역을 얻게 된다. 모유 영양아가 조제분유 영양아보다 소화관 감염도가 낮고 알레르기 및 전반적인 면역력이 강한 것은 이 때문이다. 모유 섭취로 인한 면역력은 오랫동안 유지되어 약 3세 정도까지 효력이 유지되는 것으로 보이며, 특히 영아의 두뇌발달을 증진시킨다. 장기적으로 모유 영양아는 제1형 당뇨, 아동기 림프종, 크론병 등의 발생률이 낮은 편이다. 신생아의 젖 빨기는 위장의 연동운동을 촉진하여 태변을 촉진시키고 신생아 황달을 예방하며, 신생아기 첫 주에 나타나는 신생아의 체중 감소현상을 예방한다. 또한 턱과 치아의 발달을 촉진한다. 무엇보다 모유는 영아의 성장과 발달에 필수적인 영양을 고루 제공한다.

산모의 경우 신생아의 젖 빨기에 의한 옥시토신 분비 촉진이 자궁 수축을 도와 빠른 산후 회복과 출산 후 자궁 출혈 조절에 도움이 된다. 유방 출혈, 젖몸살, 유방암과 자궁암을 예방하는 데에도 도움이 되고 모자간에 유대감과 친밀감이 깊어진다. 모유수유에는 다른 어떤 도구도 필요하지 않아 경제적·위생적이고, 체중 감소 및 자연 피임에도 도움이 된다.

표 11-5
모유에 함유된 성분

성 분	작 용
항감염인자	
면역항체(Ig A, Ig G 등)	세균의 장 점막 침입 및 소화관 내 증식 예방
락토페린	인체에 유해한 세균 증식 방지
라이소좀	세포벽을 파괴해 박테리아 용해
림프구	면역 글로블린 합성(Ig A)
대식세포	식균작용
비피더스 인자	장내 유해균 성장 증식 억제, 변비 예방
항알레르기 인자	
면역글로블린(Ig A)	알레르기 발생 억제

 수유에 영향을 주는 생활습관

1. 흡 연
   - 분만 초기 혈중 프로락틴 30~50% 감소
     아드레날린 증가 → 옥시토신 방출 억제 → 모유 감소
   - 니코틴 함량이 많아 니코틴 중독, 발암물질이 아기에게 이행

2. 알코올
   - 에탄올 ↑ → 옥시토신 분비 억제(뇌하수체) → 모유 감소
   - 기면증, 가성 쿠싱증후군, 신경근육 ↓

(계속)

3. 커피 및 카페인
 • 모유 내 농도 50~80%로 아기가 흥분, 각성상태가 됨
4. 약물 복용
 • 항히스타민제(감기약), 에스트로겐(피임약), 바르비투르산염(안정제)
 • 프로락틴 분비 저해 → 모유량 감소

표 11-6
임신부 및 수유부의
영양필요량

영양소	일반 여성(19~29세)	임신부	수유부
에너지(kcal)	2,100	+0/340/450	+320
단백질(g)	45	+12/25	+20
비타민 A	460	+50	+350
비타민 C	75	+10	+35
엽산(μg DFE/일)	320	+200	+130
칼슘(mg/일)	530	+0	+0
철(mg/일)	11	+8	+0
아연(mg/일)	7	+2.0	+4.0
구리(mg/일)	600	+100	+370
요오드(mg/일)	95	+65	+130
셀레늄(mg/일)	50	+3	+9
식이섬유(g)	20	+5	+5
수분(ml)	2,100	+200	+700

자료 : 한국인 영양소 섭취기준, 보건복지부·한국영양학회, 2015

01 다음은 임신기의 영양소 섭취에 관한 내용이다. 괄호 안의 ①, ②에 해당하는 비타민의 명칭을 순서대로 쓰시오. [2점] 영양기출

> 임신부가 (①)을/를 보충제로 상한섭취량 이상 장기간 섭취하면 독성에 의해 태아의 안면 기형과 심장, 중추신경계 이상 등의 기형 발생 위험이 증가한다. 따라서 임신기 (①) 상한 섭취량은 태아 기형 발생을 독성 종말점으로 하여 설정되었다.
> (②)은/는 근육의 필수 성분으로 임신 기간에 태아의 조직 발달을 위하여 요구량이 증가되고, 조효소로 작용하여 글루타티온 환원효소의 활성을 유지하는 과정에 관여한다. 현재까지는 임신부를 대상으로 다량의 (②) 보충이 건강에 유해하다는 근거가 부족하므로 상한섭취량은 설정되지 않았다.

① : _____   ② : _____

02 다음은 모유의 성분에 대한 설명이다. 괄호 안의 ①, ②에 해당하는 영양성분의 명칭을 순서대로 쓰시오. [2점] 영양기출

> 모유 내 단백질은 크게 카제인과 (①)(으)로 구분된다. 이 중 (①)에는 락트알부민, 락토페린, 면역글로불린 등 면역기능을 가진 성분이 포함되어 있으며 수유 기간이 증가함에 따라 그 함량이 점점 감소된다. 모유 단백질의 아미노산 조성의 특징은 우유에 비해 (②)의 함량이 낮다는 것이다. 선천성 대사 장애가 있는 영아의 경우 (②)이/가 티로신으로 대사되지 못해 체내에 쌓임으로써 중추신경계에 영향을 미쳐 정신질환을 유발할 수도 있다.

① : _____   ② : _____

03 다음은 수유부의 에너지필요추정량과 모유수유에 관한 내용이다. 작성 방법에 따라 서술하시오. [4점] 영양기출

> 수유부의 영양필요량은 가임기 여성의 에너지필요추정량보다 높다. 수유부의 에너지필요추정량은 가임기 여성의 하루 에너지필요추정량에 ① 490kcal를 더하고 ② 170kcal를 뺀 값인 320kcal를 추가하여 설정되었다(2015 한국인 영양소 섭취기준).
> 모유는 아기의 성장과 면역기능에 가장 적합하다. 하지만 수유부 또는 아기에게 건강 문제가 있으면 모유수유가 어려운 경우가 있을 수 있다. 예를 들어, ③ 생후 2~3일경 아기의 얼굴, 눈의 흰자위, 가슴, 피부에 노란색을 띠는 증상이 나타나면 모유수유를 하는 데 어려움이 있을 수 있다.

> **작성 방법**
> • 밑줄 친 ①, ②에 해당하는 이유를 각각 1가지씩 제시할 것
> • 밑줄 친 ③ 증상의 명칭을 쓰고, 발생 이유 1가지를 제시할 것

① : _____

② : _____

③ : _____

04 다음은 임신 후반기 태아에게 필요한 조건적 필수아미노산을 설명한 내용이다. 괄호 안의 ①, ②에 해당하는 아미노산의 명칭을 순서대로 쓰시오. [2점] 영양기출

> 임신 후반기의 여성은 단백질 필요량이 크게 증가한다. 그 이유는 태아가 단백질 합성에 필요한 아미노산을 대부분 모체를 통해서 얻기 때문이다. 임신 20주 이후 태아는 성인과 같이 비필수아미노산들을 합성할 수 있으나, (①)와/과 (②)은/는 충분히 합성할 수 없으므로 이 아미노산들을 모체로부터 지속적으로 공급받아야 한다. 이들 중 요소회로의 구성 물질인 (①)은/는 일산화질소의 전구체이고, 메티오닌에서 합성되는 황 함유 아미노산인 (②)은/는 타우린의 전구체이다.

① : _____ ② : _____

05 다음은 보건교사가 첫 아이를 임신한 동료 교사와 나눈 대화 내용이다. 작성 방법에 따라 순서대로 서술하시오. [4점] [유사기출]

동료교사	선생님, 안녕하세요? 제가 임신 진단을 받았는데 노산이라 여러 가지가 걱정돼요. 태아의 건강 상태를 어떻게 알 수 있나요?
보건교사	혈액이나 초음파를 이용한 검사가 있어요.
동료교사	그렇군요. 다음 산전 검사에서 ① <u>태아에게 기형이 있는지 선별하는 4가지 혈액검사</u>를 한다고 들었는데 어떤 검사인지 알려주시겠어요?
보건교사	네, 자세한 내용을 설명 드릴게요.
	… (중략) …
동료교사	그런데 혈액검사 외에도 ② <u>태아 목덜미 투명대 검사</u>를 한다고 했어요. 이 검사로 어떤 것을 알 수 있나요?
보건교사	그 검사는 초음파를 보면서 태아의 염색체 이상뿐만 아니라 다양한 선천성 이상을 예측할 수 있는 거예요.
동료교사	그런데 선생님, 결혼 전부터 제가 완전 채식주의자예요. 그래서 임신 진단을 받고 나서 채식을 계속해도 되는지 걱정이 많이 돼요. 채식을 고수하면 어떤 영양소가 결핍될까요?
보건교사	여러 가지 영양소가 결핍될 수 있지만, 그중에서도 (③)은/는 고기, 계란, 유제품 등 동물성 식품에만 포함되어 있기 때문에 채식주의자들에게는 결핍 현상이 나타날 수 있어요.
동료교사	그러면 어떤 문제가 발생할까요?
보건교사	이 영양소가 결핍되면 특징적으로 ④ <u>거대적아구성 빈혈</u>, 설염, 신경계 질환이 임부에게 나타날 수 있으니 주의하셔야 해요.
	… (하략) …

작성 방법
- 밑줄 친 ① 중에서 신경관 결손을 선별할 수 있는 검사 항목을 제시할 것
- 밑줄 친 ②에서 '태아 목덜미의 투명대'를 확인할 수 있는 부위를 서술할 것
- 괄호 안의 ③에 해당하는 영양소의 명칭과, 밑줄 친 ④에서 나타나는 혈구의 특징을 제시할 것

_____

_____

_____

_____

_____

06 다음은 수유부의 식품 섭취와 관련된 내용이다. 괄호 안의 ①에 들어갈 비타민의 명칭과 ②에 해당하는 성분의 명칭을 순서대로 쓰시오. [2점] 〔영양기출〕

> 장내세균에 의해 합성되는 수용성 비타민인 (①)은/는 수유기에 필요량이 증가하므로 브로콜리, 푸른 잎채소, 동물의 간 등을 섭취하여 보충하는 것이 좋다. 그러나 커피, 콜라, 녹차 속에 함유된 (②)은/는 모유를 통해 분비될 수 있으므로 가능한 한 먹지 않는 것이 바람직하다.

① : _____   ② : _____

07 다음은 여성의 월경주기에 관한 건강 게시판 자료이다. 작성 방법에 따라 순서대로 서술하시오. [4점] 〔유사기출〕

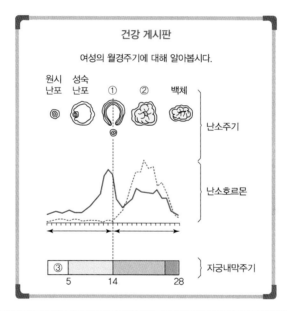

작성 방법
- ① 시기에 나타나는 기초체온의 변화 양상을 설명할 것
- ②의 기능을 제시할 것
- ③ 시기의 명칭과 자궁내막의 특징을 설명할 것

_____

_____

_____

_____

08 다음은 중학생 교육용으로 제작된 '건강한 임신과 출산'에 관한 보건교육 자료의 일부이다. 작성 방법에 따라 순서대로 서술하시오. [4점] 유사기출

건강한 임신과 출산

임신은 미리 충분히 준비한 후에 하는 것이 바람직하다.

1. 임신 준비하기
   - 계획 임신을 통해 건강한 임신을 위한 준비가 가능하다.
   - 건강한 임신 관리를 위한 구성 요소
     - 가족력 : 가계도를 그려 본다.
     - 영양 : ① 임신 전부터 엽산 섭취를 권장한다.
                  … (중략) …

2. 임신 과정 알아보기
   - 정자와 난자가 만나서 수정된다.
   - ② 수정란이 착상한다.

3. 임신 확인하기
   - 월경이 중단된다.
   - 임신반응검사로 ③ 임신 여부를 확인한다.

4. 분만 예정일 확인하기
   네겔 법칙(Nagele's rule)을 이용하여 분만 예정일을 계산한다.

퀴즈 ④ 마지막 월경 시작일(LMP)이 2018년 10월 25일인 여성의 분만 예정일을 계산해
      보기

                  … (하략) …

작성 방법
- 밑줄 친 ①을 권장하는 이유를 제시할 것
- 밑줄 친 ② 과정에서 출혈이 발생하는 이유를 제시할 것
- 밑줄 친 ③을 확인할 수 있는 호르몬의 명칭을 제시할 것
- 밑줄 친 ④의 분만 예정일을 제시할 것(연월일로 제시)

---

09 한국인 영양소 섭취기준에서 임신부의 권장 섭취량이 비임신 성인 여성에 비해 50% 이상 높은 영양소 3가지를 쓰고, 주된 급원식품을 각각 2가지씩 쓰시오.

영양소

① : _____

② : _____

③ : _____

급원식품

① : _____

② : _____

③ : _____

해설 한국인 영양소 섭취기준 중 가임기 성인 여성과 임신부 영양소 섭취기준의 차이점을 알아야 한다.

10 다음 사례를 읽고 정희 씨가 임신성 당뇨를 예방하기 위해 혈당검사를 받았어야 했을 적절한 시기를 쓰시오. 그리고 정희 씨의 사례에서 발견할 수 있는 임신성 당뇨의 위험 인자 2가지를 쓰시오.

정희 씨는 27세로 임신 32주이다. 키는 158cm, 임신 전 체중은 51kg이었고, 현재 체중은 68kg이다. 임신 전 건강검진을 받은 적이 없다. 그리고 영양보충제를 복용하고 있으며 임신 후 운동은 하지 않고 있다. 그런데 최근 병원에 가서 임신성 당뇨로 진단받았다.

임신 시기   임신 _____ 주

위험 인자

① : _____

② : _____

해설 임산부의 영양관리 및 합병증을 파악하여 그 대책을 수립할 수 있는 총체적인 능력을 갖추어야 한다. 임신으로 인한 인슐린 혈당 조절 감소로 임신성 당뇨가 나타나며 이로 인해 거대아, 기형아, 조산 등의 위험이 증가할 수 있다. 임신성 당뇨를 예방하기 위해서는 적절한 식사요법과 운동이 필요하다.

11 일반 여성과 비교하여 임신부의 철과 칼슘 권장섭취량에 대해 설명하시오.

_____

_____

_____

해설 임신부의 영양권장 섭취량을 암기하고, 왜 일반 여성보다 더 많은 영양소 섭취가 필요한지에 대해서도 알아야 한다.

12 임신기의 규칙적인 식사와 간식의 필요성에 대해 설명하시오.

_____

_____

_____

해설 임신기에 규칙적인 식사와 간식이 필요한 이유는 임신 시 음식의 기호도 변화로 인한 영양장애가 발생하지 않기 위해, 태아의 발육 및 모체의 건강 등을 위해서이다.

13 다음은 여성의 임신기, 출산, 수유기의 호르몬 분비량 변화에 대한 그림이다. (가)~(라)에 해당하는 호르몬에 대한 설명으로 옳은 것을 〈보기〉에서 고른 것은? 기출문제

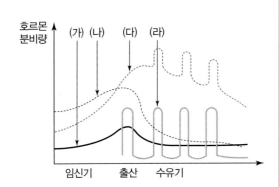

보기
ㄱ. (가)는 뼈에서 칼슘이 방출되는 것을 촉진시킨다.
ㄴ. (나)는 위장 운동을 감소시키고 지방 합성을 촉진시킨다.
ㄷ. (다)가 활성화되는 시기에는 체중 kg당 에너지 필요량이 일생에서 가장 높다.
ㄹ. (다)가 (나)에 의해 억제되는 시기에는 철의 필요량이 증가한다.
ㅁ. (라)가 활성화되면 자궁 근육의 수축을 촉진시킨다.

① ㄱ, ㄴ, ㄷ   ② ㄱ, ㄴ, ㄹ   ③ ㄱ, ㄷ, ㅁ
④ ㄴ, ㄷ, ㅁ   ⑤ ㄴ, ㄹ, ㅁ

정답 ⑤

14 임신기에는 다른 생애주기보다 다양한 영양소의 섭취량이 늘어난다. 하지만 몇몇 영양소는 차이가 없다. 차이가 없는 영양소끼리 묶인 것은 어느 것인가? 기출응용문제

① 비타민 C와 칼슘   ② 비타민 B_1과 칼륨
③ 비타민 E와 인   ④ 비타민 B_6와 아연
⑤ 비타민 A와 나트륨

해설 비타민 E, 인, 나트륨, 칼륨은 추가적인 섭취가 필요 없다.

정답 ③

15 다음은 스포츠센터에서 만난 두 친구의 대화이다. 밑줄 친 내용 중 옳은 것만을 있는 대로 고른 것은?

A 너 임신 중인데 운동하고 있네.

B 응, 출산 후에 비만이 된 친구들이 임신 중에도 방심하지 말고 최대한 운동하라고 해서.

A 음…… 그런데 (가) 심한 운동으로 근육이나 피부로 가는 피가 많아지면 태아에게 가는 산소와 영양소 양이 줄어들 수 있다던데? 그 정도로 심하게는 안 할 거지?

B 물론이지. 난 임신성 당뇨병은 없지만 운동을 하면 혈당이 내려간대. (나) 혈당이 내려 갈수록 태아 성장에 좋다고 해.

A 글쎄, 그래도 체온 상승은 태아 기형까지 초래할 수 있다던데? (다) 임신부가 음주를 심하게 하면 태아가 기형이 될 수 있는 것처럼 말이야. 그러니 몸이 너무 더워질 정도 로 지나치게 운동하지 않도록 해.

B 그래, 맞아! 임신부가 담배를 많이 피워도 선천성 기형아를 출산할 가능성이 높아진다지?

A 임신부가 담배를 피우면 (라) 담배 연기의 아세트알데히드(acetaldehyde)가 헤모글로빈 에 영향을 주어 태아가 잘 자라지 못한다더라.

---

① (가), (다) 　　② (가), (라) 　　③ (나), (라)

④ (가), (다), (라) 　　⑤ (나), (다), (라)

정답 ①

---

16 임신 및 분만 중 당 대사 변화에 관한 설명으로 옳은 것만을 〈보기〉에서 있는 대로 고른 것은?
기출문제

보기

ㄱ. 임신 1기 동안 모체 췌장의 베타 세포(β-cell)가 자극되어 인슐린 분비가 증가하여 혈 당치가 저하될 수 있다.

ㄴ. 모체의 포도당과 인슐린은 태반을 통과하여 태아의 혈당 상승과 인슐린 분비를 촉진한다.

ㄷ. 분만 시에는 태반이 만출되면서 순환하던 태반 호르몬이 갑자기 감소하고, 코르티솔 (cortisol)과 인슐린분해효소 등이 증가하여 모체에 인슐린에 대한 민감성을 회복한다.

ㄹ. 임신 2기와 3기에는 에스트로겐(estrogen), 프로게스테론(progesterone), 코르티솔, 태 반락토겐(placental lactogen) 등이 인슐린 길항제로 작용한다.

---

① ㄱ, ㄹ 　　② ㄴ, ㄹ 　　③ ㄱ, ㄷ, ㄷ

④ ㄴ, ㄷ, ㄹ 　　⑤ ㄱ, ㄴ, ㄷ, ㄹ

정답 ①

17 임신부가 건강한 아기를 출산하려면 임신에 의한 ㉠ 생리적 변화와 ㉡ 체중 증가에 따른 ㉢ 충분한 영양 공급이 중요하다. ㉠~㉢에 해당하는 설명으로 옳은 것은? (2010년 한국인 영양섭취기준 적용) [기출문제]

	㉠	㉡	㉢
①	레닌과 알도스테론분비 감소	임신 1기는 체중 증가 미약	단백질과 비타민 B_6 요구량 증가
②	심박출량 증가	비만 임신부의 바람직한 체중 증가량 : 8.5~11.5kg	에너지 증가에 따른 비타민 B_1, B_2, 니아신 요구량 증가
③	혈장량이 적혈구량보다 많이 증가	정상체중 임신부의 바람직한 체중 증가량 : 11.5~16kg	임신 1기의 추가 에너지 필요 추정량 : 340kcal
④	기초대사량 증가	저체중 임신부의 바람직한 체중 증가량 : 12.5~18kg	엽산은 상한섭취량을 초과하지 않게 섭취
⑤	인슐린 민감성 증가	다태아 임신부의 바람직한 체중 증가량 : 16~20kg	비타민 D의 추가 충분섭취량은 50% 수준

정답 ④

18 모유(母乳)는 영아가 성장·발달하는 데 필요한 가장 알맞은 영양소를 함유하고 있다. 다른 동물의 유즙과 비교해서 모유에 함유된 지질 조성의 특성과 기능으로 옳은 것만을 모두 고른 것은? [기출문제]

> **보기**
> ㄱ. 불포화지방산이 많이 들어 있어 지질흡수율이 85%~90%로 높다.
> ㄴ. ω-3계 지방산인 DHA가 많이 들어 있어 영아의 두뇌 발달에 도움을 준다.
> ㄷ. 콜레스테롤이 풍부하여 호르몬 합성에 유용하나 중추신경계 발달은 저해한다.
> ㄹ. 필수지방산인 리놀레산이 많이 들어 있어 영아의 성장 발달에 도움을 준다.
> ㅁ. 모체가 불포화지방산이 풍부한 음식을 섭취해도 모유의 불포화지방산 함량은 영향을 받지 않는다.

① ㄱ, ㄴ, ㄹ   ② ㄱ, ㄷ, ㄹ   ③ ㄴ, ㄷ, ㅁ
④ ㄴ, ㄹ, ㅁ   ⑤ ㄷ, ㄹ, ㅁ

정답 ①

19 태아알코올증후군(fetal alcohol syndrome)과 관련된 설명으로 옳지 <u>않은</u> 것은? 기출문제

① 알코올이 모체의 아연 결핍을 유발하여 증후군 발생에 영향을 준다.
② 임신 1기보다 임신 3기에 섭취하는 알코올이 더욱 치명적일 수 있다.
③ 태어난 아기에게 낮은 콧대, 넓은 미간, 희미한 인중과 같은 안면기형이 나타난다.
④ 알코올로 인해 태내 저산소증이 유발되어 출생 전 또는 출생 후에 성장 부진이 나타난다.
⑤ 알코올이나 아세트알데히드(acetaldehyde)가 태반을 통하여 태아에게 직접 전달되어 발생한다.

정답 ②

20 여성의 생리적 변화를 조절하는 내분비계에 관한 설명으로 옳은 것은? 기출문제

① 난포자극호르몬(FSH)은 황체기에 분비가 증가하면서 난포를 발달시킨다.
② 배란 후 수정과 착상이 되지 않으면 황체화호르몬(LH)이 증가하여 자궁 내막이 탈락한다.
③ 에스트로겐(estrogen)의 분비가 증가하면 경관점액의 점도이 높아지고 경관점액의 양이 늘어난다.
④ 에스트로겐의 농도가 최고 수치에 이르면 난포자극호르몬(FSH)이 분비되기 시작하면서 배란된다.
⑤ 신생아가 젖을 빨 때 산모의 뇌하수체 후엽에서 옥시토신(oxytocin)이 분비되어 자궁과 유선관(mammary duct)이 수축된다.

정답 ⑤

21 모유의 성숙유와 우유의 성분은 몇몇 부분에서 큰 차이를 보인다. 다음 성분 중 성숙유에 더 많이 들어 있는 성분끼리 옳게 묶인 것은? 기출응용문제

① Protein－Na－P
② Ca－에너지－polyunsaturated fatty acid
③ monounsaturated fatty acid－protein－K
④ 탄수화물－Vit C－polyunsaturated fatty acid
⑤ Na－K－P

해설 일반적으로 우유에 더 많은 영양성분이 들어 있다. 모유 성숙유에 더 많이 존재하는 성분으로는 탄수화물, 에너지, monounsaturated fatty acid, polyunsaturated fatty acid, Vit C 등이 있다.

정답 ④

CHAPTER 12

성장영양

1 영아기 영양

영아기는 만 1세까지를 말하며, 이 시기에 아기의 성장이 빠르게 증가하여 신경과 골격, 근육 등의 발달이 이루어진다. 이 기간에 아기는 머리를 가누고 걸음마를 하며 손을 이용해 컵에 담긴 것도 마실 수 있다. 영아기에는 신체적인 발달뿐만 아니라 영양 형태에도 변화가 있으므로 **모유** 또는 **인공영양**을 시작으로 유동식, 이유식, 성인식으로 이행해야 한다. 영아는 성인보다 몸이 작으나 단위 **체중당 체표면적이 크므**로 많은 양의 영양성분이 필요하다. 생리적·심리적으로 미숙한 단계이므로 영양관리에 부족함이 없어야 한다.

1) 영아기 영양의 중요성

인생의 전 기간에서 극히 짧은 기간임에도 불구하고 **성장과 발달이 가장 활발하고 결정적인 시기**이다. 이때에는 면역력이 약하고 각 개인에 따라 성장과 발달에 큰 차이를 보여 영양관리의 중요성이 강조된다.

2) 영아기 성장의 특징

영아기는 일생 중 성장이 가장 왕성한 시기이다. 생후 1년이 되면 신장은 태어날 때의 50cm에서 80cm로 약 1.5배, 체중은 태어날 때 3.3~3.4kg이던 것에서 약 3배 정도 증가한다.

흉위는 두위보다는 작으나 1년이 되면 두위와 같아지고, 신체를 구성하는 **수분, 지방, 무지방 신체질량**lean body mass 등의 체조성에 변화가 생긴다. 출생 시 체중의 70% 정도였던 수분 함량은 생후 1년이 되면 어른과 비슷한 약 60% 정도로 감소하는데, 수분 감소에 따라 상대적으로 **무지방량이 증가**하여 생후 1개월일 때는 12.5%에서 1세에는 15%로 변하며 남아가 여아보다 체내 무지방량의 축적이 많다. 체지방량도 14~15% 정도에서 22%에서 24%로 증가하며, 출생 후 2~6개월에 일어나는

지방 증가량은 같은 시기에 일어나는 무지방량의 증가보다 두 배 이상 많다. 영아의 피부두겹집기는 출생 시부터 여아의 것이 남아의 것보다 약간 더 높게 나타난다. 뇌 중량도 500g 정도이던 것이 2~5세 때에는 약 1kg으로 증가하다가 11~15세에는 성인의 뇌 중량(1.3~1.4kg)에 도달한다. 출생 후 약 5~7개월경부터는 앞니가 나오기 시작하며 2년 6개월이 되면 젖니 20개가 전부 나오게 된다. 신생아 시기에는 입 주변에서 빨아먹으려는 모습을 보이고 4개월이 되면 숟가락으로 음식물 섭취가 가능하며 6개월쯤에는 턱의 움직임이 발달하여 저작기능이 발달하게 된다. 8개월쯤에는 컵에 담긴 물이나 우유를 마실 수 있게 되고, 12개월이 되면 저작기능이 충분히 발달하여 부드러운 음식을 먹을 수 있게 된다.

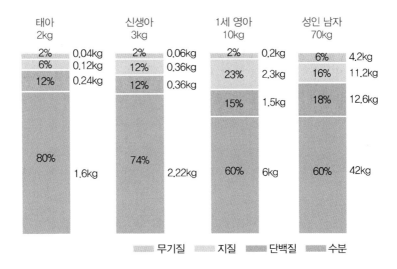

그림 12-1
성장에 따른
신체 조성의 변화

3) 영아기의 생리 발달

영아기의 위장은 출생 후 계속 성장하여 생후 1년경에는 200~250mL로 총량이 늘어나며, 출생 직후 위의 pH가 알칼리성을 띠나 24시간이 지나면 위산 분비가 시작되어 강산성을 띠게 된다. 위액에는 펩신pepsin, 카텝신catepsin 및 응유효소가 존재하며, 모유는 위에 2~3시간, 우유는 3~4시간 정도 머물게 된다. 영아는 이당류 분해효소인 말타아제, 이소말타아제, 수크라아제, 락타아제의 활성은 어른과 비슷하나 아밀라아제는 생후 1달 동안 매우 낮은 수준을 보인다. 생후 4개월 이후에는 췌장 아밀라아제가 분비되기 시작하며, 이 효소의 초기 농도가 매우 낮아 너무 일찍 곡류를 먹이는 것은 바람직하지 않다. 될 수 있으면 생후 4개월이 지난 후에 곡류를 이유식으로 주는 것이 좋다.

표 12-1
영아의 체내에
존재하는 소화효소

효소명	성인의 백분율(%)	효소명	성인의 백분율(%)
수소이온(H⁺)	< 30	당질분해효소	
펩신(pepsin)	< 10	췌장 아밀라아제(amylase)	0

키모트립시노겐
(chymotrypsinogen)
	10~60	구강 아밀라아제(amylase)
		  락타아제(lactase)
		  슈크라제(sucrase)
			10
			> 100
			> 100

프로카르복시펩티다아제 (procarboxypeptidase)	10~60	글로코아밀라아제 (glucoamylase)	> 50~100
엔테로키나아제 (enterokinase)	10	지질분해효소 구강 리파아제	< 100
펩티다아제 (peptidase)	< 100	췌장 리파아제 담즙산	5~10 50

4) 영아기의 발육상태 평가

영아기의 발육상태 평가는 대한소아과학회에서 제시하는 신체발육 표준치, 신장·체중·흉위를 일정한 공식에 대입하여 발육 지수를 계산하는 두 가지 방법이 있다.

① 영아기의 발육상태 평가 : 신체발육 표준치를 백분위percentile로 나타낸 곡선을 많이 사용한다(그림 12-2). 영아의 발육상태를 신체발육 표준치와 비교할 때의 유의할 점은, 신체발육 표준치는 현상의 평균치이지 이상치는 아니며 발육은 항상 변화하므로 발육 과정 전체를 보아가며 평가해야 한다는 것이다. 영아의 신장과 체중이 3백분위수 미만에 머무르고 있다면 영양부족이나 불량, 성장부진 등을 의심해야 하며, 영아의 신장이 50백 분위수 정도인데 체중이 95백 분위수를 능가한다면 비만을 의심해야 한다.

㉠ 10~90백분위수 : 정상

㉡ 3백분위수 이하 & 97백분위수 : 검사 필요

② 발육지수 : 영아의 신장, 체중, 흉위 등 체중 치수로부터 비체중, 카우프Kaup, 뢸러Roher, 브로카Broca 지수 등을 이용하여 계산·평가한다. 일반적으로 영아기에는 카우프지수를 학령기에는 뢸러지수를 이용한다. 카우프지수는 생후 3개월까지 변동이 심하므로 사용하는 것이 좋지 않고, 3개월에서 3세 정도의 영유아에게 사용하는 것이 좋다.

> 카우프지수 = 체중(g) / 신장(cm)² × 10
>
> 13~15 : 체중 부족, 16~18 : 보통, 19~22 : 과체중

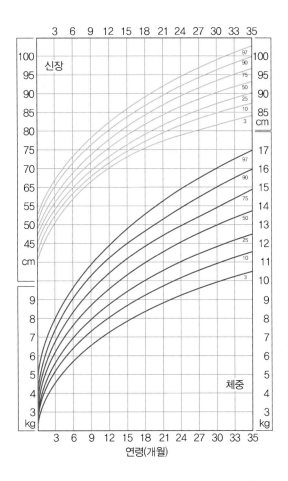

그림 12-2
한국 남아의
소아발육곡선
(0~36개월)

5) 영아기의 영양필요량

① 에너지 : 영아기는 체중 1kg당 에너지 필요량이 생애주기 중 가장 높은 시기이
다. 단위체중당 체표면적의 비율이 상대적으로 높으며 열손실이 크고 성장률
이 높아 에너지 소비량이 많다. 또한 대사율과 활동량도 다른 생애주기에 비해
많다. 영아의 에너지 필요량은 정상적으로 성장하는 영아의 실제 섭취량에 근
거하여 추정한다.

표 12-2
영아의
에너지필요추정량

연 령	에너지[1]
0~5개월	550kcal/d
6~11개월	700kcal/d

1) 필요추정량
자료 : 한국인 영양소 섭취기준, 보건복지부 · 한국영양학회, 2015

② 단백질 : 영아기에 필요한 단백질은 10가지 필수 아미노산이며, 단위체중당 필요량이 일생 중 가장 높다. 이 시기에 단백질은 체조직 합성과 체단백질 합성, 면역기능의 향상, 호르몬 생성, 효소 합성 등에 필요하다.

영아의 단백질 섭취량은 영아 전기에는 모유 섭취량에 근거하고, 영아 후기에는 요인가산법을 이용하여 설정한다.

표 12-3
영아의 단백질
영양소 섭취기준

연 령	충분섭취량	평균필요량	권장섭취량
0~5개월	10g/일	–	–
6~11개월	–	10g/일	15g/일

자료 : 한국인 영양소 섭취기준, 보건복지부·한국영양학회, 2015

③ 탄수화물 : 영아기에 사용되는 에너지의 60%가량은 두뇌에서 쓰이며, 영아의 체중당 포도당 요구량은 성인보다 4배 정도 높다. 모유의 탄수화물은 유당의 형태이다.

④ 지질 : 지질은 농축된 에너지원으로 영아의 에너지 공급에서 상당히 큰 비중을 차지하고 성장에 중요하다. 모유에너지 함량 중 약 40~50% 정도가 지질로 구성되어 있으며 영아에게는 필수지방산인 리놀렌산과 리놀레산이 중요하다. 특히 DHA의 경우 두뇌 발달, 성장 및 발달, 피부염 예방에 관여하므로 중요하다.

⑤ 칼슘 : 영아기의 골격은 급속도로 성장하므로 칼슘의 필요량과 흡수율이 높다. 칼슘을 잘 이용하려면 칼슘과 인의 비율을 최적으로 유지해야 하며 출생 후 1년까지는 2 : 1~1 : 1 정도를 유지하는 것이 이상적이다. 모유를 섭취하는 영아를 기준으로 0~5개월 영아는 1일 210mg, 6~11개월 영아는 300mg을 충분섭취량으로 본다.

⑥ 철 : 건강한 영아는 철을 충분히 확보하고 태어나지만 출생 후 혈액의 부피가 증가하면서 몇 개월만 지나면 철 결핍이 온다. 즉, 출생 시 저장된 철은 생후 4~6개월 후 고갈되므로 철이 강화된 곡류를 첨가하여 이유식을 실시하고 철을 보충할 것을 권장하고 있다. 영아의 철 권장섭취량은 6~11개월 6mg/일로 설정하였다.

⑦ 아연 : 아연은 체내에 저장되지 않아 태어나자마자 섭취가 필요하고 신체 요구량은 남아가 여아보다 높다. 단백질 합성 과정에 필요한 효소의 성분으로 작용하여 성장 발달에 매우 중요하다.

⑧ 비타민 : 모유에는 비타민 B_1과 비타민 B_2, 비타민 B_6가 적게 함유되어 있어 비타민 B_1, 비타민 B_2와 비타민 B_6를 보충해 주어야 하며 이 비타민들은 수유부의 섭취량에 영향을 받으므로 수유부의 균형 잡힌 영양 섭취가 필요하다. 특

히 영아기의 엽산과 비타민 B$_{12}$ 섭취는 매우 중요하며, 채식을 하는 수유부의 경우 비타민 B$_{12}$가 거의 없기 때문에 모유수유를 받는 영아에게 악성빈혈이 나타날 수 있다. 반면 모유에는 비타민 C가 풍부하게 함유되어 있어 영아기 세포 내 호흡작용, 콜라겐 생성, 괴혈병 예방 등의 역할을 한다.

6) 초유의 특징

초유는 분만 후 약 1~5일 정도에 분비되는 모유를 말하며 성숙유에 비해 묽고 색깔이 노랗다. 성숙유는 단백질 함량이 매우 높고 지방과 유당의 함량이 적어 전체적인 에너지가 낮으나 나트륨, 칼륨, 염소, 인, 베타카로틴 등의 함량은 성숙유에 비해 높다.

초유에는 질병으로부터 신생아를 보호할 수 있는 면역 글로블린이나 대식세포 등의 면역물질이 많이 함유되어 있어 신생아의 감염이나 알러지, 변비 등을 예방할 수 있다.

표 12-4
산모와
영아의 건강

산모의 건강	영아의 건강
• 젖몸살 예방 : 유방 충혈 등의 예방 • 자궁 출혈 예방 : 옥시토신이 자궁 수축 촉진 • 모자간의 유대감 : 피부 접촉을 통한 감정 교류 • 유방암, 자궁암, 골절 위험 감소 • 경제적 비용 절감 : 조제유 구입비용, 모유 영양아의 의료비용 감소	• 면역기능 증가 : 모유를 통해 얻은 면역물질이 감염과 바이러스의 위험 감소 • 아토피, 식사성 알레르기 등의 발병 감소 • 위장의 연동운동 증가 → 태변 배출 촉진 및 신생아 황달 예방 • 이상적인 영양소 획득

7) 성숙유와 우유의 비교

출산 후 1주일이 지나면 모유는 노란빛을 띠는 초유에서 점차 흰 성숙유로 이행된다. 일반적으로 모유에는 유당이 많고 우유에는 단백질과 무기질이 많다.

모유에는 응유 단백질인 카제인과 유청 단백질인 락토알부민이 있으며, 이 락토알부민은 소화가 잘되도록 돕는 특징을 가지고 있다. 이외에도 락토페린, 락토글로블린, 당단백질이 소량 함유되어 있다. 또한 모유단백질의 아미노산은 아기의 성장 발육을 위해 최적인 상태로 조성되어 있으며, 신경전달물질로 작용하는 타우린의 함량이 높고 중추신경계에 해로울 수 있는 페닐알라닌과 메티오닌의 함량이 낮은 대신 티로신과 시스테인 함량은 높다. 한편 우유는 카제인의 함량이 높다.

모유와 우유의 지질 함량은 비슷하나 모유에 들어 있는 지질의 종류는 소화가 잘되는 팔미트산 형태의 중성지방이며 이외에 인지질, 콜레스테롤, 당지질 등도 함유되어 있다. 특히 모유에는 불포화지방산과 필수지방산이 많고 두뇌에 유익한 DHA가 많이 함유되어 있다. 또 모유에는 콜레스테롤이 풍부하여 출생 후 이루어지는 뇌의 수초 형성에 이용되고, **콜레스테롤 대사와 배설을 촉진시키며** 지방을 쉽게 분해하도록 지방분해효소인 지단백 리파아제와 담즙염 자극 리파아제 등도 함유되어 있다.

모유의 탄수화물은 대부분 유당이며 올리고당을 함유하고 있어 병원균이 소장 상피세포에 들어오지 못하게 하는 역할을 한다. 모유에는 **비타민 A와 카로틴**이 풍부하나 수용성 비타민과 무기질은 수유부의 섭취량에 따라 달라진다.

표 12-5
모유 중의 항감염성
인자와 면역기능

항감염성 인자	면역기능
쌍미균 요인(bifidus factor)	인체에 유리한 비피더스 박테리아의 심장을 자극하고 다른 유해한 장내 세균의 생존을 막음
IgA, IgM, IgE, IgD, IgG	점막과 내장의 세균 침입을 막는 면역항체
항포도상구균 인자(antistaphylococcus)	체계적인 포도상구균성 감염을 방해
락토페린(lactoferrin)	철과 결합하여 세균의 증식을 막음
보체(complement) C2, C1	세균을 식균 작용에 잘 반응
락토페록시다제(lactoperoxidase)	유즙에 들어 있는 과산화수소로, 연쇄상구균속(streptococci)과 장의 박테리아를 죽임
인터페론(interferon)	세포 내 바이러스성 복제를 방해
리소자임(lysozyme)	세포벽의 파괴를 통하여 박테리아를 용해
비타민 B_{12}와 결합된 단백질	세균 성장에 필요한 B_6의 이용을 방해
림프구(lymphocyte)	IgA 분비 합성 및 기타 중요한 역할
대식세포(macrophage)	보체, 락토페린, 리소자임 등을 합성하고 식균작용을 수행하며, 기타 다른 중요한 면역기능을 함

8) 이유 보충식

이유weaning란 유즙의 영양으로부터 반고형식 또는 고형식 등의 유아식으로 이행되는 과정을 말한다. **이유의 목적**은 ① 아기가 성장함에 따른 충분한 영양소를 공급하기 위함이고 ② 소화기관을 자극하여 발달을 촉진시키기 위해서이다. ③ 음식을 씹어 삼키는 능력을 습득시키고 ④ 음식에 대한 관심과 욕구 등을 표현함으로써 지적 및 정서적 발달을 꾀하기 위해서이다. 마지막으로 바른 식습관을 형성하기 위해 올바른 이유 보충식을 준비해야 한다.

① **이유 보충식의 시기** : 아기가 6개월 이상이 되면 모유만으로 필요한 에너지와 영양소를 공급하기 어렵다. 이유 보충식을 시작하는 시기는 아기의 성장·발달에 따라 조절할 수 있으며 일반적으로 **4~6개월**, 아기의 체중이 출생 시 체중보다 약 2배 이상 되는 시기에 시작하는 것이 좋다고 알려져 있다. 이유 보충식을 너무 빨리하면 알러지나 비만 등을 일으킬 수 있는 반면, 너무 늦게 하면

아기가 젖병에 매달리게 되거나 성장·발육이 늦어지고 영양결핍증 등이 나타날 수 있다.

② 이유 보충식을 할 때의 주의점 : 이유 보충식은 아기가 건강하고 최적의 컨디션을 유지할 때 시작하는 것이 좋으며, 시작하기 전에 수유 시간과 간격을 규칙적으로 맞추어 놓는 것이 좋다. 아기의 기분이 좋고 공복일 때 이유를 실시하고, 수유는 이유가 끝난 후 하는 것이 좋다. 하루에 한 가지 음식을 소량 적응시킨 후 양을 점차 증가시키는데 식품에 대한 거부감이나 알러지 등을 주의 깊게 관찰한다. 한 식품에 익숙해지면 다음 식품을 소개하면서 점차 식품의 종류와 양을 증가시킨다.

③ 이유 보충식 진행 단계에 따른 식품 종류와 조리법 : 영아기에 가장 먼저 안전하게 먹일 수 있는 식품은 **곡류군**으로 곡류 중에서도 알러지 반응을 일으키지 않는 **쌀가루를 중심**으로 시작하며 차츰 다른 종류의 곡류를 먹여야 한다.

이유 초기인 4~6개월에는 곱게 간 과일, 삶거나 체에 거른 채소, 흰살 생선, 간 고기, 계란노른자 등을 제공하고 **이유 중기인 7~8개월**에는 식품의 대부분을 부드럽게 갈거나 으깨서 제공할 수 있으나 알러지가 있는지 잘 파악하여 음식을 제공한다. 이유 후기인 9~12개월에는 된 죽이나 진밥, 두부, 달걀, 잘게 썬 고기, 잘게 썬 채소 등을 제공할 수 있으며 아기가 직접 컵을 잡고 음료를 마실 수도 있다.

9) 영아기의 영양 관련 문제

영아기에는 여러 가지 영양 관련 문제가 나타날 수 있으며, 이 중 선천성 대사장애가 문제시될 수 있다. 영아기의 **선천성 대사장애**는 태어날 때부터 체내에 필요한 효소가 없어 모유나 조제유를 정상적으로 대사하여 소화·흡수시키지 못하고 **비정상적인 대사물을 생성하여 뇌나 다른 신체에 손상을 주는 것**을 말한다.

예로는 **페닐케톤뇨증**Phenylketoneurea, 단풍시럽뇨증, 호모시스틴뇨증, 갈락토오스혈증, 선천성 갑상선기능저하증, 히스티딘뇨증 등이 있다. 이외에도 젖병 치아우식증 body bottle tooth decay : BBTD, 복통, 식품 알레르기, 설사 등의 영양문제가 있을 수 있다.

성장장애를 나타내는 영아도 있으며, **성장장애**란 성장수준이 표준 성장곡선의 **삼백분위수 미만에 그치는 경우**를 말한다. 영아기 성장장애를 일으키는 요인으로는 영양학적·신체적·사회적·심리적 요인이 있으며, 이 중 **영양학적 요인이 가장 크다**고 할 수 있다. 빈곤한 상황에서는 **에너지와 단백질이 결핍**되기 쉬우며, 철이나 아연 등의 **미량 무기질 결핍**도 자주 나타나므로 성장이 부진해진다. 신체적 요인으로 인해 젖을 충분히 빨지 못하거나 수유 간격이 너무 긴 경우에도 영양을 충분히 섭취하지 못하여 성장장애를 일으킬 수 있다.

이들 대사장애가 진단되면 질환에 맞는 **특수 조제유와 저단백질식, 탄수화물 조절식** 등을 공급하여야 한다.

2 유아기 영양

유아기는 만 1세에서 5세까지로 영아기 이후와 학령기 이전의 시기를 말한다. 이 시기는 다른 시기에 비해 성장과 발달 속도가 비교적 낮고 완만한 편이나 아동의 **활동면에서 매우 왕성**하다. 특히 이 시기에는 신체의 조절능력, 운동능력, 사회인지능력, 지적능력, 소화능력 등이 복잡하게 발달하므로 **올바른 식습관이 확립**되어 건강한 성인기로 이어지도록 해야 한다.

1) 유아기 영양의 중요성

유아기는 발육이 왕성하고 운동이 활발한 시기이다. 영양소의 절대 섭취량은 성인보다 적지만 **체중당 영양소 및 에너지 섭취량은 성인보다 많으며** 음식에 대해 좋고 **싫음을 표현**할 수 있다. 유아기에는 **기본적인 식습관이 확립**되며, 유아기의 특징상 정서적인 불안함으로 인하여 식욕이 없어지거나 동요가 일어나 편식이 생기기 쉽다. 이 시기에는 간식 섭취로 인해 충치가 발생하기 쉬우므로 구강 위생관리 또한 필요하다.

2) 유아기의 성장의 특징

유아기는 영아기와 청소년기의 급성장보다는 느리지만 꾸준히 성장하며, 특히 **사지의 성장**이 두드러진다.

유아기의 **체지방량**은 전반적으로 감소되나 사춘기가 되면 다시 급증한다. 특히 이 시기에는 **운동능력이 발달**함에 따라 골격과 근육량이 점차 증가하여 체중 증가량의 약 절반 정도는 **근육량의 증가**라고 볼 수 있다.

유아기에는 소화기계도 빠르게 발달하여 소화효소계가 3~4세에 거의 성인과 같은 수준으로 발달한다. 위의 용량 증가 및 대장의 기능도 유아 후기에 거의 발달되어 배변의 특성, 배변 시간의 규칙성, 배변 조절능력 등을 배우게 된다. 유치는 3세에 20개가 모두 나오며 턱도 성장하므로 유아기 후반에는 고형음식의 섭취기술이 크게 발달한다.

또한 유아기에는 **두뇌가 빠르게 성장**하고 **신경세포 축삭돌기의 수초화**가 2세 전후로 발달하여 10세경에 거의 완성되는데 수초 형성은 영양상태의 영향을 받기 쉽다. 2세까지의 영양 불균형은 중추 신경계의 발달에 크게 영향을 미치며, 이때 신경계의 손상은 불가역적인 뇌 손상을 야기할 수 있다. 유아기에는 **지능 및 정서적인 면**이 점차 복잡하게 발달하며 정신적인 발달도 현저하게 나타난다. 유아기에는 자의식, 사회성, 심리 등이 발달하며, 언어 습득이 시작되어 언어로 의사소통이 가능해진다. 또한 식사 방법을 학습하고 식행동과 섭식기술이 발달하며 음식 선택, 음식 맛에 대한 기억, 음식에 대한 기호가 생긴다.

3) 유아기 영양의 특징과 목표

완만하고 변덕스러운 성장률로 말미암아 영양필요량의 개인차가 크게 나타나므로 유아의 활동이나 식욕을 고려한 식사 계획으로 필요한 영양소를 충족시켜야 한다.

① 식욕이 감소함에 따라 식사량이 저하되기 쉬우므로 **영양밀도가 높은 음식**을 공급하여야 한다. 즉, 단백질을 질적·양적으로 충분히 공급하며 비타민과 무기질, 수분 공급에 유의하여야 한다. 특히 철 결핍성 빈혈을 막기 위해 철 함유식품을 많이 섭취하도록 해야 한다.

② **소화기능과 치아기능이 점차 발달하는 시기**이므로 그 발달 정도에 따라 올바른 음식 섭취 지도와 식행동 발달을 도와주어야 한다.

③ **식품기호가 갑자기 변하기 쉬우므로** 다양한 식품 선택을 통해 소식, 식욕부진, 편식 등의 문제가 야기되지 않도록 주의해야 한다. 특히 간식은 영양 보충뿐만 아니라 생활에 휴식을 주기 위해 필요하므로 영양과 치아 건강에 좋은 음식을 선택하도록 한다.

④ **유아기는 좋은 식습관과 건강습관이 형성되는 시기**이므로 부모의 올바른 역할 모델이 기대된다.

따라서 **유아기의 영양목표**는 다음과 같다. ① 충분한 영양 공급을 통해 정상적인 신체의 성장과 발달, 정신적·지적 인지능력을 발달시킨다. ② 식사의 형태를 갖추어 공급함으로써 **자립심과 심리적 욕구**를 충족시킨다. ③ 다양한 식품의 선택과 기호를 통해 좋은 식습관을 확립하여 **건강생활을 확보**할 수 있도록 돕는다.

4) 유아기의 영양필요량

유아기의 영양필요량은 성장 속도, 활동량, 기초대사량, 영양상태 등에 따라 다르게 나타난다.

① 에너지 : 유아기의 에너지 필요량은 성장, 활동량, 기초대사량, 식품의 특이동적 작용 등을 고려하여 결정하며 개인별로 차이가 크다. 에너지 섭취량은 정상체중을 유지하고 단백질이 에너지로 사용되지 않을 만큼 충분하게 공급해야 한다.

② 단백질 : 단백질은 체조직 유지 및 새로운 조직 합성에 필요하며 유아 각 개인의 체중 및 성장속도에 따라 달라진다. 단백질 섭취의 적절성은 성장속도를 살펴보는 것으로 확인할 수 있다.

③ 탄수화물 : 단순당이 많은 식품보다 복합당질을 함유하고 있는 식품으로 공급한다.

④ 지질 : 유아기에는 신체 크기가 작지만 에너지 필요량이 많으므로 농축된 에너지원으로 지질의 섭취가 매우 중요하다. 필수지방산과 지용성 비타민을 공급 및 이용해야 한다.

⑤ 비타민 및 무기질 : 정상적인 성장과 발달을 위해 충분한 섭취가 이루어져야 한다. 불충분한 섭취는 성장을 해치고 결핍증을 야기할 수 있다.

칼슘은 골격과 치아 형성, 신경자극 전달에 관여한다. 1~2세 유아의 칼슘 권장섭취량은 1일 500mg, 3~5세 유아는 600mg이다. 철은 혈액 조성과 산소의 운반 및 이동에 필요하므로 1~2세 유아 및 3~5세 유아의 권장섭취량은 1일 모두 6mg이 된다. 아연은 단백질 합성과 정상적인 성장을 위해 필요하며 1~2세 유아는 1일 3mg, 3~5세 유아는 4mg이 권장된다.

5) 유아기의 식생활 및 영양 관련 문제

유아기에는 소식, 식욕부진, 편식, 빈번한 식사, 과식 등의 여러 가지 식생활 문제가 일어날 수 있으며 비만, 허약, 빈혈, 충치, 식품 알레르기 등의 영양 관련 문제도 생길 수 있다.

(1) 유아기의 비만

지방세포 수와 크기가 모두 증가하는 특징이 있다. 청년기나 성인기까지 비만이 지속되기 쉽고 성인병 발병과 밀접한 관련이 있다. 유아기 비만의 원인은 습관적인 과식, 설탕 또는 지방 함량이 높은 간식의 다량 섭취이다. 따라서 음료수나 과자류, 빵류 등의 간식 섭취를 줄이고 야외 활동을 늘리는 것이 바람직하다.

분 류	세포증식형(hyperpiasia)	세포비대형(hypertrophy)
정 의	지방세포의 개수 증가	지방세포의 크기 증가
발달시기	영유아·청소년기 등의 성장기, 임신 중 지나친 체중 증가	주로 성인기
특이 사항	성장기 비만이 성인 비만으로 이환될 확률 높음	성인기에 활동 부족과 과식 등의 에너지 불균형이 주요 원인

(2) 유아기의 식욕부진

성장속도 저하와 자아 발달로 인한 일시적인 현상일 수 있으나 잘못된 이유식, 불규칙한 식사시간 및 섭취량, 과다하게 단 음식 및 음료 섭취, 수면 부족, 피로, 운동 부족 등으로 인해서도 발생한다. 또한 부모의 지나친 관심 또는 무관심, 과잉 보호, 욕구불만, 신경장애, 충치 등도 영향을 준다. 유아의 만성질환도 식욕부진의 원인일 수 있다.

식욕부진을 치료하려면 먼저 유아의 식욕부진 원인을 파악하는 것이 중요하며 유아가 편안하고 즐거운 분위기에서 식사할 수 있도록 환경적인 변화를 꾀해야 한다. 유아의 적당한 공복감을 위해 간식의 양과 시간을 조절하며 식사시간은 약 30분 정도로 하되 먹기를 거부할 때는 이를 받아들이는 것이 좋다. 또한 다양한 식품과 조리법을 사용하여 입맛을 유도하며 충분한 운동으로 공복감을 유도한다.

(3) 유아기의 편식

편식이란 어떤 한 종류의 식품만 좋아하고 다른 식품을 거부하는 것을 말한다. 남아보다는 주로 여아에게, 과잉 보호의 어린이, 신경질적인 어린이에게 잘 나타나는 편이다. 원인은 특정 냄새, 이유식의 지연 및 단조로움, 미각에 대한 훈련 부족, 모친의 편식으로 인한 식품에 대한 영향, 친구의 기호식품에 대한 영향, 어떤 식품에 대한 나쁜 기억이나 경험, 식품 구매의 제한 등이 있다.

편식을 예방하려면 이유기 때부터 다양한 식품 선택과 조리법을 이용하는 것이 좋으며 싫어하는 음식을 강요하지 않아야 한다. 이때 올바른 식행동 모델이 필요한데, 가족 모두 즐거운 분위기에서 음식을 골고루 먹는 식습관을 갖도록 하며 특히 부모의 인내심이 필요하다. 또한 적당한 운동으로 공복감을 유발하도록 한다.

(4) 유아기의 빈혈

유아기의 철 결핍성 빈혈은 세계적으로 만연해 있다. 과거 우리나라도 기생충 감염과 결핵, 영양불량 등으로 철 결핍성 빈혈이 심각한 영양문제였다. 최근에는 유아의 철 결핍성 빈혈이 점차 감소 추세이고 큰 문제로 제기되고 있지는 않지만 여전히 무시할 수 없는 영양문제이다.

철 결핍성 빈혈은 유아의 저장된 철이 고갈되는 시점인 생후 6개월에서 3세 사이에 발생하곤 하는데, 이는 급속한 성장으로 인해 식사로부터 충분한 철이 공급되지 않아서이다. 특히 생우유를 장기간 과량 섭취하여 다른 식사가 힘들 경우 유아가 철 결핍성 빈혈에 걸릴 확률이 높아진다. 따라서 철 결핍성 빈혈을 예방하기 위해 육류, 철이 강화된 시리얼, 계란노른자, 굴, 조개, 콩, 과일 및 채소 등을 충분히 섭취해야 한다.

(5) 유아기의 식사 및 간식 관리

유아기는 성인에 비해 많은 에너지와 영양소가 필요하므로 하루 세끼 식사와 함께 간식을 보충해 주어야 한다. 유아에게 간식이란 식사로 부족하기 쉬운 영양소를 보충하는 것으로 부모와의 관계 형성, 피로 회복, 기분 전환 등의 의의를 지닌다.

간식의 양은 하루 전체 에너지의 약 10~15% 정도가 좋으며 너무 많은 양의 간식을 주어 주 식사에 영향을 받지 않도록 해야 한다. 간식의 횟수는 1~2세인 경우 하루에 2회 정도(오전 10시, 오후 3시), 3~6세인 경우 하루에 1회(오후 3시)로 하는 것이 좋다. 간식의 내용으로는 빵, 샌드위치, 고구마, 감자 등과 같은 곡류군과 우유 및 유제품, 푸딩 등의 칼슘 급원, 신선한 과일 및 채소 등이 좋다.

3 학령기 영양

학령기는 만 6세부터 11세까지 초등학교에 다니며, 신체적·정신적·지적 성장 및 발달과 함께 인격이 형성되는 중요한 시기이다. 체위 향상과 함께 2차 성징이 나타나고 남아와 여아의 영양소 요구량 차이가 분명해지는 시기이다. 또한 활동 양상과 식품 섭취, 자아 개념 및 성격 발달 등의 개별적인 특성이 두드러져 개인의 독립성과 가치관이 형성되며, 다양한 학교 교육을 통해 심신이 발달하고 가정으로부터 분리되어 학교 및 사회의 일원으로 성장해 간다.

학령기의 영양불량이나 영양과잉은 신체적 성장과 발육, 지적·정서적인 면에 크게 영향을 주어 비만, 빈혈, 주의력결핍증ADHD 등이 나타날 수 있으므로 이 시기의 영양적 특성을 고려한 영양관리에 주의해야 한다.

1) 학령기 아동의 성장 특성

학령기는 체중과 신장의 증가속도가 비교적 완만하나 꾸준한 성장이 이루어진다. 성장속도가 가장 느린 시기로 학령기 후반기에 들어서면서 남녀의 구분이 뚜렷해진다. 여아가 남아보다 약 2년 정도 일찍 성장의 정점에 올라 2차 성징과 함께 성적 성숙을 준비한다. **사지와 골격의 발달**이 이루어져 신체 전체에 대한 머리 부분의 비율이 상대적으로 줄어든다. 약 7세 정도에 **영구치**가 나기 시작하며 소화기계 발달이 성인처럼 완전한 활성을 보인다. 약 10세 정도가 되면 남아와 여아의 **영양권장량에 차이**가 나기 시작하며 개인차도 심해진다. 이때 **두뇌 성장**이 성인의 100%에 이르게 되며, 학교생활의 시작으로 부모 외에 친구 또는 선생님과의 관계를 형성하여 사회성이 발달하고 지적 · 정서적인 능력을 함양하게 된다. 또한 **식습관 확립**으로 성인영양 및 건강의 기초를 이룬다.

2) 학령기 아동의 생리 발달

비교적 완만한 신체 발육에 비해 뇌, 심장, 신장, 간, 폐, 위 등의 내장기관 및 조직의 성장 발달은 크기와 기능이 충실해진다.

소화 생리 발달에서 아동은 성장과 발달에 필요한 영양소를 충족시키기에 부족하지 않도록 소화 · 흡수 기능이 증가한다. 10세가 되면 위의 용량이 1L 정도까지 증가하고 소장의 길이도 출생 시 2배 정도로 늘어난다. 췌장에서 분비되는 소화액과 효소들이 완전하게 갖추어지며 간의 대사능력도 성인과 비슷해진다.

골격계는 더욱 단단해지고 골격 대사와 활성이 왕성해지는데, 특히 **장골 길이의 성장**으로 다리가 길어지며 칼슘 섭취량도 증가한다.

내분비계의 성장호르몬은 모든 기관과 조직에서 단백질 합성 촉진 및 세포 증식 역할을 하며 하루 중 대부분의 수면시간 동안 분비되어 성장을 촉진한다. 갑상선호르몬과 인슐린의 정상적인 분비로 에너지 및 영양소 대사를 원활하게 하여 성장 및 발달을 증진시키고 남성호르몬인 **테스토스테론**과 여성호르몬인 **에스트로겐**과 **프로게스테론**이 점차로 증가하기 시작한다. 이에 따라 학동기 후반기의 여아는 초경을 경험하기도 한다.

3) 학령기 아동의 영양필요량

학령기 아동은 규칙적인 생활과 활발한 운동으로 인하여 충분한 에너지와 동물성 단백질 및 칼슘 공급이 중요하다. 특히 학동기 후반에는 2차 성징이 나타나므로 **빈혈 방지를 위해 충분한 철 섭취**를 해야 한다. 단백질, 에너지, 비타민, 요오드 결핍으로 저체중이나 성장 지연이 발생하게 되는데 **영양실조**는 성장 지연뿐만 아니라 **감염과 질병에 대한 저항력 감소, 학습능력의 저하 및 행동 장애**를 일으키기 쉽다. 반면 **영양 과잉**으로 인한 학령기 아동의 **과체중 및 비만**이 선진국을 중심으로 증가되고 있다.

한국인 영양소 섭취기준에서는 학령기 아동기를 **성별에 따라 6~8세, 9~11세로** 나누어 영양소 필요량을 설정하였으며, 남아의 활동량이 여아보다 많으므로 남아의 에너지 및 다른 영양소의 권장섭취량을 여아보다 높게 설정하였다.

① 에너지 : 학령기 아동의 연령별 1일 에너지 필요 추정량은 표 12-7과 같다. 아동기의 에너지 필요량은 기초 및 휴식 대사량, 성장속도, 활동 종류 및 정도에 따라 영향을 받으므로 아동마다 개인차가 크다. 일반적으로 아동 성장에 필요한 평균 에너지는 조직 1g당 5kcal 정도로 본다.

표 12-7
학령기 아동의
에너지 추정량 및
단백질 섭취량

성 별	연령(세)	에너지 필요추정량(kcal)	단백질 권장섭취량(g)
남	6~8	1,700	30
	9~11	2,100	40
여	6~8	1,500	25
	9~11	1,800	40

자료 : 한국인 영양소 섭취기준, 보건복지부·한국영양학회, 2015

② 탄수화물 : 성장과 활동량이 많은 아동에게 중요한 에너지 급원이다. 우리나라에서는 탄수화물 섭취를 통해 에너지의 60~70% 정도를 얻고 뇌 활동의 에너지원으로 이용하므로 충분한 섭취가 필요하나 과잉 섭취하는 것은 좋지 않다. 곡류 중심의 식사로 인하여 비타민 B군의 섭취가 부족할 수 있으므로 주의하도록 한다.

③ 단백질 : 학령기 아동의 연령별 1일 단백질 권장 섭취량은 남녀 구분 없이 체중 1kg당 1g이다. 학령기에는 새로운 세포와 조직의 형성으로 근육과 뼈의 성장이 일어나므로 실질적인 체단백질의 증가가 필요하다. 단백질 섭취는 양적·질적인 면 모두 중요하므로 총 단백질 중 필수 아미노산의 함량은 36%로 성인기의 19%에 비해 매우 높다.

④ 지질 : 아동기에는 식사량에 비해 에너지 필요량이 높으므로 효율적인 에너지원으로 지질의 적절한 섭취가 필요하다. 지질의 섭취는 높은 에너지 효율과 필수 지방산의 공급, 지용성 비타민 공급을 위해 중요하다. 그러나 포화지방, 콜레스테롤을 많이 함유하고 있는 동물성 지방의 섭취는 주의가 필요하다.

체지방의 경우 2세 경부터 감소하기 시작하여 4~6세 정도가 되면 최소가 되다가 2차 성징이 나타남에 따라 체내 지방을 축적하기 시작한다. 체지방량의 차이는 성별에 따라 뚜렷하며 여아가 남아에 비해 체지방률이 높고 제지방량은 낮다. 그러나 과다한 포화지방산이나 콜레스테롤 섭취는 좋지 않다.

⑤ 비타민 및 무기질 : 학령기 아동은 채소와 과일을 적게 섭취하는 편으로 비타민 A와 비타민 C 섭취가 부족할 수 있으며, 우유 섭취가 부족한 아동은 비타민 B₂가 결핍되기 쉽다. 최근에는 아동의 야외활동 감소에 따라 일광 조사량이 부

족해 비타민 D 또한 결핍되기 쉽다.

무기질 또한 아동의 정상적인 성장과 발달에 매우 중요하다. 무기질의 섭취가 부족하면 골격의 성장이 느려지고 골의 석회화가 일어나지 않아 **골격성 장애나 철 결핍성 빈혈**이 나타날 수 있다. 특히 **칼슘**은 성장기 아동의 골격 생성 및 발달, 치아 형성에 중요한 역할을 할 뿐만 아니라 노년기의 골다공증 예방을 위해서도 성장기 동안 최대한의 골질량을 유지해야 한다. 아동의 **철 요구량**은 성장에 따른 혈액량의 증가 등으로 충분히 섭취해야 하며 학령기 아동의 철 권장섭취량은 남녀의 구분이 없다. **아연**은 정상적인 단백질 합성과 성장에 필수적인 영양소이며 성장기에 아연을 충분히 섭취하지 않으면 식욕 저하, 성장 지연, 면역기능 약화 등이 나타날 수 있으므로 충분히 섭취해야 한다. 학령기 아동의 비타민 및 무기질의 권장섭취량은 다음 표와 같다.

표 12-8
학령기 아동의 무기질
영양소 섭취기준
(권장섭취량)

연령(세)	칼슘(mg)	철(mg)	아연(mg)
6~8	700	남자 9, 여자 8	남자 6, 여자 5
9~11	800	10	8

자료 : 한국인 영양소 섭취기준, 보건복지부 · 한국영양학회, 2015

표 12-9
학령기 아동의 비타민
영양소 섭취기준
(권장섭취량)

성별	연령 (세)	비타민 A (μg RAE)	비타민 D (μg)[1]	비타민 B$_1$ (mg)	비타민 B$_2$ (mg)	비타민 B$_6$ (mg)	엽산 (μg DFE)	비타민 B$_{12}$(μg)	비타민 C (mg)
남	6~8	450	5	0.7	0.9	0.9	220	1.3	55
	9~11	600	5	0.9	1.2	1.1	300	1.7	70
여	6~8	400	5	0.7	0.8	0.9	220	1.3	60
	9~11	550	5	0.9	1.0	1.1	300	1.7	80

1) 충분섭취량
자료 : 한국인 영양소 섭취기준, 보건복지부 · 한국영양학회, 2015

4) 학령기 아동의 식생활 및 영양 관련 문제

학령기 아동은 학교생활로 인하여 비교적 규칙적인 식생활이 가능하다. 그러나 스스로 음식을 구입할 수 있고, 다양한 환경에 노출되므로 그에 따른 식생활 문제나 영양 문제가 생길 수 있다. 학령기의 식생활 문제로는 아침 결식, 과식, 편식, 매식, 군것질, 불규칙적인 식사 등이 있고, 영양 관련 문제로는 성장장애, 과체중과 비만, 철 결핍성 빈혈, 주의력 결핍 과잉행동증 등이 있다.

① **학령기 아동의 아침 결식** : 아침식사를 하지 않는 학령기 아동은 식사를 규칙적으로 하는 아동에 비해 **에너지와 영양소 섭취가 적으며 집중력 저하, 학습능력**

저하, 인지력 저하 등이 나타난다고 보고되어 있다. 저녁식사 이후 아침식사까지 장기간의 공복상태가 되면서 체내에 있던 **글리코겐이 고갈되어 뇌 활동에 필요한 에너지 공급이 부족하기 때문이다.** 결식의 원인으로는 '늦잠을 자서 시간이 없거나', '아침에 식욕이 없음', '반찬이 맛이 없음' 등으로 나타나 아동을 위해 아침식사로 할 수 있는 적절한 메뉴를 개발하는 것이 필요하다.

② 학령기 아동의 비만 : 학령기 아동의 비만 원인은 첫째가 유전적인 요인이고 둘째가 식습관의 문제로 과식 및 폭식, 야식, 육류 및 인스턴트 음식 섭취이다. 셋째는 **생활습관 문제로, TV와 비디오 시청, 컴퓨터 게임 등으로 인한 운동 부족**이다.

　학령기 아동은 비만으로 인해 심리적 위축, 열등감 등과 함께 당뇨병이나 만성질환의 위험요인인 **고인슐린혈증, 고중성지방혈증 및 저 HDL-콜레스테롤혈증**이 나타날 수 있으며, 성인 비만으로 이행될 가능성이 커 관리가 필요하다. 학령기 비만의 예방과 치료를 위해서는 **행동수정요법, 식사요법, 운동요법, 영양상담** 등이 기본적으로 필요하다.

③ 학령기 아동의 충치 발생 및 대책 : 충치 발생 원인은 사탕류, 캐러멜, 아이스크림, 초콜릿, 과자류 등의 과잉 섭취와 치아관리 소홀이다.

　충치 예방대책은 섬유소가 많은 식품을 섭취하는 것이다. 섬유소가 치아 표면을 청결하게 만들어 주기 때문이다. 또한 점착도가 낮은 식품을 선택하고 설탕의 섭취를 줄인다. 자기 전에 먹거나 입에 음식을 물고 자는 경우도 피하도록 한다. 식사 및 간식 후, 잠들기 전 양치질을 하며 **충치 예방에 필요한 불소, 칼슘, 인, 단백질, 비타민 D** 등의 영양소를 충분히 섭취해야 한다.

④ 학령기 아동의 주의력결핍 과잉행동증ADHD : 과도한 운동성, 주의력 결핍, 충동성, 집중력 부족 등의 임상적 항목에 의해 진단된다. 보통 유아기부터 시작되어 규칙적인 초등학교 생활에서 그 증세가 두드러지게 나타난다. 원인으로는 유전, 환경, 식사 등 여러 가지가 복합적으로 검토되고 있다. 이들 원인 중 하나가 바로 식사요인으로 **식품첨가물, 인공색소, 향미료, 카페인** 등의 과다 섭취가 주의력결핍 과잉행동증의 원인이 될 수 있다고 알려져 있다.

5) 학령기 아동의 식생활관리

① 학령기 아동의 식행동의 문제점 : 첫 번째는 **아침 결식률의 증가**로 이는 주의집중력 저하, 학습능력 저하, 학교에서의 체육활동이나 놀이 활동에 대한 흥미 저하 등을 초래한다. 두 번째는 **인스턴트 식품 소비 증가**, 세 번째는 **열량 위주의 간식 및 외식의 증가**이다.

② 학령기 아동의 식사 구성 및 식단 : 학령기 아동은 에너지 필요량과 부족한 영양소를 하루 세끼 식사와 간식으로 보충한다. 한 끼를 구성하는 식단은 **식사구성안의 각 식품군이 포함**되도록 하는데 영양밀도가 높은 단백질 식품과 하루 2컵 이상의 우유 및 유제품, 충분한 채소 및 과일로 비타민과 무기질을 공급해야 한다. 지방과 콜레스테롤, 포화지방산과 튀긴 음식도 적절히 제한하여 전반적인 식사의 질을 높이도록 한다. 영양밀도가 낮은 사탕, 소다 등은 간식에 포함되지 않도록 하고, 짜거나 달고 자극성이 강한 음식도 피한다.

③ 학령기 아동의 식품 선택에 영향을 미치는 요소 : 크게 4가지로 나눌 수 있다. 첫 번째, **부모의 식습관**은 가정의 식습관과 식사패턴, 아동의 식품 선택에 큰 영향을 준다. 즉 아동은 반복적으로 제공되는 식품에 대한 수용도가 크며 부모가 선호하는 식단으로 식사가 구성되면 아동도 그 식사에 익숙해져 청소년기 및 성인기까지 부적절한 식습관이 이어질 수 있다.

　　두 번째, **TV 등을 이용한 대중매체의 식품광고**는 아동이 식품광고를 보고 그것을 사 먹고 싶다는 충동을 느끼게 한다. 또한 TV를 오래 시청하면서 음식을 먹게 되면 운동 부족과 더불어 과다한 에너지를 섭취하게 된다.

　　세 번째, **친구의 영향력과 또래집단**은 직접 또는 간접적으로 아동의 식품 선택에 영향을 준다.

　　네 번째, **질병**은 아동의 식욕을 감퇴시키고 식품 섭취를 제한적으로 만든다. 감기나 설사와 같은 가벼운 질환이나 급성질환은 단기간에 일어나는 것으로 질병 회복 시 영양소 확보가 용이하나 천식, 심장병, 페닐케톤뇨증 등과 같은 만성질환은 식품 선택에 상당한 제한을 받아 충분한 영양소 확보가 쉽지 않다.

④ 학령기 아동의 식사지도가 중요한 이유 : 유아기 때와 달리 **식품이나 음식을 스스로 선택**하고 식품에 대한 **기호도를 충분히 표현**하여 자신만의 고유한 식습관을 형성하므로 이 시기에 올바른 식행동이나 식습관을 갖도록 적절한 지도와 교육이 필요하다. 학령기 아동의 **식행동 모델**은 **부모**이며, 대부분의 아동은 학교에서 선생님 또는 친구들과 많은 시간을 보내고 학교에서 급식을 하므로 가정과 달리 식사의 중요성이나 식사 시 예절 등 또 다른 영양교육의 효과를 거둘 수 있다.

6) 학교급식의 목적

학령기 아동에게 영양적인 식사를 제공하여 **영양 개선과 체위 향상, 건강 증진**을 이루기 위함이다. 급식을 통해 음식물과 영양 및 건강에 대한 체계적인 교육을 실시하고 바람직한 식품을 선택할 수 있는 능력을 함양하며 **올바른 식습관을 형성**하는 것이다. 또한 급식으로 식사예절을 익히게 하여 국민의 식생활을 개선하려는 목적도 가진다.

4 청소년기 영양

청소년기는 12세부터 20세 미만의 시기로 신체적·정신적·성적으로 발육이 활발하여 제2의 성장기라 할 수 있고 어느 시기보다 영양소 필요량이 높다. 이 시기에는 과도한 학업과 불규칙한 생활 등으로 인해 식사가 소홀해지기 쉬워 규칙적이고 바람직한 식습관을 익히고 실천하게 하는 것이 매우 중요하다.

1) 청소년기 성장의 특징

청소년기는 사춘기와 청년기로 나눌 수 있으며, 남자는 12~20세 여자는 10~18세에 해당한다. 신체적·정신적·성적 성숙 등 발육이 왕성한 시기로 영양소 필요량이 어느 때보다도 높다. 영양상태는 체중과 체지방에 영향을 줄 수 있으며, 체중과 체지방 함량은 초경 개시와 밀접한 관련이 있는 것으로 보고되어 있다.

생식기능의 성숙을 비롯한 여러 가지 **생리적 기능이 발달하는 시기**로 성적 성숙뿐만 아니라 신장과 체중의 증가, 골질량의 축적, 신체 조성의 변화 등 여러 가지 변화가 나타난다. 신장과 체중은 여자가 남자보다 약 2년 앞서 급성장기를 맞는다. 청소년기는 **골격의 축적**이 많이 일어나는 시기로 18세가 되면 성인 골질량의 90%에 도달한다. 골질량 축적에 영향을 주는 요인은 유전, 호르몬 변화, 하중을 받는 운동량, 흡연, 음주, 칼슘, 단백질, 비타민 D, 철 섭취량 등이며 사춘기의 단백질과 칼슘의 섭취량에 따라 골질량의 최대 크기가 결정되므로 청소년기의 영양이 뼈 건강에 매우 중요하다.

사춘기가 되면 **체형과 체조성의 변화**도 두드러지며 남녀 모두 근육이 증가하고 골격이 커진다. 여자는 허리가 가늘어지고 가슴과 엉덩이가 커지며, 남자는 어깨가 넓어지는 등 여성과 남성으로서 특징적인 체형을 가지게 된다.

사춘기에는 **심리적으로 발달**이 이루어지므로 자기주관이 뚜렷하게 확립되며 도덕적·윤리적 가치 체계의 발달이 일어나고 소속집단 안에서 책임감 있는 성인의 역할을 습득하게 된다.

2) 청소년기의 성숙 관련 호르몬

청소년기에 남자는 고환에서 **테스토스테론**이 분비되어 2차 성징이 발현되는 반면, 여자는 난소에서 에스트로겐과 프로게스테론이 분비되어 체지방 축적 및 성적 성숙을 이룬다. **부신피질에서** 분비되는 **안드로겐**은 체내 단백질 합성을 증가시키고 여자보다는 남자에게 더 많이 분비되어 남자가 여자보다 더 많은 근육량을 갖게 한다.

3) 청소년기의 영양필요량

① 에너지 : 사춘기와 청소년기는 체조직이 성장하는 시기로 생애 어느 시점보다 에너지와 영양필요량이 높으며, 에너지는 기관의 발달에 따른 성장 및 성숙을 위해 필요하다. 에너지권장량은 기초대사율, 활동량 등에 영향을 받는다. 청소년기에 에너지섭취량이 부족하면 신체의 성장 및 발달, 성적 성숙이 지연되거나 충분히 이루어지지 못하여 성인이 되었을 때 신체 크기가 작아질 수 있다.
② 단백질 : 신체 유지와 새로운 조직 합성에 필요한 단백질 요구량에 의해 결정된다. 청소년기 단백질 섭취가 부족하면 신체 성장과 성적 성숙이 지연되거나 체지방량이 감소될 수 있다.
③ 비타민 및 무기질 : 청소년기는 골격과 근육, 혈액이 많이 성장하는 시기로 **충분한** 비타민과 무기질이 공급되어야 한다. 비타민 A는 세포 분화와 증식에 중요한 역할을 하므로 정상적인 성장을 위해, 비타민 D는 골격의 석회화를 위해, 비타민 K는 신체 크기가 증가하기 때문에 그 권장량이 증가한다. 또한 에너지 필요량이 높기 때문에 비타민 B_1, 비타민 B_2, 니아신의 요구량도 증가하며, 비타민 B_6는 단백질 섭취량이 증가할수록 그 요구량이 증가하여 혈장 단백질, 근육량의 증가 등으로 인해 충분히 공급해 주어야 한다. 아미노산과 핵산 합성에 중요한 역할을 하는 **엽산**과 세포 분열과 성장에 중요한 비타민 B_{12}의 요구량도 증가하며, 비타민 C는 콜라겐 합성에 관여하므로 성장을 하는 청소년기에 매우 중요하다. 흡연을 하는 청소년의 경우 비타민 C의 섭취가 더 많이 요구된다.
　청소년기에는 체내 **칼슘**이 급속도로 보유되며 **철**의 필요량이 증가한다. 여성은 월경에 의한 철 손실 때문에 철 필요량이 더욱 증가한다. **아연**은 성장에 필수적인 영양소로 성장하는 동안 많은 양의 아연이 근육과 뼈에 저장된다. 아연은 체내에서 단백질 합성과 핵산 대사에 중요한 역할을 하므로 세포 분열이 왕성하게 이루어지는 청소년기에는 아연 결핍의 위험이 크다.

표 12-10
**청소년의
에너지 및
단백질
권장섭취기준**

성 별	연 령	에너지 필요추정량(kcal/일)	단백질 권장섭취량(g)
남 자	12~14	2,500	55
	15~18	2,700	65
여 자	12~14	2,000	50
	15~18	2,000	50

자료 : 한국인 영양소 섭취기준, 보건복지부·한국영양학회, 2015

표 12-11
청소년기의 무기질
권장섭취기준

성 별	연 령	칼슘(mg)	인(mg)	철(mg)	아연(mg)
남 자	12~14	1,000	1,200	14	8
	15~18	900	1,200	14	10
여 자	12~14	900	1,200	16	8
	15~18	800	1,200	14	9

자료 : 한국인 영양소 섭취기준, 보건복지부 · 한국영양학회, 2015

4) 청소년기 식생활 및 영양 관련 문제

청소년기의 식사 유형과 식행동에 영향을 주는 요인으로 또래 집단과 부모의 역할, 식품의 유용성, 개인 신념, 문화, 대중매체, 신체 이미지 등이 있다. 청소년기에는 다양한 영양 관련 문제가 생길 수 있다. 급속한 성장으로 인하여 식욕이 왕성해지며 무절제한 식생활을 하거나, 바빠진 학교생활로 인하여 아침 결식이 잦아질 수 있다. 또 체중 조절에 관심은 많으나 규칙적인 운동 실천율은 매우 낮아 16~19세 여학생의 48%가 체중 조절을 위하여 단식이나 절식을 이용한 것으로 조사되었다.

특히 외모에 신경을 쓰기 시작하면서 체중 조절에 관심이 많은 것으로 조사되었다. 이러한 관심은 신체 이미지의 왜곡과 날씬해지려고 하는 강박관념으로 나타나며 거식증이나 폭식증과 같은 식행동 장애를 일으키기도 한다. 이러한 식행동 장애는 유행, 선망하는 연예인, 친구, 잡지 등의 영향을 받는다. 식행동 장애는 혼자 치료가 불가능하고 심각한 결과를 초래할 수 있으므로 가족이나 친구, 전문가의 도움을 적극적으로 받아야 한다.

① 거식증(신경성 식욕부진증) : 자신의 체중이나 신체 이미지에 대한 잘못된 인식으로 인하여 극도로 수척해질 때까지 굶는 심리적 장애이며, 주로 청소년기 여자에게 많이 나타난다. 말랐음에도 불구하고 뚱뚱하다고 생각하고, 체중이 증가할까 두려워 먹는 것을 거부하여 심하면 사망에 이를 수 있다. 청소년기의 호기심에 의한 심한 다이어트나 단식, 절식 등은 거식증에 이르게 한다. 거식증의 증상은 피하지방 상실, 체온 저하, 심장박동 저하, 빈혈, 백혈구 감소, 무월경, 체모 손실(탈모) 등이다. 또한 갑상선호르몬 합성이 줄고 기초대사율이 떨어지며 심장이 천천히 뛰고 쉽게 피로해져 잠을 많이 자게 된다.

② 폭식증(신경성 탐식증) : 날씬해지려고 음식을 거부하다가 더 이상 거부를 하지 못하고 많은 양의 음식을 한꺼번에 먹은 뒤 죄의식에 사로잡혀 강제로 토하거나 하제(설사가 나게 하는 약), 이뇨제 등을 장기간 지속적으로 복용하는 증상이다. 폭식 이후 금식이나 과도한 운동을 하기도 하며, 항상 음식에 대한 생각에 잠겨 있고 스트레스를 받았을 때 지나치게 음식에 집착하는 경향이 있다.

스트레스 시 음식을 거부하는 거식증과 대조적이며, 자신의 행동이 비정상적이라고 자각하는 점도 거식증과 다르다. 폭식증은 대부분 깊은 밤이나 혼자 있을 때 나타나며 잦은 구토와 설사 등으로 인해 전해질의 이상, 식도염, 인후염이 나타나기도 한다.

③ 마구먹기장애

④ 청소년기 영양상태에 영향을 미치는 요인 : 성인 질환으로 간주되었던 만성퇴행성질환의 위험이 청소년기에도 나타나고 있다. 2005년도 국민건강·영양조사에 의하면 우리나라 청소년의 고혈압 유병률은 남자 1.2%, 여자 1.8% 정도로 나타났다.

청소년기에도 성인기처럼 **고혈압, 고콜레스테롤혈증**이 나타날 수 있으며 가족력, 총지방, 포화지방, 고콜레스테롤 식사, 고염식, 비만, 고지혈증, 운동 부족, 흡연, 음주 등이 원인일 수 있다. 따라서 식이요법과 운동요법, 금연, 금주 등의 적절한 치료를 병행해야 한다.

 청소년기에 나타나기 쉬운 영양 불균형 문제 ●

1. 아침 결식
2. 패스트푸드, 가공식품, 탄산음료 섭취율 증가
3. 채소 및 과일 섭취 부족
4. 다이어트 및 식행동 장애(거식증, 폭식증)
5. 식욕 부진
6. 철 결핍성 빈혈
7. 우유 및 유제품 섭취 부족
8. 당뇨병, 고혈압, 고지혈증 등 만성퇴행성질환의 조기화
9. 흡연, 알코올, 마약의 남용
10. 임신

5) 청소년기의 무절제한 간식

청소년들은 전체 에너지의 약 1/4~1/3 정도로 간식을 많이 섭취한다. 성장이 급격한 청소년에게 간식은 나쁜 것이 아니므로 어떤 종류를 선택하는지가 중요하다. 대부분의 청소년은 당분이나 염도가 많은 식품, 에너지 밀도가 높은 식품 등을 선호하는 경향이 있으나 될 수 있으면 과일이나 생채소, 기름에 적게 튀긴 음식, 영양이 풍부한 음료 등을 선택하여 섭취하는 것이 바람직하다.

6) 청소년기의 채식주의자

채식은 단순히 육류를 먹지 않는 것을 의미하지 않는다. 육류는 먹지 않으나 우유와 유제품을 먹는 경우, 어류는 섭취하는 경우, 계란을 섭취하는 경우와 같이 다양한 형태의 채식의 형태가 존재한다. 우리나라의 경우 완전히 채식만 하는 경우는 드물다. 채식을 하는 청소년들은 그렇지 않은 청소년들에 비해 체격이 작고 체중도 적게 나가며 체지방량도 적어 성적 성숙이 지연되는 편이다.

01 생애주기별 연령 구분(1~2세, 3~18세, 19세 이상)에 따른 지방의 에너지적정섭취비율(Acceptable Macronutrient Distribution Ranges ; AMDR)을 각각 순서대로 쓰고, 특정 연령 구간에서 지방의 에너지 적정섭취비율이 다르게 설정된 이유를 1가지 서술하시오(2015 한국인 영양소 섭취기준 적용). [4점]
영양기출

_____

_____

_____

_____

02 연령 구분(1~2세, 3~18세, 19세 이상)에 따른 에너지에 대한 지방섭취비율(총지방 에너지적정비율)을 제시하고, 적정비율이 그와 같이 설정된 이유를 연령 구분별로 2가지씩 쓰시오. 그리고 성인의 지방 섭취 시 고려해야 할 사항을 4가지 서술하시오(2010 한국인 영양섭취기준 적용). [10점]
영양기출

_____

_____

_____

_____

_____

_____

03 다음은 모유와 우유의 성분 비교이다. ①~③에 알맞은 말을 쓰고, ③을 보충하기 위한 동물성 식품의 예를 1가지만 쓰시오.

분류	모유	우유
면역물질	①이/가 있음	없음
단백질	적정 수준 소화가 잘됨	함량 많음
지방	필수지방산 충분 ② 효소를 함유	필수지방산 부족 ② 효소가 없음
무기질	적정 수준 ③이/가 소량 존재	함량 많음 ③이/가 소량 존재

① : _____

② : _____

③ : _____

> ③을 보충하기 위한 동물성 식품 _____

해설 모유에는 우유와 달리 다양한 면역물질인 면역 글로불린, 비피터스 인자, 락토페린(lactoferrin), 라이소좀(lysozyme), 대식세포 등이 들어 있다. 또한 모유에 들어 있는 지질의 종류는 소화가 잘되는 β-팔미트산 형태의 중성지방이며 불포화지방산과 필수지방산이 많고 두뇌에 유익한 DHA가 많이 함유되어 있다.
모유의 탄수화물은 대부분 유당이며 올리고당을 함유하고 있어 병원균이 소장 상피세포에 들어오지 못하게 하는 역할을 한다. 또한 모유에는 비타민 A와 β-카로틴이 많이 함유되어 있다.

04 영아가 성인에 비해 수분 불균형으로 탈수가 될 위험이 높은 이유를 3가지 쓰시오.

① : _____

② : _____

③ : _____

해설 영아는 단위 체중당 체표면적이 성인보다 넓으며 피부 및 폐를 통한 불감 수분 손실량이 높다.

05 영아의 영양 문제 3개를 예로 들어 설명하시오.

① : _____

② : _____

③ : _____

해설 영아의 특성 및 영양 문제에 대해 알아야 한다.

06 유아의 영양 특성과 목표에 대해 서술하시오.

_____

_____

_____

해설 유아기의 성장 특성은 완만하나 변덕스러운 점이 있어 유아 각 개인에 따라 그 특성을 고려해야 한다. 따라서 유아의 영양목표는 충분한 영양 공급을 통한 정상적인 발육 및 성장, 정신적 및 지적 능력 향상, 좋은 식습관 확립 등이다.

07 유아의 편식 예방에 대해 설명하시오.

① : _____

② : _____

③ : _____

해설 유아의 식행동 중 편식의 원인과 예방법에 대해 자세히 알고 있어야 한다.

08 학령기 아동의 에너지, 단백질, 칼슘, 철, 아연, 비타민 B군, 비타민 C의 섭취기준과 그 이유를 설명하시오.

_____

_____

_____

해설 학령기 아동의 영양소 섭취기준을 자세히 알아야 한다. 에너지는 성장으로 인해 충분히 공급되어야 하고 단백질은 체조직 유지 및 보수, 조직 합성 등을 위해 필요하다. 무기질들은 골격 형성, 헤모글로빈 형성, 단백질 합성 및 성장 등을 위해 필요하며 비타민들은 탄수화물, 단백질, 지질대사와 시각세포 성장 등을 위해 충분히 공급되어야 한다.

09 아동의 식행동에 영향을 미치는 요인에 대해 설명하시오.

_____

_____

_____

해설 아동의 식행동은 부모의 영양지식과 식습관, 매스미디어의 영향, 아동의 감정적 요인 등에 좌우된다.

10 다음은 신장 160cm, 몸무게 52kg, 활동량이 적은 고등학교 1학년 영희의 1일 영양소 섭취량과 15 ~18세 여성의 영양소 섭취기준이다. 다음 물음에 답하시오.

구 분		에너지 (kcal)	탄수화물 (g)	지방 (g)	단백질 (g)	식이섬유 (g)	비타민 A (μg RAE)	니아신 (mg NE)	비타민 C (mg)	철 (mg)
영희의 섭취량		1,915	360	35	45	15	572	17	2,000	7
영양소 섭취 기준 (15~ 18세 여성)	평균필요량 (필요추정량)	2,000			40		440	11	70	11
	권장섭취량				50					
	(가)					20				
	상한섭취량						2,300	30	1,500	45

10-1 (가)에 들어갈 용어를 쓰시오.

_____

10-2 위 표를 근거로 영희의 영양상태를 평가하고 이에 대한 개선 방안 3가지를 쓰시오.

① : _____

② : _____

③ : _____

해설 청소년기의 영양소 섭취기준을 암기하여 문제를 풀도록 한다.

11 청소년기는 근육량, 혈액량이 증가하고 골격이 발달하는 시기이므로 영양요구량이 급격히 증가한다. 이 시기에 특히 요구량이 증가하는 무기질 3가지와 그 결핍증을 각각 1가지씩 쓰시오.

① : _____

② : _____

③ : _____

해설 청소년기의 무기질 권장 섭취량 중 칼슘, 철, 아연은 골격과 근육, 성장, 혈액 생성 등의 이유로 매우 중요하다.

12 다음은 ○○중학교 영양교사가 2학년 여학생 영미의 체중 조절을 위하여 식단을 계획하는 과정에서 작성한 자료이다. 다음 물음에 답하시오.

이름 : 김영미

신장 : 160cm // 현재 체중 : 70kg // 표준체중 : (①)kg

비만도 : 약 30% // 목표체중 : 64kg

1일 목표 에너지 : (②)kg

영양소 배분 비율

탄수화물 : 단백질 : 지방 = 60% : 20% : 20%

영양소 배분량 : 탄수화물 ___③___ g 단백질 _____ g 지방 _____ g

식품교환단위 배분표

식품군		식품교환단위	탄수화물(g)	단백질(g)	지방(g)	열량(kcal)
곡류군		(④)				
어육류군	저지방					
	중지방	(⑤)				
	고지방					
채소군		6	18	12		120
지방군						
우유군		1	11	6		125
과일군		2	24			100
총 계						

---

① 표준체중을 브로카(Broca)법으로 구하시오. _____

② 1일 목표 에너지를 구하시오(단, 목표 에너지는 목표 체중 kg당 25kcal로 함).

_____

③ 영양소 배분 비율에 따라 탄수화물의 배분량을 구하시오.

＊ 위 영양소 배분량에 따라 1일 식단을 작성하려고 할 때 채소군 6단위, 우유군 1단위, 과일군 2단위를 배분한다면 곡류군과 어육류군(중지방)은 각각 몇 단위가 되는지 계산하시오(소수점 첫째 자리에서 반올림).

④ 곡류군 : _____

⑤ 어육류군 : _____

해설 청소년기의 특성과 식습관 및 식행동 장애에 대해 자세히 알아야 한다.

13 다음 그림에 나타난 영아 신경관 손상을 유발하는 영양소에 대해 옳게 설명한 것은? 기출문제

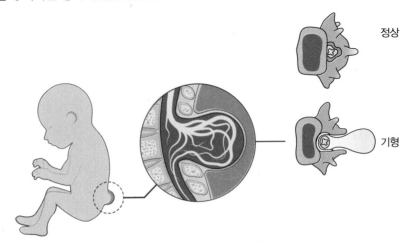

정상

기형

① 핵산 합성과 혈구 세포 형성에 관여한다.
② 유지류, 견과류 및 당류가 주요 급원이다.
③ 임신부의 1일 권장섭취량은 성인 여성과 동일하다.
④ 대표적인 결핍 질환은 용혈성 빈혈(hemolytic anemia)이다.
⑤ 조리, 가공 중에 파괴가 거의 일어나지 않는 안정된 영양소이다.

정답 ①

14 다음은 16세 여중생 수민이의 1일 평균 영양소 섭취량이다. 2010 한국인 영양섭취기준을 이용하여 수민이의 식사 섭취 상태를 평가한 후 식사계획을 제시한 것으로 옳은 것은? 기출문제

영양소	에너지 (Kcal)	단백질 (g)	지방 (g)	수분 (mL)	비타민 C (mg)	칼슘 (mg)
섭취량	2,000	80	42	1,700	2,100	500

① 단백질은 현재의 섭취량보다 증가시킨다.
② 칼슘은 현재의 섭취량을 그대로 유지한다.
③ 지방은 현재의 섭취량을 그대로 유지한다.
④ 비타민 C는 현재의 섭취량을 그대로 유지한다.
⑤ 수분을 보충하기 위하여 오렌지주스를 섭취한다.

정답 ③

15 다음과 같은 성장·발달의 특성이 나타나는 시기에 대한 설명으로 옳지 않은 것은? (2005년 한국인 영양섭취기준 적용) 기출문제

> • 체중과 신장의 성장속도는 전반에 지속적이고 완만하다가 후반에는 빨라진다.
> • 두뇌성장은 성인과 비슷한 수준으로 된다.
> • 흉선, 편도선, 비장등의 림프조직은 이 시기에 급격한 증가를 보인다.
> • 여자의 성장속도가 남자에 비해 2~3년 더 빠르다.

① 체중 kg당 단백질의 권장섭취량은 연령에 따른 차이가 없다.
② 칼슘, 철, 아연의 권장섭취량은 성별에 따라 차이가 있다.
③ 한 끼를 구성하는 식단은 식사구성안의 각 식품군이 포함되도록 한다.
④ 에너지 필요량은 세끼 식사를 통해 공급하되 간식을 포함하여 적절하게 배분하도록 한다.
⑤ 체중 kg당 에너지 필요량은 높으나 한 번에 섭취하는 식사량은 적기 때문에 영양밀도가 높은 음식이 필요하다.

정답 ②

16 그림은 중학교 2학년 현빈이의 방학 중 하루 일과와 식사 내용을 나타낸 것이다. 이를 통해 평가 또는 유추할 수 있는 내용으로 가장 적절한 것은?(단, 음식의 섭취량은 각각 1인 1회 분량임, 2005 한국인 영양섭취기준 적용)

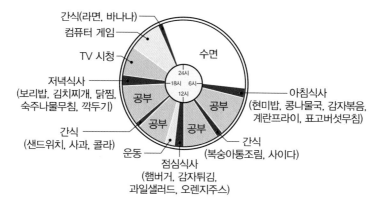

① 칼슘과 인의 섭취비율이 부적절하다.
② 다양한 식품의 선택으로 1일 영양섭취기준을 충족하기에 적절하다.
③ 칼륨의 섭취량이 부족하므로 칼륨 함량이 높은 식품의 섭취가 요구된다.
④ 청소년기에는 에너지가 많이 필요하므로 현빈이의 간식 횟수와 종류는 바람직하다.
⑤ 신체활동은 적으나 공부, 컴퓨터 게임 등으로 인한 정신적인 활동이 많으므로 에너지 소모량이 많다.

정답 ①

17 유아기 간식의 선택 요령 및 고려 사항으로 옳은 것만을 모두 고른 것은? [기출문제]

> **보기**
>
> ㄱ. 유아의 연령이 증가할수록 간식의 횟수도 증가한다.
> ㄴ. 맛이 있고 시각적으로 식욕을 자극하는 것을 선택한다.
> ㄷ. 식사에서 부족한 영양소를 공급하는 식품을 선택한다.
> ㄹ. 소화능력이 미숙하므로 영양소 밀도가 높지 않도록 선택한다.
> ㅁ. 하루 필요열량의 10~15%를 공급하되, 정규식사에 영향을 주지 않도록 한다.

① ㄱ, ㄴ   ② ㄱ, ㅁ   ③ ㄴ, ㄷ, ㅁ
④ ㄴ, ㄷ, ㄹ   ⑤ ㄷ, ㄹ, ㅁ

정답 ③

18 우리나라 청소년 영양섭취기준에 대한 설명으로 옳은 것만을 모두 고른 것은? [기출문제]

> **보기**
>
> ㄱ. 철분의 권장섭취량은 12~19세의 전 연령에 걸쳐 남자 12mg, 여자는 월경손실로 인해 16mg을 권장한다.
> ㄴ. 세포분화증식에 중요한 비타민 A의 권장섭취량은 12~14세 남자 700μgRE, 여자 650 μgRE, 15~19세에서는 남자 850μgRE, 여자 700μgRE의 섭취를 권장한다.
> ㄷ. 단백질 권장섭취량은 남자는 12~14세에 50g이고, 15~19세에 60g이며, 여자는 12~14세에 45g이고, 15~19세에 50g의 섭취를 권장한다.
> ㄹ. 칼슘의 권장섭취량은 12~19세의 전 연령에 걸쳐 남자 1,000mg, 여자 900mg을 권장하고 있으며, 칼슘과 인의 섭취비율은 1 : 1을 권장한다.
> ㅁ. 비타민 C의 권장섭취량은 12~14세 남자에게는 100mg, 여자에게는 90mg, 15~19세에서는 남자 110mg, 여자 100mg의 섭취를 권장한다.

① ㄱ, ㄴ   ② ㄱ, ㄷ, ㅁ   ③ ㄴ, ㄹ, ㅁ
④ ㄴ, ㄷ, ㄹ, ㅁ   ⑤ ㄱ, ㄴ, ㄷ, ㄹ, ㅁ

정답 ③

19 우리나라 학동기 아동의 철 결핍성 빈혈을 예방하기 위해 철의 흡수에 대한 설명으로 옳은 것만을 모두 고른 것은? 기출문제

> **보기**
>
> ㄱ. 헴철의 흡수율은 약 20% 정도로 비헴철에 비해 약 2배 이상 높다.
> ㄴ. 위산은 2가의 철이온을 3가 이온으로 전환시켜 철 흡수율을 높인다.
> ㄷ. 비타민 C나 시트르산 등의 유기산은 철 흡수를 증가시킨다.
> ㄹ. 헴철의 형태인 쇠고기, 가금류, 난류는 철의 흡수율이 높다.
> ㅁ. 철의 영양상태가 불량한 경우 저장 철의 양이 줄어들고 흡수율이 높아진다.

① ㄱ, ㄴ   ② ㄱ, ㄷ, ㅁ   ③ ㄴ, ㄷ, ㄹ
④ ㄴ, ㄹ, ㅁ   ⑤ ㄱ, ㄷ, ㄹ, ㅁ

정답 ②

20 다음과 같은 발달 특성이 나타나는 시기의 식생활 지침으로 적절한 것을 〈보기〉에서 모두 고른 것은? 기출문제

> • 식생활이 점차 독립적으로 발달된다.
> • 음식 탐닉(food jags)이 나타나기도 한다.
> • 식품의 기호가 형성되며, 식습관이 점차 확립된다.
> • 성장 발육은 왕성하나 성장 속도는 비교적 완만하다.
> • 먹으면서 말하기를 좋아하고, 수저 놓기 등을 도울 수 있다.

> **보기**
>
> ㄱ. 푹 삶아 잘 으깨어 부드럽고 걸쭉한 상태로 제공한다.
> ㄴ. 인절미, 경단과 같은 쫄깃한 질감의 음식은 기도를 막을 수 있으므로 주의한다.
> ㄷ. 정상적인 성장·발육을 위해 1일 에너지 필요량의 25% 정도를 간식으로 제공한다.
> ㄹ. 씹기 쉽게 조리한 고기완자나 달걀, 뼈를 제거한 생선, 두부 등의 식품을 권장한다.

① ㄹ   ② ㄱ, ㄷ   ③ ㄴ, ㄷ
④ ㄴ, ㄹ   ⑤ ㄴ, ㄷ, ㄹ

정답 ④

21 청소년기의 칼슘 섭취는 골질량 형성에 중요하며, 성장기에 골밀도를 높게 유지하면 골다공증을 예방할 수 있다. 칼슘의 흡수 및 대사에 대한 옳은 설명을 〈보기〉에서 모두 고른 것은? 기출문제

> 보기
> ㄱ. 과량의 동물성 단백질을 섭취하면 소변으로의 칼슘 배설이 증가한다.
> ㄴ. 섭취한 칼슘은 소장 상부에서 단순 확산에 의해 흡수되는데, 이 과정은 비타민 D에 의해 조절된다.
> ㄷ. 칼슘의 혈중 농도가 감소되면 부갑상선호르몬이 분비되어 신장에서 $25-(OH)-D_3$의 생성을 촉진시킨다.
> ㄹ. 비타민 C, 에스트로겐(estrogen)은 칼슘의 흡수를 촉진시키고 수산(oxalic acid), 피틴산(phytic acid)은 흡수를 억제한다.

① ㄷ   ② ㄱ, ㄷ   ③ ㄱ, ㄹ
④ ㄴ, ㄹ   ⑤ ㄱ, ㄴ, ㄹ

정답 ③

22 청소년기의 성장 발달 및 영양섭취기준에 대한 설명이다. 옳은 것을 〈보기〉에서 고른 것은? 기출문제

> 보기
> ㄱ. 생애주기 중 신체 발육이 가장 왕성한 시기로 임신, 수유기를 제외하고는 권장섭취량이 가장 많은 시기이다.
> ㄴ. 활동과 성장에 필요한 에너지 대사량의 증가로 비타민 B_1, B_2, 니아신 섭취량이 증가되어야 한다.
> ㄷ. 근육 및 새로운 조직 합성에 필요한 단백질 섭취량이 증가되는 시기이므로 아미노산과 핵산 합성에 필요한 엽산과 비타민 B_{12} 섭취가 중요하다.
> ㄹ. 성장에 의한 적혈구량이 증가하는 시기이며 여자는 생리로 인한 철 손실이 있어 한국인 영양섭취기준(KDRI)은 15~19세 남자 12mg/day, 여자 16mg/day의 철분 섭취를 권장한다.

① ㄱ, ㄴ   ② ㄱ, ㄷ   ③ ㄱ, ㄹ
④ ㄴ, ㄷ   ⑤ ㄷ, ㄹ

정답 ④

23 다음은 청소년 영양에 관한 내용이다. (가)~(라)에 해당하는 내용으로 가장 적절한 것은? 기출문제

> (가) 15~19세 시기는 아동기보다 (나) 1일 영양소 필요량이 증가한다. 따라서 이 시기의 (다) 식행동을 파악하여, (라) 영양문제가 발생되지 않도록 규칙적이고 바람직한 식생활을 실천해야 한다.

	(가)	(나)	(다)	(라)
①	신장과 체중의 급성장	에너지 충분섭취량 : 여자 2,000kcal	패스트푸드의 잦은 섭취	과체중 및 비만
②	제지방 질량(LBM) 비율 증가	단백질 권장섭취량 : 남자 45g	단식 및 절식	거식증과 폭식증
③	골격량 축적	칼슘의 충분섭취량 : 남자 1,000mg	탄산음료의 과잉 섭취	치아우식증
④	생식기능 성숙	철의 권장섭취량 : 남·여 모두 16mg	아침 결식	철분 결핍성 빈혈
⑤	체형 변화	비타민 A 상한섭취량 : 남·여 모두 2,400mg	카페인 다량 섭취	골다공증

정답 ④

CHAPTER 13

방어영양

1 성인기 영양

성인기란 20세 이상부터 64세까지를 의미하는 생애주기에서 가장 긴 시기로, 종종 장년기와 중년기로 구분하기도 한다. 성인기에 들어서면 성장은 거의 멈추나 성숙 과정은 계속 진행되어 점차 노화의 과정에 진입하게 된다. 따라서 건강을 유지하고 만성질환을 예방하기 위해 음주와 금연을 하고 균형 잡힌 에너지와 영양소 섭취로 최적의 건강상태를 유지하는 것이 중요하다.

1) 성인기의 특징

성인기란 사춘기가 끝난 시점부터 노년기에 접어들기 전까지의 기간으로 성장이 완료된 이후 노화가 적극적으로 진행되기 이전의 기간을 말한다. 대체로 20~64세 사이를 말하며 생애주기에서 가장 길다. 성인기에 들어서면 성장은 거의 멈추나 성숙 과정은 계속 진행된다. 성인기의 특징은 크게 3가지로 구분할 수 있다. 첫째는 생리적인 측면에서 신체적 변화가 가장 적은 안정된 시기이며 체지방량은 증가하나 제지방량은 점차 감소한다는 것이다. 특히 여성에게는 폐경기가 일어나 골다공증과 심혈관계질환, 당뇨병 등의 위험이 증가한다. 둘째, 사회·심리적인 측면에서는 가정과 사회에서 중추적인 역할을 하나 정신적인 스트레스를 많이 받는 시기이다. 셋째, 생활습관 측면에서는 운동 부족과, 외식 및 과다한 음주 등이 증가하는 시기이다.

성인기의 신체기관은 18세 경에 생리적 성숙에 도달하며 신체 크기와 체력 및 성숙도는 20대 후반 또는 30대 초반 최고조에 달한다. 이 시기 이후 세포 교체와 보수를 통해 동적 평형을 이루어야 최고의 상태가 유지된다. 그러나 체중은 서서히 증가하며, 체중 증가에도 불구하고 근육은 줄어들며 체지방은 점점 늘어난다. 이러한 체조성의 변화는 비만과 관련이 높은 당뇨병, 고지혈증, 순환기계 질환, 고혈압, 담낭질환, 골관절염 및 여러 가지 암의 발생률을 높인다.

성인기에는 생리적인 변화가 거의 없지만 체력과 효율성은 30대 초반 이후 점차 감소한다. 성인기 후기로 들어서면서 근력, 호흡능력, 신장기능, 소화기능, 기초대사량 등이 10~40% 정도씩 감소한다. **성인 여성**은 초경 이후 월경주기를 가지며 임신 또는 수유를 경험하고 임신과 수유 시에는 영양필요량에 큰 변화가 생긴다. 여성은 50대가 되면 폐경 전·후기와 폐경 증상을 겪게 되며, 남성은 40~50대에 이르면 테스토스테론의 감소가 일어나게 된다.

2) 갱년기 여성의 건강 문제

갱년기는 45세에서 55세 사이를 의미하며 폐경기라고도 한다. 갱년기에는 얼굴이 화끈거리고 가슴이 두근거리며 식은땀이 나고 우울증, 불안감 등의 증상이 나타난다. 또한 월경이 불규칙해지면서 서서히 멈춘다.

폐경 후 여성은 골다공증이나 심혈관계질환 등에 노출되기 쉬우므로 충분한 칼슘 섭취와 운동으로 골다공증을 예방해야 한다. 여성에게 있어 폐경 후 심혈관계질환의 위험률이 특히 높아지는데 이는 에스트로겐 부족으로 인해 여성의 혈중 콜레스테롤과 LDL-콜레스테롤 농도가 남성보다 높아지기 때문이다.

표 13-1
폐경증후군

구 분	내 용
정 의	난포가 퇴화하여 난포를 생성하는 에스트로겐 분비가 급격히 떨어지면서 신체적·정신적 변화로 인한 혼란이 생기는데 이를 폐경증후군 또는 갱년기증후군이라고 함
특 징	안면홍조, 탄력 없는 피부, 요실금 등
위 험	• 에스트로겐 호르몬의 감소 → 골다공증의 위험 증가 • HDL 콜레스테롤 농도 저하, LDL 콜레스테롤 농도 증가 → 고지혈증의 위험 증가
치 료	호르몬 대체요법보다 식물성 에스트로겐이 풍부한 콩과 두부 중심의 식이요법과 근력운동을 통한 골밀도 증가

(1) 성인기의 영양필요량

성인기에는 더 이상의 성장이 일어나지 않으므로 에너지나 단백질 및 기타 영양소의 필요량은 신체의 유지에 사용되는 양과 같다. 성인의 영양필요량은 청소년기에 비해 대체로 적거나 같다. 성인기는 상당히 길며, 성인 중반기에는 생리기능과 체조성이 점차 변하므로 성인기의 영양필요량은 연령층에 따라 약간씩 달라진다.

성인기의 에너지필요추정량은 총에너지의 소비량이며, 개개인의 연령과 체중 및 신체활동 수준에 따라 달라진다. 성인기의 **단백질 평균필요량**은 체내의 질소가 배설되는 양과 식사를 통한 질소 섭취량이 균형을 이루는 최소의 수준이다. **식이섬유**는 대장기능의 개선, 혈장 콜레스테롤 농도의 저하, 혈당 반응의 개선 등의 생리적 기능을 하며, 이를 통해 당뇨병과 관상동맥 심장질환의 위험을 낮추며, 특정 암 발생도 감소시키는 것으로 보인다. 또한 식사의 에너지 밀도를 낮추고 만복감을 갖게 하여 비만 조절에 도움이 될 수 있다.

비타민 E는 항산화 작용, 면역력 증강 등의 역할을 하며 신체기능을 최고점에서 유지하고 노화를 지연하고자 하는 성인기에 중요한 영양소이다. **엽산**이 부족하면 호모시스테인의 농도가 높아지며 이것은 심혈관계질환의 위험 요인으로 예방을 위해서는 성인기에 엽산의 영양상태를 좋게 유지하는 것이 필요하다. **골밀도**는 30대 초반까지 꾸준히 증가하며 이 시기까지는 골밀도 축적에 **칼슘**을 비롯한 무기질의 섭취가 꼭 필요하다. 성인이 되면 적혈구의 생성속도가 낮아지므로 **철** 필요량은 감소하나 여자의 경우 폐경 전까지 생리혈로 인한 철 손실이 계속되고 임신이나 수유로 인한 영향도 있으므로 성인이 되어도 철 필요량의 감소가 크지 않다.

 성인기 대사증후군의 위험

성인기에는 만성퇴행성질환인 비만, 당뇨병, 고혈압, 동맥경화증, 심장질환, 고혈압의 유병률이 높아지며 복합적으로 발생한다. 이러한 질병을 대사증후군(metabolic syndrome)이라고 하며 세계보건기구(WHO)에서는 대사증후군을 다음과 같이 정의하였다. 1~2번의 증상과 함께 3~6번 사항 중에서 두 가지 이상의 증상이 함께 나타날 때를 대사증후군이라고 규정하였다.

1. 당뇨병 또는 포도당 조절 손상능
2. 인슐린 저항성
3. 고혈압(130/80mmHg 이상)
4. 고중성지방혈증(150mg/dl 이상)
   또는, 저HDL-콜레스테롤혈증(남자 : 40mg/dl 이하, 여자 48mg/dl 이하)
5. 복부 비만(허리-엉덩이 비율 : WHR)
   WHR(waist-hip ratio)이란 남자 0.9 이상, 여자 0.85 이상
6. 알부민뇨증
   소변의 알부민 농도 : 20mg/dl 이상

(2) 성인기의 식생활 및 영양 관련 문제

현대에는 풍요로운 식생활과 의료기술의 발달로 인간 수명이 연장되었다. 그러나 과다한 식사도 부족한 식사와 마찬가지로 건강에 좋지 않은 영향을 줄 수 있다. **성인기에 많이 나타나는 만성퇴행성질환**은 오랜 기간 아주 천천히 진행되며 식생활 및 다른 환경인자의 영향을 크게 받는 질환으로 **생활습관질병**이라 부르기도 한다.

대사증후군은 말초초직세포의 인슐린 저항성의 증가로 인해 파생되는 여러 가지 결과로 운동 부족, 과식, 유전 등의 이유로 내장지방이 축적되는 비만이며 유발된 인슐린 저항성 증가와 깊은 연관성이 있다. 또한 성인기에는 일반적으로 에너지 평형을 이루기 쉽지 않다. 나이가 들면서 골격근은 점차 줄어 대사율은 저하되고 신체

활동은 감소되기가 쉽기 때문이다.

만성퇴행성질환 중 하나인 고혈압은 유전적 소인 이외에 식생활(에너지, 나트륨, 칼륨, 칼슘 등의 섭취 문제)과 생활습관(음주, 운동, 스트레스 등)이 원인이 되기도 한다. 세계적으로 연령이 증가하면 혈압이 상승하는 추세를 보이는데 연령 이외에도 나트륨을 필요 이상으로 과다 섭취하는 것도 원인이 된다. 한국인의 평균 소금 섭취량은 높은 수준으로 나이가 들어가면서 고혈압 발생률이 증가하고 있다. 소금 이외에 장류, 김치류도 한국인의 주요 나트륨 급원이다.

고지혈증은 지단백의 합성이 증가하거나 분해가 감소되어 혈액 중에 콜레스테롤이나 중성지방이 과다하게 증가되어 있는 상태를 말한다. 특히, LDL-콜레스테롤이나 중성지방이 상승하였거나 HDL-콜레스테롤 농도가 감소한 경우 동맥경화증과 관상동맥 심장질환의 위험도를 높이게 된다. 이렇게 과도하게 축적된 지질이 혈관 내피 세포에 손상을 입힐 수 있고, 또한 동맥벽에 침착되어 죽상종을 형성한다. 따라서 고지혈증을 예방하기 위해서는 콜레스테롤을 비롯해 지방을 과다하게 섭취하지 않도록 하고, 총지방과 에너지 섭취도 제한하며, 식이섬유 섭취를 늘리도록 노력해야 한다.

45세 이상의 연령 자체는 인슐린 비의존성 당뇨병의 위험 인자 중 하나이다. 복부비만으로 인한 지방조직에서 인슐린 증가가 내당능 장애를 가져오기 때문이다. 우리나라 성인 남성의 경우 50대까지 유병률이 증가하다가 이후 감소하고, 여성의 경우는 연령이 증가할수록 증가하는 추세를 보이고 있다. 당뇨병은 여러 가지 급성 또는 만성 합병증을 가져오므로 정상 혈당 유지를 위한 식생활 관리가 필요하다. 표준체중 유지를 위해 열량을 적절히 섭취하고, 포화지방의 섭취를 줄이고 콜레스테롤이나 단순당질 및 소금 섭취를 제한하고, 식이섬유소를 충분히 섭취하도록 한다.

 국민 암 예방 수칙(보건복지부, 국립암센터)

1. 담배를 피우지 말고, 남이 피우는 담배 연기도 피하기
2. 채소와 과일을 충분하게 먹고, 다채로운 식단으로 균형 잡힌 식사하기
3. 음식은 짜지 않게 먹고, 탄 음식을 먹지 않기
4. 술은 하루 두 잔 이내로만 마시기
5. 주 5회 이상, 하루 30분 이상, 땀이 날 정도로 걷거나 운동하기
6. 자신의 체격에 맞는 건강체중 유지하기
7. 예방접종 지침에 맞는 건강체중 유지하기
8. 성 매개 감염병에 걸리지 않도록 안전한 성생활하기
9. 발암성 물질에 노출되지 않도록 작업장에서 안전보건 수칙 지키기
10. 암 조기 검진 지침에 따라 검진을 빠짐없이 받기

성인기의 중요한 질환 중 또 다른 것으로는 암이 있다. 암 발생과 관련해 유전인자의 영향은 5% 미만인 것으로 보이며, 이는 환경적 요소가 크게 작용한다는 것을 의미한다. 암을 예방하기 위한 생활습관으로는 짠 음식, 탄 음식, 질산염 및 고지방 섭취를 피하고, 전곡·채소 및 과일을 통해 식이섬유를 충분히 섭취하는 식습관과 금연, 적절한 체중의 유지 등이 있다.

이외에도 중년 여성은 폐경으로 인한 호르몬 변화로 인해 골다공증, 심혈관계질환 등의 문제가 생길 위험이 높기 때문에 주의가 필요하다. 특히 골다공증은 회복이 어렵기 때문에 예방이 중요하며, 이를 위해 30세까지 최대 골질량을 확보하고 이후 골 손실을 최소화하는 것이 필요하다.

2 노년기 영양

노년기는 65세 이후를 의미하며 생물학적인 의미에서 생리, 심리, 정서, 환경 및 행동의 변화를 65% 이상 경험한 사람을 뜻한다. 그러나 최근 평균 수명의 연장으로 노인 인식 연령이 점차 상향되고 있다. 보다 건강한 식사와 생활습관은 만성질환의 이환율을 낮춰 주고 활력 있는 삶을 부여하며, 건강하게 장수한다는 것은 개인과 국가에 매우 유익한 일이다.

1) 노년기의 특징

노년기에는 노화현상으로 인해 신체적인 건강 약화, 은퇴로부터 오는 불안과 경제적 여유 부족, 소외감 등으로 인해 심리적 위축이 나타난다. 특히 **노화가 진행되면서** 세포 수가 감소하고 그 기능이 감퇴하여 식욕이나 소화기능 등의 신체의 전반적인 기능이 점차 저하된다. 또한 체지방량이 증가하는 반면, 근육량은 감소하고 골손실이 생긴다. 근육량과 근력의 저하는 호르몬 분비와 근육단백질 합성의 변화에 의한 것이나 운동 부족 또한 한 가지 원인이므로 규칙적인 운동은 근육의 기능을 유지시켜 주는 좋은 방법이 된다. 노인기의 일정한 체중의 유지는 건강상태의 양호함을 반영하고, 노인의 지나친 체중 감소는 좋지 않은 건강상태를 반영한다.

노년기에는 호르몬 분비 저하가 나타나는데 혈당, 체내 수분 대사 및 체온의 조절 기능에 영향을 주며, 체구성을 변화시킨다. 노년기에서는 혈당 상승이 자주 나타나는데 췌장의 인슐린 분비 감소와 조직의 인슐린 민감성 감소로 인해 노년기에 당뇨병 유발이 많아진다. 노년기의 여성은 폐경기를 겪게 되며 에스트로겐 분비가 감소되면 기분과 정서의 변화뿐만 아니라 체지방 증가와 근육량 저하 등 신체적 변화도 일어난다.

2) 노년기의 영양필요량

노년기의 에너지 필요량은 성인에 비해 감소하는데 나이가 많아지면서 근육과 기초대사량, 신체활동량이 감소하기 때문이며 남녀에 따라 에너지 필요량의 차이가 난다.

단백질 섭취는 노년기에 있는 노인에게 매우 중요한데 단백질이 근육과 면역력, 상처 회복 등에 관여하기 때문에 질 좋은 단백질 섭취가 필요하다.

나이가 들어가면서 **체내 수분 함유량**은 감소하고 갈증반응도 둔화되기 때문에 노년기에는 수분 섭취가 감소되기 쉽고, 신장에서 수분 보유 효율이 감소하여 수분 손실이 증가하기 쉽다. 특히 질병을 가지고 있는 노인이라면 더 많은 수분 섭취에 신경 써야 한다.

노년기에 중요한 비타민 중 하나는 **비타민 B$_{12}$**이다. 노화가 시작되면서 혈액의 비타민 B$_{12}$ 농도가 감소하고 식사량이 적어지면서, 위산이 감소하면서 비타민 B$_{12}$ 흡수량과 이용률이 감소한다. 따라서 비타민 B$_{12}$ 부족으로 인한 빈혈, 신경질환 등을 예방하기 위해 비타민 B$_{12}$가 강화된 시리얼이나 어육류, 콩, 우유 등을 충분히 섭취해야 한다.

또한 노인 인구가 증가함에 따라 **비타민 D와 칼슘**을 충분히 섭취하는 것이 더욱 중요한데 이들 영양소의 부족은 골다공증을 초래할 수 있기 때문이다(65~74세 남 700mg/d, 여 800mg/d).

폐경 후 여성 노인의 철 요구량은 감소하나 노인의 경우 소화흡수 기능의 감소와 질환 등으로 인해 철을 충분히 섭취하는 것이 필요하다. 노년기의 아연 결핍은 흔하게 나타나며 아연이 결핍되면 식욕이 저하되고 미각 감소가 나타나 식사 섭취량이 더욱 감소되게 만든다. 또한 음주를 하거나 질병이 있을 경우 아연 요구량이 증가된다.

3) 노년기의 식생활 및 영양 관련 문제

노년기는 매우 넓은 연령 범위를 가지므로 영양필요량을 결정하기 어렵다. 일반적으로 성인기에 비해 **에너지 대사**에 관여하는 영양소의 필요량은 감소하는데 이것은 나이가 많아지면서 근육량과 기초대사량이 감소하고 신체활동량도 줄어들기 때문이다. 노화로 인하여 **단백질** 필요량의 감소는 없는 것으로 보이며, 경우에 따라 열량 섭취 중 단백질의 비율이 더 높아야 한다. **수분**은 혈액량 유지, 영양소 공급 및 운반, 생화학적 반응의 용매 역할을 하는 중요한 영양소로 나이가 들면서 체내 수분 함량은 점차 감소하고, 갈증 반응이 둔화되므로 노년기에 부족해지기 쉬운 영양소이다. 비타민 중에서 가장 문제가 되는 것은 **비타민 B$_{12}$**이다. 노년기의 식사량이 감소하면서 **비타민 B$_{12}$** 결핍이 발생할 수 있기 때문이다. **비타민 D**의 경우 노인이 야외활동이 줄면서 합성능력이 감소되기 때문에 **비타민 D** 감소로 인한 골다공증, 골절률 증가 등의 문제가 발생할 수 있다.

01 다음은 노인기의 영양소 섭취기준에 관한 내용이다. 작성 방법에 따라 서술하시오. [4점] 영양기출

> 노인기에는 성인기에 비하여 대부분의 영양소 필요량이 감소한다. 그러나 (①)은/는 성인기보다 필요량이 증가하는 미량영양소로 ② 노인기의 충분섭취량이 성인기보다 높다. 노인기에는 생리적 기능이 저하되고 식사섭취량이 줄어들어 영양불량이 나타나기 쉽다. 따라서 노인기에는 미량 영양소의 섭취량이 권장수준에 미달되지 않도록 하고, 보충제 섭취 시 상한섭취량 이상 섭취하지 않도록 권고한다.

> **작성 방법**
> • 괄호 안의 ①에 들어갈 영양소의 명칭을 쓰고, 이 영양소의 노인기 충분섭취량을 단위와 함께 제시할 것(단, 2015 한국인 영양소 섭취기준에 근거함)
> • 밑줄 친 ②의 이유 2가지를 제시할 것(단, 식사량, 골격건강 및 질병은 고려하지 않음)

02 성인 여성(연령 19~29세, 신장 160.0cm, 체중 56.3kg)의 1일 에너지 필요추정량은 2,100kcal이다. 임신기에 추가되는 에너지 필요추정량을 3개의 분기로 나누어 제시하고, 추가되는 에너지를 충족시키려면 어떤 식품을 얼마나 더 섭취해야 하는지 아래에 제시된 식품을 조합하여 분기마다 1가지를 작성 방법에 따라 쓰시오. [4점] [영양기출]

조합할 식품 목록

• 우유 1컵(200g) ·························· 125kcal

• 두부 1조각(80g) ·························· 75kcal

• 귤 1개(120g) ·························· 50kcal

자료 : 대한영양사협회, 식사계획을 위한 식품교환표, 2010

작성 방법

• 에너지 필요추정량은 한국인 영양섭취기준(2010)을 적용할 것

• 식품 섭취로부터 계산되는 에너지의 오차 범위는 ±10kcal 이내로 할 것

---

03 다음은 한국인의 식사에서 나트륨 섭취를 줄이기 위한 방안의 일부이다. 〈보기〉에서 잘못된 내용 3가지를 골라 해당 기호를 쓰고, 각각에 대한 이유를 1줄 이내로 쓰시오.

보기

ㄱ. 국수나 우동 국물은 가능한 한 남기도록 한다.

ㄴ. 국이나 찌개는 적정 염도인 1.5% 정도로 조리하도록 한다.

ㄷ. 소금은 WHO 하루 섭취기준인 10g 미만을 섭취하도록 한다.

ㄹ. 생선은 소금에 절이지 않고 구워서 양념간장을 찍어 먹도록 한다.

ㅁ. 신장질환자의 염분 섭취를 줄이기 위하여 저염 간장을 사용하도록 한다.

기호

① : _____

② : _____

③ : _____

① : _____

② : _____

③ : _____

해설 한국인의 식습관 및 건강, 질병에 대한 패턴을 알아야 한다.

04 다음 그래프는 연령과 칼슘 섭취에 따른 골질량의 변화를 나타낸 것이다. 그래프를 보고 칼슘을 충분히 섭취해야 하는 이유를 골질량과 골절 측면에서 각각 1가지씩 1줄 이내로 쓰시오.

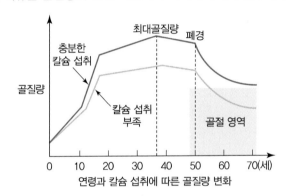

연령과 칼슘 섭취에 따른 골질량 변화

골질량 측면 _____

골절 측면 _____

해설 칼슘은 체내에서 가장 많이 존재하는 무기질 중 하나로 인체 내 칼슘의 99%는 골격과 치아를 구성하는 데 사용되며 나머지 1%는 혈액 및 체액에 존재하며 생리작용에 관여한다. 체내 칼슘의 흡수율은 각 개인의 식사 섭취 및 건강 상태, 성별 등에 따라 다르나 골격발달이 왕성한 성장기에는 그 흡수율이 75%가 되나 폐경 후 여성이나 노인의 경우 칼슘흡수율이 현저히 저하된다. 즉 장기간의 칼슘 섭취 상태는 성인기의 최대 골밀도에 영향을 주는데 20대 후반에서 30대 초반까지 골밀도가 가장 높다. 이후에는 골격으로부터 용출되는 칼슘의 양이 많아져 골밀도가 감소하게 된다. 칼슘의 섭취가 낮으면 골연화증이 초래되고 폐경 후 골손실에 더욱 심한 영향을 주어 골반 뼈의 골절 등이 쉽게 나타난다.

05 다음 〈보기〉를 읽고 질문에 답하시오.

> 보기
>
> 이것은 성인의 경우 10~30% 정도가 식사로 섭취되나 흡수율은 체내 보유량, 연령, 성별 등에 따라 달라진다. 특히 아동 및 청소년기에는 흡수율이 약 70% 정도, 임신기에는 60%까지 증가한다. 그러나 중년 이후나 노인기에서는 흡수율이 저하된다. 이것은 신경전달물질 방출을 촉진하며 근육의 수축 및 이완 등에 작용한다.

05-1 이 영양소의 흡수를 저하시키는 인자의 예를 2개 쓰시오.

① : _____ ② : _____

05-2 이 영양소는 체내의 어떤 호르몬에 의해 조절되는가?

_____

해설 성인의 특성과 영양소 필요량 및 그 기능에 대해 알아야 한다.

06 노년기에 나타나는 생리적 변화를 설명하시오.

_____

_____

_____

해설 노년기에는 체성분의 변화, 기초 대사율의 감소, 생리적 조절 기능의 감퇴, 내분비계의 변화 등이 나타난다.

07 노년기 때 성인기보다 더 많이 섭취해야 하는 영양소에 대해 설명하시오.

_____

_____

_____

해설 노년기에 가장 문제가 되는 영양소는 비타민 B_{12}로 식사 섭취량의 감소와 함께 위산 분비 저하, 위축성 위염 등에 의해 부족해질 수 있다. 비타민 D는 성인기에 비해 충분히 섭취해야 하는 영양소인데 이는 비타민 D가 칼슘 흡수를 촉진하기 때문이다. 즉 비타민 D 결핍이 골다공증을 초래할 수 있다는 것이다. 노년기에 비타민 D 결핍이 나타나는 이유는 노화로 인한 퇴행성 질환으로 햇볕에 노출되는 시간이 짧아 피부에서 비타민 D를 합성하는 능력이 저하되기 때문이다.

08 건강한 30대 여성에게 다음과 같은 생리적 변화들이 나타났다. 이 시기에 적절한 식생활 관리 사항으로 옳지 <u>않은</u> 것은? (2010년 한국인 영양섭취기준 적용) 기출문제

> - 혈장량이 전보다 45%가량 증가한다.
> - 심박출량과 심박동수가 전보다 30~50%가량 늘어난다.
> - 레닌(renin)과 알도스테론(aldosterone) 활성이 증가한다.
> - 평활근이 이완되어 소화기능이 저하되고, 복부 팽만감을 느낀다.
> - 에스트로겐(estrogen)과 프로게스테론(progesterone)의 분비가 증가한다.

① 하루에 3~4컵 정도의 우유를 섭취한다.
② 철, 엽산, 비타민 B_{12} 함유 식품의 섭취를 늘린다.
③ 수분은 성인 여성 충분섭취량보다 증가시켜 섭취한다.
④ 비타민 C는 성인 여성 권장섭취량에 10mg을 추가한다.
⑤ 나트륨 섭취는 성인 여성 목표섭취량의 1/2 수준으로 제한한다.

정답 ⑤

09 노화로 인한 생리적 변화 및 그와 관련된 약물 작용에 대하여 옳은 것만을 〈보기〉에서 있는 대로 고른 것은? 기출문제

> 보기
> ㄱ. 효소 활동의 증가는 간에서의 약물 해독 능력을 저하시키고 약물 반감기를 감소시킨다.
> ㄴ. 혈청단백 감소는 단백질 결합 약물을 결합하지 않은 상태로 지속시켜 약물의 혈중 농도가 증가한다.
> ㄷ. 신장으로의 혈류와 사구체 여과율 감소는 약물의 배설 능력을 변화시켜 수용성 약물의 혈중 농도를 증가시킨다.
> ㄹ. 무지방 체중(lean body mass)의 증가와 체지방 감소는 수용성 약물의 독성과 지용성 약물의 작용 지속 시간을 증가시킨다.

① ㄱ, ㄴ   ② ㄴ, ㄷ   ③ ㄱ, ㄷ, ㄹ
④ ㄴ, ㄷ, ㄹ   ⑤ ㄱ, ㄴ, ㄷ, ㄹ

정답 ②

10 노인 치매의 원인은 다양하지만 비타민 B_{12}와 엽산의 결핍으로도 발생한다. 엽산에 비하여 비타민 B_{12}는 흡수 시 여러 인자들의 영향을 받는다. 노인이 섭취한 비타민 B_{12}의 흡수에 영향을 주는 요인이 <u>아닌</u> 것은? 기출문제

① 담즙 분비 감소   ② 위산 분비 감소

③ 트립신 분비 감소   ④ 대장 미생물의 활동 감소

⑤ 내적 인자(intrinsic factor) 분비 감소

정답 ④

11 다음은 사무직 여성의 1일 에너지 평형을 분석한 것이다. ⎿ (가) ⏌에 들어갈 내용으로 옳은 것은? 기출문제

- 나이 : 30세
- 신체계측치 : 키 160cm, 몸무게 50kg
- 하루 섭취량 : 탄수화물 330g, 지방 40g, 단백질 70g
- 활동 에너지량 : 600kcal

↓

1일 에너지 평형 분석

(기초대사량은 체중만 고려하여 산출함)

이 여성의 1일 섭취 에너지는 소비 에너지보다 ⎿ (가) ⏌

---

① 280kcal 많다.   ② 172kcal 많다.   ③ 112kcal 많다.

④ 20kcal 적다.   ⑤ 262kcal 적다.

정답 ③

12 우리나라의 남녀 평균 수명은 점차 늘어나고 있지만 현재의 평균 건강 수명은 66세이다. 66세 이후 노인들은 (가) 생리적 기능의 변화로 (나) 영양상태의 변화가 야기되어 (다) 한 가지 이상의 질병을 앓고 있어 건강한 삶을 누리기 어렵다. (가)~(다)에 해당하는 내용으로 바르게 연결된 것은?

	(가)	(나)	(다)
①	맛의 역치 감소	Na 과잉	고혈압
②	췌장의 기능 저하	혈당 감소	당뇨병
③	소화 흡수력의 감소	엽산, 비타민 B_{12} 결핍	치매
④	비타민 D의 활성화 저하	뼈에서 칼슘 이탈 감소	골다공증
⑤	인슐린 저항성 감소	고밀도 콜레스테롤의 감소	대사증후군

정답 ③

13 다음은 노인기의 신체 기능 저하에 따른 다양한 변화를 설명한 것이다. 틀린 것은? 기출응용문제

① 혀의 미뢰수 감소로 소금 섭취와 설탕 섭취가 증가한다.
② 타액 분비 감소로 음식을 삼키는 데 어려움을 느끼므로 수분 함량이 높은 조리 식품의 섭취를 늘린다.
③ 30대와 비교하여 80대는 공복 시 혈당, 신경 전달 속도, 심박출량의 생리적 기능 감소가 가장 두드러진다.
④ 후각의 예민도가 떨어져 음식의 풍미를 잘 느끼지 못해 식사의 맛을 제대로 못 느껴 섭취량이 감소한다.
⑤ 신장 조직의 크기가 작아져 여과 능력이 감소하고, 신장의 요 농축력이 감소되어 갈증반응에 의한 탈수의 위험이 생긴다.

해설 ① 혀의 미뢰수 감소로 소금 섭취와 설탕 섭취가 증가한다. (○)
　　→ 맛에 대한 역치가 높아져서 더 많은 소금과 설탕을 첨가하여야 맛을 느끼게 된다.
② 타액 분비 감소로 음식을 삼키는 데 어려움을 느끼므로 수분 함량이 높은 조리 식품의 섭취를 늘린다. (○)
③ 30대와 비교하여 80대는 공복 시 혈당, 신경 전달 속도, 심박출량의 생리적 기능 감소가 가장 두드러진다. (×)
　　→ 최대산소섭취량, 최대호흡능력, 폐활량 및 신장 혈류량의 기능 감소가 가장 두드러지고, 공복 시 혈당, 신경전달 속도, 심박출량은 기능 감소가 가장 나타나지 않는다.
④ 후각의 예민도가 떨어져 음식의 풍미를 잘 느끼지 못해 식사의 맛을 제대로 못 느껴 섭취량이 감소한다. (○)
⑤ 신장 조직의 크기가 작아져 여과 능력이 감소하고, 신장의 요 농축력이 감소되어 갈증 반응에 의한 탈수의 위험이 생긴다. (○)

정답 ③

14 사람은 나이를 먹어감에 따라 신체 여러 조직이 노화과정을 거치게 된다. 다음 중 노화로 인한 인체 기관의 생리적 기능 변화로 틀린 것은? 기출응용문제

① 피부는 건조증과 색소침착과 같은 현상이 나타난다.
② 신장에서는 신혈류의 감소와 사구체 여과율 감소가 나타난다.
③ 심혈관 조직에서는 심장벽 두께 증가와 수축기 혈압이 증가한다.
④ 호흡기의 경우 조직의 탄력성과 최대 호흡량의 감소가 나타난다.
⑤ 내분비 계열에서는 갑상선자극호르몬과 갑상선호르몬(T4)이 감소한다.

해설 본문의 갑상선자극호르몬의 증가 관련 내용을 참고한다.

정답 ⑤

PART 4

식사요법

개 요

식사요법 혹은 식이요법은 식품이 가지고 있는 기능 중 식이적인 부분을 중점적으로 보는 과목이다. 식품의 식이성 하면 건강보조식품 등의 약품과 비슷한 기능성을 머리에 떠올리는 사람이 많겠지만, 식품은 병자를 회복시키는 데 약품과 함께 매우 중요한 위치를 차지하고 있었다. 예로부터 여자들이 아이를 출산한 후 쇠고기 미역국을 먹었는데(지역에 따라서는 쇠고기 외에 다른 단백질 소스를 넣은 미역국을 먹기도 했다), 이는 양질의 단백질 공급과 요오드 섭취를 위한 행동이었다고 생각된다. 그만큼 식사요법은 영양사에게 꼭 필요한 전문지식이고, 영양사 시험에서는 과락 과목 중 하나로 그 중요성을 짐작할 수 있다.

영양사는 유아부터 성인까지 다양한 계층의 사람들을 접할 수 있고, 병원에서 일할 가능성도 있기 때문에 다양한 질병에 대한 식이요법을 다루어야 한다. 그러나 영양교사는 그 처지가 다르다. 주로 병원이 아닌 학교에서, 다양한 계층이 아닌 초·중·고등학교 학생들을 다루어야 한다. 이런 변화를 생각한다면 이전 영양사가 다루던 식이요법의 중요한 내용과 영양교사가 다루어야 될 중요 내용에 차이가 나타난다. 영양사에게는 위장병, 신장병, 암과 같은 성인병의 식이요법의 중요도가 높겠으나, 영양교사에게서는 아이들에게 발병하기 쉽고 영양 상담을 의뢰받기 쉬운 비만이나 저체중, 빈혈과 선천성 대사성 이상 질환과 같은 것에 대한 식이요법이 더 중요하다. 저자는 솔직히 출제자가 어떤 선택을 할까에 대해 예측하는 것이 고민스럽다. 이전 영양사에서 공부하던 중요 질병과 아이들에게 발병되기 쉬운 질병의 내용 중 출제자는 어떤 질병을 선택할까? 고민을 하다 아이들에게 초점을 맞추기로 결정했다.

여기서는 일단 식사요법에 대한 일반적인 내용을 간단히 소개한 후 다양한 질병과 질환 중에서 학생들에게 쉽게 나타날 수 있는 질병, 가끔 나타나는 질병과 전통적으로 중요하게 생각되는 질환에 대한 내용을 정리하였다. 한국인에게 가장 많다는 위궤양이나 간염은 막상 학생들에게는 많이 발병하지는 않는다. 우리 학생들은 비만에 대한 고민, 저체중 등에 대한 고민이 더 많고, 여학생의 경우 철분 부족 등에서 오는 빈혈과 선천적으로 타고난 대사 이상 질환으로 힘들어하는 경우가 많다. 그러므로 이런 내용에 대해 우선적으로 다루려고 한다. 그리고 한국인에게 많이 발병된다는 위장 질환과 간 질환, 최근 아동에게도 나타나고 있다는 당뇨병에 대한 식이요법을 정리하려고 한다.

위에서 말한 병 외에도 더 많은 병이 존재하고 그들에 대한 식이요법 역시 존재하고 있다는 것을 안다. 나머지 병에 대해서는 학교 때 공부한 교과서의 내용을 다시 확인해 보길 바란다.

CHAPTER 01

식사요법의 개요

어느 부분에서 시작하든 거기에서 가장 대표적인 내용의 정의를 확인하는 것은 학습에서 매우 중요한 일이다. 식사요법에 대한 정의를 정확하게 내려야 나머지 내용에 대해서도 정확하게 자리매김을 할 수 있다. 더불어 식사요법이 필요한 사람인지, 즉 환자인지 아닌지를 확인하는 방법에 대한 것 역시 식사요법의 본격적 내용을 이해하기 전에 꼭 확인해야 되는 부분이다. 이 부분은 영양판정에서 더 자세히 다룰 것이니 여기서는 아주 간단히 소개하고 넘어가겠다.

1 식사요법의 개요

식사요법이란 식사를 이용하여 환자들의 건강 회복에 도움을 주는 것을 말한다. 식사요법은 의사의 진단에 따라 환자의 질병의 종류와 정도를 꼭 참고하여 영양사들의 영양학적인 전문지식을 이용하여 진행하여야 한다. 올바른 식사요법으로 질병과 합병증을 예방할 수 있다.

미국의 경우 수술을 마친 환자나 회복기 환자의 빠른 쾌유를 위해 일반적으로 3명의 치프들이 모여 회의를 한다고 한다. 그 회의는 환자의 처방을 위한 의사, 처방전을 수행하기 위한 간호사, 그리고 식사요법을 진행하기 위한 영양사로 구성된다. 비록 우리나라의 경우 영양사의 위치가 의사와 간호사에 비해서는 평가 절하되어 있지만, 실제로는 한 명의 환자를 건강한 상태로 돌려놓는 데 있어 영양사의 역할은 매우 중요하다.

건강이란 쉽게 사용되는 말이다. 하지만 건강을 정의 내리기는 생각만큼 쉽지 않다. WHO에서는 "건강이란 단순히 육체적 건강상태만을 의미하지 않고 육체적, 정신적, 사회적으로 안정된 상태를 의미한다"고 정의하고 있다. 다시 말해 건강이란 단순히 몸이 튼튼한 상태일 뿐만 아니라 정신적, 사회적으로 안정되어 있는 상태이다. 육체적 건강을 위해서는 적당한 운동, 규칙적인 식사와 충분한 영양 공급이 필

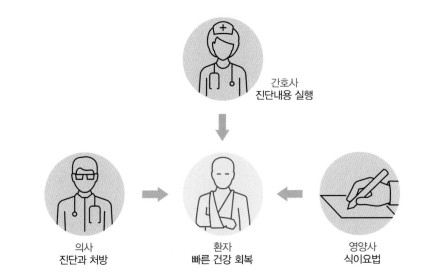

그림 1-1
환자의 건강 회복을
위한 3요소

간호사
진단내용 실행

의사
진단과 처방

환자
빠른 건강 회복

영양사
식이요법

요하다. 정신적 건강을 위해서는 적당한 문화생활과 낙천적인 사고방식, 그리고 원활한 대인관계를 유지하는 것이 중요하다. 사회적 건강은 개인의 힘으로만 얻기는 어렵지만, 안정된 사회환경과 밝은 미래 같은 것을 통해 이룩할 수 있다.

식사요법은 건강을 잃은 환자들의 정신적·사회적 건강을 위해 많은 도움을 주지는 못하여도, 육체적 건강을 빨리 회복하는 데 도움을 주는 중요한 치료 회복 과정이라 할 수 있다.

2 환자의 영양상태 판정

환자의 영양상태를 판정하는 것은 식사요법을 위해 첫 번째로 해야 할 일이다. 환자의 영양상태 파악 역시 넓은 의미에서는 영양판정과 비슷한 면이 많으므로 식사요법에서는 자세하고 깊은 내용을 소개하진 않겠다. 다만 대략적으로 간단한 내용만 설명하고 끝내려고 한다.

환자의 영양상태 판정법은 환자의 신체계측, 생화학적 검사, 임상검사와 식생활 검사로 나누어진다.

1) 신체계측법

신체계측법은 신장과 체중, 허리와 엉덩이 둘레, 체지방 측정, 상완위 근육 둘레와 같은 것을 측정하는 것이다. 여기서 상완위 근육 둘레란 피하에 존재하는 근육층을 반영하는 것으로, 열량과 단백질 결핍 여부에 따라 수치가 다르게 나타난다.

2) 생화학적 검사

생화학적 검사는 환자의 혈액이나 소변 및 조직 검사를 통해 얻어 내는 정보이다. 검사에 따라서는 혈액과 소변 외에도 X−선 촬영, 대변 검사, 내시경 검사 등 다양한 검사가 필요하기도 하다. 생화학적 검사는 질병 진단의 기초가 된다.

3) 임상검사

임상검사는 영양상태의 변화와 함께 나타나는 신체적 변화를 조사하여 영양상태를 판정하는 것이다. 특별한 장비나 실험실이 필요하지 않으므로 비용이 적게 드는 장점이 있다. 하지만 신체적 변화는 한 가지 원인에 의해 발생하기보다는 다양한 원인에 의해 발생하는 경우가 많으므로 확실한 기준표가 없으면 결론을 내리기 어렵다. 임상검사의 항목으로는 '머리카락 숱이 적고 잘 빠진다, 피부가 창백하고 까칠하다, 손톱에 윤기가 없고 잘 갈라진다'와 같은 것들이 있다.

4) 식생활검사

식생활검사는 환자가 섭취하는 식품 및 영양소의 양과 종류를 검사하거나 '육류를 좋아하는지, 술을 좋아하는지'와 같은 식습관을 검사하는 것이다. 이는 앞에서 설명한 측정법들의 결과를 미리 예측할 수 있는 가장 기본적인 측정법으로, 영양사들이 조사할 수 있는 검사 방법이다.

  이와 더불어 환자의 병력 조사 역시 매우 중요하다. 과거에 어떤 병을 앓았는지 알면 현재 어디가 아픈지를 예측하고 대비할 수 있다.

문제풀이

01 청소년기는 급격한 성장 발달로 인하여 특별한 영양이 요구되는 시기이다. 최근 우리나라 청소년들은 빈혈, 비만, 섭식장애, 소화불량 등과 같은 영양·건강 문제를 가지고 있는 것으로 나타났다. 이러한 문제의 원인이 되고 있는 식행동을 3가지만 쓰시오. 기출문제

① : _____

② : _____

③ : _____

> **해설** 잘못된 식습관은 다양한 질병을 불러온다. 따라서 질병 예방을 위한 식습관 역시 식사요법의 범주로 볼 수 있을 것이다. 현대의 청소년에게는 영양 밸런스가 무너져 있는 가공식품의 과다 섭취, 아침 결식, 결식, 불규칙적인 식사, 잦은 외식과 과식과 같은 잘못된 식습관이 문제가 되고 있다.

02 영양사는 단체급식을 통해 피급식자의 올바른 영양 섭취와 영양교육이 이루어지도록 노력한다. 올바른 단체급식을 하면 피급식자의 건강 유지와 체위 향상 등의 목적을 이룰 수 있다. 하지만 건강하지 않은 상태의 피급식자에게 식사를 공급하는 식사요법 역시 영양사가 해야 할 매우 중요한 업무이다. 식사요법의 목적과 식사요법을 진행함에 있어 주의해야 할 사항을 2가지 쓰시오.

식사요법의 목적 _____

_____

식사요법의 일반적 주의 사항

① : _____

② : _____

> **해설** 식사요법은 식사를 이용하여 환자의 건강 회복에 도움을 주는 것을 말한다. 식사요법을 통해 환자의 빠른 회복과 발병 예방, 합병증 예방 등의 효과를 얻을 수 있다. 식사요법을 진행함에 있어서는 의사의 처방이 우선시되며, 환자의 질병 종류와 상태에 따라 적절한 식사요법을 진행하여야 한다.

03 세계보건기구(WHO)에서 정의하는 건강이란 무엇인지 3가지 관점에서 설명하시오.

① : _____

② : _____

③ : _____

해설 식사요법은 식사를 이용하여 환자를 건강한 상태로 회복시키는 것이다. 건강한 상태란 다양한 정의가 가능하나 WHO에서는 건강이란 육체적, 정신적, 사회적 안정 상태를 말한다고 설명하고 있다. 자세한 내용은 본문의 개요 부분을 참고하길 바란다.

04 다음은 13세 영서의 저녁 식사와 간식 내용이다. (가)~(다)에 들어갈 값으로 옳은 것은?(2010 식사 계획을 위한 식품교환표 적용) 기출문제

구 분	음식명	식품명	무게(g)	목측량	교환 단위 및 영양소 섭취량
저 녁	현미밥	백미	60	6큰술	• 교환 단위 곡류군 : 3.5단위 어육류군 : (가) 단위 채소군 : (나) 단위 지방군 : 2단위 우유군 : 1단위 과일군 : 1단위 • 영양소 섭취량 당질 : 110g 단백질 : 34g 지방 : (다) g
		현미	15	1½큰술	
	쇠고기뭇국	쇠고기(사태)	40	로스용 1장	
		무	35	지름 8cm× 두께 0.7cm	
		참기름	5	1작은술	
	감자 소시지조림	감자	140	중 1개	
		프랑크소시지	40	1⅓개	
		당근	35	대 ⅙개	
	콩나물무침	콩나물	35	익혀서 ⅕컵	
		참기름	5	1작은술	
	김 치	배추김치	50	6~7개(4.5cm)	
간 식	우 유	저지방우유(2%)	200	1컵	
	과 일	사과	80	중 ⅓개	

	(가)	(나)	(다)
①	2	2.5	22
②	2	2.5	27
③	2	3.5	25
④	3	2.5	27
⑤	3	3.5	27

정답 ①

05 식사요법을 진행함에 있어 환자의 영양상태 판정은 가장 먼저 해야 할 일이다. 환자의 영양상태를 파악함으로써 환자의 질병 상태와 외형적 특징, 환자가 선호하는 식생활 패턴과 음식들에 대해 알 수 있다. 환자의 영양상태 판정법은 크게 5가지가 있는데, 이 5가지를 적고 간단히 설명하시오.

① : _____

② : _____

③ : _____

④ : _____

⑤ : _____

해설 환자의 상태를 파악하는 방법은 영양교육 및 상담실습에서 학생의 식습관을 알기 위해 사용하는 방법과 크게 차이가 없다. 환자의 영양상태를 알기 위해 신체계측법, 생화학적 검사, 임상검사와 식생활검사, 환자의 병력 조사와 같은 방법을 사용한다.

06 정상 체중의 45세 남자 A씨는 건강검진 후 영양사로부터 아래와 같은 식사요법 지침을 받았다. A씨의 혈액검사 결과로 옳은 것은? 기출문제

식사 용법 지침

1일 총에너지	현재 체중을 유지하는 범위
총지방량	총에너지의 15~20%
포화지방산	" 6% 이하
다불포화지방산	" 6% 이하
단일불포화지방산	" 10% 이하
당질	" 60~65%
단백질	" 12~20%
콜레스테롤	100mg/1,000kcal 미만 (200mg/일 미만)

	당화 혈색소(HbAlc, %)	중성지방(g/dL)	혈청 알부민(mg/dL)	총콜레스테롤(mg/dL)
①	6.5	130	4.5	160
②	6.5	350	2.0	190
③	7.0	140	3.5	310
④	7.0	420	2.5	320
⑤	11.0	420	2.0	190

정답 ③

07 식품교환표를 이용한 식단 작성법에 대한 설명으로 옳지 않은 것은? 기출문제

① 1일 열량은 지방, 단백질만으로 결정한다.

② 각 식품군별 1일 식품교환 단위수를 결정한다.

③ 식품교환군 목록에서 식품을 선택하여 식단을 작성한다.

④ 1일 식품교환 단위수를 3회의 정규식사와 간식으로 배분한다.

⑤ 대상자의 연령, 성별, 활동량, 현재 체중 및 질병 종류와 정도 등을 고려하여 1일 필요열량을 산정한다.

정답 ①

08 다음 표는 식품교환표의 식품군별 영양소 기준이다. 식품군별 1교환단위의 연결이 서로 옳은 것은 어느 것인가? 기출응용문제

구 분		열량(kcal)	당질(g)	단백질(g)	지방(g)
곡류군		100	23	2	–
어육류군	저지방	50	–	8	2
	중지방	75	–	8	5
	고지방	100	–	8	8
채소군		20	3	2	–
지방군		45	–	–	5
우유군	일반우유	125	10	6	7
	저지방우유	80	10	6	2
과일군		50	12	–	–

	곡류군	어육류군(중지방)	과일군
①	죽 140g	계란 55g	배 110g
②	감자 70g	등심 40g	수박 150g
③	고구마 70g	두부 50g	단감 50g
④	떡 50g	고등어 50g	사과 110g
⑤	삶은 국수 90g	치즈 30g	참외 150g

정답 ①

09 1일 에너지 필요량이 2,100kcal인 25세 여성의 아침 식단을 A와 B 중에서 선택할 경우, 그에 대한 설명으로 옳은 것을 〈보기〉에서 모두 고른 것은?(단, 달걀 1교환단위는 55g으로 함.) 기출문제

A

음식명		분량	목측량
토스트	식빵	70g	2쪽
	버터	6g	1.5작은술
달걀반숙	달걀	55g	1개
햄구이	햄	40g	8×6×0.8cm
우유		200ml	1컵
바나나		60g	중 1/2개

B

음식명		분량	목측량
보리밥		210g	1공기
쇠고기뭇국	쇠고기(사태)	20g	6×5×0.3cm
	무	35g	익혀서 1/6컵
콩나물무침	콩나물	70g	익혀서 1/3컵
	참기름	5g	1작은술
달걀찜	달걀	55g	1개
배추김치		70g	
사과		100g	중 1/2개

보기

ㄱ. 지방 함량은 A가 B보다 10g 많다.

ㄴ. 단백질 함량은 A가 B보다 5g 많다.

ㄷ. 당질 함량은 A가 B보다 19.5g 적다.

ㄹ. A의 단백질 함량은 1일 권장 섭취량의 약 57.8%이다.

ㅁ. B의 전체 에너지에 대한 당질 에너지 비율은 약 58.7%이다.

① ㄱ, ㄹ　　　　　② ㄱ, ㅁ　　　　　③ ㄴ, ㅁ

④ ㄱ, ㄷ, ㄹ　　　　⑤ ㄴ, ㄷ, ㄹ

정답 ④

10 당뇨식의 경우 비교적 자유롭게 섭취할 수 있는 식품과 주의하여야 할 식품을 분류하여 당뇨 환자들에게 교육하고 있다. 비교적 자유롭게 섭취할 수 있는 식품이란 열량이 비교적 적어 공복감을 피하기 위해 자유롭게 이용할 수 있는 식품이고, 주의하여야 할 식품이란 당질이 많고 열량이 높아 혈당조절에 바람직하지 않은 식품을 말한다. 다음 중 비교적 자유롭게 섭취할 수 있는 식품으로 연결된 것은? [기출응용문제]

① 고춧잎 – 한천 – 홍차 – 그린스위트
② 미역 – 케첩 – 딸기우유 – 양갱
③ 상추 – 김 – 계피 – 콜라라이트
④ 당근 – 옥수수수염차 – 약과 – 젤리
⑤ 깻잎 – 제로콜라 – 꿀떡 – 껌

정답 ③

CHAPTER **02**

식사 형태에 따른 식사요법

음식은 입을 통해 몸속으로 들어간다. 환자의 상태에 따라 음식을 정상 상태로 먹을 수 있는 경우도 있지만 그렇지 못한 경우도 존재한다. 그러므로 식사요법에서 식사의 형태에 따른 분류는 가장 기본적이다. 일반적으로 환자에게 공급하는 식사를 병인식이라 하며, 병인식은 식품의 단단함 혹은 점도가 감소함에 따라 일반식 > 경식 > 연식 > 유동식 > 영양지원으로 나누어진다. 오른쪽으로 갈수록 그만큼 더 위중한 환자들이 먹는 식사가 된다. 영양교사들이 '영양지원이라는 형태의 식사요법까지 배울 필요성이 있을까' 하는 생각이 들기도 하지만, 지금까지 식사요법하면 꼭 포함되어 가장 먼저 기본이 되도록 나왔던 내용이기 때문에 여기서도 가장 먼저 이야기를 꺼내 보도록 한다.

1 일반식

일반식General diet은 상식Normal diet, 보통식Common diet 또는 표준식Standard diet으로도 불린다. 일반식은 외상 환자, 외과 질환자, 산과 질환자 혹은 정신병자와 같이 질병의 특성상 치료를 위해 특별한 식사 조절이 필요하지 않은 환자를 대상으로 한다. 이들은 소화기능에 아무런 문제가 없으므로 정상적인 건강인의 식사와 별다른 차이 없이 식사를 공급하면 된다.

하지만 대부분의 환자는 일반인에 비해 활동이 제한적이므로 열량에 대한 고려를 해 주어야 한다. 식사를 제공하는 데 있어 한국인 영양권장량을 기초로 하여 5가지 식품군을 골고루 배치되도록 식단을 작성하고, 특별히 식재료의 제한을 두지 않고 사용하면 된다. 환자와의 상담이나 기호도 조사 등을 통해 그들이 좋아하고 소화흡수율이 좋은 식재료를 골라 사용하면 더욱 좋은 효과를 얻을 수 있다.

2 경 식

경식Light diet은 환자가 회복되면서 연식Soft diet에서 일반식으로 넘어가는 중간 단계에서 사용되는 식사요법이다. 일반적으로 진밥식 혹은 회복식이라고 불리기도 한다. 환자가 식사와 소화·흡수에 약간의 문제를 가지고 있는 경우로 소화가 쉽고 위에 부담을 주지 않는 식품을 선택하는 것이 중요하다. 식단을 구성할 때는 위에 부담을 주는 양념이 많이 된 자극적인 음식을 삼가고, 튀기는 조리법으로 만든 음식도 피한다. 또한 몸에 좋다고 알려져 있는 채소와 과일도, 함유되어 있는 섬유소에 의해 장운동이 촉진되어 위에 부담을 줄 수 있으니 피하는 것이 좋다. 환자들에게 공급될 단백질원을 선택함에 있어, 육류는 기름기가 적고 부드러운 부위를 선택하도록 한다.

3 연 식

연식Soft blend diet은 소화기에 문제가 있는 소화기계 환자나, 삼키는 데 문제가 있는 구강·식도 장애 환자, 소화기능이 많이 떨어진 환자들을 위해 제공되는 식사 형태이다. 죽의 형태가 많아 '죽식'이라고도 한다.

이것은 일반식에 적응하지 못하는 환자를 위한 식사로 부드러우면서도 영양소를 충분히 포함하고 있도록 식단을 구성하는 것이 중요하다. 연식을 장시간 섭취해야 하는 경우는 열량은 줄이고 그 외 영양소는 권장량에 충족되도록 충분히 공급하여야 한다. 소화기능이 저하되어 있는 상황에서 장운동을 촉진시키는 섬유질이나 소화하기 어려운 결체조직들이 많이 들어 있는 식품은 피하는 것이 좋다. 일반적으로 채소는 삶거나 쪄서 만들고, 과일의 경우 퓨레나 과일주스를 이용하는 것을 원칙으로 한다. 경식과 마찬가지로 강한 향신료를 많이 사용하거나 기름 함량이 높은 튀기는 조리법은 피하는 것이 좋다. 육류는 될수록 잘게 다져서 사용하여야 하며, 쌀을 조리할 때는 쌀과 물의 비율을 1 : 6으로 조정하여야 한다. 환자에게 김치를 공급할 때는 물김치나 나박김치를 사용하도록 한다.

연식을 다시 세분하면 다진 연식과 으깬 음식으로 나누어 볼 수 있다.

1) 다진 연식(보통 연식)

다진 연식Mechanical soft diet이란 씹는 작용을 하지 않고도 음식을 섭취할 수 있도록 음식을 미리 다져서 촉촉하고 부드러운 형태로 구성한 식사를 말한다. 치아 상태가 좋지 않아 씹지 못하는 환자, 씹을 능력이 없는 환자, 신경·식도·구강 장애 또는 수술에 의해 씹는 것이 어려운 환자들에게 공급된다.

식단의 구성과 주의할 점은 연식과 비슷하다. 섬유소가 많은 음식은 피하고, 음식은 다져서 부드럽게 공급하며, 차거나 뜨거운 음식은 피해야 한다. 김치는 물김치의 국물만 제공하고, 육류·생선·채소 반찬은 조리 후 다져서 공급한다. 씹을 필요가 없는 부드러운 과일은 생것을 그냥 사용하여도 된다. 다진 연식을 먹어야 되는 환자의 경우, 병이 결코 가벼운 상태가 아니므로 영양사는 환자 한 명 한 명을 개별 관리해야 한다.

2) 으깬 음식(기질적 연식)

으깬 음식Pureed diet은 다른 말로 반고형식이라고도 한다. 식품을 퓨레 형태로 만들어 공급하는 것으로, 씹지 않고 삼킬 수 있도록 음식을 체에 거르거나 으깨서 농축시킨 반고형식이다. 치아가 전혀 없는 환자, 구강 내 염증으로 인해 씹었을 때 음식물에 의해 자극을 받아 통증을 느끼는 경우, 식도와 구강 내를 수술한 환자, 방사선 치료를 한 환자, 삼키는 것에 문제가 있는 환자들에게 사용된다.

반고형식을 제공할 때 모든 음식은 갈아서 실온에서 부드러운 상태로 공급해야 한다. 삼키기 쉽게 물이나 우유, 국물을 첨가할 수 있고, 입천장에 달라붙는 음식은 피한다. 열량 공급을 위해 지방, 설탕, 꿀 등을 첨가할 수도 있다. 만약 공급하는 반고형식을 통해 충분한 영양분 공급이 어려울 경우, 영양보충물을 통해 단백질과 열량을 공급할 수 있다. 식사를 제공할 때는 환자의 삼키는 능력을 고려해서 음식의 농도를 개별 관리하여야 하며, 빨대를 사용할 경우는 음식의 질감을 조절하여야 한다.

4 유동식

유동식Liquid diet이란 실내 온도에서 액체이거나 액체화되어 있는 음식을 말한다. 수분 공급이 주된 목적으로 식품이 당질과 수분으로만 구성되어 있다. 따라서 다른 영양소 공급이 부족하게 되어 오랜 시간 환자에게 사용할 수 없다. 주로 수술 후 회복기의 환자, 고형분을 전혀 먹을 수 없는 환자, 급성 고열성 환자에게 사용한다.

식사를 구성할 때는 잔사를 최소한으로 하고 장내에서 가스를 발생시키는 식재료의 사용을 엄격하게 제한하여야 한다. 특히 섬유소가 많은 야채, 과일이나 우유와 지방 함량이 높은 식품 사용을 피해야 한다.

유동식은 식사의 형태에 따라 전유동식Full liquid diet과 맑은 유동식Clear liquid diet으로 나눌 수 있다.

1) 전유동식(일반유동식)

전유동식Full liquid diet은 연식보다 점도가 조금 낮은 상태의 식사를 말하며, 상온에서 액체이거나 반액체 상태로 되어 있다. 고형식을 소화하기 힘든 환자를 위해 구강을 통하여 수분을 공급하는 식사로, 위장관의 자극이 적고 소화와 흡수가 쉬워야 한다. 식단을 구성할 때의 주의 사항은 유동식에서 설명한 것과 거의 비슷하며, 식사를 만들 때는 간을 싱겁게 하고 단맛이 너무 강하지 않도록 조리해야 한다. 식사 횟수는 일반적으로 하루 4~6회 정도로 구성한다.

2) 맑은 유동식

맑은 유동식Clear liquid diet은 일반 유동식보다 더욱 묽게 만든 식사로 위장관에서 쉽게 흡수되고, 잔사를 거의 남기지 않으며, 위장관을 자극하지 않고 수분을 공급하기 위한 것이다. 맑은 유동식은 하루만 제공하는 것을 원칙으로 한다. 정맥영양을 실시하다 회복하여 구강 급식을 처음 실시하는 환자에게 적용된다. 체온과 동일한 온도에서 맑은 액체 상태인 음료 타입의 식사가 제공되며, 이는 당질과 물로만 구성된다. 모든 영양소가 부족한 공급 형태이므로 단기간만 사용한다. 어쩔 수 없이 1일 이상 장기간 투입할 경우 별도의 영양 보충물을 혈관을 통해 공급하여야 한다.

유동식에는 전유동식과 맑은 유동식 외에도 몇몇 특수 유동식들이 존재한다. 종류로는 지혈효과를 목적으로 하는 냉유동식과 충분한 영양소 공급을 목적으로 하는 농축유동식이 있다.

3) 냉유동식

냉유동식Cold liquid diet이란 화학적·물리적 자극이 없는 식품을 차갑게 제공하는 것이다. 차가운 음식은 소화에 좋지 않으나, 이 경우 수술 부위의 출혈을 막기 위해 적용되기 때문에 차갑게 공급된다. 외과 수술이나 내부 수술을 한 환자에게는 적용되지 않고 주로 편도선이나 호흡기 절제 수술을 한 환자들에게 적용된다. 식단의 구성은 일반 유동식과 동일하나, 차거나 미지근한 상태로 공급된다. 신 과일주스는 개인에 따라 적용하지 못하는 경우도 있고, 빨대는 출혈을 유발할 수 있으므로 사용하지 않는다.

4) 농축유동식

농축유동식Drinkable full liquid diet이란 일시적으로 저작기능이 전혀 없거나 입을 벌릴 수 없는 상태의 환자에게 빨대를 통해 충분한 영양 섭취를 할 수 있도록 영양소가 농축된 액상 형태로 제공하는 식사이다. 농축유동식을 제대로 먹을 경우 1일 권장량을 충족할 수 있다. 섭취하는 열량에 따라 부족한 열량은 영양보충물을 제공하여 충족시킨다. 치아 악골 구강 내 염증성 질환이 있거나 악간 고정술을 받은 환자나 식도 및 구강 내의 수술 혹은 구강이나 인두 부근의 방사선 치료 후 적용된다. 식사요법을 진행할 때는 균형 잡힌 식사로 충분한 칼로리와 단백질을 공급하며, 빨대로 쉽게 빨아 올릴 수 있을 정도로 점도가 묽은 음식을 선택하여야 한다. 치아 부분에 잔여물이 끼지 않도록 음식을 고운 체로 거르고 소량씩 자주 공급하여야 한다. 너무 뜨겁거나 자극성이 있는 음식은 피해야 한다.

5 영양지원

영양지원Nutrition support은 질병이나 수술 등으로 인하여 입을 통해 식사를 공급할 수 없는 환자들에게 영양소를 공급하는 식사 방법이다. 뇌졸중, 뇌혈관 사고, 신경계 질환, 후두암 등의 병에 걸린 환자들에게 적용된다. 영양지원의 종류에는 영양소를 위장으로 공급하는 경장영양, 혈관으로 주사액을 통해 공급하는 정맥영양이 있다. 경장영양은 다시 경구급식Oral feeding과 경관급식Tube feeding으로 나눌 수 있다. 정맥영양은 투입하는 정맥의 위치에 따라 말초정맥영양Peripheral Parenteral Nutrition ; PPN과 중심정맥영양Central Parenteral Nutrition ; CPN으로 나눌 수 있다.

경장영양에서는 환자의 삼키는 능력 정도에 따라 단계별로 음식을 선택하여야 하며, 물·주스·우유나 홍차와 같은 묽은 액체는 흡인의 위험이 크므로 사용을 삼가야 한다. 너무 묽은 액체보다는 점도가 높은 액체를 공급하여야 한다. 실온에서는 부드러운 상태를 유지하여야 하며, 입천장에 달라붙거나 서로 엉키는 음식은 피해야 한다. 식사에 싫증을 내지 않도록 가능한 다양한 식품을 선택하고, 식사는 소량씩 5~6회에 걸쳐 매일 제공한다. 음식은 삼키기 쉽게 점도를 조절하고 개인의 적응도에 따라 흡인의 위험을 방지하고 적절한 영양상태를 유지하도록 하는 것이 중요한 포인트다.

경장영양은 또다시 경구급식과 경관급식으로 구분할 수 있다.

1) 경구급식

경구급식Oral feeding은 입을 통해 영양소를 공급하는 방식이다. 식사만으로는 충분한 영양 공급이 어렵기 때문에 우유, 분말달걀 또는 농축된 달걀 알부민 등을 첨가한 유동식을 영양보충제로 사용한다.

2) 경관급식

경관급식Tube feeding은 구강으로 음식을 섭취할 수 없는 구강 내 수술, 위장관 수술, 연하 곤란, 식욕 결핍과 식도 장애 환자들에게 사용된다. 경관급식을 위한 식품은 유동성이 있고, 영양가가 높아야 한다. 또한 관을 통해 주입하기가 쉬워야 하며, 24시간 정도는 보관하고 사용할 수 있어야 한다. 식사량에 제한이 있는 관계로 경관급식하는 식품은 영양 밸런스가 좋아야 하며, 무기질과 비타민의 함량이 높아야 한다.

경관급식을 실행하는 경우 몇몇 합병증이 관찰되기도 한다. 그중 가장 흔하게 관찰되는 것이 설사이다. 경관급식에 의한 설사는 너무 빠르게 식사를 투입하거나, 투입하는 식사가 변질되었거나, 너무 차가운 식품을 공급하였을 경우 발생한다. 또 환자의 유당불내증과 식사의 삼투 농도가 너무 높을 경우에도 발생할 수 있다. 심한 구토, 식도궤양, 복부팽만, 운동항진증, 오심, 변비, 과수화현상, 탈수현상, 영양소 불균형 등이 합병증으로 나타나기도 한다.

6 치료식사

치료식사의 정의는 어렵지 않다. 질병의 치료를 도와주기 위해 고안해 낸 식사를 통틀어 치료식사라고 한다. 치료식사는 환자가 앓고 있는 질병에 맞추어 피해야 할 영양소를 조절하여 공급하는 식사의 형태를 취한다. 또는 질병에 알맞게 영양소의 균형을 맞추어 공급하기도 한다. 치료식사는 다음과 같이 조절영양소와 적용질병에 따라 나눌 수 있다.

영양소 조절에 따른 분류

영양조절식	비만, 당뇨, 체중 부족
단백질조절식	고단백 : 간질환, 화상 저단백 : 간성혼수, 급성장염, 급성췌장염
당질조절식	당뇨병
지방조절식	비만, 지방변증, 췌장염, 담낭염, 고지혈증
염분조절식	부종, 복수, 고혈압, 심장질환, 통풍

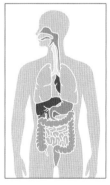

질환에 따른 분류

신장결석식
암치료식
당뇨환자식
위장질환식
알레르기식
수술회복식
비만치료식

그림 2-1
치료식사의 분류

01 다음은 경장영양의 공급경로 선택 흐름도이다. 작성 방법에 따라 서술하시오. [4점] 영양기출

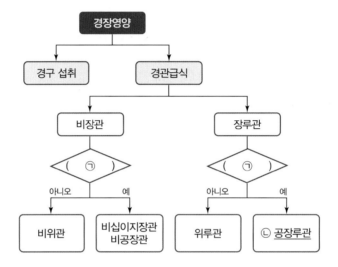

작성 방법

- 괄호 안의 ㉠에 공통으로 들어갈 영양위험요소를 질문 형태로 제시할 것
- 밑줄 친 ㉡으로 주입하는 영양액 성분 중 탄수화물이 가수분해된 형태로 공급되어야 하는 이유 1가지를 제시할 것
- 경장영양 경로를 확보할 수 없는 심한 영양불량 환자에게 사용하는 영양공급 방법을 쓰고, 영양액 공급 시 재급식증후군(refeeding syndrome)을 예방하기 위한 방법 1가지를 제시할 것

02 유아용 병조림으로 판매되는 균질육은 유아뿐만 아니라 환자에게 농축유동식으로 이용되기도 한다. 농축유동식을 줄 때 가장 중요한 것은 육류단백질을 충분히 섭취할 수 있도록 하는 것이다. 농축유동식으로 권장되는 젤리수프(jellied soup)를 만드는 원리를 쓰시오. 기출문제

_____

_____

_____

_____

해설 농축유동식은 다른 유동식과는 약간 다른 면을 가지고 있다. 일반적인 유동식은 유동식만으로는 1일 권장량을 공급하기 어려운 데 비해, 농축유동식은 1일 권장량의 공급이 가능하다. 젤리수프 역시 이런 농축유동식의 조건에 맞도록 만들어진다.

03 식사요법은 다양한 방법으로 분류될 수 있다. 일반적으로 식사의 형태에 따라 일반식, 경식, 연식, 유동식으로 나누어지고, 질병의 종류에 따라 간질환식, 위장질환식, 비만식 등으로 나눌 수 있다. 이 중 식사의 형태에 따른 분류는 매우 광범위하게 사용되고 있다. 아래 질병들을 보고 적용되어야 하는 식사요법의 식사 형태를 일반식, 경식, 연식, 유동식, 영양지원으로 표시하시오.

> ① 교통사고를 당한 후 입원하여 치료를 받고 있으며 정신이 있는 다리 골절 환자
> ② 식중독으로 입원한 환자
> ③ 식중독으로 입원하였으나 지금은 거의 회복되고 있는 환자
> ④ 교통사고를 당해 치아가 손상되어 치아를 6개 뽑아낸 환자
> ⑤ 신장 이상으로 인하여 급하게 체온이 올라가고 있는 환자
> ⑥ 운동회에서 일사병으로 쓰러져 실려 온 학생
> ⑦ 체육시간에 운동하다 팔이 부러진 학생
> ⑧ 체육시간에 운동하다 턱관절을 다친 학생

① : _____   ② : _____

③ : _____   ④ : _____

⑤ : _____   ⑥ : _____

⑦ : _____   ⑧ : _____

해설 공급되어야 하는 식사요법의 식사 유형과 질병을 연결하는 문제이다. 일반식, 연식, 경식, 연식, 유동식, 유동식, 일반식, 연식 순으로 적용될 것 같다. 영양지원은 영양사가 맘대로 처방하거나 공급하기 어려우며, 매우 중증 환자에게 제공되는 식사이기 때문에 영양교사에게는 적용되는 경우가 없을 듯하다.

04 집에서 가족과 생선을 먹은 후 식중독으로 고생한 학생이 학교로 돌아왔다. 다른 학생들과 같은 밥을 먹여도 될지, 영양교사로서 걱정되는 마음에 경식(light diet)을 준비하여 급식하고자 한다. 이 학생의 경식을 준비함에 있어 영양교사가 신경 써야 할 것을 4가지만 적으시오.

① : _____

② : _____

③ : _____

④ : _____

해설 경식은 소화가 쉽고 위에 부담을 주지 않는 식사이다. 양념이 많이 된 자극적인 음식과 튀기는 조리법은 피해야 한다. 섬유소 역시 피하고 단백질 공급은 기름기가 적고 부드러운 육류를 이용하여 공급한다.

05 장염에 걸린 학생이 중요한 시험 때문에 학교에 등교를 하였다. 급성 설사 증상은 어느 정도 누그러졌으나 아직도 소화에는 문제가 있는 것 같다. 영양교사로서 이 학생에게 일반 학생과 똑같은 급식을 공급할 수 없어서 연식(soft diet)을 준비하였다. 연식을 준비함에 있어서 주의해야 할 사항을 6가지 적으시오.

① : _____

② : _____

③ : _____

④ : _____

⑤ : _____

⑥ : _____

해설 연식은 소화기에 문제가 있는 소화기계 환자나 삼키는 데 문제가 있는 구강·식도 장애 환자, 소화기능이 많이 떨어진 환자들을 위해 제공되는 식사이다. 죽 형태가 많아 죽식이라고도 한다. 연식을 만드는 데 주의할 점은 본문에서 참고하시오.

06 유동식(liquid diet)이란 수술 후 회복기 환자, 고형분을 전혀 먹을 수 없는 환자, 급성 고열성 환자들에게 사용되는 식사 형태이다. 유동식의 목적, 구성과 사용 기간에 대해 쓰시오.

목적 _____

_____

구성 _____

_____

사용 기간 _____

_____

해설 유동식은 환자에게 수분을 공급하는 것이 목적이다. 따라서 주로 물과 당류로 구성된다. 유동식만으로는 충분량의 영양소 공급이 어려우므로 가능한 짧게 사용하여야 한다.

07 유동식은 실내온도에서 액체이거나 액체화되어 있는 음식으로 수분 공급을 주목적으로 하는 식사이다. 수술 후 회복기의 환자, 고형분을 전혀 먹을 수 없는 환자와 급성 고열성 환자에게 주로 사용된다. 유동식 중 전유동식(full liquid diet)을 만들 때의 주의 사항 3가지를 쓰시오.

① : _____

② : _____

③ : _____

해설 전유동식은 연식보다 조금 점도가 낮은 상태의 식사를 말한다. 전유동식은 수분 공급을 목적으로 하며, 위장관의 자극을 줄이고 소화와 흡수가 쉬워야 한다. 간은 싱겁게, 단맛은 너무 강하게 조리하지 않는다. 그 외에는 유동식을 만들 때의 주의 사항을 준수하면서 만들면 된다.

08 유동식은 실내 온도에서 액체이거나 액체화되어 있는 음식으로 수분 공급을 주목적으로 하는 식사이다. 수술 후 회복기의 환자, 고형분을 전혀 먹을 수 없는 환자와 급성고열성 환자에게 주로 사용된다. 유동식 중 맑은 유동식(clear liquid diet)을 만들 때 주의 사항 3가지를 쓰시오.

① : _____

② : _____

③ : _____

해설 맑은 유동식은 수분 공급을 목적으로 하나 다른 유동식보다 더 묽게 만들어 공급한다. 자세한 것은 본문의 맑은 유동식 부분의 내용을 참고하도록 한다.

09 유동식 중 냉유동식(cold liquid diet)은 화학적·물리적 자극이 없는 식품을 차갑게 제공하는 방식의 식사요법이다. 냉유동식의 목적, 대상 환자와 제조 시 주의 사항 2가지를 쓰시오.

목적 _____

대상 환자 _____

① : _____

② : _____

> **해설** 냉유동식은 수술 부위의 출혈을 막기 위해 적용되는 식사요법이다. 편도선이나 호흡기 절제 수술을 한 환자들에게 적용되며, 신과일주스는 개인에 따라 적응하지 못하는 경우가 있으니 조심해서 사용해야 한다. 빨대는 출혈을 유발할 수 있으므로 사용하지 않는다.

10 질병의 치료를 도와주기 위해 고안해 낸 식사를 통틀어 치료식사라 한다. 치료식사에는 환자가 앓고 있는 질병에서 피해야 될 영양소를 조절한 치료식사와 질환에 알맞도록 영양소의 균형을 맞춘 치료식사가 있다. 대표적인 치료식사를 각각 3가지씩 쓰고 각각의 대표적 특징을 적으시오.

영양소를 조절한 치료식사

① : _____
_____

② : _____
_____

③ : _____
_____

질환에 알맞게 맞춘 치료식사

① : _____
_____

② : _____
_____

③ : _____
_____

> **해설** 치료식사에는 영양소를 조절한 열량조절식, 단백질조절식, 당질조절식, 지방조절식, 염분조절식이 있고, 질환에 따라 만든 신장결석식, 암치료식, 당뇨환자식, 위장질환식, 알레르기식, 수술회복식과 비만치료식 등도 있다.

11 환자가 병원에 입원하면 환자의 상태에 따라 식사 처방이 주어진다. 성인 환자의 연식에 대한 설명으로 옳지 <u>않은</u> 것은?

① 삶거나 찌는 조리법을 주로 사용한다.
② 비타민과 무기질의 보충이 필요한 식사이다.
③ 수술 후 회복기 환자에게 처방하는 식사이다.
④ 식사의 구성은 상식(normal diet)과 차이가 없다.
⑤ 연식의 영양기준량으로 에너지는 1,700kcal 정도이다.

[정답] ②

12 〈보기〉는 형태에 따라 분류한 어떤 식사요법의 원칙을 나타낸 것이다. 이 식사요법에 대한 설명으로 옳은 것은?

> **보기**
> • 이 식사는 칼슘과 비타민 C를 제외한 모든 영양소가 부족하다. 그러므로 3일 이상 또는 장기간 계속될 경우는 영양상태 개선을 위해 영양 보충액을 이용한다.
> • 수분이 많아 한 번에 많은 양을 섭취하기 어려우므로 1일 6회 정도 나누어서 공급한다.

① 수술 후 소화관 기능이 회복되기 시작할 때 구강 섭취를 위해 잠시 제공된다.
② 한국인 영양권장량에 기본을 두고 환자의 회복에 도움을 줄 수 있도록 제공한다.
③ 뇌졸중과 같은 삼킴장애가 있거나 구강 내 염증으로 삼키기가 곤란할 때 제공되는 식사이다.
④ 소화가 어려운 환자, 고열, 식욕부진 환자 등에 공급하고, 허용식품과 제한식품을 참고하여 만든다.
⑤ 소화관을 이용하지 않고 혈관에 직접 영양소를 공급하는 방법으로 경구영양이나 경장영양이 불가능한 경우에 이용된다.

[해설] 〈보기〉는 일반 유동식에 대한 설명이다.
　　① 수술 후 소화관 기능이 회복되기 시작할 때 구강 섭취를 위해 잠시 제공된다. → 일반 유동식
　　② 한국인 영양권장량에 기본을 두고 환자의 회복에 도움을 줄 수 있도록 제공한다. → 상식
　　③ 뇌졸중과 같은 삼킴장애가 있거나 구강 내 염증으로 삼키기가 곤란할 때 제공되는 식사이다. → 연식
　　④ 소화가 어려운 환자, 고열, 식욕부진 환자 등에 공급하고, 허용식품과 제한식품을 참고하여 만든다. → 연식
　　⑤ 소화관을 이용하지 않고 혈관에 직접 영양소를 공급하는 방법으로 경구영양이나 경장영양이 불가능한 경우에 이용된다. → 정맥영양

[정답] ①

CHAPTER **03**

학교 내에서 쉽게 접하는 식사요법

영양교사는 영양사와 달리 학교라는 곳에서 학생을 상대한다. 일반 영양사가 다루어야 하는 식사요법의 대상은 주로 40대 이상의 성인이며, 일반적으로 성인병에 대한 식사요법을 진행하는 경우가 많다. 하지만 영양교사는 학생들을 대상으로 식사요법을 진행하기 때문에 일반 영양사와 달리 10대 이하의 학생들에게 자주 발생하는 질병이 식사요법의 대상이 된다. 현장에 있는 영양교사들에게 주로 어떤 식사요법을 공부하고 있는지 질문해 본 결과, 일반적으로 대학교에서 공부하는 식사요법의 대상과는 그 차이가 매우 컸다. 대학교에서는 소화기와 간질환이 가장 중요한 식사요법의 대상인 데 비해 영양교사들은 비만, 저체중, 아토피와 편식과 같은 것을 손꼽았다.

이런 차이점을 바탕으로 본 교재에서는 영양교사들이 중요하다고 생각하는 '학교 내에서 쉽게 접하는 식사요법'과 10대 아이들에게 나타날 수 있는 '학교 내에서 접할 수 있는 식사요법', 마지막으로 이전부터 영양사들에게 중요하게 인식되었던 '학교 외에서 쉽게 접하는 식사요법'으로 나누어 서술하려고 한다.

1 비 만

1) 비만의 일반적 개념

비만이란 여러 원인에 의해 피하 및 내장 지방의 증가로 체중이 늘어나는 현상을 말한다. 일반적으로 표준체중보다 체중이 10% 이상 증가할 경우 과체중상태라 하고, 20% 이상 증가할 경우 비만이라고 한다. 이런 비만의 평가는 BMI지수, Broca법과 Kaup지수 등을 이용해서 측정할 수 있다. 최근에는 인바디Inbody라는 장치를 이용하여 체내의 지방, 단백질의 함량과 분포 등을 복합적으로 비교하여 비만 여부를 측정하기도 한다. 하지만 비만은 단순히 몸무게로만 평가하기 힘들고, 몸의 근육량과 뼈의 무게 등을 고려하여야만 정확하게 평가할 수 있다.

(1) 비만의 발생 원인

비만은 대개 과식, 운동 부족, 정신·신경적 요인으로 인해 발생한다. 유전적 요인과 내분비성 문제에 의해 발생하기도 한다.

비만의 원인 중 가장 많은 부분을 차지하는 것은 과식에 의한 단순 비만이다. 비만이 되기 위해서는 과량의 음식이 투여되어야 한다. 그러므로 모든 비만은 과식에 의한 것이라 할 수 있다. 세끼를 골고루 나누어 먹지 않고 한 끼 혹은 저녁에 몰아서 먹게 되어 비만이 되는 경우도 많다. 그 외, 경제적 풍요로 인해 음식물이 주위에 많이 존재하고 쉽게 구매할 수 있을 경우 과식에 의해 쉽게 비만이 되고는 한다. 현재 우리나라에서 비만이 문제가 되는 이유는 식생활이 급격히 서구화되고, 음식의 홍수 속에서 과량의 식품을 섭취하고 있기 때문이다.

또 다른 비만의 원인으로는 운동 부족을 들 수 있다. 실제로 어린 학생들의 경우 과식에 의한 비만보다는 먹는 것에 비해 움직임이 적어서 오는 비만이 더 많다. 학교 등하교는 자가용으로 하고, 나가서 뛰어 노는 것보다는 집에서 컴퓨터를 하거나 학원에서 공부를 하는 아이들의 생활패턴이 운동 부족을 불러오고, 동시에 비만을 불러들이고 있다. 잘 뛰어 놀던 학생이 다리를 다쳐 깁스를 하고 침대에 누워 있을 경우 운동 부족에 의해 급격하게 비만이 되어 가는 경우를 많이 볼 수 있다. 섭취하는 영양소의 양은 똑같으나 이전에 비해 활동량이 줄었기 때문에 일어나는 현상이다. 또한 택시운전사 같은 직업군은 걷는 것보다 자리에 앉아서 운전하는 시간이 압도적으로 많기 때문에 운동 부족에 의해 비만이 올 가능성이 높다.

정신적 원인에 의해 거식증과 폭식증이 오는 비만도 있다. 잘못된 다이어트 지식이나 먹는 것에 대한 혐오감 때문에 식사를 거부하는 거식증 환자는 거식을 통해 먹는 것에 대한 욕구가 증가하게 된다. 그렇게 거식을 하다 어느 순간 식품을 한 입 먹고 먹는 것을 멈출 수 없는 폭식증으로 전개되는 경우가 많다. 그렇게 되면 이전에 비해 빨리 살이 불어 비만이 된다. 거식증과 폭식증이 나타나는 이유에는 정

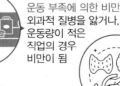

과식에 의한 단순비만
비만의 80%를 차지하며
과식, 식습관,
경제적 풍요

유전에 의한 비만
부모 모두 비만 시
2세 비만 확률은 80%

운동 부족에 의한 비만
외과적 질병을 앓거나,
운동량이 적은
직업의 경우
비만이 됨

정신·신경적 요인
폭식증과 거식증, 섭식
중추와 만복 중추 손상

내분비 문제에 의한 비만
갑상선기능저하, 부신
피질호르몬 분비 증가,
인슐린 부족, 생식기
제거 수술, 갱년기 이후

그림 3-1
비만의 원인

신적인 것과 더불어 다른 원인도 있는데, 섭식중추와 만복중추가 장애를 일으켜 배고파도 배고프지 않고, 먹어도 배부르지 않은 상태로 만들기 때문이다. 결국 척추신경 체계에 문제가 생겨 그렇게 되는 것이다.

또 유전적으로 부모가 양쪽 모두 비만일 경우 2세의 80%, 한쪽만 비만일 경우 40%, 모두 비만이 아닐 경우는 10%만 비만으로 나타난다. 또한 수술이나 질병과 같은 다양한 원인에 의해 내분비 호르몬의 분비가 부족해지거나 달라졌을 때에도 비만이 발생할 수 있다.

(2) 비만의 분류

비만은 크게 지방구의 모양에 의한 분류법과 지방 분포 부위에 따른 분류법으로 나누어 볼 수 있다.

① **지방구 모양에 의한 분류** : 비만한 사람의 체성분을 분석하면 다른 사람에 비해 지방조직의 함량이 월등하게 높은 것을 알 수 있다. 지방 조직은 일반적으로 둥근 모양의 지방구들이 모여서 이루어진다. 이 지방구의 모양에 따라 지방세포수 증가형 비만, 지방세포 비대형 비만과 혼합형 비만으로 나눌 수 있다.

소아기와 유아기 비만의 경우 지방구의 모양은 작으나 그 수가 많은 양상을 보인다. 이런 형태의 지방구는 임신 후기에도 나타난다. 지방세포가 증가해 있기 때문에 성인이 되어 지방구가 조금만 커져도 쉽게 성인 비만이 될 수 있는 가능성을 가지고 있다.

이에 비해 지방세포 비대형은 세포 수 자체는 적으나 지방구의 크기가 커지는 형태의 비만으로, 성인기에 주로 나타난다. 이 둘의 특성을 합친 혼합형 비만은 지방구의 수와 지방구의 크기 모두 증가하는 형태이다. 이는 신체의 성장이 가장 급격한 사춘기 비만에서 주로 나타난다. 지방구의 세포수가 증가하면 후에 비만이 될 가능성이 매우 높아진다.

그러므로 지방구의 증가가 나타나는 유아기와 소아기, 그리고 청소년기의 비만 관리는 성인이 되어서의 비만 관리보다 훨씬 중요하다.

지방세포수 증가형　　　　　　혼합형　　　　　지방세포 비대형
(hyperplastic type)　　　(combined type)　　(hypertrophicy type)

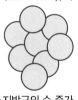

그림 3-2
**지방구 모양에 따른
비만 종류**

•지방구의 수 증가　　•지방구의 수 증가　　•지방구의 수 일정
•지방구 크기 일정　　•지방구 크기 증가　　•지방구 크기 증가
•유아기, 소아기와　　•사춘기에 나타나는　•성인 비만에서 나타남
　임신 후기에 나타남　　비만 형태임

② **지방 분포 부위에 따른 분류** : 지방구 모양에 따른 분류와 더불어 지방 분포 부위에 따른 분류도 많이 사용되고 있다. 우리는 흔히 저주받은 하체, 올챙이배와 같은 말을 자주 쓴다. 이 말은 다른 부위에 비해 유달리 지방조직이 많이 붙어 있는 곳을 가리켜 부르는 말이다. 사람마다, 성별마다, 인종마다 지방조직이 주로 발달하는 부위는 조금씩 다르며, 이것에 따라 비만의 종류를 분류할 수 있다.

그림 3-3과 같이 상체 비만, 하체 비만을 비롯하여 피하지방형 비만과 내장지방형 비만도 있다. 남자의 경우 상체 비만이, 여자의 경우 하체 비만이 많이 나타나며, 나이가 30대 이상이 되면 내장지방형 비만이 주로 나타난다. 고도 비만은 피하지방형 비만으로 옮겨 가는 경우가 많다.

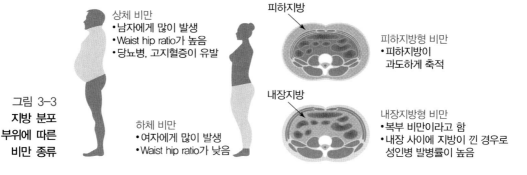

그림 3-3
지방 분포
부위에 따른
비만 종류

상체 비만
•남자에게 많이 발생
•Waist hip ratio가 높음
•당뇨병, 고지혈증이 유발

하체 비만
•여자에게 많이 발생
•Waist hip ratio가 낮음

피하지방

피하지방형 비만
•피하지방이 과도하게 축적

내장지방

내장지방형 비만
•복부 비만이라고 함
•내장 사이에 지방이 낀 경우로 성인병 발병률이 높음

(3) 비만의 문제점과 합병증

비만은 체형 변화와 더불어 몸의 둔화와 운동능력의 저하를 가져오고, 그 결과 집중력을 떨어뜨려 학습장애를 야기한다. 또한 외모적 열등감, 심리적·정서적 위축을 가져오게 된다.

비만이 무서운 이유는 수많은 합병증 때문이다. 비만의 합병증으로는 당뇨, 고혈압, 지방간, 심장병, 뇌졸중, 관절염 등이 있으며, 성기능장애와 기형아 출산, 수명 단축과 사고력 저하와 같은 병들도 생길 수 있다. 또한 비만인 사람들은 자신감이 저하되어 있어 정신적인 면에서도 문제점을 보일 수 있다. 그러므로 비만 예방은 후에 올 수많은 다른 질병을 미리 예방한다는 의미에서도 매우 중요하다.

(4) 비만 습관 진단표

비만은 미리 대비하는 것이 최상의 방법이다. 영양교사로서 학생의 비만 발생 확률을 미리 알고 대처하는 것은 이미 비만인 학생을 대하는 것보다 효율적인 방법이 된다. 학생들의 생활 패턴을 통해 비만의 발생 가능성을 미리 예측할 수 있는 방법으로 비만 습관 진단표가 있다. 비만 습관 진단표를 이용하면 쉽고 빠르게, 상대적으로 정확하게 비만 가능성을 측정할 수 있다. 표 3-1은 대표적인 비만 습관 진단표를 나타낸 것이다.

표 3-1
비만 습관 진단표

내 용	YES	NO
아침을 거르는 일이 많다.		
하루 두 끼만 먹거나 네 끼 이상 먹는 일이 자주 있다.		
식사를 빨리 하는 편이다.		
식사시간이 불규칙한 편이다.		
간식을 꼭 먹는다.		
취침 3시간 이내에 식사하는 일이 자주 있다.		
야식을 자주 먹는다.		
식사는 배가 부를 때까지 먹는다.		
야채는 그다지 좋아하지 않는다.		
지방질이 많은 고기나 버터 등 동물성 지방을 자주 먹는다.		
단 것을 좋아해서 자주 먹는다.		
튀김 종류를 좋아해서 자주 먹는다.		
외식이 많다.		
자극성이 있는 음식을 좋아한다.		
하루에 걷는 시간이 30분도 안 된다.		
계단보다는 엘리베이터나 에스컬레이터를 이용한다.		
특별히 하는 운동이 없다.		
밖에서 노는 것보다 집에서 노는 일이 많다.		
TV를 보면서 무의식 중에 자주 먹는다.		
체중을 자주 재는 편이 아니다.		
식사 직후 잘 눕는다.		
합 계		

결과 　YES 1~3개 : 비만 확률 없음, 대체로 안전
　　　　　4~7개 : 비만 위험 조금 있음
　　　　　8개 이상 : 비만이 되기 쉬움

2) 비만에 대한 식사요법

(1) 일반적 다이어트 이론

일반적으로 비만인 사람 혹은 살을 빼려는 사람들은 다이어트diet를 한다. 다이어트는 식사요법이라는 의미를 가지며, 실제 식사를 통한 모든 식사요법은 다이어트라

부르는 것이 맞다. 하지만 우리나라에서 일반적으로 다이어트라 하면, 식사를 하지 않고 굶는 것으로 생각하는 경우가 많다. 이렇게 무작정 굶는 살이 빠질 것이라는 생각에서 하는 다이어트는 여러 문제점을 가지고 있기 때문에, 청소년기 학생들이 이런 방법으로 살을 빼지 않도록 생각을 제대로 잡아 주어야 한다. 굶는 다이어트는 실제로 살을 빼는 데 전혀 도움을 주지 않는다. 결과적으로 오히려 체중이 늘어나는 경우가 많다.

일반적 굶는 다이어트가 살이 더 찌게 하는 원리를 설명하기 위해서는 다음 3가지 이론을 미리 알아 둘 필요가 있다.

① 에너지 평형의 법칙 : 다음 법칙이 일반적으로 자연계에서 성립된다.

> 입력된 에너지 = 사용된 에너지 + 축적된 에너지

어떤 시스템으로 공급된 에너지는 사용된 에너지와 축적된 에너지의 합과 같다는 것이다. 여기서 입력된 에너지는 우리가 먹는 식품의 열량을 의미하고, 사용된 에너지는 우리가 살아가기 위해 사용하는 에너지를 의미한다. 축적된 에너지는 잉여 에너지로, 우리 몸에 저장하는 저장 에너지이다. 일반적으로 우리는 다음과 같이 생각한다.

> 밥을 굶으면 입력되는 에너지가 없어지게 된다. 하지만 우리는 숨을 쉬고 살아가기 위해 에너지를 필요로 하고, 그 에너지를 이미 축적된 에너지에서 빼서 쓴다. 우리 몸의 축적된 에너지라 함은 지방을 말하기 때문에, 결과적으로 우리 몸의 지방을 태워 에너지로 사용한다. 그럼 우리 몸의 지방이 줄어 살을 뺄 수 있다.

위 내용은 이론상으로는 맞는 것처럼 보이지만 실제로 인간의 몸은 훨씬 복잡하여 그렇게 되지는 않는다. 그 이유는 다음에 소개할 기초대사율과 활동소비에너지 때문이다.

② 기초대사율과 활동소비에너지 : 기초대사율Basal Metabolic Rate ; BMR은 인간이 생존을 위해 사용하는 최저 에너지 요구량을 말한다. 우리가 아무것도 하지 않고 가만히 누워 있더라도 산소를 공급하기 위해 심장과 횡격막을 움직이고, 체온을 유지하기 위해 사용하는 에너지이다. 기초대사율은 하루 소모 에너지의 60% 정도를 차지하며, 일반적으로 뼈와 근육의 양이 많을수록 기초대사량이 높아진다. 결국 앞의 식에서 사용된 에너지를 높이는 방법 중 하나가 바로 기초대사량을 높이는 것이다. 기초대사량을 올리기 위해서는 우리 몸에 붙어 있는 근육의 양을 늘리면 된다. 결과적으로 운동이 근육의 양을 늘려 주고, 기초

대사량을 올리고, 소모되는 에너지 양을 올려 체중 감량에 도움을 줄 수 있다.

활동소비에너지는 신체활동을 통해 소모되는 에너지를 말한다. 신체가 활동할 때 소모되는 에너지 양은 운동의 빈도와 강도 및 지속성과 관련되며 총에너지 소모량의 약 10~30% 정도를 차지한다. 결과적으로 기초대사량에 비해 활동소비에너지는 낮은 비율을 차지한다.

③ **적응성 에너지 소비량**Adaptive Energy Expenditure ; AEE : 상황에 따라 신체가 에너지 소모량에 변화하고 적응하는 속성을 의미한다. 예를 들어 가난하고 잘 먹지 못하는 나라인 제3세계 국가에서는 하루 한 끼 정도에 AEE가 맞추어져 있다. 하지만 선진국은 하루 세끼 식사에 AEE가 맞추어져 있다. 신체는 들어오는 에너지의 양에 따라 에너지 소모량을 조절하거나 기초대사율을 조정하여 음식 섭취를 통한 에너지 섭취량 변화에 적응한다. 이러한 적응도는 사람마다 다르다.

④ **전체적 결론** : 우리가 음식 섭취를 하지 않으면 섭취되는 에너지가 없어지고, 그렇게 되면 우리 몸은 AEE에 의해 섭취 에너지가 줄어든 경우를 미리 대비하게 된다. 우선 몸에서 필요한 에너지를 줄이기 위해 기초대사량을 떨어트린다. 그러기 위해 몸에 존재하는 근육조직을 우선적으로 없애려 노력한다. 즉 우리가 며칠 동안 기아 상태로 있게 되면 우리 몸의 기초대사율은 내려간다. 며칠이 지난 다음 음식을 다시 섭취하면 우리 몸은 이미 기초대사율이 내려가서 상대적으로 잉여 에너지 비율이 높아져 저장할 수 있는 에너지의 양이 이전보다 많아지게 된다. 또한 다음에 기아 상태로 들어갈 것을 대비해서 에너지의 저장, 즉 지방 축적을 늘리게 된다.

이처럼 굶는 다이어트 초기에는 몸무게가 줄어드는 것처럼 보이지만, 기초대사량의 감소와 다이어트가 끝난 후의 에너지 저장량 증가에 의해 결과적으로 체중이 증가하게 된다. 또한 기초대사량의 감소를 위해 줄여버린 근육은 결과적으로 몸을 약하게 하여 건강하지 않은 상태로 만든다.

(2) 비만에 대한 식사요법의 과정

우선 체성분 분석 등의 영양판정을 통해 필요한 열량을 산정한다. 다음은 식품교환표를 이용하여 다양한 식재료로 식단을 작성한다. 식단을 작성할 때 목표하는 감량 칼로리를 정하고, 그 내용이 반영되도록 한다. 비만에 대한 식사요법은 매우 효과적이고 안전한 방법이지만, 규칙적인 운동을 병행했을 때만 좋은 결과를 얻을 수 있다. 이렇게 '영양판정 → 목표 칼로리 선정 → 식단 작성 → 식사요법과 운동 병행'의 과정으로 식사요법이 진행된다. 비만에 대한 식사요법의 원칙은 다음과 같다.

① 설탕과 같은 당분이 많이 들어간 음식은 피한다 : 비만은 지방만 섭취했을 때보다 설탕과 같은 당질과 함께 섭취했을 때 더 많이 발생하기 때문이다. 당질을 섭취하면 혈당이 증가되고 혈당을 감소시키기 위해 인슐린이 분비된다. 인슐린 분비가 많아지면 지방세포의 포도당 투과율이 증가하여 중성지방 합성이 많아진다. 이러한 메커니즘 때문에 혈당을 상승시키는 당분 섭취를 억제하는 것이 중요하다. 특히 혈당으로의 전환이 빠른 단당류와 이당류의 섭취는 피하는 것이 중요하다.

② 섬유소 함량이 높은 음식을 많이 공급해 준다 : 섬유소는 체내에서 소화·흡수가 되지 않을 뿐 아니라, 장의 연동 작용을 촉진시켜 음식물과 장의 접촉 시간을 줄여 주고, 흡수·보습력이 좋아 쉽게 포만감을 느끼게 해 준다. 또한 변을 쉽게 볼 수 있게 하며, 혈중 콜레스테롤 함량 역시 줄여 준다. 이러한 이유로 식이섬유를 많이 먹을 경우, 비만 환자는 동일한 식사를 하여도 체내 소화흡수율이 줄어들기 때문에 적은 양의 식사를 한 것과 같은 효과를 볼 수 있다.

③ 콜레스테롤과 동물성 지방의 섭취를 줄인다 : 비만인 사람들의 대부분은 체내 콜레스테롤 함량이 높은 경우가 많다. 그렇기 때문에 콜레스테롤과 동물성 지방의 섭취를 제한하여야 한다.

④ 나트륨의 섭취를 줄이고, 가공식품의 이용을 삼간다 : 나트륨$_{Na}$은 인간에게 꼭 필요한 주요 무기질이지만 섭취량이 너무 많을 경우 고혈압 등을 유발할 수 있다. 그러므로 비만뿐만 아니라 대부분의 식사요법에서 나트륨의 섭취량을 제한할 필요가 있다. 또한 가공식품은 영양성보다 맛과 기호성에 더 많은 신경을 쓰기 때문에 가공식품을 자주 이용하면 영양 밸런스가 무너지고, 과도한 열량을 섭취하게 되는 경우가 많다.

⑤ 기름을 이용한 튀김과 부침 요리는 피하고, 삶거나, 찌거나, 굽는 방법을 이용한다 : 기름을 이용한 조리법은 식품의 열량을 상승시키고, 지방과 콜레스테롤 등의 섭취를 증가시킬 수 있으므로 가급적 피하는 것이 좋다.

⑥ 식사도 운동도 일정하게 한다 : 일정한 식사를 통해 몸의 AEE를 일정하게 유지시키는 것은 매우 중요하다. 불규칙한 식사를 기본으로 하는 식사요법은 없다. 따라서 식사는 일정하게 하고, 운동 역시 일정하게 진행하여 기초대사량과 활동대사량을 높이는 것이 중요하다.

비만을 위한 식단 작성 시 주의 사항은 제한적 열량을 공급한다고 해서 영양소의 부족이 나타나서는 안 된다는 것이다. 열량은 처음에 권장영양량의 20%를 제하고 시간이 지나면 50%까지 제한도록 한다. 식단 작성 시 당질을 너무 많이 줄이면 체내 단백질이 에너지원으로 분해될 때 통풍이 발생할 수 있고, 지방이 너무 과도하게 분해될 경우 케톤체의 발생으로 신장에 부담을 줄 수 있으므로 주의해야 한다. 단백질은 체중과 신체기능 유지를 위해 중요하므로, 양질의 단백질원으로 매일 0.8g/kg의 양을 공급하는 것이 좋다. 열량 섭취를 줄이면 단백질이 분해되어 열량으로 사용되기 때문에 제한 열량 100kcal당 질소 0.2~0.3g을 증가시켜야 한다. 이는 단백질 1.75g 정도에 해당하는 양으로 식단에 단백질의 양을 늘려 주어야 한다. 지방은 총열량의 30%를 넘어서는 안 된다. 비타민과 무기질은 식품을 1,000kcal 미만으로 섭취할 경우 음식으로 충분량을 섭취할 수 없으므로 다른 보충 방법을 강구하여야 한다. 비타민과 무기질의 보충은 보충제를 통해 하거나 신선한 야채나 과일을 통해 이루어질 수도 있다. 수분은 특별한 제한 없이 마음 놓고 마셔도 된다. 비만 식사요법 중 알코올의 섭취는 절대 피하도록 한다. 하루 500kcal씩 필요열량을 감소시켜 일주일에 0.5kg 체중 감량을 목표로 한다.

식사요법과 더불어 비만을 예방하는 방법으로는 운동요법과 식욕억제제 및 대사항진제, 소화 흡수 방해제와 같은 약물요법, 위 절제 수술과 같은 수술요법 등이 있다.

 비만 예방을 위한 식사법과 행동법

여러 영양교사들에 의해 다음과 같은 비만 예방 식사법과 행동법이 제시되었다. 현직 영양교사들이 말하는 방법이므로 주의 깊게 살펴보도록 하자.

비만 예방 식사법
- 하루 세끼를 균형 있게 규칙적으로 먹는다(아침 결식은 폭식으로 이어지기 쉽다).
- 한 끼에 2/3공기 이상 먹지 않도록 한다.
- 하루에 20가지 이상 다양한 식품을 섭취하도록 한다.
- 볶음이나 튀김보다 무침이나 찜, 구이요리 등을 많이 이용한다.
- 간식은 하루에 1~2회 정도만 먹는다.
- 채소는 충분히, 과일은 적당히 먹는다.
- 설탕, 꿀 등 열량이 많이 든 음식은 피하고 열량이 적은 미역 등의 해조류를 많이 먹는다.
- 패스트푸드와 가공식품은 적게 먹는다.
- 음식이 짜거나 매우면 식욕이 자극되므로 싱겁게 먹는다.
- 성장기에 있는 어린이는 성장 발육에 방해되지 않도록 식사량을 차츰 줄인다.

비만 예방 행동법
- 가까운 거리는 걸어서 다닌다.
- TV 시청을 1~2시간 이내로 제한한다.
- 아침식사는 꼭 한다.
- 신선한 야채는 많이 먹는다.
- TV나 책을 보면서 먹지 않는다.
- 식사는 식탁 등 한 곳에서만 한다.
- 식사시간은 20분 이상에 걸쳐 천천히 한다.
- 배가 고픈 상태에서 식사를 하는 것은 피한다.
- 컴퓨터 게임보다는 밖에서 활동을 많이 한다.
- 방과 후부터 자기 전까지 과식하는 습관을 줄인다.

(3) GI 다이어트 방법에 대한 고찰

앞에서 살펴본 것과 같이 비만의 식사요법은 영양사 없이 진행하기가 매우 어렵다. 그렇기 때문에 시중에서 일반인들도 쉽게 접근할 수 있는 식사요법들이 많이 알려져 있다. 하나의 음식만 먹는 황제 다이어트, 불고기 다이어트, 감자 다이어트, 두부 다이어트 같은 것들은 앞에서 설명한 굶는 다이어트와 별 차이가 없는 것으로, 비만의 예방과 치료 효과를 보기 매우 어렵다. 그럼 시중에 있는 식사요법은 다 필요 없는 것일까? 시중에 있는 여러 다이어트를 조사해 본 결과, 한 가지 다이어트 방법은 일반인들에게 충분히 소개할 수 있을 정도로 간단하고 쉽고 과학적이라는 것을 알게 되었다.

GI 다이어트는 매우 과학적인 면을 가지고 있다. 이미 앞에서 설명한 것처럼 인간이 배가 고파 밥을 먹게 되면 음식물이 소화·흡수되면서 혈당이 올라가게 된다. 혈당이 올라가면 인슐린이 분비되고, 인슐린 분비로 인해 체내 포도당의 지방세포 투과도가 높아져 중성지방을 쉽게 만들 수 있게 된다. 이와 같이 중성지방 생성과 혈당·인슐린의 관계가 밀접하다는 것을 이용하는 것이 바로 GI 다이어트이다. 혈당 상승을 적게 불러오는 식품을 먹게 되면, 인슐린 분비를 늦추게 되어 결국 체내 중성지방의 생성을 낮출 수 있다는 이론이다. GI 수치는 glycemic index의 약자로, 빈속에 음식을 먹고 30분 후에 증가하는 혈당 상승률을 포도당의 값을 100으로 기준으로 한 값과, 식품 100g에 포함되어 있는 당질 함유량을 기초로 산출한 수치를 서로 비교한 값이다. 이 수치가 높을수록 인슐린 분비는 빨라지고, 낮을수록 늦어진다. 인슐린 분비가 늦게 될수록 음식물을 적게 먹은 것과 비슷한 결과를 얻을 수 있다는 이론이다. 이 다이어트 방법은 매우 간단하여 수치가 낮은 식품을 수치가 높은 식품 대신 동일량 섭취하기만 하면 된다. 예를 들어 GI값이 84인 백미 대신 56인 현미밥을 동일량 먹기만 하면 되는 것이다. 사람들이 원활하게 GI 수치가 낮은 식품을 골라 먹게 하기 위해 식품을 크게 몇 가지 군으로 나누고 대표적인 식품의 GI 수치를 그림 3-4에 제시하였다.

GI 다이어트를 소개하는 사이트에서는 다이어트에 성공하기 위한 6가지 성공 포인트를 소개하고 있다.

---

1. GI 수치가 60 이하인 식품을 골라 먹는다.
2. 천천히 꼭꼭 씹어 먹는다.
3. GI 수치가 높은 식품은 유제품이나 식초, 식이섬유소와 같이 먹는다.
4. 식후 디저트는 피하고 간식을 먹는다.
5. 운동을 병행하여 효과를 증대시킨다.
6. 이전 섭취량 이상을 먹지는 말자.

• 과일류

GI 수치 High		GI 수치 Low	
딸기잼	82	바나나	55
파인애플	65	포도	50
수박	60	멜론	41
황도 통조림	63	복숭아	41
파인애플 통조림	62	감	37
		사과	36
		키위	35
		자두	34
		레몬	34
		귤	33
		배	32
		오렌지	31
		딸기	29

• 유제품/과자/드링크

GI 수치 High		GI 수치 Low	
아이스크림	65	푸딩	52
찹쌀떡	88	코코아	47
생크림 케이크	82	젤리	46
도너츠	86	콜라	43
초콜릿	91	오렌지주스	42
사탕	108	생크림	39
		크림치즈	33
		맥주	34
		와인	32
		소주	30
		버터	30
		커피	31
		우유	25
		플레인요구르트	25
		녹차	10

• 야채/해조류/콩류

GI 수치 High		GI 수치 Low	
감자	90	은행	58
당근	80	고구마	55
옥수수	75	호박	53
참마	65	우엉	45
토란	64	팥	45
밤	60	유부	43
		두부	42
		연근	98
		콩비지	35
		청국장 흰장	33
		된장	33
		양파	30
		송이버섯	29
		대파	28
		양배추	26
		피망	26
		무	26
		부추	26
		브로콜리	25
		쑥갓	25
		곤약	24
		셀러리	24
		청경채	23
		두유	23
		오이	23
		콩나물	22
		땅콩	20
		다시마	17
		김·미역	16
		시금치	15
		배추	14

• 육류/어패류

GI 수치 High		GI 수치 Low	
		구운 어묵	55
		참치통조림	50
		베이컨	49
		햄	46
		돼지고기	46
		쇠고기	46
		닭고기	45
		굴	45
		바지락·전복	44
		장어구이	43
		모시조개	40
		새우	40
		오징어	40
		마른 멸치	40
		명란	40
		고등어	40
		꽁치	40

그림 3-4
대표적인 식품의
GI수치

여러 상황을 종합해 볼 때, GI 다이어트는 우리가 먹고 있는 일상식을 GI 수치가 낮은 음식으로 바꿔 먹는 것이라고 할 수 있다. 즉 식습관을 바꾸는 것을 목적으로 하고 있다. 살을 얼마나 많이 빼고 효과가 있다는 것을 주장하기보다는 백미보다는 현미를, 흰빵보다는 호밀빵을 먹으라는 식습관의 조정을 목적으로 두는 것이다. 또한 이전의 다이어트들이 양을 줄이거나 굶는 접근 방법을 사용했다면, GI 다이어트는 섭취량은 똑같지만 음식의 질을 높이는 것, 즉 자연식과 가정식을 추구한다는 점이 매우 과학적이다. 하지만 인간이 살찌는 메커니즘은 무수히 많다. 그중 인슐린 분비는 하나의 메커니즘에 불과하다. 그러므로 인슐린 분비를 조절하는 GI 다이어트 역시 비만을 100% 예방하고 치료할 수 있는 식사요법은 아닐 것이다.

GI 다이어트를 미화하기 위해 이 귀중한 지면을 할당한 것은 아니다. 지금껏 학교에서 가르쳤던 식사요법은 매우 형식적이고 과거의 틀을 벗어나지 못하는 면이 있었다. 하지만 현재 기업체와 연구소들은 좀 더 쉽고 과학적인 식사요법들을 사용자의 관점에서 쏟아 내고 있다. 순수한 면보다는 상업적인 면이 두드러진다고 할 수도 있지만, 그 시작이 순수했든 상업적이었든 효과가 좋다면 받아들여 사용할 수 있다고 생각한다. 시중에는 비만 외에도 수많은 질병에 대한 식사요법들이 존재하고 있다. 영양교사, 아니면 영양사로서 그 수많은 식사요법 중 옥석을 가려서 소개하는 것이 여러분의 의무이자 권리이다. 여러분을 믿고 따를 수많은 아이들을 생각하며 좀 더 자유롭게 사고하길 바란다.

2 저체중

실제 대학에서 비만에 대한 원인과 대책 등에 대해 강의하다 보면 몇몇 남학생들은 불만을 토로한다. 자기는 살을 빼는 것에는 관심 없고, 오히려 찌고 싶다는 것이다. 즉 자신의 체중이 스스로 좀 부족하다고 느끼는 경우가 10~20% 정도 된다. 이런 친구들에게 내가 "그냥 많이 먹으면 되잖아"라고 하면 "교수님, 전 하루에 다섯 끼를 먹는데도 살이 안 붙어요"라고 대답한다. 곰곰이 생각해 보면 '비만인 사람이 살 빼는 것도 어렵지만, 먹어도 살이 붙지 않는 사람이 살을 붙이는 것도 어렵겠구나' 하는 생각이 들었다. 남학생의 경우 자신을 저체중으로 생각하는 친구들의 비율이 10% 내외 정도 되는 듯하다. 영양교사가 되면 그런 학생들을 접하게 될 것이고, 그들을 위한 식사요법 역시 미리 준비해 두어야 한다.

1) 저체중의 원인

저체중이란 정상체중보다 체중이 15~20% 이상 적은 경우를 말한다. 신체 지방 조직이 정상보다 적은 상태이며, 고도의 저체중인 경우는 지방뿐만 아니라 체단백질도 감소한 것으로 병에 의한 경우가 많다. 갑자기 정상체중에서 저체중으로 바뀌었다면 병의 전조인 경우가 많다. 하지만 저체중이 꼭 병을 수반하는 것은 아니다. 저체중의 원인으로는 여러 가지가 있다.

① 무리한 운동과 신경과민 등에 의해 식욕이 없는 상태가 계속되면 영양 부족에 의해 저체중이 될 수 있다.

② 소화기계 질환에 의해 소화가 부실하여 음식을 먹어도 소화를 못하는 경우 저체중이 된다.

③ 날씬한 것에 대한 지나친 동경이나 비만에 대한 지나친 불만, 혹은 먹는 것에 대한 혐오 등에 의해 식사가 지나치게 제한될 때 발생할 수 있다. 이런 것을 거식증이라고 한다.

④ 식욕 중추의 이상으로 배고픔을 느끼지 못할 경우 발생할 수 있다.

⑤ 영양소를 흡수하여도 영양소를 이용하는 대사 과정에 문제가 있을 경우 저체중이 될 수 있다.

⑥ 영양소가 지나치게 배설될 경우 저체중이 되기도 한다.

⑦ 만성질병과 소모성 질환 등의 원인에 의해 저체중이 된다.

2) 저체중 증상과 치료 방법

위에서 보는 바와 같이 저체중의 원인 역시 매우 복잡하다. 그렇기 때문에 저체중에서 오는 증상과 치료 방법 역시 매우 다양할 수 있다.

저체중일 경우 살이 계속 빠져 매우 수척해지고, 지방층의 부족으로 보온에 문제가 발생하여 체온이 낮고, 저혈압인 경우가 많다. 여성의 경우 호르몬 분비 문제로 인해 월경이 되지 않고, 임신 역시 어려워진다. 저체중인 경우 대부분 장에 문제가 있기 때문에 변비가 있는 경우가 많고, 정신적인 문제점이 있는 경우 혼자 지내거나 대인기피증과 우울증이 보이기도 한다. 전체적으로 보았을 때 비만과 비교해도 절대 간과할 수 없는 신체적·정신적 문제점들이 나타나는 것이다.

저체중을 식사요법으로 치료하기 위해서는 일단 충분한 양의 영양소 공급이 중요하다. 식단은 환자가 좋아하는 식품을 위주로 구성하고, 보통 식사에 사용되는 식품의 양을 증가시킨다. 사용하는 식품은 농축된 상태로 사용하고, 중간중간 간식을 제공하여 충분량의 영양소와 열량을 공급한다. 단백질의 경우 100g 혹은 그 이상을 제공하고, 비타민과 무기질 역시 부족함 없이 섭취시켜야 한다. 식욕 증진을 위해 비타민 B군의 섭취를 권장할 필요도 있다.

양양학자들은 저체중을 극복하기 위한 식사요법 외에도 다음과 같은 식습관을 권하고 있다.

① 조리 방법을 다양하게 하고 1회 섭취량을 늘린다.

② 조리법은 튀김, 볶음을 많이 이용하고, 밥도 가끔 볶음밥을 먹이도록 한다.

③ 밥 먹기 2시간 전에 간식을 먹지 않는다.

④ 식사시간에는 텔레비전을 보거나, 장난을 치지 않는다.

⑤ 식사 전 가벼운 운동으로 식욕을 증진시킨다.

⑥ 즐겁게 식사한다.

하지만 저체중은 단순히 영양소 공급 부족으로만 생기는 것이 아니다. 신경성 식욕부진에서 오는 저체중의 경우, 영양소 공급에 앞서 먼저 신경 안정을 해야 한다. 또한 소화기 장애에서 오는 저체중은 소화기 장애를 먼저 치료하는 것이 우선되어야 하며, 그 외 다양한 원인에 의한 경우는 그 원인을 먼저 처리하고 영양소 공급을 하는 것이 순서일 것이다.

3) 저체중의 진단기준

학생의 체중이 적절한지는 다음과 같이 평가할 수 있다.

- 표준체중의 80% 미만 : 심한 저체중
- 표준체중의 80~89.9% : 저체중
- 표준체중의 90~110% : 정상
- 표준체중의 110~120% : 과체중
- 표준체중의 120% 초과 : 비만

표준체중을 측정하는 방법에는 여러 가지가 존재한다. 이 중 대한당뇨학회에서 제시하는 방법은 아래와 같다.

$$\text{남자} : (키|m)^2 \times 22 \qquad \text{여자} : (키|m)^2 \times 21$$

---

4) 저체중 학생의 상담 예

다음은 어느 여학생의 저체중에 대한 영양상담과 식사요법의 처방 예이다. 아래에 보이는 것처럼 학생은 저체중 상태이고, 적절한 몸무게 증가를 위한 식사요법이 진행되었다.

사례   H씨는 13세 여아로 저체중의 소유자입니다.

신장   160cm, 체중 : 34kg

상담   H씨의 표준체중은 54kg입니다.

    ① 체중부족량 : 54-34=20kg

        • 목표치는 현 체중에서 20kg을 늘리는 것입니다.

        • 기초대사량은 남자 1kcal/kg/hr, 여자 0.9kcal/kg/hr으로 계산할 수 있습니다. H씨는 여학생이므로 기초대사량은 0.9×34×24=734.4kcal입니다.

(계속)

② 활동소비에너지량은 기초대사량의 40%로, 계산하면 734.4×0.4=293.76kcal

③ 기초대사량+활동소비에너지량=734.2＋293.76=1,027.96kcal

④ 에너지 과잉량 : 2,000－1,027.96=972.04kcal

⑤ 예측되는 체중 증가량 : (454×972.04)/500=882.61g/week

⑥ 목표치의 예상시간 : 20,000/882.61=22.66주

대한당뇨학회가 제시한 방법으로 160cm 여학생의 표준체중을 계산한 결과 54kg
이 나왔다. 실제 이 학생은 34kg의 몸무게를 가지고 있으므로 체중 부족량은 20kg
이다. 기초대사량의 계산식을 적용하여 계산해 본 결과, 학생의 기초대사량은
734.4kcal로 나타났다. 활동소비에너지량을 기초대사량의 40%로 잡아 계산한 후 기
초대사량과 합치면 하루에 소비하는 전체에너지가 1,027.96kcal가 된다. 일반적으로
한국인 영양소 섭취기준에 의하면 13세 여아의 권장 섭취 열량은 2,000kcal이다. 만
약 권장 칼로리를 공급할 경우 H씨의 하루 소비 에너지와의 차는 972.04kcal가 과
잉 공급된다. 일반적으로 학자들에 따라 다르게 나타나지만 500kcal의 열량을 매일
추가 공급할 경우 몸무게가 일주일마다 454g 증가한다고 알려져 있다. 이를 통해
972.04kcal의 잉여 열량을 공급할 경우, 한 주마다 882.61g의 몸무게 증가를 기대할
수 있다. 몸무게 증가에 따른 기초대사량의 증가를 무시한다면 몸무게 20kg을 늘리
기 위해 22.66주가 걸릴 것으로 예상된다.

3 아토피

1) 아토피의 정의

아토피Atopy란 그리스어로 '비정상적인 반응', '기묘한' 등의 의미를 갖고 있다. 의
학적으로 아토피는 아토피 소인을 가지고 있는 사람에게 나타나는 피부, 호흡기 점
막, 안점막 등에서 일어나는 일련의 알레르기 질환을 말한다. 이 가운데 아토피 피
부염Atopic dermatitis은 아토피 알레르기를 가진 사람에게 나타나는 대표적인 만성
피부질환으로, 쉽게 낫지 않는 피부건조증 및 가려움증이 주된 증상이다.

2) 아토피의 원인

아토피가 항원항체반응을 바탕에 두고 있기 때문에, 항원항체반응을 일으키는 모든
것은 아토피의 원인이 된다. 아토피의 원인은 선천적·후천적 원인과 알러지 반응
이 있다.

(1) 선천적 원인

선천적으로 아토피 피부염은 유전되는 질병이다. 엄마와 아빠 모두 알레르기 체질이면 아이에게 유전될 확률이 무려 80%나 되고, 둘 중 한 명이 알레르기 체질이면 유전될 확률이 60% 정도가 된다. 부모뿐만 아니라 친가와 외가의 4촌 이내에 아토피성 피부염을 앓고 있거나 앓은 적이 있는 사람이 있다면, 아이도 아토피성 피부염에 걸릴 확률이 높아진다. 병원에서의 진단 기준에도 가족 중에 아토피 피부염을 가진 경우는 진단적 가치가 크다.

(2) 후천적 원인

주위의 여러 유해 환경물질들이 아토피를 유발 및 악화시키는 것으로 알려져 있다. 특히 성인형 아토피 피부염의 경우, 유전적인 요인보다 산업화·도시화, 의식주의 서구화, 공해 등으로 인해 발생하는 환경적 요인이 더 큰 발병 원인인 것으로 알려졌다. 실제로 환경오염 문제가 크게 부각되지 않았던 70~80년대 초만 해도, 아토피 피부염은 크게 주목받지 못했다. 대한소아알레르기 및 호흡기학회 조사에 따르면 초등학생의 아토피 피부염 발병률은 도시가 농촌지역에 비해 5~6% 이상 높은 것으로 조사되었으며, 실제 도심지역의 경우 아토피 피부염을 앓는 어린이가 30%를 넘는다는 통계도 있었다.

(3) 알러지 반응

일반적이지는 않지만 사람마다 특이한 음식물 알레르기의 일환으로 아토피가 생기기도 한다. 특히 일반적인 치료에 효능이 잘 나타나지 않는 심한 아토피 피부염에는 음식물 항원이 연관된 경우가 많다. 사람마다 다르지만 주요 음식물 항원으로는 우유, 계란, 땅콩, 콩, 밀, 생선 등이 있다. 만병의 근원인 스트레스나 피로, 정서적 불안 등도 성인들의 아토피 원인으로 꼽힌다. 특히 성인 아토피 환자의 경우, 사회생활에서 스트레스를 많이 받으면 면역체계에 변화가 생겨 아토피가 발생하기도 한다.

3) 아토피와 관련된 식품들

(1) 아토피 유발식품

아토피를 일으키는 식품은 매우 다양하다. 계란, 우유, 유제품, 육류, 콩, 메밀, 새우, 꽃게, 복숭아, 가공식품 등 지구상의 모든 단백질이 모두 아토피의 원인이 될 수 있다. 아토피와 관련된 음식으로 우리나라에서는 돼지고기, 닭고기 등도 언급되고 있다. 하지만 이들 식품과 아토피와의 관계에 대한 과학적 근거는 없으며 일반적으로 음식에 대한 알레르기는 약 2세 내지 5세경의 소아 환자에게 많고 성장함에 따라 음식에 대한 알레르기가 저절로 소실된다. 아토피를 일으키는 항원으로 의심되는 음식이 있다면, 정확한 알레르기 검사를 통해 피해야 할 음식을 파악하고 성장에 필요한 영양소가 부족하지 않도록 각별히 주의해서 식단을 짜야 한다. 만약 알레르기 검사를 통해 아토피를 일으키는 식품으로 판정될 경우, 해당 음식을 1~2년간 제한하거나 이후로도 계속 제한하여야 한다.

(2) 아토피 유발식품의 대체식품

앞에서 이미 설명한 것처럼 아토피를 일으키는 식품으로 판정되었을 경우, 식단에서 그 식품을 빼야 한다. 이런 경우 영양적 균형이 무너질 수 있기 때문에 뺀 식품을 대신할 대체식품을 선택하여야 한다. 아래에는 아토피를 유발하는 주요 식품과 그 식품의 대체식품을 소개하였다.

① 계란 : 가장 주된 원인 제공 식품이다. 특히 난백이 문제가 된다. 난백에는 난황에 비해 20가지가 넘는 단백질이 포함되어 있고, 이 단백질이 중요 알레르기 유발물질이 된다. 달걀은 그 자체로 영양가적 가치가 높은 식재료이지만, 다양한 조리 특성(조리원리 부분 참고) 때문에 빵이나 과자, 쿠키, 케이크, 냉동식품, 가공식품의 주재료가 된다. 따라서 계란에 대한 아토피가 있는 사람은 이런 가공식품 역시 모두 주의해야 한다.

제한식품	계란, 메추리알, 마요네즈, 빵류, 아이스크림, 튀김류, 전류 등
대체식품	계란노른자, 육류, 생선, 우유, 두유 등

② 돼지고기 : 우리나라 사람들에게 돼지고기는 중요 아토피 유발식품이다. 돼지고기는 계란처럼 단백질과 철의 급원이 되는 식품이다. 돼지고기는 햄과 소시지, 베이컨, 족발과 보쌈 등 다양한 식품 형태로 소비되기 때문에 이런 식품 역시 조심하여야 한다.

제한식품	돼지고기, 햄, 소시지, 베이컨, 순대, 보쌈, 햄버거 등
대체식품	닭고기, 쇠고기, 달걀 등

③ 우유 : 우유가 문제라면 콩류에도 혹시 반응하는지 살펴보고 칼슘 강화 두유나 알류로 대체하도록 한다. 우유는 단백질과 칼슘, 성장 비타민이라고도 불리는 비타민 B_2의 급원식품이므로 육류 등을 통해 질 좋은 단백질을 섭취하고 다양한 과일 및 채소 등을 통해 비타민을 보충해야 한다.

제한식품	우유, 저지방 우유, 무지방 우유, 요구르트, 치즈, 생크림, 빵류, 초콜릿 등
대체식품	두유, 쌀음료 등

④ 콩 : 단백질을 비롯하여 철의 우수한 급원식품으로, 우리나라 음식에 빠지지 않는 간장이나 된장 등에 들어 있다. 그러나 콩이 발효되는 과정에서 알레르기를 유발하는 단백질이 변성되어, 콩에는 알레르기 반응을 보여도 콩 발효식품에는 알레르기 반응이 없을 수도 있다고 한다.

제한식품	강낭콩, 완두콩, 검은콩 등 모든 콩류, 콩나물, 두부, 두유, 된장, 청국장, 간장, 미숫가루, 콩기름 등
대체식품	계란, 생선, 육류, 우유 등

⑤ 밀 : 탄수화물의 급원이며, 쌀을 주식으로 하는 우리나라에서 과거 주식으로 잘 이용되지 않았지만 최근 빵류의 소비가 늘고 튀김옷이나 피자, 햄버거 등의 식품에서 많이 이용되어 주식과 간식에 다양하게 포함되는 편이다. 알레르기 반응이 있는 경우 다른 곡류식품으로 대체할 수 있다.

제한식품	밀가루, 식용 전분, 과자류, 빵류, 국수류 등
대체식품	쌀, 보리, 옥수수, 감자, 고구마

4) 아토피 식이요법

아토피는 항원항체 반응에 의한 알레르기 증상으로 나이를 먹어감에 따라 그 증상이 사라지는 경우가 대부분이다. 아토피와 관련된 식이요법의 기본은 반응을 일으키는 식품을 피하고 대체식품으로 바꾸는 것이다. 하지만 이런 대책 외에 몇 가지 식습관에 대한 식이요법적 접근 방법도 있다.

① 정제가 덜 된 음식의 섭취를 늘린다 : 가공되지 않은 거친 음식일수록 아토피 환자에게 도움이 된다. 현미밥, 통밀빵이 대표적인 거친 음식이다. 쌀의 영양소는 씨눈에 66%, 쌀겨에 29%, 배유 부분에 5%가 들어 있다. 다시 말해 백미를 먹으면 쌀의 영양소를 거의 섭취하지 못한다는 얘기다. 특히 씨눈과 쌀겨 속에 들어 있는 피트산phytic acid이라는 성분은 중금속을 해독하고, 항암작용도 뛰어나다. 거친 음식이라 함은 어떤 음식이든 껍질까지 통째로 먹는 것도 포함된다. 그러나 유기농이 아니라면 그런 시도가 좋지 않은 결과를 낳을 수도 있다.

② 다양한 야채를 통해 천연 비타민을 섭취하라 : 비타민 요법은 아토피 치료의 정통 방법이다. 특히 비타민 C와 비타민 A는 손상된 인체조직을 복구시키고 각 조직의 산화를 방지한다. 비타민을 섭취하는 가장 좋은 방법은 비타민을 천연 상태로 함유한 식품을 먹는 것이다. 케일, 보리새싹, 피망, 레몬, 당근, 토마토 등이 좋은데 녹즙 또는 분말녹즙 형태로 먹는 것은 케일이 가장 보편적이다.

천연식물에서 추출한 비타민 C도 추천할 수 있다. 비타민 박사인 서울대학교 의과대학의 이왕재 교수는 비타민제를 선택할 때 반드시 색깔이 하얀색(노란색을 절대 피하라고 함)이어야 하고, 비타민제 복용 시점은 식사 후 즉시가 좋다고 한다. 종합 비타민제는 하루 한 알, 비타민 C는 하루 6알 이상도 무방하다고 한다.

③ **설탕과 같은 정제당의 섭취를 피하라** : 보조 감미료도 문제가 많다. 설탕, 특히 백설탕은 아토피의 원인물질이기도 하다. 설탕은 체내에서 분해되면서 칼슘을 빼앗아 가고, 면역세포의 활동을 저해하는가 하면 각종 대사기능을 방해한다. 거의 대부분의 자연의학자들은 백설탕만큼은 절대 먹지 말라고 경고한다. 그래서 사람들이 올리고당, 아스파탐과 같은 대체 감미료를 찾기도 하는데, 이들은 설탕보다 더 해로울 수 있다. 설탕의 가장 훌륭한 대체품은 현미오곡조청이다.

④ **클로렐라와 달맞이종자유를 잘 활용하라** : 아토피는 체내의 중금속 축적에서 비롯되는 경우가 많다. 따라서 평소 체내 오염물질의 해독식품을 꾸준히 섭취하면 아토피 개선에 효과가 있다. 해독식품으로는 클로렐라와 달맞이 종자유가 가장 많이 추천되고 있다. 녹조류 식품인 클로렐라는 납, 수은 등 중금속 오염의 해독효과가 입증되었고 각종 영양소 외에도 식이섬유가 풍부해 면역능력 조절, 노폐물 배출 효과가 뛰어나다. 달맞이종자유는 아토피 치료에 자주 사용되는 대체식품의 하나이다. 달맞이종자유에 가장 풍부하게 함유된 감마리놀렌산은 아토피 억제에 뛰어난 효력을 발휘한다.

5) 친환경 농산물

아토피 치료를 위해 친환경 농산물 섭취는 필수적이다. 일반적으로 유기농 야채라는 말로 통용되는 친환경 농산물은, 환경을 보전하고 소비자에게 안전한 농산물을 공급하기 위하여 농약과 화학비료 및 사료첨가제 등 합성화학물질을 사용하지 않거나, 최소량만 사용하여 생산한 농산물을 말한다.

친환경 농산물은 재배 과정에서 유해한 농약과 비료를 사용하지 않기 때문에 안전하고 맛과 향이 좋으며 영양가 함량이 높고 인공첨가물을 넣지 않아 신선도가 오래 지속된다. 친환경 농산물은 전문인증기관이 선별·검사하여 정부가 인증함으로써 안정성을 보증하며, 전문인증기관은 친환경 농업육성법에 따라 필요한 인력과 시설을 갖춘 자로 정부가 지정한다. 인증기관은 토양과 물, 생육과 수확 등 생산 및 출하 단계에서 인증기준을 준수하였는지 품질검사를 실시하며, 또 시중에 유통된 농산물에 대하여 허위표시나 규정준수 여부 등을 조사한다.

친환경 농산물로 인증을 받으면 인증마크를 표시할 수 있다. 친환경 농산물은

3년 동안 농약과 화학비료를 쓰지 않고 재배한 '유기재배 농산물', 1년 동안 농약과 화학비료를 쓰지 않고 재배한 '전환기 유기재배 농산물', 1년 동안 농약을 쓰지 않고 재배한 '무농약 재배 농산물', 농약의 안전사용기준의 2분의 1을 준수하여 재배한 '저농약 재배 농산물'로 구분할 수 있다.

4 편 식

편식은 질병이나 질환은 아니다. 잘못된 식습관으로 봐야 옳을 것이다. 잘못된 식습관이 계속되면 결과적으로 질병이나 질환을 유발하기 때문에 편식을 고치기 위한 식사요법은 아이들의 경우 매우 중요하다. 특히 다양한 인스턴트 식품과 단맛을 강조하고 영양소가 부족한 식품이 범람하고 있는 오늘날에는, 편식 치료가 매우 중요하다.

편식은 음식에 대해 먹고자 하는 감정이 강하여 식습관이 늘 영양적으로 불균형하고 발육이나 영양상태가 뒤떨어지거나 과잉인 상태를 말한다. 일반적으로 자기가 좋아하는 음식만 먹고 싫어하는 음식을 먹지 않는 상태로 알려져 있다. 편식을 막기 위해서는 강한 맛과 자극성이 강한 인스턴트 식품, 탄산음료, 설탕 등을 적게 먹어야 한다. 일반적으로 편식은 어린 학생들에게 문제가 되기 때문에 편식 교정을 위한 아래와 같은 식사요법·영양교육의 진행이 권장된다.

 편식 교정을 위한 식사요법 ●

1. 가족 모두가 편식을 하지 않도록 모범을 보인다.
2. 싫어하는 음식은 맛, 향, 색에 특별히 주의하여 조리한다.
3. 음식을 강제로 먹이지 않는다.
4. 음식을 담는 법, 식사 분위기 등 식사 환경을 즐겁게 만든다.
5. 식사량을 적게, 영양 공급은 충분하게 한다.
6. 먹기 싫어하는 음식도 조금은 맛보게 한다.
7. 친구(또래) 및 선생님과 함께 식사하도록 한다.
8. 같이 요리한다.
9. 식사 전에 적당한 운동을 한다(식사 2시간 전에는 간식도 주지 않는다).
10. 혼자서 먹는 재미를 느끼도록 해 준다.
11. 식탁에서 빨리 먹으라고 재촉하지 않는다.
12. 아이가 놀이에 열중할 땐 상을 차리지 않는다(식사 도중 TV 시청을 금지하거나 장난감을 치운다).
13. 식사시간은 최대한 규칙적으로 정한다.

5 고혈압

1) 고혈압의 정의

고혈압은 병명이라기보다는 하나의 증세라고 보아야 할 것이다. 건강한 사람도 정신적인 흥분이나 운동으로 혈압이 증가할 수 있고, 또 조금씩 차이가 나는 것이므로 얼마 이상의 혈압을 고혈압으로 보느냐에 명확한 경계가 있는 것은 아니다. 임상적으로는 일단 안정 시에 측정한 혈압으로 최고혈압(수축기 혈압)이 성인의 경우 140~159mmHg 이상, 최저혈압(이완기 혈압)이 90~99mmHg 이상을 1기 고혈압으로 판단하고, 그 이상을 2기 고혈압으로 취급한다.

2) 고혈압의 원인과 식사요법

고혈압에는 최고혈압만 높은 경우와 최고혈압·최저혈압 양쪽이 모두 높은 경우가 있다. 최고혈압만 높은 경우는 심장에서 보내는 혈액량이 많아질 때와 대동맥의 탄력성이 감소되어 있을 때, 즉 어떤 종류의 심장판막증이거나 갑상선기능항진증·대동맥경화·대동맥류大動脈瘤 등이 있는 경우이다. 보통 고혈압은 최고·최저 혈압이 모두 높은 경우가 대부분이며, 여기에는 고혈압을 일으킨 병을 알 수 있는 것(2차성 또는 속발성)과 원인을 알 수 없는 것으로 유전적인 요소를 가진 것(1차성 또는 본태성)이 포함된다. 숫자상으로는 본태성 고혈압이 압도적으로 많아 고혈압의 90~95%를 차지한다. 그러나 고혈압 연구가 진행되면서 본태성으로 생각되던 것 가운데 원인 질환이 판명된 2차성 고혈압이 상당수 포함되어 있음이 밝혀졌다.

본태성 고혈압은 유전에 의한 요인과 매우 연관성이 깊다. 일반적으로 부모가 모두 고혈압인 경우 자녀들에게는 60% 정도, 부모의 한쪽이 고혈압인 경우에는 20% 정도, 부모가 모두 고혈압이 아닌 경우에는 5% 정도의 비율로 고혈압이 나타난다. 2차성 고혈압의 원인으로는, 신장질환(급성신염·만성신염·신우신염·수신증·신동맥협착 등)에 의한 것, 대혈관의 변화(대동맥협착증·말초혈관폐색 등)에 의한 것, 내분비성 질환(쿠싱 증후군, 갈색세포종, 원발성 고알도스테론증 등)에 의한 것, 기타 임신중독증을 비롯하여 극도의 정신불안이나 긴장상태에서 볼 수 있는 것 등이 알려져 있다. 본태성 고혈압과 2차성 고혈압에 대한 내용은 표 3-2와 같다.

표 3-2
본태성 고혈압과
2차성 고혈압

구 분	1차성 고혈압(본태성 고혈압)	2차성 고혈압
발병률	95%	5%
원 인	대부분 여러 원인이 복합되어 일어나는 것으로 생각됨	다른 특정 질환에 인해 발생함

(계속)

구 분	1차성 고혈압(본태성 고혈압)	2차성 고혈압
세부 원인	• 유전적 요인 : 가족 중 혈압 환자가 있는 경우 • 환경적 요인 : 비만, 음주, 과다한 소금 섭취 등	신장질환(가장 흔함), 쿠싱 증후군, 임신 등
치료 가능 여부	적절한 치료가 어려움	원인이 밝혀지면 적절한 치료가 가능

고혈압 환자가 지켜야 할 생활 수칙으로 한국고혈압학회에서는 다음과 같은 것들을 제시하고 있다. 전체적으로 짠 음식을 피하고 운동을 하며 몸무게를 정상 상태로 유지하는 것이 중요하다고 나타나 있다.

① 흡연자는 반드시 금연을 하여야 한다.
② 염분(짠 음식) 섭취를 줄여야 한다.
③ 과음을 피하고 적은 양의 술이라도 매일 마셔서는 안 된다.
④ 적절한 운동을 규칙적으로 하는 것이 바람직하다.
⑤ 식생활에서 지방질, 당분 섭취를 최소화하도록 한다.
⑥ 표준체중을 유지하도록 한다.
⑦ 급격한 환경 변화를 피한다(뜨거운 물로 목욕, 사우나, 추운 날 갑작스러운 외출).
⑧ 변비를 피한다.
⑨ 음식을 싱겁게, 골고루 먹는다.
⑩ 살이 찌지 않도록 알맞은 체중을 유지한다.
⑪ 매일 30분 이상 적절한 운동을 한다.
⑫ 지방질을 줄이고 야채는 많이 먹는다.
⑬ 스트레스를 줄이고 평온한 마음을 유지한다.
⑭ 정기적으로 혈압을 측정하고 의사의 진찰을 받는다.

3) 고혈압 학생의 상담 예

실제로 식사요법은 영양상담을 내포하는 경우가 많다. 특히 영양교사의 업무에서는 영양상담과 같이 전개되는 경우가 많은데, 시중에서 찾아보면 여러 질병에 대한 영양상담의 실례가 많다. 주로 비만과 저체중, 빈혈과 같은 것들이 주를 이루고 있다. 본 교재에서는 고혈압에 대한 영양사와 학생의 상담 내용을 제시하려고 한다. 이 예를 통해 실제 학생들에게 식사요법을 어떻게 교육시키는지 살펴보고, 영양상담에서 배웠던 상담기법이 어떻게 적용되는지 알아보도록 하자. 본 상담의 예는 경기도고양교육지원청에서 만든 자료에서 발췌한 것이다.

성 별	남	나 이	12세	이 름	김영양
상담 주제	고혈압 어린이의 식사지침(1차)				

상담 내용

학 생　저, 상담하러 왔는데요.

영양사　네, 안녕하세요. 어서 오세요. 날씨가 많이 덥죠? 시원한 음료 마실래요?

학 생　네, 고맙습니다.

영양사　이름이 김영양 맞나요?

학 생　네. 맞아요.

영양사　긴장이 되나 보네요. 그냥 선생님과 편하게 얘기해요. 하고 싶은 얘기나 묻고 싶은 말이 있으면 부담 없이 얘기해요. 오늘 여기에 무엇 때문에 왔는지 알고 있나요?

학 생　네, 고혈압이라고 상담을 받으라고 하던데요.

영양사　네, 맞아요. 고혈압이래요. 우리는 앞으로 4주 동안 일주일에 한 번씩 4번을 만나서 고혈압인 경우의 식사와 운동 방법에 대해 알아보고, 영양 군의 식품 섭취와 운동 방법에 대해서도 알아보고, 고쳐야 할 부분이 있으면 함께 고쳐 보기도 할 거예요. 어때요? 걱정돼요?

학 생　잘 모르겠어요. 어떻게 해야 하는지도 모르고요.

영양사　그렇죠, 이제 같이 차츰차츰 알아가면서 노력해 봐요. 혹시 고혈압이 뭔지 알아요?

학 생　피의 혈압이 높은 거라고.

영양사　그렇죠, 보통 사람들보다 피의 압력이 높은 거에요. 그럼 고혈압이 되면 어떤 문제가 있을까요?

학 생　설명을 들었는데, 좀 어려워서 잘 모르겠어요.

영양사　그래요. 어려운 의학용어로는 뇌출혈, 신부전, 심부전, 협심증, 말초혈관 혈착질환 등 여러 가지가 있어요. 정말 어렵죠? 간단히 한 가지만 설명해 줄게요. 우리 몸은 계속해서 피가 돌아야 해요. 피가 발이 있어서 혼자 돌 수는 없겠죠? 피를 돌게 해 주는 것이 심장이에요. 심장의 근육이 힘껏 수축하면서 심장 안의 피를 혈관으로 밀어내 주고, 그 피들이 밀려서 손끝, 발끝, 온몸의 피가 순환을 할 수 있어요. 혈관의 압력이 정상일 때는 심장에서 피를 쭉쭉 밀어내기가 쉽겠죠. 그런데 혈관의 압력이 높아지면 그만큼 피를 밀어내는 데 힘이 들겠죠. 이런 상태가 계속되다 보면 심장에 부담을 주어 심장이 막 커져요. 그럼 수축하는 힘도 약해지고, 나중에는 숨도 차고 가슴도 두근거리고, 심하면 밤중에 호흡곤란이 발생하기도 한데요. 정말 무섭죠? 이게 심부전이라는 거에요. 고혈압의 가장 대표적인 합병증이죠. 지금은 영양상담을 받으러 온 거니까 일단은 이 정도만 설명해 줄게요. 이런 설명을 먼저 해 주는 이유는 고혈압의 문제와 위험성을 알아야 이 병을 고쳐야겠다는 생각이 들기 때문에 간단히 설명을 해 준 거에요. 어때요? 이해가 가나요?

학 생　네, 이제 좀 알겠어요.

영양사　중간에 이해가 안 가거나 궁금한 게 생기면 나중에는 잊어버리니까 그때그때 물어보세요. 자기 병을 치료하려면 일단 확실히 알아야 해요. 알았죠?

학 생　네, 알겠습니다.

영양사　고혈압이 되는 원인은 여러 가지가 있는데, 우리 영양 군의 경우에는 비만이 원인인 것 같네요. 본인의 키와 체중을 알아요?

학 생　네, 키는 155cm이고, 몸무게는 59kg이에요.

영양사　네, 정확히 알고 있네요. 영양군 키에 비해서 몸무게가 정상일까요? 어떻게 생각해요?

학 생　좀 많이 나가는 것 같긴 한데요.

(계속)

영양사	몸무게가 이상적인 체중인지 비만인지 계산하는 방법이 있어요. 가장 많이 하는 방법인 BMI라는 걸 사용해서 한 번 계산해 볼게요. 여기 계산 방법대로 계산을 해 보면, 영양 군의 BMI는 24.5 정도죠? 여기 기준에 보면, 18부터 23까지가 정상이고 25부터는 비만으로 들어가요. 영양 군은 비만 직전의 과체중 단계네요. 영양군의 정상체중을 한번 알아볼까요? 여기 계산식에 의하면 키가 155cm이니, 이상체중은 49.5kg이에요. 지금 59kg이니, 거의 10kg이나 많이 나가는 셈이죠. 이 과체중이 고혈압의 원인이 될 수 있어요.
	이번에는 어제 하루 동안 무엇을 먹었는지 선생님한테 말해 줄 수 있죠?
학 생	어, 잘 기억이 안 나는데요.
영양사	아침에 일어났을 때부터 하나씩 생각해 봐요. 아침에 일어나서 제일 먼저 무엇을 했어요?
학 생	화장실 가고요, 밥 먹고 세수하고 학교 갔는데요.
영양사	몇 시에 일어났죠?
학 생	7시 반이요.
영양사	학교에는 몇 시에 가요?
학 생	8시 반까지니까 집에서 8시 좀 넘어서 나온 것 같아요.
영양사	아침으로는 무얼 먹었어요?
학 생	우유랑 빵 먹었어요.
영양사	우유는 얼만큼 먹었나요? 한 컵 정도?
학 생	좀 기다란 컵에 한 컵 먹었어요.
영양사	어떤 빵이었죠?
학 생	이름은 잘 모르겠는데요.
영양사	빵의 크기와 어떤 재료가 들어갔는지 생각나는 대로 얘기해 줄래요?
학 생	피자 맛 나는 빵이었는데요. 제 손만 했고요, 위에 뭐가 뿌려져 있었는데요.
영양사	제과점에서 파는 것이었나 봐요?
학 생	네.
영양사	과일이나 다른 것 또 먹은 건 없나요?
학 생	네, 안 먹었는데요.
영양사	그리고 바로 학교에 가서 공부했겠네요.
학 생	네.
영양사	학교에서는 무얼 먹었죠?
학 생	오전에 우유 한 개 먹고요. 점심 급식 먹었는데요.
영양사	급식으로 뭐가 나왔는지 기억해요?
학 생	밥이랑 국이랑 김치, 고기, 나물.
영양사	나온 건 다 먹었나요?
학 생	나물 빼고 다 먹었어요.
영양사	나물은 원래 잘 안 먹어요?
학 생	저 원래 나물 안 먹는데요.
영양사	국은 무슨 국이었죠?
학 생	된장국이요.
영양사	고기는 어떤 고기였을까요? 고기만 들어 있었나요? 아니면 감자나 다른 야채도 같이 들어 있었어요?
학 생	돼지갈비인가? 그거랑 감자랑 당근, 이런 게 있었어요.
영양사	야채들도 다 먹었나요?

(계속)

학 생	감자는 먹었는데, 당근이랑은 안 먹었는데요.
영양사	배식은 누가 해 주나요? 본인이 직접 하나요? 아니면,
학 생	배식 당번이요.
영양사	먹고 더 먹지는 않나요?
학 생	가끔 더 먹는데요. 어제는 밥이랑 고기랑 더 먹었어요.
영양사	그렇군요. 학교가 끝나면 시간을 어떻게 보내는지 말해 줄 수 있어요?
학 생	바로 학원 가는데요.
영양사	학원에서는 몇 시까지 있나요?
학 생	두 군데 갔다가 집에 오면 7시쯤 되요.
영양사	그럼 학원에서 따로 간식은 안 먹어요?
학 생	학원 가는 길에 시간이 조금 남아서 친구랑 핫도그 사 먹었어요.
영양사	평상시에도 그렇게 잘 사 먹어요?
학 생	네, 거의요. 친구랑 떡볶이나, 꼬치나 그런 것들 잘 사 먹어요.
영양사	집에 와서는 바로 저녁 먹었겠네요.
학 생	네.
영양사	집에서는 무얼 먹었나요?
학 생	엄마가 삼겹살 구워 주셔서 먹었어요.
영양사	얼마나 먹었을까요?
학 생	모르겠는데요. 그냥 먹었는데요.
영양사	밥이나 상추 같은 것도 같이 먹었어요?
학 생	상추는 몇 개 싸서 먹었고요, 김치랑 같이 구워서 김치 많이 먹었고요, 밥은 배가 불러서 반 공기 정도 먹었어요.
영양사	저녁 먹고는 무얼 했나요?
학 생	TV 좀 보다가 숙제하고 잤어요. 아참, 저녁에 게임도 조금 했는데.
영양사	보통 몇 시에 자나요?
학 생	11시에서 12시 정도요.
영양사	TV 보거나 게임할 때 뭐 먹지는 않았나요?
학 생	어제는 과일 먹었어요. 수박이요.
영양사	평상시에는 어때요?
학 생	그때그때 다른데요. 과자 먹을 때도 있고, 아이스크림 먹을 때도 있고. 아, 아이스크림도 한 개 먹었어요. 초코바요.
영양사	학원은 어떤 학원을 다녀요?
학 생	수학이랑 미술이요.
영양사	따로 운동하는 건 없나요?
학 생	특별히 없는 것 같은데요.
영양사	네, 그래요. 차근차근 생각해 보니 그래도 거의 생각이 나죠? 오늘 첫날부터 많은 이야기를 해 주고 들어 주느라 정말 고생 많았어요. 힘들었죠? 다음에는 일주일 후에 만나요. 오늘은 선생님이 영양 군에 대해 많은 걸 물어봤죠? 자세히 답해 주어서 고맙고요. 다음번에는 선생님이 고혈압일 경우 음식은 어떻게 먹어야 하는지에 대해서 운동습관과 함께 자세히 알려 줄게요. 그럼 다음 주에 만나요.
학 생	안녕히 계세요.

성 별	남	나 이	12세	이 름	김영양
상담 주제	고혈압 어린이의 식사지침(2차)				

상담 내용

학 생 안녕하세요.

영양사 네, 어서오세요. 두 번째 보니 정말 반갑네요. 오늘은 좀 편안해 보이네요?

학 생 두 번째 오는 거라서 그런가 봐요.

영양사 오늘은 좀 더 편하게 얘기해요. 지난 일주일 동안 고혈압에 대해 공부한 것이 있어요?

학 생 아니요, 별로 없는데요.

영양사 그럼 오늘은 선생님이 고혈압에 대해서 많은 얘기를 해 줄게요. 이해가 안 가거나 의문 나는 점이 있으면 꼭 질문해 주세요.

여기 자료를 보면서 설명을 할게요. 고혈압의 원인은 여러 가지가 있어요. 그중에서 영양 군의 경우를 보면 과체중과 식습관, 운동습관 등이 원인이 될 수 있겠네요. 먼저, 비만의 경우 고혈압이 될 위험이 높은데, 영양 군은 비만 바로 전 단계의 과체중이죠. 이것이 고혈압의 한 원인이 될 수 있는 거에요. 두 번째로 식습관을 보면, 물론 하루의 식사만을 조사한 거라 항상 그렇다고는 할 수 없겠지만, 개선할 부분이 보이네요. 식사성 요인의 원인으로는 염분, 즉 짠 음식과 지질, 즉 기름진 음식을 말해요. 이것들의 과다 섭취 등이 있는데, 빵과 우유, 삼겹살과 김치, 모두 기름지고 염분도 높은 음식들이죠. 그리고 채소나 과일 등이 부족해서 섬유소도 부족하구요, 섭취 열량도 높아 고혈압의 원인이 되는 비만을 초래할 수 있어요. 또한 운동도 거의 안 한다고 했지요? 이것도 다 고혈압의 원인이 됩니다. 그래서 앞으로 우리가 해야 할 것은, 체중 조절과 더불어 식습관과 운동습관의 개선이에요. 구체적으로 어떻게 해야 하는지 하나하나 살펴볼게요. 제일 먼저 이상체중을 유지해야 해요. 영양 군의 이상체중이 얼마였죠?

학 생 49.5kg이요.

영양사 네, 정확히 알고 있네요. 그런데 영양 군은 지금 성인이 아니라 한창 성장기에 있는 학생이어서 이 이상체중은 키가 크면 또 달라져요. 그래서 지금은 현재의 이상체중에 맞추어 몸무게를 줄이기보다는 비만도, 저번에 계산해 보았던 BMI 기억나지요? 그 비만도가 증가하지 않도록 조절하는 것이 필요해요. 그러려면 과도한 열량의 섭취는 제한해야겠죠? 어떻게 먹어야 하는지는 조금 후에 다시 좀 더 구체적으로 알려 줄게요.

두 번째로 식습관의 개선이에요. 비만도를 낮추는 식습관도 중요하지만, 동시에 중요한 것이 짜게 먹지 않는 것, 기름진 음식을 먹지 않는 것, 야채나 과일을 많이 먹어서 섬유소와 미네랄을 충분히 섭취하는 것이 중요해요. 대체로 비만을 억제하는 식습관과 비슷한데, 한 가지 추가되는 중요한 것이 짜게 먹지 말아야 한다는 거예요.

세 번째는 운동습관이에요. 지금은 운동을 거의 하지 않죠? 거창한 운동은 아니더라도 줄넘기나 걷기 등 운동을 병행하면 고혈압도 좋아지게 된답니다.

더구나 운동으로 비만도를 낮추면 고혈압은 더욱 좋아지겠죠. 영양 군의 경우는 이러한 것들만 잘 개선하면 좋아질 수 있는 고혈압이에요. 영양 군이 마음먹기에 달려 있는 거죠. 어때요? 자신 있어요?

학 생 네, 열심히 해 볼게요.

영양사 그럼 영양 군의 현재 상태에 대해 좀 더 구체적으로 알아볼까요? 먼저 비만도를 낮추는 것은 식사습관과 운동습관을 고치면 자연히 좋아지는 것이고, 지금은 심한 비만은 아니기 때문에 이

(계속)

부분에 대해서는 일반적인 고혈압의 식사지침을 따르고 운동만 조금 하면 될 것 같네요. 처음은 간단하죠?

학 생   네, 그러네요. 다행이에요.

영양사   두 번째로 운동에 대해 알아볼게요. 여기 여러 가지 종류의 운동과 열량 소모량이 나와 있지요? 이 중에서 내가 가장 좋아하는 운동이나 잘할 수 있을 것 같은 운동을 하면 되는 거예요. 그런데 한 가지 주의할 것은 힘만 드는 운동, 짧은 시간에 집중적으로 힘을 써야 하는 운동은 별로 효과가 없다는 거예요. 예를 들면 100미터 달리기나 역기 같은 거요. 또 뭐가 있을까요?

학 생   아령이나 팔굽혀펴기요?

영양사   네, 맞아요. 물론 그런 운동도 좋지만, 이것들은 주로 근육을 키워 주는 운동이에요. 영양 군에게 필요한 것은 줄넘기, 빨리 걷기 등 어느 정도 지속적으로 할 수 있는 운동이에요. 흔히 유산소 운동이라고 하죠? 이런 것들을 말해요. 또한 운동은 매일 할 필요는 없어요. 하지만 적어도 일주일에 세 번 이상은 해 주어야 좋답니다.

학 생   근데 운동할 시간이 별로 없는데요.

영양사   운동을 특별히 좋아하는 사람이 아니면 따로 시간을 내서 운동을 한다는 것은 어려워요. 그런데 한편으로는 마음먹기에 따라서 쉽기도 하지요. 학교에 갈 때 걸어서 가지요? 그러면 집에서 평상 시보다 20~30분쯤 일찍 나와서 지름길로 가지 말고 동네를 한 바퀴 빙 둘러서 가는 거예요. 학원에 갈 때도 아주 먼 거리가 아니면 걸어 다니고요. 저녁식사 후에 온가족이 모두 근처 공원 같은 곳에 가는 것도 좋은 방법이에요. 찾아보면, 그리고 조금만 부지런해진다면 시간과 방법은 얼마든지 있어요. 이게 다 누구에게 달려 있다구요?

학 생   저한테요.

영양사   맞아요, 영양 군이 마음먹기에 달려 있어요. 그런데 대답이 좀 자신이 없어 보이네요.

학 생   지금까지 별로 해 본 적이 없어서 잘 모르겠어요.

영양사   방금 선생님이 마음먹기에 달려 있다고 했죠? 자신감과 의지가 아주 중요해요. '내가 과연 할 수 있을까, 할 수 없을 거야'라는 생각으로 시도한다면 아무리 노력해도 효과가 별로 좋지 않죠. 그럼 억울하잖아요. 내가 노력한 만큼 효과를 봐야죠, 그렇죠? 그럼 마지막으로 식사습관에 대해 알아볼까요? 고혈압에서 가장 중요한 것은 짜게 먹지 말아야 한다는 거예요. 그런데 짜게 먹는 것은 습관이에요. 평소에 짜게 먹던 사람이 싱겁게 먹으려 한다면 음식이 맛이 없게 느껴지죠. 그래서 한동안 싱거운 음식에 입이 길들여지기까지 조금의 노력이 필요합니다. 그리고 우리가 느끼지 못하지만 염분이 많이 들어 있는 음식들이 있어요. 그런 음식들도 주의해야죠. 영양 군은 어때요? 평소에 짠 음식을 좋아하나요?

학 생   그렇지는 않은 것 같아요.

영양사   우유를 잘 먹는 것 같던데, 우유는 어때요? 싱겁나요? 짠가요?

학 생   물처럼 아무 맛도 안 나지는 않지만 그래도 싱거운 것 같아요.

영양사   맞아요. 대부분의 사람들이 짜다고 생각하지 않죠. 그렇지만 우유에도 염분인 염화나트륨이 꽤 많이 들어 있어요. 오늘 집에 가서 우유 맛을 주의 깊게 음미하면서 먹어 보세요. 아마 짠맛이 느껴질 거랍니다. 그리고 빵에서도, 다른 여러 가지 재료들 때문에 잘 느껴지지 않아서 그렇지 소금이 없다면 빵이 만들어지지 않는답니다. 특히 소시지나 치즈, 토마토케첩 등이 들어간 빵들은 각각의 재료에 모두 염분이 많이 들어 있어 더욱 그래요. 지난 주 상담할 때 영양 군이 아침식사로 먹었다는 빵이 그렇죠?

학 생   짠 음식이라고는 생각되지 않았는데.

(계속)

영양사	지난 주 점심은 어땠나요? 학교급식이라 그다지 짜지는 않았을 것 같은데. 그날 나물 반찬은 먹지 않고 고기와 밥을, 그것도 두 번씩 먹었다고 했죠? 여기 보세요. 아침에도 그렇고, 점심에도 그렇고, 섬유질과 비타민, 무기질이 부족했겠네요. 더욱이 제과점에서 파는 그런 종류의 빵들은 버터나 마가린이 듬뿍 들어간 고열량 식품이랍니다. 점심 때도 두 번을 먹었으니 열량이 초과되었을 것 같네요. 그렇죠?
학 생	그런데 그렇게 먹지 않으면 배가 고픈데요.
영양사	습관이 돼서 그래요. 많이 먹는 것에 익숙해져 있는 영양 군의 배가 어느 날 평소보다 조금 먹게 되면 이상하겠죠? 허전하고요. 그래서 밥을 더 달라고 보채는 거랍니다. 우리 몸은 희한하게도 항상 하던 대로 하고 싶어하는 성질이 있어요. 그게 바람직하든 바람직하지 않든 그렇죠. 그래서 습관이 중요한 거랍니다. 점심식사 후에 간식을 먹었죠? 친구랑. 뭘 먹었는지 기억나요?
학 생	항상 뭔가를 먹어서, 그날은 뭘 먹었는지 잘 기억이 안나네요.
영양사	핫도그였어요. 맛도 있고, 걸어다니면서 먹기도 편하고, 그래서 사람들이 많이 먹죠. 하지만 핫도그는 튀긴 음식이에요. 안에는 지방 함량이 높은 소시지도 들어 있고요. 겉은 달콤한 케이크 같은 맛이죠? 맛은 있지만 열량도 높고 지방 함량도 높은, 비만에도 고혈압에도 안 좋은 음식이랍니다. 마지막으로 저녁은 어땠죠?
학 생	기억나요. 삼겹살 먹었어요. 그것도 살찌는 음식인데.
영양사	잘 알고 있네요. 정말 맛있죠? 저도 좋아해요. 하지만 삼겹살이야 말로 비만과 고혈압의 최대 적중 하나라는 것. 구울 때 보면 기름이 뚝뚝 떨어지죠. 그 기름이 내 배와 혈관에 쌓인다고 생각을 해 보세요.
학 생	끔찍해요.
영양사	게다가 삼겹살을 먹으면서 김치를 같이 구워 먹었어요. 김치는 잘 알겠지만 소금에 절여서 짭짤한 젓갈로 맛을 낸 음식이랍니다. 물론 발효가 되어 몸에 아주 좋은 우리나라의 자랑스러운 전통음식이에요. 하지만 많이 먹게 되면 그만큼 염분 섭취가 많아져서 주의해야 할 음식이에요. 그날 저녁 간식으로는 수박과 아이스크림을 먹었네요. 수박은 여름철에 아주 좋은 과일이에요. 그렇지만 아이스크림은 말 안 해 줘도 알죠? 지난주에 하루 동안 먹은 음식들을 살펴보니 어때요?
학 생	저의 식사습관에 문제가 있다고 별로 생각해 보지 않았는데, 선생님 설명을 듣고 나니까 문제 투성이인 것 같아요.
영양사	이번에는 고혈압 환자의 생활수칙을 하나씩 살펴볼게요. 방금 선생님이 설명해 주었던 영양 군의 식습관, 생활습관을 생각하면서 비교해 봐요. 그러면 이해가 더욱 쉬울 거예요. 제일 처음 뭐라고 되어 있나요?
학 생	정상체중을 유지한다.
영양사	영양 군의 정상체중을 알고 있지요? 그러나 성장기라 무리한 다이어트보다는 비만도를 줄이는 방향으로 하고, 고혈압 생활수칙을 따르는 정도만 하기로 해요. 두 번째는 뭐라고 써 있나요?
학 생	염분 섭취를 줄인다.
영양사	좀 전에 하루의 식사 내용을 살펴보니 어때요? 싱겁게 먹는 편인가요?
학 생	아닌 것 같아요.
영양사	앞으로는 짠맛이 강한 음식은 아예 피하도록 하고요. 평소에도 약간 싱겁다는 느낌이 들 정도로 음식을 먹도록 해요. 짠맛은 습관이어서 하루 아침에 싱겁게 먹으려고 하면 오히려 거부감이 생길 수 있어요. 자꾸자꾸 의식적으로 싱겁게 먹으려 한다면 어느 순간 그 맛에 익숙해질 겁니다. 세 번째는 뭔가요?

(계속)

학 생	섬유소를 충분히 섭취한다.
영양사	섬유소가 많이 들어 있는 음식이 뭐가 있을까요?
학 생	음, 야채요.
영양사	그래요. 야채와 과일에 많이 들어 있지요. 그런데 저번에 나물은 안 먹는다고 했던 것 같은데.
학 생	나물은 맛이 없어서요.
영양사	나물은 질기고 목에도 걸리고 쓸쓸하기도 하고 그렇죠. 하지만 자꾸 먹어서 그 맛을 알게 되면 좋아질 거예요. 그리고 나물은 정말 좋은 음식이에요. 짜게 간을 하지 않은 거라면 아무리 많이 먹어도 해롭지 않답니다. 섬유소뿐만 아니라 각종 비타민과 무기질이 풍부한 음식이죠. 우리 몸을 생각해서 의식적으로 먹어 보도록 해요.
	하지만 과일에는 섬유소와 함께 당분도 많이 들어 있어서 많이 먹으면 살이 쪄요. 그래서 좀 조심해야 돼요. 너무 많이 먹으면 오히려 좋지 않답니다. 네 번째는 뭔가요?
학 생	콜레스테롤과 포화지방산의 섭취를 줄인다.
영양사	말이 좀 어렵네요. 콜레스테롤에 대해 들어 본 적 있어요?
학 생	네, 들어는 봤는데. 안 좋은 거라는 건 알고 있어요.
영양사	콜레스테롤과 포화지방산 모두 기름이라고 생각하면 쉬워요. 모두 동물성 지방에 많이 들어 있지요. 콜레스테롤은 혈관벽에 붙어서 피가 다니는 통로를 좁게 하고 혈관을 딱딱하게 만들어서 고혈압에 아주 좋지 않은 거예요. 포화지방산은 이러한 콜레스테롤을 많아지게 하죠. 이 두 가지는 가급적 적게 먹어야 해요. 어떤 음식들에 많이 들어 있을까요?
학 생	삼겹살이요.
영양사	저번에 삼겹살을 엄청 많이 먹었다고 했죠? 우리나라 사람들 대부분이 그래요. 삼겹살집에 가면 배가 불러 숨쉬기도 힘들 때까지 고기를 먹어대죠. 아주 나쁜 습관이랍니다. 그렇다고 지방을 아예 먹지 않으면 그것도 좋지 않아요. 포화지방산과 반대되는 불포화지방산이 많이 들어 있는 고등어, 꽁치 등 등푸른 생선이나 식물성 지방을 섭취해 주면 좋답니다. 다섯 번째는 뭐예요?
학 생	스트레스를 해소한다.
영양사	스트레스는 고혈압뿐 아니라 모든 병의 근원이죠. 친구들과 신나게 뛰어 놀기도 하고 좋아하는 활동을 하면서 스트레스를 풀도록 노력해 봐요. 여섯 번째는요?
학 생	규칙적인 운동을 한다.
영양사	운동은 꼭 필요해요. 처음에는 가벼운 운동으로 시작해 보세요. 자기한테 맞는 운동을 즐거운 마음으로 하는 것도 중요하답니다. 이제 마지막이네요. 뭐라고 써 있죠?
학 생	급격한 환경의 변화를 피해야 한다.
영양사	기온의 변화 등으로 혈압이 갑자기 올라갈 수 있어요. 그래서 특히 겨울철에는 주의해야 한답니다. 앞으로 이렇게 생활해야 해요. 어때요?
학 생	너무 어려워요. 그래도 한 번 해 볼게요.
영양사	네, 좋아요. 오늘부터는 숙제를 내 줄게요. 식사활동일지예요. 어려운 건 아니지만 조금 귀찮을지도 몰라요. 하지만 몸이 건강해지기 위해 꼭 해야 돼요. 매일매일 그날 먹은 음식과 운동한 내용을 기록하면 돼요. 운동이야 기억이 잘 나니까 저녁 때 한꺼번에 기록해도 되지만, 식사 내용은 하루치를 한꺼번에 모두 기억하기 쉽지 않을 거예요. 그때그때 적는 것이 가장 좋고요. 가능하면 자주 먹도록 해요. 먹은 음식명과 양을 적어 주면 돼요. 음식명을 모를 경우에는 어떤 재료가 주로 들어가 있는지 최대한 자세히 적어 주면 되고요. 어렵지 않죠?
학 생	네.

(계속)

6 당뇨병

당뇨는 성인병과 퇴행성질환의 대표적인 질병이다. 일반적으로 40대 이후 중년기에 나타나는 경우가 많았으나 최근에는 아동기와 청소년기에 당뇨 치료를 받는 학생들이 증가하고 있다. 이는 비만한 학생의 증가와 당뇨에 대한 교육 부제, 과도한 가공식품의 섭취 등에서 그 원인을 찾을 수 있을 것 같다.

아동기와 청소년기의 당뇨는 매우 위험하다. 20대 이전에 당뇨에 걸리면 인생의 10~20년은 도둑을 맞는다는 비유가 있을 정도로 유년기의 당뇨는 매우 좋지 않다. 현재 학생들의 비만 증가 추세를 보았을 때 앞으로 세월이 지나감에 따라 학생들의 당뇨 발병률과 성인이 되어서의 당뇨 발병률은 증가하게 될 것이다. 영양교사는 아이들의 미래를 위협하는 당뇨에 대해 미리 알아 둘 필요성이 있다.

1) 당뇨병의 원인과 증상

당뇨병은 유전, 연령과 성별, 비만과 운동 부족, 스트레스와 약물 복용 등에 의해 발생한다.

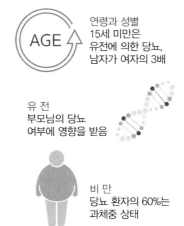

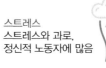

AGE
연령과 성별
15세 미만은
유전에 의한 당뇨,
남자가 여자의 3배

약 물
부신피질호르몬,
이뇨제 등 사용 시

유 전
부모님의 당뇨
여부에 영향을 받음

스트레스
스트레스와 과로,
정신적 노동자에 많음

그림 3–5
**당뇨병의
주요 원인**

비 만
당뇨 환자의 60%는
과체중 상태

운동부족
비만의 주요 원인인
운동 부족

당뇨병에 걸릴 경우 다음과 같은 특이 증상들이 나타난다. 이와 같은 증상들이 나타날 경우 당뇨병에 대한 검사를 받아 보아야 한다.

① 3다 현상 : 3다 현상三多現狀 중에서 '다음多飮'이란 물을 자주, 그리고 많이 마시는 것이며, '다뇨多尿'란 소변을 자주, 그리고 많이 보는 증상이고, '다식多食'이란 음식물을 많이 먹게 되는 것을 말한다.

② 피로 · 권태감 : 충분한 휴식을 취하고 특별히 힘든 일을 하지 않았는 데도 온몸이 피로하고 나른하며 전신 권태감과 졸음이 자주 오고 무기력증 · 탈력감을 느낀다.

③ 비만, 체중 감소 : 원래 비만인 사람에게 당뇨가 많지만, 당뇨 발생 2~3년 전부터 급격히 뚱뚱해지는 경우도 있다. 이때 조기에 발견하여 자연요법으로 체중을 감소시키면 당뇨의 발생을 지연시키거나 예방할 수 있다. 하지만 이미 중증으로 진행이 된 후에는 식욕이 왕성하고 많이 먹는다고 하더라도 몸이 점점 수척해진다.

이렇게 체중 감소가 일어나는 것은 음식물로 섭취한 포도당이 에너지로 이용되지 못하고 소변으로 배출되기 때문인데, 부족한 포도당은 체내에 저장되어 있는 지방이나 단백질로 대체되므로 지방과 단백질이 점점 줄어들게 된다.

④ 시력장애 : 망막에 출혈이 생겨 시력이 떨어지는 경우와 백내장에 의한 시력장애 등이 있는데, 이 밖에도 눈의 조절기능에 변화가 생긴다든지, 홍채염 등의 안질환이 일어나기도 한다.

⑤ 피부증상 : 종기 · 습진 · 무좀 · 음부나 항문 주위에 피부 소양증이 생기기도 하며 진균이 감염되어 질염으로 변하기도 하는데 치료가 잘 안 된다.

⑥ 말초신경 증상 : 하지의 경련 · 손발의 저림증세 · 장딴지에 쥐가 나는 근육수축 · 좌골 신경통 · 자율신경의 장애 · 현기증 · 심한 설사 · 변비 등이 나타나기도 하며, 눈의 운동신경이 마비되어 물체가 둘로 보인다거나 한쪽 눈꺼풀이 내려앉거나 하여 잘 뜨지 못하게 되는 경우도 있다.

⑦ 순환장애 · 기억력 감퇴 : 혈액순환의 불량과 뇌세포의 감소로 인하여 기억력이 현저히 떨어지거나 고혈압 · 동맥경화 · 협심증 · 뇌졸중 · 심근경색증 등의 합병증을 유발한다.

⑧ 무증상 : 당뇨가 있으면서 아무런 자각 증상을 느끼지 못하는 무증상 환자가 전체 당뇨인의 약 20% 정도라고 한다. 이러한 무증상 환자는 증세가 없기 때문에 발견이 어려우므로 정기적인 당뇨 검사를 해 보는 것이 좋다. 그 외 증상으로는 단 것을 좋아함, 구취 · 잇몸 출혈 · 치아 흔들림 · 성욕 감퇴 · 월경 이상 · 두통 · 불안 · 신경질 · 위산 과다 · 복통 · 복부 팽만 · 빈뇨 · 야뇨 · 배뇨 곤란 · 신경통 등이 있다.

2) 당뇨병의 진단과 종류

위와 같은 일반적 증상이 아니라 임상검사를 통해 다음과 같은 결과가 나왔을 때 당뇨로 진단을 내린다.

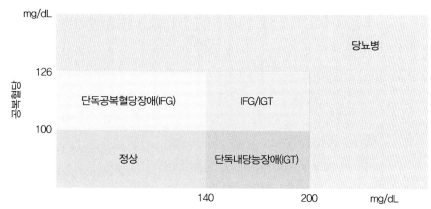

그림 3–6
공복혈당과 당부하
2시간 혈당을
기준으로 한
당대사 이상의 분류

자료 : 대한당뇨병학회(2015). 당뇨병 진료지침

경구 포도당부하 검사란 아침 공복 시에 사람의 혈액을 채취한 후, 환자에게 포도당을 75g 경구 투여하고 1~2시간 후 혈당의 증가치를 측정하는 것이다. 이 경구 포도당부하 검사 결과가 표 3−3과 같을 경우 혈당치를 통해 정상, 내기능장애와 당뇨를 결정할 수 있다.

표 3–3
시간에 따른
혈당치(mg/dL)의
변화

구 분	정 상	내기능장애	당뇨병
공 복	109 이하	110~125	126 이상
1시간	180 이하	200 이상	200 이상
2시간	140 이하	140~199	200 이상

당뇨병은 크게 진성당뇨병, 손상된 당내성과 임신당뇨병으로 나눌 수 있다. 이 중 우리가 일반적으로 알고 있는 당뇨병이 바로 진성당뇨병이다. 진성당뇨병은 다시 제1형, 제2형, 이차성 당뇨병으로 구분할 수 있다.

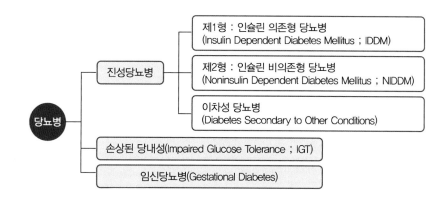

그림 3–7
당뇨병의 종류

즉, 진성당뇨병이란 일반적으로 우리가 알고 당뇨병이고 제1형과 제2형에 대해서는 뒤에서 자세히 설명하도록 하겠다. 이차성 당뇨병은 호르몬의 과잉분비, 췌장염, 간질환, 신장염, 약물 사용에 의하여 발생하는 당뇨병이다.

손상된 당내성은 공복 시 혈당치가 진성당뇨병DM보다 적게 나타나고, 당내성 시험에서도 정상인과 진성당뇨 환자의 중간 정도의 수치를 나타내는 사람들을 분류하는 것이다.

임신당뇨병은 임신기간 중 포도당 불내성이 나타나는 경우로, 임신 후반기에 나타나며 출산 후에는 정상으로 돌아간다. 하지만 중년이 되면 제2형 진성당뇨병으로 진행되기도 한다. 임신 외에도 심장, 신장과 췌장 질환에 의해 진성당뇨병이 발병되는 경우가 있다.

진성당뇨병을 구성하는 제1형과 제2형이 대부분의 당뇨 환자들이 해당하는 당뇨이다. 이 둘은 매우 다른 특성을 가지고 있다.

제1형은 당뇨 환자의 20% 정도를 차지하며, 인슐린의 분비가 부족하여 인슐린 주사 투입이 필요하다. 아동기에 주로 발병하여 소아성 당뇨라고도 불린다. 당뇨로서 진단이 빠르고, 병의 진전도 빠르며 ketosis나 koma 같은 심한 병세들이 나타난다. 발병 메커니즘은 자기 면역에 의해 Langerhans섬을 공격해서 췌장의 Langerhans섬에 대한 자기 항체를 만들어 항체가 세포를 공격해서 세포기능이 저하되고, 인슐린 생성이 저하되는 과정을 거치게 된다.

제2형은 유전적 요인이 강하게 작용하여 쌍둥이는 거의 100% 같이 발병한다. 대부분 비만에 의해 나타나며 체중 감소를 통해 정상으로 돌아온다. 인슐린 비의존형이기 때문에 치료를 위해 인슐린이 꼭 필요하지는 않다. 인슐린의 생성은 문제가 없어서 실제 혈액 중 인슐린 양은 정상이나 더 높은 경우가 많다. 하지만 세포의 인슐린 receptor의 수가 적거나 감도가 떨어져서 발병하게 된다. 40대 이상에서 80% 정도가 발생한다. 제1형과 제2형은 주요 임상증상에도 차이가 많다. 이를 요약하면 표 3-4와 같다.

표 3-4
제1형과 제2형 진성당뇨병의 주요 비교

구 분	제1형(인슐린 의존형)	제2형(인슐린 비의존형)
발병 연령	아동기	중년기(35세 이상)
발병 형태	갑자기 발병	항상 서서히 발병
유전적 영향	있음	있음
영양상태	영양 섭취 부족	비만 상태
임상증상	다뇨증, 다갈증, 다식증	별로 없음
간 종	많이 발생	드물게 나타남

(계속)

구 분	제1형(인슐린 의존형)	제2형(인슐린 비의존형)
혈당 안정성	혈당의 변화가 큼	혈당 변화가 적음
혈당 조절	어려움	쉬움
Ketosis 여부	잦음	드물게 나타남
혈장인슐린	0~극소량	적정량 아님 과량
혈관합병증	드물게 나타남	잦음
식 사	모든 환자에게 필수	조절하나 저혈당식 필요 없음
인슐린	모든 환자에게 필수	30% 정도의 환자에게 필요
구강약	드물게 효과 있음	효과가 있음

3) 당뇨병의 식사요법

진성당뇨병의 관리에는 식사 조절이 기본이다. 이 경우 환자의 체내 인슐린 수준에 맞게 식사계획을 세워서 식사요법을 진행하여야 한다. 당뇨 환자의 식사요법은 연령별 최적 영양상태를 유지하고, 혈당과 혈중 지질 농도를 정상으로 유지하는 데 목적을 두어야 한다. 특히 제1형의 경우는 혈당 변화를 줄이기 위해 규칙적인 식사와 간식 공급이 중요하다. 비만 상태가 많은 제2형은 환자의 적정체중 유지를 위해 노력해야 한다. 당뇨의 식사요법은 환자 개개인의 생활방식과 식사습관에 기초하여 각자에게 맞는 계획을 세우는 것이 중요하다.

식사요법을 진행함에 있어서 체내 대사 이상으로 잉여와 부족이 발생하는 영양소의 섭취를 조절하고, 합병증이 있는 경우 합병증에 해당하는 식이요법을 진행하는 것이 중요하다. 열량은 표준체중 유지를 목표로 조절하는데, 제1형의 경우는 열량을 많이 공급하고, 제2형은 열량 공급을 제한한다. 열량 공급이 부족할 경우 단백질을 열량원으로 사용할 가능성이 크므로 총 열량의 20% 정도에 해당하도록 단백질을 공급한다. 탄수화물은 제한한다고 해서 혈당이 떨어지지는 않는다. 단당류나 이당류는 피하고 복합다당류를 중심으로 총 열량의 50~60% 정도를 권한다. 지방의 경우 당뇨병 환자는 동맥경화와 고혈압이라는 합병증의 위험이 있으므로 P/S의 비율을 2 : 1 정도로 맞추고 총 열량의 20~30% 정도를 공급한다. 무기질과 비타민은 정상인과 같이 충분량을 공급하고 단당류와 이당류를 사용할 수 없으므로 단맛을 주기 위한 인공감미료의 소량 사용은 허락하도록 한다. 당뇨병은 식사요법과 더불어 운동요법을 병행하여야 한다.

4) 소아당뇨병

앞에서 당뇨의 일반적인 내용과 식사요법에 대한 내용을 소개하였다. 여기서는 소아당뇨에 대한 내용을 집중적으로 소개하고자 한다. 일반적으로 소아에게 발병되는 당뇨는 초기에 관리하지 않으면 합병증에 의해 수명을 심각하게 단축시킬 수 있다. 따라서 소아당뇨 학생들에 대한 영양상담과 식사요법을 매우 신경 써서 진행하여야 한다.

소아당뇨에서 자주 나타나는 증상은 다음과 같다. 전체적으로 인슐린 의존형인 제1형 당뇨병의 증상과 비슷하다.

--- 소아당뇨의 증상 ●

- 소변이 자주 마렵다(특히 밤).
- 배고픔이 심하다.
- 지나치게 피로하다.
- 피부건조/피부홍조
- 갈증이 심하다.
- 식욕은 증가하는데 체중은 감소한다.
- 주의집중시간이 짧아진다.
- 주의력 감퇴/상처 치유, 지연/두통/잦은 감염

소아당뇨 시 나타나는 합병증으로는 저혈당증, 케톤증과 고혈당증이 있다.

(1) 저혈당증

당뇨병 환자의 혈당이 70mg/dL 이하로 감소되는 것을 말한다. 저혈당증은 식사나 간식을 너무 적게 먹을 때나 인슐린을 과다하게 투여하였을 경우, 운동을 심하게 하였을 때, 과다한 음주 후에 나타난다. 저혈당 증상이 나타나기 때문에 몸에서 아드레날린의 분비가 증가되어 몸이 떨리고 심장이 뛰며, 땀이 나면서 마음이 긴장되고 불안해지는 증상이 나타난다. 이때 탄수화물이 15g 정도 함유된 음식{음료수(사이다, 콜라) 1/2잔, 우유 1잔, 주스(가당) 1/2잔, 요구르트 1병, 설탕 1큰술 등}을 섭취하면 증상이 완화된다.

(2) 케톤증

케톤증이란 체내에서 지방대사장애(탄수화물과 지방의 공급 불균형)에 의해 생기는 물질, 즉 케톤체(아세토아세트산, 아세톤)가 정상 이상으로 체액(혈액, 오줌, 젖 등)에 축적되는 현상을 말한다. 케톤증은 인슐린의 투여량이 적을 경우와 과식, 스트레스 등이 원인이 되어 환자에게 피로감, 허약, 갈증, 구토, 호흡중 아세톤(과일) 냄새, 근육통, 설사, 심하면 혼수상태가 나타난다. 케톤증 치료 시 의사의 치료와 처방이 우선된다. 구토증상이 없다면 우선 탈수를 막기 위해 충분한 양의 이온음료나 물을 마시도록 하고 혼수상태인 경우에는 인슐린을 투여한다.

(3) 고혈당증

저혈당증과 반대로 혈중 혈당 수치가 높은 것을 말한다. 고혈당증의 주요 원인은 인슐린 요구량의 증가, 열을 동반한 질병, 과도한 스트레스와 호르몬의 변화(임신, 월경주기)에 의해 나타난다. 검사 후 혈당치가 200mg/dL 이상이 되면 소변으로 케톤검사를 실행하고 인슐린을 투여하도록 한다.

소아당뇨에 적용되는 식사요법은 적절한 열량 섭취, 열량에 따른 3대 영양소의 배분과 인슐린 투여와 활동에 따른 식사와 간식시간의 알맞은 배분이라는 3가지 원칙을 따르도록 한다. 3대 영양소의 배분은 당질 55~60%, 단백질 15~20%, 지방 25~30%으로 공급하도록 한다. 소아당뇨 환자의 경우 '1,000+(만 나이×100)kcal'의 열량을 공급하도록 한다. 이 정도의 열량을 공급하여야 정상적인 성장과 활동을 위한 열량 섭취가 가능하다. 식사의 공급은 하루필요량을 4로 나눈 후, 아침·점심·저녁과 간식(간식과 야식)으로 배분하여 하루 5~6회 나누어 섭취하게 한다. 인슐린 펌프 착용 시, 일반적인 기초량과 식사량으로 나누어 인슐린을 주입한다.

01 다음은 첨가당에 관한 내용이다. 작성 방법에 따라 서술하시오. [4점] 영양기출

> 첨가당을 과잉 섭취하면 비만, 충치 등과 같은 건강 문제가 나타날 수 있다. 그래서 보건복지부(2015 한국인 영양소 섭취기준) 및 세계보건기구는 1일 총에너지섭취량의 일정 비율 이내로 첨가당을 섭취할 것을 권고하고 있다.

작성 방법
- 위 내용을 참고하여 1일 총에너지섭취량이 1,800kcal일 때 첨가당은 1일 몇 g 이내로 섭취하여야 하는지 산출 과정과 값을 쓸 것
- 당류로 인한 충치 발생의 기전을 서술할 것
- 충치에 대한 예방효과는 있으나 과잉 섭취 시 뼈나 치아에 침착되는 미량 무기질의 명칭을 쓸 것

02 다음은 속발성 고혈압의 원인 질환에 관한 내용이다. 괄호 안 ①, ②에 해당하는 호르몬의 명칭을 순서대로 쓰시오. [2점] 영양기출

> 만성적인 스트레스나 면역억제제의 남용으로 부신피질에서 (①)이/가 과다하게 분비되어 인슐린저항성의 여러 증상이 나타나는 쿠싱증후군은 속발성 고혈압의 원인이 된다. 한편, 부신 수질에 주로 발생하는 종양인 크롬친화성세포종(갈색세포종)이 생기면 (②)이/가 과다하게 분비되어 속발성 고혈압을 일으킨다.

① : _____   ② : _____

03 다음은 고도비만인 중학교 남학생 A와 B의 체중 조절 내용이다. 두 학생은 3일간 금식한 후 아래와 같이 에너지 제한 식사를 하여 4주간 5kg 정도 감량하였다. 금식하는 3일 동안 두 사람에게 일어난, 에너지를 공급하는 대사의 변화 3가지를 서술하시오. 또 금식 후 에너지 제한 식사를 하는 동안 두 학생 중 누구의 식사가 대사에 더 바람직하였는지 쓰고, 그 이유를 설명하시오. 만약 이 학생들이 체중 감량을 위하여 위절제수술을 받는다면 수술 후에 수분 섭취와 관련하여 주의하여야 할 사항을 3가지만 서술하시오. [10점] 영양기출

> A의 식사 내용(예)
> • 아침 : 쌀죽 반 공기, 바나나 1개
> • 점심 : 우유 1컵
> • 저녁 : 단백질 파우더 80g, 오이 1개, 찐 감자 1개, 롤빵 1개
>
> B의 식사 내용(예)
> • 아침 : 쌀죽 반 공기, 바나나 1개
> • 점심 : 우유 1컵
> • 저녁 : 단백질 파우더 80g, 오이 1개, 올리브오일 20g

_____

_____

_____

_____

_____

04 다음은 임상영양사가 기록한 두 당뇨병 환자의 상담 자료이다. 환자 A에게 아래 증상이 나타나는 이유와 식사요법에 대해 작성 방법에 따라 논술하시오. [10점] 영양기출

환자 A : 초등학교 여학생
• 갈증을 자주 느껴 물이나 단 음료수를 자주 마시며, 식사를 충분히 하는데도 배가 고파서 간식을 꽤 먹는 편이다.
• 저체중이고 체중 손실이 지속적으로 일어나고 있으며, 자주 피곤해 해서 운동이나 활동하는 것을 별로 좋아하지 않는다.
• 호흡 시 가끔 불쾌한 과일향 냄새가 나며, 깊은 호흡을 하기도 한다.
• 공복 시 혈당 수치는 280mg/100mL이다.

환자 B : 40대 후반 남자
• BMI(Body Mass Index)가 29이다.
• 운동하는 것을 좋아하지 않으며, 회식이 잦은 편이다.
• 고지혈증 증세가 있다.
• 인슐린 저항성이 있고, 공복 시 혈당 수치는 160mg/100mL이다.

작성 방법
• 환자 A가 음료수나 간식을 자주 먹는 이유를 혈액과 소변 중의 당과 관련하여 설명할 것
• 환자 A에게서 체중 손실이 일어나는 이유를 설명할 것
• 환자 A에게서 호흡 시 불쾌한 과일향 냄새가 나는 이유를 지방산 산화와 연관하여 설명하고, 임상 증상을 서술할 것
• 환자 A와 환자 B의 식사요법을 단순당 및 에너지 섭취 면에서 비교 설명할 것
• 위의 4가지 항목을 설명하되, 논리 및 체계성을 갖춰 구성할 것

---

05 다음은 과일의 당지수(Glycemic Index ; GI) 관련 자료이다. 이 자료를 이용하여 당부하지수 (Glycemic Load ; GL)의 개념을 설명하고, 각 과일의 당부하지수를 산출한 후 혈당이 높아 조절이 필요한 A 학생이 섭취하기에 가장 적합한 과일을 1가지 쓰시오(단, 산출 과정을 쓰고, 당부하지수 는 소수점 둘째 자리에서 반올림하여 소수점 첫째 자리까지 구할 것). [4점] 영양기출

과 일	1회 섭취량(g)	당질함량(g)/1회 섭취량	GI
사 과	120	15	38
배	120	11	38
포 도	120	18	46
파인애플	120	13	59

자료 : 대한당뇨병학회, 당뇨병 식품교환표 활용지침 제3판, 2010

당부하지수의 개념 _____

_____

A 학생이 섭취하기에 가장 적합한 과일 _____

06 회사원 A씨(남, 45세)는 최근 발가락 관절이 붓고 심하게 아파 병원에서 혈액검사를 받았다. 다음 의 검사 결과에서 정상 범위를 벗어난 분석 항목 2가지를 쓰고, 각각에 대하여 적절한 영양 관리 방안을 2가지씩 서술하시오(단, A씨는 검사 전까지 질병 치료 목적으로 약을 복용하지는 않았음). [4점] 영양기출

혈액검사 결과

- 공복혈당 ······ 96mg/dL
- 당화혈색소 ······ 5.4%
- 혈청알부민 ······ 4.0g/dL
- 헤모글로빈 ······ 14.3g/dL
- 헤마토크릿 ······ 42%

- 요산 ······ 18mg/dL
- 총콜레스테롤 ······ 190mg/dL
- LDL-콜레스테롤 ······ 94mg/dL
- HDL-콜레스테롤 ······ 50mg/dL
- 중성지방 ······ 230mg/dL

---

07 다음은 현대사회에서 성인을 중심으로 증가하고 있는 병적 증상에 대한 설명이다. 괄호 안 ①, ②에 들어갈 용어를 각각 순서대로 1가지씩 쓰시오. [2점] 유사기출

> • (①)은/는 성인병 질환의 위험인자인 복부 비만, 고중성 지방혈증, 낮은 고밀도지단백 콜레스테롤, (②), 고혈압이 한 사람에게 동시다발적으로 3가지 이상 나타나는 복합적 증상을 말한다.
> • (①)이/가 나타나면 당뇨병이나 심혈관질환으로 진행될 가능성이 높은데, 이를 예방하기 위해서는 꾸준한 운동과 채소류, 현미 등의 전곡류 식품 위주의 식생활이 필요하다.

① : _____   ② : _____

08 다음은 50대 남자 A씨의 건강 검진 결과와 상담 내용을 정리한 것이다. 건강 검진 결과를 바탕으로 괄호 안의 ①과 ②에 해당하는 용어를 순서대로 쓰고, 밑줄 친 식사요법 ②에서 잡곡밥의 어떤 성분이 ②의 조절에 어떻게 영향을 주는지 서술하시오. [4점] 유사기출

> 건강 검진 결과
> • 신장 : 170cm
> • 체중 : 82kg
> • 수축기 혈압 : 115mmHg
> • 이완기 혈압 : 80mmHg
> • 공복 혈당 : 160mg/dL
> • 75g 경구 포도당 부하 2시간 후 혈당 : 250mg/dL
>
> 상담 내용
> • 진단명 : (①)
> • 식사요법의 목표 : 정상 수준의 (②) 유지 및 적절한 수준의 체중, 혈압, 혈청 지질 유지
> • 식사요법
>   − 적정 체중을 유지할 정도의 열량을 섭취하도록 한다.
>   − 흰쌀밥보다는 잡곡밥 위주의 식사를 한다.
>   − 포화지방산과 콜레스테롤이 많은 동물성 지방 섭취를 줄인다.
>   − 신선한 채소와 해조류, 버섯류를 많이 섭취하도록 한다.
>   − 하루 나트륨 섭취를 2,400~3,000mg 정도로 제한한다.

_____

_____

_____

_____

09 다음 (가)는 레닌-안지오텐신계(renin-angiotensin system)에 의한 혈압 조절에 관한 그림이고, (나)는 고혈압에 관한 설명이다. 작성 방법에 따라 서술하시오. [4점] 유사기출

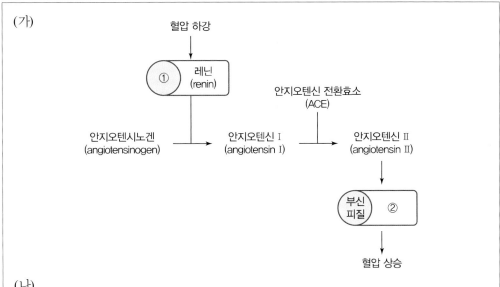

(가)

혈압 하강

① 레닌 (renin)

안지오텐신 전환효소 (ACE)

안지오텐시노겐 (angiotensinogen) → 안지오텐신 I (angiotensin I) → 안지오텐신 II (angiotensin II)

부신 피질 ②

혈압 상승

(나)

혈압은 혈액을 밀어 주는 힘으로 생명 유지를 위해 매우 중요한데, 제대로 조절되지 않으면 고혈압이 발생하게 된다. 고혈압을 관리하지 않으면 혈관 내피가 손상되어 동맥경화증이 촉진되며 뇌졸중, 심장병, 신장병 등의 원인이 된다. 고혈압의 예방 및 관리를 위해서는 적정 체중 유지를 위한 운동, ③ DASH(dietary approaches to stop hypertension) 식사요법 실시 등 생활의 개선이 필요하다.

작성 방법

- ①에 해당하는 체내 기관을 쓸 것
- ②에 해당하는 물질의 명칭을 쓰고, 이 물질이 혈압을 상승시키는 기전을 서술할 것
- 밑줄 친 ③에서 섭취를 제한하는 식품군 2가지를 쓸 것

10 다음은 제1형 당뇨병을 앓고 있는 중학생의 응급실 방문 기록 일부이다. 작성 방법에 따라 순서대로 서술하시오. [4점] [유사기출]

진료 기록지			
성 명	박○○	성별/연령	남/14세
응급실 도착 시간	2016년 ○○월 ○○일 ○○시 ○○분		
주 호소	• 의식 상태 : 기면(drowsy) • 응급실 방문 당일 아침 8시경 시야가 흐려지고 어지러워 쓰러짐 • 심한 감기로 3일 전부터 란투스(Lantus) 주사를 맞지 않음 • 내원 2일 전부터 심한 복통과 함께 잦은 설사, 오심, 구토가 계속됨 • 제1형 당뇨병(2년 전 진단) • 중학교 2학년 재학 중		
검사 결과	• 혈중 포도당 농도 389mg/dL • 백혈구 10,800/mm3, 혈색소 15.6g/dL, 헤마토크릿 58.9% • ① 동맥혈 가스 분석 : pH 7.24, PaCO$_2$ 31mmHg, PaO$_2$ 98mmHg, HCO$_3^-$ 18mEq/L • 소변 검사 : 요비중 1.05, ② 케톤+++, 포도당+++		
신체 검진	• 혈압 : 90/50mmHg, 맥박수 : 120회/분, 호흡수 : 24회/분, 체온 : 37.2℃ • ③ 쿠스마울(Kussmaul) 호흡이 나타남 • ④ 호흡 시 과일 냄새가 남 • 피부의 긴장도 감소, 건조한 점막 • 홍조를 띤 건조한 피부, 빠르고 약한 맥박		
작성자	면허번호	○○○○○○	
	의사명	○○○	

작성 방법
• 산·염기 불균형의 4가지 중 밑줄 친 ①이 나타내는 산·염기 불균형을 제시할 것
• 밑줄 친 ②~④의 발생 기전을 각각 서술할 것

_____

_____

_____

_____

_____

_____

11 다음은 김○○ 학생의 건강 상담 일지이다. 괄호 안의 ①, ②에 해당하는 내용을 차례대로 쓰시오.
[2점] 유사기출

건강 상담 일지				○○초등학교
이 름	김○○		성 별	남
상담 일지	○월 ○일 ○시		학년-반	5-1
특이 사항	• 최근 1형 당뇨병 진단을 받음 • 당뇨병 관리에 대한 지식이 부족함			
관리 목표	• 식이 및 운동 요법을 실천한다. • 혈당 검사와 인슐린 주사의 필요성에 대해 이해한다.			
당뇨병 관리				
혈당 관리	• 매 식사 전과 잠자기 전 하루 총 4번 검사한다. • 최근 3개월 동안의 혈당 조절 상태를 반영하는 (　①　)을/를 검사한다.			
식이요법	• 일일 필요 열량을 계산하여 세 번의 식사와 두 번의 간식에 대한 식이 계획을 수립한다. • (　②　)을/를 활용하여 개인의 기호에 따라 6가지 기초 식품군을 바꾸어 먹을 수 있도록 한다.			
운동요법	혈당 조절이 잘 되도록 규칙적인 일상생활과 운동을 하도록 한다.			
인슐린요법	혈당을 기준으로 인슐린 용량을 결정하여 주사기나 펌프를 이용하여 피하 주사한다.			

① : _____　② : _____

12 30세 비만 여성이 10월 한 달 동안 체중 조절을 위해 매일 1시간씩 실외에서 자전거를 타고, 300kcal/1일 적게 섭취하려 한다. 계획대로 실천한다면 몇 kg이 감량될지 계산 과정을 쓰고, 소수점 이하 둘째 자리까지 계산하시오(단, 실외에서 자전거를 탈 때 소모하는 열량은 100kcal/30분이고, 체지방 열량가는 7,700kcal/kg으로 계산하시오). 그리고 비만 여성이 체중을 조절하는 데 적합한 식사요법을 4가지만 쓰시오. 기출문제

계산 과정 _____

_____

_____

_____

답 _____

① : _____

② : _____

③ : _____

④ : _____

해설 식사요법과 운동요법을 병행하여 진행하여야 효과를 볼 수 있다. 계산을 해야 하므로 복잡해 보이지만, 자전거 타는 열량과 매일 접게 섭취하는 열량은 한 달간 계산하고 그것을 체지방 열량가로 나누면 감량 몸무게를 쉽게 구할 수 있다. 비만의 식사요법에 대한 내용은 본문의 내용을 참고하여 정리하도록 한다.

13 최근 복부 비만, 운동 부족, 과식 등으로 인해 성인병과 같은 만성질환의 발생률이 높아져 문제가되고 있다. 이와 관련하여 다음 5개 항목 중 3개 이상이 해당될 때 [①]이라 정의된다고 할 때다음 물음에 답하시오. 기출문제

- 허리둘레 : 남 90cm, 여 80cm 이상
- 혈압 : 130/85mmHg 이상
- 공복 시 혈당 : 110mg/dL 이상
- 혈중 중성지방 함량 : 150mg/dL 이상
- 혈중 HDL 함량 : 남 40mg/dL, 여 50mg/dL 미만

13-1 ①은 무엇인지 쓰시오.

_____

13-2 ①의 발생 원인과 식이요법 2가지를 쓰시오.

발생 원인 _____

식이요법 _____

_____

해설 위의 상황은 비만인 상태이다. 비만은 유전적 요인과 영양소 과다 섭취 등이 원인이 된다. 식사요법은 본문의 내용을 참고하여 정리하도록 한다.

14 영양교사는 초등학교 학생들의 비만이 심각한 상태라고 판단하고 신체계측을 실시하여 비만 학생을 선별하였다. 이와 관련하여 다음 물음에 답하시오. 기출문제

14-1 비만 학생을 위해 영양교사는 식이요법, 운동요법, 행동요법, 스트레스 관리, 가족에게 협조 요청 등의 중재 전략을 설정하였다. 이 가운데 식이요법과 관련된 구체적인 실천 방법을 5가지만 쓰시오.

① : _____

② : _____

③ : _____

④ : _____

⑤ : _____

14-2 비만 학생에게 8주 동안 식이요법을 시행하였다. 그 효과를 평가하려고 할 때, 사용할 수 있는 신체 측정 자료를 6가지만 쓰시오.

① : _____

② : _____

③ : _____

④ : _____

⑤ : _____

⑥ : _____

해설 비만인 학생에게는 다음과 같은 구체적인 식사요법 실천 방안을 정해 주어야 한다.

1. 설탕과 같은 정제 당분이 많은 들어가는 식품을 피한다.
2. 섬유소 함량이 높은 음식을 많이 공급한다.
3. 콜레스테롤과 동물성 지방 섭취를 줄인다.
4. Na 섭취를 줄이고, 가공식품의 이용을 삼간다.
5. 식사는 규칙적으로, 운동도 일정하게 진행한다.

비만인 학생들이 식사요법 진행 후 효과 판정을 위해 사용할 수 있는 측정자료로는 Broca 지수, BMI, 비체중과 Inbody 측정법 같은 것들이 있다.

15 다음은 케톤증(ketosis)에 대한 내용이다. ①~③에 들어갈 알맞은 용어와 케톤증 예방을 위해 섭취해야 할 영양소의 1일 필요량을 쓰시오. 기출문제

> 케톤증이란 체내에서 필요한 (①)이(가) 부족하여 지질이 분해될 때 지질 산화가 불완전
> 하게 이루어지면서 중간 산물인 케톤체가 혈액 내에 증가하는 현상이다. 케톤체가 혈액을
> (②)(으)로 기울게 하여 (③)을(를) 유발하는 위험한 증상이다.

① : _____

② : _____

③ : _____

영양소의 1일 필요량 _____

해설 케톤증은 체내의 당질 부족에 의해 지방을 분해하여 에너지로 사용하는 과정 중 발생하는 케톤체에 의해 나타나는 증상이다. 케톤체가 과잉되면 혈액을 산성으로 만들어 혈액의 산중독을 일으킨다.

16 〈보기〉의 증세와 특성이 나타나는 질병의 이름을 쓰고, 발병 원인을 2가지 서술하시오. 그리고 〈보기〉의 질병에 걸린 환자를 위한 식이요법을 3가지만 서술하시오. 기출문제

> 보기
> • 갈증이 심하여 물을 많이 마시며, 소변을 자주 보게 된다.
> • 쉽게 피로를 느끼며, 음식을 많이 먹으나 체중이 감소된다.
> • 현대에 와서 어린이와 성인의 발병률이 해마다 증가되고 있다.

질병의 이름 _____

발병 원인

① : _____

② : _____

식이요법

① : _____

② : _____

③ : _____

해설 당뇨에 대한 내용을 묻고 있다. 당뇨는 연령과 성별, 약물의 남용, 유전적 요인, 스트레스, 비만과 운동 부족이 원인이다. 식이요법에 대한 내용은 본문의 당뇨병의 식사요법 부분의 내용을 참고하도록 한다.

17 당뇨병이 있는 청소년에게 혈당 관리는 특히 중요하다. 인슐린이 현저히 부족하여 나타나는 합병증의 하나인 당뇨병성 케톤산증(Diabetic Ketoacidosis)에서 3다(3多 : 다뇨, 다갈, 다식) 증상 외에 보건교사가 관찰할 수 있는 증상을 6가지만 쓰시오. 기출문제

① : _____

② : _____

③ : _____

④ : _____

⑤ : _____

⑥ : _____

해설 당뇨에 걸린 환자에게서는 3다 증상 이외에도 피로·권태감, 비만·체중 감소, 시력장애, 피부증상, 말초 신경증상, 순환장애·기억력 감퇴와 같은 증상들을 관찰할 수 있다.

18 영양교사가 여학교에서 가장 많은 상담을 받는 내용은 비만에 대한 영양상담이다. 비만을 상담하기 전에는 학생의 영양상태 혹은 신체 상태를 알기 위해 BMI지수, 체지방 분석과 Inbody를 이용한 체성분 분석 등을 아는 것이 가장 중요하다. 비만은 여러 가지 다양한 이유에 의해 발생된다. 비만의 발생원인 5가지를 적고, 각각에 대해 청소년기 여학생들에게 필요한 교육 내용을 한 가지씩 적으시오.

원인	교육 내용
① : _____	① : _____
② : _____	② : _____
③ : _____	③ : _____
④ : _____	④ : _____
⑤ : _____	⑤ : _____

해설 비만의 원인은 단순한 과식에 의한 비만, 유전적 요인에 의한 비만, 운동 부족에 의한 비만, 내분비 문제에 의한 비만, 정신과 신경적 요인에 의한 비만으로 나누어진다. 각 원인을 정확하게 이해하고 학생들에게 미리 대비시킬 수 있는 방법을 적어 보도록 하자. 원인과 교육 내용이 맞다면 정답으로 인정받을 것이다.

19 비만을 분류하는 방법에는 지방구 모양에 따른 분류법과 지방 분포 부위에 따른 분류법이 있다. 비만은 근육량에 비해 많은 양의 지방이 몸에 축적된 것을 말하는데, 지방은 지방구의 형태로 몸에 축적되며 지방구의 형태에 따라 지방세포수 증가형, 지방세포 비대형과 혼합형으로 나누어진다. 각각에 대해 아래 빈칸을 채우시오.

구 분	지방세포수 증가형	지방세포 비대형	혼합형
지방구의 수			
지방구의 크기			
발생 시기			

해설 지방구 모양에 따른 비만의 종류를 묻는 아주 기본적인 문제이다. 본문의 내용을 참고하여 빈칸을 채우도록 하자.

20 비만을 분류하는 방법에는 지방구 모양에 따른 분류법과 지방 분포 부위에 따른 분류법이 있다. 비만은 근육량에 비해 많은 양의 지방이 몸에 축적된 것을 말하는데, 지방은 지방구의 형태로 몸에 축적된다. 여러 이유로 인해 지방구들이 주로 축적되는 신체 부위가 차이를 보이는데 지방 축적 부위에 따라 상체 비만, 하체 비만, 내장지방형 비만과 피하지방형 비만으로 나누어진다. 각각의 대표적인 특징을 2가지씩 쓰시오.

상체 비만

① : _____

② : _____

하체 비만

① : _____

② : _____

내장지방형 비만

① : _____

② : _____

피하지방형 비만

① : _____

② : _____

해설 비만을 나누는 방법 중 지방 분포 부위에 따른 분류를 설명하는 것이다. 각 비만의 특징은 본문 내용을 참고하여 간단히 적어 보도록 한다.

21 A는 2008년 영양교사로 여자 중학교에 부임되었다. 감수성이 예민한 시기의 여학생들로 자신의 몸에 대한 관심들이 많았다. 60% 정도 학생들의 경우 다이어트를 해 봤거나 현재 하고 있는 것으로 영양조사 결과 나타났다. 이들은 주로 2~3일을 그냥 굶고, 그 후 다시 식사를 하는 방식의 다이어트, 포도나 불고기만 먹는 다이어트를 하고 있는 것으로 나타났다. 이들의 다이어트가 잘못되었음을 기초대사율(BMR)과 적응성 에너지 소비량(adaptive energy expenditure) 개념이 들어가도록 3줄 이내로 설명하시오.

_____

_____

_____

해설 기존의 굶는 다이어트가 잘못되었음을 설명하고자 하는 것이다. 몸은 굶으면 적응성 에너지 소비량에 의해 섭취하는 식사량에 의해 기초대사율을 줄이게 된다. 이 경우 체내의 근육 조직을 줄이며, 다이어트가 끝난 후 다시 식사할 경우 기초대사량이 줄어 있기 때문에 더 많은 에너지를 비축하게 된다.

22 무작정 굶거나 한 가지 음식만 편식하는 여학생을 위해 영양교사가 교육해야 되는 교육 내용을 신체적·영양적 관점에서 3가지 쓰시오.

① : _____

② : _____

③ : _____

해설 한 가지 음식만을 먹거나 굶으면 철과 칼슘을 비롯한 많은 영양소가 부족하여 영양결핍으로 인해 골다공증, 빈혈, 저체중과 성장 저하 등이 나타날 수 있다.

23 한 학생이 비만에 대한 식사요법을 진행하고자 영양교사를 찾아왔다. 특별한 질병이나 질환이 없음은 의사 소견서와 보건교사를 통해 확인하였다. 영양교사로서 이 학생의 식사요법을 진행시키는 4단계 과정을 쓰고, 각 단계에서 주의해야 될 점이 무엇인지 1가지씩 설명하시오.

단계	주의할 점
① : _____	① : _____
② : _____	② : _____
③ : _____	③ : _____
④ : _____	④ : _____

해설 비만의 식사요법은 일반적으로 '영양판정 → 목표 칼로리 선정 → 식단 작성 → 식사요법과 운동의 병행 과정'의 4단계로 진행된다. 각 과정에서 주의시킬 내용을 스스로 생각해 보자. 너무 무리하지 않는, 실현이 가능한 목표 설정과 현 상황에 맞는 접근이 기본이다.

24 비만에 대한 식사요법을 진행함에 있어 꼭 실행 · 실천해야 할 행동지침 5가지를 적으시오.

① : _____

② : _____

③ : _____

④ : _____

⑤ : _____

해설 비만에 대한 식사요법과 더불어 꼭 진행하여야 할 식사지침은 아래와 같다.

> 1. 설탕과 같은 당분이 많이 들어간 음식은 피한다.
> 2. 섬유소 함량이 높은 음식을 많이 섭취한다.
> 3. 콜레스테롤과 동물성 지방의 섭취를 줄인다.
> 4. Na 섭취를 줄이고 가공식품의 이용을 삼간다.
> 5. 기름을 이용한 튀김과 부침 요리는 피하고, 삶거나 찌거나 굽는 방법을 이용한다.
> 6. 식사와 운동을 일정하게 진행한다.

25 최근 시중에서 GI(Glycemic Index)를 이용한 GI 다이어트가 유행하고 있다. GI 수치란 무엇이며, 다른 다이어트 법과 어떤 차이점이 있는지 4가지 쓰시오.

GI 수치의 정의 _____

차이점

① : _____

② : _____

③ : _____

④ : _____

해설 본문의 GI 다이어트 내용을 참고하여 스스로 이해하고 적어 보도록 한다.

26 여학생들이 자신의 신체에 불만을 느껴 다이어트를 통한 체중 감량에 관심을 갖는 데 비해, 남학생들은 오히려 자신의 저체중 때문에 고민하는 경우도 많다. 저체중은 비만과는 반대로 정상체중보다 15~20% 이상 체중이 적은 경우를 말한다. 이러한 저체중이 발생하는 원인 4가지를 적으시오.

① : _____

② : _____

③ : _____

④ : _____

> **해설** 저체중의 발생 원인은 무리한 운동과 신경과민, 소화기계질환, 거식증과 폭식증, 식욕중추의 이상, 지나친 영양소 배설과 영양소 대사 이상 등이다.

27 비만에 대한 식사요법과 마찬가지로 저체중에 대한 식사요법 역시 영양교사가 학교에서 주로 접하게 되는 영양상담 내용이다. 실제 저체중 상태에 있는 학생들에게 자주 나타나는 신체적 현상 5가지를 설명하시오.

① : _____

② : _____

③ : _____

④ : _____

⑤ : _____

> **해설** 저체중으로 인한 증상으로는 수척해짐, 체온 유지의 문제, 저혈압, 무월경과 임신 불가, 변비와 대인기피증 및 우울증 등이 있다.

28 어느 학생이 저체중 때문에 영양상담을 받으러 왔다. 이 학생의 경우 특별한 소화장애가 보이지 않으나 저체중 상태에 놓여 있다. 영양교사가 이 학생에게 제시해 줄 수 있는 식사요법과 관련된 실천방안을 4가지 적으시오.

① : _____

② : _____

③ : _____

④ : _____

> **해설** 이 학생은 소화장애를 보이지 않고 있으므로, 올바른 식습관의 정립과 올바른 식품 섭취 등의 방법을 지시함으로써 저체중을 이겨 낼 수 있을 것이다.

29 아토피를 일으키는 원인과 아토피를 일으키기 쉬운 음식을 5가지 적으시오.

① : _____

② : _____

③ : _____

④ : _____

⑤ : _____

해설 **해설** 본문의 내용을 참고한다.

30 과거 당뇨는 성인병의 대명사로 불리며 어른들의 질병으로 생각되어 왔다. 하지만 최근에는 소아 비만이 많아지면서 소아나 청소년의 당뇨도 나타나고 있다. 일반적으로 제시되고 있는 당뇨의 주요 원인 5가지를 적고 간단히 설명하시오.

원인	설명
① : _____	① : _____
② : _____	② : _____
③ : _____	③ : _____
④ : _____	④ : _____

해설 당뇨의 주요 원인에 대한 것은 이미 객관식 문제에서 많이 다루어 보았다. 여기서는 스스로 책에 있는 내용을 적고 정리 하여 보도록 하자. 서술형 시험에서는 '무엇을 알고 있느냐'보다, '아는 것을 어떻게 쓰느냐'가 더 중요하므로 안다고 해 서 그냥 넘어가지 말아야 한다.

31 제2형 당뇨 환자인 54세 C는 식사요법을 하고 있다. 〈보기〉의 식사요법 실천 사항 중 옳은 것만을 있는 대로 고른 것은? 기출문제

> **보기**
> ㄱ. 간식으로 혈당지수가 낮은 감자를 먹는다.
> ㄴ. 당질의 배분은 총에너지의 50~60%로 한다.
> ㄷ. 조림 요리에는 열량을 내지 않는 감미료인 아스파탐(aspartame)을 사용한다.
> ㄹ. 혈당 조절에 도움이 되는 펙틴(pectin), 구아검(guar gum) 등이 많이 함유된 식품을 섭 취한다.

① ㄱ, ㄴ   ② ㄴ, ㄷ   ③ ㄴ, ㄹ

④ ㄱ, ㄴ, ㄷ   ⑤ ㄴ, ㄷ, ㄹ

정답 ③

32 다음과 같은 고혈압 식사요법을 따를 때 혈압 강하 효과가 있는 무기질만으로 옳게 짝지은 것은? 기출문제

> 고혈압 식사요법의 원칙은 나트륨, 지방 섭취를 줄여 혈압을 낮추는 데 있다. 고혈압 식사
> 요법 중 하나인 DASH(Dietary Approach to stop Hypertension) 다이어트에서는 다음과
> 같은 식사요법을 제안한다.
>
> • 나트륨 : 섭취 제한
> • 설탕이 함유된 음료 : 섭취 제한
> • 전곡류, 채소, 과일, 콩류 : 섭취 권장
> • 유제품 : 저지방 혹은 무지방 형태로 섭취 권장
> • 육류, 가금류, 생선류 : 하루에 2교환 단위 이하로 섭취 제한

① 구리, 인, 칼슘   ② 불소, 아연, 철
③ 아연, 인, 칼슘   ④ 마그네슘, 철, 칼륨
⑤ 마그네슘, 칼륨, 칼슘

정답 ⑤

33 영양교사를 위한 식품 알레르기 교육 자료이다. 옳은 내용만을 있는 대로 고른 것은? 기출문제

> **식품 알레르기**
>
> 가. 식품 알레르기란 식품이나 식품첨가물을 섭취한 후 면역학적 기전에 의해 발생하는 부
> 적절한 반응을 의미합니다.
> 나. 식품 섭취 후 알레르기 증상이 급성으로 나타나는 경우 혈중 면역 글로불린 A(IgA)
> 수치가 증가하게 됩니다.
> 다. 식품 알레르기를 유발하는 주요 원인 식품으로는 계란, 우유, 갑각류, 견과류, 메밀, 과
> 일 등이 있습니다.
> 라. 식품 알레르기의 예방을 위해서는 인공 수유보다 모유 수유를 하고, 알레르기 가족력
> 이 있는 경우 이유식의 시작 시기를 늦추는 것이 좋습니다.
> 마. 식품 알레르기 치료를 위해서는 원인 식품의 섭취를 일생 동안 피해야 합니다.

① 가, 다   ② 나, 마   ③ 가, 나, 라
④ 가, 다, 라   ⑤ 나, 다, 마

정답 ④

34 다음은 일부 식품의 혈당지수(glycemic index ; GI)와 당부하 지수(glycemic locd ; GL)를 나타낸 것이다. 이와 관련된 설명으로 옳은 것만을 〈보기〉에서 있는 대로 고른 것은? 기출문제

구 분	혈당지수(GI)	당부하지수(GL)
구운 감자	85	26
삶은 감자	88	16
프렌치프라이	75	22
고구마	44	11

보기
ㄱ. 같은 식품이라도 조리 방법에 따라 혈당 상승 정도가 달라진다.
ㄴ. 고구마는 삶은 감자에 비해 혈당을 천천히 증가시키므로 포만감을 더 느끼게 한다.
ㄷ. 당부하지수는 식품의 1회 분량에 함유된 당질의 함량이 서로 다른 것을 보완하기 위해 만든 것이다.
ㄹ. 구운 감자의 혈당 지수 85란 구운 감자 50g을 섭취한 후의 혈당 상승 정도가 포도당 50g 을 섭취한 후의 85% 수준이라는 의미이다.

① ㄱ, ㄹ   ② ㄴ, ㄹ   ③ ㄱ, ㄴ, ㄷ
④ ㄱ, ㄴ, ㄹ   ⑤ ㄴ, ㄷ, ㄹ

정답 ③

35 대사증후군에 대한 설명으로 옳은 것만을 〈보기〉에서 있는 대로 고른 것은? 기출문제

보기
ㄱ. 심혈관계질환은 여러 위험 인자들이 복합적으로 나타나는 상태를 말한다.
ㄴ. 진단 기준 항목은 혈당, 혈압, 중성지방, LDL－콜레스테롤, 허리둘레의 5가지이다.
ㄷ. 진단 기준 항목 5가지 중 2가지 이상이 기준 초과에 해당되면 대사증후군으로 진단한다.
ㄹ. 허리둘레를 측정하는 이유는 대사증후군의 원인이 되는 인슐린 저항성과 관련이 높기 때문이다.

① ㄱ, ㄴ   ② ㄱ, ㄹ   ③ ㄱ, ㄴ, ㄷ
④ ㄱ, ㄷ, ㄹ   ⑤ ㄱ, ㄴ, ㄷ, ㄹ

정답 ②

36 다음 사례에서 남자 중학생 근석이가 받은 식사 관리 교육 내용으로 옳은 것만을 〈보기〉에서 있는 대로 고른 것은? 기출문제

> 3년 전 제1형 당뇨병으로 진단받은 근석이는 현재 신장 170cm, 체중 65kg이다. 일주일 전 친구들과 축구를 하다가 정신을 잃었으며 이때 혈당은 40mg/dL이었다. 응급 처치 후 운동, 약물 치료 및 식사 관리 교육을 받았다.

> 보기
> ㄱ. 혈당은 식사요법과 함께 경구 혈당강하제로 관리해야 한다.
> ㄴ. 운동 전 측정한 혈당의 수치가 300mg/dL가 넘으면 운동을 삼가야 한다.
> ㄷ. 운동 전 혈당이 80mg/dL 이하인 경우에는 빵, 과일 등의 간식 섭취가 필요하다.
> ㄹ. 수면 중 저혈당을 예방하기 위해서는 취침 전에 오렌지주스, 사탕, 꿀물 등을 먹도록 한다.

① ㄱ, ㄷ   ② ㄱ, ㄹ   ③ ㄴ, ㄷ
④ ㄱ, ㄴ, ㄹ   ⑤ ㄴ, ㄷ, ㄹ

정답 ③

37 다음 사례에서 간호사가 가장 먼저 해야 하는 중재로 옳은 것은? 기출문제

> 당뇨병으로 입원한 박 씨(남, 54세)는 중간형 인슐린(Neutral Protamine Hagedorn ; NPH)과 속효성 인슐린(Regular Insulin ; RI)을 아침 7시 30분에 투여받았으며, 8시에 아침 식사를 하였다. 박 씨는 오전 11시 경에 순회하고 있던 간호사에게 기운이 없으며 떨린다고 말하였고 당시 의식은 명료하였다.

① 50% 포도당을 정맥 주사한다.
② 고지방 우유를 마시도록 한다.
③ 혈당 검사로 혈당치를 확인한다.
④ 탄수화물과 단백질로 된 소량의 간식을 준다.
⑤ 클로르프로파미드(chlorpropamide, Diabinese)를 투여한다.

정답 ③

38 다음은 K씨의 건강검진 결과의 일부이다. K씨에 대한 식사요법으로 옳은 것을 〈보기〉에서 고르면?
기출문제

건강검진표

K씨(남자, 36세)

- 신장 : 170cm
- 체중 : 88kg

공복혈당	129mg/dL
HDL콜레스테롤	25mg/dL
중성지방	160mg/dL
혈압	140/90mmHg
WHR	0.91

보기
ㄱ. 감자보다 혈당지수(GI)가 낮은 고구마를 선택한다.
ㄴ. 중성지방을 감소시키기 위해 당일 위주의 식품을 선택한다.
ㄷ. 혈당을 감소시키기 위해 인공감미료 대신 과당을 선택한다.
ㄹ. 인슐린 저항성을 증가시키기 위해 섬유소가 풍부한 식품을 선택한다.
ㅁ. 열량 제한으로 인한 체단백 손실 방지를 위해 충분한 단백질 섭취가 권장된다.

① ㄱ, ㄴ ② ㄱ, ㅁ ③ ㄴ, ㄷ
④ ㄷ, ㄹ ⑤ ㄹ, ㅁ

정답 ②

39 비만의 식사요법에서 초저열량식이의 적용 대상 및 금기 대상의 설명으로 옳지 않은 것은? 기출문제

① 소모성 질환자에게 적용한다.
② 임신부 또는 수유부는 금기한다.
③ 17세~70세의 대상자에게 적용한다.
④ 1형 당뇨병 환자 및 통풍환자에게는 금기한다.
⑤ BMI 30 이상으로 다른 식사요법으로 효과를 보지 못한 사람에게 적용한다.

정답 ①

40 고혈압을 예방하는 식사 및 생활습관에 대한 설명으로 〈보기〉에서 옳은 것만을 모두 고른 것은? 기출문제

> 보기
> ㄱ. 적정체중을 유지한다.
> ㄴ. 소금 섭취를 제한하지 않는다.
> ㄷ. 콜레스테롤과 다가불포화지방산을 줄인다.
> ㄹ. 칼륨, 마그네슘, 칼슘, 섬유소 섭취를 제한한다.

① ㄱ   ② ㄹ   ③ ㄴ, ㄹ
④ ㄱ, ㄴ, ㄷ   ⑤ ㄴ, ㄷ, ㄹ

정답 ①

41 당뇨병의 영양소 대사 특징에 대한 설명으로 옳은 것은? 기출문제

① 수분 배설이 감소한다.   ② 케톤체 생성이 감소된다.
③ 근육단백질의 합성이 증가한다.   ④ 간에서 글리코겐 합성이 증가한다.
⑤ 말초 조직에서 포도당 이용률이 저하된다.

정답 ⑤

42 다음 A의 상태를 통해 알 수 있는 내용을 〈보기〉에서 모두 고른 것은? 기출문제

> A는 제1형 당뇨병으로 진단받고 관리하고 있었으나 근래에 갈증, 식욕부진, 호흡곤란 증세를 보이다가 갑자기 혼수상태로 응급실에 실려갔다. 소변검사에서 요당 양성반응이 나왔다.

> 보기
> ㄱ. 단백질 합성이 촉진되며 아미노산으로부터 당합성이 억제된다.
> ㄴ. 식사량은 지켰으나 인슐린을 시간에 맞추어 주사하지 않아서 나타난다.
> ㄷ. 지방조직의 지방 분해가 증가되어 혈액으로 유리지방산 방출이 많아진다.
> ㄹ. 혈당 농도를 높이기 위해 흡수가 빠른 가당 오렌지주스와 같은 당질을 신속히 섭취시킨다.
> ㅁ. 지방이 에너지로 이용되는 과정에서 불완전하게 연소되어 케톤체(ketone body)가 과다하게 생성된다.

① ㄱ, ㄴ   ② ㄴ, ㄹ   ③ ㄴ, ㄷ, ㅁ
④ ㄷ, ㄹ, ㅁ   ⑤ ㄱ, ㄷ, ㄹ, ㅁ

정답 ③

43 영양교사와 학생의 상담 내용에 대한 설명으로 옳은 것은? 기출문제

- 18세 남자 고등학생이다.
- 키 170cm, 몸무게 87kg이다.
- 평소 고지방과 고당질의 식사를 하였다.
- 본인은 어릴 때부터 소아비만이었다.
- 부모가 모두 비만이다.
- 영양교사는 체중 감량을 위해 식사요법, 운동요법 및 행동 수정을 제시하였다. 또한 표준 체중 63kg을 최종 목표로 하루 500kcal의 에너지 섭취량 감소를 조언하였고, 식사의 내용과 구성에 대하여 자세히 알려 주었다.

① 공복감을 해소하기 위해 간식으로 감자를 권한다.
② 정해진 시간에 소량의 식사를 자주 하면 인슐린 분비를 줄일 수 있다.
③ 제시한 대로 에너지 섭취를 줄이면 표준체중이 될 때까지 7개월 정도 걸린다.
④ 지방세포 비대형 비만(hypertrophic obesity)이므로 성인 비만보다 치료가 어렵다.
⑤ 식사요법으로 저열량, 저당질 식사를 장기적으로 하면 기초 대사율이 증가하므로 체중 감소에 효과적이다.

정답 ②

44 비만의 식이요법에 대한 〈보기〉의 설명에서 (가)~(다)에 적절한 것은? 기출문제

보기
비만 치료를 위한 식이요법을 할 때 에너지 섭취량을 너무 줄이면 단기간의 체중 감소에는 성공하나 소중한 근육을 잃게 되어 기초대사율이 떨어진다. 그러면 우리 몸은 점점 열량을 절약하게 되어 감량 후 일정 기간이 지나면 예전의 체중 혹은 그 이상으로 다시 살이 찌는 ___(가)___ 이(가) 일어난다. 체지방은 줄이고 근육은 보존하고 싶을 때 기초대사량만큼 섭취하도록 하는 방법이 있다. 기초대사량은 남녀의 체중, 신장, 나이를 대입하여 ___(나)___ (으)로 구하거나, 간단히 ___(다)___ 만 고려하는 방법으로 구할 수 있다.

	(가)	(나)	(다)
①	체지방 증가	브로젝(Brozek) 계산식	체중
②	요요현상	브로젝(Brozek) 계산식	신장
③	체지방 증가	헤리스-베네딕트(Harris-Benedict)식	신장
④	요요현상	헤리스-베네딕트(Harris-Benedict)식	체중
⑤	요요현상	헤리스-베네딕트(Harris-Benedict)식	나이

정답 ④

45 우리나라 당뇨병 환자들의 95%가 제2형 당뇨병 환자이다. 제2형 당뇨병 환자의 대사에 대한 설명으로 옳지 <u>않은</u> 것은? 기출문제

① 혈중 콜레스테롤 농도가 증가한다.
② 혈중 피루브산과 젖산이 상승한다.
③ 뇨 중 요소(urea)의 배설량이 증가한다.
④ 분지 아미노산인 발린, 루신, 이소루신 등의 혈중 농도가 감소한다.
⑤ 알라닌과 같은 일부 아미노산은 당신생(gluconeogenesis)을 통해 포도당으로 전환된다.

정답 ④

46 제1형 당뇨병으로 진단받은 초등학생의 부모를 대상으로 하는 보건교육 내용으로 옳은 것을 〈보기〉에서 모두 고른 것은? 기출문제

> 보기
> ㄱ. 하루 세 번 규칙적으로 식사하게 하고, 간식은 주지 않는다.
> ㄴ. 저혈당 시에는 다뇨, 다갈, 둔감한 감각, 느리고 약한 맥박 등이 나타난다.
> ㄷ. 고혈당 시에는 케톤산증을 일으킬 가능성이 높다.
> ㄹ. 혈당이 300~400mg/dL 이상인 경우에는 강도가 높은 운동을 하도록 한다.
> ㅁ. 당화혈색소(HbA1C) 검사치는 혈당 조절 상태를 반영한다.

① ㄱ, ㄴ   ② ㄷ, ㅁ   ③ ㄱ, ㄹ, ㅁ
④ ㄴ, ㄷ, ㄹ   ⑤ ㄷ, ㄹ, ㅁ

정답 ②

47 고혈압의 예방 및 치료를 위한 식사요법으로 옳지 <u>않은</u> 것은? 기출문제

① 고열량식을 섭취한다.
② 생채소 섭취량을 늘린다.
③ 가능한 한 국물은 마시지 않는다.
④ 육류보다는 두류, 견과류를 섭취한다.
⑤ 생선은 정제염을 뿌리지 않고 조리하여 섭취한다.

정답 ①

48 다음 〈보기〉에서 당뇨병에 대한 설명으로 옳은 것은? 기출문제

> **보기**
>
> ㄱ. 대표적 증상은 다뇨, 다갈, 다식이다.
> ㄴ. 합병증인 저혈당증은 120mg/dL 이하에서 발생한다.
> ㄷ. 인슐린 비의존성 당뇨병인 제2형은 주로 아동에게서 발생한다.
> ㄹ. 당뇨병성 케토산증으로 혼수상태일 때는 인슐린 투여 및 전해질과 수분을 공급한다.
> ㅁ. 저혈당의 초기 증상이 나타나면 오렌지주스, 설탕물이나 꿀물 등을 5~20g 정도 섭취한다.

① ㄱ, ㄴ, ㄷ   ② ㄱ, ㄴ, ㄹ   ③ ㄱ, ㄹ, ㅁ
④ ㄴ, ㄷ, ㅁ   ⑤ ㄷ, ㄹ, ㅁ

정답 ③

CHAPTER 04 학교 내에서 접할 수 있는 식사요법

여기서는 학생들에게 나타날 수 있는 질병에 대한 식사요법을 소개한다.

빈혈과 선천성 대사장애는 학생들에게 쉽게 나타나는 질환들이다. 빈혈은 여학생, 특히 성장기와 첫 월경이 겹치는 사춘기 여학생들에게 나타나는데 주로 철 부족에서 오는 경우가 많다. 철 부족의 경우 양질의 철 공급과 더불어 알맞은 식사요법을 진행하면 쉽게 치료할 수 있다. 선천성 대사장애는 태어나면서부터 가지고 있는 내부 신체 대사장애를 말한다. 이는 대부분 유전적인 이유나 어린 시절 앓았던 병에 의해 발생하는 경우가 많다. 선천성 대사장애는 치료가 까다롭기 때문에 식사요법을 이용하여 더 이상 악화되거나 문제가 생기지 않도록 주의를 기울여야 한다.

지금부터 빈혈, 변비, 골다공증과 골절, 거식증과 폭식증, 선천성 대사장애에 대해 살펴보도록 한다.

1 빈 혈

1) 빈혈의 종류

빈혈은 어지럼증을 수반하는 증상이다. 빈혈은 여러 요인에 의해 발생하는데 크게 소적혈구성 저색소성 빈혈Microcytic hypochromic anemia, 급성출혈에 의한 빈혈, 영양성분 부족에 의한 빈혈로 나눌 수 있다.

(1) 소적혈구성 저색소성 빈혈

혈구의 크기가 정상보다 작고, 색소 농도가 옅은 상태를 보이는 빈혈이다. 적혈구가 작기 때문에 충분한 양의 산소를 이동시키지 못하여 발생한다. 이 경우 적혈구의 수는 정상인 사람과 차이가 없다.

(2) 급성출혈에 의한 빈혈

적혈구가 만들어지는 속도보다 출혈에 의해 제거되는 속도가 더 빨라 체내에 적혈구가 부족해져서 나타나는 빈혈이다. 출혈을 막거나, 적혈구를 외부에서 공급시켜 주어야만 빈혈을 막을 수 있다.

(3) 영양성분 부족에 의한 빈혈

적혈구를 만드는 영양성분의 일부가 부족하여 충분한 양의 적혈구를 만들지 못해 나타나는 빈혈이다. 적혈구를 만드는 데 필요한 철, 단백질과 엽산 등의 비타민 흡수가 불충분하거나 공급이 부족한 경우 나타난다. 식사요법으로 치료될 수 있는 빈혈이 바로 영양성분 부족에 의한 빈혈이다.

2) 빈혈의 식사요법

앞에서 살펴본 빈혈의 종류 중 식사요법으로 치료될 수 있는 빈혈 몇 가지에 대한 식사요법을 살펴보도록 한다.

(1) 철 결핍성 빈혈

적혈구를 구성하는 철이 부족하여 적혈구 생성에도 부족이 생겨 나타나는 빈혈이다. 불충분한 철의 섭취와 흡수가 주요 원인이며, 만성 장내 출혈성궤양, 기생충과 치질, 암 등에 의해 혈액의 손실이 생길 경우도 발생한다. 성장기나 여성들의 임신기간, 월경기간 등에서도 나타날 수 있다. 혈액 중에 존재하는 적혈구의 양이 부족하기 때문에 발생하는 빈혈이다.

식사요법은 철의 체내 섭취량을 증가시키는 것이다. 그러기 위해 철의 공급량을 늘리고, 섭취하는 철 역시 체내에서 소화·흡수율이 높은 식품으로 고른다. 이 목적을 이루기 위해 철이 많이 들어 있는 간, 육류, 내장, 난황, 말린 과일, 땅콩 등을 식사에 많이 들어가게 한다. 또한 철과 더불어 적혈구 생성에 필요한 양질의 단백질 섭취 역시 늘리도록 한다. 비타민 C의 섭취는 철의 흡수를 증가시키기 때문에 매 끼 신선한 과일과 야채의 공급도 잊지 않도록 한다. 지방 섭취는 조혈식품에 대한 식욕 감퇴와 철 흡수 방해를 할 수 있으므로 사용에 주의한다. 식후의 녹차, 홍차, 커피 등은 철 흡수를 방해하기 때문에 마시지 않는다.

(2) 비타민 결핍에서 오는 빈혈

엽산 결핍과 비타민 B_{12} 결핍을 통해서도 빈혈이 생길 수 있다. 성장기나 임신기의 경우 엽산 사용률 증가로 인해 적혈구가 크기는 하지만 미성숙한 megaloblast를 만들게 된다. 이 경우 허약하고, 쉽게 숨이 차며, 입과 혀가 쓰린 현상이 나타난다. 엽산 섭취 증가를 위해 시금치, 아스파라거스, 간, 육류, 어류 등의 섭취를 늘린다. 엽산은 체내에 잘 축적되지 않고 가열에 의해 쉽게 파괴되므로, 엽산 공급에 매우 신경을 써야 한다. 비타민 B_{12}는 비타민 B군 중 하나로 엄격한 채식주의자에게 쉽게 나타난다. 비타민 B_{12}의 흡수에 필요한 위액의 내재적 인자 결여 등이 악성빈혈의 원인이 된다. 이 경우 식욕 감퇴, 체중 저하, 심계항진, 현기증 등의 증상이 나타난다. 심하면 편집증, 환각과 기억장애 등도 일어난다. 이들 증상은 비타민 B_{12}를 충분히 공급하면 전체적으로 호전된다.

(3) 단백질 결핍에서 오는 빈혈

골수의 자극이 감소되어 적혈구가 생성되지 않아 발생하는 빈혈이다. 동물성 단백질 중 핵단백질에 의해 이 현상이 호전될 수 있다.

(4) 악성빈혈

악성빈혈이란 비타민 B_{12}의 결핍과 위액의 내인적 인자의 결여로 거대적혈구성 저색소성 빈혈이 일어나는 것이다. 악성빈혈 환자에게는 고단백질 식사와 철, 비타민 강화 식사를 위주로 식사요법을 진행시킨다.

2 변비

변비란 결장 안에서 대변이 오랜 시간 머물러 있으면서 수분을 빼앗겨 단단해지고 배변이 어려워지는 현상으로, 그 결과 배변시간이 불규칙해진다. 대한민국의 여성 70% 정도는 증상의 차이는 있지만 변비를 가지고 있다. 이유는 여성의 신체 조직이 남성보다 복잡하기 때문이다. 변비는 종류에 따라 이완성 변비, 경련성 변비, 장애성 변비로 나눌 수 있다.

1) 이완성 변비(무기력성 변비)

이완성 변비는 노인이나 임산부, 비만자와 수술 후 환자처럼 직장의 예민성이 떨어졌거나 직장 활동이 느려져서 발생한다. 부적당한 음식 섭취나 불규칙한 식사와 배변시간, 약물 복용에 의해서도 일어날 수 있다. 이완성 변비의 증상으로는 식욕 부진, 구토, 트림, 복부의 팽만감, 두통, 혈흔, 피로감 등이 있다.

이완성 변비를 위한 식사요법에 따르면 규칙적인 식사시간을 지키고, 식이섬유가 많이 포함된 식품을 섭취시켜 변의 용적을 증가시키고, 장운동을 촉진시켜 배변작용을 용이하게 해야 한다. 또 백미나 하얀 밀가루보다는 현미와 통밀가루를 사용하여 식이섬유의 섭취를 늘리고 과일이나 야채 및 해조류의 섭취를 늘리는 것이 좋다. 지방 역시 촉변 작용을 하기 때문에 기름을 이용한 조리를 하고, 식이섬유는 체내에 흡수력이 크기 때문에 충분한 양의 수분 공급을 병행해 주어야 한다. 가스발생식품, 차가운 물이나 우유 등은 장운동을 촉진시키므로 섭취하여도 된다.

2) 경련성 변비(과민성 변비)

경련성 변비는 이완성 변비와 반대로 대장이 과민 상태여서 신경말단이 지나치게 수축되어 발생한다. 정신적 불안감, 스트레스, 과로가 원인이며 거친 음식 섭취나 과도한 커피·홍차·알코올 섭취가 원인이 되기도 한다. 항생제 과다 복용도 원인이 될 수 있다.

식사요법 시 이완성 변비와는 반대로 장에 자극을 주지 않는 저섬유식 식사를 실시한다. 잔사가 적은 식품을 주로 선택하며 불용성 식이섬유보다는 수용성 식이섬유를 섭취하여 장에 자극을 주는 것을 피해야 한다. 식이섬유가 적은 정제 곡류, 잘 다진 고기, 생선과 가금류, 저섬유소 채소와 과일 등을 주로 식단에 사용한다. 기름기는 가능한 한 줄이고 우유는 데워서 먹고, 너무 뜨겁거나 찬 음식은 가급적 피하도록 한다.

3) 장애성 변비

장애성 변비는 암, 종양, 장의 점착 등에 의해 장 내용물의 이동이 방해되거나 막혀서 발생하는 변비이다. 대부분 수술을 필요로 한다. 이 경우 장내 이동이 어려우므로 유동식이나 정맥주사 같은 방법으로 영양소를 공급하여야 한다.

3 골다공증

1) 골다공증의 일반적 내용

골다공증이란 뼈의 화학적 조성에는 이상이 없고 단위용적당 골질량이 감소된 상태로, 뼈 전체에서 골수강 등의 빈 부분을 제외한 뼈의 절대량이 감소된 상태라 할 수 있다. 말하자면 뼈가 정밀성을 잃고 거칠어진 상태이다. 골연화증은 골조직에서 석회염류가 빠져나가 본래의 굳기를 잃는 질환으로 자칫 골다공증과 혼동하기 쉽다. 그러나 골연화증의 경우 뼈의 절대량은 같더라도 아직 석회질이 되지 않은 골기질인 유골의 비율이 뼈에 비해 높으므로 골다공증과는 근본적으로 다르다.

골다공증은 특정 질환을 말하는 것이 아니므로 골질이 병적으로 줄어드는 이유에는 다양한 것들이 존재한다. 골다공증의 원인은 다음과 같다.

① 노인성 및 폐경 후 골다공증
② 내분비성 골다공증
③ 선천성 골다공증
④ 부동성 또는 외상성 골다공증 등

골다공증은 50세 이후 여성에게 많이 나타나고, 등이나 허리가 아픈 것이 주된 증상이다. 사회의 고령화에 따라 노인성 골다공증은 증가하는 추세이다. 이를 예방하기 위해서는 칼슘 함유량이 높은 음식(예 : 우유・해초・잔고기 등)이나 젖산, 칼슘 등을 섭취하는 것이 좋다. 요통은 급성기에 안정을 취하면 점차 일상적인 동작이 가능해진다. 이때 갑자기 무거운 물건을 들거나 넘어지는 일이 없도록 주의가 필요하다. 하지만 현대에는 과도한 다이어트에 의해 10대와 20대에 골다공증이 나타나 문제가 되고 있다. 특히 성장기의 중・고등학교 학생들이 날씬하고픈 욕망으로 영양소 공급을 충분히 하지 않아 조기에 골다공증이 나타나기도 한다.

칼슘 섭취량과 골질량과의 상호관계를 보면, 성인기의 최대 골질량에 달할 때까지는 칼슘을 충분히 섭취함으로써 골질량이 증가되어 최대 골질량을 유지할 수 있게 된다. 그러므로 성인기까지 충분한 칼슘 섭취를 통해 최대 골질량을 형성한 경우, 노년기의 뼈손실을 최소화할 수 있다. 그러나 실제로 중요한 것은 칼슘 섭취보다 칼슘 흡수량으로 이것이 골질량과 더욱 밀접한 관계가 있다. 폐경 후 또는 노년기 여성은 칼슘 흡수율이 떨어진다. 따라서 칼슘의 체내 흡수율 또는 이용률을 높일 수 있는 식품 선택, 칼슘 흡수 촉진인자와 동시에 섭취하는 방법, 일광욕 등이 골다공증의 예방과 치료에 매우 중요한 요인이 된다.

다음 그림 4-1은 연령별 골질량 변화에 대한 그래프이다. 최대 골질량을 나타내는 30대 중반에 충분한 골질량이 나타나지 않을 경우, 폐경 후인 50세 이후에는 골밀도가 골절 영역에 들어가 상시 골절 위험에 놓이게 된다. 따라서 젊은 시절의 충분한 칼슘 섭취가 중요하다.

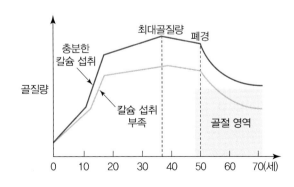

그림 4-1
**칼슘 섭취 부족 시
여성의 연령별
골질량의 변화 비교**

2) 골다공증의 식사요법

골다공증의 식사요법 시 지켜야 하는 기본적 내용은 다음과 같다.

① 언제나 균형 잡힌 식사를 하도록 노력한다.
② 칼슘 함량이 높은 식품을 섭취한다.
③ 과도한 알코올의 섭취를 금한다.
④ 음식의 간은 가능한 한 담백하게 한다.
⑤ 커피, 탄산음료 등의 섭취를 과도하게 하지 않는다.
⑥ 흡연을 금한다.
⑦ 적당한 운동을 규칙적으로 한다.

골다공증의 식사요법에는 몇몇 영양소에 대한 집중적인 관리가 필요하다. 골다공증과 연관이 깊은 영양소는 칼슘, 단백질, 비타민 D 등이 있다. 이들 영양소는 각각 다양한 메커니즘에 의해 골다공증에 영향을 주고 있어 아래와 같이 개별적인 관리가 필요하다.

(1) 칼 슘

골다공증의 진행에 있어 칼슘 섭취가 어떠한 영향을 미치는지는 아직 명확하지 않으나, 적정한 칼슘 섭취가 골질량의 감소를 억제하는 것으로 알려져 있다. 따라서 골다공증의 발생 위험이 있는 사람에게는 권장량보다 많은 하루 1,000~1,500mg의 칼슘 섭취가 바람직한 것으로 제안되고 있다. 이때 칼슘은 식품을 통해 섭취하는 것이 좋으며 우유나 유제품, 뼈째 먹는 생선이 칼슘의 좋은 급원이다. 칼슘 섭취 시 과량의 지방, 섬유소, 인산, 수산, 피틴산 섭취를 피해야 한다.

(2) 단백질

단백질을 충분하게 섭취하는 것은 최대 골질량의 형성과 유지에 중요하지만, 과잉 단백질 섭취(권장량의 2배)는 소변 중 칼슘의 과잉 배설을 초래하여 음(−)의 칼슘 평형을 나타내므로 칼슘 요구량을 증가시킨다. 이는 단백질에 함유되어 있는 함황 아미노산의 대사산물인 황산이 칼슘과 염을 형성하여 요를 통하여 배설되기 때문이다. 동물성 단백질은 식물성 단백질보다 칼슘의 배설효과가 더 크다. 따라서 뼈손실을 억제하기 위해서는 단백질을 권장량 이상 과잉 섭취하지 않는 것이 좋다.

(3) 비타민 D

칼슘 섭취가 불량하다면 비타민 D와 함께 섭취하는 것이 효과적이다. 노화가 진행됨에 따라 칼슘 흡수율이 감소되는 이유 중 하나는 비타민 D의 저장량이 감소하기 때문이다. 비타민 D는 칼슘 흡수와 골격의 석회화에 큰 영향을 미치는데, 칼슘 흡수

시 비타민 D는 활성형으로 전환되고, 이것이 장에서 칼슘 흡수를 결정하는 칼슘결합단백질의 합성을 촉진하는 호르몬으로 작용하므로 비타민 D의 체내 공급 증가는 칼슘 흡수를 증진시키게 된다. 프로비타민 D는 자외선에 노출되면 활성형 비타민 D로 전환되지만, 병원에 장기간 입원해 있거나 실내에서 많은 시간을 보내는 경우에는 별도의 비타민 D 섭취가 필요하다.

(4) 섬유소

섬유소는 장관 내에서 칼슘의 흡수율을 저하시키는 작용을 한다. 섬유소 자체뿐 아니라 섬유소를 많이 함유하고 있는 식품, 곡류나 채소류 중에는 소장 내에서 칼슘 흡수를 저해하는 피틴산 및 수산 등이 존재하고 있으므로 이들의 칼슘 흡수 저하효과도 문제가 된다. 고섬유식에 의해 대변 중 칼슘 배설량은 증가하고 칼슘 평형은 음(−)을 나타내므로 뼈손실을 막기 위해서는 식사 중 섬유소의 증가량에 따라 칼슘 섭취량을 증가시켜야 한다.

(5) 불소

골다공증 발생빈도에 대한 불소 섭취의 영향에 대해서는 잘 규명되어 있지 않지만, 불소 섭취량이 높은 지역에서 골다공증 발생빈도가 낮게 나타났다.

(6) 기타 요인

골다공증과 관련된 기타 요인으로 여러 가지가 제시되어 왔는데 그중에서도 체중, 알코올 섭취, 흡연, 카페인 등에 대한 내용이 많다. 체중은 골격에 물리적인 힘을 부가하므로 골질량과 높은 상관관계가 있는 것으로 제시되었다. 알코올 중독 환자는 뼈 형성량이 감소하고 골질량이 현저하게 감소하는데, 이것은 알코올이 직접 골아세포에 작용하여 뼈의 생성을 억제하고 소장에서의 칼슘 흡수를 저해하며 소변 중 칼슘 배설량을 증가시키기 때문이다. 대부분의 흡연 여성은 지방조직이 감소되어 에스트로겐의 생성이 저하된다. 이로 인해 흡연 여성의 골절률이 비흡연 여성보다 높게 나타난다. 카페인 섭취에 의한 칼슘 흡수량의 감소와 배설량 증가는 뼈손실을 초래하므로, 카페인도 골다공증 위험인자 중 하나로 볼 수 있다.

4 거식증과 폭식증

거식증과 폭식증은 대표적인 식사장애로, 정신의학적 용어로는 신경성 대식증, 신경성 식욕부진증이라고 한다. 현대사회가 외모를 중시함에 따라 다이어트 열풍을 불러오면서 젊은 여성들 사이에 체중에 대한 관심도가 높아져 식이장애에 대한 진단과 치료가 중요해지고 있다. 식사장애의 원인을 명확하게 말하기는 어렵고 진단은 내과·정신과적 평가, 영양상태와 사회·직업적 평가로 이루어지며 자세한 임상 양상은 다음과 같다.

거식증의 특징은 음식을 거부하여 체중이 정상체중의 15% 이상 감소하는 것으로, 여성에게서의 평생 유병률은 0.5% 정도이다. 이 병에 걸린 환자들은 미달 체중임에도 불구하고 체중 증가나 비만에 대한 극도의 두려움을 가지고 체중을 줄이려 한다. 그들은 체중을 지나치게 자주 측정하고, 끊임없이 거울을 들여다보며, 월경이 나타나지 않고(무월경), 기초대사가 저하되는 등 신체적 변화가 오며, 심지어 생명을 위협할 정도에 이르기도 한다. 대개 체중 감소에 대한 문제가 아니라 신체적 문제로 병원에 방문하게 된다.

폭식증은 다량의 음식을 빨리 먹는 패턴을 보이는 장애로, 종류로는 신경성 대식증과 폭식장애가 있다. 신경성 대식증은 많은 양의 음식을 빠른 속도로 먹어치우고 배가 부름에도 불구하고 식사조절력을 상실한 상태이다. 폭식을 한 후에는 체중 증가라는 결과가 두려워 구토하거나 하제·이뇨제 복용, 심한 운동과 다이어트를 반복하게 된다. 거식증보다 더 빈번하여 젊은 여성들에게서 1~3%의 유병률이 추정된다. 대부분의 환자는 자신들의 식사 양상을 숨기려 한다. 과거에 비만했던 경우에 흔히 일어나며 특징적으로 대개 정상체중 범위에 들어가 있다. 폭식장애는 비만한 사람 중 20~30%에서 충동적으로 폭식을 한 후 제거행동을 보이지 않는다는 점에서 신경성 대식증과 차이가 있고, 이들은 대개 신체장애를 보이지 않아 신경성 대식증이나 식욕부진증과는 차이가 있다. 대부분이 비만하기 때문에 자신의 체형에 불만족하지만, 체형이나 신체 크기에 병적인 왜곡을 보이거나 비정상적으로 마른 체형을 추구하지 않는다.

이들 식사장애 환자들은 신체적 합병증 외에 우울증, 불안증, 알코올 중독, 인격 장애 등의 다른 정신과적 질환을 동반하기도 한다. 따라서 신체적 합병증의 치료, 식사행동의 교정, 정상적인 식사습관의 습득, 체중 증가를 위한 영양관리 및 교육, 식사장애의 핵심이 되는 인지적 왜곡 및 정신역동적 문제 등을 다루기 위한 정신치료적 접근, 동반된 정신과적 장애의 치료를 실시한다.

미국 정신의학회에서는 거식증과 폭식증을 신경적 질환으로 보고 거식증과 폭식증을 진단할 수 있는 기준을 정하여 다음과 같이 발표하였다.

 미국 정신의학회가 제시하는 신경성 대식증(폭식증)의 진단 기준

- 되풀이되는 통제 불가능한 폭식 양상(일정 시간 안에 남들보다 확실히 많이 먹음)
- 폭식 후에 체중 증가를 막기 위한 행동(스스로 토하기, 설사제·이뇨제 복용, 심한 운동 등)
- 위의 두 가지 양상이 3개월 동안 주 2회 이상 나타남
- 자신의 외모, 체중에 대한 불만족

미국 정신의학회가 제시하는 신경성 식욕부진증(거식증)의 진단 기준

- 나이와 키에 맞는 최소한의 정상 범위 체중을 유지하는 것에 대한 거부감
- 체중 미달임에도 살찌는 것에 대한 심한 공포감
- 체중·몸매에 대한 판단력 장애로 현재의 심각한 체중 미달을 부인, 그리고 자기평가를 체중과 외모에 과도하게 치중함
- 월경을 하는 여성에게 3회 이상 월경주기가 없어짐

다음은 위에서 소개한 거식증과 폭식증에 대한 내용을 정리한 표이다.

표 4-1
거식증 환자와
폭식증 환자의
비교

거식증 환자	폭식증 환자
• 체중 감소로 인한 저체중 상태 • 비만에 대한 두려움에 의한 거식 • 살을 빼기 위한 심한 운동과 활동 • 저체중에 의한 3회 이상의 무월경 • 정신적인 이유로 인한 저체중이기 때문에 신체적 질환은 없음 • 시간이 지나면 섭식중추의 문제로 인해 폭식증으로 옮겨 가게 됨	• 체중은 정상 혹은 과체중이 많음 • 비만에 대한 두려움이 강함 • 폭식 후 비만에 대한 두려움으로 먹은 것을 구토하는 섭식을 함 • 위와 같은 섭식을 1주일에 한 번 이상 함 • 섭식 패턴이 비정상적임을 알고 있음 • 중추신경계의 문제도 같이 발생

5 선천성 대사장애

선천성 대사장애는 어려서부터 선천적으로 가지고 태어나는 신체 대사 이상을 말한다. 대사장애는 정신 둔화, 근육 쇠약, 근육 비대, 신부전, 빈혈 등을 포함하는 다양한 증상을 보인다. 그중 식사요법을 통해 치료가 되는 대사장애 증상들을 표로 요약하였다.

표 4-2
식사요법으로
치료되는
대사장애

구 분	질병명	결 핍
당 질	• 갈락토오스혈증(Galactosemia) • 1차적 lactose 결핍증 • 유전성 과당 불내증 • 이당류의 소화불량증 • Glycogen 저장 질병	• Galactose-1-phosphate uridyl transferase의 결핍 • 소장 lactase의 결핍 • Fructose-1,6-diphosphatase의 결핍 • Disaccharidase의 결핍
지 방	• 과지질 단백혈증 (Hyperlipoproteinemia)	(유전적 고콜레스테롤혈증)

(계속)

구 분	질병명	결 핍
아미노산	• 페놀케톤뇨증(Phenylketonuria) • 시스닌뇨(Cystinuria) • 호모시스틴뇨증(Homocystinuria) • 단풍당밀뇨증(Maple syrup urine disease)	• 간성 phenylalanine hydrolase의 결핍 • Cystine 분해의 장애 • Methionine 대사장애
무기질	• 선단피부염(Acrodermatitis) • 윌슨씨병(Wilson's diswase) • 장질병(Enteropathica)	• 아연 흡수의 결여 • 구리 대사의 장애
기 타	• 낭포성 섬유증(Cystic fibrosis) • 통풍(Gout) • 유기성 산혈증(Organic acidemia) • 과암모니아혈증(Hyperammonemia)	• 췌장 부전 • 요산 대사의 이상 • 측쇄 아미노산 대사의 장애 • 요소회로에서 여러 단계의 저장

표 4-2에서 소개한 여러 대사 장애 중에서 대표적인 몇 가지를 자세히 살펴보도록 한다.

1) 페닐케톤뇨증

페닐케톤뇨증Phenylketonuria ; PKU은 선천적으로 필수아미노산인 phenylalanine을 tyrosine으로 전화하는 phenylketone hydroxylase가 선천적으로 결핍되어 혈액 속과 소변 속에 phenylketone체가 증가하는 현상이다. 이럴 경우 phenylalanine과 중간 대사산물의 축적으로 구토, 습진, 담갈색 머리, 흰 피부, 운동 발달 지연, 지능 저하 등의 현상들이 나타난다.

페닐케톤뇨증을 위한 식사요법은 혈청 phenylalanine의 상승과 지능장애의 방지를 위해 phenylalanine의 섭취를 조절하는 것이다. 하지만 이 경우에도 phenylalanine를 전혀 공급하지 않으면 성장과 발달에 문제가 생기므로 성장과 발달에 필요한 적정량의 phenylalanine은 공급하여야 한다. 일반적으로 2~6mg/100mL 혹은 200~500mg/day의 정도로 phenylalanine의 공급량을 조절한다. Phenylalanine의 함량이 높은 저온살균 우유, 육류, 생선류, 알류, 치즈, 과실과 채소류 등의 섭취도 줄인다. 하지만 그 외의 열량, 단백질, 지방, 비타민 등은 정상 아동과 동일하게 공급한다. 영아기에는 phenylalanine의 함량을 줄이거나 제거한 분유를 먹이고, 이유식기에는 phenylalanine의 함량이 적은 음식으로 이유식을 만들어 먹인다. 학령기 아동의 경우는 우유를 치료용 조제분유로 대치하고, 학교급식에 공급되는 고기·생선·달걀을 섭취하지 않도록 주의시킨다. 치료용 조제분유는 조미료 맛이 나서 먹지 않는 경우가 있으므로 다양한 방법을 개발하여 masking시켜 섭취하도록 한다.

2) 갈락토오스혈증

갈락토오스혈증Galactosemia은 갈락토오스를 글루코오스로 전환시키는 galactose-1-phosphate uridyl transferase가 결핍되어 있거나 부족하여 발생하는 질병이다. 이 경우 galactose-1-phosphate가 적혈구, 간, 비장, 안구의 렌즈, 신장, 심장, 근육과 뇌수 등에 축적되어 위장장애, 체중 감소, 황달 등을 일으킨다. 이는 초기에 조치를 취하지 않으면 6~12개월 후에 정신장애가 나타날 수 있다. 또한 저혈당증과 그램 음성균에 감염되기 쉬워 이 상태가 지속되면 패혈증으로 사망할 수 있다. Galactokinase의 결핍은 갈락토오스의 축적을 불러와 백내장을 일으켜 실명하게 만들 수도 있다.

갈락토오스혈증의 식사요법은 갈락토오스 함유 식품의 섭취를 제한하여 합병증을 미리 막는 것이다. 식사요법을 진행함에 있어 갈락토오스가 많이 들어 있는 우유, 탈지유, 카세인, 유당과 유당식품을 제한하여야 한다. 이런 식품들은 갈락토오스가 들어 있지 않은 카세인 가수분해물, 젖산, lactoalbumin 등으로 대체하여 공급한다. 두유를 공급하는 것도 좋은 방법이다. 갈락토오스는 내장육인 간, 췌장에도 많이 포함되어 있어 섭취를 제한해야 하며, 조미료인 MSG의 사용 역시 제한하여야 한다.

3) 과당불내증

과당불내증Fructose intolerance은 fructose-1-phosphatase 결핍에 의해 발생하는 과당뇨증이다. 유전적인 요인에 의해 주로 발생하며, 본태성 과당뇨는 드물게 나타난다. Fructose-1-phosphate aldolase의 결핍은 심한 구토와 저혈색소성 빈혈, 저혈당증, 황달, 간종 등의 증상을 일으키며, 최종적으로는 아미노산 대사 이상으로 산독증을 유발시킨다. fructose-1,6-diphosphtase 결핍 시 저혈당증, 간종, 저혈압, 산독증이 나타난다.

과당불내증의 식사요법은 식사에서 모든 설탕과 과당을 제한하는 것이다. 과일 중에도 과당과 설탕이 많이 들어 있는 것이 있기 때문에, 과일의 섭취 역시 제한하여야 한다. 이 경우 과일에 존재하는 비타민의 섭취 부족이 발생하기 때문에 비타민 보충제를 사용하여야 한다. 대체감미료로 전화당Invert sugar, 솔비톨Sorbitol과 levulose를 비경구적으로 급여하여서는 안 된다. 이 경우 심한 토사와 저혈당증이 발생하여 사망에 이를 수도 있다. 조제분유는 설탕을 첨가하므로 모유아보다 더 심한 과당불내증을 일으킬 수 있으므로 피하는 것이 좋다.

과당불내증 환자들이 피해야 할 식품은 표 4-3에 요약해 두었다.

구 분	내 용
유제품	과당이나 설탕 함유 조제분유, 가당연유, 가당농축우유, 초콜릿 우유와 같은 유음료 혹은 가공유, 아이스크림
육 류	당류가 첨가된 햄, 소시지, 베이컨
유지류	마요네즈, 땅콩버터, 샐러드 드레싱
곡 류	설탕이 붙어 있는 시리얼류, 탈지된 밀배아
후 식	설탕, 당밀, 초콜릿우유로 만든 초코칩쿠키, 케이크와 기타 후식
감자류	고구마, 보통 조리한 감자
채소류	모든 채소 및 채소주스
과일류	모든 과일 및 과일주스
기 타	흑설탕, 갈색설탕, 솔비톨, 꿀, 젤리, 시럽, 잼, 코코넛 및 코코넛우유

표 4-3
과당불내증
환자들의
금기식품

4) 통풍

통풍Gout은 핵산을 구성하는 퓨린의 대사 이상으로 고요산혈증에 의해 일어난다. 요산 분해 작용이 감퇴되었거나 요산 배설 능력이 감퇴되었거나, 요산의 생성량이 늘어나서 체내에 요산이 축적되는 증상이다. 이 경우 요산염이 관절에 결정을 이루어 흡착되어 요산염 결정유발성 관절염을 일으킨다. 또한 요산결정은 연골, 관절낭 및 주위의 연부조직에도 흡착하여 심한 자극을 주어 강한 통증을 느끼게 만든다.

통풍을 위한 식사요법을 살펴보면, 일반적으로 비만할 경우 통풍 발생이 많이 일어나므로 체중 조절을 위해 열량 섭취를 조절한다. 극단적인 고단백질·고지방식은 피하며, 수분은 가능한 한 많이 섭취하도록 한다. 하지만 신장이나 심장에 장애가 있는 사람이 수분을 많이 섭취하면 신장과 심장에 부담을 주므로 알맞게 섭취하도록 한다. 과음은 피해야 하며 소금 섭취 역시 제한하여야 한다. 퓨린체가 많이 함유되어 있는 식품의 장기간 섭취도 피해야 한다. 단백질 섭취는 일반적으로 1~1.2g/kg 정도가 적당하다. 퓨린은 간, 콩팥, 골, 육수, 멸치젓 등에 많이 함유되어 있으므로 섭취를 피하도록 한다.

01 다음은 ○○여자고등학교 홈페이지 비밀 게시판에 올라온 글이다. 이 글을 작성한 학생에게 의심되는 섭식장애의 명칭을 쓰시오. 그리고 습관적인 구토로 인하여 이 학생에게 외관상 나타날 수 있는 신체적 징후 3가지를 구체적인 이유와 함께 각각 서술하시오. [4점] [영양기출]

비밀 게시판

어제는 저녁 7시에 뷔페에 들어갔는데 9시도 되기 전에 쫓겨났다.

많이 먹는다고 쫓아내다니 그게 무슨 뷔페야.

할 수 없이 집에 돌아와 라면 2봉지를 끓여 먹고 토했다.

먹다 말고 그만 먹으면 토하기도 힘들어서

변비약을 먹고 밤새 설사를 했더니 기운이 없다.

매번 토하는 데도 내 허벅지는 여전히 코끼리 같다.

남들이 다 내 다리만 쳐다보는 것 같다.

집에서는 가족들이 알게 될까 두려워 못 먹겠고

뷔페도 몇 번 가면 직원들이 나를 알아보는 것 같고

돈도 너무 많이 들어서 이제는 그만하고 싶지만

나도 내 자신을 어쩔 수가 없다.

키가 나보다 큰 아이돌 가수도 몸무게가 45kg이라는데 …

그러면 나는 15kg이나 더 빼야 하고 키도 커야 되는데 …

섭식장애의 명칭 _____

신체적 징후 _____

_____

_____

_____

02 다음은 고등학교 보건교사가 작성한 교수·학습 지도안이다. 작성 방법에 따라 순서대로 서술하시오. [4점] 유사기출

교수·학습 지도안			
단 원	정신 건강	보건교사	박○○
주 제	섭식장애/인지 행동 치료기법	대 상	2학년
차 시	2/3	장 소	2−1 교실
학습목표	• 주요 섭식장애의 유형과 특성을 이해할 수 있다. • 인지 행동 치료기법의 종류를 설명할 수 있다.		
단 계	교수·학습 내용		시간
도 입	• 전시 학습 확인 • 동기 유발 : 섭식장애에 관한 동영상 시청 • 본시 학습 문제 확인		5분
전 개	1. 섭식장애의 유형과 특성 (①) • 지나치게 음식물 섭취를 제한함 • 체중 증가나 비만에 대한 극심한 두려움이 있음 • 체중 증가를 막기 위한 행동을 지속함 • 심각한 저체중 상태이나 이에 대한 심각성을 인지하지 못함 (②) • 식사 조절감을 상실함 • 반복적이고 부적절하게 스스로 구토를 유발하거나, 이뇨제나 설사제 등을 복용함 • 자기 가치에 대한 평가에 체형과 체중이 과도하게 영향을 미침 • 최소 3개월 동안 일주일에 1회 이상 지나치게 많은 양의 음식을 섭취하고 부적절한 보상 행동이 나타남 2. 인지 행동 치료기법의 종류 　가. ③ <u>자기감시법(self-monitoring)</u> 　나. ④ <u>형성법(shaping)</u> 　　　　　　 … (하략) …		35분

작성 방법
• 괄호 안의 ①, ②에 해당하는 섭식장애 유형을 순서대로 제시할 것
• 밑줄 친 ③의 목적을 서술할 것
• 밑줄 친 ④의 개념을 서술할 것

03 고등학교 2학년 여학생이 가끔 빈혈을 일으키면서 학습능력이 저하되는 것을 느끼고 있다. 신체검사 결과 헤모글로빈 농도가 7g/㎗이었다. 이 여학생에게 부족한 무기질의 기능과 그 영양소의 흡수율을 증가시키는 인자를 각각 2가지씩 쓰시오. 기출문제

> 기능

① : _____

② : _____

> 증가시키는 인자

① : _____

② : _____

해설 고등학교 여학생의 빈혈은 일반적으로 철 결핍에서 오는 빈혈일 가능성이 크다. 따라서 이 여학생에게 부족한 무기질은 철로 철은 헤모글로빈의 합성에 관여하고, 부족 시 점막세포의 위축과 손톱의 연화 증상이 나타난다. 또한 철이 부족할 경우 cytochrome 부족에 의해 전자전달계의 기능이 감소하게 된다. 철의 흡수를 증가시키는 인자로는 Vit-C&Vit-B$_{12}$가 있다. 지방, 녹차, 홍차와 커피는 흡수를 저하시킨다.

04 중고등학교 여학생의 경우 성장이 완전히 멈추지 않은 상태에서 월경이 시작되어 빈혈이 발생하는 경우가 있다. 또는 임신한 임신부의 경우 태아에 의해 빈혈이 오는 경우도 있다. 인간에게 발생하는 빈혈의 종류를 크게 소적혈구성 저색소성 빈혈, 급성출혈에 의한 빈혈, 영양성분 부족에 의한 빈혈이 있다. 각 빈혈의 특징에 대해 2줄 이내로 간단하게 설명하시오.

> 소적혈구성 저색소성 빈혈 _____

_____

> 급성출혈에 의한 빈혈 _____

_____

> 영양성분 부족에 의한 빈혈 _____

_____

해설 빈혈의 종류에 대해 묻고 있다. 소적혈구성 저색소성 빈혈은 혈구의 크기가 정상보다 작고, 색소 농도가 엷은 상태를 보이는 빈혈을 말한다. 적혈구가 작기 때문에 충분한 양의 산소를 이동시키지 못하여 발생하게 된다. 이 경우 적혈구의 수에서는 정상인 사람과 차이가 없다. 급성출혈에 의한 빈혈은 적혈구가 만들어지는 속도보다 출혈에 의해 제거되는 속도가 더 빨라 체내에 적혈구가 부족하게 되어 나타나는 빈혈이다. 출혈을 막거나, 적혈구를 외부에서 공급시켜 주어야만 빈혈 현상을 막을 수 있다. 영양성분 부족에 의한 빈혈은 적혈구를 만드는 영양성분의 일부가 부족하여 충분한 양의 적혈구를 만들지 못해 나타나는 빈혈이다. 적혈구를 만드는 데 필요한 철, 단백질과 엽산 등의 비타민 등의 흡수가 불충분하거나 공급이 부족한 경우 나타난다. 식사요법으로 치료될 수 있는 빈혈이 바로 영양성분 부족에 의한 빈혈이다.

05 고등학교 2학년 여학생이 가끔 빈혈을 일으키면서 학습능력이 저하되는 것을 느끼고 있다. 신체검사 결과 헤모글로빈 농도가 7g/dl이었다. 영양조사를 통해 본 결과, 이 학생은 충분량의 철을 식사를 통해 공급받고 있는 것으로 나타났다. 이 경우 이 학생에게 식사를 통해 공급하여야 하는 영양소가 무엇인지 3가지 설명하고, 각 영양소의 공급을 위해 섭취해야 되는 식품을 각각 2가지씩 쓰시오.

영양소	식품 1	식품 2
① : _____	① : _____	① : _____
② : _____	② : _____	② : _____
③ : _____	③ : _____	③ : _____

> **해설** 이 학생의 경우 철 부족에서 오는 빈혈은 아니므로 빈혈의 원인이 비타민이나 단백질 결핍으로 생각된다. 따라서 Vit-C, Vit-B$_{12}$와 단백질 식품을 통해 원활하게 공급받도록 한다.

06 여성들에게 변비는 매우 흔하게 나타나는 소화기 장애 증상이다. 변비란 결장 안에서 대변이 오랜 시간 머물러 있으면서 수분을 빼앗겨 변이 단단해지고 배변이 어려워지는 증상을 말한다. 변비는 원인에 따라 이완성 변비, 경련성 변비와 장애성 변비로 나누어진다. 이 중 이완성 변비의 원인과 식사요법 중 특이한 점 3가지를 적으시오.

이완성 변비의 원인 _____

_____

식사요법

① : _____

② : _____

③ : _____

> **해설** 이완성 변비는 장이 무기력해져서 발생하는 변비로, 식이섬유와 지방의 공급을 통해 호전시킬 수 있다. 자세한 내용은 본문을 참고하도록 한다.

07 여성들에게 변비는 매우 흔하게 나타나는 소화기 장애 증상이다. 변비란 결장 안에서 대변이 오랜 시간 머물러 있으면서 수분을 빼앗겨 변이 단단해지고 배변이 어려워지는 증상을 말한다. 변비는 원인에 따라 이완성 변비, 경련성 변비와 장애성 변비로 나누어진다. 이 중 경련성 변비의 원인과 식사요법 중 특이한 점 3가지를 적으시오.

경련성 변비의 원인 _____

_____

식사요법

① : _____

② : _____

③ : _____

해설 경련성 변비는 이완성과는 반대로 장이 너무 예민해서 발생한다. 이 경우 장을 자극하는 식이섬유 등의 섭취를 제한하고
소화가 쉽고 부드러운 식사패턴으로 식이요법을 진행하도록 한다.

08 다음 그래프는 연령과 칼슘 섭취에 따른 골질량의 변화를 나타낸 것이다. 그래프를 보고 칼슘을 충
분히 섭취해야 하는 이유를 골질량과 골절 측면에서 각각 1가지씩 1줄 이내로 쓰시오. 기출문제

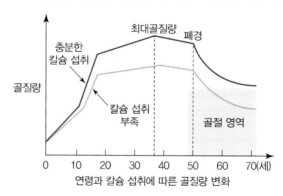

연령과 칼슘 섭취에 따른 골질량 변화

골질량 측면 _____

골절 측면 _____

해설 골다공증과 골절에 대한 내용을 묻고 있다. 본문에 똑같은 그래프를 제시하면서 설명해 놓았으니 읽고 답을 적어 보도록
하자. 그래프 읽는 방법을 알아야 이런 유형의 문제에 대비할 수 있을 것이다.

09 골다공증 환자의 경우, 칼슘의 흡수와 이용을 방해하는 식사를 제한하여 칼슘의 체내 흡수율을 높
여야 한다. 골다공증 환자가 피해야 할 식사요법을 2가지만 쓰시오. 기출문제

① : _____

② : _____

해설 골다공증 환자가 피해야 될 식습관으로는 아래와 같은 것들이 있다.
　　1. 술, 커피, 소금과 설탕을 피한다.
　　2. 콜라 등 청량음료는 인이 많이 함유되어 있어 피하도록 한다.
　　3. 커피는 하루 2잔으로 제한하고, 음식은 싱겁고 달지 않게 먹는다.

10 최근 다이어트에 대한 관심이 고조되고 있는 가운데, 일부 여학생의 과도한 다이어트로 인하여 여러 가지 문제가 야기되고 있다. 이러한 여학생의 과도한 다이어트로 인하여 나타날 수 있는 정신적 문제와 신체적 문제를 3가지만 기술하시오. 기출문제

① : _____

② : _____

③ : _____

해설 과도한 다이어트로 인해 발생할 수 있는 문제는 크게 정신적인 것과 신체적인 것으로 나눌 수 있다.
1. 과도한 다이어트의 결과 거식증과 살찌는 것에 대한 막연한 혐오심이 생길 수 있다.
2. 영양소 부족에 의한 빈혈, 골다공증, 생리불순과 임신불능 등의 신체적 문제가 생길 수 있다.
3. 전체적으로 발육부진과 기초대사량 저하 등의 문제가 발생한다.

11 다음 글을 읽고 '신경성 식욕부진'으로 진단할 수 있는 중요한 신체적 증상 5가지와 식사요법 3가지를 쓰시오. 기출문제

> 중학교 3학년 여학생이 어지러움이 심해 친구의 부축을 받고 보건실을 방문하였다. 상담을 하던 보건교사는 학생이 마른 체형임에도 불구하고 최근 식이 감량을 하면서 운동에 지나치게 몰두하고 체중 조절 약물을 사용하고 있다는 사실을 파악하고 '신경성 식욕부진'을 의심하게 되었다.

신체적 증상

① : _____

② : _____

③ : _____

④ : _____

⑤ : _____

식사요법

① : _____

② : _____

③ : _____

해설 신경성 식욕부진은 일명 거식증이라 불린다. 거식증의 경우 다음과 같은 신체적 증상이 나타난다.
1. 정상체중 대비 15% 이상의 체중 감소가 나타난다.
2. 지나치게 체중을 자주 잰다.
3. 거울을 끊임없이 들여다본다.

4. 월경이 있어야 할 때 나타나지 않는다.
5. 기초대사가 저하된다.

이런 거식증을 치료하기 위해서는 다음과 같은 식사요법을 진행시킨다.
1. 신체적 합병증의 치료를 실시한다.
2. 식사행동을 정상적으로 교정하도록 한다.
3. 체중 증가를 위한 영양관리와 교육을 진행한다.
4. 정신적 치료를 실시한다.

12 미국정신의학회(American Psychiatric Association)에서 제시한 거식증(대식증, Bulimia)의 진단 기준 5가지를 쓰시오. 기출문제

① : _____

② : _____

③ : _____

④ : _____

⑤ : _____

해설 미국 정신의학회에 의하면 거식증은 다음과 같은 증상을 통해 진단할 수 있다.
• 나이와 키에 비해 최소한의 정상 범위 체중을 유지하는 것에 대한 거부감
• 체중 미달임에도 살찌는 것에 대한 심한 공포감
• 체중·몸매에 대한 판단력의 장애로 현재의 심각한 체중 미달을 부인하고 자기평가를 체중과 외모에 과도하게 치중함
• 월경을 하는 여성에게서 3회 이상의 월경주기가 없어짐

13 미국정신의학회(American Psychiatric Association)에서 제시한 신경성 대식증(신경성 폭식증)의 진단 기준 4가지를 쓰시오.

① : _____

② : _____

③ : _____

④ : _____

해설 미국 정신의학회에 의하면 폭식증은 다음과 같은 증상을 통해 진단할 수 있다.
• 되풀이되는 통제 불가능한 폭식 양상(일정 시간 안에 남들보다 확실히 많이 먹음)
• 폭식 후에 체중 증가를 막기 위한 행동(스스로 토하기, 설사제, 이뇨제 복용, 심한 운동 등)
• 위의 두 가지 양상이 3개월 동안 주 2회 이상 나타남
• 자신의 외모, 체중에 대한 불만족

14 선천성대사장애는 어려서부터 선천적으로 가지고 태어나는 신체대사이상이다. 영양교사로서 학생들의 선천성대사장애는 꼭 체크해야 하는 중요 부분이다. 이 중 페닐케톤뇨증(Phenylketonuria)은 선천적으로 필수아미노산인 phenylalanine을 tyrosine으로 전화시키지 못해 혈액과 뇨 속에 phenylketone체가 증가하는 현상이다. 이 대사장애를 가지고 있는 학생에게 섭취를 줄여야 될 식품 종류 3가지를 쓰고, 학교급식 시 주의해야 될 사항을 3가지 적으시오.

식품

① : _____

② : _____

③ : _____

주의 사항

① : _____

② : _____

③ : _____

해설 PKU의 경우 저온살균우유, 육류, 생선류, 알류, 치즈, 과실과 채소류의 섭취를 줄여야 한다. 영양교사는 우유를 치료용 조제분유로 대치하고, 학교급식에 공급되는 고기, 생선, 달걀의 섭취를 하지 않도록 주의시켜야 한다. 치료용 조제분유는 조미료 맛이 나서 먹지 않는 경우가 있으므로 다양한 방법을 개발하여 masking시켜 섭취하도록 한다.

15 갈락토오스혈증은 갈락토오스를 글루코오스로 전환시키는 galactose-1-phosphate uridyl transferase가 결핍되어 있거나 부족하기 때문에 발생하는 질병이다. 이 질병에 의해 galactose-1-phosphate가 적혈구, 간, 비장, 안구의 렌즈, 신장과 심장 등에 축적되어 위장장애, 체중감소와 황달 등이 일어난다. 이 증상들 외에 갈락토오스혈증에 의해 발생할 수 있는 증상 3가지와 피해야 될 식품 3가지를 쓰시오.

증상

① : _____

② : _____

③ : _____

식품

① : _____

② : _____

③ : _____

갈락토오스혈증에 의해 위장장애, 체중 감소, 황달이 일어나며, 증상이 심해지면 정신장애도 일어날 수 있다. 그램 음성균에 감염되기 쉬워져 패혈증이 발생할 수도 있다. 이 대사이상이 있을 경우 우유, 탈지유, 카세인, 유당과 유당식품을 제한하여야 한다.

16 과당불내증은 fructose-1-phosphate 결핍에 의해 발생하는 과당뇨증이다. 유전적 요인에 의해 주로 발생하며, 본태성 과당뇨는 드물게 나타난다. 영양교사로서 과당불내증을 갖고 있는 학생의 급식을 담당하고, 영양교육을 할 경우 신경 써서 진행하여야 할 사항을 3가지 설명하시오.

① : _____

② : _____

③ : _____

과당불내증의 식사요법 시 식사에서 모든 설탕과 과당을 제한하는 것이 중요하며 과일의 섭취 역시 제한하여야 한다. 이 경우 비타민 섭취 부족이 발생하기 때문에 비타민 보충제를 사용하여야 한다. 대체 감미료로 전화당(invert sugar), 솔비톨(sorbitol)과 levulose를 비경구적으로 급여하여서는 안 된다. 이 경우 심한 토사와 저혈당증이 발생하여 사망에 이를 수도 있다. 조제분유를 사용할 경우 조제분유에 설탕을 첨가하므로 모유아보다 더 심한 과당불내증을 일으킬 수 있으므로 피하는 것이 좋다.

17 다음은 중년 여성의 건강 검진 결과와 식생활 습관이다. 이 여성에게 예상되는 질병에 도움이 되는 식생활 관리 지침에 대한 설명으로 옳지 <u>않은</u> 것은? 기출문제

• 검진 결과치
– 총콜레스테롤 : 200mg/dL   – 혈청 알부민 : 4.2g/dL
– 혈청 총 칼슘 : 9.0mg/dL   – T-score(요추골밀도) : −2.61
• 식습관 및 생활습관
– 야외 활동이 적다.   – 흡연과 술을 즐긴다.
– 채소를 즐겨 먹는다.   – 식후에 커피를 즐겨 마신다.
– 유당불내증이 있어서 우유 섭취를 기피한다.

① 과량의 식이섬유 섭취를 제한한다.
② 참치, 연어, 버섯의 섭취를 늘린다.
③ 인이 풍부한 식품의 섭취를 늘린다.
④ 커피와 알코올은 지나치게 섭취하지 않는다.
⑤ 1일 1,000~1,500mg 정도의 칼슘 섭취를 권장한다.

③

18 다음은 어떤 섭식장애의 전형적인 사례이다. 이 섭식장애의 설명으로 옳은 것만을 〈보기〉에서 있는 대로 고른 것은? 기출문제

○○신문

○○○○년 ○월 ○일 ○요일   제○○○○호 ○○판

지난달 ○일에 모델 지망생인 16세 여고생이 신장 기능 저하로 입원 치료를 받다가 결국 사망하였다. 이 여고생은 지나친 다이어트를 하여 신장 175cm와 체중 37kg의 깡마른 몸매를 가지게 되었다. 그럼에도 자신이 뚱뚱하다고 느껴 식사 섭취량을 계속 줄여 왔고 사망하기 수개월 전부터 월경이 중단되었다.

보기
ㄱ. 기초대사량이 저하되고 맥박수가 감소한다.
ㄴ. 탈모, 철 결핍성 빈혈, 골다공증 등이 나타난다.
ㄷ. 장 비우기 후 자책감으로 인한 심리적 스트레스의 폐해가 크다.
ㄹ. 잦은 구토, 하제 사용 및 과도한 운동으로 체중 변화 폭이 크다.
ㅁ. 자신의 식습관에 문제가 있는 것을 알면서도 고칠 수 없음을 두려워한다.

① ㄱ, ㄴ   ② ㄱ, ㄹ   ③ ㄱ, ㄴ, ㅁ
④ ㄴ, ㄷ, ㅁ   ⑤ ㄴ, ㄹ, ㅁ

정답 ①

19 빈혈은 조혈기능 저하, 용혈 증가, 출혈 등 다양한 원인에 의해 발생되므로 치료를 위해서는 원인에 따른 적절한 식사요법이 필요하다. 다음 중 빈혈의 종류에 따른 식사요법으로 옳은 것을 〈보기〉에서 고른 것은? 기출문제

보기
ㄱ. 겸상적혈구 빈혈에는 철과 비타민 C의 섭취를 제한한다.
ㄴ. 영양성 철 빈혈 아동들에게 우유 섭취량을 하루 3~4컵으로 늘린다.
ㄷ. 만성출혈로 인한 빈혈에는 철, 단백질, 비타민 C 등을 충분히 공급한다.
ㄹ. 장기 채식자나 위절제 환자에게는 엽산이 풍부한 콩, 호두 등을 보충한다.
ㅁ. 불포화지방산과 철이 풍부한 조제분유 섭취로 발생하는 영아 빈혈의 경우 비타민 E를 보충한다.

① ㄱ, ㄴ, ㄷ   ② ㄱ, ㄴ, ㅁ   ③ ㄱ, ㄷ, ㅁ
④ ㄴ, ㄹ, ㅁ   ⑤ ㄷ, ㄹ, ㅁ

정답 ③

20 여고생 A가 학교에서 갑자기 쓰러져서 병원으로 실려 갔다. 검진 결과와 관련된 설명으로 가장 거리가 먼 것은? [기출문제]

- 신체계측치
  - 키 : 160cm
  - 몸무게 : 38kg(1년 전 : 52kg)
- 영양 섭취 상태
  - 열량 800kcal/일, 단백질 30g/일, 지방 10g/일
- 생화학 검사치
  - 혈청 알부민(serum albumin) : 2.6g/dL
  - Hemoglobin : 11.0g/dL
  - Hct.(hematocrit) : 32%
  - MCV(Mean Corpuscular Volume) : 72fL
  - 혈중요소질소(Blood Urea Nitrogen, BUN) : 8mg/dL
  - 크레아티닌-신장지수(Creatinine-Height Index, CHI) : 35%
- 상담 결과
  - 가정 형편은 중상위층임
  - 딸의 성공을 위한 부모의 간섭이 많음
  - 기본적인 영양과 칼로리 계산에 대한 관심 및 지식이 높음
  - 자전거로 등·하교, 주 3회 에어로빅, 주말에는 인라인스케이트 동호회 활동을 함
  - 무기력증을 느끼며 집중력이 감소됨
  - 무월경, 잦은 두통이 있음
  - 머리카락이 잘 부서지고 힘이 없으며 추위를 많이 탐

---

① 심장기능 저하로 맥박수가 감소하고 저혈압이 나타날 수 있다.
② A의 질소평형을 고려할 때 소변의 요소 질소량은 0.8g보다 많다.
③ 현재의 BMI(Body Mass Index)는 약 14.8이므로 심한 저체중이다.
④ 철 결핍성 빈혈이 나타나므로 비타민-무기질 보충제를 주는 것이 도움이 된다.
⑤ 열량 섭취를 증가시키기보다는 행동 수정으로 운동량을 줄이는 것이 우선이다.

[정답] ⑤

21 다음의 여고생들에게 나타난 질환과 그 해결 방안을 바르게 연결한 것은? 기출문제

A와 B는 변을 보는 것이 힘들다고 서로 하소연하고 있다. A는 평소 스트레스를 심하게 받으며 아침마다 설사나 변비 또는 복부팽만의 증상이 있고, B는 식사의 불균형과 운동부족 때문에 장운동이 저하되어 변비와 식욕부진으로 힘들어하고 있다.

① A − 경련성 변비 − 신선한 채소와 과일을 충분히 준다.
② A − 글루텐 과민성 장질환 − 글루텐 함유 식품을 제한한다.
③ B − 이완성 변비 − 탄닌 함유식품은 장운동을 촉진하므로 섭취를 권장한다.
④ B − 게실염 − 초기에 고섬유소 식사를 하고 회복됨에 따라 섬유소를 제한한다.
⑤ A − 과민성 대장증후군 − 초기에 섬유소 함유 식품의 섭취를 제한하되 점진적으로 수용성 섬유소의 섭취를 늘린다.

정답 ⑤

22 보건교사는 전교생을 대상으로 식이 태도를 조사한 결과 섭식장애가 의심되는 A, B 두 학생을 상담하게 되었다. 두 학생의 증상에 대한 설명으로 옳은 것은? 기출문제

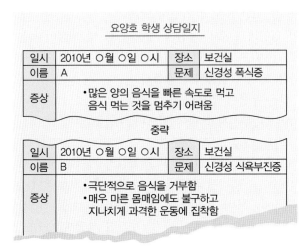

① A 학생은 지난 3개월 이내 15% 이상의 체중 감소가 있다.
② A 학생은 심각한 저혈압, 저체온을 보인다.
③ B 학생은 피부 건조와 모발 손상이 심하다.
④ B 학생은 음식을 감추어 놓고 몰래 먹는 행동을 자주 보인다.
⑤ B 학생은 빨리 먹고 쉽게 토할 수 있는 부드럽고 단맛이 나는 고칼로리 음식을 먹는다.

정답 ③

23 다음은 여대생 A와 B의 대화이다. 두 학생이 겪고 있는 증세를 완화시킬 수 있는 식사요법을 〈보기〉에서 골라 바르게 짝지은 것은? 기출문제

A	나 오늘 수업에 지각했어. 아침마다 너무 힘들어. 화장실에 20분이나 앉아 있었는데 헛고생했지 뭐야. 배는 항상 더부룩한데 1주일에 1~2번 변을 보기도 어려워. 또 변을 볼 때마다 고통스럽고 화장실에 다녀온 후에도 개운하지 않고…… 너는 괜찮지?
B	실은 나도 화장실에 가기 싫어. 며칠 동안 변비로 고생하고 나면 갑자기 설사하고, 설사가 멈추면 또 변비가 시작되고…… 나도 화장실 문제로 고통스러워. 식사 후에는 항상 아랫배가 아프고 화장실에 가면 흔히 염소 똥처럼 작고 딱딱한 변이 나오기도 해.
A	너도 그렇구나. 나만 고생하는 줄 알았는데.

보기

ㄱ. 아침 공복에 찬 우유를 마신다.
ㄴ. 흰밥, 흰 식빵, 흰 살 생선을 섭취한다.
ㄷ. 다시마와 미역 같은 해조류 식품을 섭취한다.
ㄹ. 유기산과 펙틴이 풍부한 사과와 자두를 껍질째 섭취한다.
ㅁ. 고춧가루, 고추장, 고추냉이, 겨자가 들어간 음식을 제한한다.

① A : ㄱ, ㄴ, ㅁ   B : ㄷ, ㄹ
② A : ㄱ, ㄷ, ㄹ   B : ㄴ, ㅁ
③ A : ㄴ, ㄷ, ㄹ   B : ㄱ, ㅁ
④ A : ㄴ, ㄹ, ㅁ   B : ㄱ, ㄷ
⑤ A : ㄷ, ㄹ, ㅁ   B : ㄱ, ㄴ

정답 ②

CHAPTER 05

학교 외에서 쉽게 접하는 식사요법

여기서는 학생들에게 쉽게 나타나지는 않으나 한국인에게 많이 발병하는 위염과 위궤양, 장염, 설사, 간질환 등에 대한 식사요법을 소개하고자 한다.

한국인에게 가장 많이 발생하는 질환은 위장질환이다. 일반적인 통계 결과 성인 남녀의 50~60%는 위장질환을 가지고 있다고 한다. 위장이라 함은 위와 십이지장·소장·대장으로 구성된 장을 가리킨다. 위장은 결국 소화기관이다. 위장질환이 발생하면 소화에 문제가 발생하고 결과적으로 영양적 문제가 발생할 가능성이 높다. 위장질환에는 여러 가지가 있으나 이번 장에서는 위염, 위궤양, 장염, 변비, 설사, 젖당불내성과 글루텐 과민질환에 대해 다루려고 한다. 대부분의 식사요법 교재에서 위장질환은 앞쪽에 위치하는 중요한 부분이다. 그렇기 때문에 영양사의 문제 출제 경향에서 중요성이 매우 높다.

이와 더불어 우리나라에는 과거부터 "몸이 천 냥이면 간이 구백 냥"이라는 말이 있을 정도로 간을 중요하게 생각했다. '얼마나 중요한 곳이면 구미호가 사람을 잡아먹을 때 간부터 빼먹는다는 소리까지 나왔을까' 하는 생각도 해 본다. 간은 우리 몸에서 무수히 많은 일을 하고 있다. 그래서 간에 생긴 병은 크든 작든 신체 전체에 영향을 미칠 수 있다. 여기서 다루는 내용들은 전통적으로 중요하게 생각되던 식사요법임을 머릿속으로 생각하고 공부하도록 하자.

1 위염과 위궤양

위는 횡격막 바로 왼쪽에 위치하고 있는 소화기관으로 매우 독특한 소화 메커니즘을 가지고 있다. 위는 위액이라고 하는 pH 1.5~2 정도의 강산을 분비하여 음식물의 살균과 단백질의 소화를 돕는다. 위에서는 펩신이라는 소화효소가 분해되어 단백질을 분해하며, 식도를 통해 섭취된 음식을 바로 장으로 보내지 않고 일정 시간 동안 머물게 한 후 장으로 보내는 특성이 있다.

1) 위 염

위염은 위점막에 염증이 생긴 것을 말한다. 위염이 생기면 소화불량과 복부 통증 등의 증상이 나타나며, 식욕부진에 빠지기 쉽다. 위염은 발생 정도에 따라 급성위염과 만성위염으로 나뉘는데 각각에 적용되는 식사요법의 종류 역시 다르다.

(1) 급성위염

급성위염은 폭음, 폭식, 지방성 식품의 과식, 부패식품의 섭취, 과음, 세균성·화학적 식중독, 급성 경구 전염병, 스트레스, 약물 복용이 원인이 된다. 급성위염의 증상으로는 상복부 통증, 설사, 구토, 하품, 식욕부진과 발열증상이 있다.

급성위염의 식사요법은 수분과 전해질 공급을 목적으로 하며, 위점막 자극을 최소화하기 위해 초기에는 잔사가 없는 액체음료를 공급하는 것을 원칙으로 한다. 위보호를 위해 1~2일간 절식을 시키고, 그 후 위장관에서 쉽게 흡수되고 잔사가 없는 맑은 유동식인 차, 맑은 탕, 과즙 등을 공급한다. 절식 기간에 설사와 구토에 의해 수분 손실이 클 경우 수분 공급을 계속 해 주어야 한다. 증상이 호전되면 자극이 없는 일반 유동식을 공급하여 준다. 부패한 식품이나 세균성 음식으로 중독된 경우 희석한 중탄산나트륨으로 위를 세척해 준다.

(2) 만성위염

만성위염의 정확한 원인은 아직 알려져 있지 않다. 그렇기 때문에 다양한 원인에 의해 위점막에 만성 염증이 일어나 위액 분비와 위 운동에 장애가 일어나는 병이라고 정의하고 있다. 일반적으로 만성위염을 일으키는 원인으로는 습관적인 폭음과 폭식, 자극성 음식의 장기 섭취, 흡연, 과도한 향신료와 약제의 섭취가 알려져 있다. 만성위염에 의한 증상은 급성위염의 증상과 비슷하다. 만성위염은 위산의 분비가 줄어드는 무산성 위염과 분비가 과도한 과산성 위염으로 나눌 수 있는데, 각각의 종류에 따라 식사요법의 약간 다르다.

① 무산성 위염 : 단백질과 당질의 소화장애를 유발하며 위산이 부족하여 식품의 살균작용이 불충분하게 이루어진다. 소화불량에 걸릴 가능성이 높으므로 식욕을 증진시키는 초장, 유자차, 레몬, 귤차 등의 섭취를 늘려 준다. 위액이 부족하므로 위액 분비를 촉진시키는 육즙, 콘소메, 멸치국물, 토마토주스, 유산균 음료, 발효유들의 섭취를 권한다. 위산 분비에 필요한 철분이 많이 들어 있는 간, 당밀, 녹황색 채소의 섭취도 원활하게 해 준다.

② 과산성 위염 : 청·장년기에 일어나기 쉽고, 소화성 궤양과 비슷한 증상들을 나타낸다. 위산 과다에서 오는 문제가 있으므로 위산 중화를 위해 제산제를 복용해 준다. 장기간 치료하여야 하므로 편식 예방에 신경 써야 하며, 위산 과

다를 일으키는 자극성 음식의 섭취를 줄이고, 부드러우며 식이섬유가 적고 조미료와 향신료가 적은 음식을 섭취하도록 한다.

2) 위궤양

위궤양은 위점막이 침식되어 상처가 난 상태를 말한다. 유전적 원인이나 스트레스, 궤양 유발성 약물 혹은 음식물, 위벽의 미세순환장애 등에 의해 발생한다. 최근에는 위점막에서도 생육하는 헬리코박터균이 분비하는 urease효소에 의해 생성된 암모니아가 점막을 손상시키고 궤양을 일으킨다고 알려져 있다. 여자들보다 남자들에게 더 많이 발생한다. 위궤양에 걸리면 무증상부터 위 내부에서 출혈이 발생하는 것까지 다양한 증상을 보인다. 일반적으론 식후의 상복부 통증, 공복 시 복통, 속쓰림, 신트림, 신물, 구역질, 토혈 등의 증상이 나타난다.

위궤양의 식사요법은 위점막을 자극하고 위산을 분비하게 하는 식품을 제한하면서, 충분한 영양 섭취가 가능하도록 하는 것이 목적이다. 위궤양은 질병이기 때문에 약물치료와 식사요법을 병행하여야 한다. 또한 스트레스를 받거나 과로하지 않도록 주의하여야 한다. 안정되고 조용하고 편안한 분위기에서 식사하도록 하여야 하며, 통증이 심할 때는 자극 없는 부드러운 음식을 조금씩 여러 차례 먹게 한다. 단백질과 철, 비타민 C의 공급은 충분히 하여야 하며, 알코올과 카페인은 위산 분비를 촉진하므로 피해야 하고, 고춧가루나 후추, 마늘과 생강과 같은 자극성 있는 향신료의 사용은 제한한다. 잠자리에서의 간식은 피하고, 흡연을 금지시킨다. 우유 역시 위산 촉진을 증가시키므로 하루 1컵을 여러 번 나누어 마시게 한다. 응급식 궤양식으로는 시피식Sippy diet, 렌하르쯔식Lenjartz diet와 모일렌그라하트식Meulengracht diet이 있다.

궤양 환자의 경우 합병증으로 소화불량에서 오는 열량과 단백질의 결핍증, 비타민 결핍증, 철 결핍에 의한 빈혈 등이 생길 수 있다. 특히 비타민 C의 결핍이 일어나기 쉽다. 또한 치료를 위해 사용되는 제산제 투여에 의해 혈액 내 Ca, urea-N, creatinine의 함량이 증가하므로 우유 알칼리 증후군Milk-alkali syndrome을 일으킬 수 있다.

2 장 염

장염은 십이지장, 소장, 대장 내에 염증이 생긴 질병으로, 위염과 마찬가지로 치료와 식사요법이 필요하다. 장염은 위염과 마찬가지로 급성장염과 만성장염으로 나눌 수 있다.

1) 급성장염

급성장염은 장점막에 염증성 변화가 발생하여 소화·흡수에 장애가 생기고 설사, 복통, 구토, 발열 증상이 일어나는 것이다. 일반적으로 설사가 진행되기 때문에 탈수증이 일어나 전신쇠약 증상을 보이는 경우가 많다. 이질, 장염, 비브리오, 살모넬라, 콜레라 등의 세균과 바이러스가 원인이 되기도 하고 폭음, 폭식, 식중독, 불소화성 음식물의 다량 섭취나 알레르기도 원인이 될 수 있다.

급성장염은 식중독에 의한 경우가 많기 때문에 식중독 치료에 준해서 치료한다. 식사요법은 초기 1~2일은 절식하고 설사에 의한 수분 손실의 수분 보충을 위해 전해질과 수분 공급을 충분히 한다. 식욕 회복과 함께 저지방 미음, 수프 등의 유동식부터 급식하도록 한다.

2) 만성장염

만성장염은 급성장염에서 이행될 때가 많고 과음, 불규칙한 식생활, 설사제의 복용이 원인이 된다. 또한 장결핵, 궤양성대장염, 아메바성 이질, 암과 같은 만성질환이나 비타민 결핍증이 원인이 되기도 한다. 증상으로는 식욕부진, 복통, 설사, 복부팽만감, 복부불쾌감, 흡수장애로 인한 영양결핍, 체중 감소, 빈혈 등이 나타날 수 있다.

만성장염은 식사요법과 약물요법을 병행하여야 한다. 육류 중 결체조직이 많은 부위는 장에 부담을 줌으로 피해야 하며, 매일 6회 이상의 식사로 장에 자극과 부담을 최대한으로 줄여야 한다. 가스를 발생시키는 콩류, 양파, 양배추와 같은 식품과 강한 향신료의 사용은 피한다. 소량이면서 영양가가 높은 식품을 사용하고, 장점막의 기계적·화학적 자극 및 온도에 의한 자극을 최소로 한다. 당분 함량이 높은 과자류 등은 대장에서 발효하여 장을 자극하므로 피한다. 생우유는 설사하기 쉬우므로 음식에 섞어서 사용한다.

3 설 사

설사는 장벽의 수분 흡수력이 저하되거나 장내 분비액의 증가 및 장 연동운동의 기능 이상으로 인해 변에 과량의 수분이 포함되어 액체 변이 배설되는 현상을 말한다. 원인에 따라 소화불량성 설사와 세균성 설사로 구분할 수 있다. 소화 불량성 설사의 원인으로는 과식, 소화가 잘 안되는 식품 혹은 알레르기성 식품 섭취, 지방류의 과식, 저작 부진 등 식사에 의한 원인과 장내에서 탄수화물이나 단백질을 이용하여 미생물의 이상 생육에 의한 원인이 있다. 또한 살모넬라, 장염비브리오, 포도상구균 등의 세균성 식중독에 의한 설사도 있다. 식욕부진, 복통, 설사, 복부의 불쾌감과 중증인 경우 발열도 나타난다.

식사요법은 식품의 잔사를 최소한으로 하여 배변의 양과 횟수를 감소시켜 손상된 장에 휴식을 주는 데 초점을 맞춘다. 식사요법은 급성이냐 만성이냐에 따라 다르게 진행된다.

1) 급성설사

급성설사는 1~2일 정도 절식을 실시하고, 변의 상태를 보아 당질 중심의 유동식과 연식으로 식사를 공급한다. 수분 보급을 위해 탕과 차를 공급한다. 소화가 쉽고 영양가 높은 음식을 부드럽게 조리하여 제공하고, 식이섬유가 많은 식품과 발효되기 쉬운 식품은 사용을 피한다. 장에 자극을 주는 식품의 사용과 유지류의 사용 역시 제한하도록 한다. 심한 경우 정맥주사로 손실된 영양소를 공급해야 한다.

2) 만성설사

만성설사는 설사가 수주에서 수개월 동안 계속되는 상태를 말한다. 일반적으로 영양소 결핍에서 문제가 발생하는 경우가 많다. 식사는 저식이섬유식을 원칙으로 하고 체중과 체단백질의 급격한 감소를 막기 위해 고열량(3,000kcal)과 고단백질식(150g)의 공급이 필요하다. 무기질과 전해질의 공급도 충분히 해야 하며, 설사로 인한 수분 손실이 크므로 과일주스나 육수를 통해 수분을 보충시켜 주도록 한다. 항생제 사용 시에는 엽산, 니아신, 비타민 B_{12}의 결핍을 막기 위한 보충이 필요하다.

4 유당불내성과 글루텐 과민질환

1) 유당불내성

유당불내성Lactose intolerance은 장내 lactase의 부족으로 인해 우유와 유제품에 있는 유당이 단당류로 가수분해되지 못해 생기는 증상이다. 우리나라 사람들을 비롯한 대부분의 아시아인에게 나타난다. 배에서 소리가 나고 설사를 하는 증상을 보인다.

우유 중의 유당에 의해 발생하는 증상이기 때문에 유당분해우유를 사용하면 문제가 되지 않는다. 하지만 유당분해 유제품의 종류가 많지 않아 적은 양의 버터와 치즈 사용부터 점차적으로 사용량을 늘려 가는 것이 좋다. 유당분해우유가 없으면 두유를 사용하거나 우유와 유사한 영양식품을 공급하면 된다. 유제품을 계속 먹게 되면 장내에 lactase 분해 기능을 갖는 미생물이 생육하여 분해를 돕는다는 내용의 논문도 있기 때문에 유제품을 꾸준히 섭취하는 것도 한 가지 방법이다.

2) 글루텐 과민질환

유전적 결함에 의해 gliadin의 흡수에 장애가 생기는 질병이다. Gliadin은 글루텐 단백질의 주요 구성 단백질이기 때문에, 글루텐 과민질환은 밀가루를 이용한 모든 제품에서 발생한다. 증세가 심하면 대부분의 영양소(탄수화물, 지방, 철, 비타민 등)가 흡수 장애를 일으키고, 지방변이 배설되어 악취가 심하고, 흡수장애로 인해 철과 비타민의 결핍증이 나타난다. 식사요법은 글루텐이 들어 있는 밀가루, 보리, 호밀, 오트밀의 섭취를 금하고, 쌀이나 잡곡을 주식으로 공급하는 것이다.

5 간질환

간질환에 대해 말하기 전에, 간이 우리 몸에서 하는 기능을 살펴보도록 하자. 간은 우리 몸의 화학공장 역할을 하고 있다. 우리 몸에서 사용하는 많은 대사물질을 합성하고, 몸에서 만들어지거나 외부에서 들어온 독성물질을 해독하는 역할을 한다.

간은 모든 영양소의 분해와 합성 대사에 관여하고 있다. Glycogen의 합성과 저장과 포도당의 합성 및 산화, 혈당의 조절과 다른 단당류의 포도당으로의 변환 등에 관여한다. 그 외 단백질의 탈아미노작용, 아민기의 전이작용, 체단백질의 합성에도 관여한다. 지방의 소화·흡수와 관계된 담즙산을 생성하고, 영양소의 저장창고이자 많은 영양소를 사용하는 사용처이기도 하다. 소화관에서 흡수한 영양소는 거의 대부분 일단 간으로 이동한 후 다른 곳으로 이동하는 형태를 취한다. 혈액성분을 만들고 혈액순환 조절 기능을 가지고 있다. 체내에서 만들어진 노폐물의 분해와 유독성분의 해독작용 역시 간이 하는 일이다. 또한 체온 유지를 해 준다.

간질환은 간과 관련된 모든 질환을 통틀어 말한다. 간질환에는 간염과 간경변과 간암 등이 있으나 여기서는 간염과 간경변에 대해서만 소개하도록 하겠다.

1) 간 염

간염은 한국인에게 유달리 많이 발견되는 간질환으로 간에 염증이 생겨 간이 기능을 제대로 하지 못하는 것을 말한다. 일반적으로 급성간염과 만성간염으로 나누어진다.

(1) 급성간염

급성간염은 음료, 음식 및 환자의 분변 등이 경구를 통해 들어와 감염되는 A형 간염과, 혈액·체액으로 감염되는 혈청간염인 B형 간염이 있다.

A형 간염은 우리나라 간염 발병률의 60% 정도를 차지하며, 잠복기가 2~6주 정도이다. 잠복기가 짧아 급격히 발병하나 병의 정도는 가볍다. 5~7일 정도 지나면

황달이 나타나고 2개월 정도 안정을 취하면 정상으로 돌아온다. B형 간염은 수혈과 소독이 불충분한 주사기에 의해 감염되며 간염 전체에서 25% 정도의 발병률을 차지한다. 잠복기는 10~17주로 완만하지만 지속적이고 정도가 심해 급성뇌성간염으로 진전되고, 75~80%는 사망에 이르게 된다. 또한 5~10%는 만성간염으로 진행된다. A형 간염과 B형 간염의 증상은 거의 비슷하며 식욕부진, 메스꺼움, 구토와 설사, 복부 팽만감과 황달, 간비대와 비장비대 등의 증상이 나타난다.

간염 치료에서 가장 중요한 것은 절대 안정이고 그다음이 식사요법이다. 마지막은 약제 사용이다. 즉 간염 치료는 간 스스로 회복되기를 기다리면서 충분량의 영양소를 간에 부담을 주지 않는 범위에서 공급하는 것이다. 간염 식사요법의 목적은 환자의 영양상태 개선과 체조직의 분해를 막고 간세포의 재생을 돕는 것이다. 그리고 간염에서 간경변이나 간암으로 진행되는 것을 막는 것 역시 중요한 목적 중 하나다. 목적을 달성하기 위해 고열량식(3,000kcal/day)과 고단백식(100g/day)을 실시한다. 고단백식은 간세포의 재생과 지단백질의 합성을 위한 식사로 지방간을 예방할 수 있다. 우유는 아침과 저녁으로 1컵씩 먹는 것이 좋다. 또한 고탄수화물식을 하여야 한다. 고탄수화물식을 통해 간에 충분한 양의 glycogen이 저장되도록 하여 간을 보호하여야 한다. 일반적으로 하루 400g 이상이 되도록 식단을 작성한다. 비타민과 물의 섭취는 충분히 하여 탈수 방지와 식욕 증진에 도움을 주도록 한다. 알코올 섭취는 절대로 금한다. 급성간염 초기나 황달이 있는 시기는 지방의 섭취를 제한하나 증세가 회복됨에 따라 필수지방산의 공급을 위해 하루 50~60g의 지방을 식물성 기름이나 우유, 버터 등을 통해 공급해 준다.

(2) 만성간염

만성간염은 급성간염에서 이행되는 경우가 많다. 처음부터 바로 만성화되는 경우도 있다. 만성간염의 치료와 식사요법은 간경변에 준해 실시한다.

2) 간경변

간경변이란 간의 손상과 퇴화가 최종 단계에 이른 상태이다. 간세포가 딱딱해지고, 간이 퇴색하고, nudule이 많이 생긴다. 만성적인 알코올 중독에서 오는 경우가 가장 많다. 만성적 영양결핍과 만성간염, 독성물질과 약물, 용혈성 심부전, 동맥경화 등도 원인이 될 수 있다. 간경변의 증상으로는 피로, 식욕 감퇴, 헛배부름과 소화장애 및 황달 등의 초기 증상을 거쳐 복수, 위·식도 정맥류 파열 등이 나타난다.

간경변의 식사요법은 간의 결체조직 생성과 지방세포의 침착을 막고, 간세포를 재생하는 것이다. 이는 간경변 증상이 악화되어 복수·부종이 생기는 것과 간성혼수로 진행되는 것을 막는 데 그 목적이 있다. 식사요법은 열량을 충분량 공급하고,

당질과 단백질 역시 충분량 공급하여야 한다. 하지만 간성혼수의 위험이 발견될 경우는 단백질의 섭취를 $0.5 \sim 0.7g/kg$으로 제한하여야 한다. 복수와 부종이 발생하면 염분의 공급을 제한하고, 수분은 소변량만큼만 공급하도록 한다. 식도 정맥류가 있을 경우 딱딱하고 거친 음식을 피하고 연식과 저섬유소식을 한다. 신선한 과일과 채소의 섭취도 권장된다.

6 나트륨 섭취 제한

저염식은 식사에서 염분의 섭취를 줄이는 것을 말한다. 일반적으로 나트륨Na의 함량이 높으면 고혈압이 발생하는 것으로 알려져 있다. 과다하게 섭취한 나트륨은 혈액 내에서 물과 같이 존재하려 하고 그 결과 혈액의 부피가 커지게 된다. 그 결과 혈관이 압력을 더 받아 혈압이 높아진다. 나트륨의 섭취가 많으면 당뇨병에도 좋지 않은 결과를 보인다. 나트륨은 칼륨의 배설을 촉진시키는 작용을 한다. 칼륨의 기능 중 인슐린 분비를 도와주는 작용이 있는데 칼륨의 배설이 촉진되면 인슐린 분비가 줄어들어 혈당 조절에 나쁜 영향을 주고 당뇨병의 합병증을 유발할 수 있다.

짠맛에 영향을 주는 인자로는 나이, 단맛, 음식의 온도 등이 있다. 나이가 먹을수록 미각이 둔해지기 때문에 젊을 때에 비해 소금의 첨가량을 더 많이 사용하게 되는 것이다. 또한 음식에 단맛이 많이 사용될수록 식염 사용이 더 많아진다. 음식의 온도가 높을수록 짠맛에 대한 감각이 둔해져 식염의 첨가량이 더 많아지게 된다. 일반적으로 하루 소금 섭취 권장량은 6g 정도이다. 하지만 우리나라 사람들의 평균 섭취량은 15g 정도로 알려져 있다. 따라서 저염 식사는 매우 싱겁게 먹어야 된다. 일반적으로 저염 식사는 계속적으로 꾸준히 진행하여야 효과를 볼 수 있다.

저염 식사 시 조리 방법

1. 음식의 간을 할 경우 이전에 사용하던 소금, 간장, 된장과 고추장의 양을 절반으로 줄인다.
2. 신맛을 내는 식초, 레몬즙과 오렌지즙 등의 사용을 늘린다.
3. 간을 사용하지 않고 요리한 후 식사 전에 간을 하여 먹는다.
4. 짠맛을 대신하기 위한 다양한 양념(설탕, 물엿, 꿀, 파, 마늘, 생각, 고춧가루, 와사비, 겨자 등)을 사용한다.
5. 이미 간을 한 음식을 먹을 경우 따로 소금, 간장, 된장과 고추장 등을 제공하지 않는다.
6. 국물의 제공을 줄이고 숭늉이나 보리차와 같이 짜지 않은 음료를 제공한다.
7. 옥수수, 보리, 콩 같은 뻥튀기나 감자, 밤, 고구마 등은 쪄서 섭취한다.
8. 음식물을 무치는 경우 김, 깨, 호두, 땅콩 등은 갈아서 사용한다.
9. 허용된 염분은 한두 가지 식품에 집중적으로 넣어 요리한다.
10. 가능한 한 국물이 적은 요리를 만들어 제공하도록 한다.

01 다음은 신성골이영양증의 원인에 관한 내용이다. 괄호 안의 ①에 공통으로 해당하는 무기질과 괄호 안의 ②에 해당하는 호르몬의 명칭을 순서대로 쓰시오. [2점] 영양기출

> 신성골이영양증은 만성신부전 환자에게 나타나기 쉽다. 그 이유는 만성신부전일 때 (①)의 소변 배설이 저하되어 혈중 농도가 상승하면 (②)의 분비가 촉진되기 때문이다. 따라서 만성신부전 환자는 (①)의 섭취량을 제한해야 한다.

① : _____   ② : _____

02 위하수증을 가진 A씨는 〈보기〉와 같이 식단 및 식습관을 변경하였다. (가)~(다)는 영양성분과 관련짓고, (라)는 식행동과 관련지어 그 이유를 각각 서술하시오. [4점] 영양기출

> **보기**
> (가) 흰죽을 진밥으로 변경
> (나) 쇠갈비구이를 닭가슴살구이로 변경
> (다) 취나물을 애호박나물로 변경
> (라) 식사 중에 물마시던 습관을 식간으로 변경

_____

_____

_____

_____

03 다음은 협심증에 대한 내용이다. 작성 방법에 따라 서술하시오. [4점] 영양기출

세포에서 에너지를 생산하기 위해서 심장은 필요한 영양소와 (①)을/를 혈액을 통해 전신에 공급해야 한다. 협심증은 관상동맥의 경화 또는 협착이 있는 경우 여러 가지 요인으로 심근의 (①) 요구량이 증대되어 일시적으로 부족할 때 통증이 나타날 수 있다. 따라서 협심증 환자의 경우 알코올과 카페인 섭취를 제외한 식행동 요인 중 특히 (②)을/를 피해야 하는 이유는 심장의 부담을 줄여 통증 발작을 예방하기 위함이다.

작성 방법
• ①에 해당하는 용어와 ②에 해당하는 요인을 순서대로 제시할 것
• ②을 피해야 하는 이유를 영양학적 관점에서 ①과 관련하여 서술할 것

04 다음 대화 내용을 근거로 학생의 증상에 관한 사항을 작성 방법에 따라 서술하시오. [4점] 영양기출

학 생	선생님, 제가 고등학교에 들어온 후 살이 많이 쪘고 계속 소화불량이 있었거든요. 요즘에는 자주 속이 쓰리고 음식을 삼킬 때마다 아파요.
영양교사	그렇구나, 병원에 가 보았니?
학 생	예, 바렛 식도(Barrett's esophagus)가 생길 수 있으니 식품 선택에 주의하라고 하셨어요.
영양교사	증상을 완화시키고 질병이 심해지는 것을 막으려면 식품 선택도 중요하고 <u>식사 관련 행동도 개선할 필요가 있어.</u>

작성 방법
• 이 학생의 질병명을 유추하여 쓸 것
• 이 질병의 주된 증상을 일으키는 소화기관의 기능 손상을 구체적으로 서술할 것
• 밑줄 친 식사 관련 행동에 대한 개선 방안을 손상된 기능과 연관 지어 2가지를 서술할 것

05 다음은 학교에서 일어난 사례이다. 작성 방법에 따라 논하시오. [10점] 영양기출

> 초등학교 1학년인 창식이는 어릴 때부터 우유를 섭취하고 나면 두드러기가 나고 속이 불편하고 메스꺼움을 느끼며 심하면 복통과 설사를 하였다. 그래서 학교에서 우유 급식을 신청하지 않았다. 그러나 학예회가 있던 날 식단표에 나와 있는 점심을 먹고 친구 할머니가 건네 준 밀크셰이크를 먹었다. 그 후 창식이는 심한 복통과 설사를 하여 담임교사에게 통증을 호소하였다. 담임교사는 급히 영양교사에게 연락하여 창식이의 증상이 식중독과 관련이 있는지 문의하였다. 영양교사는 창식이의 목과 가슴에 두드러기와 붉은 발진이 생긴 것을 발견하였으나, 점심과 밀크셰이크를 함께 먹은 다른 친구들에게는 이러한 증상이 없었다. 창식이가 급히 병원으로 이송되어 여러 가지 검사를 받은 결과, 증상의 원인이 음식에 기인한 한 가지 질환 때문이라고 하였다.

> **작성 방법**
> • 창식이의 증상으로 의심할 수 있는 질환을 제시할 것
> • 이 질환의 증상이 발생하는 기전을 설명하되, 3가지 핵심 요소를 포함할 것
> • 이 질환에 따른 영양문제를 제시할 것
> • 이와 같은 질환을 예방하기 위하여 영양교사가 학교에서 일반적으로 무엇을 해야 하는지 3가지 방안을 제시할 것
> • 위의 4가지 항목을 논하되, 논리 및 체계성을 갖추어 내용을 구성할 것

06 만성콩팥병(만성신부전) 환자 A군(19세, 신장 170cm, 체중 63kg)은 투석 방법이 바뀐 후 식사요법도 바뀌었다. 다음에 제시된 A군의 '이전 식단(예)'과 '현재 식단(예)'을 바탕으로 식사요법에서 섭취량이 가장 크게 변화된 무기질을 쓰고, A군의 현재 투석 방법을 유추하여 쓰시오. [2점] 영양기출

이전 식단(예)		현재 식단(예)	
아 침	쌀밥(140g)	아 침	쌀밥(210g)
	조기구이		저염장조림
	수란		달걀부침
	미역초무침		숙주나물
간 식	귤(100g)		무겨자채
점 심	쌀밥(210g)	간 식	연시(80g)
	꽃게찜		사탕 3개
	돼지고기수육	점 심	쌀밥(245g)
	두부부침		제육볶음
	도라지생채		새우튀김
간 식	키위(100g)		두부부침
저 녁	쌀밥(140g)		무초무침
	연두부	간 식	양갱(35g)
	브로콜리간볶음	저 녁	쌀밥(210g)
	삼치구이		육전
	부추무침		조기구이
간 식	바나나(120g)		표고버섯볶음
			오이생채
		간 식	절편(50g)
			꿀(30g)

_____

_____

_____

_____

_____

07 다음은 고등학생인 수현이와 영양교사의 대화 내용이다. 괄호 안의 ①, ②에 해당하는 영양소의 명칭을 순서대로 쓰시오. [2점] 영양기출

수　　현	선생님! 전 요즘 자주 피곤하고 소변 색이 좀 붉게 보이며, 아침에 일어나면 눈 주위와 얼굴이 부어 있어요. 의사 선생님 진단을 받았는데, 환절기에 면역력이 약해져서 세균 감염에 의한 급성 사구체신염에 걸렸다고 하셨어요.
영양교사	그래? 걱정되겠구나.
수　　현	네, 제가 식생활에서 주의해야 할 내용이 있을까요?
영양교사	부종이 심해지고 소변량이 적어지면, 나트륨(Na)과 (　①　) 섭취를 제한해 주는 것이 좋겠다. 또 사구체신염이 더 심해지면 소변으로 (　②　)이/가 나오는데 이때는 근육의 이화작용을 막기 위해 에너지를 충분히 섭취하는 것이 좋단다.

① : _____　② : _____

08 다음은 심혈관계 질환 및 식사요법에 대한 설명이다. 작성 방법에 따라 서술하시오. [4점] 유사기출

- 동맥의 벽이 두꺼워지고 탄력성을 잃게 되는 질병을 (　①　)(이)라 하는데, 혈관의 내막에 콜레스테롤 등의 물질이 쌓이거나 막히는 병태를 가진다.
- 심장에 혈액을 공급하는 혈관이 막히게 되면 심근경색이 나타나고, 뇌에 혈액을 공급하는 동맥이 막히게 되면 (　②　)이/가 일어난다.
- 식사요법의 기본 방침은 에너지 섭취를 제한하여 적정 체중을 유지하고, 불포화지방산은 적절히 섭취하되 포화지방산은 가급적 줄이고, ③ 수용성 식이섬유가 많이 포함된 식품의 섭취를 늘리는 것이다.
- 이러한 질병에 고혈압이 동반되는 경우, (　④　) 식사가 권장된다.

작성 방법
- 괄호 안의 ①, ②에 들어갈 질병을 각각 순서대로 1가지씩 제시할 것
- 밑줄 친 ③의 이유를 1가지 서술할 것
- 괄호 안의 ④에 들어갈 용어를 1가지 제시할 것

_____

_____

_____

_____

09 다음은 어떤 간 질환에 대한 설명이다. 작성 방법에 따라 서술하시오. [4점] 유사기출

- (①)은/는 주로 알코올, 바이러스 등에 의한 손상으로 간세포가 점차 파괴되어 간 기능이 부전상태가 된 말기 질환이다.
- ② 초기에는 전신 피로감, 식욕 부진, 체중 감소 등이 나타나고, 말기에는 황달, 식도정맥류, 부종, 복수, 혼수 등이 주로 나타난다.
- 식사요법의 기본 방침은 장기간 고열량, 고단백, 고비타민을 충분히 제공하여 간세포의 활동 능력을 증진시키는 것이다.
- ③ 황달 증상이 보이면 지방 섭취를 제한해야 하며, 기름에 튀기거나 볶은 음식도 가급적 피해야 한다.

작성 방법
- 괄호 안의 ①에 들어갈 질환을 제시할 것
- 나트륨 제한식이가 필요한 증상을 밑줄 친 ②에서 찾아 2가지를 제시할 것
- 밑줄 친 ③의 이유를 서술할 것

_____

_____

_____

_____

10 다음은 어떤 질환의 증세와 식사요법에 대한 설명이다. 괄호 안의 ①, ②에 들어갈 용어를 순서대로 쓰고, 밑줄 친 ③의 이유를 작성 방법에 따라 서술하시오. [4점] 유사기출

이 질환은 우유를 섭취하였을 때 락타아제(lactase)의 결핍으로 인해 나타나는 소화불량증으로 (①)(이)라고 한다. 이때 소화·흡수되지 못한 유당은 소화관 내의 삼투압을 증가시키는데, 이에 따라 체내 수분이 소화관 내로 이동하면서 (②) 증세를 일으킨다. 그리고 대장으로 이동한 유당이 유기산과 가스를 생성하면서 복부 팽만, 복통, 복부 경련 등의 증세도 나타난다.
증세가 심한 경우에는 우유의 섭취를 제한하는 것이 좋다. 칼슘 공급을 위하여 우유 및 유제품의 섭취가 필요한 경우에는 우유 대신 우유를 발효시켜 만든 ③ 치즈나 요구르트를 섭취하는 것이 증세 완화에 도움이 될 수 있다.

_____

_____

_____

11 다음 (가)는 수술 후 나타나는 합병증에 대한 내용이고, (나)는 이 합병증에 권장되는 식사 지침이다. 작성 방법에 따라 서술하시오. [4점] 유사기출

(가)

K씨는 위 절제 수술 후 합병증으로 (①) 증세를 보였다. 수술 후 초기 증상은 식사 후 15~30분에 나타났다. 어지럽고, 맥박이 빨라지고, 땀이 많이 났으며, 메스꺼움, 구토 및 복부팽만감 등의 증상도 있었다. ② 유제품을 먹으면 가끔 복통과 설사 증상도 나타났다. 식사 후 약 2~3시간 지나서 나타난 후기 증상은 초기 증상만큼 자주 발생하지는 않았지만 공복감, 두근거림, 전신 쇠약감 및 떨림 등이 나타났다. 이는 식후 갑작스러운 혈당 상승에 대응한 ③ 체내 반응으로 저혈당 증세가 나타났기 때문이다.

(나)
- 식사는 소량씩 자주 섭취한다.
- ④ 식후에는 20~30분간 누워 있도록 한다.
- 지방은 소화가 가능한 범위 내에서 필요량을 충족시킨다.
- 단백질은 충분히 공급될 수 있도록 매끼 식사에 포함시킨다.
- 물, 음료수 등은 식사 중에는 섭취량을 줄이고 식사 전후로 섭취한다.

작성 방법
- (가)의 ①에 해당하는 명칭을 1가지 쓸 것
- (가)의 밑줄 친 ②의 원인을 효소와 관련하여 1가지 설명하고, 밑줄 친 ③을 1가지 설명할 것
- (나)의 밑줄 친 ④ 식사지침의 이유를 1가지 쓸 것

_____

_____

_____

_____

12 다음은 부종(edema)의 원인과 식사요법에 대한 설명이다. 괄호 안의 ①에 공통으로 해당하는 영양소와 ②에 해당하는 무기질을 순서대로 쓰시오. [2점] 유사기출

> 원인
> • 간경변에서의 부종은 혈장 (①) 합성 저하에 기인한다.
> • 신증후군에서의 부종은 소변으로의 (①) 배설량 증가에 기인한다.
>
> 식사요법
> (②)의 섭취를 제한하고 필요시 수분의 섭취도 제한한다.

① : _____ ② : _____

13 다음은 50대 여성이 건강검진 후 추천받은 식생활 관리 방안이다. ①에 해당하는 무기질을 쓰시오. 그리고 ②에 해당하는 질환명을 쓰고, 이 질환의 발생 과정에 관여하는 2가지 호르몬의 작용을 칼슘과 관련지어 각각 쓰시오. [4점] 유사기출

> • 고혈압으로 진단받아 나트륨의 섭취를 줄이고 칼슘, 마그네슘 및 (①)이/가 풍부한 식품을 많이 먹도록 추천받았다.
> • 폐경이 되었으므로 칼슘의 좋은 급원인 우유 섭취량을 증가시키라고 하였다. 폐경이 되면 (②)의 위험이 높아질 수 있기 때문이다.

① : _____ ② : _____

질환의 발생 과정에 관여하는 2가지 호르몬의 작용 _____

_____

_____

14 다음은 협심증을 진단받은 최 교사와 보건교사가 나눈 대화의 일부이다. 작성 방법에 따라 순서대로 서술하시오. [4점] 유사기출

보건교사	선생님! 방학 동안 협심증 진단을 받으셨다고 들었는데 건강은 어떠세요?
최 교사	요즈음 괜찮은데 다시 가슴 통증이 있을까 봐 생활습관을 바꾸려 노력하고 있어요.
보건교사	그렇군요. 협심증은 위험 요인들을 꾸준히 관리하는 것이 중요합니다.
최 교사	20년 동안 하루에 한 갑 이상 피워오던 담배를 끊어야 한다고 해서 두 달 전부터 금연하고 있어요. 그런데 담배와 협심증은 어떤 관련이 있나요?
보건교사	담배의 ① 니코틴은 혈압과 맥박을 상승시키고, 관상동맥을 수축시켜요. 흡연은 혈관내피세포를 손상시키고 혈소판 응집을 증가시켜 (②)의 형성을 촉진합니다. 담배를 피울 때 연기에서 나오는 ③ 일산화탄소는 심장 근육에 유용한 산소량을 감소시킵니다. 그래서 간접흡연도 피하셔야 해요.
최 교사	아! 그렇군요, 꼭 금연해야겠어요. 이번 검사에서 고지혈증이 있다고 하면서 ④ 고밀도지질단백질(HDL)을 높여야 한대요.
	… (하략) …

작성 방법
• 밑줄 친 ①의 이유를 설명할 것
• 괄호 안 ②에 해당하는 용어를 제시할 것
• 밑줄 친 ③의 기전을 설명할 것
• 밑줄 친 ④의 이유를 설명할 것

_____

_____

_____

_____

15 다음은 보건교사와 김 교사의 대화 내용이다. 작성 방법에 따라 순서대로 서술하시오. [4점] 유사기출

김 교사	아침에 일어나면 가끔 목소리가 변하고, 잠을 자려고 누우면 속이 쓰렸는데 이번 건강 검진 결과 위식도역류질환이 있다고 해요. 커피를 좋아하는데 병원에서 커피가 해롭다고 해요.
보건교사	① 커피뿐만 아니라 차, 페퍼민트, 초콜릿, 술 등도 피하셔야 합니다.
김 교사	제가 좋아하는 것은 모두 피해야 하네요.
보건교사	식사는 ② 한꺼번에 많이 드시는 것보다 매일 4~6회로 나누어 소량씩 드시면 좋아요.
김 교사	그렇군요. ③ 비만이 되지 않게 체중을 잘 관리하라고도 했어요.
보건교사	체중을 조절하셔야 해요. 혹시, 약도 드시나요?
김 교사	네, 약 이름은 정확히 모르지만 ④ 히스타민2 수용체길항제(H2 receptor antagonists)라고 했어요.
보건교사	약을 복용하면서 꾸준히 식이요법과 생활습관을 잘 조절하는 것이 중요합니다. 식사 후 2~3시간 이내에는 눕지 않아야 하고 잘 때는 머리를 10~15cm 정도 올리고 자는 게 좋아요.
김 교사	감사합니다.

작성 방법
• 밑줄 친 ①, ②의 이유를 각각 서술할 것
• 밑줄 친 ③과 관련하여 비만이 위식도역류질환에 미치는 영향을 서술할 것
• 밑줄 친 ④의 약리작용을 서술할 것

16 다음은 한국인의 식사에서 나트륨 섭취를 줄이기 위한 방안의 일부이다. 〈보기〉에서 잘못된 내용 3가지를 골라 해당 기호를 쓰고, 각각에 대한 이유를 1줄 이내로 쓰시오. 기출문제

> **보기**
> ㉠ 국수나 우동 국물은 가능한 한 남기도록 한다.
> ㉡ 국이나 찌개는 적정 염도인 1.5% 정도로 조리하도록 한다.
> ㉢ 소금은 WHO 하루 섭취 기준인 10g 미만을 섭취하도록 한다.
> ㉣ 생선은 소금에 절이지 않고 구워서 양념간장을 찍어 먹도록 한다.
> ㉤ 신장질환자의 염분 섭취를 줄이기 위하여 저염 간장을 사용하도록 한다.

기호		이유	
① : _____		① : _____	
② : _____		② : _____	
③ : _____		③ : _____	
④ : _____		④ : _____	

해설 국의 적정 염도와 하루 섭취 기준이 잘못되었다. 또한 신장 질환자의 경우 저염 간장의 사용을 권장하는 것도 잘못되었다.

17 다음 글을 읽고 의사가 나트륨 제한 식사를 처방한 이유와 김씨가 퇴원한 후에 필요한 식사요법을 2가지만 쓰시오(단, 나트륨 제한 식사는 제외). 기출문제

> 김 씨는 전신 피로, 복부 팽만감, 식욕 감퇴의 증상이 있었다. 또한 배가 부어오르며, 발목이 붓고, 황달의 기미도 보였다. 의사의 진단 결과 간경변증이었다. 김 씨는 입원하였고, 의사는 나트륨 제한 등의 식사요법을 처방하였다.

이유 _____

식사요법

① : _____

② : _____

해설 복수나 부종이 나타난 경우 식염을 하루 7g 이하로 제한한다. 만약 식염의 섭취가 증가할 경우 수분의 섭취도 증가하여 복수와 부종이 올 수 있다. 이 경우 단백질은 적정량 섭취하도록 하고, 열량은 충분량 섭취하게 한다. 하루 식사는 6~8회 나누어 먹게 하고, 식도정맥류가 있는 경우 딱딱하고 거친 음식과 끈적끈적한 음식은 피하도록 한다. 비타민의 섭취는 충분하게 하도록 한다.

18 다음의 식품표시 내용을 읽고, 해당하는 식품과 가공 목적을 2줄 이내로 쓰시오. 그리고 ㉠에 해당하는 영양소를 쓰시오. 기출문제

> • 제품명 : ○○○○
> • 식품의 유형 : 혼합제제식품첨가물
> • 내용량 : 150g
> • 원재료명 및 함량 : 염화나트륨 56%, 염화칼륨 28%, 황산마그네슘 12%, L－라이신염산염 2%, 이산화규소 2%
> • 유통기한 : 우측 표기일까지
> • 보관 방법 : 직사광선을 피하여 건조하고 습기가 적은 실온에서 보관하세요.
>
> ※ 신장질환이나 각종 처방 등으로 (㉠) 섭취에 제한이 필요한 분은 의사와 상의 후 섭취하십시오.

해당하는 식품 _____

가공 목적 _____

영양소 _____

해설 나트륨의 섭취를 줄이기 위한 식염대체제 혹은 저염소금에 대한 설명이다. 저나트륨 제품이라도 신장질환자나 섭취를 제한하는 사람들은 섭취를 조심하여야 한다.

19 어느 한 학생이 상복부 통증을 호소하면서 설사, 구토와 식욕부진 등이 나타난다고 설명하였다. 보건교사의 판단 결과 급성위염을 앓고 있는 것으로 생각되었다. 영양교사로서 급성위염에 걸린 학생에게 추천할 수 있는 식사요법의 행동요령을 3가지 적으시오.

① : _____

② : _____

③ : _____

해설 급성위염의 식사요법은 수분과 전해질 공급을 목적으로 하며, 위점막의 자극을 최소화하기 위해 초기에는 잔사가 없는 액체음료를 공급하는 것을 원칙으로 한다. 위 보호를 위해 1~2일간 절식을 시키고, 그 후 위장관에서 쉽게 흡수되고 잔사가 없는 맑은 유동식인 차, 맑은 탕, 과즙 등을 공급한다. 절식 기간에 설사와 구토에 의해 수분 손실이 클 경우는 수분 공급을 계속해 주어야 한다. 증상이 호전되면 자극이 없는 일반 유동식을 공급해 준다. 부패한 식품이나 세균성 음식으로 중독된 경우는 희석한 중탄산나트륨으로 위를 세척해 준다.

20 한 학생이 무산성 만성위염을 앓고 있는 것으로 나타났다. 이 학생의 경우 식욕을 증진시키는 초장, 유자차, 레몬과 귤차의 섭취를 늘리도록 의사가 권하였다. 이에 맞춰서 영양교사가 급식에서 신경 써서 공급해 주어야 하는 식품 3가지를 적고, 그 이유를 적으시오.

식품

① : _____

② : _____

③ : _____

이유

① : _____

② : _____

③ : _____

해설 무산성위염에는 식욕을 증진시키는 초장, 유자차, 레몬, 귤차 등의 섭취를 늘려 준다. 위액이 부족하므로 위액 분비를 촉진시키는 육즙, 콘소메, 멸치국물, 토마토주스, 유산균음료, 발효유들의 섭취를 권한다. 또한 위산 분비에 필요한 철이 많이 들어 있는 간, 당밀, 녹황색 채소의 섭취도 원활하게 해 준다.

21 위궤양이란 위점막이 침식되어 상처가 난 상태를 말한다. 주로 유전적 원인이나 스트레스, 궤양 유발성 약물 혹은 음식물, 위벽의 미세순환장애 등에 의해 발생한다. 위궤양 환자에게 추천할 수 있는 식사요법의 행동요령을 5가지 적으시오.

① : _____

② : _____

③ : _____

④ : _____

⑤ : _____

해설 위궤양의 식사요법은 위점막을 자극하고 위산을 분비하게 하는 식품을 제한하면서, 충분한 영양 섭취가 가능하도록 하는 것이 목적이다. 위궤양은 질병이기 때문에 약물치료와 식사요법을 병행하고 스트레스를 받거나 과로하지 않도록 주의하여야 한다. 안정되고 조용하고 편안한 분위기에서 식사하여야 하며, 통증이 심할 때는 자극 없는 부드러운 음식을 조금씩 여러 차례 먹어야 한다. 단백질과 철과 비타민 C의 공급은 충분히 하여야 하며, 알코올과 카페인은 위산 분비를 촉진함으로 피하여야 하고, 고춧가루나 후추, 마늘과 생강과 같은 자극성 있는 향신료의 사용은 제한한다. 잠자리에서의 간식을 피하고, 흡연을 금한다. 우유 역시 위산 촉진을 증가시키므로 하루 1컵을 여러 번 나누어 마신다.

22 만성장염은 과음과 불규칙적인 식생활와 설사제의 복용등과 급성장염에서 이행되는 경우가 많다. 특이하게 장결핵, 궤양성대장염, 아메바성 이질, 암과 같은 만성질환이나 비타민 결핍증이 원인이 되기도 한다. 만성장염에 걸렸을 경우 나타나는 증상 5가지와 피해야 될 식품 3가지를 적으시오.

> 증상

① : _____

② : _____

③ : _____

④ : _____

⑤ : _____

> 피해야 될 식품

① : _____

② : _____

③ : _____

해설 만성장염의 증상으로는 식욕부진, 복통, 설사, 복부팽만감, 복부불쾌감, 흡수장애로 인한 영양결핍, 체중감소, 빈혈 등이 나타날 수 있다. 식품 중에는 가스를 발생시키는 콩류, 양파, 양배추와 같은 식품과 강한 향신료의 사용은 피한다.

23 글루텐 과민질환이란 유전적 결함에 의해 gliadin의 흡수가 장애를 받는 질병을 말한다. gliadin은 글루텐 단백질의 구성 단백질이기 때문에 글루텐 과민질환에 걸린 학생에게는 밀가루를 이용하는 식사의 급식을 하여서는 안 된다. 글루텐 과민질환에 걸렸을 경우 나타나는 증상 3가지와 식사요법의 방법에 대해 쓰시오.

> 증상

① : _____

② : _____

③ : _____

> 식사요법 방법 _____

_____

_____

해설 글루텐 과민 질환의 증세가 심하면 대부분의 영양소(탄수화물, 지방, 철, 비타민 등)가 흡수 장애를 일으키고, 지방변이 배설되어 악취가 심하고, 흡수장애로 인해 철과 비타민의 결핍증이 나타난다. 식사요법은 글루텐이 들어 있는 밀가루, 보리, 호밀, 오트밀의 섭취를 금하고, 쌀이나 잡곡을 주식으로 공급하도록 식단을 작성한다.

24 한 중학생이 급성간염에 걸렸다. 이 학생에게 고열량식(3,000kcal/day)과 고단백식(100g/day) 및 치료 시까지 등교를 하지 말고 집에서 쉬라는 식사요법이 권고되었다. 이런 식사요법이 권고된 이유가 무엇인지 쓰고, 이외에도 권고되어야 하는 식사요법의 행동요령 3가지를 적으시오.

이유 _____

_____

_____

행동요령

① : _____

② : _____

③ : _____

해설 본문의 간질환 부분을 참고하여 답을 적어 보도록 한다.

25 L씨는 간경병 합병증인 간성 혼수에서 회복되고 있다. 이 시기에는 단백질 식품 선택 시 분지형 아미노산(branched chain amino acid)과 방향족 아미노산(aromatic amino acid)의 비율을 고려해야 한다. 이 비율을 고려할 때 가장 적절한 음식은? 기출문제

① 닭백숙, 간전 ② 내장탕, 동태전
③ 대구탕, 달걀찜 ④ 토란국, 두부전
⑤ 쇠고기국, 호박전

정답 ④

26 만성 신부전을 앓고 있는 52세 여성 P씨(신장 154cm, 체중 50kg)는 현재 투석과 이뇨제 복용을 하지 않고 있다. 다음은 24시간 회상법을 이용하여 반복 조사한 후 분석한 P씨의 영양소 섭취 결과이다. 이러한 영양섭취 상태가 장기간 지속될 경우 가장 염려되는 건강상의 문제점으로 옳은 것은? 기출문제

(1일 평균 영양소 섭취량)

열량(kcal)	단백질(g)	칼륨(mg)	인(mg)	칼슘(mg)	나트륨(mg)
2,045	40	1,400	2,000	800	1,500

① 당뇨 ② 통풍
③ 고혈압 ④ 골이영양증
⑤ 고칼륨혈증

정답 ④

27 소화성 궤양으로 진단받은 환자에게 하루 1,600kcal의 연식을 제공하려고 한다. 다음 아침 식사 교환 단위 수 배분표에 따라 계획된 식단으로 옳은 것은? [기출문제]

(단위 : 교환 단위)

곡류군	어육류군	채소군	지방군	우유군	과일군
2	저지방2	1	1	−	1

① 닭죽(백미 60g, 닭가슴살 40g), 가자미찜(가자미 50g), 무나물(무70g), 바나나(50g)

② 흰죽(백미 60g), 굴무침(굴 70g), 두부부침(두부 80g), 오이볶음(오이 70g), 수박(150g)

③ 잣죽(백미 45g, 잣 8g), 다진 불고기(쇠고기 등심 40g), 순두부국(순두부 100g), 나박김치(70g), 사과(80g)

④ 콩죽(백미 50g, 콩 10g), 고등어구이(고등어 50g), 감자채볶음(감자 70g), 쑥갓나물(쑥갓 70g), 토마토(350g)

⑤ 기장죽(백미 50g, 기장 10g), 조기찜(조기 50g), 도토리묵무침(도토리묵 200g), 가지나물(가지 70g), 멜론(120g)

[정답] ①

28 만성질환을 앓고 있는 여성의 영양기준량 산정표이다. 이 여성의 질환 치료에 도움이 되는 것으로 옳은 것은?

- 연령 : 53세
- 신장 : 158cm, 체중 : 52kg
- 활동 정도 : 보통

단계 1	표준체중 산정	1.58m×1.58m×21kg/m² ≒ 52kg
단계 2	비만도 판정	현재 체중이 표준체중의 범위에 있으므로 정상체중임
단계 3	영양기준량 산정	• 열량 : 52kg×35kcal/kg ≒ 1,800kcal • 단백질 : 52kg×0.7g/kg = 36g • 당질 : 1,800kcal×0.67÷4kcal/g = 302g • 지방 : 1,800kcal×0.25÷9kcal/g = 50g • 인 : ≤700mg • 나트륨 : ≤2,000mg • 칼륨 : ≤2,000mg

① 주식은 현미, 보리 위주의 잡곡밥으로 한다.

② 불고기는 저염 간장과 흑설탕으로 양념하다.

③ 바나나, 방울토마토, 키위 등으로 과일 샐러드를 만든다.

④ 나물은 데친 후 물에 담가 놓았다가 들기름 소스로 버무린다.

⑤ 후식으로 아몬드 슬라이스를 곁들인 저지방 요구르트를 만든다.

[정답] ④

29 다음은 대학생 민호의 식습관과 최근 신체 증상이다. 민호에게 가장 우려되는 건강 문제점에 대한 식사요법으로 옳지 <u>않은</u> 것은? 기출문제

> 민호는 신장 175cm, 체중 85kg이다. 평소 육류 위주의 서구식 식생활을 즐기는 편이며, 아침을 자주 거르고 식사시간도 불규칙하다. 최근 학과 일로 스트레스를 심하게 받고 있어 흡연 횟수가 많아졌고, 과음으로 토하는 일이 잦았다. 이후 가슴 부위에 타는 듯한 통증을 자주 느끼고, 신물이 넘어오거나 신트림이 나온다.

① 가스 발생 식품을 제한한다.
② 과식을 피하고, 소량씩 자주 섭취한다.
③ 하부식도 괄약근을 이완시키는 식품을 섭취한다.
④ 지방 함량이 적은 당질 식품과 단백질 식품을 권장한다.
⑤ 감귤류 및 감귤류 주스, 토마토 제품 등의 섭취를 제한한다.

정답 ③

30 다음은 신장질환을 앓고 있는 중년 남성 환자의 검사 결과이다. 부종, 고혈압, 빈혈 등의 증세를 나타내고 있는 이 환자에게 알맞은 식사요법을 〈보기〉에서 고른 것은? 기출문제

- 사구체 여과율(GFR) : 14mL/분
- 크레아티닌 제거율 : 30mL/분
- 전일 소변배설량 : 500mL
- 혈압 : 180/105mmHg

검사 항목	결과치	정상 수치	검사 항목	결과치	정상 수치
헤모글로빈(g/dL)	112	13~17	나트륨(mEq/L)	149	135~145
포도당(mg/dL)	103	70~115	염소(mEq/L)	110	98~106
혈액요소질소(mg/dL)	47	4.0~30.0	칼륨(mEq/L)	6	3.5~5.0
요산(mg/dL)	9	3.4~8.5	칼슘(mg/dL)	7.8	8.5~10.5
크레아티닌(mg/dL)	5	0.8~1.4	인(mg/dL)	6.5	2.5~4.5

※ 제시된 정상수치는 판정기준에 따라 차이가 있을 수 있음

> 보기
> ㄱ. 단백질 섭취량을 하루 0.6~0.8g/체중 kg으로 제한한다.
> ㄴ. 바나나, 오렌지주스, 시금치 등의 식품을 제공한다.
> ㄷ. 꿀, 사탕, 푸딩, 잼과 같은 식품으로 열량을 보충한다.
> ㄹ. 우유와 유제품, 탄산음료, 잡곡류 등의 식품을 제한한다.
> ㅁ. 나트륨 섭취량을 줄이기 위해 저염 소금(염화칼륨)을 사용한다.

① ㄱ, ㄴ, ㄷ   ② ㄱ, ㄷ, ㄹ   ③ ㄱ, ㄹ, ㅁ
④ ㄴ, ㄷ, ㅁ   ⑤ ㄴ, ㄹ, ㅁ

정답 ②

31 다음 〈보기〉 중에서 급성신부전 시의 식사요법 설명으로 옳은 것만을 모두 고른 것은? 기출문제

> 보기
>
> ㄱ. 칼로리 : 35~40kcal/kg 현재 체중
>
> ㄴ. 단백질 : 1.0~2.0g/kg 이상체중(투석하지 않을 경우)
>
> ㄷ. 칼륨 : 고칼륨 혈증이 있는 경우 100~150mEq/일
>
> ㄹ. 나트륨 : 500~1,000mg/일(핍뇨 시)

① ㄹ   ② ㄱ, ㄴ   ③ ㄱ, ㄹ

④ ㄴ, ㄷ, ㄹ   ⑤ ㄱ, ㄴ, ㄷ

정답 ③

32 중학교 2학년 여학생 영희는 지난 한 해 동안 신장이 10cm 컸다. 그런데 최근 손톱이 얇아지고 세로줄이 생겼으며, 눈의 결막이 엷은 분홍색이 되었고 어지럼 증상이 생겼다. 이러한 증상 때문에 식이요법 중인데 식사 후 음료수로 적당하지 <u>않은</u> 것은? 기출문제

① 녹차   ② 유자차   ③ 복숭아주스

④ 오렌지주스   ⑤ 토마토주스

정답 ①

33 신장질환은 종류가 많고 증상이 다양하므로 종류에 따라 적절한 식이요법이 필요하다. 다음에 제시된 신장질환별 증상 및 식이요법으로 옳은 것은? 기출문제

	신장질환	증상	식이요법
①	사구체신염	부종, 핍뇨	고칼륨 식이
②	신칼슘결석	고칼슘혈증, 신장과 요도 손상	고단백 식이
③	급성신부전	사구체 여과율 감소, 혈중 요소 증가	저칼륨 식이
④	신증후군	단백뇨, 고칼슘혈증	고단백 식이
⑤	만성신부전	요독증, 고칼륨혈증	고단백 식이

정답 ③

34 다음은 현빈이의 소화장애에 대해 설명한 것이다. 소화장애의 원인, 임상적 증상, 식이요법 중 옳은 것만을 〈보기〉에서 모두 고른 것은? 기출문제

> "우유를 많이 마셔야 키가 큰다"라는 어머니 말씀대로 현빈이는 우유를 많이 마시고 농구 선수처럼 키가 크고 싶다. 그런데 우유를 마시면 가스가 차고 속이 불편하며 설사를 하기 때문에 우유를 마시기가 망설여진다. 장이 덜 불편한 요구르트를 우유 대신 가끔 먹기는 하지만, 시원한 우유를 마음껏 마시는 친구들을 보면 부럽다.

보기
ㄱ. 가스 발생은 장내 박테리아에 의한 발효 때문이다.
ㄴ. 소화효소인 락타아제의 부족 또는 결여가 원인이다.
ㄷ. 갈락토오스의 대사장애로 혈중 갈락토오스 농도가 올라간다.
ㄹ. 소변으로 배설되는 저급 지방산의 양이 증가한다.
ㅁ. 무지방 우유를 마시면 소화장애가 치유된다.

① ㄱ, ㄴ   ② ㄱ, ㄷ   ③ ㄹ, ㅁ
④ ㄱ, ㄴ, ㄷ   ⑤ ㄴ, ㄹ, ㅁ

정답 ①

35 윤호(남, 7세)는 2~3일 전부터 핍뇨와 부종이 나타나 병원을 방문하여 다음과 같은 결과를 받았다. 윤호를 위한 간호중재로 옳지 않은 것은? 기출문제

진단명	급성 사구체 신염
주 호소	핍뇨, 눈 주위에 현저한 부종
활력 징후	• 혈압 : 140/100mmHg • 체온 : 38.3℃(액와), 호흡 : 28회/분 • 맥박 : 92회/분
요분석	• 혈뇨(++++), 요단백(+++) • 적혈구 조직절편(cast) 양성
혈액요소질소(BUN)	42mg/dL

① 염분 섭취를 제한한다.
② 단백질 섭취를 제한한다.
③ 신체 활동 놀이에 참여시킨다.
④ 두통, 오심 및 경련의 징후를 사정한다.
⑤ 칼륨이 많이 들어 있는 음식 섭취를 제한한다.

정답 ③

한국인 영양소 섭취기준

Dietary Reference Intakes for Koreans ; KDRIs

1. 2015 한국인 영양소 섭취기준 연령·체위기준

연령	2015 체위기준					
	신장(cm)		체중(kg)		BMI(kg/m^2)	
0~5(개월)	60.3		6.2		17.1	
6~11	72.2		8.9		17.1	
1~2(세)	86.4		12.5		16.7	
3~5	105.4		17.4		15.7	
	남자	여자	남자	여자	남자	여자
6~8(세)	126.4	125.0	26.5	25.0	16.6	16.0
9~11	142.9	142.9	38.2	35.7	18.7	17.5
12~14	163.5	158.1	52.9	48.5	19.8	19.4
15~18	173.3	160.9	63.1	53.1	21.0	20.5
19~29	174.8	161.5	68.7	56.1	22.5	21.5
30~49	172.0	159.0	66.6	54.4	22.5	21.5
50~64	168.4	155.4	63.8	51.9	22.5	21.5
65~74	164.9	152.1	61.2	49.7	22.5	21.5
75 이상	163.3	147.1	60.0	46.5	22.5	21.5

자료 : 보건복지부, 한국영양학회, 2015

2. 한국인 영양소 섭취기준 요약표(보건복지부, 2015)

1) 에너지적정비율

영양소		에너지적정비율			
		1~2세	3~18세	19세 이상	비고
탄수화물		55~65%	55~65%	55~65%	
단백질		7~20%	7~20%	7~20%	
지질	총지방	20~35%	15~30%	15~30%	
	n~6계 지방산	4~10%	4~10%	4~10%	
	n~3계 지방산	1% 내외	1% 내외	1% 내외	
	포화지방산	~	8% 미만	7% 미만	
	트랜스지방산	~	1% 미만	1% 미만	
	콜레스테롤	~	~	300mg/일 미만	목표섭취량

2) 당류

총당류 섭취량을 총에너지 섭취량의 10~20%로 제한하고 특히 식품의 조리 및 가공 시 첨가되는 첨가당은 총에너지 섭취량의 10% 이내로 섭취하도록 한다. 첨가당의 주요 급원으로는 설탕, 액상과당, 물엿, 당밀, 꿀, 시럽, 농축과일주스 등이 있다.

3) 에너지와 다량영양소

성별	연령	에너지(kcal/일)				탄수화물(g/일)				지방(g/일)				n∼6계 지방산(g/일)			
		필요추정량	권장섭취량	충분섭취량	상한섭취량	평균필요량	권장섭취량	충분섭취량	상한섭취량	평균필요량	권장섭취량	충분섭취량	상한섭취량	평균필요량	권장섭취량	충분섭취량	상한섭취량
영아	0∼5(개월)	550						60				25				2.0	
	6∼11	700						90				25				4.5	
유아	1∼2(세)	1,000															
	3∼5	1,400															
남자	6∼8(세)	1,700															
	9∼11	2,100															
	12∼14	2,500															
	15∼18	2,700															
	19∼29	2,600															
	30∼49	2,400															
	50∼64	2,200															
	65∼74	2,000															
	75 이상	2,000															
여자	6∼8(세)	1,500															
	9∼11	1,800															
	12∼14	2,000															
	15∼18	2,000															
	19∼29	2,100															
	30∼49	1,900															
	50∼64	1,800															
	65∼74	1,600															
	75 이상	1,600															
임신부[1]		+0 +340 +450															
수유부		+320															

성별	연령	n∼3계 지방산(g/일)				단백질(g/일)				식이섬유(g/일)				수분(mL/일)		
		평균필요량	권장섭취량	충분섭취량	상한섭취량	평균필요량	권장섭취량	충분섭취량	상한섭취량	평균필요량	권장섭취량	충분섭취량	상한섭취량	액체	총수분	상한섭취량
영아	0∼5(개월)			0.3				10						700	700	
	6∼11			0.8		10	15							500	800	
유아	1∼2(세)					12	15			10				800	1,100	
	3∼5					15	20			15				1,100	1,500	
남자	6∼8(세)					25	30			20				900	1,800	
	9∼11					35	40			20				1,000	2,100	
	12∼14					45	55			25				1,000	2,300	
	15∼18					50	65			25				1,200	2,600	
	19∼29					50	65			25				1,200	2,600	
	30∼49					50	60			25				1,200	2,500	
	50∼64					50	60			25				1,000	2,200	
	65∼74					45	55			25				1,000	2,100	
	75 이상					45	55			25				1,000	2,100	
여자	6∼8(세)					20	25			20				900	1,700	
	9∼11					30	40			20				900	1,900	
	12∼14					40	50			20				900	2,000	
	15∼18					40	50			20				900	2,000	
	19∼29					45	55			20				1,000	2,100	
	30∼49					40	50			20				1,000	2,000	
	50∼64					40	50			20				900	1,900	
	65∼74					40	45			20				900	1,800	
	75 이상					40	45			20				900	1,800	
임신부[1]						+12 +25	+15 +30			+5					+200	
수유부						+20	+25			+5				+500	+700	

1) 에너지 임신부 1,2,3 분기별 부가량, 단백질 임신부 2,3 분기별 부가량

성별	연령	메티오닌+시스테인(g/일)				류신(g/일)				이소류신(g/일)				발린(g/일)			
		평균필요량	권장섭취량	충분섭취량	상한섭취량	평균필요량	권장섭취량	충분섭취량	상한섭취량	평균필요량	권장섭취량	충분섭취량	상한섭취량	평균필요량	권장섭취량	충분섭취량	상한섭취량
영아	0~5(개월)			0.4				1.0				0.6				0.6	
	6~11	0.3	0.4			0.6	0.8			0.3	0.4			0.3	0.5		
유아	1~2(세)	0.3	0.4			0.6	0.8			0.3	0.4			0.4	0.5		
	3~5	0.3	0.4			0.7	0.9			0.3	0.4			0.4	0.5		
남자	6~8(세)	0.5	0.6			1.1	1.3			0.5	0.6			0.6	0.7		
	9~11	0.7	0.8			1.5	1.9			0.7	0.8			0.9	1.1		
	12~14	1.0	1.2			2.1	2.6			1.0	1.2			1.2	1.5		
	15~18	1.1	1.3			2.4	3.0			1.1	1.3			1.4	1.7		
	19~29	1.0	1.3			2.3	3.0			1.0	1.3			1.3	1.6		
	30~49	1.0	1.3			2.3	2.9			1.0	1.3			1.3	1.6		
	50~64	1.0	1.2			2.2	2.7			1.0	1.2			1.2	1.5		
	65~74	0.9	1.2			2.1	2.6			0.9	1.2			1.2	1.5		
	75 이상	0.9	1.1			2.0	2.6			0.9	1.1			1.1	1.4		
여자	6~8(세)	0.5	0.6			1.0	1.2			0.5	0.6			0.6	0.7		
	9~11	0.6	0.7			1.4	1.7			0.6	0.7			0.8	1.0		
	12~14	0.8	1.0			1.8	2.3			0.8	1.0			1.1	1.3		
	15~18	0.8	1.0			1.9	2.3			0.8	1.0			1.1	1.3		
	19~29	0.8	1.1			1.9	2.4			0.8	1.1			1.1	1.3		
	30~49	0.8	1.0			1.8	2.3			0.8	1.0			1.0	1.3		
	50~64	0.8	1.0			1.8	2.2			0.8	1.0			1.0	1.2		
	65~74	0.7	0.9			1.7	2.1			0.7	0.9			0.9	1.2		
	75 이상	0.7	0.9			1.6	2.0			0.7	0.9			0.9	1.1		
임신부		+0.3	+0.3			+0.6	+0.7			+0.3	+0.3			+0.3	+0.4		
수유부		+0.3	+0.4			+0.9	+1.1			+0.5	+0.6			+0.5	+0.6		

성별	연령	라이신(g/일)				페닐알라닌+티로신(g/일)				트레오닌(g/일)				트립토판(g/일)				히스티딘(g/일)			
		평균필요량	권장섭취량	충분섭취량	상한섭취량	평균필요량	권장섭취량	충분섭취량	상한섭취량	평균필요량	권장섭취량	충분섭취량	상한섭취량	평균필요량	권장섭취량	충분섭취량	상한섭취량	평균필요량	권장섭취량	충분섭취량	상한섭취량
영아	0~5(개월)			0.7				0.9				0.5				0.2				0.1	
	6~11	0.6	0.8			0.5	0.7			0.3	0.4			0.1	0.1			0.2	0.3		
유아	1~2(세)	0.6	0.7			0.5	0.7			0.3	0.4			0.1	0.1			0.2	0.3		
	3~5	0.6	0.8			0.6	0.7			0.3	0.4			0.1	0.1			0.2	0.3		
남자	6~8(세)	1.0	1.2			0.9	1.1			0.5	0.6			0.1	0.2			0.3	0.4		
	9~11	1.4	1.8			1.3	1.6			0.7	0.9			0.2	0.2			0.5	0.6		
	12~14	2.0	2.4			1.7	2.2			1.0	1.3			0.3	0.3			0.7	0.9		
	15~18	2.2	2.7			2.0	2.4			1.1	1.4			0.3	0.4			0.8	0.9		
	19~29	2.4	3.0			2.7	3.4			1.1	1.4			0.3	0.3			0.8	1.0		
	30~49	2.3	2.9			2.7	3.3			1.1	1.3			0.3	0.3			0.7	0.9		
	50~64	2.2	2.8			2.6	3.2			1.0	1.3			0.3	0.3			0.7	0.9		
	65~74	2.1	2.7			2.4	3.1			1.0	1.2			0.2	0.3			0.7	0.9		
	75 이상	2.1	2.6			2.4	3.0			1.0	1.2			0.2	0.3			0.7	0.8		
여자	6~8(세)	0.9	1.2			0.8	1.0			0.5	0.6			0.1	0.2			0.3	0.4		
	9~11	1.2	1.5			1.1	1.4			0.6	0.8			0.2	0.2			0.4	0.5		
	12~14	1.7	2.1			1.5	1.8			0.9	1.1			0.2	0.3			0.6	0.7		
	15~18	1.7	2.1			1.5	1.9			0.9	1.1			0.2	0.3			0.6	0.7		
	19~29	2.0	2.5			2.2	2.8			0.9	1.1			0.2	0.3			0.6	0.8		
	30~49	1.9	2.4			2.2	2.7			0.9	1.1			0.2	0.3			0.6	0.8		
	50~64	1.8	2.3			2.1	2.6			0.8	1.0			0.2	0.3			0.6	0.7		
	65~74	1.7	2.2			2.0	2.5			0.8	1.0			0.2	0.2			0.5	0.7		
	75 이상	1.6	2.0			1.9	2.3			0.7	0.9			0.2	0.2			0.5	0.7		
임신부		+0.3	+0.4			+0.8	+1.0			+0.3	+0.4			+0.1	+0.1			+0.2	+0.2		
수유부		+0.4	+0.4			+1.5	+1.9			+0.4	+0.6			+0.2	+0.2			+0.2	+0.3		

4) 지용성 비타민

성별	연령	비타민 A(μg RAE/일)				비타민 D(μg/일)				비타민 E(mg α~TE/일)				비타민 K(μg/일)			
		평균 필요량	권장 섭취량	충분 섭취량	상한 섭취량	평균 필요량	권장 섭취량	충분 섭취량	상한 섭취량	평균 필요량	권장 섭취량	충분 섭취량	상한 섭취량	평균 필요량	권장 섭취량	충분 섭취량	상한 섭취량
영아	0~5(개월)			350	600			5	25			3				4	
	6~11			450	600			5	25			4				7	
유아	1~2(세)	200	300		600			5	30			5	200	25			
	3~5	230	350		700			5	35			6	250	30			
남자	6~8(세)	320	450		1,000			5	40			7	300	45			
	9~11	420	600		1,500			5	60			9	400	55			
	12~14	540	750		2,100			10	100			10	400	70			
	15~18	620	850		2,300			10	100			11	500	80			
	19~29	570	800		3,000			10	100			12	540	75			
	30~49	550	750		3,000			10	100			12	540	75			
	50~64	530	750		3,000			10	100			12	540	75			
	65~74	500	700		3,000			15	100			12	540	75			
	75 이상	500	700		3,000			15	100			12	540	75			
여자	6~8(세)	290	400		1,000			5	40			7	300	45			
	9~11	380	550		1,500			5	60			9	400	55			
	12~14	470	650		2,100			10	100			10	400	65			
	15~18	440	600		2,300			10	100			11	500	65			
	19~29	460	650		3,000			10	100			12	540	65			
	30~49	450	650		3,000			10	100			12	540	65			
	50~64	430	600		3,000			10	100			12	540	65			
	65~74	410	550		3,000			15	100			12	540	65			
	75 이상	410	550		3,000			15	100			12	540	65			
임신부		+50	+70		3,000			+0	100			+0	540	+0			
수유부		+350	+490		3,000			+0	100			+3	540	+0			

5) 수용성 비타민

성별	연령	비타민 C(mg/일)				티아민(mg/일)				리보플라빈(mg/일)				니아신(mg NE/일)[1]				
		평균필요량	권장섭취량	충분섭취량	상한섭취량	평균필요량	권장섭취량	충분섭취량	상한섭취량	평균필요량	권장섭취량	충분섭취량	상한섭취량	평균필요량	권장섭취량	충분섭취량	상한섭취량[2]	상한섭취량[2]
영아	0~5(개월)	35						0.2				0.3				2		
	6~11	45						0.3				0.4				3		
유아	1~2(세)	30	35		350	0.4	0.5			0.5	0.5			4	6		10	180
	3~5	30	40		500	0.4	0.5			0.5	0.6			5	7		10	250
남자	6~8(세)	40	55		700	0.6	0.7			0.7	0.9			7	9		15	350
	9~11	55	70		1,000	0.7	0.9			1.0	1.2			9	12		20	500
	12~14	70	90		1,400	1.0	1.1			1.2	1.5			11	15		25	700
	15~18	80	105		1,500	1.1	1.3			1.4	1.7			13	17		30	800
	19~29	75	100		2,000	1.0	1.2			1.3	1.5			12	16		35	1,000
	30~49	75	100		2,000	1.0	1.2			1.3	1.5			12	16		35	1,000
	50~64	75	100		2,000	1.0	1.2			1.3	1.5			12	16		35	1,000
	65~74	75	100		2,000	1.0	1.2			1.3	1.5			12	16		35	1,000
	75 이상	75	100		2,000	1.0	1.2			1.3	1.5			12	16		35	1,000
여자	6~8(세)	45	60		700	0.6	0.7			0.6	0.8			7	9		15	350
	9~11	60	80		1,000	0.7	0.9			0.8	1.0			9	12		20	500
	12~14	75	100		1,400	0.9	1.1			1.0	1.2			11	15		25	700
	15~18	70	95		1,500	1.0	1.2			1.0	1.2			11	14		30	800
	19~29	75	100		2,000	0.9	1.1			1.0	1.2			11	14		35	1,000
	30~49	75	100		2,000	0.9	1.1			1.0	1.2			11	14		35	1,000
	50~64	75	100		2,000	0.9	1.1			1.0	1.2			11	14		35	1,000
	65~74	75	100		2,000	0.9	1.1			1.0	1.2			11	14		35	1,000
	75 이상	75	100		2,000	0.9	1.1			1.0	1.2			11	14		35	1,000
임신부		+10	+10		2,000	+0.4	+0.4			+0.3	+0.4			+3	+4		35	1,000
수유부		+35	+40		2,000	+0.3	+0.4			+0.4	+0.5			+2	+3		35	1,000

(계속)

성별	연령	비타민 B6(mg/일)				엽산(μg DFE/일)[3]				비타민 B12(μg/일)				판토텐산(mg/일)				비오틴(μg/일)			
		평균 필요량	권장 섭취량	충분 섭취량	상한 섭취량	평균 필요량	권장 섭취량	충분 섭취량	상한 섭취량	평균 필요량	권장 섭취량	충분 섭취량	상한 섭취량	평균 필요량	권장 섭취량	충분 섭취량	상한 섭취량	평균 필요량	권장 섭취량	충분 섭취량	상한 섭취량
영아	0~5 (개월)			0.1		65						0.3				1.7				5	
	6~11			0.3		80						0.5				1.9				7	
유아	1~2(세)	0.5	0.6		25	120	150		300	0.8	0.9					2				9	
	3~5	0.6	0.7		35	150	180		400	0.9	1.1					2				11	
남자	6~8(세)	0.7	0.9		45	180	220		500	1.1	1.3					3				15	
	9~11	0.9	1.1		55	250	300		600	1.5	1.7					4				20	
	12~14	1.3	1.5		60	300	360		800	1.9	2.3					5				25	
	15~18	1.3	1.5		65	320	400		900	2.2	2.7					5				30	
	19~29	1.3	1.5		100	320	400		1,000	2.0	2.4					5				30	
	30~49	1.3	1.5		100	320	400		1,000	2.0	2.4					5				30	
	50~64	1.3	1.5		100	320	400		1,000	2.0	2.4					5				30	
	65~74	1.3	1.5		100	320	400		1,000	2.0	2.4					5				30	
	75 이상	1.3	1.5		100	320	400		1,000	2.0	2.4					5				30	
여자	6~8(세)	0.7	0.9		45	180	220		500	1.1	1.3					3				15	
	9~11	0.9	1.1		55	250	300		600	1.5	1.7					4				20	
	12~14	1.2	1.4		60	300	360		800	1.9	2.3					5				25	
	15~18	1.2	1.4		65	320	400		900	2.0	2.4					5				30	
	19~29	1.2	1.4		100	320	400		1,000	2.0	2.4					5				30	
	30~49	1.2	1.4		100	320	400		1,000	2.0	2.4					5				30	
	50~64	1.2	1.4		100	320	400		1,000	2.0	2.4					5				30	
	65~74	1.2	1.4		100	320	400		1,000	2.0	2.4					5				30	
	75 이상	1.2	1.4		100	320	400		1,000	2.0	2.4					5				30	
임신부		+0.7	+0.8		100	+200	+220		1,000	+0.2	+0.2					+1				+0	
수유부		+0.7	+0.8		100	+130	+150		1,000	+0.3	+0.4					+2				+5	

1) 1mg NE(니아신 당량)=1mg 니아신=60mg 트립토판
2) 니코틴산/니코틴아미드
3) Dietary Folate Equivalents, 가임기 여성의 경우 400μg/일의 엽산보충제 섭취를 권장함, 엽산의 상한섭취량은 보충제 또는 강화 식품의 형태로 섭취한 μg/일에 해당됨

6) 다량 무기질

성별	연령	칼슘(mg/일)				인(mg/일)				나트륨(mg/일)				
		평균필요량	권장섭취량	충분섭취량	상한섭취량	평균필요량	권장섭취량	충분섭취량	상한섭취량	평균필요량	권장섭취량	충분섭취량	상한섭취량	목표섭취량
영아	0~5(개월)			210	1,000			100				120		
	6~11			300	1,500			300				370		
유아	1~2(세)	390	500		2,500	380	450		3,000			900		
	3~5	470	600		2,500	460	550		3,000			1,000		
남자	6~8(세)	580	700		2,500	490	600		3,000			1,200		
	9~11	650	800		3,000	1,000	1,200		3,500			1,400		2,000
	12~14	800	1,000		3,000	1,000	1,200		3,500			1,500		2,000
	15~19	720	900		3,000	1,000	1,200		3,500			1,500		2,000
	20~29	650	800		2,500	580	700		3,500			1,500		2,000
	30~49	630	800		2,500	580	700		3,500			1,500		2,000
	50~64	600	750		2,000	580	700		3,500			1,500		2,000
	65~74	570	700		2,000	580	700		3,500			1,300		2,000
	75 이상	570	700		2,000	580	700		3,000			1,100		2,000
여자	6~8(세)	580	700		2,500	450	550		3,000			1,200		
	9~11	650	800		3,000	1,000	1,200		3,500			1,400		2,000
	12~14	740	900		3,000	1,000	1,200		3,500			1,500		2,000
	15~19	660	800		3,000	1,000	1,200		3,500			1,500		2,000
	20~29	530	700		2,500	580	700		3,500			1,500		2,000
	30~49	510	700		2,500	580	700		3,500			1,500		2,000
	50~64	580	800		2,000	580	700		3,500			1,500		2,000
	65~74	560	800		2,000	580	700		3,500			1,300		2,000
	75 이상	560	800		2,000	580	700		3,000			1,100		2,000
임신부		+0	+0		2,500	+0	+0		3,000			1,500		2,000
수유부		+0	+0		2,500	+0	+0		3,500			1,500		2,000

(계속)

성별	연령	염소(mg/일)				칼륨(mg/일)				마그네슘(mg/일)			
		평균 필요량	권장 섭취량	충분 섭취량	상한 섭취량	평균 필요량	권장 섭취량	충분 섭취량	상한 섭취량	평균 필요량	권장 섭취량	충분 섭취량	상한 섭취량[1]
영아	0~5(개월)			180				400		30			
	6~11			560				700		55			
유아	1~2(세)			1,300				2,000		65	80		65
	3~5			1,500				2,300		85	100		90
남자	6~8(세)			1,900				2,600		135	160		130
	9~11			2,100				3,000		190	230		180
	12~14			2,300				3,500		265	320		250
	15~18			2,300				3,500		335	400		350
	19~29			2,300				3,500		295	350		350
	30~49			2,300				3,500		305	370		350
	50~64			2,300				3,500		305	370		350
	65~74			2,000				3,500		305	370		350
	75 이상			1,700				3,500		305	370		350
여자	6~8(세)			1,900				2,600		125	150		130
	9~11			2,100				3,000		180	210		180
	12~14			2,300				3,500		245	290		250
	15~18			2,300				3,500		285	340		350
	19~29			2,300				3,500		235	280		350
	30~49			2,300				3,500		235	280		350
	50~64			2,300				3,500		235	280		350
	65~74			2,000				3,500		235	280		350
	75 이상			1,700				3,500		235	280		350
임신부				2,300				+0		+32	+40		350
수유부				2,300				+400		+0	+0		350

1) 식품 외 급원의 마그네슘에만 해당

7) 미량 무기질

성별	연령	철(mg/일)				아연(mg/일)				구리(μg/일)				불소(mg/일)			
		평균필요량	권장섭취량	충분섭취량	상한섭취량	평균필요량	권장섭취량	충분섭취량	상한섭취량	평균필요량	권장섭취량	충분섭취량	상한섭취량	평균필요량	권장섭취량	충분섭취량	상한섭취량
영아	0~5 (개월)			0.3	40			2				240				0.01	0.6
	6~11	5	6		40	2	3					310				0.5	0.9
유아	1~2 (세)	4	6		40	2	3		6	220	280		1,500			0.6	1.2
	3~5	5	6		40	3	4		9	250	320		2,000			0.8	1.7
남자	6~8 (세)	7	9		40	5	6		13	340	440		3,000			1.0	2.5
	9~11	8	10		40	7	8		20	440	580		5,000			2.0	10.0
	12~14	11	14		40	7	8		30	570	740		7,000			2.5	10.0
	15~18	11	14		45	8	10		35	650	840		7,000			3.0	10.0
	19~29	8	10		45	8	10		35	600	800		10,000			3.5	10.0
	30~49	8	10		45	8	10		35	600	800		10,000			3.0	10.0
	50~64	7	10		45	8	9		35	600	800		10,000			3.0	10.0
	65~74	7	9		45	7	9		35	600	800		10,000			3.0	10.0
	75 이상	7	9		45	7	9		35	600	800		10,000			3.0	10.0
여자	6~8 (세)	6	8		40	4	5		13	340	440		3,000			1.0	2.5
	9~11	7	10		40	6	8		20	440	580		5,000			2.0	10.0
	12~14	13	16		40	6	8		25	570	740		7,000			2.5	10.0
	15~18	11	14		45	7	9		30	650	840		7,000			2.5	10.0
	19~29	11	14		45	7	8		35	600	800		10,000			3.0	10.0
	30~49	11	14		45	7	8		35	600	800		10,000			2.5	10.0
	50~64	6	8		45	6	7		35	600	800		10,000			2.5	10.0
	65~74	6	8		45	6	7		35	600	800		10,000			2.5	10.0
	75 이상	5	7		45	6	7		35	600	800		10,000			2.5	10.0
임신부		+8	+10		45	+2.0	+2.5		35	+100	+130		10,000			+0	10.0
수유부		+0	+0		45	+4.0	+5.0		35	+370	+480		10,000			+0	10.0

(계속)

성별	연령	망간(mg/일)				요오드(μg/일)				셀레늄(μg/일)				몰리브덴(μg/일)				크롬(μg/일)			
		평균필요량	권장섭취량	충분섭취량	상한섭취량	평균필요량	권장섭취량	충분섭취량	상한섭취량	평균필요량	권장섭취량	충분섭취량	상한섭취량	평균필요량	권장섭취량	충분섭취량	상한섭취량	평균필요량	권장섭취량	충분섭취량	상한섭취량
영아	0~5 (개월)			0.01				130	250			9	45							0.2	
	6~11			0.8				170	250			11	65							5.0	
유아	1~2 (세)			1.5	2.0	55	80		300	19	23		75				100			12	
	3~5			2.0	3.0	65	90		300	22	25		100				100			12	
남자	6~8 (세)			2.5	4.0	75	100		500	30	35		150				200			20	
	9~11			3.0	5.0	85	110		500	39	45		200				300			25	
	12~14			4.0	7.0	90	130		1,800	49	60		300				400			35	
	15~18			4.0	9.0	95	130		2,200	55	65		300				500			40	
	19~29			4.0	11.0	95	150		2,400	50	60		400	25	30		550			35	
	30~49			4.0	11.0	95	150		2,400	50	60		400	20	25		550			35	
	50~64			4.0	11.0	95	150		2,400	50	60		400	20	25		550			35	
	65~74			4.0	11.0	95	150		2,400	50	60		400	20	25		550			35	
	75 이상			4.0	11.0	95	150		2,400	50	60		400	20	25		550			35	
여자	6~8 (세)			2.5	4.0	75	100		500	30	35		150				200			15	
	9~11			3.0	5.0	85	110		500	39	45		200				300			20	
	12~14			3.5	7.0	90	130		2,000	49	60		300				400			25	
	15~18			3.5	9.0	95	130		2,200	55	65		300				400			25	
	19~29			3.5	11.0	95	150		2,400	50	60		400	20	25		450			25	
	30~49			3.5	11.0	95	150		2,400	50	60		400	20	25		450			25	
	50~64			3.5	11.0	95	150		2,400	50	60		400	20	25		450			25	
	65~74			3.5	11.0	95	150		2,400	50	60		400	20	25		450			25	
	75 이상			3.5	11.0	95	150		2,400	50	60		400	20	25		450			25	
임신부				+0	11.0	+65	+90			+3	+4		400				450			+5	
수유부				+0	11.0	+130	+190			+9	+10		400				450			+20	

3. 식품구성자전거

식품구성자전거는 6가지 식품군 중 과잉 섭취를 주의해야 하는 유지·당류를 제외한 5가지 식품군을 매일 골고루 필요한 만큼 먹어 균형 잡힌 식사를 해야 한다는 의미를 전달하고 있다.

여기에 앞바퀴는 매일 충분한 양의 물을 섭취해야 하는 것을 표현하고 있으며 자전거에 앉은 사람의 모습은 매일 충분한 양의 신체활동을 해서 적절한 영양소 섭취기준과 함께 건강을 유지하고 비만을 예방할 수 있음을 의미한다.

식품구성자전거의 뒷바퀴를 보면 곡류는 매일 2~4회, 고기·생선·달걀·콩류는 매일 3~4회, 채소류는 매 끼니 2가지 이상, 과일류는 매일 1~2개, 우유·유제품은 매일 1~2잔을 섭취하는 것을 표현하고 있다. 유지·당류는 조리 시 조금씩 사용하는 것을 권장하여 포함되지 않았다.

자료 : 보건복지부·한국영양학회 2015

4. 식품군별 주요 식품과 1인 1회 분량

1) 곡류의 주요 식품, 1인 1회 분량 및 1회 분량에 해당하는 횟수

구분	품목	식품명	1회 분량(g)[1]	횟수[2]
곡류 (300kcal)	곡류	백미, 보리, 찹쌀, 현미, 조, 수수, 기장, 팥	90	1회
		옥수수	70	0.3회
		쌀밥	210	1회
	면류	국수(말린 것)	90	1회
		국수(생면)	210	1회
		당면	30	0.3회
		라면사리	120	1회
	떡류	가래떡/백설기	150	1회
		떡(팥소, 시루떡 등)	150	1회
	빵류	식빵	35	0.3회
		빵(찐빵, 팥빵 등)	80	1회
		빵(기타)	80	1회
	씨리얼류	시리얼	30	0.3회
	감자류	감자	140	0.3회
		고구마	70	0.3회
	기타	묵	200	0.3회
		밤	60	0.3회
		밀가루, 전분, 빵가루, 부침가루, 튀김가루, 믹스	30	0.3회
	과자류	과자(비스킷, 쿠키)	30	0.3회
		과자(스낵)	30	0.3회

삭제한 식품 : 혼합잡곡, 삶은 면, 냉면국수, 메밀국수
1) 1회 섭취하는 가식부 분량임
2) 곡류 300kcal에 해당하는 분량을 1회라고 간주하였을 때, 해당 1회 분량에 해당하는 횟수

2) 고기·생선·달걀·콩류의 주요 식품, 1인 1회 분량 및 1회 분량에 해당하는 횟수

구분	품목	식품명	1회 분량(g)[1]	횟수[2]
고기·생선· 달걀·콩류 (100kcal)	육류	쇠고기(한우, 수입우)	60	1회
		돼지고기, 돼지고기(삼겹살)	60	1회
		닭고기	60	1회
		오리고기	60	1회
		햄, 소시지, 베이컨, 통조림햄	30	1회

(계속)

구분	품목	식품명	1회 분량(g)[1]	횟수[2]
고기·생선· 달걀·콩류 (100kcal)	어패류	고등어, 명태/동태, 조기, 꽁치, 갈치, 다랑어(참치)	60	1회
		바지락, 게, 굴	80	1회
		오징어, 새우, 낙지	80	1회
		멸치자건품, 오징어(말린 것), 새우자건품, 뱅어포(말린 것), 명태(말린 것)	15	1회
		다랑어(참치통조림)	60	1회
		어묵, 게맛살	30	1회
		어류젓	40	1회
	난류	달걀, 메추라기알	60	1회
	콩류	대두, 완두콩, 강낭콩	20	1회
		두부	80	1회
		순두부	200	1회
		두유	200	1회
	견과류	땅콩, 아몬드, 호두, 잣, 해바라기씨, 호박씨	10	0.3회

삭제한 식품 : 미꾸라지, 민물장어, 넙치, 삼치, 깨(유지류로)
1) 1회 섭취하는 가식부 분량임
2) 고기 · 생선 · 달걀 · 콩류 100kcal에 해당하는 분량을 1회라고 간주하였을 때, 해당 1회 분량에 해당하는 횟수

3) 채소류의 주요 식품, 1인 1회 분량 및 1회 분량에 해당하는 횟수

구분	품목	식품명	1회 분량(g)[1]	횟수[2]
채소류 (15kcal)	채소류	파, 양파, 당근, 풋고추, 무, 애호박, 오이, 콩나물, 시 금치, 상추, 배추, 양배추, 깻잎, 피망, 부추, 토마토, 쑥갓, 무청, 붉은고추, 숙주나물, 고사리, 미나리	70	1회
		배추김치, 깍두기, 단무지, 열무김치, 총각김치	40	1회
		우엉	40	1회
		마늘, 생강	10	1회
	해조류	미역, 다시마	30	1회
		김	2	1회
	버섯류	느타리버섯, 표고버섯, 양송이버섯, 팽이버섯	30	1회

삭제한 식품 : 고구마줄기, 근대, 쑥, 아욱, 취나물, 두릅, 머위, 가지, 늙은 호박, 나박김치, 오이소박이, 동치미, 갓김치, 파김치, 도라
　　　　　　지, 토마토주스, 파래
1) 1회 섭취하는 가식부 분량임
2) 채소류 15 kcal에 해당하는 분량을 1회라고 간주하였을 때, 해당 1회 분량에 해당하는 횟수

4) 과일류의 주요 식품, 1인 1회 분량 및 1회 분량에 해당하는 횟수

구분	품목	식품명	1회 분량(g)[1]	횟수[2]
과일류 (50kcal)	과일류	수박, 참외, 딸기	150	1회
		사과, 귤, 배, 바나나, 감, 포도, 복숭아, 오렌지, 키위, 파인애플	100	1회
		건포도, 대추(말린 것)	15	1회
	주스류	과일음료	100	1회

삭제한 식품 : 망고
1) 1회 섭취하는 가식부 분량임
2) 과일류 50kcal에 해당하는 분량을 1회라고 간주하였을 때, 해당 1회 분량에 해당하는 횟수

5) 우유·유제품류의 주요 식품, 1인 1회 분량 및 1회 분량에 해당하는 횟수

구분	품목	식품명	1회 분량(g)[1]	횟수[2]
우유· 유제품류 (125kcal)	우유	우유	200	1회
	유제품	치즈	20	0.3회
		요구르트(호상)	100	1회
		요구르트(액상)	150	1회
		아이스크림	100	1회

1) 1회 섭취하는 가식부 분량임
2) 우유·유제품류 125kcal에 해당하는 분량을 1회라고 간주하였을 때, 해당 1회 분량에 해당하는 횟수

6) 유지·당류의 주요 식품, 1인 1회 분량 및 1회 분량에 해당하는 횟수

구분	품목	식품명	1회 분량(g)[1]	횟수[2]
유지·당류 (45kcal)	유지류	참기름, 콩기름, 커피프림, 들기름, 유채씨기름/채종유, 흰깨, 들깨, 버터, 포도씨유, 마요네즈	5	1회
		커피믹스	12	1회
	당류	설탕, 물엿/조청, 꿀	10	

삭제한 식품 : 옥수수기름, 당밀/시럽, 사탕
1) 1회 섭취하는 가식부 분량임
2) 유지·당류 45kcal에 해당하는 분량을 1회라고 간주하였을 때, 해당 1회 분량에 해당하는 횟수

저자
소개

차윤환

동국대학교 식품공학과 졸업
동국대학교 대학원 식품공학과 석사
연세대학교 대학원 생명공학과 박사

주요 강의 숭의여자대학교 식품영양학과
　　　　　상지대학교 식품영양학과
　　　　　용인대학교 식품영양학과
　　　　　동국대학교 식품공학과
　　　　　서울산업대학교 식품공학과

시험에 끌려다니지 않고
시험 흐름을 끌고 나가는

시끌 시끌

영양교사 임용준비서 2권

2020년 7월 3일 초판 인쇄
2020년 7월 10일 초판 발행

지은이 차윤환
펴낸이 류원식
펴낸곳 교문사
편집팀장 모은영
책임진행 이정화
표지디자인 베이퍼
본문편집 디자인이투이

주소 (1088) 경기도 파주시 문발로 116
전화 031-955-6111
팩스 031-955-0955
홈페이지 www.gyomoon.com
E-mail genie@gyomoon.com
등록번호 1960. 10. 28. 제406-2006-000035호
ISBN 978-89-363-1989-2 (14590)
　　　978-89-363-1987-8 (14590) (세트)
값 43,000원